KB215333

뇌 해부도

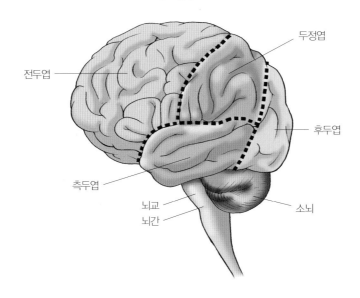

전두엽
두정엽
후두엽
측두엽
뇌교
뇌간
소뇌

변연계

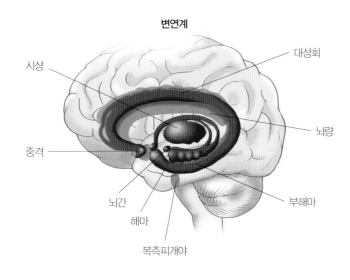

시상
대상회
뇌량
중격
뇌간
해마
부해마
복측피개야

측면 모습

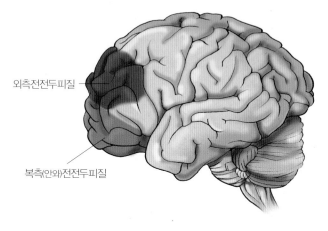

외측전전두피질

복측(안와)전전두피질

중앙 모습

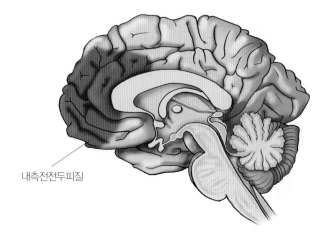

내측전전두피질

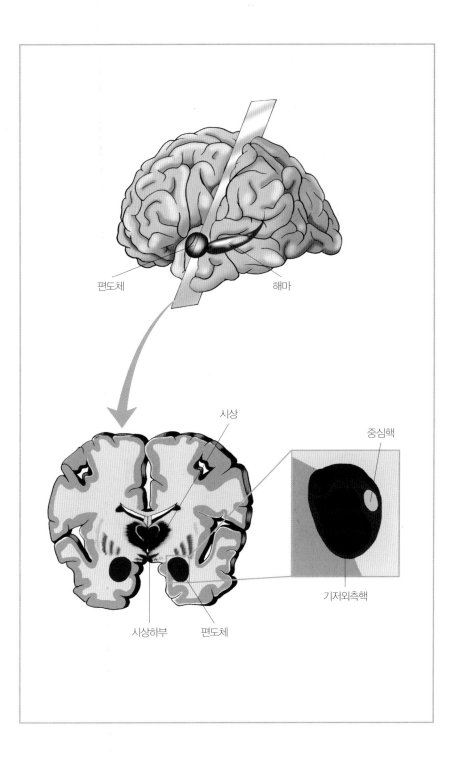

편도체

해마

시상

중심핵

기저외측핵

시상하부

편도체

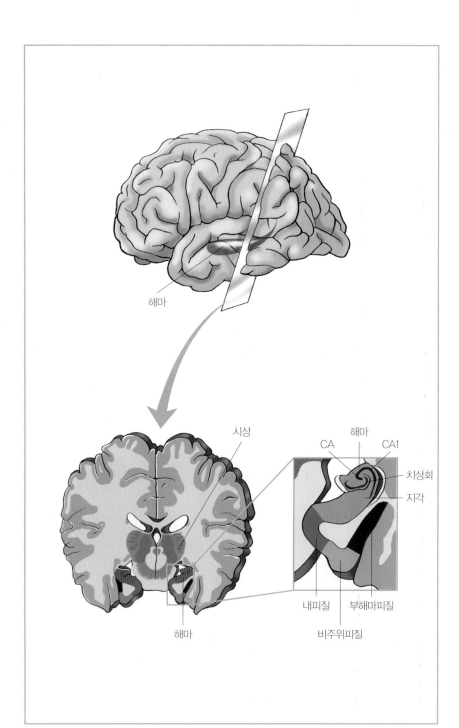

해마

시상

해마

CA

해마

CA1

치상회

지각

내피질

비주위피질

부해마피질

SYNAPTIC SELF

시냅스와 자아

신경세포의 연결 방식이 어떻게 자아를 결정하는가?

초판 1쇄 펴낸날 2005년 10월 28일
초판 12쇄 펴낸날 2023년 12월 20일

지은이 조지프 르두
옮긴이 강봉균
펴낸이 이건복
펴낸곳 동녘사이언스

편집 구형민 이지원 김혜윤 홍주은
디자인 김태호
마케팅 임세현
관리 서숙희 이주원

등록 제406-2004-000024호 2004년 10월 21일
주소 (10881) 경기도 파주시 회동길 77-26
전화 영업 031-955-3000 편집 031-955-3005 **전송** 031-955-3009
홈페이지 www.dongnyok.com **전자우편** editor@dongnyok.com
페이스북·인스타그램 @dongnyokpub
인쇄·제본 새한문화사 **라미네이팅** 북웨어 **종이** 한서지업사

ISBN 978-89-90247-23-0 (03470)

• 잘못 만들어진 책은 바꿔 드립니다.
• 책값은 뒤표지에 쓰여 있습니다.
• 이 도서의 국립중앙도서관 출판시도서목록(CIP)은 e-CIP홈페이지(http://www.nl.go.kr/ecip)와
  국가자료공동목록시스템(http://www.nl.go.kr/kolisnet)에서 이용하실 수 있습니다.
  (CIP제어번호: CIP2007000129)

시냅스와 자아
SYNAPTIC SELF

조지프 르두 지음 ● 강봉균 옮김

신경세포의 연결 방식이 어떻게 자아를 결정하는가?

동녘사이언스

일러두기

- 이 책은 Joseph LeDoux, *Synaptic Self: How Our Brains Become Who We Are* (Penguin Books, 2002)를 우리말로 옮긴 것이다.
- 본문에서 인명은 성만을 표시하는 것을 원칙으로 했고, 성이 같은 사람들은 성과 이름을 모두 표시했다.
- 옮긴이 주는 *로 표시했다.

감사의 글

이 책의 밑바탕에 깔린 근본적인 주장은 '당신은 당신의 시냅스다'라는 명제다. 시냅스는 뇌세포들 사이의 간격을 말하지만, 여기에는 더 많은 것이 들어 있다. 시냅스는 뇌세포들 사이의 통신채널이며, 뇌가 하는 대부분의 일을 수행하는 수단이다.

자아를 시냅스로 설명하기 위해, 나는 뇌의 작동방식에 대해 몇 부분에서 자세하게 다루어야만 했다. 사실들을 사소한 것으로 다루지 않으면서 이것을 해내기 위해 노력했다. 이 책은 대중심리학을 다룬 책이 아니며, 그 방법과 자기처방을 다룬 책도 아니다. 비록 평범한 독자에게 뇌를 명확하게 설명하면서도 다른 과학자들에게 상처를 주지 않는 글을 쓰는 것이 매우 어려웠지만, 나는 이 결과물에 대해 만족한다.

그러나 이 성과를 혼자 해낼 수는 없었다. 내 아내인 프린센탈은 예술비평가이며 환상문학 작가다. 그녀는 항상 단어를 아껴 쓰고 반복을 피하도록 나를 자극했다. 그녀는 매번 잘 깎인 연필을 들고 (가끔은 나에게 화를 내면서) 이 원고를 읽고 또 읽었다. 그리고 그녀의 비평적 승인을 받았을 때, 이 원고를 바이킹 출판사의 편집자인 릭 코트에게 넘겼다. 릭은 내 편에서 나를 지지해 주었다.

그리고 내 연구실의 전·현직 연구원들에게 감사를 표하고 싶다. 그들의 창의적이고 고된 연구가 없었다면, 《시냅스와 자아》를 쓰도록 나를 자극했던 과학이 존재하지 않았을 것이다. 그리고 국립정신건강연구소, 뉴욕 대학교, W. H. 케크 재단, 헨리와 루시 모세 기금의 지원이 없었다면 이 작업을 해낼 수 없었을 것이다.

이 책의 몇 장을 읽고 여러 가지 사항을 지적해 준 동료들에게 감사한다. 두다이, 데비엑, 네이더, 설리번, 람프렉트에게 감사한다. 또한 이 책의 몇몇 주제에 대해 나와 얘기했던 모브션, 샤츠, 세인스, 케이건, 윌슨, 헤이플, 머피, 에버리트, 화이트, 파일, 켄트, 실버스웨이그, 고먼, 안스텐, 펠프스, 코헨을 포함한 동료들에게 감사한다.

창은 참고문헌을 만드는 데 도움을 주었고, 호우와 파브가 그림을 그려 주었다.

바이킹 출판사의 켈리와 코트의 보조원에게서 전반적으로 많은 도움을 받았다. 바이킹 출판사의 캄포와 볼테에게 그들의 철저함과 인내심에 대해 특히 감사한다. 또한 날카로운 눈빛의 편집자 호몰카에게 감사한다.

나의 에이전트인 메이트슨과 브로크만에게 감사를 전한다. 그들의 충고와 지지가 큰 도움이 되었다.

마지막으로 나의 아이들인 제이콥과 밀로에게 감사한다. 그들은 내 시냅스를 날마다 변화시켜 주었다.

책을 쓴다는 것은 나를 겸손하게 만드는 경험이었다. 스스로 이해하고 있다고 생각했던 것들을 사실은 이해하지 못하고 있었다는 사실, 적어도 명확히 설명할 수 있을 만큼 충분히 이해하지 못하고 있었다는 것을 당신 역시 깨닫게 될 것이다. 《시냅스와 자아》를 쓰는 동안 나는 매우 많은 것을 배웠고, 독자들 역시 이 책을 읽는 동안 그렇기를 바란다.

참고_ 인터넷에 접속할 수 있는 독자는 르두 연구실 홈페이지(www.cns.nyu.edu/home/ledoux)에서 연구와 관련된 더 많은 정보를 구할 수 있다. 이 책과 관련된 항목에는 관련 연구, 서평, 그리고 완전한 참고문헌 목록이 들어 있다.

옮긴이의 글

이 책의 원제는 《시냅스적 자아 *Synaptic Self*》이지만 좀더 쉽게 《시냅스와 자아》로 고쳐 보았다. 우리 뇌에는 대략 1000억 개의 신경세포(뉴런)들이 들어있는데, 이들이 서로 복잡하게 연결되어 정보를 주고받고 있다. 시냅스란 뉴런들을 서로 연결시켜 주는 수 마이크론(1미터의 100만 분의 1) 크기의 매우 작은 구조를 말하며, 우리 뇌에는 1000조 개나 들어 있다. 따라서 시냅스는 뇌 속에서 신경회로를 통해 정보전달이 일어나도록 해주는 핵심적인 소자인 것이다.

우리 인간은 궁극적으로 자신의 모습을 찾기를 원한다. 자신의 모습이란 자아를 일컫는데 '나는 왜 나인가?' '본질적인 면에서 나는 왜 다른 사람하고 다른가?'(특히 정신적 능력, 행동과 사고하는 양식 등)와 같은 궁금증은 실로 인간 삶의 다양한 형태 속에 녹아들어 있다. 철학의 궁극적 목표가 그러하며, 종교의 내면에도 자아의 정체성이 핵심적인 자리를 차지하고 있다. 과학, 특히 심리학과 신경과학 분야에서는 인간의 정체성을 추상적이고 형이상학적인 범주가 아닌, 좀더 직접적인 방법으로(이것을 과학적 방법이라고 부른다) 심각하게 분석하고 있다. 이 모든 것은 우리가 우리의 진정한 모습을 알고 싶은 지극히 자연스러운 소망에서 비롯되는 것이다. 사실, 우리 자아의 핵심은 뇌에 있다. 따라서 뇌의 작동원리를 정확히 모른다면 자아의 정체를 본질적으로 밝힐 수 없다. 이런 점에서 인류가 21세기에 신경과학에 거는 기대는 남다르다.

자아를 이해하려 할 때 자아의 기능적 측면인 '마음' 또는 '정신'에 대한 이해를 거쳐야 한다. 수십 년 전 인지과학이 대두되면서 이 주제에 대한 많은 연구가 폭발적으로 이뤄져 왔고 그에 따라 많은 저술들이 출현하였다. 그러나 대부분의 이러한 노력들이 '의식'이라는 현상에 초점을 맞추어 '마음(정신)'을 분석하고자 하였다. 의식을 만드는 인지과정을 이해하면 마음(정신)의 비밀이 다 풀릴 것처럼 여겼다. 따라서 인지과정과 마음(정신)이 같은 등식인 양 취급되었다.

이 책의 저자인 신경과학자 조지프 르두는 여기에 강력히 반발하며, 자아의 근본을 형성하는 마음(정신)에는 인지과정 외에도 감정과 동기(의욕)가 같이 어우러져 있다고 주장한다. 저자는 실험동물의 뇌를 이용하여 감정(특히 공포) 연구에 오랫동안 종사해 온, 이 분야에서 세계 최고를 자랑하는 학자다. 따라서 자신감 있는 논리를 구사하는 그의 문장에는 힘이 실려 있다. 인지, 감정, 동기(의욕), 이 세 요소를 적절히 이용하여 우리 뇌에서 일어나는 정신 현상을 차분히 설명하고 있다.

아직도 뇌에 대해 모르는 부분이 아는 부분보다 훨씬 많다. 그럼에도 불구하고 저자는 지금까지 알고 있는 부분들을 현명하게 짜 맞춘다면, 무언가 그럴듯한 뇌의 모습을 그려 내는 데 충분할 것으로 믿고 있다. 따라서 지금까지 전문가들이 알아 왔던 연구결과들, 예를 들어 시냅스의 구조와 기능, 뉴런(신경세포)의 구조와 기능, 신경조직 또는 시스템의 구조와 기능, 단백질과 유전자의 기능들, 신호전달 체계 등에 대한 지식들을 최대한 활용하고 있다. 궁극적으로, 마음(정신)의 3대 요소인 인지, 감정, 동기가 일어나는 과정을 시냅스 수준에서 파악하여 자아의 본질에 대한 궁극적 해답을 제공하려는 것이 저자의 전략이다.

우리 뇌의 깊숙한 곳, 저 아득히 먼 미시적 세계에 있는 시냅스에서 출발하여 형이상학적인 정신세계로 가는 것은 매우 대담하고 거대한 작업이지만, 저자는 거침없는 명쾌한 논리로 이를 잘 해결하고 있다. 실로 방대한 최신의 연구결과들을 제시하고 있기 때문에 신경과학을 지망하는 대학원생들에게 많은 도움이 될 것이지만, 자아를 탐구하려는 일반인 및 고등학생에게도 이해를 돕고자 가능한 한 쉬운 문장을 쓰려 하였으며 주석도 첨가하였다. 혹시 어려운 부분이 있다면 줄을 그어 놓고 계속 읽어 나가길 바란다. 전체적 뜻을 파악하고 나면 세부사항은 좀더 쉽게 이해되기 마련이다. 초고를 다듬는 데 많은 도움을 준 연구원들에게 깊은 감사를 전한다.

관악산 기슭에서 역자가

차례

감사의 글

옮긴이의 글

주
참고문헌
인명 찾아보기
단어 찾아보기

1

위대한 질문

아빠, 마음이 뭔가요? 그냥 충동 시스템인가요,
아니면 뭔가 만져지는 건가요?
—바트 심슨*

"나는 모른다. 고로 아마도 난 존재하지 않는다"라고 티
셔츠에 씌어 있었다. 아마 다른 장소, 다른 시간이었다
면 가볍게 웃고 지나갔을 것이다. 그러나 그때 나는 버
번가**에 있었고, 데카르트가 선언했던 "나는 생각한다.
고로 나는 존재한다"에 대해 현대적 감각의 존경심을 보
여 주는 한 젊은이가 내 앞을 누비듯 지나가고 있었던 것
이다.

　　　　　그날 나는 프렌치 쿼터에서 저녁식사를 막
끝낸 참이었으며, 전 세계에서 몰려든 2만 명 이상의 뇌
과학자들이 참가하는 연례모임인 신경과학학술대회에서
연구 데이터를 소화시키고 잡담하느라 하루 종일을 보낸

* 인기 만화 드라마
《심슨 가족》의 주인공
—옮긴이.

** 버번가, 즉 버번 스
트리트는 미국 루이지
애나주 뉴올리언스시의
프렌치 쿼터 지역에 있
는 거리로, 즐비하게
늘어선 재즈바, 레스토
랑, 무희들의 쇼무대들
과 거리를 메운 수많은
관광객들로 늘 번잡한
거리다. 가까운 거리에
컨벤션센터가 있어서
각종 대규모 학술 및
전시 행사들이 열린다.
저자는 지금 이곳에서
열린 미국신경과학술
대회에 참가하고 있는
중이다. 미국신경과학
회는 현재 3만 명 이
상이 참가하는 세계

최대의 학술 행사로,
미국 몇 개 도시의 컨
벤션센터들을 돌아가면
서 매년 열리므로 뉴올
리언스에서는 3~4년
만에 한 번꼴로 열린다
―옮긴이.

* 뉴올리언스에서 태동
한 가장 초기 형태의
재즈―옮긴이.

후였다. 딕실랜드풍*의 음악, 상한 맥주 냄새, 어두운 바
에서 춤추는 여인들은 나로 하여금 이곳 루이지애나에서
대학을 다니며 이 거리를 오가던 시절 이후로 나를 휘감
고 지나간 세월과 삶의 변화들에 대한 상념에 젖게 만들
었다. 호텔로 돌아온 나는 나의 과거와 현재의 삶을 돌아
보다 불현듯 뇌과학자들이 던져야 할 가장 큰 질문은 '무
엇이 나를 나로 만드는가'이어야 하지 않을까, 하는 생각이 들었다.

신경과학은 아직 이 당혹스러운 주제로 깊숙이 탐문해
들어가지 못하고 있다.[1] 신경과학에 의해 지각, 기억, 감정 같은 특정한
과정들이 우리 뇌 안에서 어떻게 이루어지는지에 대해서는 많은 연구
가 이루어지고 있으나, 우리 뇌에 의해 우리 자신이 만들어지는 과정
에 대해서는 많은 연구가 이루어지고 있지 못하다. 신경과학자들을 무
작위로 선택하여 "자아self와 퍼스낼러티personality의 뇌 메커니즘에
대해 우리가 어디까지 알고 있다고 생각하십니까?" 하고 물어보면 어
떻게 대답할까? 감히 짐작컨대, 압도적인 대답은 아마도 "별로"일 것
같다.

그러나 어쩌면 우리는 생각하는 것보다 더 많이 알고 있
는지도 모른다. 어쩌면 많은 퍼즐 조각들이 이미 발견되어 있고, 단지
그것들을 전체 그림으로 꿰어 맞추기만 하면 되는지도 모른다. 사실 나
는 그렇게 믿고 있다. 뇌가 어떻게 작동하는가에 대한 수많은 정보들
이 이미 밝혀져 있다. 아직 인간을 완전히 설명하기에는 불충분하지만
이 문제에 도전해 보라고 부추길 만큼은 된다.

퍼스낼러티에 대한 나의 생각은 매우 간단하다. 그것은 당신의 자아, 즉 '당신임'의 본질은 당신의 뇌 안에 들어 있는 뉴런들 사이의 상호연결 패턴을 반영하고 있다는 것이다. 시냅스라 부르는 뉴런과 뉴런 사이의 접합부는 뇌에서 정보의 흐름과 저장이 일어나는 주 통로다(그림 1.1). 뇌가 하는 대부분의 일은 뉴런들 사이의 시냅스전달*과, 과거에 시냅스들을 거쳐 간 암호화된 정보의 소환을 통해 수행된다.

* 생체 내에서 정보가 신경계 사이로 전해져 각종 감각이나 반응이 일어나기 위해서는 몇 개의 뉴런에 차례차례로 흥분이 전달되어야 한다. 이 경우 시냅스부에서 일어나는 흥분 전달을 시냅스전달이라고 한다―옮긴이.

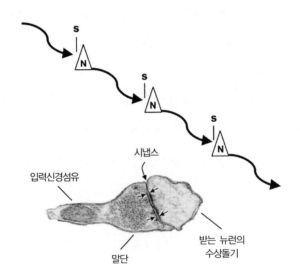

그림 1.1 시냅스는 무엇인가?
시냅스는 뉴런(신경세포) 사이의 작은 틈이다(위 그림에서 S는 시냅스, N은 뉴런이다). 하나의 뉴런이 활성화되면, 전기적 충격이 뉴런의 신경섬유를 타고 내려와 최종적으로 그 말단에서 화학물질인 신경전달물질을 분비하게 한다. 이 전달물질은 시냅스 사이 공간을 건너 받는 뉴런에 있는 수상돌기에 결합하며, 이로써 시냅스 작동이 이뤄진다. 본질적으로 뇌가 하는 모든 일은 이러한 시냅스전달 과정에 의해 완수된다. 아래 그림은 전자현미경으로 찍은 사진으로, 두 개의 뉴런 사이의 시냅스연결의 실제 모습을 보여 준다.

뇌기능에서 시냅스전달의 중요성을 감안할 때, '자아는 곧 시냅스다' 라는 말은 사실상 자명한 이치다. 그것이 아니면 무엇이 겠는가?[2] 그러나 이런 결론을 달갑지 않게 여기는 사람들도 많을 것이다. 틀림없이 상당수의 사람들은 자아란 본성상 신경 현상이 아니라 심리적·사회적·윤리적·심미적이며 또한 영적인 것이라며 반박할 것이다. 나의 '시냅스 자아' 이론은 이런 관점들에 대립되는 것이 아니다. 그것은 차라리 심리적·사회적·윤리적·심미적이며 또한 영적인 자아가 실현되는 방식을 기술하려는 시도다.

글머리에 대담하게 털어놓거니와, 현시점에 퍼스낼러티에 대한 완전한 시냅스 이론을 체계화한다는 것은 불가능하다. 나로서는 우리가 시냅스에 의해 우리가 된다는 근거를 부분적으로나마 이해할 수 있기를 바란다. 왜냐하면 뇌에 관한 지식을 추구하는 것은 과학적인 탐구일 뿐만 아니라 신경질환이나 정신질환을 치료하는 새로운 방법들을 찾아내 삶의 질을 향상시키는 데도 도움이 되기 때문이다.

시냅스 본성

한 가지 사실에서부터 출발해 보기로 하자. 인간은 미리 조립되어 나오는 존재가 아니라, 삶이라는 접착제로 단단히 이어 붙여진 존재다. 그리고 한 명 한 명 구성될 때마다 다른 결과가 발생한다. 그 까닭은 첫째 우리가 저마다 다른 유전자 세트를 가지고 출발하기 때문이며, 둘

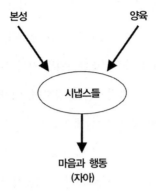

그림 1.2 본성, 양육, 시냅스들
본성과 양육은 별개의 것이 아니라 같은 일, 즉 뇌에서 시냅스들을 배선하는 일을 하는 다른
방식이다. 시냅스들이 우리의 정체성을 암호화한다.

째는 우리가 저마다 다른 경험들을 가지고 있기 때문이다. 이 공식에
서 흥미로운 것은 본성과 양육이 모두 우리다움에 이바지한다는 점이
아니라, 실은 두 가지가 같은 말을 하고 있다는 점이다. 두 요인 모두
궁극적으로는 뇌의 시냅스 조직을 조형함으로써 마음과 행동상에 모종
의 결과를 만들어 낸다(그림 1.2). 저마다의 뇌 안에 존재하는 시냅스연
결의 특정한 패턴과 이런 연결들에 의해 암호화된 정보가 곧 그가 그
인 열쇠다.

유전자의 청사진은 갓 수정된 알에서부터 펼쳐지기 시작
한다. 유전자들은 넓은 생물학적인 의미에서 사실상 두 가지 일을 한
다. 우리를 똑같게 만드는 일(우리는 모두 인간이다)과 우리를 다르게 만
드는 일(우리는 저마다 유일무이한 유전자 구성을 가지고 있으며, 이 점이
우리의 개별성에 기여한다)이 그것이다. 두 사람이 결혼하여 아기를 만

들 때 그들의 작업 결과물은 언제나 원숭이나 개나 물고기가 아니라 인간의 모습을 하고 인간의 행동을 하는 피조물이다. 우리 종species 공통의 유전적 유산은 내가 가지고 있는 뇌의 기본 시스템들과 분자들이 여러분들의 뇌의 그것들과 똑같기를 명령하며, 내가 활용할 수 있는 마음과 행동의 기본 레퍼토리가 당신에게도 활용되도록 명령한다. 우리는 모두 똑바로 서서 걷고, 입으로 말하고, 웃고, 울고, 그리고 경험을 통해 배운다. 그러나 우리는 모두 특정한 계통학적 내력을 가진 특정한 부모의 자식들인 이상, 저마다 각자의 뇌에 유일무이한 특성들을 부여하고, 우리 종의 보편적인 마음과 행동상의 특징들을 표현하는 유일무이한 방식을 지시하는 유전자들을 가지고 있다. 유전적 요인들은 외향성, 두려움, 공격성 등은 물론이고 우울증, 신경과민, 정신분열에 빠질 위험까지 포함하여 다양한 퍼스낼러티의 특성들에 영향을 미친다고 알려져 있다.

그런데 유전자들은 어떻게 개별 행동에 영향을 미치는가? 간단히 말해, 유전자는 뉴런들의 배선 방식을 결정하는 단백질들을 만들어 냄으로써 개별 행동에 영향을 미친다. 유전자와 실제 행동에서의 유전자 표현 사이에는 여러 단계들이 있는데, 이 과정에서 가장 핵심적인 것은 유전자에 의한 신경계 시냅스 조직의 조작이다. 동물육종 전문가들은 신중하게 개체를 골라 몇 세대만 교배시켜도, 이를테면 어떤 혈통의 개를 순하게 만들거나 사납게 만드는 등 그 후손의 행동특질에 영향을 미칠 수 있다는 것을 이미 오래 전부터 알고 있었다. 이와 같이 육종전문가들이 개의 행동을 조작하는 과정은 실은 뇌의 시냅스 조

직을 조작하고 있는 것이다. 이곳에* 연결부가 덧보태지 소* 뇌의 특정 부위
—옮긴이.
거나 저곳에 신경전달물질이 늘어나거나 줄어들면 동물
들의 행동이 달라진다. 뇌의 기본 배선도가 유전자의 영향 아래 있다는
사실을 염두에 둔다면, 우리는 동물들뿐만 아니라 인간도 생의 출발점
부터 한편으로는 매우 비슷하고 한편으로는 너무나 다른 뇌를 지니고
있다는 사실을 쉽게 이해할 수 있다. 뇌의 시냅스 배열에 작용하는 유
전자의 힘은 최소한 어느 정도까지는 우리가 행동하고 생각하고 느끼
는 방식을 결정한다. 인간복제를 둘러싼 일부의 희망과 또 다른 일부의
두려움은 우리의 겉모습뿐 아니라 우리의 정체성을 결정하는 데 유전
자가 막강한 힘을 발휘하고 있다는 사실에서 비롯된 것이다.

　　　　요즘 특히 유전자에 대한 관심이 높다. 도킨스, 에드워드
윌슨, 핑커 같은 인기 저술가들은 마음과 행동의 핵심적인 측면들이 유
전된다는 점을 특별히 강조해 왔다.[3] 그러나 유전자는 마음과 행동 기
능들의 대체적인 윤곽만을 형성시키는바, 기껏해야 주어진 특질의
50% 정도만을 설명할 뿐이며, 많은 경우에는 거기에도 훨씬 못 미친
다.[4] 유전이 우리를 특정한 방향으로 이끌지만, 다른 많은 요인들이 한
사람의 유전자가 어떻게 표현될지를 명령한다.

　　　　예를 들어, 한 여성이 임신 중에 과도하게 술을 마시거나
영양결핍에 의해 특정한 성분이 결핍되면, 유전적으로는 우수한 두뇌
를 가지고 태어났어야 마땅할 아이가 정박아로 태어날 수 있다. 마찬
가지로 대대로 외향적인 성격인 집안의 아이가 냉혹한 고아원 생활을
겪으면서 성격이 변할 수 있고, 반대로 수줍고 위축된 성격의 유전적

성향을 지닌 아이가 부모의 따뜻한 보살핌 속에서 어느 정도 성격이 개선될 수도 있다.[5] 어린 나이에 죽은 아이를 복제하는 것이 실제로 가능해진다 하더라도, 겉모습은 비슷할지언정 그 아이는 자신만의 새로운 경험들을 할 것이고, 따라서 행동하고 생각하고 느끼는 방식은 달라질 것이다.

일란성 쌍둥이들이 각각 다른 가정에 입양되어 자란 후에도 비슷한 습관과 특질들을 가지는 사례들이 많이 거론된다.[6] 그러나 그 반대 예들은 별로 논의되지 않는다. 해리스는 1998년 출판된 《양육 가설The Nurture Assumption》에서 부모는 별로 중요하지 않다고 주장함으로써 논란을 불러일으켰다. 그러나 이 책으로 인해 우리가 얻은 가장 큰 소득은 부모가 얼마나 중요한지, 그리고 어떤 조건에서 부모가 중요한지에 대한 뚜렷한 개념이 전면에 부각되었다는 점이었다.[7] 루마니아의 한 악독한 고아원에서 자란 어린이들의 성격장애는 경험이 행동에 얼마나 심오한 영향을 미칠 수 있는가에 대한 충격적인 증언이었다.[8] 유전자는 중요하다. 그러나 그것이 중요한 전부는 아니다.

본성의 양육

본성과 양육이 어떻게 나다움을 형성하는가에 대한 의문은 이 두 가지의 작동에서 시냅스가 열쇠라는 사실을 떠올리는 순간 단순해진다. 예금을 할 때 자동입출금기를 이용하건 창구를 이용하건 내 계좌에 돈이

들어가는 것은 똑같다. 본성과 양육도 비슷하게 기능한다. 이 둘은 뇌의 시냅스 장부에 저축하는 두 가지 다른 방식일 뿐이다.

예를 들면, 현실에서(만화에서뿐 아니라) 쥐는 정말로 고양이를 무서워한다.[9] 야생의 쥐나 생쥐들뿐 아니라 실험실 쥐들도 그렇다. 실험실 쥐들은 여러 세대에 걸쳐 번식하는 동안 고양이와 단절되어 자랐기 때문에 고양이를 한 번도 본 적이 없는데도, 고양이와 처음 맞닥뜨리는 순간 죽은 듯이 얼어붙는다. 이것은 타고난 본성이 작용한 것이다. 왜냐하면 그 쥐는 고양이가 위험하다는 것을 경험을 통해 배울 기회가 없었기 때문이다.[10] 이런 현상은 쥐나 동물들에게만 국한된 것이 아니다. 사람도 위험에 직면하면 얼어붙어 버린다. 어느 아마추어가 촬영하여 CNN에서 여러 번 반복 방송되었던 1996년 애틀랜타 하계올림픽에서 발생한 폭탄테러 사건의 광경을 떠올려 보라. 폭발이 일어난 그 찰나의 순간에 근처의 모든 사람들은 몸을 웅크린 채 미동도 하지 않았다.[11]

왜 이런 얼어붙기가 유전적으로 입력된 행동이 되었을까? 행동 혹은 마음의 능력들이 어떻게 진화해 왔는지를 추적할 수 있는 화석기록이 없기 때문에 그 이유를 확실히 밝혀낼 길은 없다.[12] 그러나 설득력 있는 가설에 따르면, 얼어붙기는 포식자와 맞닥뜨렸을 때 이득이 되는 반응이다. 대부분의 동물들에게 주요 위험요인인 포식자들은 움직임에 반응하고 흥분한다. 위험에 직면해서 꼼짝 않는 것이 먹잇감 동물이 취할 수 있는 최선책인 경우가 종종 있다. 수백만 년 전에 그렇게 했던 동물들이 살아남았을 가능성이 훨씬 높았고, 그래서 오늘날 그들의 후손들도 일차 방어책으로 그렇게 한다. 얼어붙기는 선택적 반응이 아니라 자동적 반응, 즉 위험에 대처하는 프로그램된 방법이다. 달려오는 차의 불빛에 놀란 사슴이 얼어붙어 버릴 때와 같이, 얼어붙기는 더러 당사자에게 치명타로 작용하기도 한다. 진화에서 비롯된 모든 전략들이 그렇듯이, 얼어붙기는 많은 경우 많은 동물들에게 이롭다. 하지만 모든 경우에 모든 동물들에게 항상 이로운 것은 아니다.

흥미로운 사실은, 쥐(혹은 다른 동물)에게 혐오스러운 자극(발바닥에 약한 전기충격 가하기)을 가하기 직전에 일정한 소리를 몇 차례 듣게 하면 나중에는 그 소리만 듣고도 얼어붙는다는 점이다.[13] 이 경우에는 근처에 포식자가 없는 상황이다. 그렇다면 어떻게 이 두 자극 간에 연결이 형성되었는가? 소리는 경고신호다. 고양이나 포식자와 맞닥뜨렸으나 용케 살아남은 쥐들은 그때의 상황을 뇌에 최대한 꼼꼼하게 저장해 두어야 다음에 고양이 출현의 전조였던 소리, 광경, 냄새 등에 주목함으로써 생존 가능성을 높일 수 있다. 전기충격을 가하면 통각수용기가 활성화되는데, 전기충격이 포식자 같은 뭔가 해로운 것과의 맞닥뜨림을 대체함으로써 충격의 전조인 자극들이 마치 고양이 출현의 전조였던 자극들인 양 저장될 수 있게 만들어 준다.

이와 같은 정보처리 과정이 뇌에 설계되는 데는 두 가지 기본 방식이 있을 수 있다. 첫째는 두 개의 시스템을 운영하는 것으로, 한 개의 시스템은 동물 고유의 종에 특징적인(선천적 혹은 유전적으로 프로그램된) 위험들에 대한 반응을 맡고, 다른 한 개의 시스템은 각 개체가 살아가는 동안 경험하는 새로운 사실들의 학습을 맡는 것이다. 두 번째 방식은 한 개의 시스템이 두 가지 상황을 모두 맡는 것으로, 여러 실험결과들은 바로 이것이 뇌가 실제로 작동하는 방식임을 보여 준다 (그림 1.3).

편도체amygdala라고 불리는 뇌의 한 영역에 손상이 생기면, 쥐의 경우 고양이와 맞닥뜨리거나 소리를 들어도 더 이상 얼어붙지 않는다.[14] 편도체는 위험한 상황에서 얼어붙는 행동이나 그 밖의 방어반응들을 관장하는 뇌 시스템의 한 부분이다. 편도체의 시냅스들은 자연에 의해서는 고양이에 반응하도록, 경험에 의해서는 학습된 위험들에 동일한 방식으로 반응하도록 배선되어 있다(그림 1.4). 이것은 놀랍도록 효율적인 방법이다. 새로운 위험에 대해 학습할 때마다 거기에 맞춰 일일이 별도의 시스템들을 만들 필요 없이, 진화과정에서 기왕에 배선되어 있는 시스템들을 경험에 따라 변형해 나갈 수 있기 때문이다. 그 결과 뇌는 진화과정에서 정교하게 조정된 반응 방법들을 활

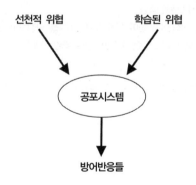

그림 1.3 공포시스템
뇌의 공포 또는 방어시스템은 위험(선천적인 것이든 학습된 것이든)이 현존하는지를 판정하고, 위험이 현존한다면 보호반응들을 이끌어 낸다.

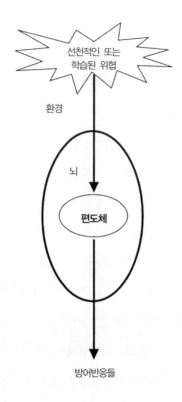

선천적인 또는
학습된 위협

환경

뇌

편도체

방어반응들

그림 1.4 편도체_ 방어시스템의 중심
편도체는 (선천적이거나 학습된) 위험이 현존하는지 여부를 판정하며, 만약 위험할 경우 그
위험에 대처하도록 진화에 의해 고안된 신체반응들을 촉발시킨다.

용하여 새로운 위험들에 대처할 수 있다. 기왕에 배선된 자극들이 사
용하던 뇌회로에 새로운 자극이 포함되도록 시냅스를 치환하기만 하면
된다.

지난 20년 동안 나는 뇌가 어떻게 위험들에 관해 학습하
는지를 파악하려고 노력해 왔다. 나의 전작인 《감정적 뇌*The Emo-
tional Brain*》에서 나는 그와 관련된 뇌 시스템의 조직에 대해 기존에

밝혀진 많은 사실들을 기술하고, 감정의 이해와 관련된 그 대강의 함의들을 설명한 바 있다.[15] 기본 배선도는 단순하다. 외부세계의 정보를 시냅스를 통해 편도체로 전달하기, 편도체에서 시냅스를 거쳐 나가는 외부세계에 대한 반응행동들을 통제하기. 이것이 배선도에 포함되어야 할 내용이다. 편도체가 입력을 통해 위험을 감지하면 편도체의 출력이 나선다. 그 결과가 얼어붙기, 혈압과 심박동의 변화, 호르몬 분비, 그 밖의 위험에 대처하기 위해 미리 프로그램된 방법들 혹은 방어행위를 지원하기 위한 신체의 다양한 생리작용인 온갖 반응들이다.[16] 지금까지 연구해 오면서 공포시스템은 임박한 신체 손상을 비롯한 위험들을 경고하는 자극들에 관한 정보를 학습하고 저장할 수 있다는 사실을 기정사실로 받아들여 이용해 왔다. 그런데 최근 들어 내 연구실은 공포학습이 시냅스 수준에서 정확히 어떻게 일어나는지에 대한 연구로 방향을 틀었다. 이 책에서 설명할 이 새로운 작업은 공포시스템, 특히 편도체의 시냅스 변형이 어떻게 우리로 하여금 과거에 맞닥뜨렸던 위험들로부터 이득을 얻을 수 있게 해주는가, 하는 문제를 조명한다.

　　　　뇌의 대부분의 시스템들은 가소적plastic이다. 말하자면 경험에 의해 변형될 수 있다. 이 말은 여기에 가담된 시냅스들이 경험에 의해 변화된다는 것을 의미한다. 그러나 공포의 예에서 보듯이, 학습은 그 시스템들이 애초에 설계될 때 목표로 했던 기능이 아니다. 그것들은 원래 다른 일들(위험 감지하기, 먹이와 배우자 찾기, 소리 듣기, 원하는 물체를 향해 손발 움직이기)을 수행하기 위해 만들어졌다. 학습(시냅스의 가소성)은 그것들이 자신들의 임무를 좀더 잘 수행하도록 도와주는 특징일 뿐이다.

모든 뇌 시스템들에 존재하는 가소성(유연성)은 선천적으로 결정된 특징이다. 이는 마치 본성-양육 모순처럼 들릴지 모르지만, 그렇지 않다. 시냅스들이 정보를 기록하고 저장하는 선천적인 능력 덕분에 뇌의 시스템들은 경험을 암호화할 수 있다. 어느 특정한 뇌 시스템의 시냅스들이 변할 수 없다면, 이 시스템은 경험에 의해 변형될 수 있는 능력과 변형된 상태를 지속시킬 수 있는 능력을 가질 수 없을 것이다. 결과적으로 생명체는 그런 뇌 시스템의 기능으로는 학습할 수도, 기억할 수도 없을 것이다. 다시 말해, 모든 학습은 유전적으로 프로그램된 학습 능력의 작동을 통해 이뤄진다. 학습은 본성의 양육이다.

내가 누구인지를 학습하기

지난 몇 십 년간 뇌에서 벌어지는 학습과 기억과정들에 대한 연구가 급속히 진전되었다. 이 책의 많은 부분은 암호화하기, 저장하기, 시냅스 기능의 뿌리에 대한 새로운 이해를 토대로 하고 있다. 학습과 시냅스에 미친 학습의 결과는 한 인간이 평생을 살아가는 동안 그의 퍼스낼러티를 구축하는 데 주된 역할을 한다. 학습과 기억과정이 없다면 퍼스낼러티란 단지 황량하고 텅 빈 우리 유전자 구조의 껍데기일 뿐이다. 학습 덕분에 우리는 우리 유전자들을 뛰어넘는다. 소설가 살만 루시디가 말했듯이, "우리에게 자신이 누구인지를 가르쳐 주는 것은 인생이다."[17] 우리의 유전자들은 우리가 행동하는 방식을 한쪽으로 기울게 한다. 그러나 우리가 하는 일들과 우리가 그 일의 방식들을 책임지는 뇌의 시스템들은 학습에 의해 형성된다. 쥐는 본성에 의해 고양이를 두려워한다. 하지만 고양이가 나타날 장소가 어딘지 학습함으로써, 그리고 고양이가 근처에 있을 때 어떤 소리 또는 어떤 냄새가 나는지 학습함으로써 그 쥐는 더 오래 살 수 있다. 이런 정보를 공포시스템에 저장한 쥐는 그렇지 못한 쥐보다 더 약삭빠르기 때문에 더 오래 살 것이다. 이와 유사한 현상이, 대부분은 아닐지라도 상당수의 뇌 시스템들에서 일어난다. 오늘 암호화하고 저장한 정보가 내일 그것들이 기능하는 방식에 심대한 영향을 미친다.

　　　자신이 누구인지에 대한 앎, 자신이 생각하는 방식에 대한 앎, 타인이 자신을 어떻게 생각하는지에 대한 앎, 특정한 상황에서 자신이 어떤 행동 전형을 보일지에 대한 앎은 대개 경험을 통해 학습되며, 우리는 기억을 통해 이 정보에 접근한다. 학습과 기억이 없다면, 오늘의 내가 어제의 나와 일치하는지, 또는 내일의 나와 일치할지 알 길이 없다. 학습과 기억이 없다면, 사람은 유전자들에 의해 제공된 앙상한 퍼스낼러티를 가질 것이고, 그나마 그것에 대해 아는 바가 별로 없을 것이다. 그러나 이 책 전반에서 보게 되겠지만, 학습과 기억은 명시적 '자기 앎(자아-지식)self-knowledge'을 초월하는 방식으로 퍼스낼러티에 기여하기도 한다. 다른 말로 하면, 뇌는 의식적 자각 바깥에서 기능하는 네트워크들에 포함되어 있는 많은 것들을 학습하고 저장한다. 이 학습된 성향들은 마음과 행동의 모든 측면들에 영향을 미치

며, 또한 하루하루의 기능에서 우리가 자신에 관해 의식적으로 알고 있
는 바에 못지않게 중요하다.

큰 질문, 과연 그런가?

버번 가를 걸어 내려오며 나는 자아의 원천이야말로 신경과학이 풀어
야 할 핵심적인 질문이라는 생각에 사로잡혔다. 그러나 다른 많은 뇌
과학자들은 의식consciousness이야말로 큰 질문이라고 말하고 싶을
것이다.

신경과학자들은 전통적으로 의식과 맞서는 것을 피해 왔
다. 이 주제는 은퇴한 신경과학자가 생을 마치기 전에 말하곤 했던 주
제였다. 하지만 의식에 대해 더 많이 아는 쪽은 젊은 뇌연구자들이었
다. 자칫 한마디 농담이 나쁜 평판을 초래할 수도 있는 민감한 주제였
다. 그러나 세월이 변했다. 신경과학자들이 의식을 거론하는 사례가 점
점 빈번해지고 있다.[18] 심지어는 이러한 논의가 과학을 비난하는 근거
가 되기도 했다. 사회비평가에서 과학저술가로, 다시 과학비판자로 변
신한 호건은 그의 저서 《과학의 종말The End of Science》에서 '다른 과
학들과 마찬가지로 신경과학은 죽었다'라고 선언했다. 그는 다른 과학
분야들과는 달리 신경과학은 '의식이 어떻게 작동되는가'라는 큰 질문
이 해소되어서가 아니라, 절대 풀릴 가능성이 없어서 종말을 맞고 있
다고 주장했다.[19]

나는 과학자들이 의식에 몰두하는 것을 좋은 일이라고 생각한다. 다만 너무 지나치게 강조되고 있다고 생각한다. 만에 하나 다음 주에 지금까지 수십 년 동안의 시행착오와 우여곡절 끝에 마침내 불굴의 한 신경과학자가 의식 문제를 풀었다고 하자. 그렇다고 해서 무엇이 이 사람이 이 행동을 하게 만들었는지 대답해 줄 수 있을까? 쌍둥이 형제 중에서 한 명은 정상인데 다른 한 명은 정신분열증에 걸리는 이유를 설명해 줄 수 있을까? 큰 위험에 맞닥뜨렸을 때 왜 한 명은 겁에 질려 꼼짝 못 하고 다른 한 명은 용감히 맞서 싸우는지, 왜 어떤 이들은 채식주의자이고 다른 이들은 붉은 살코기를 좋아하는지, 왜 육식을 하는 이도 가끔은 채식요리를 주문하는지, 왜 내 아이들은 내가 좋아하는 음악을 싫어하는지, 왜 내가 내 아이들을 사랑하는지 대답해 줄 수 있을까? 이 질문들에 대한 대답은 단연코 '천만에!' 다.

　　이 책이 던지는 질문은 "의식이 어떻게 뇌에서 나오느냐"가 아니라 "우리 뇌가 어떻게 우리를 우리로 만드느냐"다.

　　한 인간의 존재, 그리고 그 혹은 그녀가 생각하고, 느끼고, 행하는 것은 의식에 의해서만 영향받는 한 폭의 상상에 의한 것이 아니다. 우리의 생각들, 느낌들, 행동들 가운데 상당수는 자동적으로 일어나며, 의식은 그것들이 일어날 때 알아차리게 될 뿐이다. 의식의 메커니즘(작동원리)을 해명하는 것은 주요한 과학적 성공이 될 것임이 틀림없다. 그러나 그것이 우리 뇌가 어떻게 작동하는지, 우리 뇌가 어떻게 우리를 우리인 개별자들로 만드는지를 설명해 주지는 못할 것이다.

　　퍼스낼러티의 비밀을 풀기 위해서는 뇌의 무의식적 기능

들을 해명해 내야 한다. '무의식unconscious'이란 사실 모호한 단어다. 어떤 이들은 그것을 프로이트 이론의 억압된 기억을 지칭하는 데 쓰고, 어떤 이들은 혼수상태에 있을 때, 머리를 부딪친 후에, 곤드레만드레 술에 취한 상태에서 일어나는 일을 지칭할 때 쓴다. 내가 방금 얘기한 '무의식'은 이런 정의들과는 무관하다. 내가 말한 '무의식'의 의미는 뇌가 하는 일 가운데 의식에 닿지 않는 많은 일들을 뜻한다. (우리가 기능하는 이 방식에 대해 고마워해야 한다. 만약 우리가 몸 근육의 수축을 일일이 의식에 의해 계획해야 한다면, 뇌는 너무나 할 일이 많아져서 우리는 결국 한 발짝도 내딛지 못할 것이고, 한 문장도 내뱉지 못할 테니까.)

의식은, 즉 최소한 우리가 자신의 마음 상태에 대해 얘기할 때 뜻하는 그러한 종류의 의식은 진화 역사상 최근에 뇌에 개발된 것으로서, 이미 존재하고 있던 일체의 뇌 작용들 위에 얹혀 있다.[20] 따라서 뇌의 무의식적 작동은 동물왕국의 진화 역사를 통틀어 예외가 아니라 규칙이다.[21] 더 오래된 과정(무의식)이 새로운 과정(의식)의 부정에 의해 정의된다면, 이것은 말장난이거나 문화의 오만이다. 언어는 완벽하지 않다.

그렇다면 이러한 일체의 무의식적 과정들은 무엇인가? 사실상 여기에는 심장박동, 호흡 리듬, 위장 운동, 자세 잡기 등 정상적인 신체 유지에서부터 보기, 냄새 맡기, 행동하기, 느끼기, 말하기, 생각하기, 평가하기, 판단하기, 믿기, 상상하기의 많은 측면들을 관장하기에 이르기까지 뇌가 하는 거의 모든 일들이 포함된다.[22] 우리는 이러한 일들이 일어날 때 우리가 무엇을 하고 있는지 자각할 수 있고, 또 종종 자각하고 있다. 그러나 많은 경우 의식은 사후에 통보받는다. 예를 들어 누군가 당신에게 말을 건네면 당신은 들리는 구절의 의미를 파악하기 위해 단어들의 소리(음운론), 단어들의 의미(의미론), 단어들 사이의 문법적 관계(통사론)를 파악하고, 세계에 대한 당신의 지식(화용론)을 바탕으로 그 문장의 의미를 해독한다. 당신은 통상 이러한 작업들을 자각하지 않은 채 그냥 한다. 결국 그 사람이 당신에게 말한 바를 의식적으로 알게 되지만, 당신이 그 문장을 파악할 수 있도록 해준 과정들에 의식적인 접근을 하지는 않는다. 마찬가지로, 당신이 어떤 문장을 말할 때도 종종 의식적인 사고 없이 똑같은 과정들을 거친다. 물론 이번에는 당신은 청자가 아니라 발화자다. 세상을 지각하고, 사물과 사건에 주목하고, 기억하고, 상상하고, 생각하는 이 모든 우리의 능력들은 이와 매우 흡사한 방식으로 작동한다. 결국 이런 과정들은 심리적 또는 인지적 무의식으로 불리어 왔으며,[23] 우리 정신생활의 많은 부분들을 담당한다.

　　이러한 다양한 의식적·무의식적 기능들의 작동을 해명하기만 하면 한 사람의 정체를 알 수 있다는 말인가? 이 과정들의 저변에 깔려 있는 시냅스의 메커니즘을 밝히는 것 자체도 대단한 숙제지만, 우리는 각 과정이 개별적으로 어떻게 작동하는지를 설명하는 데서 한 발 더 나아가야 한다. 우리는 숱한 과정들이 어떻게 상호작용하는지, 한 개인의 뇌 안에서 일어나는 특정한 상호작용들이 어떻게 그 혹은 그녀를 만들고 유지시키는지 알아내야 한다. 이 책의 목적은 최소한 원칙적으로라도 시냅스의 상호작용이라는 관점에서 자아를 해명하기 시작할 수 있음을 보여 주는 것이다.

자아를 뇌에 결부시키려는 과거의 시도들은 대부분 의식적 자아를 매개로 삼았다.[24] 그러나 최근의 흐름을 보면 변화가 나타나고 있다. 다마지오의 저서 《무엇이 일어나는지 감지하기*The Feeling of What Happens*》는 원자아protoself(의식 바깥에 존재하는 일종의 중핵 자아)를 거론하며, 가자니가는 저서 《마음의 과거*The Mind's Past*》에서 의식의 형성에서 무의식적 과정들의 중요성을 강조한다.[25] 이처럼 의식은 뇌과학에서 오랫동안 무시되어 온 끝에 마침내 그에 걸맞은 주목을 받기 시작하고 있으며, 또한 마음의 영역 전체를 아우르는 것이 아니라 그 일부라는 자리매김 역시 제대로 정립되어 가고 있다. 그 책들도 자아와 뇌를 다루고 있긴 하지만, 뇌가 자아를 형성해 가는 생물학적 메커니즘을 탐구하지는 않는다. 바로 이 일을 이 책이 하려 한다.

우리가 시냅스의 관점에서 우리 자신을 이해하기 시작한다고 해서 굳이 존재를 해명하는 다른 방법들을 배척할 필요는 없다. 다시 말해서, 자아가 시냅스연결들의 배열에 의해 만들어지고 유지된다는 생각이 우리 존재의 의미를 축소시키는 것은 아니다. 오히려 우리가 자아라고 부르는 엄청나게 복잡한 심리적·영적·사회적·문화적 원형 덩어리가 어떻게 존재할 수 있는지에 대한 간결하면서도 납득할 수 있는 설명을 제공해 준다.

2

자아를 찾아서

너 자신을 알라
—델포이의 신탁

자신을 아는 것은 위험하다.
—루 리드

한 인간의 본질을 찾아 뇌 속으로 들어가기 전에 먼저 우리가 찾고자
하는 것에 대한 개념을 어느 정도 알아 두는 것이 좋겠다. '퍼스낼러
티' 또는 '자아'가 뜻하는 바에 대해서는 여러 견해들이 있는데, 그 가
운데 윌리엄 제임스는 "가장 넓은 의미에서 … 한 인간의 '자아'는 자
기 것이라 부를 '수 있는' 모든 것들의 총합이다. 자신의 육체와 영적
인 힘은 물론이고 옷, 집, 아내, 아이들, 조상들, 친구들, 주위의 평판,
직업, 소유한 땅과 가축, 요트, 은행계좌까지 모든 것이 여기에 포함된
다. … 이것들이 번지르르하고 풍요로우면 승리감을 느끼고, 보잘것없
고 초라하면 버림받은 느낌을 갖게 된다. 각각이 가져다주는 느낌의 정
도는 다를지라도 작용방식은 대단히 비슷하다"[1]라고 제안했다.

　사실 심리학의 모든 영역은 퍼스낼러티와 자아의 연구에

집중되고 있다.[2] 신학자, 철학자, 소설가, 시인들도 이 주제에 대해 할 애기들이 많다. 심오해 보이는 진리들이 더러 이런 명상에서 나오기도 하지만, 설령 그렇다 해도 이런 통찰들이 뇌의 작업들과 어떤 관련이 있는지는 불분명하다. 하여간 많은 사람들이 뇌와 자아를 전혀 별개의 것으로 여긴다. 이 책에서 나는 그들이 틀렸음을 보여 줄 작정이다. 이를 위해 나는 먼저 현재 우리가 파악하고 있는 수준에서 뇌기능과 조화될 수 있는 자아의 정의를 내려 보고자 한다.

"영혼의 세레나데"[3]

이 책의 집필을 시작하고 몇 달 후에 나는 뇌와 영혼의 관계에 관한 한 학술대회에 참가했는데, 바티칸에서 이 대회를 후원했다는 것은 충분히 이해할 만하다.[4] 구체적인 주제는 "신경과학과 신성한 행동"이었으며, 교회의 가르침을 현대과학의 입장에서 재정립하는 것이 대회를 조직한 신학자들의 의도였다. 그들은 특히 물리학 법칙에 어긋나지 않으면서 신이 인간들의 삶에 영향을 미칠 수 있는 방법을 찾아내는 데 관심을 기울였다. 그날 발표된 견해들을 여기에 모두 옮길 수는 없지만, 한 가지 눈에 띄는 것은 신은 상호작용하지 개입하지는 않는다는 생각이었다.

그 기본적인 아이디어는 다음과 같다. 태초에 신은 우주를 모종의 특정한 방식으로 설정했다(그러니까 신이 물리법칙들을 창조했다). 그런 다음 우주, 적어도 우주의 대부분은 내버려 두었다.⁵ 따라서 신은 통상적일 때는 별과 행성들의 위치를 통제하거나, 산을 움직이거나, 바다를 나누거나, 기후조건을 변화시키거나, 인간으로 하여금 하지 않을 일을 구태여 하게 하지 않는다(즉 개입하지 않는다). 하지만 신은 인간들과 분명히 소통한다(즉 상호작용한다).

　　여기서 우리의 관심은 신의 불개입 입장에 대한 신학적 찬반론이 아니라 상호작용에 관한 과학적 입장의 가능성(또는 불가능성)에 있다. 사람들은 물리적 세계의 물리적 존재로 살아가고, 신은 물리적 세계의 일부가 아닌 조건에서 당연히 다음과 같은 질문을 하게 된다. 그렇다면 신은 어떤 방법으로 인간과 상호작용할 수 있는가? 만약 당신이 비물질적인 영혼의 존재를 믿는다면, 당신에게는 신이 우주를 창조할 때 영혼과 상호작용할 방법을 어떻게든 마련해 두었을 것이라는 전제만 있으면 된다. 신과 영혼은 둘 다 비물질적인 존재이므로 상호작용 역시 비물질적으로 일어나며, 상호작용이 일어나는 과정에서 물리법칙들을 위배하지는 않을 것이기 때문이다.

　　그런데 놀랍게도(그들을 대변자로 삼고 있는 독실한 신자들은 나보다 더 크게 놀랄 일이고) 그 모임에 참가했던 많은 신학자들이 고전적인 비물질적 영혼을 믿지 않았다. 오히려 그들은 마음이 철저히 뇌와 연결되어 있다는 원리를 인정하는 듯했으며, 따라서 영혼도 물리법칙을 준수하는 물리적 세계의 한 부분이며, 신경계의 작용에 의해 매개되는 마음과 유사하거나 동일한 것이라고 믿는 듯했다.

　　영혼을 물리세계와 연결하려는 신학자들은 사실 나름대

로의 역사를 가지고 있다. 오늘날까지도 많은 기독교인들이 영혼은 육체와 분리되어 있고 죽은 뒤에도 영혼은 남는다고 믿고 있지만, 이러한 믿음은 중세시대 전까지는 별로 두드러지지 않았다. 초기 기독교의 가르침은 비물질적인 영혼의 존속보다 심판의 날에 있을 육신의 부활에 강조점을 두었다. 《마가복음》 9장 47절에 따르면, 예수가 말하기를 "한 눈으로 하나님의 나라에 들어가는 것이 두 눈을 가지고 지옥에 던지우는 것보다 나으니라"고 했다. 이 가르침은 상징적인 의미로 쓰인 것이 아니라 이승에 살았던 육신을 가진 채로 저승에서 살게 된다는 유대 신앙을 반영한 것이다[6](유대교도, 기독교도, 이슬람교도 모두 예루살렘 옛 도시의 동문을 마주보고 있는 감람산 서쪽 언덕에 묘를 쓴 것은 이 때문이다. 그들은 최후의 심판이 일어날 장소인 동문 가까운 곳에 육신을 묻음으로써 가장 먼저 환생하고자 했던 것이다). 고대 이집트인들도 사후에 영혼뿐만 아니라 육신도 계속된다고 믿었다. 메네나 공동묘지에는 정적에 의해 얼굴이 잘려 나간 왕족의 시신들이 많은데, 그것은 저승에 손상된 육체를 가지고 가라는 의미로 그리한 것이다.[7]

이처럼 만약 영혼이 본성상 물질적인 것이라면 물리적 법칙과 신을 동시에 믿는 데 따른 딜레마의 일부(영혼이 육체와 맞물리는 방식에 대한 부분)가 해소될 수 있다. 그러나 완전히 현대적인 신학자들도 여전히 난처한 입장에 있다. 만약 영혼이 마음과 같은 것이고, 또 마음이 뇌의 기능에 달려 있다면, 신은 어떻게 인간의 뉴런에 물리적 영향을 주지 않고서, 즉 개입하지 않고서 인간과 상호작용할 수 있는가? 또 사후에 심판의 날이 오기 전까지 육신이 썩는 동안 영혼은 어디에 있어야 하는가? 바티칸에서 후원한 학술대회가 아무런 결론 없이 끝나고 만 것은 당연한 일이었다. 퍼즐 조각들을 아무리 이리저리 옮겨 보아도 완성된 그림이 나오지 않았다. 이미 오래 전에 철학자 흄은 논리와 사유(그리고 아마도 과학까지)로는 영혼의 불멸성을 해명할 수 없다고 했다.[8] 믿거나 믿지 않거나 둘 중 하나일 뿐인 것이다.

　　　　내가 이 학술대회와 거기서 제기된 이슈들을 언급한 까닭은 신학에서 풀지 못한 문제를 과학이 해명한다는 것이 어렵다거나 혹은 불가능하다는 따위의 말을 하기 위해서가 아니라, 자아에 대한 영혼 개념은 생물학의 개념과 절대 양립할 수 없고 그럴 필요도 없다는 말을 하기 위해서다. 우리 존재가 뭐든 간에 우리 존재의 상당 부분은 뇌에서 벌어지는 일들로 설명된다. 앞서 보았듯이 신학자들 가운데서도 일부는 이 점을 인정하고 있다. 심지어 불멸의 영혼을 믿는 사람들도 이 영혼의 정상적인 기능이 뇌에 달려 있다는 데 동의한다. 셰익스피어가 뇌를 영혼의 부서지기 쉬운 거처라고 말했을 때, 그의 마음속에도 이러한 생각이 들어 있었을 것이다.[9] 치매에 걸린 독실한 가톨릭 신자인 내 어머니를 잠시만 가까이서 지켜보아도 우리 영혼의 거처가 얼마나 부서지기 쉬운지 정말 고통스러울 정도로 뚜렷이 느낄 수 있다.

논리의 한계

육체와 영혼의 상호작용에 대해 관심을 가져 온 것은 비단 신학자들만이 아니다.[10] 오랫동안 철학자들도 이 문제에 집착해 왔다. 17세기에 프랑스의 수학자 데카르트가 제시한 육체와 영혼에 대한 사유방식은 그 이후 이 문제에 대한 철학적 논쟁의 기본 형태로 자리 잡았다.[11] 앞에서 언급한 오늘날의 신학자들과 마찬가지로 데카르트도 과학과 신앙을 화해시키기 위한 방법을 모색했다. 그는 '정신'과 '물질'은 별개의 실체이며, 이 둘은 뇌 안의 특별한 장소에서 만나 상호작용한다는 해법을 내놓았다.

역사가들에 따르면 초기의 고대 그리스 철학자들은 육체와 영혼에 대해 뚜렷하게 구분된 개념을 가지고 있지 않았던 것 같다.[12] 그러다 차츰 몇몇 철학자들이 육체와 영혼을 분리된 것으로 보기 시작했다. 예를 들어 플라톤은 한 개인의 지적 정수—그의 영혼 또는 정신—는 사후에도 존속한다고 믿었다.[13] 실제로 플라톤은 자신의 육신과 육신의 모든 욕망, 열정으로부터 벗어나 마침내 순수 사고에 도달하기 위해 죽음을 고대했다고 한다.[14] 이에 반해 아리스토텔레스는 육체와 정신은 개념적으로는 구분 지을 수 있을지라도 서로 통합되어 있어서 분리할 수 없다고 생각했다.[15] 중세시대에 이르기까지 철학자들은 이 두 가지 생각의 조합을 채택했는데, (아리스토텔레스처럼) 육체와 영혼을 두 개의 통합된 '실체'로 보면서도 (플라톤처럼) 영혼을 영원한 것으로 간주했다. 예를 들어 아퀴나스는 지적이고 비물질적인 마음의 성질은 영혼에 불멸성을 부여하며, 심판의 날에 육체가 부활하여 영혼과 재결합한다고 믿었다.[16]

이것이 데카르트가 육체와 마음에 대한 논의를 펼쳤던

지적 배경이었다. 플라톤처럼 그는 정신과 육체를 별개의 실체로 보았다. "그로 말미암아 내가 나일 수 있는 내 영혼은 … 완전하고도 절대적으로 내 육체와 구별되며, 육체 없이 존재할 수 있다." 신앙과 심리이론을 결합하여 데카르트는 영혼을 의식과 등치시키고, 오로지 인간만이 자신의 행동을 의식적으로 조절한다고 했다. 따라서 오직 인간의 영혼만이 그 행동에 따라 천국에 갈 수도 있고 가지 못할 수도 있다. 데카르트의 구도에 따르면 다른 동물들의 행동은 반사적·자동적이고 생각 없이 수행된다. 따라서 데카르트에게는 의식적이지 않은 것은 정신적이지 않은 것이었다. 데카르트는 무의식적 과정들을 정확히 부인하지는 않았지만 그것들을 물리적 세계로 간단히 강등시키고, 그것들은 마음 없는(영혼 없는) 동물들에서 작용하는 것과 똑같은 방식으로 인간에서도 기능한다고 주장했다.

그런데 만약 '물리적인 것'과 '정신적인 것'이 완전히 다른 실체라면 어떻게 의식의 영혼(정신적인 것)이 물리적인 육체에 대해 책임을 질 수 있는가? 데카르트의 대답은 의식적인 영혼의 실체는 송과선pineal gland이라고 부르는 뇌의 작은 부위에 의해 물리적인 육체와 상호작용한다는 것이었다. 뇌의 모든 조직들이 왼쪽에 하나, 오른쪽에 하나씩 쌍으로 존재하는 데 반해 송과선은 뇌 중심부에 하나만 존재하는 탓에 데카르트가 보기에 마음과 육체가 상호작용하기에 안성맞춤인 곳이었던 모양이다. 그는 송과선에서 영혼의 명령이 육체에 영향을 주고, 또한 육체나 외부환경으로부터 입력되는 정보들이 지각, 감정, 지식 등의 형태로 영혼에 들어간다고 생각했다.

데카르트의 구도에 따르면 비물리적인 영혼은, 사실상 물리적인 육체는 물론이고 신과 소통하는 이중의 기능을 한다. 이러한 물리적 실체와 비물리적 실체 사이의 상호작용은 바티칸이 후원한 학술대회에서 신학자들이 극복하고자 했던 문제, 즉 어떻게 신이 인간들과 소통할 수 있는가에 대한 정확한 대답이 될 수 있겠다. 그러나 우리의 관심은 신학적 질문(어떻게 신이 영혼과 상호작용하는가)이 아니라, 철학적인 질문(마음은 어떻게 육체와 상호작용하는가)에 있다. 이 철학적 질문에 대한 데카르트의 접근방식과 그가 제시한 해법(뇌 안에서 벌어지는 마음과 육체 사이의 상호작용)은 '마음-육체 문제'로 불리며 이후 수많은 철학자들로 하여금 골머리를 앓게 만들었다.[17] 이 문제와 관련하여 나는 이 책의 논의와 관련된 두 가지 점을 지적해 두고자 한다.

첫째, 마음을 의식과 등치시킴으로써 데카르트는 마음-육체 문제를 '의식과 뇌의 관계'라는 측면에서 바라보게 만들었다. 마음-육체 문제에 대해 생각할 때, 마음 전체가 아니라 마음의 한 측면에만 관심을 두는 전통적인 관념이 여기서 시작되었다. 사실 뇌가 하는 대부분의 일은 전통적인 마음-육체 논쟁의 대상이 아니다. 현대 철학자들 가운데는 데카르트보다 넓은 관점을 가지고 뇌기능의 몇 가지 무의식적인 측면들도 정신생활에 기여한다고 생각하는 사람들도 있기는 하다.[18] 그러나 이들도 그러한 무의식적 측면들을 철학적 관심사가 되기에는 너무 '쉬운 문제들'로 여긴다. 이 장의 후반부에서 드러나겠지만, 나는 자아의 묵시적이고 무의식적인 측면들도 인간의 정체성을 형성하고 행위의 이유를 해명하는 데 중요한 역할을 한다고, 아니 핵심적인 역할을 한다고 믿는다.

둘째, 마음－육체 문제라는 철학적인 질문과, '뇌가 어떻게 마음을 만들어 내는가'라는 신경과학적인 질문을 구분하는 것이 대단히 중요하다. 철학자들은 결국 이 문제에 대한 철학적 대답을 추구하며, 자연에 존재하는 근본 실체들(물질과 마음) 사이에 존재할 수 있는 가능한 관계들을 논리적으로 다룬다. 반면에 신경과학자는 이 문제에 대해 물질적 입장이 옳다는 전제에서 출발하여, 어떻게 뇌가 마음을 만들어 낼 수 있는지 이해하려 한다.[19] 사실 오늘날에는 많은 철학자들이 물질론의 일부 견해를 받아들이고 있다. 그러나 설령 이러한 흐름이 역전되어 이원론(마음과 육체를 별개의 실체로 보는)이 철학의 주류가 된다 하더라도 신경과학자들이 할 일이 없어지진 않을 것이다. 뇌과학자들은 결국 철학이 아니라 뇌를 연구하는 것이기 때문이다. 물론 그렇다고 해서 신경과학자의 길과 철학자의 길이 만난 적이 없다거나 만날 일이 없다는 말은 아니다. 두 길은 가끔 교차했으며, 그럴 때마다 서로가 서로를 깨우치기도 하고 때론 서로 화를 내기도 했다.[20] 그러나 궁극적으로 철학자와 뇌과학자는 서로 추구하는 관심사가 다르며, 한 쪽의 전진이 반드시 다른 쪽의 전진이나 패배를 의미하는 것은 아니다.

의식이 마음과 행동의 전부이자 끝이 아니라는 내 주장에도 불구하고, 나는 신경과학이 결국 의식을 해명해 낼 것이라는 믿음에 깊이 공감한다. 무의식적 정신과정을 물리적인 관점에서 생각했다는 점에서 데카르트는 옳았다. 그러나 의식을 비물리적인 것으로 생각했다는 점에서 그는 틀렸다. 의식적 경험에 관여하는 뇌의 메커니즘이 아직 완전히 밝혀지지 않았지만 그렇다고 영원히 짙은 안개 속에 갇혀 있지는 않을 것이다. 실제로 최근의 연구들은 의식의 뇌 메커니즘을 밝히기 위한 발걸음을 재촉하고 있다. 뒤에서 우리는 이러한 작업들을 살펴볼 것이다.

우리의 몸, 우리의 자아

심리철학 분야에 몸담고 있는 철학자들에게 마음-육체 문제는 상당히 인기 있는 주제임에도 불구하고, 그들 가운데 일부는 다른 것들에 골몰해 있다. 우리의 관심을 끌면서 마음-육체 문제와도 밀접한 관련이 있는 한 가지 문제는 무엇이 하나의 인격을 구성하는가 하는 것이다. 하나의 인격이란 하나의 육체인가, 하나의 마음인가, 아니면 하나의 육체 안에 들어 있는 하나의 마음인가? 인격이란 반드시 인간의 것인가? 모든 인간들은 인격들인가? 다른 행성의 피조물도 인격일 수 있는가? 인간은 뇌손상이나 정신이상이나 도덕적 파탄 등에 의해 인격성을 상실할 수 있는가? 인격성은 생애의 어느 시점에 시작되고 어느 시점에 소멸하는가? 배아나 유아도 하나의 인격인가? 몇 달 동안 혼수상태에 빠져 있어서 의학적으로 전혀 회복 불가능한 사람은 어떻게 볼 것인가? 후반부의 질문들은 사회적·법적으로 민감한 문제들이지만 전반부의 질문들은 큰 무리 없이 대답할 수 있다. 우리가 인격이 무엇인지를 명확히 설정하지 못한다면 우리가 인격인지 아닌지는 중요하지 않다. 존 로크는 이 점을 염두에 두고 이미 수백 년 전에 이렇게 말했다. "인격이란 행위와 행위의 가치를 전유하는 법적 용어다. 따라서 인격은 법과 행복, 불행을 수용할 수 있는 지적 행위자에게만 있다. … 인격은 현존재를 넘어 과거로까지 연장될 수 있는데, 오직 의식에 의해서만 그러하다."[21]

스트로슨은 아마 이 분야에서 가장 유명한 현대 철학자일 것이다. 자주 인용되는 그의 논문 〈인격들Persons〉[22]은 육체란 그로부터 나오는 의식의 상태들을 소유하지 않는다는 비트겐슈타인의 주장으로 시작한다. "'나'는 '세계는 나의 세계'라는 사실을 통해서 철학에 등장한다. 철학적 '나'는 인간도, 인간의 육체도, 인간의 영혼도 아닌… 형이상학적 주체, 세계의 일부가 아니라 그 경계다." 스트로슨 역시 이런 단어들에 혼란을 느꼈다고 하면 아마 여러분들도 기분이 좀 나아질 것이다. 그는 이런 단어들이 인상 깊지만 모호하다고 말했다.

경험의 주체이자(즉 의식하는) 세계의 일부인(즉 육체에 의존하는) 그 무엇에 대한 개념을 설명하려 한 비트겐슈타인의 이 난해한 진술은 스트로슨을 자극했다. 그는 다음 두 가지 질문 사이의 관계를 이해하고 싶었다. 왜 우리는 의식 상태를 육체에 돌리는가? 왜 우리는 의식 상태를 기어코 뭔가에 돌리려 하는가? 데카르트는 "나는 조타수가 배를 타고 있듯이 내 육체를 타고 있지 않다"고 말함으로써 첫 번째 질문을 제기했고, 비트겐슈타인은 "생각하는 주체, 드러내는 주체, 그런 것은 없다"[23]는 진술을 통해 두 번째 질문을 제기했다.

스트로슨에 따르면, 우리는 자신의 의식 상태를 자신의

속성으로 돌릴 수 있기 때문에 우리와 비슷한 타자들 역시 유사한 의식 상태를 가지고 있음이 틀림없다. 만약 우리가 우리를 닮은 타자들을 확인할 방법만 알아낸다면, 누가 의식을 가지고 있는지 알 수 있다. 다시 말해 누가 인격체인지 알 수 있다. 이를 위해 스트로슨은 의식을 발휘할 수 있는 물질체에만 자명하게 적용될 수 있는 진술들('고통에 차 있는,' '생각하고 있는,' '신을 믿는')과, 의식이 있는 물질체와 의식이 없는 물질체에 똑같이 적용될 수 있는 진술들('무거운,' '큰,' '단단한')을 구분했다.

　　　　로크나 스트로슨처럼 많은 철학자들은 인격성은 지적 · 의식적 피조물의 특징이며, 따라서 의식은 사실상 인격성을 규정하는 성질이라는 입장을 취해 왔다. 그러나 다른 철학자들은 도덕적 요소라는 형태로 그 이상의 것을 요구한다. 이 점은 칸트의 저작들은 물론이고 로크의 저작들에도 내포되어 있다. 데닛은 로크와 칸트 및 그 밖의 다른 철학자들의 생각을 조합하여 말하기를, 인격에 관해 상호관련된 두 가지 관념이 있는데 그 하나는 도덕적 관념이고 다른 하나는 형이상학적 관념이라고 주장했다.[24] 형이상학적 인격이란 생각하고, 느끼고 지적 · 의식적 행위자인 반면, 도덕적 인격이란 자신의 행동을 해명할 수 있는 행위자다. 데닛은 '형이상학적 관념상의 인격적 존재가 자동적으로 도덕적 관념상의 인격적 존재로 되는가, 아니면 도덕적 능력을 부여할 뿐인가'라고 묻는다. 그는 계속해서 인격성의 조건들을 나열한다. 어떤 존재가 인격이 되기 위해 그 존재는 이성적이고, 말을 할 줄 알고, 의식적이고, 자의식이 있고, 일정한 방향으로 행동이 조절될 수 있고, 그렇게 행동했을 때 보답할 줄 알아야 한다. 데닛의 조건들에는 "다른 사람을 인격으로 인식한다는 것은 일정한 방식으로 그에게 반응하고 그를 향해 행위할 수 있어야 한다"[25]는 롤스의 주장과 "타인에 대한 극도의 적대적 행위와 그를 인격으로 인정하는 것은 서로 모순되지 않는다"[26]라고 한 네이글의 주장에서 빌려 온 것들도 있다. 그러나 결국 데닛은 이런 면들은 인격을 정의하기 위한 필요조건들이지 충분조건이 아니라는 결론을 내린다. 근본적으로 임의적이지 않은 인격성의 기준을 설정할 방법은 없다는 것이 그의 결론이다.

　　　　이 책의 가장 큰 관심사인 자아 개념은 인격에 대한 철학적 관념과 밀접히 연관되어 있다.[27] 사실 자아에 대한 철학의 관심은 계속 고조되어 왔으며, 자아의 여러 측면들에 대한 구분이 생겨난 것도 그 결과다.[28] 그 가운데 흔히 논의되는 것이 최소자아와 서술자아의 구분이다.[29] 전자는 자신의 자아에 대한 즉각적인 의식이고, 후자는 우리가 자신에 대해 진술하는 과거와 미래의 이야기들 속에서 이어지는 일관된 자아의식이다.[30] 서술자아는 자아가 사회적으로 형성된다는 오늘날의 생각과 일정한 관계가 있다.[31] 사회적 형성 이론은 얼핏 과학적 인간관과 대립하는 듯이 보이지만,[32] 결국 뇌는 집합적으로 사회적 환경을 형성하는 다양한 행동들과 이런 환경에 의해 전달되는 정보들을 각 개인이 습득하는 데 모두 책임이 있기 때문에 서로 낯설게 여길 필요가 없다.

　　　　'우리는 누구인가'에 대한 일차적인 형이상학적 특징으로 의식에 초점을 맞추면서 인격성과 자아에 관한 질문에 골몰했던 철학자들은 우리를 구성하는 많은 부분들을 놓치고 있는데, 그것은 바로 비非의식적인 모든 측면들이다. 스트로슨처럼 세계를 물질적 대상들과 의식적 자아들(또는 인격들)로 나눔으로써 인격이 될 수 없는 모든 비인간 동물들은 존재론의 변방에 유폐되었다.

다른 동물들이 인간의 의미에서 의식적이지 않다고 해서 그들이 단순히 바위나 의자 같은 사물이 아닌 것은 자명하다. 그들은 신경계를 지닌 살아 있는 피조물이며, 바위나 의자와는 달리 물질세계와 상호작용하며 몸을 지니고 있다. 인격, 즉 의식적 자아 개념은 인간성과 관련된 이슈들을 평가하는 방법으로서는 쓸모 있을지 모르지만, 동물 조상들로부터 이어져 오는 맥락 속에서 우리 존재를 이해하려는 다용도용으로 사용하기에는 별 볼일 없는 개념이다. 게다가 우리는 비인간 생명체들에 대한 연구를 통해 뇌의 작동원리의 여러 측면들을 파악해야 하기 때문에, 우리에게는 뇌를 포함한 인간 몸의 진화적 뿌리를 인식할 수 있는 개념이 필요하다.

자아의 무의식적인 측면들은 의식적인 측면들만큼 폭넓게 논의되지는 않지만 여전히 중요하다. 자아의 이 측면들은 의식적 자아를 걷어 내고자 하는 불교의 시도와,[33] 윌리엄 제임스를 비롯한 여러 사람들이 제기한 다중자아 개념[34]뿐만 아니라 의식적 자각 바깥에 존재하는 비개념적[35] 또는 생태학적 자아[36]에도 핵심적이다. 일단 한 인간의 자아가 의식적 측면들과 무의식적 측면들을 가진다는 점을 인정하기만 하면 우리는 다른 동물들도 자아를 가진 존재로 여기기가 쉬워진다. 다만 해당 동물 종에게 자아의 어떤 측면들을 귀속시킬지에 대해서는 충분히 주의를 기울여야 할 것이다.

결국 자아란 진화의 연장선상에서 생각해야 할 관념이다. 인간이 뇌에 의해 가능해진 자아의 독특한 측면을 가지고 있다면 다른 동물들 역시 그들만의 뇌에 의해 가능해진 또 다른 독특한 자아를 가지고 있다. 인간의 뇌 안에서 무의식적으로 작동하는 많은 시스템들은 다른 종들의 뇌 안에서도 비슷한 방식으로 작동하며, 이러한 점에서 자아의 무의식적 측면들 가운데는 동물 종들에 공통된 것들이 많다. 뇌가 비슷할수록 더 많이 겹친다는 것도 자명하다.

불행히도 우리는 다른 동물들이 의식이라고 부를 수 있는 특질들을 얼마나 가지고 있는지 모른다. 추측해 볼 수는 있지만 인간의 마음이 고양이나 개, 새, 도마뱀, 개구리, 또는 물고기의 마음이 될 수 없는 이상 이 궁금증에 대해 확실히 대답할 수 없다.[37] 데카르트의 위대한 공헌은 아마도 자기가 확실히 알 수 있는 것은 자신의 마음뿐이라고 결론 내린 것이다. 우리는 우리와 같은 뇌를 가진 다른 동물 개체들(즉 다른 인간들)에 대해서라면 그들의 정신적인 상태가 우리와 유사하리라고 어느 정도 확신할 수 있다. 그러나 다른 종(비인간 동물들)의 정신상태를 우리 정신상태로부터 확신을 가지고 유추할 수 없다.

핵심적인 개념들이 철학에서부터 발전해 온 것은 사실이지만 아마도 철학은 자아와 뇌의 관계를 파악하기 위한 토대가 되어 주지 못할 것이다.[38] 마음 · 인격 · 자아가 모두 물리적이라거나, 모두 정신적이거나 또는 부분적으로는 물리적이고 부분적으로는 정신적이라거나, 또는 이것도 저것도 아닌 그 무엇(이를테면 사회적으로 구축된 사람들 간의 관계의 산물 같은)이라거나[39] 하는 따위들은 종들 사이에 또는 종 내에서 벌어지는 여러 경험의 범주들을 분석하는 데 유용한 영역을 설정해 줄지언정 뇌의 메커니즘을 알아낼 방법에 대해서는 이야기해 주는 바가 별로 없다. 우리 뇌가 어떻게 우리 존재를 규정하는지를 이해하려면 '우리는 누구인가'에 대한 세부적 개념들을 신경기능과 연결시킬 방법이 필요하다. 이러한 목적에는 심리학이 더 나을 수 있다.

마음의 과학

사실 심리학은 19세기 말까지만 해도 철학의 한 갈래였다. 19세기 말에 독일의 생리학자 분트는 마음의 작동원리를 사유가 아닌 실험을 통해 해명해 보고자 했다.[40] 자기분석주의자(자기관찰주의자)들로 알려진 분트와 그의 추종자들은 심리학을 실험과학으로 바꾸는 데 필요한 주요한 발걸음을 내디뎠다. 그들의 주요 연구주제는 의식적 경험이었으며, 그들은 자기 자신들의 경험을 본질적이고 더 이상 쪼갤 수 없는 요소들로 쪼갬으로써 이것을 탐구하려 했다.

그러나 20세기 초에 이르러 몇몇 심리학자들이 어느 한 개인의 의식적 경험은 오로지 그 자신만이 알 수 있는 것으로서 타인에 의해 검증될 수 없으며, 따라서 이 방식은 결코 과학적 연구가 될 수 없다고 주장하고 나섰다.[41] 이런 주장이 받아들여지면서 결국 행동주의를 낳게 되었는데, 심리학이 과학적 타당성을 확보하기 위해서는 내면의 상태들이 아니라 관찰 가능한 사건들(행동반응들)에 초점을 맞추어야 한다는 것이 행동주의의 전제였다.[42] 행동주의 일파는 방법적 행동주의자들로 그들은 의식의 존재를 꼭 부정한 것은 아니었고, 다만 연구하기가 불가능하다고 믿었을 뿐이었다. 이에 반해 급진적 행동주의자들은 의식의 존재 자체를 사실상 부정했다. 그들에게 정신상태란 한 방식 또는 다른 방식으로 행동하는 경향성들에 의해 만들어지는 환상일 뿐이었다. 라일 같은 철학자들은 마음—육체 문제를 풀기 위해 급진적 행동주의를 채택했다.[43] 그는 마음을 완전히 제거하고 물리적 육체만을 물리적 용어로 설명하려 했다. 라일은 정신상태를 '기계 속의 유령ghosts in the machine'이라고 불렀다. 그리스 비극의 한 수법인 '데우스 엑스 마키나'*에서 따온 이 말은 인간들의 문제를 풀기 위해 천상에서 지상으로 내려온 신을 지칭한다.

* deus ex machina.
그리스 비극의 극작술의 하나로 기계로 만든 장엄한 신을 등장시켜 극의 결말의 효과를 극대화한다
—옮긴이.

20세기 중반 몇몇 과학자들에게는 컴퓨터에 의한 연산수행 방식과 인간의 문제 해결 방식이 별반 다르지 않아 보였다.[44] 이런 생각은 브루너[45]와 밀러[46] 같은 통찰력 있는 심리학자들을 사로잡았고, 여기서 심리학에 대한 인지적 접근방식이 등장했다. 그들은 정보를 처리하는 내적 메커니즘에 역점을 두었다.[47] 이것은 마음이 소거된 행동주의의 멋진 대안이었으며, 마침내 인지학파는 행동주의를 몰아내고 마음을 심리학에 복귀시켰다.

그러나 돌아온 마음은 행동주의자들이 추방했던 그 마음이 아니었다. 행동주의자들이 반대했던 것은 마음의 내용(예를 들어, 빨

간색에 대한 경험)에 대한 자기분석주의자들의 강조였다. 그러나 인지과학자들은 의식의 내용이 아니라 마음의 과정mental process을 연구했다. 그들은 색깔을 경험한다는 것이 무엇인가에 관심을 둔 것이 아니라 어떻게 색깔을 탐지하고 구별하는가에 관심을 두었다.

우리가 인지과정의 결과에 의식적인 접근을 할 수 있다는 것은 널리 인정되고 있는 사실이다. 하지만 통상 그러한 내용(결과)을 만들어 내는 데 관여하는 과정을 자각하고 있지는 않다.[48] 다행스럽게도 우리의 지각들, 기억들, 생각들은 그것들을 가능하게 해주는 과정들을 모르는 상태에서 작동한다. 데카르트와는 전혀 다르게 인지과학자들에게 마음과 의식은 결코 같은 것이 아니다.

인지과학 운동은 심리학에 엄청난 충격을 미치는 것으로 그치지 않았다. 정보처리라는 개념은 수학과 물리학을 비롯해서 언어학, 인류학, 그 밖의 수많은 사회과학 연구자들에 의해 채택되었다. 심리학자들이 마음을 컴퓨터의 작동 개념으로 이해하려 했다면 컴퓨터과학자와 수학자들은 컴퓨터가 마음과 같이 작동할 수 있을 것이라는 기대 속에 인공지능 분야를 만들었다. 궁극적으로 인지과학은 마음이 어떻게 작동하는지를 해명하기 위한 학제적 접근에 의해 출생했다. 마침내 인지과학은 '새로운 마음의 과학'이라 불리게 되었다.[49]

인지과정이 의식에 의존하지 않는다는 사실(실은 의식이 무의식적 인지과정에 의존한다)은 인지의 두뇌 메커니즘을 탐구하기 위해 반드시 정신과 물질의 딜레마를 극복해야 할 필요가 없다는 것을 의미한다. 실제로 인지과학자들에 의해 연구되는 많은 과정들이 인지신경과학자들에게도 좋은 연구주제가 된다. 인지의 심리학을 이해하면서 생긴 돌파구에 힘입어 인지신경과학자들은 지각, 집중, 기억, 사고작용을 뇌의 기초 메커니즘들과 결부시키는 데 성공할 수 있었다.[50]

이렇게 말하니 꼭 인지심리학과 그 사촌인 인지신경과학이 우리를 자아에 대한 심리적이고 신경생물학적인 이해에 한 발짝 더 가까이 데려다 줄 것만 같다. 그러나 실은 그렇지 않다. 우리가 특정 인지과정의 심리학적 · 신경학적 작동원리를 이해한다 할지라도 이러한 인지적 접근만으로는 자아를 설명하기에 턱없이 부족하다.

첫째, 그 정의대로 인지과학은 마음의 한 부분에 한정된—인지적 측면에 한정된—과학이지 마음 전체를 대상으로 하는 과학이 아니다.[51] 제7장에서 보겠지만 마음은 인지, 정서(감정), 의욕(동기)의 3부작으로 구성된다는 것이 전통적인 견해다.[52] 인지과학을 인지의 과학으로 본다면 인지과학에서 감정과 동기를 연구하지 않는 것은 일리가 있다. 하지만 인지과학을 마음의 과학으로 본다면 이것은 심각한 결함이다. 감정과 노력이 배제된 마음(인지과학에서 전통적으로 연구해 온 그 마음)은 인지심리학자에 의해 제기된 특정한 문제들을 해명할 수 있을지 모르지만, 자아의 정신적 기초로서는 어울리지 않는다. 인지과학에 의해 설정된 마음 모델은 이를테면 장기를 잘 두고, 속임수까지 잘 부릴 수 있도록 프로그래밍된 마음이다. 그것은 속임수에 대해 양심의 가책을 느끼지도 않고, 사랑이나 노여움 또는 두려움 때문에 동요되지도 않는다. 경쟁심, 시기심, 동정심 따위에 의해 동기가 부여되지도 않는다. 마음이 어떻게 뇌를 통해 '나'를 만들어 내는지를 이해하려면 마음 전체를 보아야 하며, 사고작용에 관여하는 부분들만 보아서는 안 된다.

인지과학의 두 번째 결함은 다양한 인지과정들이 어떻게 상호작용하여 마음을 형성하는지에 대해 제대로 파악하지 못한다는 점이다. 지각, 기억, 사고작용을 이해하는 데 많은 진전이 있긴 했지만 이들이 어떻게 협동적으로 작동하는지에 대해서는 별로 밝혀낸 바가 없다. 마음의 3부작이라는 관점에서 볼 때, 자아를 이해하려면 여러 인지과정들이 어떻게 상호작용하는가뿐만 아니라 감정과 동기까지 아울러서 이것들이 인지과정들과 어떻게 상호작용하는지, 나아가 그것들 간에는 어떤 상호작용이 일어나는지에 대해서까지도 밝혀내야 한다. 희망, 두려움, 욕망은 생각과 지각과 기억에 영향을 미친다. 마음의 과학은 이러한 복잡한 과정들을 밝혀내고 설명할 수 있어야 한다.

마지막으로, 인지과학은 우리 대부분에게서 전형적인 마음의 작동방식을 다룰 뿐 우리 개개인에 독특한 작동방식을 다루지 않는다. 기본적으로 우리는 모두 동일한 두뇌 메커니즘에 의해 중개되는 동일한 정신과정을 가지고 있다. 그러나 이런 과정들과 메커니즘들이 작동하는 방식은 우리 개개인의 유전적 배경과 삶의 경험들에 의존한다.

인지과학의 중요성은 아무리 강조해도 지나치지 않다. 그것은 연구 프로그램으로서 대단히 성공적이었으며, 우리가 마음을 바라보는 방식에 혁명적인 변화를 가져 왔다. 내가 몇 가지 결함을 언급한 것은 이것을 깎아내리기 위해서가 아니라, 다만 무엇이 나를 나로 만드는가를 이해하고자 할 때 그것의 불완전함을 지적하기 위해서였다.

성격 경연

오늘날 우리가 알고 있는 심리학은 마음의 작동들을 이해하기 위해 19세기 후반에 나타난 두 가지 상이한 접근 방법들의 불완전한 결합에 의해 형성되었다.[53] 하나는 실험적인 접근 방법으로서 지각이나 기억 같은 특정한 마음의 과정들이 전형적으로 작동하는 방식에 역점을 둔다. 다른 한 가지 접근 방법은 잘 적응된 인간은 어떠하며, 심리적 행복감을 끌어올리기 위해서는 행동을 어떻게 변화시켜야 하는지에 더 많은 관심을 기울인다. 그들은 대부분의 사람들에게 대부분의 시간 동안 작동하는 방식보다는 각 개인들과 그 개인들의 독특한 특성, 습관, 기분, 생각에 초점을 맞춘다. 오늘날 사용되는 여러 심리요법들이 이러한 접근 방법의 산물이며, 수많은 성격 이론들이 여기서 비롯되었다. 영화나 소설 속에 흔히 등장하고, 사람들이 심리학자 하면 으레 떠올리는 그런 심리학이다.

　　　성격에 대한 생각은 아마 생각 자체만큼 오래되었을 것이다. 예를 들어 기원전 400년 무렵에 히포크라테스는 한 사람의 건강과 성격은 네 가지 육체수액(혈액, 점액, 흑담즙, 황담즙) 사이의 상호작용에 의해 결정되며, 또한 그 각각은 우주의 네 가지 원소(흙, 물, 공기, 불)를 반영하고 있다고 했다.[54] 그로부터 600년 뒤 갈렌은 이 이론을 확장시켜 특정 수액이 과하면 특정한 성격이 형성된다고 했다(혈액이 과하면 낙천적이고 정열적인 성격이, 흑담즙이 과하면 우울한 성격이, 황담즙이 과하면 급하고 잘 노하는 성격이, 점액이 과하면 느리고 냉담하고 침

착한 성격이 된다).[55]

성격, 기질, 특징, 자아에 대한 견해들은 여러 세기를 거
치며 다양하게 개진되었는데, 오늘날의 접근은 기본적으로 프로이트의
심리분석 이론으로부터 시작되었다.[56] 후속 이론들은 대체로 프로이트
이론의 변형이거나 거기에 대한 반발로 볼 수 있으며, 여러 갈래로 발
전해 왔는데,[57] 신프로이트 심리동력 이론들, 유기체적 자아이론들, 특
질이론들, 행동이론이나 학습이론들, 인지이론들이 다 그러하다.

성격이론가들이 인간 마음의 작동에 대한 귀중한 통찰력
을 가져 왔던 것은 분명하며, 사람들이 삶의 굴곡에서 부딪히는 많은
난관을 극복하는 데 도움을 주는 심리치료사들에게도 지침을 제공해
왔다. 그러나 걸핏하면 이론들 간에 정면충돌이 발생했다.[58] 프로이트
시대에도 심리분석학자들 사이에 불화가 있었다(예를 들어 융이 정통 프
로이트주의에서 이탈한 것도 그 때문이다). 후에 신프로이트 학자들 내
에서 또다시 논쟁이 벌어졌다. 일부 학자들은 프로이트가 불안과 걱정
의 뿌리로서 강조한 억눌린 성적 충동을 계속 받아들인 데 반해, 다른
일부 학자들은 성욕 대신 사회적·문화적 요인들을 핵심적인 심리분석
개념으로 사용한다. 오늘날의 심리분석 이론은 마음이 어떻게 작동하
고 심리질환에 의해 어떻게 파괴되는지에 대한 잘 정의된 한 가지 견
해라기보다는 여러 이론들의 집합체로 보는 것이 더 타당하다.

그러나 심리분석 이론들 내에서의 차이는 심리분석 이론
과 또 다른 성격이론들 간의 차이에 비하면 사소하다고 할 수 있다. 어
떤 이론들은 심리질환에 초점을 맞추는 반면에 어떤 이론들은 잘 적응

된 인간의 속성에 더 관심이 많다. 어떤 이론에서는 무의식적 동기가 중요한 역할을 하며, 다른 이론에서는 정반대로 의식적 노력을 중요시한다. 많은 이론들이 다양한 요인들에 의해 행동이 촉발되는 것으로 보는 데 반해, 어떤 이론들에서는 한 가지 요인만이 강조된다(성적 만족이나 자아실현 따위). 어떤 이론에서는 사회적 고려가 중요한 반면 다른 이론에서는 무시한다. 생물학적 인자들, 특히 유전자가 평생토록 일정한 성격특성을 유지하는 데 관여한다고 믿는 이론이 있는가 하면, 다른 이론들은 행동과 정신상태들을 규정하는 데는 학습과 상황 (특히 사회적) 요인이 더 중요한 역할을 한다고 주장한다.

이렇듯 성격이론이 제각각인 까닭에 대해 흔히 두 가지 설명이 거론되는데, 한 가지는 주제 자체가 너무 어려워서 아직 어느 누구도 제대로 이를 파악하지 못했기 때문이라는 것이고, 다른 한 가지는 지금까지 제시된 이론들이 다 조금씩은 타당하기 때문에 이 경연장에서 뚜렷한 승자가 없기 때문이라는 것이다. 나는 후자의 손을 들어 주고 싶은데, 만약 그렇다면 자아 개념을 정립하기 위한 가장 좋은 방법은 이 이론들을 각축하게 하는 것이 아니라 종합하는 데서 찾아야 할 것이다.

자아의 관점

지금까지 나는 성격, 자아 등의 용어들을 비교적 느슨하게 사용해 왔다. 이제 이것들을 조금 분명히 할 때가 되었다. 지금부터 나는 자아라는 용어를 살아 있는 생명체 전체를 가리키는 의미로 사용할 것이다. 이것은 윌리엄 제임스가 자아는 자기임의 총합[59](이 장 첫 단락을 보라)이라고 말했을 때의 의미와 유사한 것으로, 성격은 여기에 포함되는 개념이다. 그런데 뇌가 어떻게 자아를 성립시키는지를 밝히려는 우리의 목적에 사용하려면 이 개념을 조금 더 다듬을 필요가 있다.

　　오늘날의 성격이론에서 말하는 전형적인 자아는 자아지식·자아관념·자존감을 가지고 있고, 자각적·자아비판적이고, 자아의 중요성을 느끼고, 자아실현을 위해 투쟁한다는 점에서 철학에서 말해 온 의식적 자아와 흡사하다. 자아에 대한 선구적인 심리학자인 로저스는 이런 개념을 종합하여 자아를 "주격의 '나(I)' 또는 목적격의 '나(me)'의 특징들에 대한 지각들로 구성된, 조직적이고 일관된 개념적인 게슈탈트*"라고 정의했다.[60] 로저스에게 이러한 지각들은 "항상 자각해야 할 필요는 없지만 자각 가능한 것들이다." 마르쿠스 같은 오늘날의 자아심리학자들은 자아의식에 대해 비슷한 견해를 가지고 있다.[61] 이들은 정신활동의 일부 측면들이 무의식적으로 일어난다는 것을 부정하지는 않지만, 마음의 무의식적 요소들의 중요성을 최소화하고 자아를 정신상태들과 행동을 제어하는 적극적 행위자로 보는 자아 개념을 선호한다.

　　이처럼 의식적 실재로서의 자아를 강조하는 오랜 전통에도 불구하고 우리가 자각하거나 혹은 자각할 수 있는 자아는 자아라는 용어가 가리키는 것 전체가 아니다. 예를 들어 심리학자 먼로는 좀더

* Gestalt. 게슈탈트란 '형태'라는 뜻의 독일어로 심리학에서는 '의식에 떠오른 전체적 형태'를 의미한다 —옮긴이.

근본적인 견해를 주장했다.[62] 그녀는 "살아가면서 발달하는 자아감과 생명체에 정말 필수적인 자아가 너무 혼동되고 있다"고 지적한다. 먼로는 시간에 따라 발달하는 '자아감'이 자아의 전부인가에 대해 의문을 던진다. 다시 말해 그녀는 우리가 자각하고 개선시키려고 갖은 애를 다 쓰는 자아, 우리가 감각하는 자아, 숱한 성격이론가들을 매혹시켜 온 그 자아는 진정한 의미의 자아에 비하면 너무 협소한 의미의 자아라고 주장한다.

　　　　자아는 동물이라면 반드시 갖게 되는 속성이다. 다시 말해 자아를 자각하느냐와 상관없이 모든 동물들은 자아를 가지고 있다. 결국 자아란 자아를 자각할 수 있는 생명체가 의식적으로 자각할 수 있는 것보다 훨씬 크다. 실제로 사회심리학의 최근 연구결과에 따르면 우리가 다른 인종의 사람에게 반응하는 방식을 비롯해 의사결정 같은 인간의 사회행동과 관련된 수많은 중요한 측면들이 무의식적으로 매개된다.[63] 생명체 내부에서의 이러한 차이점들(의식적 측면 대 무의식적 측면)과 생명체들 사이의 차이점들(의식이 있는 생명체 대 의식이 없는 생명체)은 무분별한 자아 개념으로는 포착되지 않지만, 자아의 명시적explicit 측면과 묵시적implicit 측면을 구분하면 설명이 가능해진다.

　　　　우리가 '나는 누구인가'에 대해 의식적으로 알고 있는 것들은 자아의 명시적 측면들을 구성한다. 이것들이 바로 우리가 흔히 자아자각self-aware이라는 용어로 가리키는 것이며, 우리가 자아 개념이라고 부르는 것들을 구성한다. 자아심리학자들이 관심을 가지는 것이 바로 이것들이다. 반면에 자아의 묵시적 측면들은 속성상 접근이 불가능하거나 몹시 어려워서 의식이 곧바로 동원할 '나'의 다른 모든 측면들이다. 묵시적 자아는 모든 동물들이 가지고 있지만, 명시적 자아는 자아에 대한 의식적 자각 능력이 있는 동물들만이 가지고 있다(바로 이 때문에 애완동물들이 성격을 가지고 있다고 해서 반드시 그들이 인간적 의미에서의 의식을 가지고 있다고 말할 수는 없다).

자아에 대한 이런 견해는 스트로슨이나 데닛 같은 철학자들이 정의한 인격 개념과 대비된다. 명시적 자아와 묵시적 자아를 구별하면 인격이 될 수 있는 것은 오직 인간뿐이며, 반면에 자아는 다른 모든 동물들도 다 가지고 있다. 인격 개념을 확장시킴으로써 자아의 명시적 측면과 묵시적 측면을 설명할 수 있을지도 모른다. 그러나 이렇게 하면 한 가지 문제(인격에게는 인격이 의식하는 것 이상이 있다는 사실)는 해결되지만, 다른 문제(인격과 다른 동물들 사이의 관계)는 아직 해결이 안 된다.

자아에 명시적 측면들과 묵시적 측면들이 존재한다는 견해는 특별히 새로운 아이디어는 아니다. 그것은 프로이트가 마음을 의식적 수준, 전前의식적(접근 가능하지만 상시적으로 접근해 있지는 않은) 수준, 무의식적(접근 불가능한) 수준으로 나눈 것과 관련이 있다. 그러나 프로이트의 용어들은 내가 이 책에서는 언급하고 싶지 않은 매우 이론적인 내용들을 담고 있다.

'명시적' 혹은 '묵시적' 따위의 용어들 자체도 완전히 중립적이지는 않다. 그것들은 기억 연구에서 빌려 온 것들로, 기억 연구에 따르면 명시적이고 의식적으로 접근할 수 있는 기억들을 형성하는

데 관여하는 뇌 시스템은 의식적 자각 없이 묵시적으로 정보를 학습하고 저장하는 여러 뇌 시스템들과 구별된다.[64] 사실 대부분의 뇌 시스템들은 가소적plastic이고 의식 바깥에서 작동하므로 묵시적 기억시스템, 더 정확히 말하면 묵시적으로 특정한 종류의 정보들을 저장할 수 있는 시스템으로 볼 수 있다. 우리가 살아가면서 겪게 되는 경험이 '나'의 형성에 기여한다는 의미에서 명시적·묵시적 기억*은 자아를 형성하고 유지하는 중요한 메커니즘이다. 명시적

* 명시적 기억을 외현기억, 묵시적 기억을 암묵기억이라고 한다—옮긴이.

시스템들에 의해 학습되고 저장되는 자아의 측면들은 자아의 명시적 측면들을 구성한다. 자아를 자각한다는 것은 장기기억에서 '나'에 대한 정보를 불러내 생각의 중심에 위치시키는 것이다. 반면에 묵시적 시스템들에 의해 학습되고 저장되는 자아의 측면들은 자아의 묵시적 측면들을 구성한다. 우리는 의식적으로 자각하지는 못해도 우리의 자아에 관한 이러한 정보들을 상시적으로 이용한다. 특징적인 걸음걸이, 독특한 언어습관, 사고방식, 감정방식들이 다 과거의 경험을 발판으로 삼아 기능하는 시스템들의 작동에 의해 나타나는 것들이지만, 우리는 이런 작동들을 자각하지는 않는다. 뇌의 명시적·묵시적 기억기능들의 작동과정에 대해서는 이 책 뒷부분에서 더욱 상세히 논의할 예정이다.

생명체들이 고난을 무릅쓰고 자신의 생명을 유지하고 복지를 향상시킨다는 점에서 자아는 하나의 단위다. 자신의 외양에 대한 물리적 손상을 결코 가볍게 받아들이지 않으며(이집트의 공동묘지에서 발견된 머리 절단의 의미를 되새겨 보라), 자신의 인격에 대한 모독도 마

찬가지다. 명시적·묵시적 시스템들은 모두 인간 안에서 이러한 통일성을 완성하는 데 이용된다. 생명체가 이러한 목표(통일성의 완성)를 향한 노력을 자각하느냐의 여부와는 상관없이 자아 보존은 하나의 보편적인 동기다. 바퀴벌레는 사람이 다가오는 순간 그 위험에 대한 명시적 자각 없이도 재빨리 달아날 수 있으며, 단세포의 박테리아들도 자신이 처해 있는 화학적 환경 속에서 해로운 분자들을 탐지하고 달아날 수 있다.

자아는 정적이지 않다. 유전적 성숙, 학습, 망각, 스트레스, 노화, 질병 등에 의해 가감된다. 이 점에서는 자아의 명시적 측면과 묵시적 측면들이 같은데, 매 순간마다 혹은 비슷하게 혹은 다르게 영향을 받는다. 예를 들면 가벼운 칭찬은 명시적 기억에만 등록되고 저장되지만, 열렬한 찬사는 명시적으로 등록되면서 동시에 감정시스템들 emotion systems을 가동시켜 경험 내용을 묵시적으로도 저장하게 한다. 반면에 스트레스는 명시적 기억은 손상시키는 반면에 감정시스템들의 묵시적 기억기능들은 향상시킨다.[65]

학습이 중요하다는 것이야 말할 필요도 없지만 자아의 모든 측면들이 다 학습되는 것은 아니다. 어떤 것들은 우리의 유전적 유산에서 비롯된다. 우리가 호모사피엔스로서 가지고 있는 일체의 능력들(학습 능력과 기억 능력을 포함하여)은 우리 종을 구성하는 유전적 청사진에 의해 가능해진 것이다. 우리 개개인의 기억시스템 안에 저장되어 있는 것들은 저마다의 고유의 경험에서 비롯된 것들이지만, 이러한 시스템들의 존재 자체와 그 작동방식들은 우리 종의 유전자들에 의한 것이다. 동시에 우리는 저마다 인간이라는 큰 틀 속에서 약간씩 변이가 있는 유전적 계통사를 가지고 있으며, 한 개인의 유전자 세트는 가족들 간에도 조금씩 다른 변이를 가지고 있다. 이러한 변이들 역시 '나'에게 영향을 미친다.

마음과 행동의 특징을 형성하는 데 유전자가 하는 역할에 대해서는 성격에 대한 생물학적 설명인 특질이론trait theory들이 명료하게 잘 표현하고 있다. 특질이론은 한 사람의 영속적인 속성은 그 사람의 유전적 배경에서 기인한다고 주장한다.[66] 여러 가지 증거들에 의해 뒷받침되고 있는 한 가지 견해에 따르면 어떤 특질들, 예를 들어 외향적 성향(사교성)과 내향적 성향(수줍음, 두려움, 움츠림)의 상대적 정도는 그 사람의 유전적 가계력에 의해 크게 영향을 받는다고 한다. 그런데 우리는 이와 같은 성격유전 이론을 볼 때 다음 두 가지에 특별히 유의해야 한다.

첫째, 유전자는 특정한 성격특질에 50% 정도 관여한다.[67] 이 말은 유전자는 최대로 잡아도 해당 특질의 절반 정도에 대해서만 책임이 있다는 뜻이지 모든 성격 가운데 절반이 유전자에 의해 설명된다는 뜻이 아니다. 어떤 특질에 대해서는 유전자의 영향이 너무 적어서 측정할 수 없을 때도 있다. 내향적 성향은 유전자의 영향을 가장 크게 받는 특질들 가운데 하나로 꼽는다.[68] 극단적으로 부끄러워하거나 내향적인 어린아이들 가운데 상당수가 불안하고 우울한 어른으로 성장하지만,[69] 정상적인 어른으로 자라는 경우도 드물지 않다. 이처럼 정상적으로 자라는 경우는 유전자의 영향이 일시적이었기 때문일까, 아니면 유전자의 영향이 억제되었기 때문일까? 아이가 아주 어릴 때 극단적인 내향적 성향을 발견하여 좋은 가족환경 속에서 키우면 어느 정도 회복할 수 있다는 사실에 미루어 볼 때 유전자가 한 개인의 심리적 미래를 완전히 좌우하지는 않는다는 것을 알 수 있다.[70] 삶의 경험들은 학습과 기억의 형태로 한 사람의 유전형이 표현되는 방식을 구체화한다. 행동과 관련하여 유전자결정론을 열렬히 지지하는 사람들도 유전자와 환경이 상호작용하면서 특질표현을 형성한다는 데 수긍한다. 결국 어느 쪽이냐의 문제가 아니라 얼마냐의 문제다. 둘 다 기여한다고 보는 것이 옳다.

성격의 영속성에 대한 유전자 역할 이론에서 두 번째 주의할 점은 사람들이 소위 성격특질에 항상 충실하지는 않다는 연구결과다. 예를 들어 어떤 사람들은 직장이나 사교모임에서는 부끄러움을 타지만 집에 오면 성격이 완전히 달라져서 기세등등해진다. 실제로 심리학자들이 상황에 따른 행동의 일관성을 조사한 결과에서도 사람들이 상황과 무관하게 일관되게 행동하지는 않는 것으로 나타났다. 이와 같은 조사결과들을 바탕으로 미셸은 행동과 정신상태는 구성인자들에 의해 지배되는 것이 아니라 거꾸로 상황의 지배를 받는다고 주장한다. 그는 또 특정한 환경조건과 연동되는 한 인간의 생각, 동기, 감정들을 이해할 때만 행동 예측이 가능하다고 주장한다.[71] 그는 이것을 "만약 … 라면, 그렇다면 … 할 것이다"의 관계로 표현했다. '만약' 당신이 A라는 상황 속에 있다면, '그렇다면' 당신은 X를 할 것이다. 그러나 '만약' 당신이 B라는 상황 속에 있다면, '그렇다면' 당신은 Y를 할 것이다. 미셸에 따르면 사람은 무조건적으로 안정적인 성격을 가지는 것이 아니라, "만약 …라면"이라는 조건 속에서 안정적인 측면들을 지닌다.

심리학의 대립되는 주장들이 다 그렇듯이 상황 관점과 특질 관점은 둘 다 일리가 있다. 특정한 성격에 대한 유전자의 역할이 클수록 그러한 특징이 상황과 무관하게 일관성을 보일 가능성이 크다. 반대로 우리의 행동방식에 미치는 상황의 영향도 그 상황이 무엇이냐에 따라 다르다. 예를 들어 붉은 신호등에서는 공격적인 사람이나 온순한 사람이나 다 멈춰 서지만, 노란 신호등으로 바뀌려고 할 때는 성격차이가 확연히 드러난다(공격적인 사람은 가속페달을 밟는다).[72] 제4장에서 우리는 유전자와 성격 사이의 관계에 대한 궁금증들을 좀더 상세히 알아볼 것이다.

자아가 존재한다고 주장하다가 나는 궁극적으로는 실재하지 않는 뭔가를 실재화하는 위험을 무릅썼다. 가수 밥 딜런은 "하루에도 몇 번씩 나는 변하지. 눈을 뜨면 이 사람이 되고, 그러나 나는 알아, 잠자리에 들면 다른 사람이 된다는 것을. 내가 누군지 나는 몰라. 하긴 무슨 상관이람"[73] 하고 노래했다. 또 로스는 "내가 확실히 말할 수 있는 것은 나는 자아 따윈 가지고 있지 않다는 것, 내 자신에게 자아에 관한 농담조차 지껄이고 싶지 않고 그럴 수도 없다는 것이다"[74] 라고 말했다. 심리분석과 불교를 접목하려고 노력했던 엡스타인은 자아의 상당 부분이 본질적으로 묵시적(암묵적)임을 은근히 내비치면서 에고에 대한 에고의 이미지(에고의 대상 이미지object image)는 주체(자아)에 대한 설명으로 늘 모자란다고 했다.[75] 전체 자아는 그 주체(그 자아인 자)에 의해서도 보통은 발견되지 않지만 그럼에도 불구하고 존재한다.

　　그렇다면 그것은 무엇인가? 내 생각에 자아는 한 생명체가 물리적 · 생물학적 · 심리적 · 사회적 · 문화적으로 될 수 있는 모든 것들의 총합이다. 그것은 하나의 단위이지만 단일하지 않다. 그것은 우리가 아는 것들과 우리가 알지 못하는 것들, 우리가 깨닫지 못하지만 다른 사람들이 우리에 대해 아는 것들을 모두 포함한다. 그것은 우리가 표현하거나 숨기는 특징들과 우리가 활용하지 않는 특징들을 모두 포함한다. 그것은 우리가 되기 싫은 것과 되고 싶어하는 것들을 모두 포함한다.

　　자아의 모든 측면들이 항상 동시적으로 분명하지 않다는 사실, 여러 측면들이 서로 모순될 수도 있다는 사실은 해결 기미가 없는 복잡한 문제를 내는 것처럼 보일지도 모른다. 그러나 우리는 자아를 구성하는 각각의 요소들이 각기 다른 뇌 시스템들의 작동에 의해 나타나는 데 지나지 않는 것으로, 그리고 이 뇌 시스템들이 때로는 서로 동조하고 때로는 동조하지 않는 데 지나지 않는 것으로 이것을 쉽게 이해할 수 있지 않을까. 명시적 기억은 하나의 시스템에 의해 매개되는 반면, 묵시적(암묵적)인 정보저장 시스템들은 다양하기 때문에 자아에 대한 많은 측면들이 서로 공존할 수 있다. 윌리엄 제임스는 "한 사람의 잠재적이거나 현재적인 자아를 움직이지 못하면 어떤 위협이나 애원도 그 사람을 움직이지 못한다"[76]고 했다. 또 《올랜도*Orlando*》에서 버지니아 울프는 "한 인간은 수천 개의 자아를 가지고 있지만, 그 가운데 예닐곱 개만이라도 해명할 수 있다면 완전한 자서전을 쓸 수 있을 것"

[77]이라고 했다. 또한 화가인 폴 클레의 말처럼 자아란 "극적인 앙상블"
이다.[78]

자아와 뇌

자아와 성격에 대한 이론들은 뇌기능에 대한 우리의 이해와 늘 부합되
지는 않는다.[79] 그렇다면 내가 자아라고 일컫은 이 복잡한 덩어리를 뇌
의 시냅스들과 시스템들에 어떻게 관련지을 수 있을까?[80] 이 책의 나머
지 부분의 목표는 이 질문에 답하는 것이다. 대략적인 내용을 미리 소
개하자면 이렇다.

　　　　자아는 삶에서 중요한 것들에 대한 정보를 학습하고, 명
시적·묵시적 시스템들에 저장하는 뇌 시스템들과 관련해서 이해해 볼
수 있다. 이 시스템들의 과정은 물리적·사회적 상황 속에서 항상 일
어나며, 유전적 유산과 과거의 경험에 의해 규정된 방식에 따라 기능
하는 네트워크에 의해 수행된다. 다시 말해 자아를 이해하기 위해서는
인지, 감정, 동기(정신의 3대 요소)의 토대인 뇌 시스템들이 선천적 또
는 후천적 영향 아래서 어떻게 발달하는지, 또 이 시스템들에 의해 우
리는 어떻게 주의집중하고, 지각하고, 경험들을 배우고, 저장하고, 회
상할 수 있는지를 해명해야 한다. 특히 우리는 여러 시스템들이 어떻
게 상호작용하고 서로 어떻게 영향을 미치는지 해명해야 한다. 이런 상
호작용과 통합작용이 없다면 우리 한 사람 한 사람은 일관성 있는 하

나의 인격이 아니라 서로 별개인 여러 정신기능들의 집합체에 불과할 것이다.

　　　그러나 문제는 인지, 감정, 동기의 과정들 사이의 선천적이거나 학습에 의한 상호작용이 '나'를 만든다고 단순히 주장하는 것이 아니라, 이런 상호작용들이 어떻게 작동하는지를 해명하는 것이다. 이 책에서 앞으로 내가 설명하고자 하는 바는 특히 신경계의 시냅스 메커니즘과 관련되어 있다. 한마디로 나는 시냅스의 과정에서 우리 뇌가 '나'를 '나'의 진면모를 만들어 가는 과정에 대한 해답을 찾을 수 있다고 믿는다. 시냅스의 과정은 특정한 상태들이나 경험들에 관여하는 다양한 뇌 시스템들 사이에서 일어나는 협동적인 상호작용들을 가능하게 해주며, 또한 이런 상호작용들이 시간의 경과와 더불어 서로 연결되도록 해준다. 이 말이 가지는 의미가 당장에는 명확히 이해되지 않을지도 모르겠다. 그러니 조금 더 기초를 다지기로 하자.

3

가장 설명하기 어려운 장치

내 자신의 뇌는 나에게 가장 설명하기 어려운 기계장치다. 항상 소란을 떨며 윙윙거리고, 솟구치며 포효하다 곤두박질치며, 끝내 진창 속에 처박힌다. 왜 그럴까? 이런 정열은 도대체 무엇을 위한 것인가?
— 버지니아 울프

우리 대부분은 버지니아 울프처럼 화려한 표현력은 없어도 뇌에 대해 경이롭게 생각하는 것은 마찬가지다. 누구나 한번쯤은 '모든 사람은 뇌를 10%밖에 쓰지 못한다' 는 따위의 말을 비롯해서 머리 속에 들어 있는 이 주름투성이 물체에 관한 몇 가지 이야기들을 들어 본 적이 있을 것이다. 이 수치는 어디서 나왔을까? 90%가 사용되지 않는다면 왜 우리는 그것을 가지고 있는 걸까? 진화란 내내 사용되지 않다가 어느 날 사용처가 나타나는 그런 기관을 만드는 법이 없다. 우리 대부분에게 거의 모든 시간 동안 쓸데없이 방치된 90%의 뇌가 존재할 수 있다는 것은 상상하기 어렵다. 지난 수 년 동안 연구자들이 뇌가 하는 일들을 조사한 바에 따르면 사용되지 않고 놀고 있는 부분은 그렇게 많지 않다.

사람들은 뇌에 대해 잘못된 믿음을 한두 가지 더 가지고 있다. 첫째는 지각, 기억, 감정 등과 같은 뇌기능들이 뇌의 특정 영역에 위치해 있다는 것이다. 다른 하나는 뇌에서 돌아다니는 화학물질들이 우리 정신상태를 결정한다는 것이다. 10%라는 허황된 이야기와는 달리 이러한 믿음들은 부분적으로 옳지만, 맥락을 벗어날 경우에는 명백히 잘못된 것들이다. 최소한 일반적인 의미에서 우리는 뇌가 어떻게 작동하는지 알고 있는데, 뇌조직의 부분들이나 고립된 화학물질들이 독립적으로 작용하지는 않는다. 특정한 영역들이 중요하지만, 그 자체로서 중요한 것이 아니라 다른 영역들과 더불어 시냅스연결을 통해 기능에 참여함으로써 그 중요성이 발휘된다. 화학물질들도 중요하다. 그러나 기능 시스템 안에 존재하는 시냅스에서 일을 하기 때문에 더욱 중요한 것이다.

이 장에서 나는 이 '가장 설명하기 어려운 기계장치'에 대해 설명하고(대략적 설명이지만), 뇌의 시냅스 시스템들을 이해하는 데 필요한 기본적인 사실들을 설명할 것이다. 조금 전문적일 수도 있겠지만, 자아를 시냅스에 연관시키려는 나의 시도를 위해서는 이런 정보들이 필수적이다. 비교적 간단히 설명하고 있으므로 이런 내용을 이미 알고 있는 독자들은 건너뛰고 싶을 것이다. 그러나 초보자들에게는 뉴런이 무엇인지, 그것들이 시냅스에 의해 어떻게 서로 연결되는지, 시냅스연결이 뇌기능을 이해하는 데 왜 중요한 열쇠인지에 대한 집중적인 강의가 될 것이다.

두뇌들_ 너무나 다른, 그러나 너무나 같은

포유류인 우리는 척추동물문에 속하는데, 여기에는 등뼈를 지닌 새, 파충류, 양서류, 어류 등이 포함된다. 포유류와 조류는 수백만 년 전에 파충류로부터 갈라져 나왔다. 이런 공동 조상을 가졌음에도 불구하고 파충류, 조류, 포유류의 뇌들은 매우 다르게 보인다. 그러나 이런 차이점들 밑에는 변하지 않는 공통의 모습이 존재한다.

　　모든 척추동물의 뇌는 전뇌forebrain, 중뇌, 후뇌의 세 가지 영역으로 나뉜다. 20세기 초에 신경과학자들은 어느 영역이 손상되느냐에 따라 서로 다른 증상들이 나타난다는 사실을 발견했다.[1] 예를 들어 고양이를 이용한 연구에서 전뇌가 손상되었을 때는 합목적적이고 의도적으로 움직이는 행동과 문제 해결 능력이 소실되었다. 그렇지만 전뇌의 상당 부분을 잃어도 겉으로 보기에는 여전히 정상적이고 일사분란한 행동들이 나타난다. 이런 동물들도 소리를 향해 움직이거나 뜨거운 것에 닿을 때 발을 뗄 때는 행위, 걷고 먹는 일을 할 수 있다. 이들은 감정과 관련된 반응들도 충분히 보이며, 전뇌 밑 부분에 위치한 작은 영역인 시상하부가 온전한 이상 화를 내거나 두려움을 나타낸다. 전뇌를 모두 제거하여 시상하부까지 없어지면 매우 기본적인 반응만이 남는다. 이러한 동물들은 강한 자극을 받았을 때 비명소리를 내거나 이빨을 드러내거나 발톱을 세우거나 발을 휘두를 수 있지만, 이 모든 행위들을 통합하여 방어행동이나 공격행동을 만들어 내지는 못한다. 중뇌가 손상되면 동물은 기본적으로 혼수상태에 빠져 육체적으로는 살아 있으나 행동학적 또는 심리학적으로는 죽은 것과 다름없다. 그리고 후뇌가 손상되면 죽는다.

이런 조악한 실험을 통해 알게 된 것은 후뇌는 생명을 유지하는 데 필요한 매우 기본적인 기능들을 조절하고, 중뇌는 깨어 있게 하고 대략적이고 부분적인 행동반응들을 유지하는 데 관여한다. 뇌 손상이 초래하는 이러한 효과를 감안할 때, 전뇌(사고와 문제 해결에 필요한 뇌 부위)가 포유류와 다른 척추동물들 사이에서 가장 큰 차이를 보이는 영역이고 후뇌(생명에 필요한 부위)는 가장 작은 차이를 보인다는 것은 그리 놀라운 사실이 아니다. 그럼에도 불구하고 이 세 부위들은 모든 척추동물들에 다 있으며, 진화적으로 가장 큰 발전을 보인 전뇌 구조조차도 모든 척추동물 종들에게 적용되는 공통의 설계를 따르고 있다.

가령 인간의 전뇌는 몇 가지 하부구조들로 이뤄지는데,[2] 그중 하나는 신피질neocortex이라 불리는 주름진 바깥층 구조다. 이것은 전뇌의 일부로 여러 가지 고등 정신기능을 가능하게 해 준다. 여기에 '신neo'이라는 말이 붙여진 것은 이 뇌 부위가 파충류에서 포유류로 진화해 오면서 진화 역사상 가장 최근에 형성되었다는 오랜 믿음 때문이었다.[3] 다른 척추동물들은 원시적이고 오래된 구피질을 가지고 있고 포유류에 있는 신피질을 가지고 있지 않다고 생각했던 것이다. 그러나 이런 견해는 1960년대 말에서 1970년대 초에 걸쳐 뇌를 연구하는 새로운 기술들이 개발되면서 달라지기 시작했다.[4] 이 기술들에 의해 발견된 화학적 염색 패턴과 신경연결 패턴을 토대로 우리는 뇌 구조가 어떻게 조직되어 있는지 더 잘 알 수 있게 되었는데, 연구자들은 이러한 정보를 토대로 조류나 파충류에서도 신피질에 해당하는 구조를 찾아낼 수 있었다. 이것은 신피질의 구조가 실은 최근에 형성되었거나 포유류에만 독특하게 존재하는 것이 아님을 의미한다. 신피질이 그 이전에 조류나 파충류에서 발견되지 못했던 것은 그 위치가 포유류처럼 맨 바깥 부분에 있지 않고 다른 뇌 영역들 밑에 숨겨져 있었기 때문이다.

전반적인 뇌 구조 수준에서 서로 다른 많은 동물들에게 유사한 설계도가 적용되고 있다고 할 수 있지만, 그렇다고 모든 뇌들이 똑같지는 않다. 주어진 하나의 뇌 영역만 보더라도 그 크기와 복잡성에서 종들 간의 차이는 매우 클 수 있으며, 어떤 동물이 할 수 있는 일들을 다른 동물들이 못 하는 것은 이 때문이다. 예를 들면 양서류는 시개tectum라 부르는 중뇌의 한 부위가 유난히 발달되어 있으며, 덕분에 개구리는 혀를 내밀어 날아다니는 곤충을 정확히 추적하여 낼름 잡아먹을 수 있는 능력이 있지만[5] 사람에게는 이런 능력이 없다. 박쥐와 쥐들은 우리가 듣지 못하는 소리를 들을 수 있으며, 벌들은 비행 방향을 가늠하기 위해 자기장 감각을 이용하는데, 이 역시 인간이 할 수 없는 행위들이다.[6] 종들은 저마다 다른 진화적 압력을 받아 왔으며, 그들의 뇌는 다 그 나름의 독특한 진화 역사를 반영하고 있다.[7]

포유류와 다른 척추동물들 사이의 가장 큰 차이는 피질이 확장된 정도에 있다. 앞서 보았듯이 파충류와 조류는 어느 정도 신피질을 가지고 있지만, 포유류의 신피질은 그보다 훨씬 더 정교하고 넓게 확장되어 있다.[8] 이러한 차이는 포유류 동물 내에서도 나타난다. 설치류보다 영장류의 신피질이 더 크고 잘 분화되어 있으며, 원숭이보다 인간의 신피질이 더 발달되어 있다. 그러나 피질의 크기와 복잡성에서의 이러한 차이는 기본적인 신피질의 설계도를 따르는 범위 안에서 나타난다. 예를 들어 모든 포유류는 감각(시각, 청각, 촉각)과 관련된 처리 영역이 뇌피질의 뒷부분에서 이뤄지고, 동작 조절과 관련된 처리 영역은 피질의 앞부분에서 이뤄진다.

같은 종 내에서 피질 조직의 유사성은 놀라울 정도다. 초기 해부학자들은 언뜻 보기에 아무렇게나 생긴 것처럼 보이는 피질의 주름들이 실은 모든 사람들에게 일관되기 때문에, 신피질의 여러 영역들을 확인하기 위한 이정표로 삼을 수 있다는 것을 깨달았다.[9] 놀라운 사실은 주름에 의해 구획된 영역들이 특정 기능을 수행하며, (다른 피질들이나 피질 아래에 자리 잡고 있는 다른 영역들과의 시냅스연결을 통해) 정신생활과 행동의 다양한 측면들에 관여한다는 것이다.[10] 예를 들면 신체 각 부위들이 정교하게 움직이도록 조절하는 피질 영역은 피질에서 가장 깊은 주름 중의 하나인 중앙구central sulcus 바로 앞에 위치해 있으며, 또 촉각 · 청각 · 시각 영역들도 특정한 주름을 경계로 제각각 위치가 정해져 있다. 언어 이해와 관련된 영역과 언어 표현과 관련된 영역도 위치가 정해져 있다. 정교한 조사에 따르면, 사람마다 피질 영역이나 그 밖의 뇌 부위들의 조직에 미세한 변이가 발견되지만 뇌의 전반적인 설계도는 너무나 흡사하다. 이렇듯 놀라울 정도로 유사한 뇌를 가지고 있음에도 불구하고 우리는 다르게 행동하고, 독특한 능력과 서로 다른 취미, 욕망, 희망, 꿈, 두려움을 가지고 있다. 따라서 개인들 간의 차이는 뇌의 전반적인 구조가 아니라 뇌 구조의 저변에 깔려 있는 신경 네트워크의 미세한 차이에서 비롯된다고 할 수 있다. 한 인간을 추정하는 특질을 이해하기 위해서는 뇌의 피상적인 구조(뇌의 거시적 구조)를 넘어 신경시스템의 미세구조와 기능들, 특히 이들을 구성하고 있는 세포들과 시냅스들에 눈을 돌려야 한다.

세포 전쟁

신체의 모든 기관과 조직은 세포로 구성되어 있다. 그러나 다른 기관의 세포들과 달리 뇌세포, 즉 뉴런은 서로 직접 의사소통을 한다. 이 과정에 특별히 마술적인 요인은 없다. 단지 다른 세포들은 할 수 없는 방식으로 정보를 교환할 수 있도록 설계되어 있을 뿐이다.[1] 뉴런들 간에 이루어지는 의사소통의 공통된 패턴들 때문에 모든 인간 뇌들은 기본적으로 동일한 방식으로 작동하며, 이런 패턴상의 사소한 차이들이 우리 개개인에게 특징적인 성격차이를 만들어 낸다.

뇌를 비롯해서 신체의 모든 기관들이 세포로 구성되어 있다는 사실은 오늘날에는 당연시되고 있는데, 이러한 사실이 밝혀진 것은 19세기에 개발된 현미경 덕분이었다. 1837년 무렵에 독일의 식물학자 슐라이덴이 처음으로 식물체들이 서로 구별되는 세포라는 단위들로 이루어져 있다고 주장했다. 이듬해 그의 친구인 슈완이 동물들도 세포로 구성되어 있다고 주장하면서 식물학과 동물학을 합쳐서 '세포이

론'이라는 하나의 이론이 정립되었는데, 모든 살아 있는 생명체는 세포로 구성되어 있다는 주장이었다.[12]

세포이론이 뇌에도 적용되는가를 놓고 수십 년간 격론이 벌어졌다. 초기의 뇌해부학자들이 현미경을 이용한 뇌 관찰을 통해서 세포 비슷한 구조물들을 찾아냈다. 그러나 다른 기관들의 세포와는 달리 세포에서 가늘고 긴 섬유들이 뻗어 나와 있었다(그림 3.1). 그래서 일부 학자들은 뇌는 다른 기관들과는 달리 서로 분리된 세포들로 구성되어 있는 것이 아니라, 연속적으로 연결된 단위들에 의해 얽혀 있는 그물망 구조로 되어 있다고 주장했다. 그러나 다른 학자들은 세포이론의 기본은 뇌에도 똑같이 적용된다고 주장했다.

이런 서로 상반된 주장을 한 집단의 대표적인 인물이 스페인의 카할과 이탈리아의 해부학자 골지였다.[13] 골지는 주로 부엌에서 작업을 했는데, 현미경으로 뇌의 미시구조를 좀더 자세히 들여다볼 수 있는 새로운 염색 방법을 개발해 냈다. 그는 그물망 이론의 지지자였다. 역설적인 것은 골지가 개발한 방법으로 연구했던 카할이 뇌의 세포이론을 강력히 주장하면서 많은 지지자들을 얻어 냈다는 사실이다. 그 가운데 한 사람이 발데이어였다. 그는 1891년에 출판한 책에서 뇌 세포를 '뉴런'으로 부를 것을 제안했다. 또한 이 책에서 그는 뇌의 세포이론에 입각하여 '뉴런 독트린neuron doctrine'이라는 용어를 만들어 냈다. 카할은 발데이어의 이러한 주장을 자신의 이론을 베낀 것으로 간주했으며, 발데이어가 자신의 이론을 도용했다는 사실에 분개했다.[14] 그러나 이런 손실은 일시적이었다. 오늘날 신경과학을 공부하는

그물망 이론

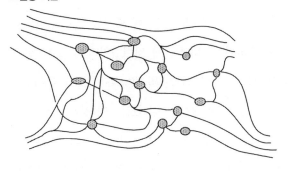

뉴런 이론

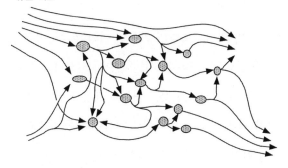

그림 3.1 그물망 이론 대 뉴런 이론
19세기 말에 과학자들은 뇌가 연속적으로 연결된 단위들의 망상구조로 되어 있는지, 아니면 서로 의사소통하는 개별적인 세포들, 즉 뉴런들로 구성되어 있는지에 대해 격렬하게 논쟁했다. 20세기 초에 이르러서는 뉴런 독트린이 지배적인 견해로 등장했다.

대부분의 대학원생들은 카할은 잘 알지만 발데이어가 누군지는 거의 모른다.

　　뉴런 전쟁에서 싸웠던 초기 전사들 가운데는 아직 별로 이름이 알려지지 않았던 프로이트라는 젊은이도 있었다. 비엔나에서 의학도 과정을 마친 프로이트는 연구조수 자리를 얻어 어류와 새우의 신경계에 대해 연구했다.[15] 그는 뉴런 독트린이 발표되기 훨씬 전인

1883년에 이미 신경세포들은 물리적으로 서로 분할되어 있다고 주장했다.[16] 이러한 생각은 심리학 이론에 빠져들었던 초기의 학문적 성향에서 뚜렷이 나타난다. 1895년에 씌어졌지만 수십 년 동안 출판되지 못했던 〈과학적 심리학을 위한 과제Project for a Scientific Psychology〉라는 제목의 논문[17]에서 프로이트는 "신경계는 뚜렷이 구분되는, 비슷하게 생긴 뉴런들로 구성되어 있다. … 그리고 뉴런은 다른 뉴런 위에 부착되어 있다"라고 했다. 그는 '접촉벽'이라는 용어로 뉴런들이 맞닿는 지점을 묘사했으며, 접촉벽을 통해 이뤄지는 뉴런들 간의 상호작용에 의해 기억, 의식, 그 밖의 마음의 여러 양상들이 가능해진다고 주장했다. 이런 관점은 그 당시로서는 대단히 선진적인 것이었다. 그러나 프로이트는 뇌를 이해하는 것은 매우 오랜 시간이 걸리는 지난한 일임을 일찌감치 깨닫고, 급한 성격대로 마음에 대한 신경과학적 이론을 포기하고 순수심리학 이론을 선택하게 된다.[18] 그 이후는 역사에 나와 있는 대로다.

프로이트가 〈과제〉를 쓴 지 2년 뒤에 셰링턴 경은 뉴런들 간의 연결부를 지칭하는 새로운 용어를 제안했다.[19] 셰링턴은 반사 문제를 연구하고 있었다.[20] 반사란 행동을 조절하는 신경회로망 가운데 가장 간단한 형태다. 외과 의사가 나무망치로 무릎 밑을 툭 치면 다리가 저절로 튕겨 오르게 되는데, 이것은 망치의 자극이 무릎에 있는 감각신경을 타고 척수로 전해지기 때문이다. 척수에 있는 운동신경은 감각신경으로부터 전해진 정보에 의해 자극을 받아 다리근육을 수축시킴으로써 다리를 움직이게 한다. 셰링턴은 감각뉴런과 운동뉴런 사이에 존재하는 틈이 어떤 방식으로든 연결되어 있어야만 이 정보가 감각신경으로부터 운동뉴런으로 전달될 것으로 보았다. 아마도 그는 프로이트의 '접촉벽'에 대해 몰랐을 것이다. 그는 이 틈을 '시냅스synapse'라고 불렀는데, 시냅스는 그리스어로 연결부 또는 이음새를 뜻한다.[21] 시냅스에서 세포들 사이의 의사소통이 이루어진다는 생각은 오늘날까지 이어지고 있다. 바로 이러한 생각이야말로 뇌 메커니즘을 통해 '나는 누구인가'를 이해하려는 우리의 노력에서 가장 핵심적인 개념이다.

　　1906년에 카할과 골지는 뇌 해부에 대한 획기적인 연구 성과를 인정받아 노벨상을 공동 수상했다. 뉴런 독트린은 그때 이미 대부분의 지지를 받고 있었지만 골지는 수상연설에서도 그물망 이론을 고집했다.[22] 신경계가 세포들로 구성되어 있다는 결정적인 증거가 제시되기까지는 아직도 여러 해가 남아 있었다. 1950년대에 전자현미경 기술이 개발되면서 과학자들은 신경계의 정확한 구조를 관찰할 수 있게 되었다. 과연 하나의 뉴런에서 뻗어 나오는 가는 섬유들은 주변 뉴런들과 물리적으로 직접 닿아 있는 것이 아니라[23] 작은 공간, 즉 시냅스 공간을 사이에 두고 서로 떨어져 있었으며, 뇌는 이 공간을 넘나들며 자신의 일을 수행하고 있었다.

왜 뉴런은 특별한가?

간, 신장, 담낭 같은 대부분의 신체기관들은 그 몇몇 세포들의 기능만 알면 그 기관의 전반적 기능을 유추할 수 있다.[24] 그러나 뇌는 그렇지 않다. 뇌세포들은 보기·듣기에서 생각하기·느끼기까지, 자아의 자각에서 무한성의 몰이해까지 무수히 많은 활동들을 수행한다. 뉴런의 구조를 살펴보면 췌장이나 비장 같은 기관들과 달리 왜 뇌가 그토록 다중기능을 수행하는지 이해가 된다.

뉴런은 두 부분으로 나뉘는데, 그 하나가 세포체다(그림 3.2). 세포체는 유전물질을 저장하고 세포의 생존에 필요한 단백질이나 기타 분자들을 만들어 내는 등 세포의 기본 기능들을 유지하는 데 관여한다. 세포체는 다른 세포들과 대체로 비슷한 일을 한다. 뉴런이 다른 세포들과 뚜렷이 구별되는 차이점은 뉴런에서 돌출되어 나와 있는 신경들이다. 세포체로부터 뻗어 나와 있는 이 섬유들은 뇌가 다른 기관들처럼 서로 분리되어 있는 세포들로 구성되어 있느냐 그렇지 않느냐를 놓고 격론이 벌어지게 만든 19세기 혼동의 씨앗이다. 신경섬유들은 전화선과 비슷하다. 이들에 의해 뇌의 한 영역에 있는 뉴런이 다른 영역에 있는 뉴런들과 의사소통을 할 수 있다. 이런 연결들에 의해 시간과 장소에 따라 특정한 목표를 수행하기 위해 공동의 일을 수행하는 세포들의 새로운 집합이 뇌 안에 생겨난다. 다른 기관에는 없는 이런 능력이 뇌 활동을 만들어 낸다.

신경섬유에는 축삭과 수상돌기 두 종류가 있다(그림 3.2). 축삭은 출력 통로이고, 수상돌기는 입력 통로다. 축삭은 정보를 다른 세포에 전달한다. 축삭은 가까이 있는 이웃 뉴런에 연결되기도 하지만, 수 미터에 이르는 먼 거리를 가로질러 가서 다른 뉴런에 연결되기도 한

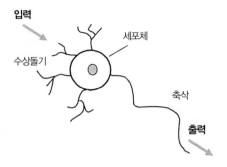

그림 3.2 뉴런의 구성요소
모든 뉴런들은 세 가지 기본 구조를 갖는다. 세포체, 섬유돌기인 수상돌기, 그리고 축삭이 그것이다.

다. 가만히 서 있다가 다리를 움직이려 할 때는 전두엽피질의 운동 조절 영역에 있는 세포체에서 척수 끝까지 뻗어 나온 축삭에 의해 다리 근육에 명령이 내려지게 된다.

축삭의 맨 끝을 말단이라고 부르는데, 다른 뉴런에 신호를 전달하는 지점이다. 축삭말단은 시냅스를 사이에 두고 수상돌기와 연결되는 것이 보통이지만, 경우에 따라서는 세포체나 다른 축삭과 연결되기도 한다.[25] 수상돌기들 사이에서 의사소통이 이루어지기도 한다.[26] 전두엽피질에서 척수까지 내려오는 기다란 축삭이 다리를 움직이게 하려면 축삭말단이 척수에 있는 신호를 전달받을 세포들의 수상돌기와 닿아 있어야 한다. 그 다음에 이 수신세포들의 축삭이 뻗어 나와 다리근육까지 이어진다. 다리근육까지 도달한 신호들이 근육수축을 일으키고, 그래서 움직이게 된다.[27] 상당수의 수상돌기들은 수상돌기에서 튀어나온 가시돌기라는 작은 혹들을 가지고 있다(그림 3.3). 이것들은

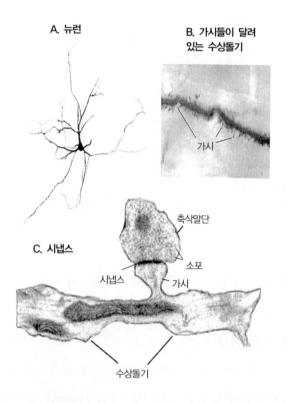

A. 뉴런

B. 가시들이 달려 있는 수상돌기

가시

C. 시냅스

축삭말단

소포

시냅스

가시

수상돌기

그림 3.3 뉴런은 어떻게 생겼나?

왼쪽 상단(A)_ 단일 뉴런과 그에 딸린 많은 수상돌기들. 이 뉴런에는 염색약이 채워져 있기 때문에 세포의 모습을 잘 볼 수 있다.

오른쪽 상단(B)_ 수상돌기의 한 부분을 확대하여 보면 수상돌기 축에서 돌출된 작은 가시들을 볼 수 있다. 수상돌기 가시들은 다른 뉴런들의 말단들이 도달하여 시냅스를 형성하는 자리가 된다.

아래(C)_ 고배율로 확대한 시냅스의 전자현미경 사진으로, 소포들이 들어 있는 축삭말단과 이와 시냅스를 이루는 수상돌기의 가시가 잘 보인다. 전기전하가 축삭을 타고 말단까지 내려오면 소포에 들어 있는 신경전달물질이 말단과 가시 사이의 작은 시냅스 공간으로 배출된다. 이후 신경전달물질은 가시에 있는 수용체들과 결합함으로써 신경전달물질을 받아들이는 뉴런에서 전기적 반응을 일으킨다.

골지가 개발한 염색법으로 쉽게 관찰된다. 가시돌기는 축삭으로부터 오는 정보를 받아들이기 위한 중요한 구조물이며, 나중에 다시 살펴보겠지만, 뇌발달 및 학습과 기억에서 핵심적인 역할을 한다.

대부분의 뉴런들은 하나의 축삭만을 가지고 있지만, 이 축삭이 목적지에 도달하기 전에 여러 가닥으로 갈라지기 때문에 결국 하나의 뉴런은 여러 개의 말단을 갖게 된다. 이렇게 해서 하나의 세포에서 송출된 정보들이 여러 세포들에 전달되는데, 이러한 현상을 '발산divergence'이라고 한다(그림 3.4). 또한 하나의 뉴런이 여러 세포들로부터 입력을 받을 수도 있는데, 이것을 '수렴convergence'이라고

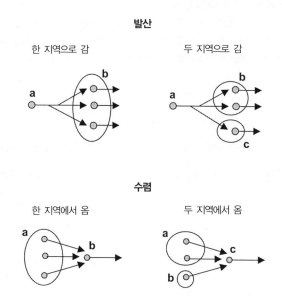

발산

한 지역으로 감   두 지역으로 감

수렴

한 지역에서 옴   두 지역에서 옴

그림 3.4 발산과 수렴
발산은 하나의 뉴런이 여러 축삭들을 만들어 다양한 목표 뉴런들에 도달하는 형태이고, 수렴은 하나의 뉴런이 여러 뉴런들로부터 입력을 받는 형태다.

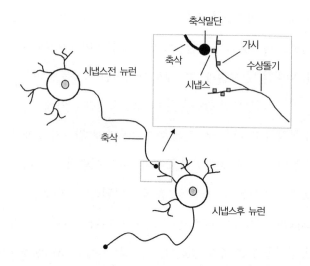

축삭말단
가시
축삭
시냅스전 뉴런
수상돌기
시냅스
축삭
시냅스후 뉴런

그림 3.5 시냅스전 뉴런과 시냅스후 뉴런
이 그림에는 두 개의 뉴런이 보이는데, 하나는 시냅스전 뉴런이고 다른 하나는 시냅스후 뉴런이다. 시냅스전 뉴런의 축삭은 시냅스후 뉴런의 수상돌기에 도달한다. 도달한 지점에서 수상돌기의 가시(작은 돌출 부위)와 시냅스를 이룬다.

한다(그림 3.4).

　　　뉴런들의 송신부와 수신부가 만나는 지점이 바로 이 책의 주인공인 시냅스다. 정보는 대체로 축삭말단으로부터 시냅스 건너편으로 전달되기 때문에 축삭말단 쪽을 '시냅스전presynaptic' 이라 하고, 건너편인 수상돌기의 가시 부위를 '시냅스후-postsynaptic' 라고 한다(그림 3.5). 그런데 셰링턴이 말한 대로 시냅스는 송신세포와 수신세포 사이의 빈 공간이다. 따라서 두 세포가 서로 의사소통하려면 무엇인가가 시냅스 공간을 건너가야 한다.

갈바니의 개구리 다리

시냅스 공간을 사이에 두고 어떻게 정보전달이 이루어지는지를 알기 위해서는 먼저 하나의 뉴런의 신경섬유를 타고 정보가 흘러가는 방식부터 이해할 필요가 있다. 그러므로 시냅스전달이 어떻게 이루어지는지를 살펴보기 전에 먼저 신경전도 과정부터 살펴보자.

1770년대 비엔나의 외과 의사 메스머는 쇠자석을 이용해서 여러 가지 육체적·정신적 질병을 치료해 왔는데, 나중에는 자석 없이도 환자의 눈을 응시하거나 아픈 부위 위로 손을 흔드는 방법으로 비슷한 효과를 거둘 수 있다는 사실을 깨달았다.[28] 이 방법은 최면술의 효시가 되었다. 메스머는 자석에 민감한 어떤 신기한 액체가 인간 신체를 비롯하여 우주상에 존재하고, 메스머 자신의 동물적 자기력을 이용하여 환자의 액체에 치료효과를 줄 수 있다고 생각했다.[29] 그 당시만 해도 신경생리학에 대해 거의 알려진 바가 없었으므로 동물자기장 이론 같은 터무니없는 이론도 그럴듯하게 비쳐졌다.

몇 년 뒤 이탈리아의 갈바니는 황동고리에 꿰어 쇠창살에 매달아 놓은 개구리 뒷다리가 비 오는 날 번개에 의해 움찔움찔 움직이는 것을 목격했다.[30] 그는 또 개구리 다리의 상처에 있는 신경을 쇠막대로 대고 다른 쇠막대를 근육에 접촉하기만 하면 언제든지 다리가 순간적으로 움직인다는 사실도 깨달았다. 이것은 사실상 최초의 건전지였다. 갈바니는 메스머의 전통에 따라 쇠막대가 개구리의 생명 기운을 불러일으켰다고 결론지었다. 동물전기가 과학적 현상이 아니라 초

자연적 현상으로 받아들여졌던 것이다.[31]

수십 년 뒤 또 다른 이탈리아의 학자인 마테우치가 신경에 흐르는 진짜 전기력을 처음으로 측정했다.[32] 독일에서는 뮐러와 보이스-레이몬드가 이 발견의 중요성을 알아차리고, 신경에 흐르는 전기를 신비주의로부터 한창 발전하던 과학의 영역으로 되돌려 놓았다.[33]

그 당시의 가설은 신경이 전선과 같이 전기를 전도시킨다는 것이었다. 그러나 보이스-레이몬드의 제자였던 헬름홀츠는 실험을 통해 이와는 다른 주장을 내놓았다. 그는 근육신경에 가해지는 자극들 사이의 시간차이, 신경의 길이, 근육의 수축을 관찰함으로써 개구리 신경섬유에서 전기전도가 일어나는 속도를 측정했다. 계산된 속도는 대략 초당 40미터(시속 60km에 해당)로 빠른 속도였지만[34] 거의 광속에 가까운 전선의 전기전달 속도에 비하면 너무 느렸다.

이렇게 간단한, 그러나 매우 유용한 실험을 통해 신경에서 특별한 방법으로 전기가 흐른다는 사실이 자명해졌지만 그 방식은 독특했다. 여기서 전기는 전선에서처럼 수동적으로 흐르는 것이 아니었다. 신경을 통해 전달되는 맥박은 생물학적으로 전파되고, 수동적인 물리적 전도 과정에 비해 훨씬 더딘 일련의 전기화학적 반응들을 거치며 이동해 간다.

생물학적으로 전파되는 신경에서의 맥박을 '활동전위 action potential'라고 부른다. 이 놀라운 전기적 현상은 세포체에서 축삭이 시작되는 지점에서 발생한다. 한번 발생하면 그것은 축삭을 따라 말단까지 진행하는 파동처럼 이동한다. 이런 전파는 마치 신경을 따라

도미노 현상처럼 일어난다. 축삭의 세포막 어느 한 지점에서 발생한 전기적 변화가 바로 옆 자리의 세포막에서 똑같은 전기적 변화를 유발하면서 도미노 현상을 일으키듯 말단까지 도달한다. 활동전위는 인위적인 전기적 자극에 의해서도 촉발될 수 있지만, 통상 뉴런이 시냅스 입력을 수용할 때 발생한다.

아심만만한 여러 신경과학자들에 의해 축삭에서 일어나는 전기적 전파 과정의 원리가 밝혀졌는데, 이것들이 바로 우리가 지금 알고 있는 뉴런의 작동원리의 토대다. 이 연구들은 오징어의 거대 축삭을 이용하여 이루어졌다. 그것은 크기가 커서 전기전도를 연구하기에 적절했다. 그 가운데서 특히 영국의 호지킨과 헉슬리가 1940년대에 수행한 연구가 유명하다. 그들은 옴의 법칙(전압은 전류와 저항을 곱한 값이다)을 토대로 축삭에서 일어나는 전기적 전달의 기본 특징들을 수학적으로 규명해 냈다. 호지킨-헉슬리 방정식은 오늘날에도 축삭에서의 전류, 전압, 저항을 계산하는 데 사용되고 있다.

시냅스 수다쟁이

19세기 말 과학자들에게 신경에서 전기전도(흐름)의 존재는 뇌에 의해 수행되는 통상적인 기능에서 전기적 맥박이 결정적인 역할을 할 것이라는 암시로 받아들여졌다. 이와 관련된 핵심적인 질문은 전기적 전파가 뇌의 작동원리를 설명해 줄 만큼 충분한가, 하는 것이었다. 셰링톤의 반사 연구에 따르면 결론은 '그렇지 않다' 였다.

반사 과정에는 감각신경과 운동신경에서 발생하는 전기
적 맥박들이 관련되어 있다. 나무망치로 무릎을 툭 치는 자극은 감각
신경들을 자극시키고, 이들이 전기맥박을 전도하여 운동신경에서의 전
기맥박을 초래함으로써 다리가 들썩 올라가는 행위가 일어난다. 그런
데 감각신경은 어떻게 운동신경에 의사를 전달할까? 감각신경은 운동
신경에 전기적 반응을 유발할 수 있지만, 운동신경은 감각신경에 전기

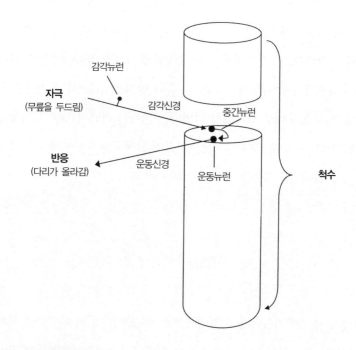

그림 3.6 척수반사
척수반사의 기본 요소들은 외부자극을 받아들이는 감각뉴런, 근육 수축을 일으키는 운동뉴런,
척수 안에서 감각뉴런과 운동뉴런을 연결하는 중간뉴런으로 구성된다. 셰링톤은 척수반사를
연구하여 시냅스전달은 한 방향으로만 일어난다는 것을 밝혔다.

적 반응을 일으키지 못한다는 사실을 셰링톤이 밝혀냈다(그림 3.6). 그는 세포들 사이의 접촉 부위인 시냅스는 밸브와 같아서 감각신경에서 운동신경 쪽으로만 자극을 전달한다고 결론지었다.[35] 이 이론은 그물망 이론에 대한 중요한 반증이 되었는데, 그물망 이론에서처럼 뉴런들이 연속적으로 연결되어 전기적으로 신호를 주고받는다면 운동신경도 감각신경 쪽으로 똑같이 신호를 전달할 수 있어야 하기 때문이다. 따라서 뉴런들은 단순한 전기전도 이외에 신호를 주고받는 다른 수단이 있어야 한다.

후속 연구에 의해 뉴런들 사이에서 전도가 한 방향으로만 일어나는 것은 시냅스전달에 시냅스전 축삭말단에 있는 저장소로부터 분비되는 신경전달물질이 개입되어 있기 때문이라는 사실이 밝혀졌다. 이 분자들은 세포체에서 유래하여 말단까지 전파된 활동전위들에 의해 분비된다. 분비된 화학물질들은 액체로 차 있는 시냅스 공간에서 표류하다가[36] 시냅스후 세포의 수상가시나 돌기에 달라붙는다. 한 방향으로만 전달이 일어나는 것은 화학물질 저장창고가 시냅스후 세포의 수상돌기가 아니라 시냅스전 세포의 말단에만 존재하기 때문이다. 이러한 화학물질들을 신경전달물질이라 하는데, 이들의 임무는 시냅스 틈을 가로질러 두 뉴런 사이의 신호전달을 일으키는 것이다.

신경전달의 화학적 속성은 1900년대 초에 그 가능성이 점쳐지기도 했는데, 어떤 화학물질들에 의해 신경에 대한 전기적 자극 효과가 나타나거나 또는 저해되는 사례가 보고되었다. 그러나 이 사실이 정확히 밝혀진 것은 1920년대 로위가 수행한 천재적인 실험에서였다.[37] 그는 두 마리의 개구리로부터 심장을 꺼냈는데, 하나는 신경이 달린 채로 끄집어냈고 다른 하나는 신경을 떼어 낸 상태로 끄집어냈다. 그는 심장이 계속 뛰도록 이것들을 몸 안의 체액과 비슷한 전해질 수용액에 담가 두었다. 신경을 전기적으로 자극했더니 심장박동에 변화가 생겼다(심장은 이들 신경에 대해 시냅스후 조직이 된다). 이 심장이 담겨 있는 전해질 수용액을 자극받지 않는(신경이 없는) 심장에 부어주었더니 이 심장에서도 전기자극을 가한 것처럼 심장박동에 변화가 생겼다. 이 실험결과는 전기자극으로 신경에서 모종의 화학물질이 분비되고, 이 물질이 들어 있는 수용액이 다른 심장에도 영향을 미칠 수 있다는 것을 보여 준다.

로위의 실험은 신경과 근육(이 경우에는 심장근육) 사이의 연결에 관한 것이지만, 본질적으로 두 뉴런 간의 연결에서도 똑같은 현상이 벌어진다. 다시 말해서, 시냅스전 말단에 활동전위가 도달하면 시냅스 공간으로 신경전달물질이 분비되는 것이다.

시냅스전 말단에서 분비되는 신경전달물질 분자는 목적이 아니라 하나의 수단이다. 그 목적은 시냅스후 세포에서 전기적 반응을 일으키는 것이다. 화학적 메시지를 받는 시냅스후 세포 부위는 주로 수상돌기인데, 수상돌기에서 발생한 전기적 변화가 세포체로 전파되고, 다시 축삭으로 이동하여 활동전위를 만들어 낸다. 활동전위가 발생하는 장소는 세포체와 이어져 있는 축삭의 시작점이다(그림 3.7).

한 개의 시냅스전 말단에서 분비된 신경전달물질의 양은 시냅스후 세포에서 활동전위를 발생시키기에 부족하다(그림 3.7). 여러

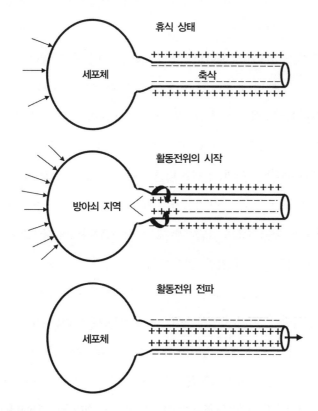

그림 3.7 활동전위

하나의 뉴런이 다른 뉴런에 의해 활성화되면 활동전위가 시작된다. 이 전기폭풍은 방아쇠 지역(축삭이 세포체와 만나는 장소)에서 시작하여 축삭을 따라 여행한다.

맨 위_ 충분한 입력들을 받지 못하여 이 뉴런의 전기적 특성을 변화시키지 못했으므로 여전히 '휴식' 상태에 놓여 있는 경우다. 이런 휴식 상태에서 축삭 내부의 전하는 축삭 외부에 비해 음의 값을 갖는다(축삭을 따라 배열된 +와 − 기호를 볼 것).

중간과 아래_ 충분한 입력들(좌측의 화살 표시들)이 거의 동시에 수렴되면 활동전위가 발생하여 축삭을 타고 말단까지 전파된다. 전파 과정을 보면 전기변화(축삭 내부의 한 부분에서의 전하가 양의 값을 갖는 것)가 파동처럼 축삭을 따라 단계적으로 이동한다. 말단에 이르면 시냅스에서 신경전달물질이 분비된다. Guyton 1972의 그림 2.6에서 인용함.

개의 시냅스전 말단들로부터 수 밀리세컨드* 내에 거의 동시적으로 신경전달물질이 분비되어 특정 시냅스후 세포에 폭격을 가해야만 하나의 활동전위를 만들어 낼 수 있다.[38]

하나의 주어진 시냅스후 세포는 어떤 하나의 시냅스전 세포로부터 상대적으로 몇 안 되는 시냅스적 접촉을 받는 것으로 알려져 있다. 결국 서로 다른 여러 개의 시냅스전 세포들이 하나의 시냅스후 세포로 수렴되어야만(즉 서로 다른 시냅스전 세포들로부터 거의 동시적으로 신경전달물질의 분비가 일어날 때만) 활동전위가 만들어진다. 입력들이 거의 동시적으로 시냅스후 세포체에 도달하려면 시냅스전 세포들에서도 거의 동시에 활동전위가 격발되어야 한다. 헬름홀츠가 보여주었듯이, 긴 축삭들은 짧은 축삭에 비해 활동전위가 이동하는 데 시간이 더 걸린다. 따라서 활동전위가 이동하는 데 걸리는 시간도 고려되어야 한다. 신경계에서 타이밍 유지는 매우 복잡한 업무다.

일단 시냅스후 세포가 활동전위를 만들면 이제는 역할이 바뀌어 시냅스전 세포로서의 임무를 지닌다. 인접한 다른 세포들에서 활동전위를 발생하도록 하는 것이다.

뉴런들 사이의 의사소통 과정은 대체로 전기적-화학적-전기적이다. 전기적 신호가 축삭을 타고 내려와 화학적 신호로 바뀌고, 이 화학적 신호가 다음 세포에서 전기적 신호를 만들도록 도와준다. 시냅스전 세포와 시냅스후 세포 사이의 의사전달이 순전히 전기적으로만 일어나는 경우도 드물게 있지만,[39] 화학적 전달이 좀더 일반적인 형태다. 따라서 뇌가 하는 대부분의 일들은 경험을 전기적-화학적-전기적으로 부호화함으로써 이루어진다고 보면 된다. 상상하기조차 어렵겠지만, 뉴런들 사이에서 벌어지는 전기화학적 수다가 인간 마음의 경이로운(때로는 무시무시한) 현상들을 일으키는 것이다. 뇌가 이렇게 작동한다는 것을 이해하는 것 자체도 전기화학적인 사건이다.

세포에서 회로와 시스템으로

모든 인간의 뇌는 수천억 개의 뉴런을 가지고 있고, 이것들은 수백조 개의 시냅스연결을 만들어 낸다. 깨어 있거나 잠들었거나, 생각에 잠겨 있거나 무료할 때나 화학물질들이 끊임없이 스며 나오고 전기 불꽃이 튄다. 어느 순간에도 수천억 개의 시냅스가 활동하고 있다.

　　수백 명이 서서 떠드는 대규모 칵테일파티를 상상해 보라. 천장 한가운데에 매달린 샹들리에에 조그만 마이크를 매달아 놓는다고 해서 사람들이 무슨 말을 하는지 알아들을 수 있을까? 천장에 도청장치를 매다는 것보다는 끼리끼리 모여 이야기를 나누는 집단들에 섞여 들어가 대화를 엿듣는 쪽이 훨씬 좋은 방법일 것이다. 마찬가지로 수천억 개의 뉴런들과 수백 건의 연결들이 어느 한 순간에 모두 무엇을 하는지 알아보는 방법은 별 도움이 되지 않는다. 세포들은 서로 다른 집단에 속한 채 서로 다른 일들을 하고 있으므로 그들이 하는 일들을 한꺼번에 해독하려 해서는 별 정보를 얻지 못한다. 그보다는 특정한 회로나 시스템의 작동방식을 조사하는 쪽이 훨씬 많은 정보를 얻을 수 있다.

회로란 시냅스연결을 통해 연결되어 있는 뉴런들의 집단이다. 시스템이란 특정한 기능(보기, 듣기, 위험을 알아차리고 그에 반응하기 등)을 수행하는 하나의 복잡한 회로다. 예를 들어, 보기는 망막에 있는 회로들에 의해 광선이 탐지되고, 이 회로들이 시신경을 통해 시각시상으로 신호를 보내고, 여기서 이 시각정보가 특정한 회로에 의해 처리된 후 시각피질로 보내지고, 또 다른 회로들에 의해 이 정보가 처리됨으로써 마침내 시각적 지각이 일어나는 것을 말한다. 이처럼 시각 시스템은 다른 뇌 시스템들과 마찬가지로 특정한 기능을 수행하기 위해 서로 시냅스연결에 의해 연결되어 있고 위계질서에 맞추어 정렬되어 있는 일련의 회로들의 집합이다.

각각 투사뉴런projection neuron과 중간뉴런inter-neuron이라 불리는 두 형태의 뉴런들 사이에 벌어지는 시냅스상의 상호작용은 회로와 시스템들이 어떻게 기능하는지를 이해하기 위한 열쇠다.[40] 투사뉴런은 세포체에서 뻗어 나간 상대적으로 긴 축삭을 가지고 있다. 위계적 회로 속에서 투사뉴런이 주로 하는 일은 이 위계 속에 있는 다른 투사세포를 자극하는 것이다(그림 3.8). 하나의 투사뉴런은 화학적 전달물질을 분비함으로써 또 다른 투사뉴런인 시냅스후 세포가 활동전위를 발생하도록 한다. 또 이 투사세포는 또 다른 시냅스후 세포들을 활성화(흥분)시킨다.

국소회로 세포로 알려진 중간뉴런들은 대개 투사뉴런들인 이웃 뉴런들에게 짧은 축삭을 내뻗으며, 위계적인 회로 내의 수평

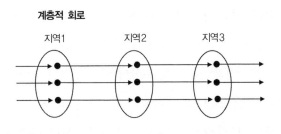

계층적 회로

지역1   지역2   지역3

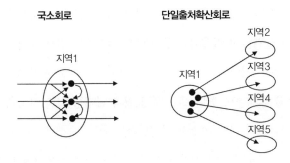

국소회로   **단일출처확산회로**

지역1

지역1   지역2
         지역3
         지역4
         지역5

그림 3.8 회로의 세 가지 유형

계층적 회로에서 정보는 두뇌의 한 지역에서 다른 지역으로 차례로 전달된다. 그러나 계층의 각 수준에서도 다른 종류의 회로에 의해 정보처리가 통제된다. 국소회로 연결망은 계층적 각 단계에서의 정보처리 과정에 개입하고, 얼마나 용이하게 한 지역에서 다른 지역으로 정보를 전달시킬 것인가를 결정한다. 단일 출처에서 비롯되는 발산적 투사는 뇌의 한 지역에 위치하는 뉴런들에서 전형적으로 일어나는데 특별한 화학물질(전형적으로는 세로토닌 또는 도파민 같은 신경조절물질이 해당됨. 본문 참조)을 갖는다. 이러한 화학물질들은 넓은 지역들로 분비되고 거기에 자리 잡고 있는 회로들의 정보처리 과정에 개입한다. 계층적 회로의 한 층계에서 다른 층계로 정보가 전달되는 과정은 억제성 국소회로에 의해 통제되는 흥분성 연결들에 의해 이뤄지며, 계층적 회로나 국소회로에서의 전달 과정들은 단일출처 발산연결들에 의해 조절된다. 여기 나와 있는 세 가지 회로 유형에 관한 용어는 블룸과 라제르손에 근거한 것이다.

적 위치에서 일어나는 정보처리 과정에 관여한다(그림 3.8). 이들이 주로 하는 일은 투사뉴런들의 활성을 조절하여 시냅스의 교통 흐름을 조절하는 것이다. 억제성 중간뉴런들은 시냅스후 세포가 활동전위를 격발할 가능성을 낮추는 신경전달물질을 분비한다. 이들은 투사세포들이 지니는 흥분성 활동을 가라앉히는 데 중요한 역할을 한다.

투사세포들은 다른 투사세포들로부터의 입력이 없으면 마냥 게으름을 피우는 경향이 있다. 그러나 억제성 중간뉴런들은 늘 발화하고 있으므로 대개 끊임없이 활동하고 있다고 보면 된다. 투사뉴런들이 자극을 받기 전에 활성화되지 않는 이유 가운데 하나는 중간뉴런들에 의해 끊임없이 억제되고 있기 때문이다. 결과적으로 하나의 투사세포가 흥분성 입력에 의해 흥분되려면 먼저 그 세포에 작용하고 있는 억제작용을 극복해야 한다. 흥분성 입력과 억제성 입력 사이의 균형에 의해 투사뉴런의 발화 여부가 결정된다.

한 세포에 미치는 억제의 정도는 여러 요인들에 의해 매 순간마다 변한다. 가령 위계적 회로의 한 지역에 위치한 투사세포들이 거의 동시에 충분한 수렴적 입력들을 보내 다른 지역에 있는 투사세포들을 활성화시키면 그 지역에서의 억제 수준도 덩달아 올라간다. 그 이유는 한 지역에서의 흥분성 입력은 다른 지역에 있는 투사세포들뿐 아니라 억제성 중간뉴런들까지 흥분시키기 때문이다. 말하자면 유발성 억제elicited inhibition는 강직성 억제tonic inhibition와 대조를 이룬다. 억제와 흥분 사이의 급격한 변화가 뇌에서의 교통 흐름을 지시한다는 점을 이해하면 맥박의 흐름이 끊기는 것이 어떻게 신경의 교통정체를 일으키는지 이해하기 쉬울 것이다.

유발성 억제와 강직성 억제에 의해 어떻게 흥분이 조절되는지에 대한 이해를 돕기 위해 한 가지 예를 들어 보자. 두 개의 투

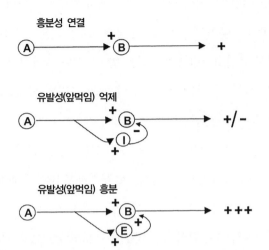

흥분성 연결

유발성(앞먹임) 억제

유발성(앞먹임) 흥분

그림 3.9 회로에서의 흥분과 억제
이 그림은 흥분과 억제를 설명하고 있다. A에서 B로 가는 흥분성 연결은 I에서 B로 가는 억제성 연결에 의해 통제된다. 오른쪽에 표시되어 있는 +와 − 기호는 연결의 특정한 조합에 의한 활성 또는 억제의 효과를 나타낸다.
흥분성 연결_ A의 활성이 B를 활성화시킨다(오른쪽에 +표시).
앞먹임 억제_ A의 활성이 B를 활성화시킨다. A는 또한 I를 활성화시킨다. 그 다음 I는 B를 억제한다. 따라서 B는 처음 A에 의해 흥분되었다가 (오른쪽 +표시), 그 다음 I에 의해 흥분이 줄어든다(오른쪽 − 표시). 따라서 A에 의한 I의 흥분은 A에 의한 B의 흥분을 통제하기 위함이다.
앞먹임 흥분_ A의 활성이 B를 활성화시킨다. 그리고 E도 활성화시킨다. 그런데 E는 B를 더 흥분시킨다. A에 의한 B의 흥분은 E에 의해 더욱 증폭된다(오른쪽 +++ 표시).

사뉴런(A와 B)이 일렬로 연결된 회로를 상상해 보자(그림 3.9). A가 활동하면 B가 발화한다. 이 회로의 목적이 뉴런 A가 활동하는 동안 뉴런 B가 활동전위를 발화하게 만드는 것이라면, 이 두 개의 뉴런은 이런 일을 하는 데 충분하다. 그러나 만약 뉴런 A에서 연속적인 활동전위가 일어나고 그 결과 뉴런 B에서는 더 적은 수의 활동전위를 만드는 것이 목적이라면 어떨까? 이런 일은 실제 뇌에서 자주 일어난다. 뉴런 B에 억제성 뉴런 I를 붙여 주면 된다. 이 국소회로 뉴런은 뉴런 B에 연결되어 있으면서 뉴런 B처럼 A의 출력을 받아들인다. A가 발화하면 B와 I가 커지고 각각은 출력을 만들어 낸다. B의 출력은 회로상의 다른 뉴런을 활성화시키는 반면, I의 출력은 B의 활성을 억제한다. 그 결과 A에 의해 자극을 받으면 B는 더 적은 수의 활동전위를 발생시키게 된다.

중간뉴런 I가 지속적으로 투사세포 B를 억제하고 있다고 가정하자. 이런 강직성 억제가 끼어들면 A에 의한 자극으로 B를 발화시키기가 어려워진다. 만약 A와 비슷한 흥분성 뉴런들을 거의 동시에 추가로 동원하여 B를 자극한다면 이런 강직성 억제를 극복할 수 있다. 세포 B는 이제 계속적으로 활성화될 것이다. 이런 상황이 뉴런에 좋은 것만은 아니다. 왜냐하면 흥분이 절제되지 못한 채 계속된다면 뉴런이 손상되거나 죽을 수도 있기 때문이다. 따라서 흥분이 폭발적으로 일어나면 이를 억제하여 잠시 가라앉는 순간이 필요하다. 이것이 바로 앞에서 설명한 유발성 억제가 필요한 이유다. 흥분의 파도가 강직성 억제를 극복하면 유발성 억제가 개입하여 회로를 다시 가다듬게 하여 새로운 입력에 대비하게 해 준다. 이런 강직성 억제와 유발성 억제의 형태에는 여러 변형이 있지만 억제가 어떻게 일을 하는지에 대한 기본 개념은 방금 설명한 바와 같다.

억제는 신경회로에서 매우 유용한 장치다. 억제작용에 의하여 정보처리의 특정성이 좋아지고, 무작위로 들어오는 흥분성 입력을 여과해 냄으로써 활동이 일어나지 못하도록 차단할 수 있다. 억제를 극복하고 활동을 유발하기 위해서는 흥분성 입력들이 동시에 도달해야만 한다. 일단 활동이 유발되면 억제는 흥분이 과도해지지 않도록 감시하면서 회로를 재정비한다.

대부분의 국소회로 세포들은 억제성이지만 몇몇은 흥분성이다. 억제성 중간뉴런들은 일종의 여과장치로 볼 수 있으며, 흥분성 중간뉴런들은 증폭장치로 볼 수 있다. 다시 뉴런 A와 B가 연결된 회로를 가정해 보자. 이번에는 B에 연결된 중간뉴런 E가 억제성이 아니라 흥분성이고, 뉴런 A의 축삭 가지들이 B와 E에 접촉해 있는 상황이다. A가 B를 자극하면 중간뉴런 E도 같이 활성화되는데, E로부터의 출력에 의해 B는 더욱 흥분한다. 결과적으로 B의 출력은 흥분성 중간뉴런에 의해 증폭된다(만약 이 중간뉴런이 억제성이라면 B의 출력은 감소한다). 앞서 보았듯이 이런 흥분은 결국은 조절되어야만 정상적인 기능을 유지하고 손상을 방지할 수 있다.

화학적 형제들

앞에서 살펴보았듯이 투사뉴런이 하는 일은 회로상의 다른 투사뉴런을 흥분시키는 것이다. 투사세포의 축삭에서 발생하는 활동전위들이 시냅스를 건너가 시냅스후 세포들에서 활동전위를 발화시키는 데 기여할 화학물질들의 분비를 격발시켜야 한다는 뜻이다. 따라서 투사세포들은 두 가지 속성을 띤 화학적 신경전달물질이 필요하다. 첫째, 신경전달물질은 시냅스후 지점에 신속히 작용할 수 있어야 한다. 그렇지 않으면 우리의 지각작용과 정신상태는 급변하는 사건들에 신속히 대처할 수 없다. 또한 신경전달물질은 시냅스후 세포의 전기적 상태를 변화시켜 활동전위가 잘 일어나도록 해야 한다. 이 두 가지 요구(작용 속도와 흥분 유발)는 아미노산 형태의 신경전달물질인 글루타메이트에 의해 충족된다. 글루타메이트는 뇌 전체의 투사뉴런들이 가지고 있는 가장 대표적인 신경전달물질이다.

글루타메이트는 신체기능에서 두 가지 역할을 한다. 뇌에서 신경전달물질 역할을 하는 것 외에 글루타메이트는 우리 몸 전체에서 끊임없이 이루어지고 있는 생명 유지에 필요한 기본적인 대사과정에서 중요한 역할을 한다. 예를 들면 글루타메이트는 살아 있는 조직의 기본 성분인 펩타이드와 단백질의 구성요소다. 또 뇌에서 몇몇 화학반응들의 자연스런 부산물인 암모니아 독을 제거하는 데 도움을 준다. 지금은 글루타메이트가 뇌에서 가장 대표적인 흥분성 전달물질로 알려져 있지만, 오랫동안 전달물질로서의 역할과 소위 대사기능을 구분하기가 쉽지 않았다.[41] 반면에 억제성 뉴런들, 특히 억제성 중간뉴런들은 짧은 축삭 끝에 있는 말단에서 주로 아미노산인 가바GABA(감마—아미노부티릭산gamma-aminobutyric acid의 줄임말)를 분비한다.[42] 글루타메이트와 대조적으로 이 억제성 전달물질은 시냅스후 세포에서 활동전위 발화 가능성을 낮춘다. 따라서 가바 중간뉴런들은 근처의 투사뉴런에 축삭을 내뻗어 해당 지역에서의 교통 흐름을 조절하는 역할을 한다.

가바는 사실 글루타메이트보다 훨씬 먼저 신경전달물질로 밝혀졌다. 글루타메이트는 가바의 합성에 사용되는 주 재료물질로 알려져 있었기 때문에 그 자체가 신경전달물질이라는 사실이 밝혀지기까지 오랜 시간이 걸렸다. 글루타메이트와 가바는 뇌에서 일어나는 신경전달 과정의 대부분을 책임진다. 이 두 가지 화학물질이 수행하는 일들을 이해하면 우리는 시냅스의 기능 방식에 대해 매우 많은 것들을 이해할 수 있다. 이들을 비롯한 전달물질들은 시냅스후 세포의 표면에 있는, 수용체라고 불리는 단백질 분자들과 결합함으로써 일을 벌인다. 수용체들은 전달물질 분자들과 선택적으로 결합한다. 글루타메이트 수용체들은 글루타메이트를 인식하고 그것과 결합하지만 가바는 무시한다

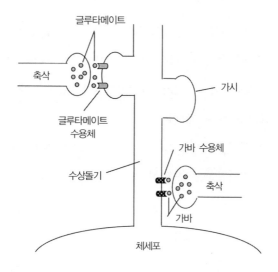

그림 3.10 글루타메이트와 가바 시냅스들
두 가지 주요 신경전달물질은 글루타메이트와 가바다. 이들은 서로 다른 시냅스전 뉴런에서 분비되고 완전히 다른 시냅스후 수용체들과 결합한다.

(그림 3.10). 가바 수용체들도 가바와만 선택적으로 결합한다(그림 3.10). 여기서 우리의 질문은 글루타메이트와 가바가 수용체와 결합해서 어떻게 세포의 흥분과 억제를 가져오느냐 하는 것이다.

모든 세포들은 세포의 경계를 이루는 막(세포막, 원형질 막)으로 에워싸여 있다. 막은 마치 몸에 착 달라붙는 쫄쫄이 옷처럼 세포의 겉을 감싸고 있다. 뉴런에서는 축삭, 수상돌기, 세포체 등을 감싸고 있다. 세포들 사이에 존재하는 막 바깥의 공간을 세포외 공간 extracellular space이라고 한다. 세포외 공간이 액체로 채워져 있다는 사실은 두 가지 중요한 의미를 나타낸다.

첫째, 이 액체는 매체로서 전달물질 분자들이 시냅스전 세포와 시냅스후 세포 사이의 세포외 공간(즉 시냅스)을 건널 수 있도록 해준다. 전달물질은 말단에서 뿜어져 나와 확산됨으로써 시냅스를 건넌다. 전달물질들이 이동하는 거리는 매우 짧기 때문에(그 거리는 수십 나노미터 정도다. 1나노미터는 1밀리미터의 100만 분의 1) 시냅스후 지점은 가깝고도 쉬운 목표다.

둘째, 세포외 액체에는 다양한 화학물질들이 들어 있는데, 그중에서 전하를 띤 이온들이 세포 기능에 큰 영향을 미친다. 세포막은 이온이나 화학물질들을 세포 내부와 외부로 나누어 격리시키는 역할을 한다. 휴지 상태(세포가 입력들에 의해 영향을 받지 않는 상태)에서는 세포 내부의 화학구성은 세포 밖의 수용액에 비해 음전하를 갖는다. 세포막 바깥에는 양이온이 많고 세포 내부에는 음이온이 많기 때문이다. 신경과학자들은 신경세포의 내부와 외부 사이에 존재하는 전하의 차이를 측정했다. 일반적으로 자극받지 않는 뉴런의 내부는 세포 밖에 비해 60밀리볼트(1000분의 1볼트) 정도 더 음의 값을 가진다. 다시 말해, 세포의 휴지전위는 대략 −60mV다.

이 책에서 실제 전압 수치는 그리 중요하지 않다. 휴지 상태에서의 막전위(막 전압)는 꽤 높은 음의 값을 가진다는 점만 유념해 두면 된다. 그런데 뉴런이 다른 뉴런들로부터 흥분성 입력들을 받아 자극되면, 막전위는 음의 값이 줄어들면서 양의 값 쪽으로 기운다(그림 3.7). 이러한 현상이 일어나는 것은 글루타메이트가 신경전달물질로 기능하는 방법과 밀접한 관계가 있다.

글루타메이트(흥분) 수용체 분자들은 세포막을 관통한 채 박혀 있는데 일부는 세포 바깥을, 다른 일부는 세포 안쪽을 향해 있다. (시냅스전 말단에서 분비된) 글루타메이트가 시냅스후 수용체의 바깥 부분에 결합하면 수용체에 통로가 열리면서 양전하를 띤 이온들이 세포외 용액에서 세포 내부로 이동하게 된다. 이러한 이온의 이동에 의해 세포 밖과 안의 화학적 균형이 달라진다. 시냅스후 세포의 표면에 충분히 많은 글루타메이트 수용체들이 자리 잡고 있으면, 세포 안의 전압이 충분히 양의 값을 가지게 되므로 활동전위가 일어난다.

반대로 가바(억제) 수용체들이 자리 잡고 있다면 (음전하를 띤 염소이온이 가바 수용체 통로를 통해 들어오기 때문에) 세포 내부의 전압은 좀더 음의 값을 갖게 된다. 이렇게 되면 다른 시냅스 말단들로부터 분비된 글루타메이트가 시냅스후 세포 안의 양이온 농도를 충분히 변화시키지 못하므로 활동전위를 개시하지 못한다. 활동전위가 일어나느냐 못 일어나느냐는 글루타메이트(흥분)와 가바(억제) 사이의 균형에 달려 있다. 그리고 한 세포는 대체로 수많은 흥분성 입력과 수많은 억제성 입력들을 받기 때문에 발화가 일어날 가능성은 특정한 사건에서 들어오는 입력들의 균형에 의해 좌우된다. 글루타메이트 수용체는 주로 수상가시에 많고, 가바 수용체는 세포체나 세포체에 가까운 수상돌기에서 주로 발견된다. 글루타메이트에 의해 일어나는 흥분작용이 세포체에 도착하여 활동전위를 촉발하려면 가바 검문소를 통과해야 한다. 수상돌기를 타고 내려와 세포체를 향하는 흥분은 가바에 의해 소멸될 수 있다.

가바에 의한 억제가 없다면 뉴런들은 글루타메이트의 영향에 의해 지속적으로 활동전위를 보내고, 결국에는 지나친 발화로 인한 세포의 죽음을 초래한다. 가바 작용을 인위적으로 차단하거나, 글루타메이트와 비슷하면서 더 강력한 물질을 처리하여 가바 억제를 무력화시키면 이러한 결과를 관찰할 수 있다. 글루타메이트의 과다한 작용과 이로 인한 뉴런의 손상은 뇌졸중을 비롯한 뇌혈관성 질환이나 간질, 또는 알츠하이머 치매 등에서 발생하고 있다. 어떤 사람들은 중국요리를 먹은 뒤 약하게 글루타메이트 독성을 경험하기도 한다. 중국요리에서 흔히 사용되는 조미료의 글루타메이트 성분MSG을 과다하게 섭취함으로써 두통, 귀울림 등의 신체 증상이 초래되는 것이다. 가바 억제는 정신질환 약물의 작용방식과도 관계있다. 예를 들면 긴장과 불안을 완화시켜 주는 발륨Valium은 가바의 능력을 향상시켜 글루타메이트를 조절하는 작용을 한다. 공포회로망에서 활동전위들을 만들어 냄으로써 불안과 걱정을 초래하는 흥분성 입력은 발륨이나 유사 약물을 복용하면 약화된다.

조정자들의 힘

글루타메이트와 가바 사이의 상호작용은 뇌에서 일어나는 정보처리 과정을 이해하는 열쇠다. 그러나 이 물질들은 혼자 또는 따로 작용하지 않는다. 예를 들어 눈에 있는 수용체들은 빛의 패턴을 탐지하여 시신경 축삭을 통해 뇌로 정보를 전달한다. 전기적 신호가 축삭말단에 도달하면 글루타메이트가 분비된다. 시냅스후 세포가 발화하는지 여부는 가바 억제의 정도뿐만 아니라 그때 존재하는 다른 물질들에 의해서도 영향을 받는데, 이것들이 바로 조절물질이다.

　　　조절물질들도 분비되는 지점과 작용할 수용체가 존재하는 지점 사이의 화학적 연결을 제공한다는 점에서 일종의 신경전달물질이라고 볼 수 있다. 그러나 글루타메이트나 가바와는 달리 이것들은 위계적 회로에 있는 한 지점과 다른 지점 사이의 정보전달에는 직접적으로 관여하지 않는다. 앞으로 보겠지만, 조절물질이 전달물질과 어떻게 다른가는 조절물질의 종류에 따라 다르다. 더러 그 구분이 모호한 경우도 있다. 그러나 한 가지 중요한 공통의 차이는 그것들이 작용하는 속도와 관련되어 있다. 글루타메이트와 가바는 신속히 작용한다.[43] 시냅스전 세포에서 분비되고 나서 수 밀리세컨드 안에 시냅스후 세포

에 전기적 변화를 일으키며, 그 효과가 유지되는 것도 불과 몇 밀리세
컨드다.[44] 반면에 조절물질들은 상대적으로 느리지만 오래 지속되는 효
과를 낸다.

　　　　우리는 펩타이드, 아민, 호르몬이라 불리는 조절물질의
세 가지 유형을 살펴볼 것이다. 이들 각각은 어떤 기능회로에 참여하
느냐에 따라 흥분성 효과를 내기도 하고 억제성 효과를 내기도 한다.

　　　　뇌에서 두루 발견되는, 느리게 작용하는 조절물질들 가
운데 상당수는 펩타이드로 분류된다. 펩타이드는 글루타메이트나 가바
같은 단순한 아미노산이 아니라 여러 개의 아미노산이 연결되어 있는
고분자 물질이다. 펩타이드는 흔히 글루타메이트나 가바와 함께 시냅
스 말단에 존재하기 때문에(물론 저장고는 따로따로다) 축삭을 따라 활
동전위가 내려올 때 빠른 신경전달물질과 함께 분비된다(그림 3.11). 펩

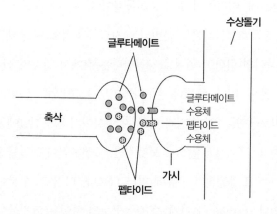

그림 3.11 동일한 시냅스 말단에서 분비되는 글루타메이트와 펩타이드
축삭말단들은 가끔 글루타메이트(또는 가바)와 함께 펩타이드 전달물질을 분비한다. 이 경우
다른 시냅스후 수용체들이 동일한 말단에서 분비되어 나온 두 종류의 분자들과 결합한다.

타이드는 특정 시냅스후 수용체들과만 결합하며, 함께 분비된 빠른 신경전달물질의 효과를 증가시키거나 감소시킨다. 그런데 펩타이드는 시냅스후 지점에 느리게 영향을 미치며 또 그 효과가 오래 지속되기 때문에 뒤따라 분비된 빠른 신경전달물질들의 작용에 더 큰 효과를 미치는 경향이 있다. 글루타메이트와 가바는 수용체에 따라 빠른 효과 외에 느린 효과를 내기도 한다.[45] 그러나 펩타이드는 전형적으로 오로지 느린 조절작용만을 할 수 있다. 이들은 다른 입력에 의한 세포의 발화 능력에 극적인 영향을 미칠 수 있지만, 정확히 타이밍을 맞추지는 못한다.

신체기능이 다양한 만큼 거기에 작용하는 펩타이드의 종류도 매우 다양하다. 여기서 우리의 관심은 신경계에 작용하는 신경활성 펩타이드들이다. 그 가운데 가장 널리 알려진 것은 아편성 펩타이드인 엔돌핀과 엔케팔린이다. 이들은 통증과 스트레스에 의해 분비가 유발되며, 특수한 수용체들에 달라붙어 통증감각과 기분을 변화시킨다. 흔히 '러너스 하이jogger's high'라고 불리는, 오래달리기를 할 때 느끼게 되는 기분 좋은 몽롱함도 이러한 아편 효과에서 비롯된 것이다. 몰핀도 이 수용체들에 결합함으로써 효과를 발휘한다.

조절물질의 또 한 가지 유형은 모노아민으로 세로토닌serotonin, 도파민, 에피네프린, 노레피네프린 등이 여기에 포함된다. 전달물질들이나 다른 조절물질들과는 달리 모노아민을 만들어 내는 세포들은 한정된 몇 군데의 뇌 영역, 즉 주로 뇌간에서만 발견된다.[46] 그러나 이 세포들의 축삭은 뇌 전체에 두루 퍼져 있다(그림 3.8과 그림

3.12). 모노아민 생성 뉴런은 이처럼 특정 지역에만 몰려 있고 수적으로도 얼마 되지 않지만 이와 같은 방식으로 뇌의 여러 영역에 영향을 미친다. 모노아민도 글루타메이트나 가바(그리고 이들과 함께 분비되는 펩타이드)의 활동을 촉진하거나 억제하는 효과를 가지고 있다. 축삭들이 워낙 널리 퍼져 있기 때문에 모노아민은 상대적으로 비특이적인 효과를 가지고 있다. 따라서 그들은 특정 회로에서 처리되는 자극에 대한 정교한 표상에는 관여하지 않는다. 대신 뇌의 여러 영역들을 동시에 조절함으로써 전체적인 상태에 변화를 일으킨다. 가령 위험에 직면했을 때 뇌 전체에서 일어나는 높은 각성 수준이나, 졸음이 올 때의 낮

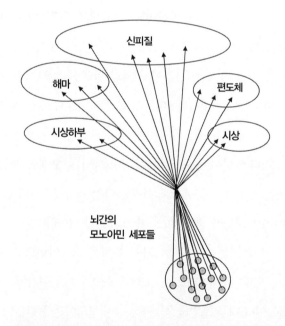

그림 3.12 뇌간에 있는 모노아민 세포들에 의해 전뇌의 영역들로 넓게 흩어진 투사
모노아민 신경조절물질들은 뇌간의 특정 지역들에서 만들어지는데, 그들의 확산적 연결에 의해 뇌의 넓은 지역에서 전달 과정을 동시에 조절할 수 있다.

은 각성 수준 등은 모노아민의 영향에 의한 것이다.

정신질환 치료에 쓰이는 상당수의 약들이 모노아민에 변화를 가함으로써 효과를 발휘한다. 예를 들어, 프로작Prozac은 시냅스 공간에서 세로토닌이 제거되는 과정을 차단한다. 정상적인 조절과정을 통해 분비된 전달물질은 시냅스 말단으로 다시 흡수되는데, 프로작은 이 재흡수과정을 차단함으로써 분비된 세로토닌이 더 오랫동안 시냅스 공간에 머물게 만들며, 이렇게 해서 세로토닌의 효과를 극대화시킨다. 한 이론에 따르면 우울증이나 불안증에 걸린 뇌에서는 세로토닌 양이 부족하며, 프로작은 이 상태를 개선시킨다고 한다.[47] 그러나 세로토닌 수준의 증가가 불안이나 우울증을 덜어 주는 정확한 메커니즘은 아직 밝혀지지 않고 있다.

항우울제들(모노아민 산화효소 억제제와 삼환 계열의 항우울제들)과 항정신질환제들(클로르프로마진chlorpromazine 또는 페노티아진phenothiazine)도 모노아민 수준을 조절한다. 마약류들도 모노아민에 작용하는데, 코카인과 필로폰(일명 히로뽕)은 노레피네프린과 도파민 수준에 영향을 주고, LSD는 세로토닌 수용체에 작용한다.

아세틸콜린도 모노아민의 일종으로 수용체의 종류에 따라 신속한 전달물질로 작용하기도 하고 조절물질로 작용하기도 한다.[48] 신피질에서의 아세틸콜린 교란이 알츠하이머와 관련이 있다고 한다.[49] 실제로 알츠하이머 치료제들은 아세틸콜린 기능을 호전시킨다.[50] 아세틸콜린은 근육의 움직임을 조절하고 심장박동을 조절하는 매우 중요한 전달물질이다. 신경가스 독은 근육, 특히 호흡기근육에서 아세틸콜린

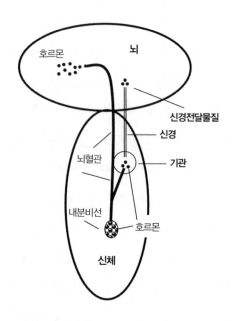

호르몬   뇌

신경전달물질

신경

뇌혈관   기관

내분비선   호르몬

신체

그림 3.13 호르몬이 뇌로 가는 방법
신체의 내분비선에서 분비된 호르몬들은 혈관을 타고 뇌에 직접 들어가서 영향을 줄 수도 있고, 뇌에 신경을 보내는 신체기관에 작용하여 간접적으로 뇌에 영향을 줄 수도 있다.

에 의한 신경전달을 차단시키는 작용을 한다. 살충제도 곤충에게서 비슷한 방식으로 작용한다.

호르몬은 우리가 마지막으로 살펴볼 조절물질 유형이다 (그림 3.13). 호르몬은 전형적으로 신체기관(부신, 뇌하수체, 생식선 등)에서 분비되어 혈액순환계를 타고 뇌까지 전달된다. 다른 조절물질들과 마찬가지로 호르몬 역시 뇌에서 수용체와 결합하여 글루타메이트나 가바의 전달과정의 효율성을 변화시킨다. 예를 들어 스트레스를 받으면 부신에서 코르티솔cortisol이라는 스테로이드 호르몬이 분비되는데, 이 호르몬은 기억작용에 관여하는 회로들과 감정과정에 관여하는 회로들에 작용함으로써 정보전달을 변화시키는 것으로 알려져 있다.[51] 이러한 변화는 부분적으로는 글루타메이트를 억제하는 가바의 능력을 변화시킴으로써 일어난다.[52] 성호르몬인 테스토스테론(남성호르몬)과 에스트로겐(여성호르몬)도 신경전달을 비롯한 뇌기능에 깊은 영향을 미친다. 여성의 경우, 한 달을 주기로 에스트로겐 수치가 변하는 데 따라 기분도 덩달아 널뛰기하는 현상이라든지, 폐경기 이후에 처방되는 에스트로겐 대체요법이 뇌기능의 노화 현상을 지연시키는 데 효과를 발휘하는 것도 이와 관련이 있다.[53] 호르몬은 혈액을 통해 뇌에 도달하므로 여러 지역에 동시적으로 영향을 미칠 수 있지만, 결합할 수용체들이 특정 지역의 특정 회로들에만 존재함으로써 상당한 특이성을 가질 수도 있다.

골지와 틈새

뇌에서 화학적 시냅스전달이 중요한 것은 사실이지만, 또 다른 형태인 전기적 전달도 일어난다. 전기적 시냅스가 어디까지 작동하는지는 아직 밝혀지지 않았지만 뇌기능을 알면 알수록 이러한 형태의 시냅스도 중요한 역할을 한다는 사실이 분명해지고 있다.

　　　두 개의 뉴런이 전기적으로 의사소통하기 위해서는 그들의 막이 서로 융해되어 한 뉴런에서 다른 뉴런으로 직접 전기가 흘러야 한다. 이렇게 융해된 지점을 틈새연접gap junction이라고 한다. 최근의 연구들은 해마hippocampus처럼 외현기억explicit memory의 형성에 중요한 장소에서는 가바(억제성) 세포들이 틈새연접에 의해 전기적으로 연결되어 있음을 보여 준다.[54] 이런 구조에서 가바 세포들이 활성화되면 그 흥분은 그들 사이에 퍼져 나가 서로 연결된 여러 개의 세포들을 한꺼번에 활성화시킨다. 세포들은 그에 따라 동시적으로 공조하여 발화함으로써 해당 영역의 많은 투사세포들의 활성을 조절할 수 있게 된다.

틈새연접이 존재한다는 사실은 어떤 뉴런들이 물리적 융합에 의해 직접적으로 의사소통한다는 점에서 골지의 그물망 이론을 뒷받침해 준다. 틈새연접에 대해서는 앞으로 많은 연구가 이루어져야 하며, 시냅스전달에 어느 정도로 관여하는지가 밝혀지면 화학적 신경전달 과정에 대한 이해와 통합되어야 한다.

활동 중인 회로들

동일한 전달물질, 조절물질, 호르몬이 다른 기능에 개입할 수도 있다. 우리가 보고, 듣고, 기억하고, 위험을 무서워하고, 행복을 욕망하는 등의 능력에는 모두 흥분성(글루타메이트) 시냅스전달 과정에 대한 억제성(가바) 시냅스의 통제와 펩타이드, 아민, 호르몬 등에 의한 조절작용이 관여한다. 소리가 시각과 다른 이유, 기억이 지각과 다른 이유, 공포가 욕망과 다른 이유는 화학적 차이에 있는 것이 아니라 그 화학물질들이 작용하는 회로가 다르기 때문이다. 글루타메이트, 가바, 조절물질들이 어떻게 작용하는지를 편도체에서 위험상황이 탐지되는 과정을 예를 들어 살펴보도록 하자.

시냅스로 연결된 시스템 안에서의 위치 덕분에 편도체는 위험을 탐지할 수 있다. 가장 단순한 형태에서 이 시스템은 글루타메이트를 분비하는 세 층위로 이루어진 세포사슬로 볼 수 있다. 감각시스템의 투사세포들이 편도체의 투사세포들을 활성화시키고, 이들이 다시 운동 조절 영역의 투사세포들을 활성화시키는 식이다(그림 3.14). 이 그림은 지나치게 단순한 감이 있지만, 좀더 자세한 설명은 일단 나중으로 미루기로 한다.

편도체 세포들은 감각세계로부터 끊임없이 입력들을 받지만 대부분 무시한다. 사실상 대부분의 시간을 조용히 보낸다. 그러나 적절한 자극, 다시 말해 위험이나 생물학적으로 중요한 사건을 알리는 자극이 주어지면 활동을 개시한다. 이 점은 하등동물들에 대한 연구들과[55] 인간에 대한 연구들이[56] 공히 밝혀낸 사실이다. 그러면 왜 편도체에 있는 투사세포들은 의미 없는 자극에는 반응하지 않는 것일까? 아마 당신도 가바 때문임을[57] 짐작했을 것이다.

앞서 살펴보았듯이 뇌의 많은 영역에 있는 세포들이 가지는 휴지 상태의 막전위는 대략 −60mV다. 편도체에 있는 어떤 세포들은 가바에 의한 지속적인 억제, 즉 강직성 억제로 인해 −80mV까지 떨어지기도 한다.[58] 편도체에 있는 투사세포들의 가바 수용체들이 가바와 결합하고 염소이온을 통과시키면 세포 내부의 전위는 음의 값으로 더욱 기울어지며, 따라서 편도체를 자극시키기 위해서는 더 많은 흥분이 유발되어야 한다. 그 결과 평범한 자극으로는 편도체를 충분히 흥분시키지 못한다. 가바에 의한 강직성 억제를 극복할 수 있는 모종의 특별한 속성을 지닌 자극만이 그 일을 해낼 수 있다.

선천적으로 위험한 자극들(포식자의 모습이나 냄새)이나

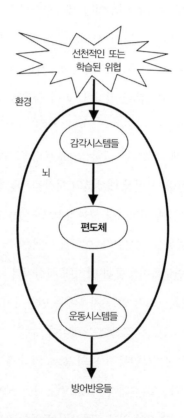

그림 3.14 공포에 관여하는 편도체의 입력과 출력 연결망 구조
편도체는 환경에서 비롯된 위협적인 자극과 이에 대한 방어반응 사이의 중간에서 작동하는데, 편도체가 한편으로는 감각 처리 시스템과 연결되어 있으면서 다른 쪽으로는 운동 조절 영역들과도 연결되어 있기 때문이다.

본질적으로 불쾌한 자극들(큰 소리와 같은 너무 강한 자극이나 통증을 초래하는 자극)이 강직성 억제를 극복할 수 있는 만큼, 학습을 통해 터득한 감정의 울림이 있는 자극들도 이 강직성 억제를 극복할 수 있다. 따라서 보통의 의미 없는 자극도 학습에 의해 통증과 연계되면 위험의 자연스러운(선천적인) 형태와 동일한 효과를 지닌다.[59] 선천적인(고정된 설계에 의한) 위험과 학습된 위험 신호들은 편도체 세포들을 신속하고도 일정 기간 동안 계속적으로 발화시키기 때문에 가바 통제를 벗어날 수 있다.

공포를 유발하는 자극이 강직성 억제를 뛰어넘어 편도체 세포들을 발화시킨 후에도 그것들은 여전히 가바의 통제하에 있다. 편도체로 들어오는 입력들은 투사뉴런만이 아니라 가바 세포들도 활성화시킨다.[60] 그 결과 입력이 강해질수록 편도체에서의 유발성 억제도 강화되어 편도체 세포들의 활동을 폐쇄하기 시작한다.[61]

만약 어떤 이유로 무의미한 자극에 의한 편도체 세포들의 흥분을 방지하는 가바의 능력이 떨어지면 (투사뉴런들이 더 쉽게 발화되는 속성을 가지게 되거나, 가바 세포들의 발화 정도가 현저하게 저하됨으로써), 평소에는 위험한 자극이 아니었던 것들이 위험한 자극으로 반응을 일으킨다. 이러한 현상은 몇몇 공포와 불안장애에서 나타나는 듯하다. 비슷한 논리로, 투사뉴런들의 발화를 어렵게 만들거나 가바 세포들의 발화를 더 용이하게 만들면 공포와 불안을 약화시킬 수 있다. 실제로 가장 흔히 이용되는 불안장애 치료제인 발륨은 가바전달을 촉진하는 작용이 있다. 먹는 약물은 뇌 곳곳에 도달할 수 있지만, 최소한 공포 및 불안에 미치는 약물 효과의 일부는 편도체에서의 억제작용을 증가시켜, 공포반응을 유발하는 외부 혹은 내부의 자극들이 편도체 회로를 활성화시키기 어렵게 만듦으로써 나타나는 것 같다.

편도체는 또 다양한 유형의 조절성 입력을 받는다. 예를 들어 세로토닌 섬유들도 편도체에까지 미치며, 편도체에서 세로토닌 양이 증가하면 흥분성 투사세포들의 활동이 억제된다.[62] 이 경우의 억제작용은 세로토닌이 투사세포들에 직접 영향을 미치는 것이 아니라 세로토닌이 가바 세포들을 흥분시켜 투사뉴런들에 대한 억제작용을 높임으로써 간접적으로 이루어진다.

프로작 같은 약물들은 시냅스에서 가용한 세로토닌 양을 증가시킴으로써 작용한다. 프로작은 편도체에 있는 가바 시냅스에서 세로토닌전달을 향상시키고, 그리하여 투사뉴런의 활동을 감소시켜서 편도체로 들어오는 입력들의 공포회로 활성화 능력을 떨어뜨림으로써 불안을 조절하는 데 도움을 준다.

또한 편도체는 많은 호르몬들의 과녁이다. 그 가운데 하나인 코르티솔은 공포나 스트레스가 일어날 때 부신피질에서 분비된다.[63] 세로토닌에 의한 편도체 투사세포들의 가바 억제 촉진은 코르티솔에 의해 조절된다.[64] 가바 세포들을 흥분시켜 억제를 촉진하는 세로토닌의 능력은 코르티솔과 편도체 뉴런의 수용체들과의 결합에 달려 있다. 여러 정신장애에서 코르티솔 수치가 증가하는 것으로 나타나는데,[65] 코르티솔은 공포반응의 강도를 높인다.[66] 프로작 같은 약물이 정신장애에서 나타나는 지나친 공포와 불안 증세를 약화시킬 수 있는 것은 코르티솔 수치가 높은 상태에서도 가바 억제를 촉진하는 세로토닌의 능력을 향상시킬 수 있기 때문이다.

이처럼 공포시스템은 뇌에서 일어나는 신경전달 과정과 다양한 조절화학물질들에 의한 조율 과정의 기본 요소들을 잘 보여 준다. 우리는 이후 장들에서 이것들을 토대로 증개축하는 작업을 하게 될 것이다.

시냅스만으로 충분한가?

내가 뇌기능에서 시냅스가 중요하다고 강조한다고 해서 다른 인자들의 역할을 무시하려는 것은 아니다. 예를 들어, 한 세포가 스스로 발화하는 것은 그 세포가 가지고 있는 특정한 전기적·화학적 특성들에 의해 규정된다.[67] 이를 내인적內因的 특성이라고 부르는데, 시냅스전달이나 시냅스 조절 등에 의해 매개되는 다른 세포로부터의 외인성 영향들과는 구분된다. 한 세포의 내인적 특성은 유전적 요인을 강하게 받으며, 그 세포가 하는 많은 일들에(시냅스전달에 참여하는 능력까지 포함하여) 영향을 준다. 그러나 심리학적 기능과 행동학적 기능들은 시냅스들로 연결된 세포 집단에 의해 매개되며, 각각의 뉴런들이 따로따로 작용하는 것이 아니라 함께 작용하는 것이므로, 한 세포의 내인적 특성이 정신생활과 행동에 끼치는 공헌은 그 세포가 회로상에서 수행하는 역할을 통해 이루어진다. 시냅스 자체는 뇌가 하는 모든 일들을 설명하지는 못하더라도 우리가 하는 행동 하나하나, 생각 하나하나, 우리가 표현하고 느끼는 감정 하나하나에 핵심적으로 개입한다. 시냅스들은 궁극적으로 뇌가 가지고 있는 수많은 기능들에 대한 열쇠이며, 자아에 대한 열쇠다.

4

뇌 만들기

모든 어린이는 저마다 더 나은 삶으로의 모험이며, 옛것을 바꾸고 그것을 새로이 할 기회다.

—허버트 험프리

뇌에 있는 수천억 개의 뉴런들은 복잡하고도 정교하게 연결되어 때로는 (호흡 조절 같은) 단순한 일과 때로는 (신념 같은) 대단한 일을 가능하게 한다. 그러나 발생 중의 배아에 있는 세포들이 어떻게 뉴런이 되는가? 그것들은 어떻게 정확한 지점까지 뻗어 나가는가? 이 모든 세포들의 축삭들은 어떻게 그들의 과녁 영역들을 찾아가는가? 그리고 일단 그 영역에 도착하면 말단들은 어떻게 시냅스를 형성할 뉴런들을 정확히 구별해 내는가? 이 모든 단계들에는 시간이 걸리며, 또 회로마다 상이한 스케줄에 따라 이 단계들을 거친다. 어린 시절 우리의 행동 및 정신 레퍼토리가 천천히, 그리고 고르지 않게 펼쳐지는 것은 이 때문이다. 그러나 결국 이 모든 것들은 합쳐지며, 하나의 인격과 여러 특징적 면모를 갖춘 하나의 자아가 출현하게 된다.

뇌발달은 본성-양육 논쟁의 주요한 전장이다. 마음과 행동의 특징들이 유전자에 의해 더 많이 결정되는가, 환경에 의해 더 많이 결정되는가 하는 것은 가장 단순한 형태의 논쟁이다. 마음과 행동의 특징들이 뇌기능에 좌우되고 시냅스 방식으로 연결된 회로들이 뇌기능의 바탕이기 때문에, 본성-양육 논쟁은 기본적으로 발생과정 중에 어떻게 회로들이 형성되는가라는 질문으로 환원될 수 있다.

오늘날에는 태어날 때 뇌가 빈 서판으로 되어 있어서 경험에 의해 씌어지기를 기다린다거나, 반대로 뇌가 특별한 방식으로 행동하고 생각하고 느끼는 소양이 유전적으로 미리 결정되어 있는 불변의 레퍼토리라고 심각하게 주장하는 사람은 없다. 대신에 뇌회로는 유전적 영향과 비유전적 영향 간의 혼합을 통해 나타난다는 주장이 널리 받아들여지고 있다. 따라서 최근의 논쟁은 본성만이, 또는 양육만이 배타적으로 뇌 형성에 기여한다는 이분법적 주장에서 많이 벗어나 있다.

마음과 행동에 대한 질문과 관련하여, 본성과 양육이 동일한 과업—시냅스로 연결된 회로를 만드는 것—을 수행하는 두 가지 방식이라는 점과, 이 과업을 완수하는 데는 둘 다 필요하다는 점을 인정한다면 사실상 이분법은 녹아 없어져 버릴 수 있다. 흔히들 경험은 그들의 자취를 뇌에 기억이라는 기록을 통해 남긴다고 생각하는데, 뒤의 여러 장들에서 보겠지만, 기억은 바로 시냅스의 산물이다. 반면에 유전자 역시 기억의 형태로 우리에게 영향을 미친다고 생각하는 사람은 그리 많지 않다. 그러나 이러한 생각도 그다지 틀렸다고 할 수 없다. 물론 이 경우에 시냅스의 기억은 개인사의 흔적으로서가 아니라 조상사의 흔적으로서 나타난다고 보아야 할 것이다. 유전자와 경험에 의해 생애 초기에 이루어지는 시냅스연결의 조형이 이 장의 주제다.

첫 단계들

배아 뇌발생의 최초의 사건들은 대체로 유전자와 그 산물들, 그것들이 존재하는 국지적인 화학적 환경에 의해 통제된다.[1] 유전자가 하는 일은 단백질을 만드는 것이며, 단백질은 뇌발생의 여러 측면들을 규제한다. 어떤 단백질은 효소로서 화학반응을 촉매하고, 어떤 단백질은 또 다른 유전자들을 유도하여 더 많은 단백질을 만들게 하고, 어떤 단백질은 여러 가지 세포 운동을 안내하거나 제한하는 장벽 역할을 하고, 또 어떤 단백질은 그들의 최종 목적지에 도착하여 다른 세포와의 접착을 가능하게 해주는 끈적끈적한 표면을 형성한다. 뇌발생에 미치는 유전자의 영향을 이야기하는 것은 기본적으로 단백질들의 효과와 그들의 화학적 파급효과에 대해 기술하는 것이다.

감각시스템들을 가지고 있지 않은 어린 배아는 대체로 외부환경과의 직접적인 지각적 접촉으로부터 격리되어 있다. 그러나 발생의 최초 단계에서도 유전자가 외부세계와 완전히 동떨어져서 작동하는 것은 아니다. 배아의 화학적 환경은 필연적으로 모체의 화학과 직접적인 접촉을 하고 있다. 배아는 뇌와 신체발달에 필요한 단백질을 조립하는 데 필요한 아미노산들을 스스로 합성하지 못한다. 그것들은 모체로부터 공급되며, 모체는 음식에서 이것들을 공급받는다. 모체가 섭취하는 음식에는 달갑지 않은 물질들, 예를 들어 음식에 함유되어 있는 독소나 화학적 첨가물 따위가 들어 있을 수도 있다. 마찬가지로 모체가 들이마시는 공기나, 복용하는 약물(처방약물이든 아니든)이나, 담배 등도 배아의 화학적 환경에 큰 영향을 미친다. 모체가 느끼는 스트레스도 그녀의 호르몬 상태에 영향을 미침으로써 배아에 영향을 미칠 수 있으며, 감염과 싸우기 위해 형성되는 항체 역시 영향을 미칠 수 있다. 뇌의 주요한 양상들은 유전적 설계도(모든 인간의 뇌가 동일해 보이고, 동일한 방식으로 작동하는 것은 이 때문이다)의 독재적 지배를 받지만, 이 설계도 자체는 뉴런들이 성장하는 내부의 화학적 환경에서 특정한 조건들을 필요로 한다. 이러한 유전자와 내부환경 사이의 상호작용이 교란되면 뇌의 정상적인 발달 역시 교란된다. 이처럼 본성과 양육은 처음부터 상호작용한다.

뇌발생은 외배엽ectoderm에서 시작하는데, 외배엽은 중배엽mesoderm, 내배엽endoderm과 함께 배아의 주요한 세 부분이다. 이들에 의해 신체의 다양한 부위와 기관들이 형성된다. 외배엽의 한 부분이 두꺼워지면서 신경판neural plate이 형성되고, 신경판이 접히면서 신경관neural tube이 만들어지고, 바로 여기서 뇌가 만들어진다.

신경관에서 비신경 전구세포nonneural precursor들이 분열하면서 뉴런들을 만들어 낸다. 사람의 경우에는 출생 직전의 몇 개월 동안 대부분의 뉴런들이 만들어진다. 가장 왕성하게 만들어질 때는 1분에 약 25만 개씩 만들어진다. 이 과정은 저변의 조직에서 신경관으로 분사되는 호르몬에 의해 통제된다. 이 호르몬이 단백질을 만드는 유전자를 켜고, 이 단백질들이 다시 전구세포들에 의한 뉴런 생산을 통제하는 것이다(호르몬 자체도 배아의 비신경 부분에서 만들어진 유전적 산물이다). 알코올이나 약물 섭취 등에 의해 이 초기 단계에서의 뉴런 생산이 방해를 받으면 척추파열, 무뇌증 같은 출생결함이 생긴다. 그러나 모든 출생결함이 약물이나 알코올 때문인 것은 아니며, 또 알코올과 약물이 늘 출생결함을 야기하는 것도 아니다.

현재로서는 포유류 성체의 뇌에서는 새로운 뇌세포가 형성되지 않는다는 것이 정설이다. 말하자면 마지막 숨을 거두는 순간의 뇌세포들은 생애의 초기에 형성된 뇌세포들에서 살아가는 동안 이런저런 이유로 잃어버리는 세포들을 제외한 것으로 보면 된다는 것이다. 그러나 최근의 록펠러 대학교의 노테봄과 매케웬, 프린스턴 대학교의 엘리자베스 굴드 등은 성체의 몇몇 뇌 영역들에서 뉴런들이 계속 만들어진다는 것을 입증함으로써 이러한 견해에 도전하고 있다.[2] 아직까지 새로운 뉴런들의 출생이 얼마나 광범위한지, 혹은 얼마나 드물게 일어나는지는 밝혀지지 않고 있다. 그러나 이러한 발견은 새로운 뉴런들을 성장시킴으로써 척수손상, 뇌졸중, 치매 같은 난치성 신경질환들을 치료할 수 있는 방법이 개발될 수 있다는 최소한의 희망을 가지게 해준다. 여기서 나는 신경발생(새로운 뉴런의 출생)과 시냅스 형성(이미 존재하는 뉴런들 사이의 새로운 시냅스 형성)이 별개임을 지적해 두고 싶다. 시냅스 형성은 일반적인 현상으로서 아마도 우리가 죽는 순간까지 계속 일어나는 현상이다. 이 장에서 보겠지만, 생애 초기에 시냅스연결은 급격한 변화를 겪는다. 또 다음 두 장에서 보겠지만, 시냅스는 우리 뇌가 새로운 경험을 할 때마다 변한다.

태어나자마자 뉴런들은 분화되기 시작하며, 장차 후뇌 hindbrain, 중뇌midbrain, 전뇌의 일부를 이룰 세포들이 차츰 성장해 가는 신경관 안에서 저마다의 권역들을 차지해 간다. 이 분리 현상은 호메오 유전자homeotic genes로 불리는 특별한 유전자 세트의 직접적인 통제를 받는다. 이 유전자 세트는 세포들의 이동을 안내하거나 제한하는 경계선과, 세포들이 덩어리를 이룰 수 있게 해주는 끈적끈적한 표면을 제공함으로써 세포들의 자리 잡기를 통제하는 단백질들을 만들어 낸다. 일부 과학자들은 호메오 유전자의 돌연변이로 인해 뇌의 형성과 연결에 문제가 발생한 것이 자폐증이라고 주장하기도 한다.[3] 호메오 유전자의 기능은 초파리Drosophila melanogaster 연구를 통해 알려졌으며, 초파리와 꼬마선충 연구를 통해 더욱 진전되었다. 우리 인간이 초파리나 선충과 많은 것들을 공유하고 있다는 사실이 믿기 어려울지도 모르겠지만 호메오 유전자뿐만 아니라 다른 많은 유전자들도 진화의 긴긴 역사 속에서 끈질기게 보존되어 왔다.[4]

분리된 세포들은 결국 분화한다. 말하자면 서로 다른 모양과 크기를 지니게 되고, 최종적으로는 서로 다른 신경전달물질과 조절물질을 만드는 세포가 된다. 투사뉴런과 중간뉴런이 서로 다른 것도 이런 작용에 의한 것이다. 분화과정은 유전자의 통제하에 있지만, 완전히 유전적으로 결정되어 있는 과정은 아니다. 여러 연구들에 의하면, 분화가 일어나기 전에 뇌의 한 영역에 있는 세포들을 다른 뇌의 다른 위치에 이식해 놓으면 이 이식된 세포들이 애초의 예정된 특징이 아니라 이식된 위치에 있는 뉴런들이 가지는 특징들을 가지게 된다.[5] 이것은 세포가 최종적으로 가질 형태를 결정하는 것은 국소 환경 속에서의 화학인자들임을 암시한다. 그러나 이와 같은 형태 변경은 아주 어린 세포들에서만 가능하며, 일단 세포의 형태가 결정되고 나면 운명은 봉인된다. 이처럼 세포의 형태는 엄격하게 유전자에 의해서만 통제되는 것이 아니라 환경에 의해 강한 영향을 받는다. 물론 여기서 말하는 환경은 개체 외부의 환경이 아니라 세포를 둘러싸고 있는 국소적인 화학적 환경을 의미한다. 그런데 여기에서 작용하는 국소적 인자들은 유전적으로 저장된 단백질들 자체를 뜻하는 것이고, 따라서 세포 분화에서의 비유전적인 기여와 유전적 기여는 그리 멀리 떨어진 것이 아니다.

발생이 진행됨에 따라 신경관은 팽창하고 접혀지면서 차츰 뇌의 모습을 갖추게 된다. 같은 영역으로 갈 세포들은 분리과정에서 신경관 내에 함께 있다가 관이 성장함에 따라 성장하는 뇌 안의 최종 목적지를 향해 이주하기 시작한다. 이주과정에 의해 성체 뇌의 신피질을 구성하는 다양한 영역들은 적절한 기능을 수행하는 데 필요한 구조를 만들기 위해 신경관으로부터 정확한 숫자의 뉴런들과 정확한 형태의 뉴런들을 받아들이게 된다.

이주하는 세포들이 정확히 어떤 방법으로 목적지를 찾아가는지는 아직 완전히 밝혀지지 않았다. 그러나 예일 대학교의 라킥이 수행한 피질발생에 대한 연구결과에 따르면, 이주하는 세포들이 따라갈 수 있는 지지대 또는 화학적 자취들이 이 과정에 개입되어 있는 듯하다(그림 4.1).[6] 이러한 자취들은 교세포glial cell(뇌의 발생과 뇌기능의 여러 측면에 중요한 기여를 하는 비신경세포)들에 의해 형성된다. 교세포들 자신은 유전자와 유전적 산물에 의해 만들어진, 분자 안내표지판 역할을 하는 국소적인 화학적 단서들의 안내를 받는다. 이 화학적 단서들이 이동경로에 제한을 두는 장벽을 형성하고 접착성 표면을 만들

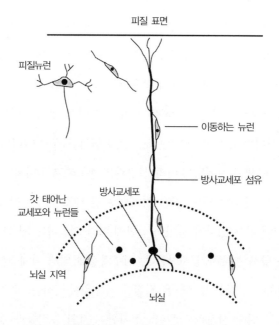

피질 표면

피질뉴런

이동하는 뉴런

방사교세포 섬유

방사교세포

갓 태어난
교세포와 뉴런들

뇌실 지역

뇌실

그림 4.1 교세포 자취를 따라 이동하는 세포
새로운 뉴런들과 교세포들이 뇌실 지역에서 만들어진다. 거기서부터 뉴런들은 뇌 영역들을 만들기 위해서 목적지를 향해 길을 찾아 나서야 한다. 방사교세포들이 이런 이주과정에 도움을 준다. 그들은 뇌의 표면을 향해 쭉 뻗어 나가는 섬유를 만들어 낸다(피질의 바깥 표면이 나타나 있다). 교세포의 자취를 따라 기어올라 가면서 뉴런들은 자신들의 집을 찾는다. 따라서 뇌실 지역에서 서로 가까이에서 만들어진 뉴런들은 피질에서도 가까이 있게 된다. 이런 과정은 뇌 영역을 질서정연하게 구성하는 데 기여하는 것으로 믿어지고 있다. Rakic 1995의 그림1에서 기초함.

기 때문이다. 뇌가 팽창함에 따라, 이동하는 교세포들은 증식 영역 proliferative zone(전구세포들이 뉴런과 교세포를 만들어 내는 곳)으로부터 뇌 표면(뉴런들이 도착하여 피질을 형성하는 곳) 쪽으로 섬유를 뻗는다. 갓 생성된 뉴런은 이러한 교세포의 섬유 자취를 타고 올라가면서 목적지로 가는 길을 찾게 된다.

교세포 자취는 분리된 신경관에서 어깨를 맞대고 있던 세포들 가운데 일부가 피질에서도 함께 있도록 해준다. 신경관에서 이웃해 있던 세포들은 같은 교세포 자취를 타고 올라가기 때문에 피질의 같은 목적지에 도착하게 된다. 그러나 피질이나 그 밖의 뇌 영역들이 어떻게 조립되는지에 대해서는 아직 밝혀진 바가 많지 않다. 한 가지 가능성은 한 세포의 기능(그것이 시각기능에 관여할지 촉각기능에 관여할지 따위)은 유전적으로 정해져 있어서 특정한 기능을 수행하는 특정한 지역으로 이동하도록 신경관을 떠나기 전에 이미 결정되어 있다는 것이다. 또 하나의 가능성은 세포들이 어떤 기능을 하게 될지가 목적지에 도착한 후에 그곳의 상황에 따라 결정된다는 것이다. 시각피질 일부를 떼어내 체감각(촉각)피질에 이식하면 체감각시상으로부터 체감각 축삭을 받아들여 체감각피질로 기능하는 구조물이 된다.[7] 이것은 세포들이 국소적 상황(그곳에 미치는 화학적 환경과 축삭들의 존재)에 적응하여 기능을 결정한다는 것을 암시하는 것으로, 후자의 가능성을 뒷받침하는 증거다. 첫 번째 가능성에 대한 증거는 최근의 연구에서 나왔는데, 축삭이 피질로 성장해 나가는 것을 차단하는 일정한 조건을 만들어 줄 때, 피질에 있는 세포들은 그 지역을 특징지어 주는 화학적 분자들을 여전히 소지하게 된다.[8] 이 말은 세포의 화학적 이름표는 세포 자체에 의해, 즉 유전자들에 의해 결정된다는 것이다. 그런데 뇌기능의 관점에서 보면 피질의 한 조각에 의해 수행되는 기능은 세포상에 있는 분자들이 아니라 시냅스연결에 더 많이 의존한다. 그 결과 설사 한 영역의 화학적 이름표가 유전자에 의해 고정되어 있을지라도 그 영역의 기능은 그 시냅스연결들에 의해 더 결정되는 것이다. 교세포 자취를 따라 이동하는 세포들은 최소한 어느 정도까지는 기능적으로 양립할 수 있는 것으로 보인다.

일단 목적지에 도달한 뉴런들은 축삭들을 뻗기 시작한다 (그림 4.2). 이제 갓 만들어진 섬유들은 목표 지점, 즉 시냅스를 형성할 뉴런으로 가기 위해 길을 찾아 나선다. 이 목표들은 가까이 있을 수도 있고 멀리 떨어져 있을 수도 있다. 이러한 길찾기는[9] 성장뿔에 의존하는데, 성장뿔은 성장하는 축삭 끝에 달려 있는 것으로 부채와 같은 모양을 하고 있다. 성장뿔 끝은 주위 공간에 존재하는 특정한 단백질을 감지할 수 있는 화학적 능력을 가지고 있어서 어떤 단백질과는 달라붙고 또 어떤 단백질은 외면한다. 성장뿔의 한쪽 끝이 정확한 물질을 발견하면 거기에 달라붙는데, 이때 다른 쪽 끝이 접착을 일으키지 않으면 성장뿔은 접착이 일어난 방향으로 몸을 틀게 되고 축삭은 그 방향을 따라간다. 최근의 연구에 따르면 동일한 단백질이 축삭의 화학적 상태에 따라 유인물질로 작용하기도 하고 반발물질로 작용하기도 한다고 한다.[10] 천천히 그리고 단계적으로 성장뿔은 화학적 자취를 따라 기어가면서 축삭을 전진시켜 목적지에 도달하게 한다. 아직 완전히 밝혀지

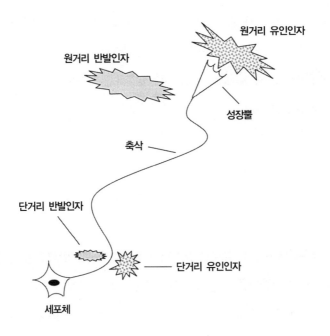

그림 4.2 길 찾기
일단 세포들이 최종 목적지에 이주하면 그들은 축삭을 만드는데, 축삭은 자신의 목표를 찾아 내야 한다(그림 4.1). 축삭 끝에는 추적 기능을 하는 성장뿔이 달려 있다. 성장뿔은 가까이 또는 멀리 있는 유인분자들에 의해 당겨지고, 반발분자들에 의해서는 밀쳐진다. Jessell & Sanes 2000에 기초함.

지 않은 모종의 신호에 의해 축삭은 성장을 멈추고 정지한다. 이렇게 해서 선구적인 축삭이 길을 닦아 놓으면 다른 신경섬유들이 속속 그 길을 따라 같은 장소로 오게 된다. 이와 같은 길 찾기 과정은 교세포 자취를 따라가는 세포의 이동 과정과 별반 다르지 않다.

목표 세포들에까지 도달한 축삭들이 정지명령을 받으면 성장뿔은 축삭말단으로 변형되면서 시냅스후 세포와 시냅스연결을 형성하기 시작한다. 초기의 연결들은 뇌발생에서 일어나는 다른 사건들과 마찬가지로 대체로 유전적이고 본래 갖추어진 요인들에 의해 이루어진다. 그러나 뇌가 완전히 이러한 방식으로만 구성되는 것은 아니다. 뇌가 제대로 기능하도록 연결들이 정밀하게 조율되는 데는 그 이상의 과정들이 필요하다.

미리 골라내기

인간유전체는 앞서 살펴보았던 뇌의 전반적인 구조발생을 비롯하여 신체발생에 대한 지침들을 포함하고 있다. 인간 신체에 있는 총 유전자의 50~70%가 뇌에 집중되어 있는 것으로 믿어지고 있다. 그러나 이것으로도 뇌가 가지는 수천조 개의 시냅스연결들의 배선을 설명하기에는 부족하다.[11]

대부분의 사람들은 어린 뇌의 아직 불완전하고 미성숙한 연결들이 성숙하면서도 대단히 특정적인 연결을 형성하여 성인의 뇌 기능을 갖기 위해서는 시냅스를 작동시키는 전달, 즉 신경활동이 필요하다는 데 동의하고 있다. 그러나 신경활동의 정확한 역할에 대해서는 의견이 분분하다. 여기서 주요한 논쟁거리는 환경적 자극에 의해 유발되는 신경활동이 성숙한 연결을 창조해 내는 것이냐, 아니면 이미 선천적으로 형성된 연결들 가운데 특정한 연결들만을 선택하여 살려 두는 것이냐 하는 것이다. 흔히 '지시 대 선택 논쟁'이라고 하는 이 논쟁은 인간 본성의 요체와 깊은 관계가 있다. 자아는 미리 존재하는 시냅스연결들의 집합으로부터 '조각彫刻'되어지는 것인가, 아니면 성장기를 거치면서 겪게 되는 경험들이 자아의 시냅스 기반에 지시를 내리고 '소조塑造'해 가는 것인가? 앞서 보았듯이 환경에 기인한 신경활동은 연결을 지시하고 선택하는 데 공히 작용한다. 따라서 이것은 유전자 대 환경적 경험 사이의 논쟁이라기보다는 경험의 정확한 기여 방식에 대한 논쟁이다. 선택이론은 진화생물학, 즉 다윈주의 생물학에서 유래되었는데 면역학 분야에서 먼저 채택되어 받아들여졌다가 나중에 뇌기능에 대해서까지 확대 적용된 것이다. 1960년대 후반에 선택이론의 입장을 뇌 연구에 처음 도입한 사람은 노벨상 수상자인 예르네였다.[12] 생물학의 역사는 지시이론이 선택이론에 밀린 수많은 예들로 점철되어 왔다고 그는 주장했다. 예를 들어 그의 연구 분야였던 면역학에서도 예전에는 외부 항원이 세포로 들어와 항체 분자를 만들도록 지시한다고 생각했다. 그러나 현재 이 모델은 틀렸음이 밝혀졌다. 이것이 가능하려면 세포가 외부 항원들을 동정同定, identifying하는 능력을 갖고 있어야 한다. 그런데 항원을 인식하는 것은 항체의 기능이므로, 새로운 항원에 대한 항체를 만드는 유일한 방법은 미리 항체를 갖고 있는 것뿐이다. 이것은 논리적 모순이다. 예르네는 이 점을 간파했고, 후속 연구를 통해 그의 예상대로 외부 항원은 다양한 항체로 조립될 수 있는 사전적으로 존재하는 선구분자들의 풀pool에서 특정 선구분자들을 선택한다는 사실을 밝혀냈다.

   예르네는 그 후에 자신의 항체 논리를 학습에 적용했다. 그는 17세기의 로크의 경험론, 즉 마음은 경험에 의해 채워지는 빈 서판이라는 가설이 가지는 지시이론적 의미에 반대하고, 애초에 학습이란 불가능하다고 믿었던 그리스의 소피스트(궤변론자)들 편에 선다. 그는 경험으로부터 학습한다는 개념(지시 개념)을 부정하고, 경험은 단지 이미 존재하는 잠재적 지식들을 선택할 뿐이라고 주장했다. 소크라테스의 말을 부연하여, 그는 "학습은 뇌에 이미 들어 있는 것을 회상하는 것으로 구성된다"라고 했다.

예르네의 가설이 제시되고 몇 년 후 프랑스의 저명한 신경과학자인 샹죠도 선택이론에 입각해서 신경섬유와 근육 사이에 이루어지는 시냅스연결의 발달과정에서 신경활동이 하는 역할에 대해 자신이 발견한 사실들을 설명했다. 그는 "신경활동은 새로운 연결을 창조하는 것이 아니라 이미 존재하는 시냅스들을 제거하는 데 기여한다"라고 결론지었다.[13]

아마 현재 가장 큰 목소리를 내고 있는 신경선택이론가는 예르네와 마찬가지로 면역계에 관한 연구업적으로 노벨상을 받은 에델만일 것이다. 그는 《신경다윈이즘*Neural Darwinism*》[14]이라는 책에서, 뇌에 있는 시냅스들은 마치 자연환경 속에서 동물들이 경쟁하듯 살아남기 위해 경쟁한다고 썼다. 그에 따르면 "신경회로의 패턴은 … 외부의 영향에 반응하여 그 지시에 의해 확립되거나 재조정되지 않는다."[15] 그 대신에 외부의 영향은 특정한 시냅스들이 관련된 신경활동의 어떤 패턴들을 시작시키거나 강화시킴으로써 그 시냅스들을 선택한다.

선택론자들은 뇌발생의 각 단계에서 유전적 요인과 비유전적 요인들이 상호작용한다고 가정한다. 비유전적 요인들(예를 들어,

모체로부터 공급되는 화학물질)과 조화롭게 일을 하는 유전자들(정확한 영역으로 축삭을 안내하는 데 도움을 주는 단백질들을 만들어 내는 유전자들)에 의해 형성된 이미 존재하는 연결들을 대상으로 선택이 이루어진다는 것이다. 그러나 유전자와 화학적 환경만이 초기 연결들을 형성하는 데 책임이 있는 것은 아니다. 선택론자들은 또한 충분한 무작위성을 가정한다. 유전자들에 의해 정해진 전반적인 안내 계획과는 별개로 비슷한 위치에 있는 수상돌기들과 축삭들이 서로 시냅스를 형성할수도 있다는 것이다. 그 결과 유전적으로 프로그램된 대체적인 계획에도 불구하고, 궁극적으로 환경에 의해 선택이 이루어지게 될 기존의 연결들은 유일하고 개별적인 속성을 갖게 된다. 각 개인의 경험들은 서로 다르며, 선택되는 연결패턴도 달라진다. 그리하여 우리는 모두 유전자에 의해 대체로 동일한 종류의 회로들을 가진 인간에 고유한 뇌를 소유하게 되지만, 동시에 개인들 간의 차이가 존재하며 시냅스 활동에 의해 선택되는 회로들의 연결패턴으로 인해 저마다의 독특한 뇌를 만들어 낸다.[16]

시냅스의 수학

신경선택론의 세 가지 신조는 '넘침'(살아남을 시냅스보다 더 많은 시냅스들이 만들어진다), '쓸모'(살아남는 시냅스는 활동 중인 시냅스들이다), '제거'(사용되지 않는 연결은 제거된다)다. 신경계를 건설하는 이런 방식은 발생 초기에 외부세계로부터 뇌에 주어지는 정보 부족을 극복하기 위한 수단으로 보인다.[17] 만약 선택이론이 옳다면, 어른이 될 때까지 남아 있는 연결은 제거되지 않은 것들이다. 이 주장에 따르면 자아란 구성되는 것이 아니라 이전의 가능성들로부터 선택되는 것이다.

햄버거와 레비-몬탈치니에 의해 1930년대에 이뤄진 선구적인 연구들에 의해 신경계에서 '제거'라는 퇴행적 사태가 일어난다는 사실이 밝혀졌고,[18] 이것은 현재 널리 인정되는 견해다.[19] 발생과정 동안에 세포들은 만들어지기도 하고 제거되기도 하며, 화학물질들이 생겼다 사라지기도 하고, 기능상의 변화가 일어나기도 한다(그림 4.3). 여기서 우리의 관심을 끄는 것은 시냅스의 퇴화인데, 이것은 발생 초기에 사용되지 않는 과잉연결들이 제거되는 것을 말한다.

시냅스 퇴화에 대한 증거는 라킥과 그의 동료들에 의해 발견되었다.[20] 영장류의 피질의 여러 영역들에서 시냅스 수가 증가하다가 생의 첫 해에 줄어든다는 사실이 밝혀졌다. 그러나 후속 연구에서 하나의 피질 영역에 대한 보다 세밀한 분석을 행한 결과, 이러한 감소는 사춘기가 될 때까지 일어나지 않는다는 것이 밝혀졌다.[21] 사춘기에 이르러 인지 발달이 거의 완성된다는 점을 감안하면 사춘기 전에 시냅스 수가 줄어들지 않는다는 사실은 마음의 성숙을 설명할 수 없게 만든다.[22] 사람을 대상으로 이와 유사한 연구가 여러 차례 수행되었는데, 자주 인용되는 한 연구에 따르면 피질에서 시냅스 수가 가장 많은 시점은 두 살 무렵이라고 한다(사춘기 훨씬 전이다). 그러나 피질 영역에 따라 시냅스 수가 정점에 이르는 시기는 다르다.[23]

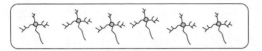

자리 잡은 이주한 세포들

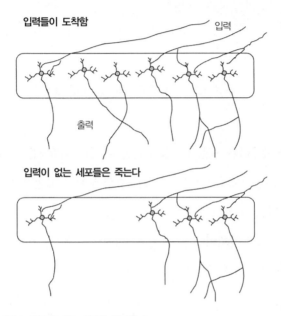

입력들이 도착함   입력

출력

입력이 없는 세포들은 죽는다

그림 4.3 시냅스 활동은 세포 사멸을 방지한다
목표 지점으로 이주한 세포들은 외부로부터 입력들을 받아들이고, 이에 따라 축삭(출력)의 성
장이 시작된다. 입력을 받는 세포들은 더 생존할 가능성이 있고, 입력을 받지 못하는 세포들
은 죽기 쉽다. Oppenheim 1998의 그림 20.4에서 기초함.

　　　　　분명한 것은 시냅스 제거가 일어나는 정도가 얼마나 되

느지, 그것이 특정 신경회로에서 언제 일어나는지, 종들 사이에 차이가

있는지, 그런 자료를 어떻게 해석해야 하는지 등에 대해서 더 많은 연

구가 필요하다는 점이다.[24] 중요한 것은 발생 동안 시냅스들이 제거되

느냐 마느냐 하는 것이 아니라(분명히 제거된다),[25] 이 시냅스 감소 현상

이 '활동은 단지 시냅스의 제거를 방지할 뿐'이라고 주장하는 외골수 선택이론을 결정적으로 뒷받침하느냐 하는 것이다.[26] 이쯤에서 우리는 선택론자들이 주장하는 두 번째 신조, "사용하라, 그렇지 않으면 잃을 것이다"를 논의할 때가 되었다.

사용하라, 그렇지 않으면 잃을 것이다

시냅스를 사용하면 시냅스 소실을 막을 수 있다는 주장은 후벨과 위젤이 1960년대에 시작했던 시각시스템 발생에 관한 고전적인 연구에서 제안되었다.[27] 다른 대부분의 감각시스템들과 마찬가지로 시각시스템역시 신체 표면 가까이에 있는 수용체들(이 경우에는 '망막retina'이라부르는, 눈의 일부에 있는 세포들)을 사용하여 환경으로부터 정보를 습득한다. 망막세포들은 여러 시냅스후 목표물들에 축삭을 뻗는데, 가장대표적인 것은 시각시상visual thalamus이다. 시상세포들은 다시 시각피질로 축삭을 뻗는데, 여기서 우리의 시각적 지각이 출현한다.[28] 정의상 신피질 영역들은 6개의 층위를 가지고 있다. 시상에서 뻗어 온 축삭들은 시각피질의 중간 층위들로 들어가 거기서 시각피질의 다른 지역으로 분배된다(시상이 아닌 영역들에서 뻗어 오는 축삭들은 다른 층위로들어간다). 성체 고양이를 이용한 실험에서 후벨과 위젤은 한쪽 눈에만시각적 자극이 들어올 때 이 중간 층위의 세포들이 주로 활동전위들을발화하는 경향이 있고, 두 눈에 들어오는 자극에 대해서는 이보다 적은 수의 세포들만이 반응한다는 것을 발견했다. 시각 특정 세포eye-specific cell들은 제한된 구역 내에 무리지어 있다가 한쪽 눈에만 반응하는 세포들을 가진 영역에 축삭을 뻗는 경향이 있었다. 그러나 매우 어린 고양이를 이용하여 연구했을 때는 대부분의 세포들이 양쪽 눈의 자극에 반응했다. 이 결과를 토대로 그들은 초기에 피질 세포들이 각각의 눈에서 들어오는 시냅스 입력을 모두 받아들이다가 발생 후기로 가면서 한쪽 눈에서 오는 입력은 남고 다른 눈에서 오는 입력은 제거된다고 추측했다.

이 추론의 타당성을 확인하기 위해 후벨과 위젤은 실험 동물의 시각피질에서 눈의 분리가 일어나기 전인 아주 어릴 때 한쪽 눈을 가려 두었다가 성체가 된 후에 다시 눈을 뜨게 했다. 그 결과 가렸던 눈에서 들어오는 시각적 자극을 받아들이는 세포들이 거의 없었다. 가렸던 눈에 반응하기로 되어 있었던 세포들은 기능상으로는 정상인데도 이제는 다른 눈에만 반응했다. 다시 말해, 열려 있었던 눈은 자기 세포들에 대한 접근이 유지되었을 뿐만 아니라 원래 다른 눈에 할당되었던 세포들에까지 접근이 가능하게 되었다. 반면에 성체 고양이 눈을 가린 실험에서는 이와 같은 효과가 나타나지 않았다. 이것은 피질이 초기 발생 동안에만 재구성 능력을 지닌다는 것을 의미한다. 이로부터 후벨과 위젤은 시냅스연결의 발생은 경쟁과정이며, 사용하는 연결은 유지되고 사용되지 않는 연결은 제거된다고 결론지었다.

이 발견은 그 후 오랜 기간에 걸쳐 많은 연구자들에 의해 세밀히 조사되고 재확인되었다.[29] 이것은 성체의 시냅스들이 이미 존재하는 집합 가운데서 활동에 의해 선택된 것이라는 선택이론의 주장과 일치한다. 그러나 이 초기 연구 이후 뇌의 작동원리에 대한 연구를 가능케 해주는 여러 수단들이 새로 개발되었고, 덕분에 신경과학자들은 이제 좀더 복잡한 질문을 던질 수 있게 되었다. 예를 들면 스트라이커와 그의 동료들은 시냅스 활동의 효과를 측정하는 좀더 정교한 방법을 연구에 적용했다.[30] 그들은 한 지역에 있는 시각 특정 세포 덩어리 전체를 분석하는 대신, 하나하나의 축삭말단과 시냅스들이 발생과정 동안 어떻게 변하는지를 조사했다. 이를 위해 그들은 시상에 있는 세포 하나하나에 시간 간격을 두고 화학추적물질을 주입했는데,[31] 이 추적물질은 뉴런 속으로 퍼져 나가 최종적으로 피질에 있는 축삭말단과 시냅스전 말단까지 갔다.[32] 이 실험을 통해 그들은 발생이 진행되면서 많은 축삭들이 실제로 움츠러들며(선택이론과 일치), 살아남은 축삭들은 더 복잡한 양상으로 자라며 증가한다(지시이론과 일치)는 사실을 발견했다. 결국 활동은 이미 존재하는 패턴을 단순히 안정화시킬 뿐 아니라 시냅스의 복잡성을 증가시킨다. 활동이 새로운 시냅스연결의 형성을 지시할 수 있는 것이다.[33]

활동은 또한 피질 영역들 사이의 관할권 설정에도 도움을 준다. 생애 초기에는 시각시상으로부터 오는 축삭들이 청각피질로 퍼져 나가거나 청각시상에서 오는 축삭들이 시각피질로 퍼져 나가는 것이 지극히 정상이다.[34] 그러나 발생이 진행되면서 이와 같은 길 잃은 연결들은 제거되는데, 그 까닭은 해당 영역에 있는 세포들이 특정한 하나의 시스템과 강력하게 연결되고, 더 강력한 입력이 시냅스후 세포의

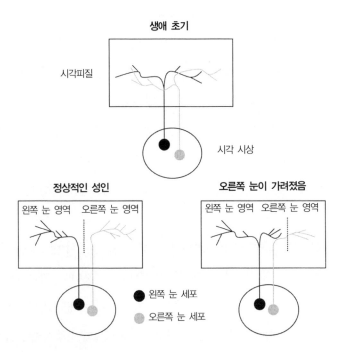

생애 초기

시각피질

시각 시상

정상적인 성인

왼쪽 눈 영역 | 오른쪽 눈 영역

오른쪽 눈이 가려졌음

왼쪽 눈 영역 | 오른쪽 눈 영역

● 왼쪽 눈 세포

◯ 오른쪽 눈 세포

그림 4.4 연결성을 결정하는 시냅스 활동

생애 초기에 왼쪽과 오른쪽 눈들에 연결된 시상의 세포들은 축삭을 만들어 시각피질의 중첩된 영역에 안착시킨다. 동물이 성숙해지는 시점이 되면 두 눈으로부터 오는 축삭들은 각 한쪽 눈에만 관여하는 영역들로 갈라진다. 또한 축삭들은 더욱 복잡한 형태를 갖는다. 한 쪽 눈이 감기거나 활동을 못 하게 되면 그 영역은 비워지게 되고 다른 눈에서 오는 축삭들이 침범해 들어온다. 한 영역으로부터 축삭들이 퇴보하는 것은 발생의 선택주의 관점을 지지하고 있고 시냅스 복잡성이 증가하는 것은 지시적 견해를 지지하는데, 이는 두 이론 모두 옳다는 것을 의미한다. Goodman & Shatz 1993과 Quartz & Sejnowski 1997에 기초함.

주의를 끌기 위한 경쟁에서 성공을 거두기 때문이다. 이런 현상은 선천성 청각장애가 있는 성인한테서 흔히 볼 수 있는데, 정상인이라면 청각피질로 발달했어야 할 영역마저 시각자극에 반응하는 피질 영역으로 돌려져 있다.[35] 청각 영역에서 활동이 일어나지 않기 때문에 시각적 섬유들이 시냅스를 형성하기 위한 경쟁에서 이긴 것이다.

시각시스템과 같은 감각계의 시냅스 활동을 환경적 자극에 의해서만 일어나는 것으로 가정하는 사람들이 많다. 그러나 샤츠 등의 연구를 보면 이런 활동에 대해 더 넓은 시각이 필요하다는 것을 알수 있다.[36] 고양이나 다른 동물들과는 달리 영장류들은 출생 시 피질의 시각에 할당된 특정적인 조각들이 존재한다.[37] 영장류의 경우 출생 몇주 전에 망막에 있는 세포들이 자발적으로 활동전위들을 발화한다.[38] 한쪽 눈에 있는 많은 세포들이 동시에 발화함으로써 동조된 활동의 파동이 각각의 눈으로부터 뇌로 전달된다. 그러나 두 눈에서 비롯되는 파동은 서로 동조하지 않는데, 발생 시점이 다르기 때문이다. 결국 외부로부터의 시각적 자극과 무관하게 두 눈에서 일어나는 내인성 활동이 피질에서 시각 특정 세포들의 집단을 만드는 데 필요한 경쟁적 활동을 충분히 제공하고 있다는 말이다. 실제로 이와 같은 내인성 활동을 화학적으로 차단시키면 세포 집단이 만들어지지 않는다.[39]

여기서 좀 분명히 해둘 필요가 있다. 활동에 의해 형성되는 새로운 연결은 완전히 새로운 실재로서 창조되는 것이 아니라 본래적으로 예정된 이전의 연결에 더해진다. 따라서 추가된 연결은 새로운 가지라기보다는 이미 있던 가지에서 내민 새 눈에 더 가깝다. 활동이 뇌를 전면적으로 재배선하지 않는다. 결국 나의 뇌에 있는 대부분의 연결은 여러분의 그것과 대동소이하다. 활동은 여기에 약간의 조정을 추가함으로써 여러분과 나를 다르게 만든다.

최근에 성인 뇌의 시냅스 패턴을 정립하는 데에서 활동

이 수행하는 역할에 대한 증거들을 재검토하면서 이 분야의 선도적 학자인 카츠와 샤츠는 "신경활동은 이미 존재하는 시냅스들을 선택하고 안정시킬 뿐만 아니라 새로운 시냅스와 축삭가지들의 형성을 자극하기 위한 실마리들을 제공하는 듯하다"라고 말했다. 무승부를 선언하는 듯한 이러한 결론적 진술이 결국 아무것도 이루어 낸 것이 없지 않느냐는 뜻으로 받아들여질지도 모르겠다. 그러나 실은 그렇지 않다. 활동이 새로운 연결을 지시하고, 이미 있는 집합 가운데서 사용할 것들을 선택한다는 사실을 밝히기까지 엄청난 연구작업이 이루어져 왔다. 활동이 모든 회로들의 확립에 필수적이지는 않지만,[40] 몇몇 회로를 구성하는 데 핵심적인 역할을 한다는 사실은 뇌발생에 대한 순수한 선택이론이 설 자리를 없앴다. 그렇다고 활동이 연결들의 생성을 지시한다는 사실이 활동이 시냅스를 선택하고 제거하는 역할을 부정하는 것은 아니다. 활동은 이 두 과정에 모두 관여한다.[41]

　　지시와 선택을 뇌발생에 대한 두 가지 배타적인 이론이 아니라 회로 형성에 관여하는 상호보완적인 도구로 생각하는 편이 가장 올바른 것 같다. 불행히도 특정한 회로의 건설에 각각이 기여하는 정도를 정확히 측정하는 방법은 실험뿐이다. 아직 이 정도로나마 자세히 연구된 회로들은 몇 안 되며, 따라서 뇌발생과학자들이 연구에 싫증을 낼 일은 당분간은 없을 듯하다.

발화에 의한 배선

신경활동에 의해 형성된 새로운 연결도 초기의 시냅스 풀에서 선택된 오래된 시냅스들과 마찬가지로 "사용하지 않으면 제거된다"는 규칙이 똑같이 적용된다. 새로 형성된 연결 가운데 지속적으로 사용되는 소수만이 살아남는다. 그렇다면 '사용'은 어떻게 '소실'을 방지하는 걸까? 시냅스후 세포와 시냅스전 말단 사이의 연결이 유지되는 데 어떤 메커니즘이 작동하는 걸까? 조금 더 긍정적으로 바꿔 말한다면, 활동이 어떻게 연결을 강화시키는 걸까?

1949년에 캐나다의 심리학자 헵은 "두 개의 뉴런이 동시에 활동하고, 이때 하나는 시냅스전 세포이고 다른 하나는 시냅스후 세포이면 둘 사이의 연결은 강화될 것이다"[42]라고 주장했다. 그는 "세포 A의 하나의 축삭이 세포 B를 흥분시키기에 충분할 만큼 가까이 있거나 반복적이고 일정한 방식으로 세포 B를 발화시키는 데 참여하면, 한쪽 혹은 양쪽 세포에서 모종의 성장과정 또는 대사상의 변화가 일어나 세포 B를 발화시키는 여러 세포들 가운데 한 세포로서의 A의 효율성이 높아진다"라고 했다. 그의 개념의 핵심은 "함께 발화하는 세포는 함께 묶인다"[43]라는 슬로건으로 정리된다.

헵의 '발화배선 이론fire-wire theory'은 원래 학습과 기억의 본질을 설명하기 위한 방법으로 제안되었던 것인데, 발생과정 동안의 시냅스 건설과 같은 시냅스 기능의 다른 측면들을 설명하는 데 이용되고 있다.[44] 여기서 다시 한 번 시각피질의 연결이 확립되는 과정으로 돌아가 보자. 앞서 보았듯이 영장류에서는 출생 전 몇 주 동안이 시각시스템의 발생과 관련하여 중요한 시기다. 왜냐하면 이 시기에 두 눈으로부터 자발적 활동의 파동들이 활동패턴들을 만들어 특정한 피질 세포들이 각각의 눈에 의해 더욱 선택적으로 활성화되기 때문이다. 한쪽 눈의 망막에 있는 세포들은 동시에 자발적으로 발화될 가능성이 크고 다른 쪽 눈에 있는 세포들은 동시에 발화될 가능성이 낮기 때문에, 하나의 시냅스후 피질 세포가 한쪽 눈에서 오는 시냅스전 입력에 의해 활성화될 때, 같은 쪽 눈에 있는 다른 세포들로부터 오는 시냅스전 입력은 대체로 동시에 도달하게 된다. 헵의 규칙에 따르면, 시냅스전 세포와 시냅스후 세포 사이의 이러한 동시적 활동이 그 눈과 시냅스후 세포 사이의 연결을 강화시켜 준다.[45]

　　헵 가소성Hebbian plasticity에 관여하는 신경전달물질 메커니즘에 대해서는, 특히 학습과 기억과 관련하여 상당히 많은 사실들이 밝혀져 있다. 그 자세한 내용은 제6장에서 다시 살펴볼 것이다. 여기서는 헵 가소성 가운데 가장 잘 밝혀진 형태는 시냅스전 말단에서의 글루타메이트의 분비 및 이 분비된 전달물질과 두 종류의 시냅스후 수용체의 결합에 관한 것이라는 사실만을 말해 둔다. 이 수용체들 가운데 하나는 시냅스후 세포가 활동했다는 사실을 기록하고, 다른 하나는 그 시냅스후 세포와 접촉하고 있는 시냅스 말단들이 동시에 활동했다는 사실을 기록한다. 이렇게 해서 시냅스후 세포는 시냅스전 활동과 시냅스후 활동이 동시에 발생했음을 감지할 수 있으며, 그에 따라서 시냅스후 세포가 하나의 활동전위를 발화할 때 활동했던 모든 시냅스전

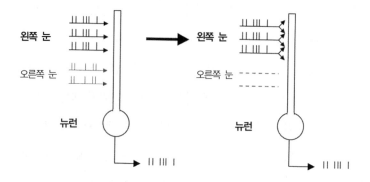

그림 4.5 발화에 의한 배선망 건설

발생 동안의 헵 가소성. 왼쪽 눈에서 오는 입력발화 패턴이 출력발화 패턴과 일치하지만, 오른쪽 눈에서 오는 입력은(왼쪽 그림) 그렇지 못하다. 헵의 학습규칙(본문 참고)에 따라 왼쪽 눈으로부터의 시냅스전 활동과 시냅스후 활동이 동시에 나타나는 패턴으로 인해, 그 시냅스들은 강화되고 오른쪽 눈 시냅스들은 오히려 약화된다. Purves 등(1996)의 그림 22.8에서 기초함.

말단들을 그 시냅스후 세포와 연결 짓도록 해준다.

헵은 시냅스전 세포와 시냅스후 세포 사이의 증가된 연결 효율성을 유지하기 위해 성장과 같은 모종의 사건이 필요하다고 주장했다. 당시로서는 이 점에 대한 증거가 없었지만, 그 이후에 활동에 의해 유도되는 성장이 여러 다른 상황들 속에서 관찰되고 있다. 예를 들어 앞서 말한 스트라이커의 연구결과들은 활동하는 축삭들이 가지를 만들고 새로운 연결을 성장시킨다는 사실을 보여 주었다. 또 컬럼비아 대학교의 칸델 등의 연구에 의해 발생 동안 또는 학습 후에 나타나는 생리적인 가소성이 축삭 분리와 새로운 시냅스 형성을 동반한다는 사실이 밝혀졌다.[46] 일단 이와 같은 일이 일어나면, 축삭을 따라 내려오는 활동전위는 여러 시냅스들을 활성화시킬 수 있게 되므로 시냅스후 세포를 발화시키는 데 더욱 효과적이다.

초기 발생 동안 활동이 성장을 촉진하는 방식에 대해 많은 연구가 이루어지고 있다. 여기서 주요 등장인물 가운데 하나는 흥분성 전달물질인 글루타메이트에 반응하는 일단의 수용체들이다(제3장을 보라). NMDA 수용체라고 불리는 이 특별한 수용체들은 시냅스전 세포와 시냅스후 세포의 활동이 상응하는지를 탐지할 수 있다는 점에서 대단히 중요해 보인다.[47] 이 수용체들이 차단되거나 뭔가에 의해 방해를 받으면 정상적인 발생이 교란된다.[48] NMDA 수용체가 가소성에서 어떤 역할을 하는지에 대해서는 제6장에서 자세히 살펴볼 것이다. 여기서 중요한 것은 헵의 마술을 작동시키는 메커니즘이 실제로 존재한다는 사실을 이해하는 것이다.

또 하나의 중요한 분자 집단은 뉴로트로핀neurotrophin(신경성장인자)으로, 뉴런의 생존과 성장을 증진시키는 특수강화제다.[49] 시냅스후 세포에서 활동전위가 일어나면 그 세포에서 뉴로트로핀이 분비되어 역방향으로 시냅스를 건너가 확산되며, 시냅스전 말단에 의해 흡수된다. 뉴로트로핀의 영향 아래 이 말단들은 가지를 치기 시작하고 새로운 시냅스연결이 성장하게 된다. 막 활동이 있었던(금방 신경전달물질을 분비했던) 시냅스전 세포들만이 이 분자들을 흡수할 수 있으므로, 이 세포들에서만 새로운 연결들이 성장하게 된다. 이런 식으로 활동이 성장을 유도하며, 또 그 성장은 막 활동했던 말단에만 국한되어 일어난다.

회로의 건설에서의 역할 외에 뉴로트로핀들은 시냅스 선

택에도 관여한다. 발생 동안 많은 세포들이 조기퇴출이라는 자연스러운 운명을 맞게 된다. 소위 '프로그램된 세포의 죽음'은 연결의 최종 패턴을 조형하는 데 도움을 주는 퇴행성 사건들 가운데 하나다(그림 4.3).[50] 파트너인 시냅스후 세포로부터 생존에 필요한 뉴로트로핀을 공급받은 시냅스전 말단은 이 죽음의 운명을 벗어난다. 뉴런의 생존율은 이처럼 뉴로트로핀의 제한된 가용성에 의해 조절된다. 뉴로트로핀을 차지하는 데 성공한 세포들(활동성 있는 세포들)만이 생존한다. 또한 생존한 말단들은 뉴로트로핀 덕분에 새로운 연결을 성장시킨다. 선택은 활동에 의해 지시된 성장을 향해 가는 길목의 한 단계일 수도 있다. 다시 말해서 선택과 지시는 시냅스발생에서 협력자들이다.

그럼 선천성은?

회로가 구성되는 두 가지 주된 방법(선택과 지시)은 모두 그 회로가 할 일을 결정하고, 그 일을 어떻게 수행할 것인지를 결정하는 시냅스연결의 배선과정은 후성설epigenesis 방식으로, 즉 유전자와 환경—내부와 외부를 막론하고—사이의 상호작용에 의해 일어난다는 점을 전제로 하고 있다. 그렇다면 뇌에 의해 매개되는 몇몇 기능들이 주로 유전자의 통제하에 발생한다는 선천성innateness 이론은 어디에 놓여야 하는가?

선천성이 화제가 되는 것은 보통 심리(마음과 행동)발달과 관련해서다. 심리적 특징이 뇌의 시냅스들에 의해 매개된다는 점에서 심리적 차원과 시냅스 차원은 밀접히 연관되어 있다. 따라서 앞의 질문은 다음처럼 바꿀 수 있다. 시냅스발생의 후성적 성질을 감안할 때, 선천성의 시냅스상의 근거는 어디에 놓여 있어야 하는가? 이 질문을 의미 있게 고려하기 위해서는 선천성의 두 가지 의미를 구분할 필요가 있는데, 그 하나는 유전자들이 우리를 똑같이 만들어 우리 종에 속하는 모든 구성원들이 동일한 특질을 공유하게 만든다는 것이고, 다른 하나는 유전자들이 한 사람 한 사람을 유일무이하게 만든다는 것이다.

선천성 Ⅰ _ 종 특정성

선천성은 오랫동안 로렌츠나 틴버겐 같은 행태학자ethologist*들의 관심을 끌어 왔다.[51] 다양한 동물들의 다양한 행동들—둥지 만들기, 모성행위, 정찰에서 사냥과 방어에 이르기까지—이 선천적인 행위로 받아들여졌으며, 학습이나 그 밖의 환경적 영향과 무관하게 생애 초기에 나타나는 것

* ethology. 동물행동학, 동물의 본능, 습성 그 밖의 일반 행동을 비교적인 방법 및 분석적인 방법을 사용하여 연구하는 생물학의 한 분야—옮긴이.

으로 알려졌다. 개체 형성에서 학습을 중요시하면서도 종 구성원들을 비슷하게 행동하도록 만든 특징들은 대부분 환경적 영향으로부터 자유롭거나, 최소한 양육보다는 본성에 더 의존하는 것으로 생각했다.

　　　　선천성을 시험하기 위한 행태학자들의 전형적인 방법은 어떤 행동이 태어나자마자 혹은 태어나고 얼마 되지 않았을 때, 좀더 일반적으로 표현하자면 환경적 자극으로부터 배울 기회가 없었던 상황

에서 출현한다는 것을 입증하는 것이다. 그러나 1950년대에 미국의 동물심리학자 레먼은 아무리 동물을 격리된 상황에 놓는다 하더라도 출생 전이나 태어난 직후에 일어나는 사건들과 같은 비유전적 영향으로부터 절대로 완전하게 격리시킬 수는 없다고 단언했다.[52] 그리하여 행태학자들 사이에서 행동발달의 후성적 본성이 받아들여지게 되는데, 이들은 각 종들의 독특한 행동의 발생을 설명할 때 이제 '선천적인' 혹은 '본능적인'이라는 용어 대신 '종-전형적인'이라는 용어를 쓰기 시작했다.[53] 역설적이게도 행태학에서 '종-전형적인' 행동에 미치는 '후성적' 기여를 인정하기 시작할 무렵, 심리학(특히 미국의 심리학)에서는 되레 선천성이 강조되기 시작했다. 오늘날 많은 심리학자들이 사람을 비롯한 여러 동물 종들의 몇몇 정신 능력의 선천성을 강조하고 있다. 아래에서 우리는 이러한 경향이 어디에서 비롯되었는지, 어디로 향하고 있는지 살펴보기로 하자.

보편학습의 종언_ 20세기 중반 내내 미국 심리학은 각 종들의 특별한 능력에 별다른 관심을 기울이지 않았다.[54] 왓슨, 스키너, 헐 같은 행동주의자들의 영향 아래, 행동이란 생명체들이 경험을 통해 학습한 것에 의존하는 것으로 이해되었다. 행동주의자들에게 학습은 학습하는 동물이 누구건, 학습되는 내용이 무엇이건 간에 대동소이하게 작동하는 보편적 능력이었다.[55] 만약 인간이 언어, 수학, 전화번호, 테니스, 타인의 얼굴 생김새 등을 학습하는 원리를 알고 싶다면, 비둘기가 단추를 쪼거나 쥐가 레버를 누르는 행동이 음식에 의해 어떻게 강화되는지를 연구해 보면 된다는 것이다.

이런 경향은 1950년대 들어 언어학자 촘스키가 보편적 학습 능력에 의문을 제기하면서 변하기 시작한다.[56] 그는 자연언어는 사람에게 유일하며, 언어습득은 인간이 가진 다른 학습 능력들과 다르다고 주장했다. 언어를 사용할 때의 규칙과 표상들에 대한 그의 개념들은 심리학계에 소위 '인지혁명cognitive revolution'을 불러일으켰다.[57] 그리고 '인간유전체에 부호화된 보편문법'이라는 생각은 몇몇 심리 능력이 선천적인 것이라고 주장하는 인지선천설cognitive nativism의 초석 노릇을 해왔다.[58]

학습에 대한 소박한 견해는 1960년대에 동물심리학자들에 의해서도 도전을 받았다. 그들은 행동주의자들이 주장한 '학습법칙'이 모든 학습 형태에 적용되지 못한다는 점을 깨닫기 시작했다. 가령 몇몇 자극들(위장에 통증을 초래한 자극들)은 음식의 맛과는 연상 작용을 일으키지만 소리나 빛과는 연상작용을 일으키지 않는다는 가르시아의 발견은 생물학의 관점에서는 완전히 이치에 닿지만, 어떤 자극도 다른 자극과 연상작용을 일으킬 수 있다는 행동주의자들의 생각과는 어긋났다.[59] 이와 같은 발견은 학습에 생물학적 제한이 있을 수 있으며, 이러한 제한이 특정한 학습과제 또는 특정한 종의 특정한 학습요건에 부합되게끔 학습과정이 일어나도록 조정하는 요인으로 작용할 수 있다는 것을 의미한다.[60] 보편적인 학습 메커니즘만으로는 분명히 불충분했으며, 미국 심리학자들의 동물행동 연구는 행태주의 쪽으로 더욱 쏠렸다.

진화론적 선천설의 등장_ 이와 같은 생물학적 제한은 동물행동에 대한 견해뿐만 아니라 인간의 사고에 관한 견해에서도 중요한 역할을 한다. 예를 들면 심리학자인 핑커는 언어를 인간 고유의 능력으로 본 촘스키의 선천주의 전통을 진화론과 결부시켜, 인간은 언어본능을 가지고 있으며[61] 여러 가지 선천적인 마음의 기관들(능력들)을 가지고 있다고 주장한다.[62] 그는 이것들이 다윈주의 자연선택의 결과이며, "그 기본적인 설계도는 우리의 유전자 프로그램에서 비롯된다"라고 주장한다.[63] 언어의 선천성은 혼성어pidgin language에 대한 연구들에 의해 뒷받침되었다. 혼성어란 서로 다른 언어를 쓰지만 같이 살면서 서로 의사소통해야 하는 사람들 사이에서 생기는 단순하고 조악한 구어를 일컫는다. 이런 혼성어는 처음 생성될 때는 문법이 결여되어 있지만, 2세대에 이르면 문법구조를 띠게 된다. 이것은 문법에 관여하는 선천성이 자신을 드러낸다는 것을 의미한다.[64] 언어의 선천성은 아직 공인된 이론은 아니다.[65] 하지만 특정 염색체들과 연결해 생각해 왔던 몇몇 유전적 조건들에 의해서도 뒷받침되고 있다. 예를 들어, 염색체 이상이 원인인 윌리엄스증후군*은 다른 정신지체에도 불구하고 언어 능력은 온전한 반면, 역시 유전성 질병인 특정언어장애SLI, specific language impairment는 다른 정신 능력들은 온전한데 언어장애가 나타난다.[66] 선천성을 뒷받침하는 증거는 언어[67]와 감정 표현[68]에서 가장 뚜렷하지만, 그 밖의 다른 정신 능력들에 대해서도 선천성 가설이 제시되곤 했다.[69] 인간이 수 개념, 물리학, 심지어 타인의 마음이 작동하는 방식

* Williams syndrome. 1961년 처음으로 발견되었다. 다운증후군처럼 염색체에 이상이 생겨서 발생하며, 2만 명에 1명 꼴로 발생하는 드문 병이다.
이 병은 뇌손상, 신장의 손상 또는 근육 약화를 야기하는 등 발병 범위가 넓다—옮긴이.

에 대해서 선천적인 지식을 가지고 있다는 주장도 그러한 예다.[70]

　　　최근 정신기능의 자연선택에 대한 관심이 큰 붐을 일으키고 있는데, 바로 진화심리학이다.[71] 이 분야의 목표는 어떤 요인들이 자연선택을 통해 우리의 다양한 정신적 기능들의 진화를 추동해 왔는지를 밝히는 데 있다. 스티븐 굴드 같은 비판론자들은 키플링의 한 구절을 인용하여 진화심리학자들이 제시하는 설명들을 '그냥 그런 이야기들 just so stories'이라고 깎아 내렸다. 그럴듯한데 사실 여부를 확인할 길이 없는 이야기라는 뜻이다.[72] 결론적으로 마음은 화석기록을 남기지 않으며, 마음에 대한 진화심리학의 설명은 근본적으로 실험 불가능하다. 그래서 스티븐 굴드는 언어를 비롯해 진화심리학자들이 흔히 선천적인 것이라고 주장하는 인간의 여러 정신기능들은 자연선택된 진화상의 적응이 아니라 일종의 전용 exaptation이라고 주장한다. 말하자면 결과적으로 인간의 적응도를 높여 주긴 했지만 애초에 현재의 용도로 디자인되었던 것은 아니라는 것이다.[73] 일례로 그는 새의 깃털은 애초에는 체온 조절 수단으로 발달되었다가 나중에 하늘을 나는 데 전용되었다고 주장한다. 스티븐 굴드의 말을 빌면, "일단 당신이 복잡한 기계를 만들고 나면, 그 기계는 예상치 않은 여러 가지 일들을 수행할 수 있다. 가령 수력발전소의 갑문을 조절할 '목적'으로 컴퓨터를 개발했더라도 나중에 이 컴퓨터를 틱택토 tic-tac-toe 게임에서 상대방을 이기거나 최소한 비길 목적으로 써먹을 수 있다."[74] 언어에 대한 진화론적 설명에 대한 또 한 명의 비판자는 원숭이 언어 연구의 선구자인 심리학자 프리맥이다. 그는 "인간의 언어는 진화론의 골칫거리다. 왜냐하면 선택론의 적응도라는 관점으로 설명하기에는 너무 강력하기 때문이다"[75]라고 쓰고 있다. 진화심리학자들은 이러한 공격들에 줄곧 맞서 왔다.[76] 그들에 따르면 나쁜 설명(정말로 '그냥 그런 이야기'에 불과한 설명)도 더러 있지만, 좋은 설명(좀더 근거 있는 설명)도 못지않게 있다는 것이다. 문제는 어떤 것이 좋은 설명이고 어떤 것이 나쁜 설명인지를 판가름하는 데 해석의 여지가 너무 크다는 것이다. 진화심리학에 대한 좀더 일반적인 비판은 힐러리 로즈와 스티븐 로즈가 공저한 《아, 불쌍한 다윈Alas, Poor Darwin》에서 찾을 수 있다(스티븐 로즈는 기억을 연구하는 신경과학자이면서 선천주의 심리학에 대한 반대론자다).[77] 이 뜨거운 논쟁이 앞으로 어떻게 마무리될지 모르지만, 지금으로서는 선천주의자들이 휘파람을 불고 있는 것만은 분명하다(공짜는 아니지만).

비록 진화심리학이 틀린 것으로 판명될지라도(물론 나는 그렇게 될 것으로 보지는 않지만, 진화심리학의 설명들이 장차 엄격한 과학적 시험에 들게 되지 않을까 걱정된다), 그렇다고 해서 선천주의가 완전히 틀렸음을 의미하지 않는다. 우리는 다음 두 질문을 구분할 필요가 있다. 'X라는 기능은 선천적인가?' '왜 X라는 선천적인 기능이 진화했는가?' 전자는 유전학적 질문으로 답이 나올 가능성이 높은 반면, 후자는 과학적으로 증명되기 어려운 역사적 사실에 관한 질문이다. 스티븐 굴드의 전용설이 지적하고 있듯이, 설령 현재의 용도가 애초에 진화한 목적이 아닐지라도 그것은 선천적일 수(유전적으로 대물림될 수) 있기 때문이다.

학습 영역들_ 그리스 시대로까지 거슬러 올라가는 고전적인 선천주의는 선험적 지식, 신神, 숫자, 보편적 진리 등과 같은 선천적 개념들의 존재를 가정해 왔다.[78] 오늘날의 선천주의자들은 인간이 선험적 지식 자체를 가지고 있다고 주장하지 않지만, 특정한 종류의 환경정보를 더 쉽게 획득할 수 있는(학습할 수 있는) 선천성을 가지고 있다고 주장한다.[79] 예를 들어, 언어를 인간의 선천적 능력으로 보지만 우리가 단어나 규칙들을 자동적으로 안다고 가정하지는 않는다. 특정한 언어를 익히려면 우리는 그 언어를 말하는 사람들과 같이 어울려야 한다. 그러나 다른 사람들로부터 들어서 얻는 정보만으로는 언어 습득에 충분하지가 않다(특히 문법의 사용이 그렇다). 언어가 선천적이라고 믿는 선천주의자들의 핵심 논리가 바로 이 '자극 부족' 논리다.[80] 선천주의자들은 또 언어 습득을 가능하게 해주는 선천적인 인지장치는 다른 것들을 학습하는 데 도움을 주지 않으며, 그것들은 역시 독립적이고 선천적인 별도의 마음의 모듈*들에 의해 관장된다고 가정한다.[81] 그들은 이 선천적인 마음의 모듈들에 관여하는 능

* module. 규격화되고 독자적인 기능단위―옮긴이.

력들을 영역 특정적인 또는 정보 특정적인 학습성향, 즉 '특별한 종류의 지식을 학습하도록 조율된 특화된 구조들'로 묘사해 왔다.[82] 학습에 대한 선천주의자들의 모듈 이론은 모든 종들에 존재하고 여러 학습에 두루 사용되는 보편적 학습 능력이라는 행동주의자들의 생각과 뚜렷이 대비된다.

다음 장들에서 더 자세히 살펴보겠지만, 지금까지 밝혀진 사실들로 미루어 보건대 뇌는 실제로 다른 것들을 학습하는 데 다

른 시스템들을 이용한다. 또 다른 동물들은 다른 학습 능력을 가지고 있다. 이러한 사실들은 보편적 학습기능이라는 행동주의자들의 생각과는 어긋나며 선천적 학습 모듈이라는 선천주의자들의 견해와 일치한다.[83] 이런 시스템들의 전반적인 디자인은 대체로 유전적으로 프로그램되어 있을 가능성이 커 보인다. 아마도 아직 입증되진 않았지만 그럴 것이다. 이것은 왜 같은 종의 구성원들이 몇몇 능력들을 공유하는지, 왜 몇몇 능력들은 종마다 다른지를 설명해 준다. 이처럼 여러 학습시스템들이 저마다의 유일한 유전적 역사를 가지고 있는 반면, 다음 두 장에서 보겠지만 세포나 분자 수준에서는 종이나 개체의 구분 없이 모두 비슷한 방법으로 학습이 이루어지는 것 같다. 이것은 저 깊은 곳에서는 학습에 일종의 보편성이 존재한다는 것을 암시한다. 우리는 이미 이러한 메커니즘들 가운데 하나인 헵 가소성을 살펴보았다. 다음 장들에서는 이에 대해 좀더 자세히 알아보면서 다른 유사한 형태의 가소성의 예들도 소개할 것이다.

뇌에 있는 대부분의 시스템들은 경험으로부터 학습할 수 있는데, 이것은 그들의 시냅스들이 갖고 있는 전달 특징들이 경험에 의해 변할 수 있다는 것을 의미한다. 이런 의미에서 진화가 학습을 수행하기 위해 회로를 구성했던 것은 아니다. 학습 자체가 특정한 기능은 아니라는 말이다. 학습은 오히려 시냅스들의 성능으로 회로가 작동하는 방식에 기여한다. 예를 들어, 편도체가 관여하는 방어회로는 위험을 탐지하고 반응하기 위해 존재한다. 학습은 이와 같은 회로에서 매우 중요한 특징으로서, 그 자체로서는 해롭지 않더라도 과거에 위험과 결부되어 있었던 자극—이를테면 포식자가 공격하기 전에 내는 으르렁거리는 소리—에 반응할 수 있게 해준다. 경험으로부터 학습하는 능력이 없더라도 공포시스템은 본연의 임무(즉 위험을 감지하고 그에 반응하는 일)를 수행할 수 있지만, 이것은 프로그램된 위험에만 반응할 수 있다는 점에서 그 기능이 극히 제한적일 수밖에 없다.

선택선천주의 대 지시구성주의_ 그렇다면 특정한 종류의 지식을 학습하는 데 이용되는 선천적 회로는 발생과정 동안 배선되는가? 지금까지 살펴보았듯이 선택과 지시가 두 가지 주요 수단이다. 심리나 인지의 선천성을 주장하는 사람들은 원칙적으로 환경이 마음에게 '지시를 내린다'는 생각을 거부하기 때문에, 회로에 대한 환경으로부터의 지시도 거부한다. 결국 이들은 선택주의자들인 셈이다. 피아텔리-팔마리니 같은 이는 지시에 내포된 경험주의적 함의를 배격한 예르네, 샹죠, 에델만 등의 주장을 토대로 "학습 따윈 없다"라고 단언했다. 그가 질문한 것은 일반적인 의미에서의 '학습'이 아니라 환경에 의해 낙인찍힌 행동주의적 개념의 학습이다. 그는 계속해서 "'지시'가 지니는 전통적인 의미에서의 학습, 즉 환경 '으로부터' 유기체 '로의' 정보전달에 해당하는 과정은 생물학에서도 인지과학에서도 전혀 밝혀진 바 없다. … 모든 습득 메커니즘들은 … 내적인 선택과정에서 기인한다"고 주장한다. 또 멜러는 지식은 '탈脫학습'에서 나온다고 주장했다. 이 말은 우리가 제거과정에 의해 앎에 이르게 된다는 것을 함축하고 있다.

선천주의 심리학자들은 인간의 모든 능력은 넘치게 배선

된 뇌 안에서 선택되기를, 즉 피아텔리-팔마리니의 용어에 의하면 '매개변수화'되기를 기다리고 있다고 가정한다. 그러나 앞서 보았듯이 시냅스 선택만으로 뇌발생을 다 설명할 수는 없다. 지시에 의한 성장 역시 중요한 역할을 한다.

이 시점에서 선천주의자들은 아마 '활동에 의해 유도되는 성장의 증거는 감각시스템에서 가장 뚜렷하며, 좀더 고차원적인 인지과정에 관여하는 뇌 시스템들(선천주의자들이 관심을 기울이는 마음의 모듈들)은 선택에 의해 구성될 가능성이 농후하지 않은가'라고 비판할 것이다. 그러나 우리는 인지기능들이 선택에 의해서만 구성된다(즉 고등 인지기능에 관여하는 영역에서는 활동이 성장을 유도하지 않는다)는 사실이 입증되기 전까지는, 그동안 감각시스템과 관련하여 밝혀진 기본원칙들이 다른 시스템들에도 적용된다고 가정하는 편이 옳을 것이다. 현재로서는 활동에 의해 유도되는 성장이 인지시스템에서도 가능성으로서 아직 살아 있다고 보아야 한다.

모든 인지과학자들이 선천주의자인 것은 아니다. 몇몇 인지과학자들은 선천주의에 강하게 반대한다. 예를 들어, 1997년에 발표된 두 가지 영향력 있는 글이 선천주의를 정면으로 공격했다. 하나는 엘먼과 그의 동료들이 공저한 《선천성을 다시 생각한다 *Rethinking Innateness*》라는 책이고,[84] 다른 하나는 쿼츠와 세지노브스키*가 공저한 〈인지발생 과정의 신경적 기반_ 구성주의 선언The Neural Basis of Cognitive Development: A Constructivist Manifesto〉이라는 논문이다.[85] 이 두 글

* 이들의 주장에 대해서 비교적 접근하기 쉬운 책으로는 《거짓말쟁이, 연인, 그리고 영웅》(도서출판 소소, 2005)이 있다
—옮긴이.

은 모두 지시에 의한 성장을 부각시키고, 피질의 특정성보다는 가소성을 강조함으로써 신경발생에 대한 '구성주의적 접근'을 주장한다. 구성주의자들은 (언어를 배울 수 있는 능력과 같은) 선천적 능력에 대한 대부분의 개념들에 대해 두루 못마땅해하며, 특히 선천적 지식(단어, 개념 등과 같은 선천적인 마음의 내용)이라는 견해에 반대한다.

구성주의의 주요 신조는 신피질에서의 인지회로망 구성이 외부로부터의 입력을 토대로 이뤄질 수 있다, 다시 말해서 신피질 회로들은 감각적 환경으로부터 구조를 추출하여 건설될 수 있다는 것이다. 구성주의자들은 원칙적으로 유전자들에 의해 전반적인 구조가 구성된다는 사실을 인정하며, 또 시냅스 선택과 같은 퇴행적 사건들이 일어난다는 사실도 인정한다. 다만 후성적인 '선先배선 후後선택'만으로는 인간의 인지 능력을 다 설명할 수 없다는 것이다. 활동으로 유도되는 시냅스 성장을 뒷받침하는 증거 외에 또 다른 증거들도 있다. 예를 들어, 어린 뇌에서 언어 처리에 관여하는 영역들이 다쳤을 때는 큰 문제가 나타나지 않는 반면, 성인 뇌에서 똑같은 위치에 손상을 입으면 심각한 언어장애가 나타난다. 어린 뇌는 아직 피질의 회로들이 최종적으로 완성되기 이전이므로 애초에 언어에 관여하게 되어 있지 않은 영역이 언어와 관련된 기능을 갖추게 될 수 있다. 구성주의자들은 어린 개체에서 뇌의 피질 한 조각을 떼어 내 다른 동물의 뇌의 다른 위치에 이식해 보았던 앞서 설명한 연구결과도 이와 유사한 예로 인용하고 있다(이식된 피질 조각이 이 위치의 피질이 가지게 될 속성을 소유하게 된다는 사실은 앞서 설명한 바 있다). 이와 같은 발견들을 근거로 구성주의자들은 회로들은 유전적으로 프로그램된 것이 아니라 환경에 의해 유발되는 신경활동으로부터 그 기능을 획득한다고 결론짓게 된다. 이와 동시에 구성주의자들은 피질에서의 시냅스 구성이 일어나는 방식에는 일정한 제한이 있다는 사실을 받아들였다. 피질 영역들은 하부피질 회로들과 동시에 발달하며, 하부피질 회로들의 조립은 피질회로들에 비해 더 선천적으로 일어난다는 것은 그러한 제한의 한 예다.

구성주의적 입장은 피질 가소성과 관련된 많은 실험자료들을 잘 설명하고 있으며, 세포 수준에서 학습이 상당히 전반적으로 일어난다는 개념과도 일치한다. 나는 구성주의적 주장의 대부분에 공감하면서도 그 역시 몇 가지 한계가 있다고 느낀다. 첫째, 구성주의는 피질의 관점에서 거의 배타적으로 마음의 발달을 이해할 수 있다고 가정하고 있다. 비非피질 영역들의 기여를 언급하고 있지만 대체로 고정적으로 배선되어 있는 것으로 간주하며, 따라서 심각하게 고려하지 않는다. 그러나 피질 영역들은 환경정보의 입수와 관련해 하부피질 영역들에 의존하고 있으며, 때문에 하부피질 회로의 고정된 배선망은 관련되는 피질 영역에서 일어나는 일에 큰 영향을 미칠 가능성이 크다. 특히 하부피질 영역이 피질보다 더 일찍 성숙해지는 상황에서 이 가능성은 더욱 커질 수밖에 없으며, 실제로 이런 상황들이 자주 발생한다. 피질에서 추출되는 최종적인 정보는 환경의 구조뿐 아니라 하부피질 회로들의 구조들에 의해서도 영향을 받는다.[86] 둘째, 구성주의자들은 일관성을 유지하기 위해 언어와 같은 몇 가지 능력들의 선천성까지 부인하려 한다. 이것은 목욕물을 버리려다 욕조 속의 아이까지 버리는 것과 같다. 하부피질 회로들이 피질 회로들에 비해 상대적으로 고정적으로 배선되어 있는 것으로 보이긴 하지만, 그렇다고 해서 몇몇 피질 회로들이 고정적으로 배선되어 있다는 사실을 통째로 부인할 수는 없다(예를 들어, 얼굴의 감정 표현에 대한 지각은 인간을 포함한 영장류의 피질에 있는 종 특이적인 얼굴인식 모듈에 의해 수행된다).[87] 셋째, 피질을 만능 인지학습 장치라고 주장하는 바람에 학습에 관여하는 시스템들(피질과 하부피질 시스템들 모두 포함)이 다수일 가능성을 가볍게 여긴다. 보편 학습으로의 이러한 후퇴는 설득력이 떨어진다. 넷째, 피질 한 조각이 (제거, 손상, 또는 외과적 이식수술 등에 의한) 새로운 환경에 적응하는 능력을 강조하는 가운데, 구성주의자들은 그러한 드문 조건에서 비롯된 적응이 정상적인 상태에서의 기능이 아니라 비정상적인 상태에서의 기능을 드러내는 것일 가능성을 간과하고 있다. 시상의 색 처리 영역이 손상되거나 제거되었을 때 영장류의 피질의 색 처리 영역이 새로운 기능을 맡게 되는 것은 색 시각이 영장류의 선천적 특수화일 가능성과 모순되지 않는다.[88] 다시 말해 가소성은 뇌 시스템들의 한 특징이지 그들의 진화된 기능이 아니다.

마지노선_ 이 시점에서 더 필요한 것이 사유보다 연구라는 점은 명백하다. 하지만 지금까지 살펴본 정보들로 무장하고 애초에 제기되었던 문제로 돌아가 보자. 시냅스발생의 후성적 성질은 어디서 선천성과 갈라지는가? 일부 회로들의 전반적인 기능이 유전적 암호에 의해 다소간 선천적으로 결정될 가능성을 부인할 뚜렷한 이유는 없다. 더군다나 그것이 선천적인 지식 자체가 아니라 어떤 종류의 지식을 선천적으로 습득하기 쉬운 경향성에 대한 얘기라면 더욱 그러하다. 또한 회로를 최종적으로 완성할 때 선천적 기능의 후성적 발현이 오로지 이미 존재하던 시냅스들 가운데서의 선택에 의해서만 이뤄진다고 가정해야 할 이유도 없다. 아마도 선택과 지시는 대부분 회로들의 최종적인 연결들을 조형하는 데 공동 작업할 것이다. 따라서 만약 우리가 특정 지식이 선천적이라거나, 또는 (신경시스템에서 환경에 의해 유도되는 신경활동 같은) 비유전적 인자들이 이미 존재하는 시냅스들 가운데서의 선택에만 영향을 준다고 주장하는 것이 아니라면 종 전형적인 특징의 선천성이 뇌발생의 후성적 속성(유전적 인자와 비유전적 인자가 상호작용한다는 사실)과 타협하지 못할 이유가 없다. 나아가 우리는 선천성(존재하는 기능의 유전적 암호화)이 적응(그 기능에 대한 자연선택)을 의미할 수 있지만, 반드시 그런 것은 아니라는 점도 염두에 두어야 한다.

선천성 II _ 개별성

어떤 하나의 능력이 종 수준에서 선천적이라면 그 능력의 개체 간 차이도 선천적이라고 보는 것은 하나의 논리적 가정일 수 있다. 가령 과학자들이 엄밀하고 철저한 분석을 거친 후에, '인간은 지능이라는 하나의 특정적 능력을 가지고 있고, 이 능력은 인간유전체에 선천적으로 암호화되어 있다'[89]라는 결론에 도달했다고 하자(그런데 이 두 가지 가정은 어느 것도 일반적으로 인정되고 있지 않다). 이 경우에 우리가 개인이나 인간 집단들 간의 지능의 차이가 개체들 간의 유전적 변이에서 기인한다고 가정하는 것이 정당한가? 반드시 그렇지는 않다!

개체 특징과 종 특징의 선천성 사이의 복잡한 관계는 두 개체군의 캘리포니아 산産 뱀에 대한 연구에서 잘 드러난다.[90] 이 뱀들은 같은 종에 속하지만 한쪽은 습한 해안 지역에 살고 다른 한쪽은 건조한 내륙에 산다. 해안 지역의 뱀들은 달팽이를 먹고 건조한 내륙에 사는 뱀은 그렇지 않다. 아놀드는 이러한 먹이 선호가 유전적 원인에 의한 것인지 환경적 원인에 의한 것인지 궁금했다.[91] 그는 두 지역에 사는 뱀의 알들을 채집하여 부화시킨 다음 별도의 상자에 집어넣어 형제들, 어미, 주위 환경으로부터 완전히 격리시켰다. 며칠 후에 달팽이를 먹이로 주어 보았다. 그러자 해안 지역 뱀의 새끼들은 먹었지만 내륙 지역 뱀의 새끼들은 먹지 않았다. 그 다음에 아놀드는 달팽이즙을 솜에 묻혀 넣은 다음 뱀들이 얼마나 혀를 날름거리는지 횟수를 재보았다(혀를 날름거리는 행위는 뱀들이 냄새를 맡는 방법이다). 해안 지역 뱀의 새끼들은 심하게 혀를 날름거렸지만 내륙 지역 뱀들은 별 흥미를 보이지 않았다. 그런데 같은 개체군의 새끼 뱀들 간에도 개체에 따라 차이가 있었다. 그에 따라 아놀드는 형제 뱀들과 다른 뱀들 간에 새끼들이 혀를 날름거리는 횟수에 차이가 있는지를 확인해 봄으로써 개체군 내의 특질의 유전성heritability, 즉 유전하는 정도를 알아보기로 했다. 만약 형제인 개체들이 다른 개체들보다 유사성이 크다면 이것은 유전자의 개입 가능성을 시사한다. 조사 결과 가족관계는 뱀의 반응과 별 관계가 없는 것으로 나타났다. 이것은 개체군 내에서의 달팽이 선호도는 유전적 원인에 의한 것이 아니라는 것을 의미한다. 다시 아놀드는 해안 지역 뱀과 내륙 지역 뱀을 교배시켜 보았다. 이렇게 태어난 잡종 새 끼들은 달팽이 선호 행동에서 '순수한' 개체군보다 훨씬 큰 편차를 보였다. 두 개체군의 유전자를 뒤섞었을 때 행동에 미치는 유전자의 영향이 감소된다는 것은 두 개체군 '간의' 행동상의 차이가 원래 유전적인 것임을 뜻한다. 이러한 발견들을 종합해 보면 결국, 적어도 이 경우에는 유전자는 개체군 '내에서의' 차이가 아니라 개체군 '간의' 행동상의 차이를 설명해 준다는 결론이 나온다.

뱀 연구는 지능, 언어, 감정 같은 몇 가지 마음의 기능들에 대한 우리의 능력은 선천적일지라도 이런 능력들에서의 개인차를 유전자로 설명할 수는 없다는 것을 시사한다. 유전자는 모든 인간의 뇌에 특정 기능이 자리 잡는 데 핵심적인 역할을 하며, 각 개인에게서 이러한 기능이 배선되는 방식의 차이에는 상대적으로 덜 기여한다. 뭔가를 확실히 아는 유일한 방법은 적절한 실험을 해보는 것이다. 사실 육종과 유전성 연구들은 몇몇 종들의 몇몇 행동에서 형제간에 의미 있는 연관성이 있다는 사실을 보여 주었다. 여기에는 서로 떨어져서 양육된 경우도 포함된다. 이것은 유전자가 개체 수준과 가족 수준에서 행동에 기여할 수 있음을 시사한다[92](물론 아래에서 보겠지만 결정적으로 증명해 주는 것은 아니다).

개인의 행동에 미치는 유전자의 역할이 가장 뚜렷하게 나타나는 경우는 태어나자마자 떨어져서 자란 일란성 쌍둥이들이다. 흔히 출생 이후의 환경적 영향이 다를 수밖에 없는 이런 상황은 개인의 성격 형성에서 유전자가 맡는 역할을 시험해 보는 데 안성맞춤이다.

몇 가지 괄목할 만한 관찰들이 보고되었다. 그 가운데 한쪽은 나치 독일에서 천주교 신자로 성장했고 다른 쪽은 카리브 연안의 한 섬에서 유대인으로 자란 한 일란성 쌍둥이의 이야기가 주목을 끈다.[93] 이들은 환경적으로 매우 다른 조건에서 성장했음에도 불구하고 매우 독특한 행동특성들을 공유했는데, 이를테면 둘 다 잡지를 뒤에서부터 앞으로 읽는 버릇이 있었으며, 손목에 항상 고무밴드를 끼고 다녔다.

흥미롭긴 하다. 하지만 이러한 색다른 발견들로부터 추론을 이끌어 내기란 쉽지 않다. 그런데도 성격특질과 지능에서의 일란성 쌍둥이들의 유사성을 평가하기 위해 일란성 쌍둥이들에 대한 숱한 연구들이 진행되어 왔다.[94] 이 연구들은 대개 유전성 점수를 계산해 내는 것으로 마무리되는데, 유전성 점수란 하나의 주어진 형질이 얼마만큼 유전자에 의해 좌우되는지를 보여 주는 지표다. 이런 연구결과를 보면, 일란성 쌍둥이들은 같이 살건 떨어져서 살건 간에 이란성 쌍둥이나 형제보다 더 유사하긴 하지만 서로 똑같지는 않다. 사실 어떤 측정에서도 비교쌍들의 상관성은 함께 산 일란성 쌍둥이가 가장 높아서 0.5 정도였고, 떨어져 산 일란성 쌍둥이는 이보다 약간 낮았다. 결국 주어진 형질에 대해 유전자는 최대로 잡아도 50% 정도를 설명해 줄 뿐이라는 것이다.

쌍둥이 연구에서 유전자의 기여도가 두 가지 점에서 과대평가되었다는 주장들이 있다.[95] 첫째, 유전성의 유전자 요소에 대한 평가는 유전자의 직접적인 효과와 간접적인 효과를 구분하지 않는다는 점이다. 가령 한 어린아이가 대물림된 소심성을 가지고 있다고 하자.

그러면 부모는 아이가 자신감을 갖도록 내내 잔소리를 하고, 또래들은 아이를 괴롭히고, 선생들은 아이를 무시하는데, 이런 행위들로 인해 아이는 더욱 소심해지거나 또 다른 행동을 하게 된다.

둘째, 유전성 점수는 유전자를 환경에 정확히 대비시키고 있지 않다는 점이다. 예를 들어, 서로 떨어져 지낸 쌍둥이들이 사는 환경에 유사점들이 있을 때, 이것들이 유전적 기여로 섞여 들어가는 것은 불가피하다. 쌍둥이들은 떨어져서 살더라도 몇 가지 종류의 경험을 공유할 개연성이 크다. 저명한 발달심리학자인 가드너에 따르면, "쌍둥이들은 최소한 9개월이라는 중요한 기간 동안 모체의 자궁이라는 똑같은 환경을 공유한다. 또 태어나는 순간 떨어지지는 않았을 것이다(그럴 만한 상황을 상상해 보기 바란다). 그들은 함께 한동안 가족 구성원들에 의해 양육되거나, 또는 함께 그렇지 못했을 것이다. 또 이들이 무작위로 입양되는 것도 아니다. 대부분의 경우에 아이들은 같은 문화권 내에서 양육되며, 또 종종 같은 지역사회의 비슷한 사회적 시스템 아래서 자란다. 결국 똑같이 생기고 똑같이 행동하는 아이들은 어른들로부터 비슷한 반응을 이끌어 낼 가능성이 크다."[96]

앞서 보았듯이, 어머니 혈액으로부터 태아에 전해지는 화학물질들은 생애 초기의 발생 중인 쌍둥이에게 미치는 주요한 환경인자로, 결코 적지 않은 영향을 미친다. 또한 출생 이전에 상당수의 연결들이 형성되어 자궁 속의 외적 환경으로부터 정보를 받아들이기 시작한다. 가령 임신 30주째가 되면 주변에서 들리는 소리에 따라 태아의 심박률이 달라진다.[97] 태아의 뇌는 환경적 사건들을 구분할 수 있으며, 환경적 자극들에 대한 정보를 학습하고 저장할 수 있다.[98] 또 가드너의 말처럼 출생 후에 곧바로 격리되는 것이 아니라 대개는 얼마간 비슷한 환경에 놓여 있게 되는데, 이러한 사정은 비슷한 생김새와 비슷한 행동들이 약한 유사성을 강력한 유사성으로 전환시키는 데 영향을 준다. 앞에서 예로 든 쌍둥이들이 꼭 이런 경우였다고 할 수는 없다. 그러나 유전학 연구는 개체군의 평균에 주목해야지 몇 가지 흥미로운 사례에 좌우되어서는 안 된다. 일란성 쌍둥이가 태어난 후 떨어져서 살았는데도 공통된 특징을 보일 때 우리는 이것이 동일한 유전적 배경 때문인지, 어머니의 자궁이라는 똑같은 환경의 영향 때문인지, 혹은 각자가 살았던 환경요소들 가운데 유사한 것들이 있어서 그것들이 시냅스 연결의 형성에 미친 영향 때문인지 꼼꼼하게 따져 보아야 한다. 또한 두 쌍둥이의 상이한 행동양식들과 유사한 행동양식들을 엄밀히 비교분석해 보아야 한다.[99]

예전에는 하나의 형질의 변이성이 유전적 유사성(일란성 쌍둥이 대 이란성 쌍둥이, 이란성 쌍둥이 대 형제자매, 자식 대 부모 사이)과 어떤 관계를 맺고 있는지를 개별 사례 차원이 아니라 전체 개체군 차원에서 파악하는 것이 이와 같은 정량적 집단 분석의 목표였다. 그러나 최근 몇 년 동안에 유전자 연구가 폭발적인 붐을 일으키면서 새로운 접근 방법들이 제안되었다. 과거의 행동유전학적 접근법은 환경의 기여와 유전자의 기여(즉 모든 유전자들이 기여한 총합)를 구분하기 위한 것으로, 복잡한 수학적 분석을 통해 큰 집단 내에서 한 형질의 변이에 환경이 기여하는 정도와 유전자가 기여하는 정도의 미묘한 차이를 밝히고자 했다. 그러나 이 접근 방법은 특정한 형질에 관여하는 '특정' 유전자를 찾으려는 시도에 의해 밀려났다. 인간을 비롯해서 몇몇 동물의 전체 유전자지도가 작성되면서 유전자들 전체가 아닌 특정 유전자의 역할에 대해 매우 정교한 연구가 가능해졌다. 예를 들어 특정 유전자만 결손된, 유전적으로 변형된 생쥐를 만들 수도 있다. 어떤 유전자를 제거하느냐에 따라 행동에 큰 변화가 일어난다. 제6장에서 다시 살펴보겠지만, 가령 뇌세포 안에서 칼슘이나 다른 분자들이 미치는 효과를 조절하기 위해 이용되는 모종의 효소를 만들어 내는 데 관여하는 유전자를 제거하면 시냅스의 헵 가소성이 방해를 받아 장기기억이 붕괴된다.

아무리 유전자가 중요하다고 해도 유전자는 늘 독재자가 아니라 기여자다. 그리고 행동이나 마음의 과정에 관여하는 것과 같은 복잡한 뇌기능은 결코 어느 한 유전자의 통제하에 있지 않다. 한 유전자를 파괴하면 기억손상이 생긴다는 말이 바로 그 유전자가 단독으로 기억을 야기한다는 것을 의미하지는 않는다. 모든 유전자들의 효과는 후성적으로 나타난다. 말하자면 그것은 내부의 화학적 환경 안에서 여러 유전자들에 의해 만들어지는 단백질들 간의 상호작용에 의한 것일 수도 있고, 외부환경의 자극이 시냅스 활동을 유발하고 이것이 다시 단백질을 만드는 유전자들을 유도하는 것일 수도 있다. 유전자들에 의해 만들어지는 단백질들은 다시 시냅스에서의 신경활동을 조절한다. 한 인간의 조립은 실로 엄청난 작업이며, 유전자는 이 작업을 수많은 파트너들과 함께 한다.

학습을 위한 시기?

많은 발달심리학 이론들에 의하면 아이들은 단계별로 성장한다고 한다.[100] 프로이트는 이를 구강기, 항문기, 남근기, 생식기로 나누었다. 피아제는 감각운동기, 전조작기, 구체적 조작기, 형식조작기로 나누었으며, 또 다른 이론가들은 또 다른 용어들을 제시한다. 행동과 마음의 과정에서 보이는 이런 발달 단계들에는 틀림없이 신경의 변화가 개입되어 있다. 또한 지금까지 살펴보았듯이, 발생 동안에 뇌에서 온갖 다양한 변화들—시냅스 수의 증감, 세포의 탄생과 죽음, 수상돌기의 증가, 뇌의 에너지 사용(대사) 증가 등—이 일어난다는 것은 수많은 증거들로 보아 분명한 사실이다. 문제는 신경 수준에서 일어나는 이와 같은 변화들이 심리 수준에서 일어나는 변화들과 어떤 관련이 있는지가 분명하지 않다는 점이다.

뇌 기반 교육brain-based education이라고 불리는 운동은 뇌의 발생과 뇌기능에 대한 정보를 교육정책과 실행에 활용하려고 시도한다.[101] 이 운동의 기본원칙 가운데 하나는, 학습에는 특별한 시기—결정적 시기 또는 기회의 창문—가 있다는 주장이다. 그들은 이 기간 동안 정보를 습득하지 못하면 그 후에는 저장시킬 수가 없다고 한다. 결정적인 시기 또는 민감한 시기가 있음을 뒷받침하는 증거들은 많다. 생애 초기의 일정한 시기 동안 새끼 고양이의 눈을 가려 놓으면 쌍안세포가 피질에서 정상적으로 성숙하지 못하게 되기 때문에 정상적인 쌍안시각을 발달시키지 못한다. 그러나 만약 결정적 시기 내에 눈가림을 제거해 주면 쌍안시력을 회복할 수 있지만, 이 시기를 넘기고 나면 눈가림을 제거해도 영원히 회복되지 않는다. 어린아이들의 시력을 어릴 때 바로잡아 주는 것이 중요한 것은 바로 이 때문이다. 일단 결정적 시기가 지나고 나면, 다시 말해 피질 시냅스들의 배선이 완료되고 나면 기회의 창문은 닫힌다. 또 다른 예는 새 울음이다.[102] 새들은 민감한 시기(부화하고 나서 몇 주 후부터 성적으로 성숙할 때까지)에 종 특유의 울음을 듣지 못하면 다 자라서도 특유의 울음소리를 내지 못한다. 결정적 시기 직전(시냅스가 아직 준비되지 못한 시점)이나 그 이후(시냅스 배선이 완료된 시점 이후)에 들은 울음소리는 아무런 도움도 안 된다. 인간의 언어발달도 이와 유사하다. 언어 학습은 어른보다 어릴 때 더 수월하며, 사춘기가 지나서 외국어를 배우기란 정말이지 너무나 힘든 일이다.[103]

하지만 모든 형태의 학습에 결정적 시기가 있는 것은 아니다. 뇌 시스템들은 제각각 다른 것들을 학습하는 데 관여하고 있으므로, 몇 가지 사례를 모든 형태의 학습에 일반화시키는 것은 옳지 않다. 수학이나 음악을 배우는 데 결정적 시기가 있는지는 아직 모른다. 그러나 교육에 관한 한 이와 같은 질문들은 적어도 현시점에서는 그다지 적절하지 않다.

요즘 인기를 얻고 있는 뇌 기반 교육에 대해, 뛰어난 교육정책자인 브루어는 아직 때가 이르다고 조심스레 말하고 있다.[104] 그는 아직 우리가 뇌에서의 변화(시냅스의 수 또는 밀도, 뇌 에너지대사 등의 변화)가 학습과 어떤 관련이 있는지에 대해서 충분히 알지 못하며,

적어도 교육정책과 같은 중차대한 문제의 기반으로 삼기에는 불충분하다고 말한다. 브루어는 그보다는 교육과정의 개선을 위해 심리학의 발견들을 최대한 활용해야 한다고 주장한다. 특정한 능력들이 어떻게 이용되며 언제 나타나는지에 대해 잘 알게 되면, 무엇을 찾아야 할지 그리고 그것을 뇌의 어디에서 찾아야 할지에 대한 실마리를 얻을 수 있을지도 모른다.

우리는 탤럴과 메르제니치의 연구에서 심리학과 뇌과학이 교육에 유용한 방식으로 교류할 수 있는 훌륭한 모범을 찾아볼 수 있다.[105] 탤럴은 인지언어심리학자로서 난독증難讀症* 어린이들이 급변하는 소리들을 탐지하고 구별하는 데 결함이 있다는 사실과, 유아기에 그와 같은 자극을 지각하는 능력이 훗날 언어 능력 발달과 직접적인 관계가 있음을 밝혀냈다. 그녀가 난독증 어린이들에게 같은 소리를 천천히 들려주자, 아이들은 그 소리들을 훨씬 정확하게 알아들었다. 신경과학자인 메르제니치는 탤럴의 연구에 관심을 갖게 되었다. 그는 환경의 자극에 대한 적응으로서 신피질이 변하는 능력을 연구하고 있었다. 그는 원숭이에게 특정한 소리를 자주 들려주면 그 소리를 처리하는 피질 영역이 증가한다는 사실을 밝혀낸 바 있었다(여기에 대해서는 다음 장에서 자세히 기술할 예정이다). 탤럴과 메르제니치는 공동 작업을 통해 난독증 어린이들을 위한 특별한 비디오게임을 개발했다. 이 게임은 사려 깊게 선택된 자극들을 익힘으로써 언어 처리 능력을 향상시키도록 고안된 프로그램으로, 처음에는 느린 속도로 자극을 제공하다가 점점 보통의 말 속도와 읽기 속

* 듣고 말하는 데에는 어려움이 없지만 문자를 판독하는 데 이상이 있는 증세—옮긴이.

도로 올려 간다. 그들의 목적은 피질의 가소적인 속성을 활용하여 좀 더 효과적으로 자극을 처리할 수 있도록 인위적으로 피질의 시냅스연결을 구축하는 데 있었다. 이 프로그램이 얼마나 효과를 발휘할지 지금으로서는 단정하기 어렵지만, 그 결과와 상관없이 실험실에서 얻은 연구결과를 난독증 어린이들의 치료에 적극적으로 활용하려는 그들의 의도는 아무리 칭찬해도 지나치지 않다. 이런 연구들이 축적되면 신경과학은 학습 문제가 없는 정상적인 아이들을 위해서도 더욱 효과적인 교육 방법을 개발하는 데 기여할 수 있다.

이 작업은 특화된 학습 모듈을 믿는 사람들과 보편적 학습 능력을 믿는 사람들 사이의 논쟁의 한복판에 있다. 왜냐하면 탤럴과 메르제니치는 비언어적 자극을 이용하여 언어 학습에 영향을 주고자 하기 때문이다. 언어가 자신만의 규칙을 가진 하나의 선천적인 모듈이라고 믿는 사람들은 당연히 이와 같은 비언어적인 자극들이 효과가 없을 것이라고 생각한다. 따라서 이 작업의 최종 결과는 실용적인 목적의 기대 외에도 뇌의 조직화에 대한 근본 이슈들과 연결될 것이다.

브루어의 최근 저작은 소위 말하는 '첫 3년' 신화에 대해 공격하고 있다.[106] 특정한 종류의 학습이 생애의 매우 초기에 일어나야 하고 그렇지 않으면 뇌는 그 종류의 정보를 다시는 학습하지 못하게 된다는 생각이 지나치게 강조되고 있다는 것이다. 실제로 학습은 평생에 걸쳐 일어나는 과정이다. 고프닉과 그녀의 동료들은 최근 저작에서 어린아이들이 무엇인가를 배울 때마다 그 뇌는 다른 무엇인가를 배우기 쉽도록 도와주는 방식으로 변한다고 주장한다.[107] 저명한 발달전문가인 존슨은 이 책의 서평에서, 어린 시절이 중요한 까닭은 그 시기를 놓치면 기회의 창이 닫히기 때문이 아니라 그 시기에 학습한 내용이 다음 학습을 위한 기반이 되기 때문이라고 했다. 사실 자아의 상당 부분은 과거의 기억으로부터 새로운 기억을 만듦으로써 학습된다. 학습이 기억을 창조하는 과정이듯이, 창조된 기억은 이전에 학습한 것들에 의존한다.

한 발짝 더 앞으로

학습과 발달은 동전의 양면이다. 우리는 시냅스를 갖기 전에는 학습할 수 없다. 내부의 명령에 입각해 시냅스들이 형성되자마자 시냅스는 우리가 겪게 되는 외부세계로부터의 경험들에 의해 영향을 받기 시작한다. 유전자, 환경, 선택, 지시, 학습, 이 모든 것들은 뇌의 구성과 시냅스의 배선, 자아발달에 중요한 공헌을 한다. 생애 초기의 광범한 가소성은 결국 끝나지만, 우리 시냅스들은 변화를 멈추지 않으며 경험에 의해 미묘하게 변할 수 있는 여지를 남긴다. 이제 우리는 이런 일들이 어떻게 일어나는지 좀더 자세히 들여다볼 때가 되었다.

5

시간 속의 모험

손가락 사이로 모래알이 빠져나가듯 조금씩 기억을 잃어 보라. 그러면 우리 삶을 만드는 것이 기억임을 깨닫게 될 것이다. 기억 없는 삶은 삶도 아니다. … 기억이야말로 우리의 일관성이요, 이유요, 감정이며, 심지어 행동이다. 그것 없이는 우리는 아무것도 아니다.
—루이스 부뉴엘*

기억이란 놀라운 장치이며, 우리 자신을 지난 시간으로 데려다 주는 수단이다. 우리는 바로 직전으로 돌아갈 수도 있고, 일생의 대부분의 시간으로 돌아갈 수도 있다. 그러나 우리가 다 알고 있듯이 기억은 그리 완벽하지도, 정확하지도 않다. 기억은 실제로 일어난 대로가 아니라 저장되는 방식을 토대로 한 사실과 경험의 재구성이다.[1] 게다가 기억은 그 기억을 형성시켰던 당시의 뇌와는 다른 현재의 뇌에 의한 재구성이다.[2] 더러 세부는 소실되고 골자만 남는다. 또 더러는 한때 알았던 정보임을 분명히 알면서도 그 정보를 떠올리지 못한다. 또 더러는 실제로 일어나지 않은 일을 떠올리기도 한다. 기억은 가끔 실수를 하지만 대개 우리한테 득이 되는 일을 수행한다. 에이델 데이비스는 그의 '60가지 식습관 필

* 살바도르 달리와 함께 각본을 쓴 초현실주의적 아방가르드 영화의 걸작 《안달루시아의 개Un Chien Andalou》를 제작, 감독, 편집한 스페인 태생의 감독—옮긴이.

수 가이드'에서 그는 "당신은 당신이 먹는 것이다"라고 말했다. 그러나 아마도 '우리는 우리의 기억이며, 그것 없이는 우리는 아무것도 아니다'라고 했던 부뉴엘의 탄식이 더 정확할 것이다.

그렇다면 도대체 기억이란 무엇인가? 대부분의 사람들에게 그것은 의식적으로 회상해 내는 능력, 며칠 전, 몇 주 전, 몇 년 전에 일어난 일을 떠올리는 능력이다. 심리학자들은 이것을 외현기억 explicit memory 또는 서술기억declarative memory이라 부른다. 이것이 불러오는 정보는 의식적 회상을 명시적으로 붙잡을 수 있고, 말로써 언급하거나 서술할 수 있다. 이런 종류의 기억은 매우 유연하여, 가령 두 자동차가 충돌하는 소리를 들을 때 당신의 뇌에서는 지난번 당했던 자동차 사고의 장면이 떠오르게 된다. 외현기억에 의해 당신은 전화번호, 어떤 사람의 생김새, 어제 먹은 점심 메뉴, 또는 지난 생일에 있었던 일들을 기억할 수 있다. 알츠하이머병에 의해 심각하게 손상되는 것이 이런 기억이다. 그것은 우리 생활에 매우 중요하지만, 기억의 한 종류일 뿐이다. 내 어머니는 알츠하이머병 환자인데, 당신에게 일어나는 일들을 대부분 의식적으로 회상하지 못한다. 그런데도 아코디언으로 "네 집 앞을 지나며"를 케이전* 음조로 정확히 연주한다. 이것을 가능하게 해주는 종류의 기억을 암묵기억 implicit memory 또는 비서술기억nondeclarative memory이라 한다. 이 기억은 우리가 의식적으로 아는 방식보다는 우리가 행동하는 방식에 더 많이 반영된다. 이와 같은 심리학적 차이가 나타나는 것은 암묵기억에 관여하는 뇌 시스템들과 의식/외현/서술기

* cajun. 루이지애나에 정착한 프랑스인들의 독특한 문화양식을 말함―옮긴이.

억에 관여하는 뇌 시스템들이 별도로 존재하기 때문이다. 제4장에서 사용한 용어들로 표현하자면, 암묵기억은 영역특정적 학습에 관여하는 시스템에 의해 형성되고, 외현기억은 영역독립적 시스템에 의해 형성된다.

제2장에서 우리는 기억에 대한 이와 같은 관점을 토대로 구성된 자아이론을 살펴본 바 있다. 거기서 자아가 부분적으로는 기억에 의해 만들어지고 유지된다면, 여기에서는 외현기억과 암묵기억이 모두 개입되어 있다. 이 장에서는 외현기억과 암묵기억 능력에 관여하는 신경회로에 대해 살펴볼 것이다. 기억의 시냅스 메커니즘은 다음 장의 주제다.

엥그램*을 찾아서

1904년에 제몬이라는 독일 과학자가 기억의 신경표상 neural representation을 뜻하는 '엥그램'이라는 용어를 만들었다.[3] 그로부터 20년 뒤 래슐리라는 미국 심리학자가 뇌 안의 기억 자취인 엥그램을 탐색하기 시작했는데, 그는 자신의 평생을 이 연구에 바쳤다.[4] 래슐리는 미로와 같은 행동실험을 사용한 선구자 중의 한 사람으로, 실험동물을 이용하여 뇌와 행동의 관계를 조사했다. 그는 한 유명한 연구에서 쥐를 훈련시켜 '미로를 뛰어다니게' 했다. 이렇게 훈련시킨 쥐를 이용하여 그는 그 당시에 이미 인지과정이 수행될 것으

* engram. 뇌 속에 저장되는 기억의 흔적—옮긴이.

로 예측되었던 신피질의 여러 부위들을 조사했다. 그는 신피질의 부위들을 조금씩 제거해 가면서 쥐가 미로 찾기를 여전히 기억하는지 실험했다. 이렇게 손상을 가하면 때때로 기억이 파괴되었지만, 손상된 위치와 기억훼손의 체계적인 관련성을 찾아낼 수 없었다. 대신에 기억이 파괴되는 정도는 피질 손상 부위보다는 피질을 얼마나 제거했느냐와 관련이 있는 듯했다.

래슐리는 이 결과로부터 두 가지 법칙을 알아냈다. 첫째는 질량작용으로, 기억에 주는 뇌손상의 영향은 어느 지역을 제거하느냐보다 얼마만큼의 조직을 떼어 내느냐가 중요하다는 점이다. 둘째는 동일작용·equipotentiality으로, 서로 다른 뇌 영역은 기억에 동일하게 공헌하며 하나가 손상되면 다른 부위들이 보완작용을 한다는 것이다. 래슐리의 주장에 따르면, 뇌에는 기억을 형성하거나 저장하는 특정한 시스템이 없다는 것이었다. 즉 기억은 피질 여기저기에 널리 흩어져서 저장된다.

돌이켜 보면 래슐리의 방법에는 문제가 있었다. 그가 사용한 행동실험 과제는 여러 다른 방식으로 풀어 나갈 수 있는 과제였으며, 뇌손상도 다소 무작위로 가해졌다. 큰 손상이 큰 효과를 낳은 것은 모든 영역들이 똑같은 기여를 하기 때문이 아니라, 영역들마다 제각각 독특한 기여를 하기 때문이다. 손상 영역이 커질수록 더 많은 처리 장치들이 파괴되므로 동물이 문제 해결을 위해 채택할 수 있는 방식에 대한 선택의 폭이 좁아졌다. 그리고 여러 사례에서 결함은 기억을 저장하는 피질 영역들과의 관련성보다는 작업을 수행하는 데 필요한 기본적인 감각 및 운동 프로세스에서 그것들이 맡는 역할에서 기인한 것이었다. 가령 쥐의 피질 뒷부분을 조금 떼어 내 시각을 망가뜨렸다고 하자. 이 쥐는 눈이 멀어도 후각과 촉각을 이용하여 미로를 풀 수 있다. 그러나 떼어 내는 양이 많아져서 감각 능력이 현저히 떨어지면 결함도 더 심해진다.

오늘날의 연구자들은 다른 방법으로 이 문제에 접근한다. 그들은 뇌의 구성시스템에 대한 지식을 활용하여 기억회로를 찾고자 한다. 래슐리가 지금은 조악하게 보이는 방법을 사용할 수밖에 없었던 것은 그 당시 피질의 구성시스템이 제대로 밝혀져 있지 않았기 때문이다. 그는 엥그램을 찾아내지는 못했지만 시도 자체는 적절했다.

바다괴물이 드러나다

1950년에 래슐리는 다소 경솔하게도 학습이란 가능하지 않다고 주장했는데, 이것은 뇌에 관해 발견한 (잘못된) 사실에 근거한 것이었다.[5] 불행히도 당시에는 상황이 그랬다. 그러나 얼마 안 있어 흐름이 바뀌었는데, 헨리라는 젊은 남자가 코네티컷의 한 병원에서 뇌수술을 받고 난다음의 일이었다.[6] 헨리는 간질이 심해 측두엽을 제거한 여러 환자 중의 하나였다. 측두엽은 대뇌피질을 구성하는 4개의 주요 구획 가운데하나로 간질이 일어나는 주된 장소이기도 하다. 측두엽 간질이 너무 심해 통제하기 어려울 때는 이것을 제거할 수밖에 없다. 헨리의 경우에는 뇌의 양쪽 측두엽을 모두 제거했다. 그러나 헨리는 수술 후에 간질 증세는 호전되었지만 큰 대가를 치러야 했다. 기억을 잃어버린 것이다.

기억에 관한 저작들에서 흔히 H.M.으로 통하는 헨리는 신경학 역사상 가장 유명한 사례로, 기억에 관한 수많은 연구들의 대상이 되어 왔다. 대부분의 초기 연구는 몬트리올의 브렌다 밀너와 그녀의 동료들에 의해 수행되었다.[7] 그들은 H.M.이 이전에 겪은 사건들, 특히 수술 전 몇 년 동안 겪었던 사건들은 회상해 내면서도 수술 이후에 겪은 일들은 기억하지 못한다는 사실을 발견했다. 그는 사물들을 몇 초 동안은 상기해 낼 수 있었지만(단기기억short term memory은 가지고 있다), 이 정보들을 장기기억long term memory으로 전환하지 못했다. 말하자면 거울에 비친 자기 모습은 알아보지 못하면서 옛날 사진 속의 자신은 알아보았다. 그의 지능지수는 또래와 비슷한 정상 수준이었지만, 자기 자신에 대한 그림—자신에 대한 시각적 관념—은 살아남은 옛 기억에 고착된 채 과거에 머물렀다.[8]

측두엽은 여러 하부 영역들로 구성된 복잡한 구조물이다. 수술보고서를 토대로 분석해 보면 H.M.이 수술과정에서 손상을 입은 측두엽 부위들은 해마, 편도체, 그리고 주변의 피질들이다.[9] 다른 환자들의 손상 부위와 H.M.의 손상 부위를 비교해 보면, 기억에 결함이 있을 때 해마가 일관되게 손상되었다는 사실을 알 수 있다.

뇌의 다른 영역들이 대개 그렇듯이 해마도 생김새에 따라 초기 해부학자들에 의해 '바다의 말(해마)'이라는 이름을 얻었다. 이 단어는 그리스어 'hipokampus'에서 유래되었는데, '바다의 괴물'로 번역된다. 20세기 전반까지만 해도 해마는 비뇌鼻腦rhinenceph-alon—후각에 관여하는 뇌—의 일부로 여겨졌다. 그러다 훗날 소위 말하는 변연계limbic system의 주요 구조물들 가운데 하나로 부각되었으며, 감정기능에서 핵심적인 역할을 하는 것으로 여겨지게 되었다.[10] 변연계 개념의 창시자인 맥클린은 해마를 프로이트적 이드id가 위치한 자리, 즉 생각들이 서로 뒤섞이고 혼란될 수 있는 자리로 보았다. 맥클린이 해마를 이드의 자리로 본 것은 이 구조물의 원시적 형태가 여러 사물들을 초현실적이고 몽환적인 방식으로 뒤섞어 놓을 수 있으며, 따라서 인지기능에 참여하기에는 부적절하다고 생각했기 때문이다. 그러나 1950년대 말에 이르러 H.M.을 비롯한 여러 환자들에 대한 연구들을 통해 해마는 뇌의 가장 중요한 기능 중의 하나인 기억과 결정적인 관계가 있다는 결론이 내려졌다.

할 수 있는 것들과 할 수 없는 것들

처음엔 H.M.이나 이와 유사한 환자들은 기억의 완전한 소실, 즉 전면적 기억상실증을 겪고 있으며, 해마는 만능 기억장치라고 여겨졌다. 그러나 곧 기억상실증 환자들도 이전에 학습한 것에 의존하는 과제의 경우, 그 과제들을 더 잘 수행하는 법을 학습할 수 있다는 사실이 밝혀졌다.[11] 예를 들어, 브렌다 밀너는 H.M.에게 거울 속의 별 모양 그림을 실제 모양대로 그리도록 했다. 이 과제를 수행하기 위해서는 거울 속 모양과 좌우대칭이 되게 그려야 한다. 처음 하기엔 쉽지 않은 과제지만 대부분의 사람들은 결국 익숙하게 해냈다. 그런데 H.M.도 그랬다. 그는 이 과제를 수행하는 법을 배웠으며, 배운 기술을 간직했다. 그러나 자신이 수행한 작업 자체에 대해서는 의식적 기억이 없다고 했다. MIT의 코르킨은 H.M.이 손기술을 필요로 하는 또 다른 학습과제도 배울수록 점점 더 잘한다는 사실을 깨달았다. 그것은 막대를 놓치지 않고 턴테이블 위에서 회전하는 한 점을 꼭 짚고 있는 일이었다. 거울 그림 과제처럼 이번에도 그는 여러 번 반복할수록 점점 더 잘하게 되었다. 어떻게 정확한 동작(운동기술motor skill)을 만들어 낼지에 대한 기억을 형성하는 능력은 아무 이상이 없었다.

훗날 닐 코헨은 기억상실증 환자가 보유하고 있는 기술 학습 능력이 운동기술에만 국한되는지 인지기술, 즉 잘 연습된 정신적 과제를 수행하는 능력의 향상에도 적용되는지 조사했다.[12] 그의 조사결과를 보면, 기억상실증 환자들은 거울의 상을 실상으로 바꿔 그리는 능력을 학습할 수 있는 것처럼 거울에 비치는 단어를 읽는 능력도 학습하고 저장할 수 있었다(예를 들어, ɘgɿɒl은 large의 거울 상). 또 환자들은 어떤 게임이나 퍼즐을 푸는 데 필요한, 복잡한 규칙에 근거한 전략들도 학습할 수 있었다. 그러나 이전 예들에서와 마찬가지로 환자들은 게임에 사용되는 규칙들을 익힐 수는 있었으나 지난번 게임의 결과나 내용에 대해서는 기억하지 못했다.

'점화priming'라고 불리는 현상에 대한 연구도 상당한 영향을 주었다.[13] 워링턴과 바이스크란츠는 기억상실증 환자들이 불완전한 자극 묘사(그림이든 단어든)를 근거로 삼아 자극을 인식하는 법을 학습할 수 있다는 사실을 입증했다. 그들은 환자들에게 각각의 자극마다 매우 불완전한 것에서 완전한 것까지 5가지 형태를 보여 주었다. 환자들은 처음에는 비교적 완전한 형태의 자극을 보아야만 대상을 알아볼 수 있었다. 그러나 연습을 반복할수록 약한 단서만으로도 자극 대상을 알아보는 데 성공했다. 결국 지금은 '점화'라고 부르는 이런 종류의 학습은 해마와는 독립적인 현상일 가능성이 크다. 훗날 스콰이어의 연구는 피실험자에게 주는 지시에 따라 점화의 발생 여부에 큰 차이가 생긴다는 사실을 보여 주었다. 한 점화효과 실험에서 피험자에게 단어목록을 보여 주고 나서 목록에 나왔던 단어들을 말해 보라고 하자 기억상실증 환자들은 잘 대답하지 못했다. 그러나 단어의 일부(예를 들어, mot)를 보여 주면서 단어를 완성하라고 하자 정상인들과 똑같이 목록에 없었던 mother라는 단어보다는 목록에 있었던 motel이란 단어를 만들어 냈다. 환자들은 목록에 있던 단어들을 본 적이 있다는 것을 의식하지 못했지만, 보았던 경험은 어떤 수준에서든 뇌에 남아 기억 수행에 참여하고 있는 것이다.

또한 바이스크란츠와 워링턴은 눈 깜박임 반응의 고전적 조건화classical conditioning*가 기억상실증 환자에게서도 유지된다는 것을 보여 주었다.[14] 이 실험에서 소리를 회피성 자극(눈에 바람을 불어 주는 것)과 짝 지우는 훈련을 수백 번 되풀이한 뒤에는 소리자극만으로도 곧바로 눈꺼풀이 닫혀졌다. 이와 같은 정확한 타

* classical conditioning. 파블로프의 개 실험에서 보듯이, 조건자극(벨소리)이 무조건자극(고깃덩어리)과 결합하게 되면 벨소리에 조건화가 이루어져 조건반응(타액 분비)이 일어난다. 반응이 일어날 때 무조건자극을 조건자극과 결합하여 제시하면 조건자극에 반응을 도출할 능력이 생긴다 —옮긴이.

이밍의 반응은 바람이 눈으로 들어오는 것을 차단함으로써 눈을 보호하기 위한 행위다. 기억상실증 환자들은 이런 실험장치들을 봤다는 기억을 전혀 회상하지 못하면서도 정상적인 눈 깜박임 조건화를 보여 주었다.

1980년대 초에 스콰이어와 닐 코헨은 해마와 여타 뇌 시스템들의 기억기능을 설명하기 위해 서술기억과 절차기억procedure memory을 구별할 것을 주장했다.[15] 그들의 주장에 따르면 해마는 의식적 기억, 즉 언어로 서술되는 기억에 관여하고 여타 뇌 시스템들은 의식과정에 의존하지 않는 다른 형태의 기억들을 매개한다(그림 5.1). 그들이 처음 '절차기억'이라는 용어를 사용한 것은 당시에 기억상실증 환자들이 보유하는 것으로 확인된 기억 능력이, 규칙이나 절차로써 학습할 수 있는 기술의 구사와 관련된 것이었기 때문이다. 그러나 해마손상 환자들이 학습하고 보유할 수 있는 기억들이 계속 추가로 확인되면서 그것들이 다 절차와 관련된 것만은 아님이 자명해졌다. 그에 따라 절차기억은 후에 좀더 중립적인 비서술기억이라는 용어로 대체되었다. '외현기억'과 '암묵기억'이라는 용어는 새크터에 의해 제안된 것으로, 본질적으로는 서술기억과 비서술기억을 각각 지칭한다.[16] 아마도 내 어머니가 자신이 겪은 일들을 의식적으로 상기해 내지 못하는 이유는 해마손상 때문일 것이며(그녀의 서술기억 내지는 외현기억 시스템이 사라져 버렸다), 아코디언을 연주할 수 있는 것은 아코디언 연주 실력을 저장하는 비서술기억 내지는 암묵기억 시스템이 손상되지 않았기 때문일 것이다.

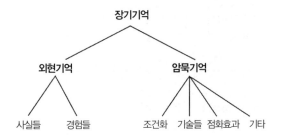

그림 5.1 장기기억의 분류
장기기억은 종종 외현기억과 암묵기억의 큰 분류로 나뉘며 각각은 더 세분화된다. Squire 1987과 Squire & Kandel 1999에서 기초함.

들어가는 것과 나오는 것

해마가 기억에 기여할 수 있는 것은 시냅스 경로 때문이다. 이것은 뇌의 어떤 부위나 마찬가지다. 이 경로는 해마에게 정보를 전달하고, 그 안에서 처리하고, 그 결과를 목표 영역으로 전송한다. 해마의 해부학적 구조에 대해 많은 사실들이 밝혀졌지만 여기서는 몇 가지 주요한 사항들만 다루기로 한다.

앞 장들에서 살펴보았듯이, 외부세계에 대한 정보는 감각시스템을 통해 들어와 신피질로 전달되는데, 여기서 해당 사물이나 사건에 대한 감각표상sensory representation이 만들어진다. 신피질의 감각시스템에서 나온 정보는 다시 부해마parahippocampus 영역이라 불리는[7] 비鼻피질rhinal cortex 영역으로 수렴된다. 이 영역은 해마로 정보를 전하기 전에 여러 감각정보들을 통합하는 역할을 한다(그림

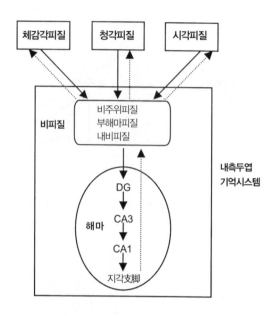

그림 5.2 내측두엽 기억시스템
생의 경험들에 대한 정보는 신피질의 다양한 감각시스템들(청각, 시각, 체감각 등)에서 처리된다. 이 영역들은 다시 그 정보들을 비피질 영역으로 보내는데 거기에서 다중감각표상이 형성된다. bilrhinal 영역들은 다시 해마로 수렴된다. 해마 속에서 치상회(DG)로 들어오는 정보가 처리되어 CA3 영역으로 가고, 이것은 CA1 영역과 연결되는데 CA1은 다시 지각으로 연결된다. 지각의 출력은 비 영역들로 전송되고 거기에서 정보는 추가적인 처리와 저장을 위해 해마로 재입력되거나 감각신피질로 재입력된다.

5.2). 스즈키, 애머럴 등은 이러한 회로 연결에 관해 많은 세부사항들을 밝혀냈다.[18]

　　　　해마와 부해마(비피질) 영역은 내측두엽 기억시스템이라 불리는 구조물을 구성하며, 이 시스템은 서술기억, 즉 외현기억에 관여한다(그러나 이들은 신피질 측두엽의 일부가 아니며, 감각정보 처리 기능에도 관여하지 않는다. 이들은 소위 구피질의 일부다(제3장 참조). 이들이 변연계와 관련지어지는 것은 이 때문인데, 앞서 논의했듯이 변연계란 신피질과 구피질이라는 이제는 낡은 구분법에 의해 정의된다).

　　해마 안에서 많은 복잡한 회로들이 들어오는 신호들을 처리하는 데 참여하지만, 특히 중요한 회로는 흔히 삼중시냅스 회로 trisynaptic circuit라 불리는 주선회로main-line circuit다. 이 삼중시냅스 회로는 비피질 영역에서 해마의 입력 장소인 치상회齒狀回, dentate gyrus로, 거기서 CA3와 CA1 구역을 비롯한 다른 영역으로, 마지막으로 출력 장소인 지각支脚, subiculum으로 신호를 중계하는 일을 한다. '구상회'라고도 부르는 지각에서는 이 신호를 비피질로 돌려보냄으로써 이 순환고리를 마무리한다.

　　해마와 신피질 사이의 연결들은 모두 다소간 양방향으로 이뤄진다. 그 결과 신피질에서 비피질 영역으로, 다시 해마로 정보를 보내는 경로는 해마에서 나와 비피질을 거쳐 애초에 입력이 발생했던 바로 그 신피질 영역으로 되돌아오는 경로와 거울대칭이다(그림 5.2). 나중에 다시 살펴보겠지만, 이와 같은 방식으로 자극에 대한 정보를 처리하는 데 관여하는 피질 영역은 그 자극에 대한 기억들을 장기간 저장하는 데도 관여한다.

　　여기서 잠깐 이러한 연결들의 성질, 그리고 해마와 비피질 영역들이 하는 일과 관련해서 이것이 담고 있는 함의들을 살펴볼 필요가 있다. 비피질 영역[19]은 수렴지대convergence zone 역할을 한다.[20] 말하자면 여러 감각정보들을 종합하여 애초의 정보와는 별개인 표상을 만들어 낸다(그림 5.3). 그 결과 광경, 소리, 냄새 등이 한 상황에 대한 하나의 전반적 기억의 형태로 결합된다. 이런 능력이 없다면 기억들은 산산조각으로 흩어지고 말 것이다. 또한 수렴지대 덕분에 마음의 표상들은 지각의 차원을 넘어 개념으로 발전한다. 말하자면 구체적 자극과 구별되는 추상적 표상화가 가능해진다. 영장류의 신피질은 여러 수렴지대를 가지고 있는 반면에 다른 포유류들은 그렇지 못하다. 이것은 영장류와 다른 동물들 사이의 인지 능력 차이를 설명하는 단서가 될 수 있다.

해마는 비피질에 있는 여러 수렴지대로부터 입력을 받기 때문에 하나의 거대 수렴지대라고 할 수 있다.[21] 이 사실은 의심의 여지

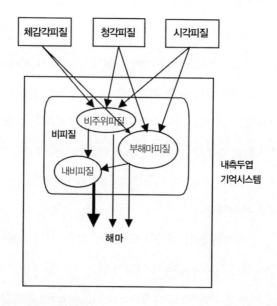

그림 5.3 내측두엽의 수렴 영역들
비피질 영역들과 해마는 수렴 영역들인데 다양한 영역들로부터 오는 입력들을 받아들여 통합한다.

없이 왜 해마가 영역독립적 기억 능력에서 핵심적인 역할을 하는지를 설명해 준다. 해마는 많은 영역특정적 시스템들의 암묵적 작업, 즉 표정 처리 시스템, 언어 처리 시스템 등의 작업들에 대한 외현기억들을 형성할 수 있다. 덕분에 우리는 어떤 사람이 한 말과 그의 생김새를 동시에 포함하는 기억을 형성할 수 있다.

방랑하는 기억들

기억상실증에는 기본적으로 두 가지 종류가 있다. 하나는 뇌수술 전, 또는 뇌손상 전에 일어났던 일들을 기억하지 못하는 것이고(역행성 기억상실증), 다른 하나는 새로운 기억을 형성하지 못하는 것이다(순행성 기억상실증). 지금까지 우리는 순행성 기억장애를 중점적으로 살펴보았는데, 실은 측두엽손상 환자에게서 이 두 가지 형태의 장애가 발견된다. 흥미롭게도 역행성 기억장애의 정도는 시간대에 따라 다르다. 수술 직전의 사건들에 대한 기억이 훨씬 이전의 기억보다 더 심각하게 소실된다. H.M.은 어린 시절은 상기해 내면서도 현재의 삶은 상기하지 못한다. 이처럼 옛날 기억보다 최근 기억에서 기억장애가 더 심각하게 나타나는 현상을 '리보 법칙Ribot's law'이라고 하는데, 프랑스의 심리학자 리보는 "새로운 것이 오랜 것보다 먼저 죽는다"라고 말했다.[22] 스콰이어는 리보 법칙에 대해 독창적인 연구를 했는데, 우울증 치료를 위해 전기충격요법ECT, electro convulsive therapy을 받은 환자들을 대상으로 했다. 이런 환자들은 부작용으로 기억장애가 나타나는 경우가 잦다.[23] 1974년에 스콰이어는 ECT 치료를 받은 환자들을 대상으로 텔레비전 프로그램들에 관한 기억을 물어보았다. 먼저 ECT 치료를 하기 전에 물어보았을 때는 환자들은 70년대 초나 60년대 후반의 텔레비전 프로그램들에 대해 꽤 좋은 기억을 보였다. 물론 오래된 프로그램일수록 기억 상태가 다소 떨어졌다. 이것은 정상적이다. 우리도 옛날 일들보다 최근 일을 더 잘 기억한다. 그런데 ECT 후에 다시 물어보았더니 70년대 초반에 방영된 프로그램들에 대한 기억이 오히려 60년대의 프로그램들에 대한 기억보다 훨씬 더 나빴다. 60년대의 프로그램들에 대한 기억은 ECT 이전과 별 차이가 없었다.

오늘날 이러한 결과는 시간의 흐름에 따라 해마의 역할이 달라지기 때문인 것으로 받아들이고 있다. 해마는 초기에 기억을 저장하는 데 필요하며, 이러한 역할은 시간이 지남에 따라 점차 줄어든다. 뇌는 왜 이와 같은 방식으로 작동할까? 기억이 이동하는 까닭은 무엇인가?

제이 맥클랜드, 오릴리, 맥노턴이 여기에 대답을 제시한 바 있다. 그것은 '연결주의 모델링connectionist modeling'이라 불리는 컴퓨터시뮬레이션 작업의 결과에 바탕을 둔 것이었다.[24] 이 시뮬레이션은 학습을 연구하는 데 매우 유용하게 활용되어 왔다. 예를 들어 연결주의에 입각한 모델이 자극들 간의 관계를 학습하고자 할 때, 새로운 정보들이 한꺼번에 들어오는 것보다 하나씩 차례차례 기억저장소로 입력되는 편이 유리하다고 한다. 이것을 삽입식 학습interleaved learning이라고 하는데, 이러한 학습에서는 새로운 정보가 기존 기억들을 교란시키지 않는다. 가령 새(날 수 있다)와 물고기(헤엄칠 수 있다) 같은 동물들의 특징을 인식할 수 있도록 이 모델을 훈련시킨 다음에 펭귄은 새인데 '날지 못하고' '헤엄칠 수 있다'는 사실과 맞닥뜨리게 할 때, 급속한 학습방식을 사용했을 때와 삽입식 학습방식을 택했을 때 그 결과가 확연히 달라진다. 급속한 학습의 경우 새로운 정보가 지식의 토대를 교란함으로써, 이를테면 어류와 조류를 둘 다 헤엄치는 동물로 처리할 수도 있다. 그러나 삽입식 학습에서는 여러 차례의 반복을 거치면서 표상이 서서히 구성되므로 점차적으로 펭귄에 대한 표상을 개선할 수 있고, 마침내 펭귄을 헤엄칠 수 있고 날지 못하는 새의 한 종류로 인식할 수 있게 된다. 다시 말해 새로운 정보가 기존의 지식 토대를 교란하지 않으면서 그 위에 더해지는 것이다.

많은 연구자들은 외현기억이 처음 자극을 처리하는 데 관여했던 피질 시스템에 저장되며, 해마는 이 저장과정을 주도하는 데 필요하다고 믿고 있다. 예를 들어, 시각적 장면에 대한 기억을 형성하기 위해서는 시각피질로부터 부해마피질 영역을 거쳐 해마회로로 지각이 전달되어야 한다. 처리된 신호, 즉 기억은 다시 부해마 영역을 거쳐 시각피질로 되먹임된다.

삽입식 학습 가설에 따르면, 기억은 해마에서 일어나는 시냅스 변화를 통해 처음 저장된다. 자극 상황의 몇 가지 측면이 반복되면, 해마는 처음 경험할 때 일어났던 피질 활성화 패턴을 복원시키는 데 참여한다. 복원될 때마다 피질 시냅스가 조금씩 변한다. 이 복원

과정은 해마에 의존한다. 따라서 해마손상은 최근의 기억들에 영향을 주지만 피질에 이미 굳건히 자리 잡은 오래된 기억들에는 영향을 주지 않는다. 오래된 기억은 누차에 걸친 기억의 복원에 따른 피질 시냅스 변화의 누적된 결과다. 피질의 변화가 서서히 일어나는 것은 새로운 정보 습득이 피질에 저장된 오래된 기억을 교란하지 않기 위해서다. 최종적으로 피질의 표상은 자립하며, 이때 기억은 해마로부터 독립된다.

윈슨, 부즈사키, 맥노턴, 윌슨은 기억강화가 잠자는 동안에 일어난다고 믿는다.[25] 그들은 특히 피질 네트워크로의 완만한 정보 삽입이 잠자는 동안에 일어난다고 주장한다. 최근의 연구결과들은 이러한 주장을 뒷받침한다.[26] 윌슨과 맥노턴은 쥐의 해마에서 뉴런들의 활동을 기록했는데, 기술적으로 복잡한 과정을 거쳐 그들은 쥐들이 새로운 환경을 탐험할 때 해마에서 일어나는 세포 활동의 정확한 패턴을 찾아냈다. 그들은 쥐가 잠들었을 때 해마에서 똑같은 신경활동 패턴이 반복되는 것을 발견했는데, 그것은 마치 낮에 탐험했던 같은 장소에 대한 꿈을 꾸는 것 같았다. 이것은 대단히 인상적인 발견이다. 잠자는 동안에 해마에서 재방송되는 내용이 피질에 의해 읽혀지고 사용되는지에 대해서는 아직까지 증명되지 않았다. 그러나 지금까지의 자료는 이러한 가능성과 부합된다.

최근 '방랑하는 기억' 가설은 공격을 받고 있다. 모스코비치와 네이덜은 해마가 기억의 저장에 계속 관여한다고 주장한다.[27] 그러나 시간이 갈수록 기억 자취가 점점 더 많은 뇌 영역들, 특히 피질 영역들을 끌어들여 해마와 같은 어느 한 영역을 다치더라도 다른 영역들이 이를 보충하기 때문에 기억손상이 일어나지 않는다는 것이다.[28] 이 문제는 틀림없이 앞으로 몇 년간 논쟁거리가 될 텐데, 최근의 한 연구가 꽤 중요한 새로운 증거를 제시하고 있다.[29] 해마가 손상되면 제대로 습득할 수 없는 공간과제를 쥐에게 훈련시켰다. 그런 다음 여러 차례에 걸쳐 해마에서 신경활동을 측정했다. 처음에는 해마에서 신경활동 지수가 높게 나타났는데, 이것은 기억 수행과 직접 관련되었다(신경활동 지수가 높을수록 과제를 더 잘 수행했다). 시간이 흐르자 해마의 활동은 줄어들었으며 기억 수행과 관련이 없어졌다. 반면에 피질 활동은 증가했는데, 기억 수행과 밀접하게 연관되었다. '방랑하는 기억' 가설이 설득력을 얻고 있는 것이다.

사실과 경험_ 별개인가?

지금까지 우리는 외현기억 또는 서술기억을 단일한 종류의 기억 능력으로 취급했다. 그러나 1970년대 초에 심리학자 털빙은 장기기억을 무엇에 '관한' 기억인가에 따라 분류할 것을 제안했다.[30] 그의 주장에 의하면, 일화기억episodic memory은 개인적인 경험(특정 장소, 특정 시간에 자신이 겪었던 일들)에 대한 기억이고, 의미기억semantic memory은 사실(자신이 알게 된 사실이지만 반드시 경험해야 할 필요는 없다)에 대한 기억이다. 가령 사막이 뜨겁고 건조한 곳이라는 사실은 실제 경험을 통해서 알 수도 있고 학교에서 학습을 통해 알 수도 있다. 털빙에 따르면, 개인적 경험의 시간과 장소에 대한 의식적 회상을 요구하는 일화기억은 인간에 고유한 반면, 한 개인의 경험이 아니라 사실의 단순한 저장인 의미기억은 동물들에게도 존재한다고 한다.

바르가-카뎀과 미쉬킨, 그리고 그들의 동료들의 최근 연구는 털빙의 분류법을 뒷받침해 준다.[31] 그들은 생애 초기에 해마를 다친 어린이들을 대상으로 연구했다. 놀랍게도 이 어린이들은 자신들이 겪은 일들에 대해선 기억이 엉성했지만 그럭저럭 정규학교를 다니고 학교에서 가르치는 기본적인 사실들을 익힐 수 있었다. 이러한 연구결과는 해마가 사실들을 기억하는 데 관여하는 것이 아니라 개인의 경험들을 기억하는 데 관여한다는 것을 시사한다. 이것은 많은 연구자들에게 뜻밖의 결과였다. 왜냐하면 측두엽손상 환자의 경우 일화기억과 의미기억이 모두 소실되기 때문이다. 그러나 이런 환자들은 대부분 해마뿐만 아니라 주변의 피질 영역들(부해마 영역)도 손상되어 있었으며, 바르가-카뎀이 연구한 어린이들은 주로 해마에만 손상이 있었다.

해마가 서술기억 가운데 일화기억에만 관여한다는 사실을 모든 사람이 다 인정하고 있지는 않다. 예를 들어, 저명한 기억연구자인 스콰이어와 졸라는 줄곧 해마와 부해마피질(일부 시상 영역과 함께)은 하나의 서술기억 단위로써 작동하는 단일 시스템을 이루며, 일화기억과 의미기억 모두를 가능하게 만든다고 주장하고 있다.[32] 그들은 바르가-카뎀의 결론에 몇 가지 이의를 제기하고 있다. 한 가지는 그 어린이들에게 일화기억이 약하기는 하지만 여전히 남아 있으며, 약간의 일화기억 능력만으로도 충분히 많은 의미기억 지식을 지탱할 수 있다는 것이다. 이렇게 되면 일화기억과 의미기억 모두에 결함이 발생하더라도 일화기억의 결함이 더 현저해 보일 수 있다. 한 발 더 나아가 그들은 바르가-카뎀의 연구진들이 뇌 영상 자료를 근거로 내린, 해마만이 손상되었다는 주장 자체에 이의를 제기하고 있다. 사후에 부검을 통해 정확한 해부학적 분석이 이뤄져야만 손상된 부위를 정확하게 확인할 수 있다는 것이다. 결론적으로 스콰이어와 졸라에 따르면, 설령 의미기억보다 일화기억이 더 심하게 소실되었다고 하더라도, 하나에는 해마가 관여하고 다른 하나에는 관여하지 않는다고 결론짓는 것은 부적절하다.

바로 이웃한 뇌 영역들을 구분하여 특정 영역이 어떤 기능을 하는지를 뇌손상 환자들을 대상으로 밝혀내기란 몹시 어려운 일임이 분명하다. 왜냐하면 뇌손상이 과학자들이 구분하는 해부학적 경계에 맞추어 일어나는 경우는 극히 드물기 때문이다. 결국 기억의 해부학—인간의 기억까지도—은 실험동물들을 대상으로 한 연구를 통해서 대답을 얻을 수밖에 없다. 여기에 대해 조금 더 알아보기로 하자.

H.M.을 찾아서

H.M.의 기억장애가 발견되자마자 연구자들은 래슐리가 풀지 못했던 문제를 해결해 보고자 했다. 그들은 실험동물의 뇌를 고의로 손상시켜 기억장애를 유도했다. 제대로 이루어지기만 한다면 생물학적 관점에서의 기억 연구를 크게 활성화시킬 만한 일이었다. H.M.의 불행을 발판

으로 설정된 해마라는 실험 목표가 있었기 때문에 이 연구는 쉽게 성공할 것처럼 보였다. 하지만 실험동물에게 의도적인 해마손상을 통해 기억장애를 유도하려는 시도는 처음엔 그다지 성공적이지 못했다. 브렌다 밀너가 H.M.의 기억장애를 처음 발표한 지 12년이 지난 1970년 무렵, 피터 밀너(브렌다 밀너의 전남편이자 맥길 대학교의 신경과학자)는 "해마의 기억장애 효과에 대한 실험연구와 관련해서, 그것을 동물들에게서 재현하려는 지금까지의 모든 시도는 수포로 돌아갔다"[33]고 썼다.

애초 가장 큰 문제점은 사람에게서 해마손상은 외현기억, 즉 서술기억이라는 특정 종류의 기억만을 손상시킨다는 사실을 몰랐던 데 있다. '학습은 학습'이라는 행동주의 견해(제4장)의 강한 영향 아래서 수행된 동물실험들에서는 이전의 학습 결과를 측정하는 어떤 과제도 전반적인 기억 능력을 평가하는 적절한 방법으로 인정되었다.

사람에게서는 해마에 의존하는 기억을 비교적 명쾌하게 정의할 수 있었다. 만약 의식적 검색이 요구되는 경우라면 해마가 개입되어 있을 개연성이 크다. 그러나 이 기준은 동물 연구에서는 별로 적절하지 않다. 우리가 가지고 있는 것과 유사한 종류의 의식적인 경험을 동물들이 가지고 있는지 알 길이 없을뿐더러, 과학적 견지에서 볼 때도 의식은 기억에 대한 비교학적 연구의 토대로 삼기에 그리 훌륭한 개념이 아니다.

그렇다면 동물들에서 기억에 대한 해마의 역할을 어떻게 연구할 수 있을까? 피터 밀너의 말이 시사하듯, 동물 연구는 기억의 세밀한 내용과 메커니즘을 파악하는 데 중요하다. 시간이 흐르면서 두 가지 시도가 나타난다. 하나는 인간과 가장 유사하다고 여겨지는 영장류를 대상으로 실험을 진행하는 것으로, 여기에는 H.M.이 보였던 해마의 존성 기억장애의 원인을 밝히는 데 가장 적절한 대상이 영장류라는 가정이 깔려 있다. 다른 한 가지는 쥐에서 우연히 얻어진 성공적인 발견의 결과였다.

원숭이 작업

영장류를 이용한 인식기억recognition memory 연구의 역사는 길고도 복잡하다. 나는 이에 대해 《감정적 뇌》에서 자세히 설명한 바 있는데, 여기서는 간단히 다루겠다. 대부분의 연구들은 옥스퍼드 대학교의 심리학자 게이판이 개발한 '지연된 표본불일치delayed nonmatch to sample'라 불리는 인식기억 테스트를 사용했다. 이 테스트에서는 원숭이에게 먼저 하나의 물체를 보여 준 다음 어느 정도 시간 간격을 두었다가 다시 두 가지 물체를 보여 주는데, 하나는 이전에 본 것이고 다른 하나는 새로운 것이다. 원숭이가 새로운 것(즉 표본과 일치하지 않는 것)을 선택하면 땅콩 선물을 준다. 이 테스트를 이용하여 미국립보건원의 미쉬킨과 머레이, 샌디에이고의 스콰이어와 졸라, 그리고 게이판은 여러 가지 주요한 사실들을 밝혀냈다.[34] 초기 연구들은 해마가 제거되면 처음 물체를 보여 주었을 때와 두 번째로 보여 주었을 때 사이의 간격이 길어질수록 심각한 결함이 나타난다는 것을 보여 주었다. H.M.의 동물모델이 있는 듯했다. 그 후의 실험에서는 해마와 편도체가 모두 제거되면 더 큰 결함이 나타났다. 이 모델은 더 훌륭해 보였는데, H.M.은 두 조직이 모두 손상되었기 때문이다. 그러나 조직손상의 효과는 편도체와 해마 때문이 아니라 원숭이의 뇌 일부를 제거하는 과정에서 우연히 발생한 주변의 부해마 영역 손상 때문이었다. H.M.도 이 영역이 손상을 입은 상태였으며, 따라서 H.M.의 동물모델로는 여전히 유효해 보였다. 문제는 이로 인해 해마가 기억시스템의 주요 부분이라는 견해에 의문이 생겼다는 점이다. 그런데 해마에만 선택적으로 손상이 발생한 다른 환자들(사후 부검으로 확인되었음)에 대한 연구는 해마의 손상만으로도 심각한 외현기억 결함이 나타날 수 있다는 것을 보여 주었다. 이것은 해마가 인간의 외현기억에 관여하고 있다는 사실을 보여 주지만, '지연된 표본불일치' 검사법이 해마의 관련성을 확인하는 데 적절한 방법이 아님을 시사했다. 이 검사법은 부해마피질의 인식기억 관련성을 측정하는 데 더 유용한 방법일 듯하다.

　　　　많은 연구자들은 해마와 부해마 영역들을 측두엽 기억시스템의 별도 구성요소들로 믿고 있다.[35] 앞서 보았듯이 감각정보는 신피질에서 부해마 영역을 거쳐 해마로 들어오고 기억은 역방향의 연결을 통해 신피질에 확립된다. 결국 부해마 영역들과 해마는 저마다 고유한 기여를 하며, 지연된 표본불일치 검사법은 해마의 기여보다 부해마의 기여를 더 잘 반영한다.

　　　　이 연구는 일화기억 대 의미기억에서의 측두엽의 역할과 관련하여 앞서 논의된 문제와 관련된다. 원숭이에서의 지연된 표본불일치는 아마도 인간의 일화기억보다는 의미기억에 더 가까울 것이다. 그렇다면 바르가-카뎀이 주장한 부해마 영역들과 해마 간의 구분이 지지를 받게 된다. 하지만 해마 자체의 역할에 대해서는 여전히 의문이 남는다. 해마가 기억에 어떤 일을 하는지를 정확히 찾아내기 위해서는 더 많은 연구가 필요한데, 쥐 연구는 여기에 대해 몇 가지 대답들을 이미 보여 주기 시작했다. 우리는 지금부터 이것들을 살펴볼 것이다.

공간을 위한 장소[36]

동물의 외현기억에 대한 두 번째 접근 방법은 다소 우연히 시작되었다. 1970년대 초에 몬트리올의 맥길 대학교에 존 오키프라는 학자가 있었다. H.M.에 대한 초기 연구를 수행했던 브렌다 밀너와 신경외과 의사인 펜필드가 그의 이웃이었다. 펜필드는 수술에 앞서 간질 발작 지점을 찾아내기 위해 해마와 같은 측두엽의 특정 지역들을 전기적으로 자극했는데, 이를 통해 의식적 기억들이 환자들에게서 유발된다는 것을 발견했다. 기억과 해마가 몬트리올에서 큰 화제가 되었으며, 오키프는 해마가 어떻게 기억을 가능하게 하는지에 대해 더 자세히 알고 싶었다.

그는 쥐의 해마에 전극을 꽂아 경험이 신경에 암호화되는 동안 해마에서 일어나는 전기적 활동을 기록했다. 통상 해마의 투사세포(제3장 참조)들은 약 1초에 1회 정도의 상당히 느린 속도로 발화했다. 그러나 쥐가 특정한 장소에 있을 때는 개별 세포에서 이 발화 속도가 초당 수백 회까지 크게 올라갔다. 그러다 쥐가 그 장소를 떠나면 세포가 발화를 멈추고, 다시 그 장소로 돌아오면 다시 발화하기 시작했다. 이 세포들은 쥐의 공간적 위치를 암호화하는 것처럼 보였기 때문에, 오키프는 이 세포들을 장소세포place cell라고 불렀다(그림 5.4).[37]

하나의 발견으로 다른 것들까지 이해하게 되는 경우가 종종 있다. 연구자들이 동물에게서 기억장애를 유도하는 데 실패했다고 1970년에 지적했던 피터 밀너의 말을 생각해 보라. 또한 어떤 과제는 다른 것들보다 결함에 의해 더 많이 영향을 받는다고 그는 말했다. 그 당시에는 그 이유를 잘 알지 못했다. 그러나 해마손상이 일관되게 문제를 야기하는 듯한 학습과제는 미로학습이었다. 이 과제를 풀기 위

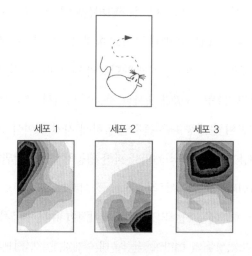

그림 5.4 장소세포들
해마에 있는 '장소세포들'은 동물이 환경 속에서 돌아다닐 때 동물의 위치를 암호화한다. 예를 들어 한 마리의 쥐가 조그마한 먹이를 찾기 위해 직사각형의 상자 속을 탐험하는 동안, 해마에 있는 서로 다른 세포들이 쥐가 특정한 위치에 있을 때 활동한다. 검게 칠해져 있는 것은 그 세포가 가장 높은 활동을 보이는 상자 속의 위치를 나타내며, 연하게 칠해져 있는 영역은 적은 활동을 나타내는 영역이다. 주어진 세포가 활동하는 공간 속의 특정 지역을 '장소장place field'이라고 한다. 많은 해마 세포들을 거치면서 전체 환경이 표상될 수 있다. 이러한 이유로 어떤 연구자들은 쥐가 환경 속에서 돌아다닐 때 사용되는 외부 공간에 대한 지도를 해마가 만든다고 주장한다. 다른 연구자들은 공간정보는 해마에 의해 암호화되는 복잡한 관계성에 대한 많은 것들 중 단지 하나일 뿐이라고 믿는다(본문을 볼 것). 그림은 M. Moita와 T. Blair에 의해 제공된 것임.

해서는 공간적 단서들이 필요했다. 아마도 오키프가 말한 장소세포가 미로에서의 기억 수행을 담당했을 것이다. 사실 70년대 중반에 존스홉킨스 대학교의 올턴이 공간정보를 사용해야만 풀 수 있는 미로학습 과제(여덟 갈래의 방사형 미로)를 고안해 냈는데, 해마가 손상되면 이 기억과제를 수행하는 데 방해받았다.[38]

　　70년대 후반, 지금은 런던에 있는 오키프와 맥길 대학교에 있었던 그의 동료 네이덜은 《인지 지도로서의 해마*The Hippocampus as a Cognitive Map*》라는 유명한 책을 썼다. 이 책에서 해마는 기본적으로 공간인지 장치spatial cognition machine이며, 해마가 기억에 관여하는 것은 공간 처리 역할에 비하면 부차적인 역할이라고 그들은 주장했다.[39] 이 책은 공간인지를 신경과학의 주요 연구분야로 설정한 주요한 저작이다. 이를 계기로 공간기억에서의 해마에 대한 연구가 붐을 이루게 된다.

　　많은 연구진들이 공간 처리에서 해마의 역할을 연구하고 있다. 1973년에 랭크는 훗날 많은 연구에 영감을 준 해마의 세포 활동에 대한 중요한 연구를 수행했다.[40] 랭크와 그의 동료 밥 뮬러와 쿠비는 지금도 장소세포 기능을 이해하기 위한 노력에서 핵심적인 연구자들로 꼽힌다.[41] 또한 맥노턴, 반스, 윌슨 등도 기억해야 할 사람들이다.[42] 그들은 기술적인 천재성을 발휘하여 장소세포들에 대한 탁월한 연구들을 수행했다. 한 연구에서 그들은 동시에 수백 개가 넘는 세포들을 기록함으로써 해마의 뉴런들이 어떻게 공간을 표상하는지, 그리고 이 세포들의 발화가 쥐의 다음 목적지를 어떻게 예측하는지 보여 주었다. 그들은 앞서 보았듯이 쥐의 이동경로가 장소세포들에 의해 기록되고 잠자는 동안 재방영된다는 것을 보여 주었다. 이 발견은 해마가 새로운 기억들을 잠자는 동안 천천히 피질에 입력한다는 생각을 뒷받침하는 데 이용되었다. 또한 모리스 역시 주요한 연구자로서, 지금은 '모리스 물미로Morris water maze'로 불리면서 널리 이용되고 있는 미로를 고안해 냈다. 이 미로는 쥐가 외부 단서들을 이용하여 물속에 잠겨 있는 플랫폼을 향해 헤엄쳐 가도록 만들어져 있다(그림 5.5).[43] 해마가 손상되면 이런 형태의 공간학습이 방해받는다. 결국 해마의 발화와 미로학습에 미치는 해마손상에 대한 연구들은 해마가 공간기억에 관여한다는 사실을 반박의 여지없이 입증했다. 해마는 정말 공간을 위한 장소인가?

관계들

비록 기억에서 해마가 차지하는 역할에 대한 쥐 연구를 통해 얻은 대부분의 증거들이 공간학습과 관련이 있지만, 해마가 손상된 원숭이나 인간이 제대로 해내지 못하는 작업들은 공간 처리와 명확하게 관련되진 않는다. 쥐의 해마와 영장류의 해마가 근본적으로 다른 것일까? 꼭 그렇지는 않다. 영장류에서도 해마가 손상되면 비공간기억의 결함과 함께 공간기억에 결함이 초래된다.

　　　오랫동안 아이켄바움은 공간기억이 해마가 하는 일들 가운데 특수한 한 가지 예라고 주장해 왔다. 그와 닐 코헨에 따르면 해마의 일반적인 기능은 서술기억이다.[44] 그러나 이렇게 되면 우리는 앞서 마주쳤던 문제로 되돌아가야 한다. 만약 서술기억이 의식적 기억이라

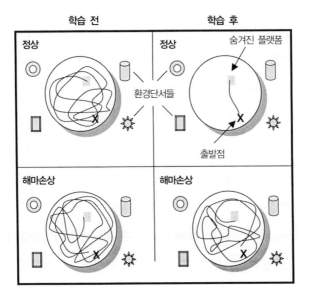

그림 5.5 모리스 물미로

모리스 물미로에서 쥐들은 처음에 출발점(X)에 놓이며 불투명한 물속에 잠겨 있는 플랫폼을 찾을 때까지 헤엄친다. 정상적인 쥐들은 이런 과제를 쉽게 학습한다. 훈련을 받은 후에 그들은 주위 공간에 고정되어 있는 환경단서들을 이용하여 잠겨 있는 플랫폼을 곧장 찾아간다. 해마가 손상된 쥐들은 이런 과제를 학습할 수 없다.

면 어떤 적절한 방법으로 동물들을 이용해 이것을 연구할 수 있겠는 가? 아이켄바움과 닐 코헨은 서술기억이 의식이라는 측면이 아니라 어떤 종류의 처리 과정을 요구하느냐에 따라 정의되어야 한다고 주장했 다.[45] 서술기억이 활성화되면 관련된 다른 기억들도 활성화된다. 그 결과 서술기억은 애초에 그 기억이 만들어졌던 상황과 무관하게 활성화될 수도 있으며, 학습이 이루어질 당시에 관여했던 자극이 아닌 다른 자극에 의해 활성화될 수도 있다. 아이켄바움과 닐 코헨은 해마는 그

해부학적 구조 덕분에 관계 정보의 처리를 담당할 수 있으며, 기억에서 해마를 연루시키는 여러 과제들이 모두 관계 정보의 처리에 달려 있다고 주장했다.

아이켄바움의 견해에 따르면 해마는 서술기억의 일화기억과 의미기억 모두에 관여한다. 이 점에서 그는 일반적으로 해마가 하는 일은 서술기억이라는 스콰이어와 졸라와 같은 편이다. 그러나 스콰이어와 졸라가 해마와 부해마피질이 통합된 서술기억 시스템을 형성한다고 주장하는 반면, 아이켄바움은 해마만이 서술기억을 포괄하는 유연하고 관계적인 정보처리에 관여하며 부해마 영역들은 서술기억으로 들어가는 개별 표상들의 덜 유연하고 비관계적인 기억에 관여한다고 주장했다.

결합들

해마의 기능에 대한 관계이론은 폭넓은 인정을 받지 못하고 있다. 공간이론 외에 또 하나의 주된 이론은 해마가 자극들을 함께 묶고 경험을 구성하는 다양한 요소들(시각, 청각, 감정적 요소들)을 혼합하여, 그 구성요소들과는 별개인 통일된 표상을 만들어 낸다는 주장이다. 관계이론에서는 요소들이 여전히 구별되는 요소로 남아 있는 상태에서 해마가 이들을 서로 연결시킨다고 보는 반면, 이 이론에서는 애초의 개별 요소들은 사라지고 결합된 덩어리가 형성된다고 본다. 예를 들어 보자. 관계이론에서는 외식 경험을 떠올릴 때 같이 있었던 친구들에 대한 기억, 먹은 음식, 식당의 전체적인 분위기 등에 대한 개별적인 기억들이 동시에 결합하여 기억이 만들어진다. 반면 결합이론에 따르면 모든 요소들이 섞여 그 상황에 대한 하나의 기억을 만든다.

결합이라는 개념은 많은 이론들에 포함되어 왔지만,[46] 오릴리와 루디의 최근 주장이 특히 주목을 끈다.[47] 그들은 제이 맥클랜드, 맥노턴, 오릴리[48]의 초기 이론과, 각각의 대상은 모든 대상들을 하나의 단일표상으로 설명할 수 있는 방식으로 '배열'된다는 루디의 초기 배열이론configural theory[49]을 토대로 삼고 있다. 이 이론 자체는 그러한 광역표상들을 실체화하기가 어렵다는 점 때문에 오래가지 못했다. 오릴리와 루디는 많은 연구들에 의해 해마가 손상된 동물들이 결합적 관계성을 학습할 수 있다는 사실이 밝혀졌으므로 배열이론에 일부 틀린 점이 있다고 시인했다. 그러나 그들은 새로운 이론에서 해마손상에도 불구하고 여전히 남아 있는 결합성 학습은 신피질에 의해 수행되는 것이며, 신피질과 해마는 근본적으로 서로 다른 규칙들을 통해 학습한다고 가정함으로써 이러한 연구결과들을 설명할 수 있다고 주장했다. 해마는 결합성을 자연스럽고 신속하게 학습한다. 해마가 손상되면 신피질은 혹독한 훈련에 의해 결합성을 배우도록 명령받지만 정상적인 경우에는 그렇지 않다. 제이 맥클랜드, 맥노턴, 오릴리는 해마와 달리 신피질은 느린 삽입식 학습을 한다고 주장했다. 여러 연구들이 현재 공간 이론 및 관계성 이론들과 관련하여 이 배열이론의 새로운 버전을 시험하고 있는 중이다.

동물모델에 의해 외현기억 또는 서술기억이 정확히 무엇이며, 그것이 측두엽의 해부학적 구조에 의해 어떻게 뒷받침되는지에 대해 여러 가지 흥미로운 생각들이 제기되었다. 아직 모든 해답을 가지고 있진 못하지만 인상적인 진전이 이루어지고 있다. 동물모델을 통해 기억 처리와 관련된 해마의 역할에 대한 이해가 진전되면, 이것은 사람의 외현기억의 본성을 이해하는 데 도움이 될 것이다.

당신이 하는 일들이 당신에 의해 이뤄지는 방식

우리가 외현기억들에 대한(우리가 자각한 적이 있는 사물들에 대한) 일차적 지식을 가지고 있다고 하더라도, 외부세계를 향한 우리의 행동이나 내적 삶은 암묵적으로, 즉 그 작동에 대한 자각 없이 정보를 저장하고 활용하는 뇌 시스템의 조종을 받는다. 암묵기억은 우리가 '아는' 것보다 우리가 '하는' 것에 더 많이 반영된다.

　　　우리는 앞서 암묵기억의 몇 가지 예를 살펴본 바 있다. 정의상 해마와 관련된 뇌 영역들의 손상으로 말미암아 기억장애를 겪은 H.M.이나 다른 환자들도 암묵기억을 형성할 수 있다. 예를 들어 학습된 운동기술과 인지기술, 점화, 고전적 조건반응 등은 모두 해마가 없어도 학습되고 수행될 수 있다. 따라서 이런 기억들은 외현기억에 관여하는 뇌 시스템이 아닌 다른 뇌 시스템들에 의해 매개되는 것이 분명하다.

　　　외현기억은 내측두엽 회로 안에 있는 특정 시스템에 의해 매개되는 반면 뇌의 다른 여러 시스템들은 암묵학습에 관여한다. 흔히 이것을 '암묵기억 시스템implicit memory system'이라고 부르는 데, 이는 잘못된 명칭이다. 암묵학습에 참여하는 시스템들은 엄밀히 말해 기억시스템이 아니다. 그것들은 자극 지각하기, 몸동작 정교하게 통제하기, 균형 유지하기, 하루 주기의 리듬 조절하기, 적과 친구 구분하기, 먹을거리 찾기 같은 특정한 기능을 수행하기 위해 설계된 것이다. 가소성(경험의 결과에 의해 변할 수 있는 능력)은 이러한 기능을 원활하게 만들어 주는, 이 시스템들의 신경 하부구조의 특징일 뿐이다.

기본적으로 똑같은 시나리오가 측두엽 기억시스템에도 적용되고 있다는 오키프의 주장은 주목할 만하다. 앞서 보았듯이 해마는 공간을 처리하기 위해 구성되었으며, 공간 처리는 인간에게서 외현기억으로 표현되는 좀더 일반적인 능력을 담당하기 위해 선택된 일종의 가소성을 필요로 한다고 오키프는 주장했다. 이 점에서 외현기억은 스티븐 굴드의 용어에 따르면 '전용exaptation'(제4장 참조)이다.

인간의 암묵기억에 관여하는 여러 신경시스템들은 포유류뿐만 아니라 척추동물의 진화 역사의 대부분에 존재해 왔다. 이 시스템들이 무의식적으로 작동하는 까닭은 지각하는 자아로부터 정신활동의 몇몇 측면들을 감추기 위한 위대한 설계도 때문이 아니라, 그것들의 작동이 의식적인 뇌에 직접 접근할 수 없기 때문이다.

암묵적으로 기능하는 시스템들은 중요한 방식으로 인간의 가장 특징적인 형질에 기여한다. 우리는 각자 걷고, 말하고, 생각하는 고유한 스타일을 가지고 있다. 서 있거나 앉아 있을 때 우리는 특유의 방식으로 몸을 가눈다. 우리는 남들이 보지 못한 것을 알아차리기도 하고, 우리가 보지 못한 것을 남들이 알아차리기도 있다. 웃는 방식과 말하는 억양 등도 각자의 정체성을 정의하는 데 일조한다. 일이 잘못되었을 때 침착하면서 조용히 있는 정도 또는 감정적으로 민감한 정도라든지, 생각이 논리적인 정도 또는 비논리적으로 비약하는 정도도 마찬가지다. 그 밖에도 마음과 행동의 무수히 많은 측면들이 매우 자동적으로 그리고 매우 암묵적으로 표현되기 때문에, 이것들은 변할 수 없는 어쩌면 천성적인 것처럼 보일지도 모른다. 그러나 이것들이 확립되고 유지되는 데 경험, 즉 학습과 기억이 기여하는 결정적인 역할을 간과해서는 안 된다.

최근 몇 해 사이에 암묵적 학습과 기억의 몇 가지 예들에 관여하는 신경회로들을 밝히는 데 많은 진전이 이루어졌다. 해마와 외현기억에서 해마의 역할에 대해서는 주로 H.M.을 비롯한 여러 환자들에 대한 관찰을 통해 많은 연구가 진행된 반면, 암묵기억의 신경회로들이 밝혀진 것은 사람이 아닌 동물 연구를 통해서였다. 인간에 대한 여러 연구사례에서 똑같은 회로들이 인간의 뇌에서도 작동하고 있다는 점을 명백히 밝혀내긴 했지만, 대부분의 기본적인 발견들은 동물 연구를 통해 이루어졌다.

적절한 것

오늘날 포유류에 대해 생물학적으로 매우 자세하게 밝혀져 있는 암묵적 학습과 기억의 형태들은 하나같이 고전적 조건화의 예들이다. 그러나 1970년 이전까지는 고전적 조건화를 학습과 기억의 신경학적 기반을 탐구하기 위한 수단으로 채택한 연구는 손가락으로 꼽을 정도로 적었다. 당시의 연구들은 고전적 조건화보다 '조작적 조건화,'* 즉 '도구적 조건화instrumental conditioning'에 역점을 두는 심리학의 행동주의 전통으로부터 강한 영향을 받았다. 고전적 조건화에서 실험대상은 두 자극 사이—예를 들어, 종소리와 음식—의 연관association을 학습한다. 그 결과 나타나는 반응은 자동적이다(예를 들어 침을 흘리거나 심장박동이 증가한다). 이에 반해 도구적 조건화에서 연관은 자극(보상물)과 반응 사이에서 일어난다. 예를 들어, 쥐가 레버를 누르거나 미로에서 코너를 돌 때 음식이 나타난다. 음식은 반응을 강화시키며, 그 결과 실험대상은 음식을 얻기 위해 반응을 되풀이한다. 고전적 조건화에서 실험대상은 수동적으로 관련된다(실험대상이 무엇을 하든지 간에 그 자극이 발생하면 음식이 나온다). 그러나 도구적 학습에서는 실험대상이 특정한 방식으로 반응하지 않으면 보상이 생기지 않으며, 따라서 실험대상은 적극적으로 조건화에 관여한다. 도구적 조건화는 행동주의자들이 지상과제로 삼았던 복잡한 인간행동에 대한 해명 수단으로 더 적절해 보였다.[50] 래슐리 이후 학습과 기억의 뇌 메커니즘 연구는 도구적 과제의 활용을 강조하는 추세로 바뀌었다.

* operant conditioning. 파블로프의 조건반사 실험에서 조건반응은 무조건자극에 대한 정상적 반응과 비슷하다. 예를 들어, 개가 고깃덩어리를 보고 침을 흘리는 것은 고깃덩어리에 대한 개의 정상적 반응이다. 그러나 강화된 행동이 강화자극으로 일어나는 경우는 파블로프의 조건화 원리로 설명할 수 없다. 이러한 종류의 조건화를 설명하기 위해 스키너는 상자실험을 통하여 조작적 조건화라는 개념을 도입했다. 조작적 조건화를 이해하기 위해서는 반응행동과 조작행동을 이해할 필요가 있다. 반응행동은 고전적 조건화에의 무조건 조건화에 대한 반응처럼 자극에 대한 적절한 반응을 말하며, 조작행동은 단순히 일어난 행동으로 상자 안의 쥐가 이리저리 돌아다니다가 그 속에서 가끔 발판을 누르는 따위의 행동을 말한다. 스키너의 조작적 조건화는 자극의 강화가 반응 후에 일어난다는 점이 특징이다. 즉 실험대상이 먼저 요구하는 반응을 일으켜야 하고, 그 다음에 보상이 주어진다. 보상은 반응을 강화하며, 반응은 강화를 이끌어 오는 도구가 된다—옮긴이.

그러나 1970년대에 들어 고전적 조건화 절차들이 새 생명을 얻기 시작했다. 그것은 1968년에 발표된 칸델과 스펜서의 논문으로 시작되었다.[51] 그들은 학습(행동을 연루시키는 것)과 가소성(뉴런 및 시냅스를 연루시키는 것) 사이의 간극을 지적하면서 세포와 시냅스에서 학습의 신경 기반을 찾아내기 위한 단계적 전략을 제안했다.[52] 이러한 세포연결 접근법cellular-connection approach은 적절했다. 이 접근법은 이 분야 자체를 바꾸었으며, 오늘날까지 그 자리를 굳건히 지키고 있다.

칸델과 스펜서가 강조한 첫 번째 단계는 경험에 의해 변하는 행동을 쉽게 측정하고 정량할 수 있는 적절한 생명체를 선택하는 것이다. 그 다음에 학습된 행위와 학습되지 않은 행위에 각각 해당하는 신경회로를 확인해 내야 한다. 그 다음 단계는 학습에 의해 변화된 회로의 세포와 시냅스들을 연구하는 것이고, 마지막 단계는 신경의 변화를 매개하는 메커니즘을 밝혀내는 것이다.

칸델과 스펜서의 선언으로 많은 연구자들은 넓은 뇌 영역이 아니라 회로의 관점에서 생각하게 되었다. 래슐리는 어디를 연구해야 할지에 대한 뚜렷한 생각 없이 여러 영역들에 손상을 가하는 방법으로 기억 장소를 연구해 왔으며, 따라서 그것은 사실상 모래사장에서 바늘 찾기나 다름없었다. 세포연결 접근법은 바늘이 숨어 있을 만한 모래사장의 한 부분을 꼭 집어내는 방법을 가르쳐 준다.

칸델과 스펜서는 세포연결 접근법이 작은 수의 잘 정의된 뉴런들로 구성된 간단한 신경계에서 잘 실행될 것이라고 생각했다.

칸델이 달팽이를 대상으로 행동조건화와 가소성을 연구하기로 결정한 것은 그 때문이었다. 달팽이에는 해마가 없으며, 따라서 당연히 해마가 조건화에 관여하지 않는다는 사실은 이 방법을 적용하는 데 아무런 문제가 되지 않았다. 인간의 기억에 대한 직접적인 모델로서가 아니라, 행동학적으로 의미 있는 신경계의 변화를 연구하기 위한 수단으로서 달팽이 연구는 대단히 적절했다. 이 접근법은 신속히 보상받았다. 1970년대 초 칸델과 그의 동료들은 달팽이에서 학습과 관련된 뉴런과 시냅스들을 확인했다. 2000년 노벨상 수상으로 이어진 칸델의 뛰어난 선구적 연구에 대해서는 다음 장에서 좀더 자세히 설명할 것이다.

간단한 조건화 접근들을 이용해 무척추동물 연구에서 이룩한 칸델을 비롯한 여러 연구자들의 성공은 이 같은 접근법을 포유류나 다른 척추동물에까지 확대하는 계기가 되었다. 신경해부학 연구가 말 그대로 혁명을 겪었으며,[53] 그에 따라 복잡한 뇌 안에서 처음부터 끝까지, 즉 감각입력에서 운동출력까지의 전 과정이 어떻게 연결되어 있는지를 밝히려는 노력이 활기차게 이루어졌다. 덕분에 수십 년이 지난 지금은 고전적 조건화의 특정한 형태들에 관여하는 신경회로들에 대해 많은 지식이 축적되었다. 이 회로들은 외현기억 시스템에 의존하지 않으며, 그 점에서 이것들은 암묵학습에 관여하는 회로들이다.

그러나 1970년대에 조건화의 신경 기반에 대한 연구의 새로운 물결이 시작되었을 당시에는 외현기억과 암묵기억의 구분은 존재하지 않았다. 무척추동물과 척추동물에 세포연결 접근법을 적용했던 연구자들은 하나같이 신경의 가소성과 행동 사이의 관계를 연구하기 위한 도구로서 조건화를 이용하고 있었다. 이러한 연구들이 우리가 지금 암묵기억이라고 부르는 것에 대한 신경 기반을 밝히는 것임을 깨닫게 된 것은 훗날의 이야기다.

오늘날 우리는 암묵학습이 이루어지는 많은 시스템들 가운데 몇몇 시스템에만 적용되는 회로 방식에 대해 자세히 알고 있다. 다음에 살펴볼 예들은 꼭 암묵기억 일반을 대표한다고 볼 수는 없지만, 세포연결 접근법의 전통 속에서 감각입력으로부터 운동출력에 이르기까지 신경 수준에서 그 특징이 밝혀진 암묵기억 기능들을 대표한다고 볼 수 있을 것이다.

방어하기

데이비드 코헨은 세포연결 접근법을 척추동물의 뇌에 처음 적용한 연구자들 가운데 한 사람이다.[54] 그는 간단한 생물들에 대한 연구가 중요하다는 점을 인식하고 있었지만, 척추동물에 이러한 접근법을 적용하는 것도 그에 못지않게 중요하다고 생각했다. 그는 비둘기를 선택했고, 파블로프식 조건화를 행동 연구의 패러다임으로 삼았다.

파블로프는 개의 소화 과정을 연구하다가 먹이 주는 사람을 볼 때마다 개들이 침을 흘린다는 사실을 발견했다. 그는 이 현상을 실험대상으로 삼아 개의 입에 음식을 넣을 때 종을 울리면, 나중에는 음식을 주지 않아도 종소리만 듣고도 개가 침을 흘린다는 사실을 보여 주었다.[55] 데이비드 코헨의 연구는 내가 사용해 온 파블로프식 방어 또는 공포조건화와 동일한 일반적인 절차를 이용했다.[56] 데이비드 코헨의 조건화 절차에서는 먼저 불빛을 보여 주고 그 다음에 충격을 주었다. 그 결과 불빛이 켜지면 비둘기의 심장박동률에 변화가 생겼다. 앞서 보았듯이, 심박률의 변화는 방어조건화 동안에 일어나는 여러 반응들 가운데 하나다. 데이비드 코헨은 심박률을 방어조건화가 일어났음을 판단하는 편리한 방법으로 이용했을 뿐이었다. 그는 세포연결 연구에서 인상적인 성과를 내었는데, 그것은 빛이 처리되는 입력회로와 심박률이 조절되는 출력회로를 찾아낸 것이었다. 그러나 그는 입력시스템과 출력시스템을 연결하는 데는 끝내 성공하지 못했다.

편도체가 공포반응에서, 나아가 새로운 자극에 대한 공포학습에서 중요한 역할을 한다는 것은 오래 전에 밝혀진 사실이다.[57] 데이비드 코헨이 연구한 심박률 조건화에 관여하는 영역 가운데 하나가 새의 뇌에서 편도체에 해당하는 구조물이었다. 그런데도 데이비드 코헨은 편도체가 입력과 출력의 경계에 존재한다는 사실과, 그곳이 공포학습이 이루어지는 주요한 신경상의 변화가 일어나는 장소임을 보여주지 못했다.

80년대와 90년대의 연구들에 의해 포유류의 뇌에서 공포학습 회로에 대한 제법 종합적인 그림을 그릴 수 있게 되었다.[58] 내 연구실에서는 편도체로 입력이 들어가는 경로를 밝혔고, 버몬트 대학교의 캡과 그의 동료들이 수행한 연구들은 편도체로부터 나오는 출력경로가 존재한다는 증거를 제시했다. 또 마이클 데이비스, 팬슬로우, 와인버거와 그의 동료들도 공포조건화 회로 연구에 크게 공헌했다. 공포조건화 경로에 대한 자세한 내용들은 《감정적 뇌》에 설명되어 있으며,

공포조건화 회로의 몇 가지 측면들에 대해서는 앞 장들에서 이미 살펴본 바 있다. 여기서는 간단히 요약하고 넘어갈 것이다.

편도체는 12개가량의 별도 영역 또는 구획으로 이루어져 있다.[59] 이 가운데 공포조건화에 중요한 것은 몇몇 영역에 한정된다(그림 5.6). 편도체의 외측핵(외측편도체, lateral nucleus)은 입력구역 역할을 한다. 여기서는 여러 감각들로부터 전달되어 온 입력정보를 받아[60] 주변에 위협이 될 만한 정보가 없는지 항상 모니터한다. 피트케넨과 함께 수행한 연구에서, 우리는 외측핵이 편도체의 대부분의 영역들과 연결된다는 사실을 밝혀냈다.[61] 또 네이더, 애모러팬스와 나는 이 가운데 중심핵Central nucleus(중심편도체)과의 연결이 공포조건화에서 핵심적이라는 결론을 내렸다.[62] 출력구역인 중심핵은 공포행동 및 그와 관련된 신체의 생리적 변화를 조절하는 네트워크와 연결된다. 외측핵이 모종의 위험자극을 감지하면 중심핵은 방어행동(얼어붙기 따위)의 발현을 시작하고, 공포반응과 관련된 신체적 반응(혈압과 심박률 증가, 위 수축, 땀샘 활동성의 변화)을 시작한다.

로만스키, 파브, 도런, 그리고 내가 수행한 연구결과에 따르면, 외측편도체는 두 가지 원천으로부터 자극입력을 받는다.[63] 하나는 하피질 영역subcortical area(감각시상sensory thalamus)으로, 이곳으로부터 가공되지 않은 신속한 표상을 받는다. 다른 하나는 피질의 감각 영역들로, 지체되지만 더 완성된 표상을 받는다(그림 5.7). 내 연구실의 로만스키는 편도체로 들어오는 이 두 가지 입력시스템들의 역할을 연구해 왔다. 시상에서 피질을 거쳐 편도체로 이어지는 경로를 흔

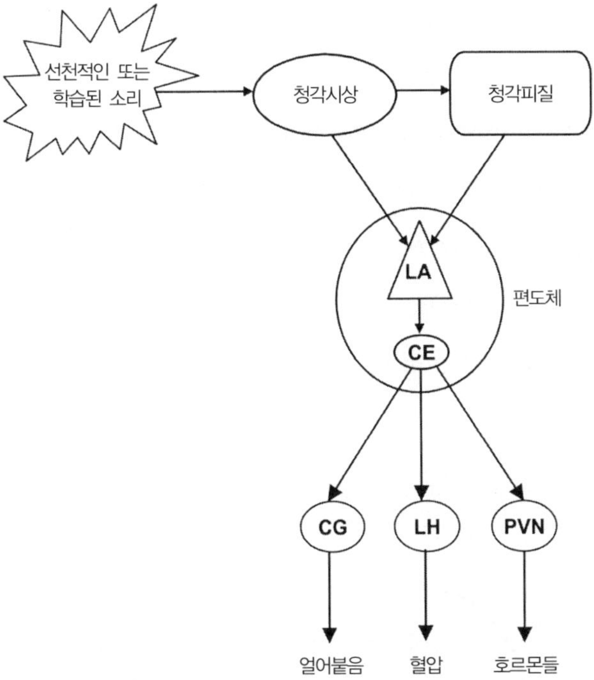
선천적인 또는
학습된 소리
청각시상
청각피질
LA
편도체
CE
CG
LH
PVN
얼어붙음
혈압
호르몬들

그림 5.6 청각자극은 편도체를 통해 방어본능을 일으킨다

(학습되거나 또는 선천적인) 공포-유발 소리는 청각시스템을 통해 시상과 피질로 전달된다. 이 영역들은 외측편도체(LA)와 연결되어 있는데 이는 다시 중심편도체(CE)와 연결되며, CE는 다시 공포반응들을 일으키는 뇌간 영역들과 연결된다(CG는 중심회백질, LH는 외측시상, PVN는 부뇌실 시상하부를 의미한다). 실제 회로들은 더 복잡하며 각 단계마다 가바와 조절 물질들에 의해 국소적인 조절을 받고 있다.

히 '고위경로' 라고 부르며, 사물들과 경험들에 관한 복잡한 정보들에 의해 공포반응이 일어나게 해준다. 그런데 편도체는 시상으로부터 직접 활성화될 수도 있다. 이 하위경로는 신피질을 거치지 않기 때문에 외부자극에 대한 미완성의 표상을 편도체에 제공한다. 그러나 이러한 가공되지 않은 정보의 전달은 중요한 결과를 가져온다. 가령 보르디와

나는 편도체에 있는 세포들이 시상경로를 통해 들어오는 소리의 강도, 즉 소리의 세기를 결정할 수 있다는 사실을 알아냈다.[64] 소리의 세기는 어떤 물체가 얼마나 가까이 있는지에 대한 좋은 단서이며, 거리는 그 물체의 위험도에 대한 좋은 단서다. 소리의 출처를 모르더라도 소리가 큰 물체를 위험한 것으로 간주하는 것이 장기적으로 득이 될 게 분명하다. 따라서 시상으로부터 오는 소리의 강도를 계산함으로써 편도체는 어떤 자극에 대해 의미 있는 세부사항들을 즉시 끄집어낸다. 자극의 세기는 시상으로부터 오는, 하위경로에 의해 측정되는 유일하지는

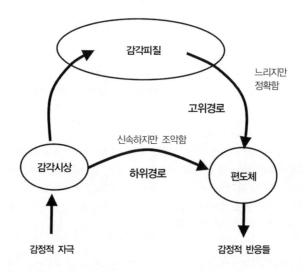

그림 5.7 공포에 이르는 하위경로와 고위경로들
외부자극들에 대한 정보는 감각시상에서 편도체로 이르는 직접적인 경로(하위경로)에 의해 편도체에 도달하고 아울러 피질을 거쳐 간접적인 경로(고위경로)로 편도체에 전달된다. 하위경로는 짧고 빠르지만 자극에 대해 충분히 완성되지 못한 표상을 제공한다. 고위경로는 피질을 거쳐 지나가므로, 자극에 대해 더 정확한 표상이 가능하지만 여러 연결들을 거쳐야 하므로 시간이 더 걸린다.

않지만 중요한 특징이다.

피질경로는 외측편도체로 가는 시상경로보다 얼마간 더 많은 시냅스연결들을 포함하고 있다. 시냅스연결이 추가될 때마다 전달과정에 시간이 추가되는데, 외측편도체에 있는 세포들이 피질로부터 오는 정보보다 시상으로부터 오는 정보에 더 빨리 반응하는 것은 이 때문이다.[65] 뇌가 정보를 처리하는 데 더 많은 시간을 소비한다는 것은 개체가 마음과 행동의 반응을 나타내는 데 지체된다는 것을 의미한다. 신속한 반응이 요구되는 상황에서는 정확성보다 신속함이 더 중요할 수 있다.

시상과 피질경로들로부터 오는 입력들은 도달하는 시간이 다르지만 결국 같은 뉴런들에 도달한다. 그러므로 시상에서 오는 정보는 신속하게 초기 반응을 가능하도록 해주고 피질로부터 오는 더 정확한 정보를 받을 수 있도록 준비시킨다. 그 결과 피질 정보가 위협을 확인하면 세포들은 활동이 더 증가하게 되고, 반대로 피질 정보가 위험이 없다는 의미이면 세포들의 활동에 제동을 걸게 된다(예를 들어 '우지직' 하는 큰 소리가 난 것이 곰이 당신을 덮치려는 순간에 난 것이 아니라 당신이 나뭇가지를 밟아서 난 소리였을 때, 또는 저 앞에 놓인 매끄럽게 휘어진 물체가 뱀이 아니라 단지 나뭇가지였을 때 등).

편도체가 피질경로를 통해 자극을 더 정교하게 분석할 수 있다는 것 때문에, 고위경로를 편도체로 가는 의식의 경로로 간주해서는 안 된다. 이것은 《감정적 뇌》를 읽은 독자들이 자주 오해하는 지점이다. 편도체는 감각정보가 어떤 경로에 의해 제공되든 간에 암묵기억과 암묵 처리에 관여한다. 다른 모든 자극들과 마찬가지로 우리가 감정적 자극을 의식적으로 깨닫게 되는 것은 그 자극이 작업기억work-ing memory이라 부르는 것에 관여하는 네트워크에 의해 처리되었을 때다. 작업기억에 대해서는 제7장에서 자세히 언급할 예정이다.

세포연결 접근법을 적용함으로써 연구자들은 공포조건화에 필수적인 것으로 여겨지는, 감각입력부터 운동출력에 이르기까지의 신경회로 전모를 밝혀낼 수 있었다. 지금은 이 회로 어디에 핵심적인 가소성이 자리 잡고 있는지를 밝혀내는 작업이 진행되고 있다. 이 연구가 진행되는 동안, 중립적인 소리가 충격과 결합된 상황에서 여러 실험들은 외측핵을 가소성의 핵심 장소로 지목했다. 첫째, 로만스키의 연구에 의해 외측핵의 세포들이 소리와 충격을 처리하는 경로들로부터 수렴적 입력을 받는다는 것이 밝혀졌다(그림 5.8).[66] 이러한 수렴은 조건화가 일어나기 위해 필수적인 것으로 보인다. 실제로 쿼크, 레퍼, 로간은 외측편도체의 세포 활동이 소리와 충격이 동시에 일어났을 때는 증가하지만, 따로 발생할 때는 그렇지 않다는 사실을 보여 주었다(그림 5.8).[67] 신경반응에서의 이런 변화는 조건화된 공포행동의 발달에 선행하며, 신경의 변화가 행동학습을 가져온다는 것을 시사한다. 이번에는 마렌과 페어가 직접 외측편도체의 가소성을 보여 주는 실험을 수행했다.[68] 나아가 외측핵이 손상되면 조건화가 일어나지 않는다.[69] 내 연구실의 뮬러, 윌런스키, 샤페가 수행한 연구들 또는 다른 연구실들에서 행한 연구를 보면, 외측핵에 특정한 약물을 투여하여 시냅스 활동 또는 가소성을 교란시키면 조건화가 일어나지 않는다.[70] 이 모든 연구들

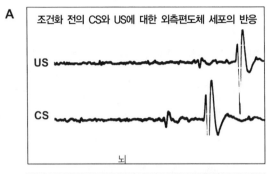

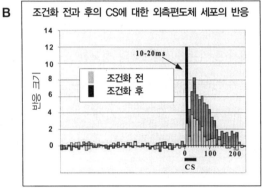

그림 5.8 공포조건화 동안 외측편도체 세포들의 신경반응들

A_ 외측편도체의 각 세포들은 조건화 자극(CS)과 무조건화 자극(US)에 모두 반응한다.
B_ US와 CS를 짝지우면 CS에 대한 외측편도체 세포들의 반응에 변화가 일어난다. CS에
대한 편도체의 반응 중의 초기 성분(10-20msec)에 가장 큰 증가가 일어나는데, 이것은 US
가 하위경로에서의(그림 5.6, 그림 5.7) CS 정보처리를 변화시킨다는 것을 의미한다.

은 외측편도체가 공포학습이 일어나는 동안 가소성의 주요 장소임을
나타낸다.[71] 다음 장에서 보겠지만, 공포조건화에 관어하는 외측편도체
의 정확한 세포 및 분자 메커니즘들이 속속 밝혀지고 있다.

　　　　파블로프가 짐작했던 대로 방어조건화는 사람과 동물들

의 일상에서 중요한 역할을 담당한다. 그것은 신속히 일어나며(중립적인 자극과 혐오스런 자극을 한 번 결합시키는 것만으로도 충분하다), 오래 간다(경우에 따라서는 평생 간다). 이러한 특징적 양상이 뇌의 회로 방식의 일부가 된 것은 동물들이 대체로 포식자들에 대해 학습하기 위해 여러 번 경험할 기회가 없기 때문이라는 데 이의를 제기할 사람은 없을 것이다. 만약 어떤 동물이 위험한 상황에서 운 좋게 살아남았다면, 그 동물의 뇌는 그 경험으로부터 최대한의 정보를 뽑아내어 최대한 오랫동안 저장해야 한다. 왜냐하면 포식자는 영원히 포식자이기 때문이다. 현대사회에서 우리는 이 시스템의 정교한 작동 때문에 오히려 고통을 겪는 경우가 많다. 왜냐하면 이런 종류의 조건화는 더 이상 우리 삶에서 활용될 일이 없어도 지워 버리기가 어렵고, 이따금 전혀 해롭지 않은 사물들에 대해서까지 그것을 두려워하도록 조건화되기도 하기 때문이다. 진화의 지혜는 종종 비용을 요구한다.

제시간에 깜박이기

세포연결 접근법을 포유류 뇌의 기억 연구에 가장 잘 적용한 사례로는 톰슨과 그의 제자들이 손꼽힌다. 톰슨은 스펜서와 함께 연구한 적이 있는데, 그의 척수 가소성 연구[72]는 그 후에 칸델과 스펜서가 발전시킨 세포연결 접근법의 탄생에 큰 기여를 했다. 1970년대에 톰슨은 포유류의 뇌에서 학습 장소를 찾기 위한 간단한 예비작업으로 토끼의 눈 깜박임 반응의 파블로프식 조건화에 관여하는 뇌 메커니즘을 연구하기 시작했다. 우리는 H.M.에 대한 연구를 살펴보면서 이와 같은 조건화에 대해 설명한 적이 있다.

고메자노와 다른 연구자들의 초기 연구들에 의해, 성가신 자극(눈에 바람 불기 또는 충격 가하기)에 선행하는 소리에 대한 눈 깜박임 조건화의 기본원리들이 자세히 연구되었다.[73] 조건화 전에는 충격 가하기나 눈에 바람 불기에 의해서는 눈을 깜박이게 할 수 있지만 소리에 의해서는 그렇게 하지 못한다. 그러나 조건화 후에는 소리에 의해서 깜박임이 일어나며, 소리 발생 시점에서 정확히 시간을 맞춰 깜박임이 일어난다. 충격 가하기나 눈에 바람 불기 직전에 눈을 감기 때문에 눈 깜박임은 눈을 자극으로부터 보호하기 위한 적응반응으로 보인다.[74]

이와 같은 행동 연구를 토대로 톰슨과 그 밖의 연구자들은 눈 깜박임 조건화의 신경 기반 찾기에 나섰다.[75] 신피질 전체를 제거해도 토끼의 조건화 능력에 아무런 지장이 없었다. 심지어 편도체, 해마 등을 비롯한 전뇌의 대부분을 제거해도 눈 깜박임 조건화는 여전히 일어났다. 이것은 조건화에 관여하는 핵심적인 가소성이 전뇌가 아니라 뇌간 쪽에 있다는 것을 의미한다. 실제로 고메자노의 제자였던 존 무어 의 연구에서 뇌간 아래쪽을 제거하자 비非 조건화 자극에 의해 유도되는 반응에는 아무 영향이 없는 반면 조건화는 소멸되었다.[76] 말하자면 그 토끼는 눈에 가해진 직접적인 자극에는 눈을 깜박였지만 경고음에 의한 눈 깜박임이 사라졌다.

톰슨을 비롯한 여러 연구자들(스타인메츠, 마우어, 여 등)은 여러 방법을 동원하여 눈 깜박임 조건화의 뇌간 메커니즘을 상세히 밝혀냈다.[77] 그들은 뇌간에서 결정적인 장소는 소뇌라는 결론을 내렸다. 소뇌는 뇌간 위에 붙어 있는 주름진 조직 덩어리로 오랫동안 신체의 균형과 움직임을 조절하는 데 관여하는 것으로 알려져 왔으며,[78] 한때 학습 장소라는 가설이 제기되기도 했다.[79] 소뇌의 특정 지점들을 손상시키면 조건화가 일어나지 않으며, 반대로 조건화 동안에는 이 지점들의 뉴런 활동들이 활발해진다는 사실이 밝혀졌다. 또한 연구자들은 경로 추적 작업을 통해 소뇌에 소리와 바람 불기 자극을 통합하고 눈 깜박임 반응을 통제하는 신경연결들이 자리 잡고 있다는 것을 알아냈다. 사실 소리와 바람 불기 자극 대신 이 자극들을 소뇌로 전달하는 신경경로에 직접 전기자극을 가함으로써 조건화를 만들어 낼 수 있었다. 가소성이 소뇌 기능의 중요한 특징이라는 견해에 대해 모든 사람들이 호의적이지는 않지만,[80] 또 다른 훈련과정을 적용한 리즈버거의 연구 역시 운동학습에 소뇌의 회로가 개입되어 있을 가능성을 강력히 암시하고 있다.[81]

왜 우리는 토끼의 눈 깜박임에 주목하는가? 신경과학의 많은 접근법들에서와 마찬가지로 우리는 이 연구를 더 넓은 맥락에서 평가해야 한다. 여기서 우리가 알아내고자 한 것은 단순히 어떻게 토끼의 뇌가 눈 깜박임을 만들어 내는가 하는 것이 아니라, 외부 신호의 통제 아래에서 어떻게 움직임이 나오는가 하는 것이었다. 정확한 타이밍에 정확히 근육을 조절하는 것은 자전거 타기, 야구공 치고 받기, 자동차 운전하기 등 우리가 매일 수행하는 여러 종류의 훈련된 행동기술에서 핵심적인 사항이다. 앞서 말한 대로 소뇌는 몸의 균형과 자세 유지에 관여하는데, 이러한 기능들도 경험에 의해 변형된다. 우주비행사들이 새로운 중력장 내에 적응하여 몸의 균형과 자세를 유지할 수 있는 것은 그 덕분이다. 쉬고 있을 때 몸을 가누는 방식, 이동하는 방식, 우아하게(아니면 상스럽게) 일하는 방식 등은 우리가 투사하는 신체 이미지에 중요하게 기여한다. 그것들 역시 '나'의 일부다. 이처럼 운동학습에서의 소뇌의 역할에 대한 연구는 중요한 종류의 암묵학습 능력들에 대한 단서들을 보여 주고 있다.

처음 보는 음식 맛보기

사람들은 대부분 단것을 좋아하고 쓴 것을 싫어한다. 이런 선호는 생애의 아주 초기부터 존재한다.[82] 전뇌의 상당 부분이 소실된 채 태어난 유아들과[83] 전뇌와 중뇌 대부분을 제거한 쥐들도[84] 여전히 맛에 대한 선호를 지니고 있는데, 이것은 맛이 후뇌에 의해 매개된다는 것을 의미한다. 맛 선호가 생애 초기에 나타난다는 것은 후뇌가 자궁 속에서 발달하는 동안, 선천적으로 맛 선호가 형성된다는 것을 의미한다.[85] 그럼에도 불구하고 맛 선호는 경험에 의해 바뀐다. 어렸을 때는 그렇지 않았는데도 많은 성인들이 브로콜리나 시금치를 즐겨 먹는다. 한때 즐겨먹던 음식도 한번 잘못 먹어 탈이 난 뒤에는 싫어하게 되기도 한다.

독이 든 음식을 이용한 동물실험들, 특히 쥐를 대상으로한 연구들에 의해 근본적인 형태의 학습인 소위 조건화 미각혐오CTA, conditioned taste aversion와 관련된 많은 사실들이 밝혀졌다. 옛날부터 낙농가들은 소들이 한번 배탈을 일으킨 음식은 피한다는 사실을 알고 있었다. 그러나 이런 회피에 대해 진지한 연구가 이루어지기 시작한 것은 가르시아와 그의 제자들이 쥐를 대상으로 실험한 1960년대부터였다. 그들은 약한 독을 쥐에게 주사하면 주사 전에 마지막으로 먹었던 음식을 강력하게 회피한다는 것을 알아냈다.[86] 이 실험에서 특히 흥미를 끈 것은 독을 주사하기 여러 시간 전에 먹은 음식에 대해서도 회피 현상을 일으킨다는 점이었다. 이 발견은 학습과 관련된 중요한 원칙과 어긋나는 것이었다. 그것은 두 자극 사이의 결합은 동시에 일어날 때 발생하며, 몇 시간 간격을 두고 일어나는 자극들 간에는 결합이 발생하지 않는다는 것이었다. 조건화 미각혐오가 이 원칙에 어긋난다는 사실은 행동주의자들이 주장한 학습의 일반 속성(제4장 참조)에 대한 중요한 도전들 가운데 하나였다. 엄격한 행동주의자들은 이 데이터들을 있을 수 없는 일로 간주했기 때문에, 가르시아는 연구결과를 발표하는 데 큰 어려움을 겪었다.[87] 그러나 그는 굽히지 않았고 마침내 성공했다.

조건화 미각혐오는 행동신경과학 연구의 주요 분야로 자리 잡았다. 여기에 관여하는 회로는 공포나 눈 깜박임 조건화에 관여하는 회로들만큼 상세히 밝혀져 있지 않지만 많은 진전이 있었다.[88] 대부분의 연구들이 새로운 감미료인 사카린을 조건화 자극(공포조건화 연구에서 소리와 같은 것)으로 사용했다. 쥐들은 맹물보다 사카린을 탄 물을 선호한다. 그러나 사카린을 탄 물을 마신 뒤 앓게 되면 이를 피하게 된다. 쥐를 앓게 만들기 위해서 연구자들은 구토유발제인 염화리튬을 주사했는데, 이 자극은 무조건화 자극이다(공포조건화에서의 충격에 해당).

다른 형태의 고전적 조건화들과 마찬가지로 조건화 미각혐오도 중립적 자극과 구토자극이 시냅스 방식으로 개별 뉴런들에 함께 도달해야 한다. 혀에서 비롯되는 미각경로는 '단독관 핵nucleus of the solitary tract'으로 불리는, 맛 선호와 관련이 있는 후뇌의 한 영역으로 이어진다. 또한 소화관에서 나온 신경섬유도 후뇌 영역으로 들어와 멀미와 그 밖의 위장 상태에 대한 정보를 뇌로 전달한다. 그러나 실제로 후뇌의 서로 다른 영역들이 제각각 멀미신호와 미각신호를 받아들이기 때문에, 이 영역에서 시냅스상의 통합에 의해 조건화가 일어날 것 같지는 않다.[89] 단독관 핵의 두 부위가 부완핵parabrachial nucleus으로 불리는 중뇌의 공동 영역으로 투사된다. 이 영역에서 미각자극과 멀미자극이 겹쳐져서 처리되는데, 여기에 손상이 생기면 조건화 미각혐오가 일어나지 않는다. 게다가 정상적인 동물들이 멀미 유도 자극에 노출되면, 이 영역에서 미각자극에 의해 발생하는 세포 활동이 증가한다. 이것은 이 영역에 있는 세포들이 멀미에 의한 미각조건화에 관여한다는 것을 의미한다. 이로 미루어 볼 때 부완핵은 조건화 미각혐오의 저변에 깔린 가소성의 중요 영역인 듯하다.

그러나 이것이 다가 아니다. 일을 진행할 뇌간만 남겨 놓고 전뇌를 제거해 버리면 미각 선호가 그대로 유지되는 데도 불구하고 조건화 미각혐오를 얻을 수 없다.[90] 이로 미루어 볼 때 부완핵은 단독적이 아니라 전뇌 영역들에 의지하여 조건화 미각혐오를 매개하는 듯하다. 해부학적 추적 연구들은 이와 관련된 전뇌의 어느 영역이 중요한 역할을 하는지에 관한 단서들을 보여 주고 있다. 부완핵은 시상의 미각 영역으로 신경섬유를 뻗으며, 여기에서 다시 피질의 미각 영역으로 신경섬유를 뻗는다. 게다가 부완핵, 시상의 미각 영역, 미각피질은 모두 편도체 중심핵으로 신경섬유를 뻗는다. 실험에서 피질 미각 영역과 중심편도체를 손상시키면 조건화 미각혐오가 지장을 받는다. 미각피질은 새로운 맛을 탐지하고 구분해 내는 데 관련된 것으로 여겨지고 있다. 이 기능은 새로운 맛이 초래하는 결과에 관해 학습하는 데 중요하다. 중심편도체의 역할에 대해서는 논란이 많다. 어떤 이는 학습에 필요 없다고 주장하고, 또 어떤 이들은 필수적이라고 주장한다.[91] 이러한 시각차이는 조건화 미각혐오가 확립되거나 시험되는 방식에서의 차이에서 비롯된 것 같다.[92] 이 논란을 해결하기 위해서는 앞으로 더 많은 연구가 필요하겠지만, 조건화 미각혐오는 기억회로를 연구하는 데 아주 유용한 모델임이 밝혀졌으며, 다음 장에서 보겠지만 기억의 분자적 기반에 관한 몇 가지 중요한 것을 발견했다.

성공은 어디로부터?

학습 메커니즘에 대한 초기 연구는 심리학에서의 행동주의 전통으로부터 영향을 받았다. 그러나 1970년대에 이르러 연구자들은 학습 연구를 위해 행동과제를 선택해야 할 때 적은 것이 더 좋다는 것을 알게 되었고, 특히 세포-연결 사고방식과 같은 신경생물학으로부터 영감을 더 받으려 한다는 것을 깨달았다. 따라서 연구의 중점이 복잡한 도구학습 절차로부터 더 단순한 조건화 과제들로 바뀌었다. 왜냐하면 칸델과 스펜서가 지적했듯이 복잡한 형태의 학습에서 간단한 학습으로 신경회로를 찾거나 시냅스 변화를 찾는 게 더 쉽기 때문이다.

학습의 신경학적 분석을 위한 출발점으로서 도구적 조건화보다 고전적 조건화가 더 유리하다는 사실은 공포학습에 대한 연구 역사에서 명확하다. 이 분야의 초기 연구에서는 회피조건화 절차들이 많이 사용되었는데, 이것들은 피실험체가 경고신호를 알아듣고 나서 발 충격과 같은 혐오스런 상황을 피하도록 학습하는 도구적 과제들이다. 그러나 회피조건화는 고전적 조건화로부터 시작한다. 즉, 경고 신호는 처음에 충격과 연합되기 때문에 회피반응을 만들어낸다. 예를 들어, 경고음이 들릴 때 쥐에게 미로의 한쪽에서 다른 쪽까지 달려가야만 충격이 사라지는 학습을 시킬 수 있다. 그러나 이 경우 쥐가 처음 학습해야 할 것은 고전적 조건화를 통해 소리가 충격을 예고한다는 것이다. 그 다음 쥐는 소리와 충격의 연합성을 이용하여 소리가 있을 때, 미로를 빨리 통과함으로써 충격을 피하는 도구적 반응을 학습한다. 결국 뇌가 어떻게 회피조건화를 매개하는지 알기 위해 우선 소리-충격의 연합이 어떻게 일어나는지를 이해하고, 그 다음에 소리-충격 연합이 어떻게 회피행동을 수립하는 데 이용되는가를 묻는 것이 지극히 상식적임을 알 수 있다. 그러나 초기에는 이런 사실을 깨닫지 못했으며 공포학습을 이해하는 진도가 느려, 결국 연구자들은 공포의 고전적 조건화에만 초점을 맞추기로 결정했다.

당연한 것이지만 기억연구자들은 단순한 형태의 학습만을 설명하는 것에 만족하지 않을 것이다. 그러나 그런 간단한 형태의 학습들이 어떻게 이뤄지는지를 알게 되면 좀더 어려운 학습과정을 이해할 날이 곧 올 것이다. 예를 들어, 공포의 고전적 조건화를 현재 잘 이해하고 있으므로 회피의 신경학적 기반을 이해하는 것이 가능할 수 있다. 이것은 중요한 연구수단이다. 왜냐하면 불안장애의 특징은 불안을 야기하는 상황들을 병적으로 피하려는 것인데, 이것이 불안을 느끼는 사람들의 삶을 크게 제한하고 있기 때문이다. 제9장에서 보겠지만 최근의 연구결과들을 보면, 공포조건화의 신경학적 기반에 대해 얻은 지식을 징검다리로 활용하여 회피학습을 이해하는 데 큰 진전을 이루고 있다.

의식적 기억과 무의식적 기억을 다시 생각함

해마가 의식적 기억에 관여하고, 해마와 관계없는 다른 형태의 기억들은 직접적인 의식적 접근이 불가능하다는 것은 무엇을 의미하는가? 해마가 의식을 가능하게 하는가? 아마 그렇지 않을 것이다. 왜냐하면 해마가 손상되어도 정상적인 의식적 각성을 할 수 있기 때문이다.

　　　　해마손상에 의해 사람에게 나타나는 기억장애의 예들을 보면, 과거의 경험에 대한 정보를 의식적으로 회상하는 능력에 문제가 있음을 알 수 있다. 의식적 회상을 요구하지 않는 학습 수행, 즉 점화효과나 조건화 등은 해마손상 환자들도 충분히 잘 해낸다. 그러나 암묵적으로 잘 수행하는 동일한 과제에 대해 의식적으로 정보를 회상하려 할 때 그들에게 문제가 발생한다. 예를 들어, 해마손상 환자들은 눈에 바람 넣는 것과 짝을 이루었던 소리에 대해 반응하지만, 조건화된 것에 대해서는 의식적인 기억이 없다.

해마장애를 규정할 때 의식적 회상의 중요성은 스콰이어와 그의 동료들에 의한 연구가 잘 설명해 주고 있다.[93] 그들은 정상인과 해마 손상에 의한 기억장애 환자들에게 무성영화를 보게 했다. 연구자들은 피험자들에게 영화를 보는 동안 들리는 소리나 바람결 등을 무시하고 영화에만 집중하라고 지시했다. 이런 형태의 지시에 의해 피험자들에게는 집중하고 있는 일에 대한 외현기억을 더 잘 형성하도록 유도하고, 소리나 바람결은 자각으로부터 멀어지게 했다. 소리와 바람 불기는 두 가지 다른 방법으로 제공되었다. 몇몇 피험자들은 표준 절차를 받았는데 이 절차에서 바람 부는 자극은 소리가 끝남과 동시에 제공되었다. 이전 연구에 의해 예상할 수 있는 것처럼, 소리나 바람을 무시하라고 지시받았음에도 불구하고 정상인과 환자 모두 조건화가 잘 일어났다. 즉 소리에 반응하여 눈을 깜박이도록 학습되었다. 다른 피험자들에게는 소리가 끝나고 나서 어느 정도 시간이 지난 다음 바람 부는 자극이 주어졌다. 이것을 자취조건화trace conditioning라고 하며, 해마 손상에 의해 쥐와 토끼에서 사라졌다고 알려져 있다.[94] 해마손상 환자들은 이런 자취과제에서 조건화되지 못했다. 여기서 특히 중요한 사실은 정상인에게 일어난 일이었다. 어떤 사람은 조건화되고 어떤 사람은 조건화가 안 되었다. 실험이 끝난 후 피험자들의 보고를 통해 알게 된 사실인데, 조건화가 되고 안 되고는 소리와 바람 자극 간의 관계를 인식했는가와 관련이 있었다. 다시 말해, 두 자극 간의 관계를 의식한 사람은 자취조건화를 경험했고 그렇지 않은 사람은 경험하지 못했다. 즉 자취조건화는 의식적 각성을 필요로 하고, 해마는 이러한 각성을 가능하게 해준다.

이런 결론에 한 가지 문제점이 있다면, 해마손상에 의한 자취조건화의 결핍이라는 똑같은 효과를 나타냈던 쥐와 토끼에 대한 데이터의 해석에 압박을 준다는 것이다. 만약 각성 역할 때문에 사람 해마가 자취조건화에 관련된다면, 쥐와 토끼 해마도 역시 자취조건화에 필요하므로 사람과 마찬가지로 의식적 각성에 관련되어야 한다는 것이다. 만약 그렇지 않다면, 해마는 실제로 각성에 관여하지 않는다는 것이 된다.

천과 펠프스의 최근 연구결과는 후자가 옳았음을 보여주고 있다.[95] 그들은 정상인과 기억장애 환자들에게 여러 개의 L 알파벳 중에 숨어 있는 한 개의 T 알파벳을 찾아내는 과제를 시험했다. 따라서 L은 T라는 목표가 나타나는 배경 또는 상황을 형성하고 있다. 피험자가 알아차리지 못하도록 배경자극은 두 가지 다른 형태로 나타난다. 어떤 경우에는 이미 나왔던 L의 배경 속에 T가 들어 있고, 다른 경우에는 새로운 L 배경 속에 들어 있다. 정상인과 기억장애 환자들은 과제가 진행될수록 시험 점수가 점점 올라갔다. 그러나 정상인의 경우에는 배경패턴이 반복될수록 더 유리했는데 전혀 다른 배경보다는 같은 배경일 때 T를 더 쉽게 찾아냈다. 그럼에도 불구하고 시험 후에 물어보았을 때 배경이 반복되었다는 사실을 피험자는 자각하지 못했다. 다시 말해, 해마는 주의집중하지 않았던 배경자극에 대해 학습하고 처리하는 데 필요하다.

천과 펠프스가 이 연구를 하게 된 동기는 쥐의 연구에서 해마가 배경(상황) 처리에 관련된다고 오랫동안 주장되어 왔기 때문이다. 예를 들어, 제8장에서 보겠지만 쥐를 소리와 충격을 짝 지워 조건화시키면, 쥐는 소리에만 겁에 질리는 게 아니라 조건화가 일어났던 상자도 두려워하게 된다.[96] 해마는 많은 것들을 하나로 같이 묶고 이들을 잘 배열시켜 하나의 상황을 만드는 일을 할 수 있기 때문에 이런 종류의 조건화에 필요하다고 밝혀졌다.[97] 이것은 오키프, 아이켄바움, 루디가 주장한 쥐 해마의 기능에 대한 견해와 다르지 않다. 즉 해마는 복잡한 여러 자극들의 집합으로 구성된 기억을 만들 수 있는 뉴런들의 특별한 배열을 가지고 있다. 쥐와 토끼에 대한 연구결과를 이해하는 데 있어 의식을 꼭 개입시킬 필요가 없는 것이다.

사람과 쥐의 해마는 같은 방식으로 작동하여 자극 간의 관계에 대한 기억을 형성한다는 것을 천과 펠프스의 발견이 말해 주고 있다. 관계의 특성에 상관없이(자극들의 통일된 결합/배치들에 관한 것일 수도 있고, 서로 다른 기억들 간의 관계일 수도 있고, 공간 배열들에 관한 기억들일 수도 있다), 해마의 주요 기능은 아마도 그 관계들을 처리하는 것이다. 그렇다면 해마는 정보를 저장하는 다른 시스템들과 근본적으로 다르지 않을 수 있다. 즉 해마는 암묵적으로 부지런히 자신의 일을 한다는 것이다. 해마는 시냅스로 연결된 방식에 있어서 의식적 각성(제7장에서 볼 것이다)을 매개하는 뇌 시스템에 이용될 수 있도록 되어 있는 반면, 암묵시스템들은 이런 식으로 연결되지 않는다는 것이 해마와 다른 기억시스템들 사이의 차이점이다.

좋은 점, 나쁜 점, 추한 점

기억은 놀랍다. 간단한 생각을 떠올려도 당신은 과거로 여행할 수 있다. 그리고 종종 생각을 하지 않고도 매일 해야 할 일들을 '기억한다.' 그러나 좋은 점과 함께 나쁜 점, 심지어 추한 점까지 따라온다. 섀크터만큼 이것에 대해 잘 아는 사람도 없다. 그는 외현기억과 암묵기억이라는 유명한 용어를 만든 사람이다. 그의 최근 저서 《기억의 7가지 죄악*The Seven Sins of Memory*》에는 기억이 우리를 실망시키는 일들이 자세히 나와 있다. 그가 본 죄악은 일시성, 무심, 저지, 귀속오류, 피암시성, 선입견, 영속성이다.[98]

일시성이란 정보를 꽉 잡을 수 없음을 말한다. 무심이란 우리가 하는 일에 대해 주의를 기울이지 못하는 성가신 특성을 말한다. 예를 들어, 다른 일을 하다가 열쇠를 밑에 내려놓았는데 나중에 찾지 못한다. 열쇠를 내려놓을 때 당신은 다른 일에 정신적으로 매달렸기 때문이다. 저지란 어떤 사실이나 이름이 생각날 듯이 입가에서만 맴돌며 찾아내지 못하는 것을 말한다. 귀속오류란 한 상황에서 형성된 기억이 다른 상황에서 일어난 것처럼 잘못 믿는 현상이다. 이것은 목격자 증언이라는 맥락에서 특히 중요한 의미를 지닌다. 피암시성 역시 목격자 증언과 관련 있으며 치료과정 중에 이식되는 허구기억과 관련 있는 특성이다. 선입견은 여러 방식으로 기억에 퍼지는데, 한 가지는 일관된 선입견으로 우리가 지금 느끼거나 생각하는 것에 끼워 맞추도록 특정한 상황에 대한 기억을 수정하는 것을 말한다. 마지막으로 영속성인데 표면적으로는 좋을 수 있지만, 기억이 상처의 경험이라면 영속성은 사람을 쇠약하게 한다.

새크터는 죄악들이 특성이라기보다는 설계상의 결함에 가깝다고 주장한다. 그 말은 죄악들은 미덕의 부산물이라는 것이다. 영속성은 우리가 본 것처럼 좋을 수 있다. 죄악들이 적응적 가치가 있는지 그 여부를 떠나, 그들이 존재한다는 것을 안다는 것만으로도 최소한 우리 자신을 그것들의 부정적인 영향으로부터 보호할 수 있게 해준다.

우리 정체성을 기억하기

이번 장은 스페인의 초현실주의 영화감독인 루이스 부뉴엘의 말을 인용하면서 시작했다. "기억 없는 삶이란 삶이 아니다. … 우리 기억이야말로 우리의 일관성, 동기, 느낌, 심지어는 행동이다. 그것이 없다면 우리는 아무것도 아니다." 기억은 정말로 우리를 우리답게 만든다. 그러나 기억은 우리가 의식적으로 회상하는 것 이상의 의미를 지닌다는 것을 아는 것이 중요하다. 따라서 해마의 손상에 의해 외현기억이 소실되면 여러 가지로 참혹하겠지만 그래도 퍼스낼리티를 제거하지는 못한다. 예를 들어, 알츠하이머병에 걸리면 해마 및 이와 관련된 영역들이 맨 처음 파괴된다.[99] 심각한 기억장애가 발생하지만, 발병 초기에는 사람이 그리 달라진 것처럼 보이지 않는다. 걷고 말하는 것도 같고, 동일한 습관과 성격을 보여 준다. 병이 진행되어 암묵적으로 기능하는 뇌의 다른 영역들에까지 널리 퍼지면서 퍼스낼러티는 파괴되기 시작한다.[100]

당신이 당신 자신이기 위해서는 당신이 누구인지를 잘 기억해야 한다. 그렇지만 다음을 마음속에 담아두자. 당신의 기억들은 뇌의 여러 시스템들 속에 널리 퍼져 있고, 항상 의식적으로 이용할 수 있는 것도 아니며, 심지어 대부분은 의식적으로 이용되는 것도 아니다.

6

작은 변화

어떤 것도 지속되는 것은 없으며 모든 것은 변화한다.
―헤라클리투스

살아 있는 것에서는 매순간마다 그 속에서 다양한 변화들이 일어난다는 점에서 죽은 것과 구별된다.
―허버트 스펜서

삶은 변화이며 뇌는 변화를 기록하고 학습을 통해 기억을 형성하기 위한 장치다. 앞에서 살펴보았듯이 학습과 기억은 우리를 각자 독특한 존재로 형성하면서 정체성의 세부적인 내용들을 채운다. 그러나 학습과 기억을 만들어 내는 신경계 변화의 속성은 무엇인가? 오늘날 대부분의 신경과학자들은 학습과 기억의 기본 바탕에는 시냅스적 연결 변화가 깔려 있고, 시간이 지남에 따라 이런 변화들이 안정된 상태로 유지되는 것이 기억이라는 것을 인정하고 있다. 그렇다면 경험이 어떻게 시냅스들을 변화시키고, 이런 변화가 어떻게 오래 지속되는가?

헵의 마술

뉴런 독트린으로 이미 앞에서 언급한 바 있는 카할은 1894년 런던 왕립학회 강연에서 다음과 같이 주장했다. "성인에게서 볼 수 있는 뉴런이 성장하는 능력과 새로운 연결을 창조할 수 있는 힘은 학습을 설명할 수 있다."[1] 이것은 기억에 관한 시냅스적 이론의 시초로 가끔 인용되지만, 유사한 이론들도 그전에 많이 있었다. 예를 들어 18세기 중반 철학자인 하틀리는 정신적 연계, 즉 자극 간의 관계에 관한 기억은 신경 사이의 진동에 의한 결과라고 주장했다.[2] 한 세기가 더 지난 후 미국 심리학의 아버지라 불리는 제임스는 1890년에 쓴 그의 유명한 교재에서 "뇌에 있는 가장 기본적인 과정 두 가지가 같이 또는 거의 연이어 활동해 왔다면, 그중 하나가 다시 흥분할 때 다른 하나도 쉽게 흥분하게 된다"라고 언급했다.[3] 그리고 프로이트도 의학을 연구하던 시절에 "기억이란 뉴런들 사이에 존재하는 촉진에 의해 표현된다"고 말했다.[4] 카할의 주장을 포함하여 이러한 제안들은 캐나다의 심리학자인 헵에 의해 그가 1949년에 쓴 책인 《행동의 구조 *The Organization of Behavior*》에서 가장 완벽하게 표현되고 있다.[5]

헵은 지각, 본능적이고 감정적인 행동, 지성에 대한 선구적 연구를 포함하여 과학적 심리학에 많은 중요한 업적을 남겼다. 그러나 우리가 제4장에서 뇌발생을 설명하면서 언급했던 기억에 관한 그의 시냅스 이론, 즉 발화와 배선 이론으로 가장 잘 알려져 있다. 그리고 그의 이론이 오늘날 뇌과학자들로부터 추앙받고 있지만, 헵 자신은 정작 그 이론이 특별히 중요한 것이라고 생각하지 않은 것 같았으며, 그가 만든 이론이나 업적 중에서 최고가 될 것이라고 생각하지도 못했다.[6]

헵의 주장을 다시 떠올려 보면 "A세포의 축삭이 B세포를 흥분시키기에 충분하거나 또는 반복적이고도 지속적으로 그것(B세포)을 발화시킬 때, 한 세포 또는 두 세포 모두에서 어떤 성장과정이나 대사적 변화가 일어나서 B세포를 발화시키는 세포의 하나로서의 A의 효율성이 증가한다." 이 개념을 약간 더 확장시켜 이것이 기억에 어떻게 적용될 수 있는지, 특히 두 가지 자극이 동시에 일어났다는 사실에 대한 기억에 어떻게 적용되는지 알아보자.

마음속에서 두 가지 자극이 함께 묶여서 연합되려면 두 자극에 대한 각각의 신경적인 표상이 뇌에서 서로 만나야 한다. 이 말은 두 자극에 대한 정보를 동시에 받아들이는 어떤 뉴런 또는 뉴런의 집합이 있어야 한다는 것을 의미한다. 그리고 나서야 두 자극은 서로 연결되고 둘 사이의 연합이 일어날 수 있다.

헵 이론이 어떻게 연합을 만들어 내는지 보기 위해 간단한 예를 들어 보자. 두 개의 뉴런으로부터 시냅스 입력을 받는 하나의 시냅스후 세포 A를 상상해 보자(그림 6.1). 시냅스전 세포 S는 강하게, 그리고 다른 세포 W는 약하게 A에 연결되어 있다. 결과적으로 S가 발화하면 A 또한 발화가 일어나지만, W가 발화하면 A는 발화가 잘 일어나지 않는다. A에 연결된 이 두 가지 뉴런이 서로 다른 자극을 처리하는 데 관련되어 있다고 가정해 보자. S가 A에 연결된 것이 W가 A에 연결된 것보다 더 강하므로, W를 활성화시키는 외부자극보다는 S를 활

짝이 이뤄지기 전 A는 W에게
약하게 반응한다

짝이 이뤄지기 전 A는 S에게
강하게 반응한다

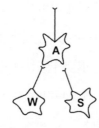

W와 S가 짝을 이룬다

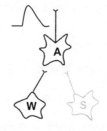

짝을 이룬 후 A는 W에게
강하게 반응한다

그림 6.1 헵 가소성

한 세포에 들어가는 약한 입력과 강한 입력이 동시에 활동하면, 약한 경로는 강한 경로와 연합되는 방법에 의해 강화된다. 이것을 캐나다 심리학자인 헵의 이름을 따서 헵 가소성이라고 한다. 그림에서 보면 세포 W와 세포 A 간의 연결이 약하다. 따라서 A로부터 약한 반응만을 초래한다(좌측 상단). 그러나 A는 S로부터도 입력을 받는데 이 입력은 A로부터 강한 반응을 일으킨다(우측 상단). 만약 S와 W가 동시에 A를 자극하면(이것을 '짝짓기|pairing'라고 부르며 좌측 하단), 헵의 학습규칙에 따르면 W에 대한 A의 반응이 강화된다(우측 하단과 좌측 상단을 비교할 것). 헵 가소성은 연합기억(두 개의 자극 또는 사건들이 연관된 기억)의 토대가 된다고 많은 사람들이 믿고 있다. 회색 음영은 경로가 활동하지 않을 때를 나타낸 것이다.

성화시키는 외부자극에 의해 A의 발화가 더 잘 일어난다. 두 자극이 동시에 일어나는 상황을 생각해 보라. 그렇다면 강한 자극을 받아들이는 S에 의해 A가 발화하는 똑같은 순간에 약한 자극에 관련된 W도 A에 약한 입력을 제공하게 된다. 이런 상황에서 헵의 규칙에 따르면 약한 연결이 강해지게 된다. A는 뇌에서 강한 경로와 약한 경로가 연관될 수 있는 장소가 된다. 결과적으로 전에는 강한 경로에 의해서만 활성화되던 것이 이제는 약한 자극에 의해서도 활성화된다. 이런 종류의 일은 일상생활에서도 항상 일어난다. 당신이 어떤 집의 앞길(약한 자극)을 걸어가다가 그 집의 개가 당신을 물었다(강한 자극)고 생각해 보라. 그러면 당신은 그 집 앞길과 개를 같이 연합시켜 다시는 그 길을 걸어가려 하지 않을 것이다.

오늘날 신경과학자들은 '헵 학습'이라는 용어를 사용하여, 시냅스전 입력이 도달했을 때 시냅스후 세포가 활동하여 형성되는 두 뉴런 간의 연결 강도가 변화되는 것을 표현한다.[7] 헵은 자신의 아이디어가 완전히 새로운 것이 아니라 다른 사람들이 그전부터 기억에 대한 시냅스 이론을 제안해 왔음을 언급했으며, 어떤 역사학자들은 과거의 이론들을 고려할 때 헵에게 더 적은 영예를 줘야 한다고 주장했다.[8] 그러나 다른 사람들이 구체성 없이 시냅스 이론을 제안했던 것과는 달리, 헵은 학습을 설명할 수 있는 시냅스적 강화에 대한 이론을 발전시켰다.[9] 그리고 이 장의 후반에서 보겠지만, 어떤 종류의 시냅스 변화들이 뇌에서 어떻게 일어나는지가 헵의 학습이론에 의해 설명될 수 있으며, 이 이론은 사실상 기억들이 만들어지는 주된 방식이다.

시냅스를 찾아서

20세기 중반을 전후하여 시냅스적 변화는 학계에서 활발히 논의된 주제였다. 헵의 책이 출판되고, 위대한 폴란드 신경과학자인 코노르스키도 책을 출간했다.[10] 코노르스키는 가소성plasticity이라는 용어를 이용하여 경험에 의해 변할 수 있는 뉴런들의 능력을 묘사했으며, 헵의 이론과 그리 다르지 않은 시냅스 가소성 이론을 제안했다. 1950년대 초 많은 연구결과들에 의해 짧은 전기적 자극을 반복적으로 주면 그 자극을 받아들이는 신경경로에서 시냅스전달이 변할 수 있다는 점이 밝혀졌다. 즉, 시냅스 가소성이 만들어진다는 것이 밝혀졌다.[11] 예를 들어, 시냅스전달 과정에 대한 연구업적으로 노벨상을 수상했으며 현대 신경과학의 전설적 인물인 에클스 경은 척수로 들어가는 신경을 반복 자극하면 척수의 시냅스후 뉴런에서 유발되는 전기적 반응 정도가 커진다는 것을 발견했다.[12] 신경경로를 전기적으로 자극한 것은 신경계의 특정 지역에 있는 시냅스들을 활성화하기 위한 간단한 방법으로 사용되었다. 비록 인위적이지만 이 방법은 실제 경험이 일어나는 상황을 모방하는 타당한 방법이라 할 수 있는데, 세상에 대해 경험할 때도 신경경로를 통하는 전기적 전도 방식에 따르기 때문이다(제3장 참조). 결과적으로 에클스 경이 발견한 것과 같은 변화들은 학습의 신경적 기반을 알아내는 첫 단계로 해석되었다. 그러나 그 변화들은 너무나 짧았기에 오래 유지되는 기억을 설명하지 못했다. 그럼에도 불구하고 에클스 경은 기억이 시냅스와 관련되어 있다는 것을 여전히 믿었다.[13] 1966년 톰슨과 스펜서는 시냅스 변화에 의해 비교적 간단한 형태의 학습을 설명할 수 있다는 간접적인 증거를 찾아냈다. 그들은 고양이를 이용하여 다리 움츠림 반사의 습관화를 연구했다.[14] 습관화는 일종의 학습으로서 특정한 자극을 여러 번 받아들이면 그 자극에 대한 반응이 점점 약해지는 현상이다. 예를 들어 큰 소리를 처음 들었을 때 깜짝 놀라지만 반복해서 듣다 보면 더 이상 놀라지 않는다.[15] 다리 움츠림 반사는 셰링턴 경에 의해 척수로 들어가는 시냅스 경로와 나오는 시냅스 경로에 의해 매개된다는 것이 알려져 있었다(제3장 참조). 후속 연구들에 의해 밝혀졌지만, 관련된 실제 회로를 보면 피부로부터 감각정보가 척수의 중간뉴런 그룹으로 전달되고 이들로부터 다시 근육을 움직이는 운동뉴런(출력)들에 연결된다. 톰슨과 스펜서는 신호를 전달하는 감각신경과 운동신경에 변화가 생기지 않고 중간뉴런들에게서 발생했을 것이라고 결론지었다. 이런 일련의 연구들은 학습에 의해 시냅스전달에 변화가 일어난다는 개념을 증폭시켰으나, 과연 어떤 시냅스연결에서 변화가 일어나는지 정확히 설명하지 못했다.[16] 2년 뒤 스펜서와 칸델[17]은 중요한 개념적 진보를 이루어 냈는데, 이는 톰슨과 스펜서가 남겨 놓은 여백, 즉 행동학습과 시냅스 사이의 여백을 설명하는 데 도움이 되었다. 그들은 세포연결 논문(제5장 참조)에서 학습에 의해 초래되는 시냅스의 변화는 간단한 신경계를 가진 동물의 단순한 행동을 통해 찾을 수 있다고 주장했다. 고양이, 쥐, 다른 포유류들은 인간의 행동과 유사한 면들을 가지고 있지만, 너무 많은 뉴런들과 너무 많은 시냅스들을 가지고 있어서 효과적으로 연구하기 어렵다. 그들은 하등척추동물 또는 무척추동물들이 더 적절한 연구대상이 될 수 있다고 생각했다. 칸델과 동료 연구자들은 이런 접근방식에 따라 무척추동물의 신경계에서 여러 형태의 학습들과 이에 관여하는 시냅스의 원리를 찾고자 했다.[18] 특히 주목할 만한 그들의 업적은 시냅스 가소성을 깊이 파고들어 기억을 오래 유지하는 데 필요한 특정 분자물질을 찾아낸 것이다. 행동학적으로 적절한 형태인 신경 가소성에 대한 생물학적 분석이라는 면에서 그들의 연구는 정말로 탁월한 것이지만, 달팽이에서 밝혀진 원리가 포유류에게까지 적용되는지는 오랫동안 알려지지 않았다.

　　　　이런 와중에 포유동물의 뇌에서 시냅스 가소성을 연구하는 방법들이 등장하기 시작했다. 이런 방법들이 오랜 기간 발달하면서 포유류로부터 얻은 결과를 보면 무척추동물에서 얻은 결과와 일치했다. 또한 결론적으로 깊이 내려가 근본을 따져 보았을 때, 매우 다른 동물들과 매우 다른 종류의 학습 상황에서도 시냅스 가소성은 유사한 방법으로 획득된다는 것을 알게 되었다. 어떻게 하여 포유동물 뇌를 가지고 시냅스 가소성을 연구하는 게 결국 가능했는지를 알아보고 나서, 연구 내용들을 조망하기 위해 무척추동물에 대한 연구를 살펴보자.

실용적인 마술

1960년대 중반 오슬로의 안데르센 연구실에서 박사과정생인 뢰모는 우연하게 다음과 같은 사실을 발견했다. 토끼의 해마로 들어가는 신경섬유에 짧은 기간 폭발적인 전기자극을 주면 인간의 기억과 관련된 곳으로 알려진 뇌조직인 해마[19]의(제5장 참조) 시냅스가 지닌 전달 능력이 놀랍게도 오랫동안 높아진 채 유지된다는 것이다(시험자극에 대한 전기적 반응이 폭발적인 전기자극을 주기 전보다 자극을 준 후에 더 커진다). 이 결과는 기억 연구 역사상 가장 놀라운 발견 중의 하나였음에도 불구하고 뢰모의 회고에 따르면, 그가 이 결과를 1966년 한 과학학술대회에서 발표했을 때 '무반응' 이었다고 한다.[20] 뢰모는 그 결과를 발표할 여유가 없었고 그의 관심을 끈 다른 주제로 관심을 돌렸다. 몇 년이 지나 영국의 젊은 학자인 블리스가 안데르센과 같이 연구하기 위해 오슬로로 왔다. 블리스는 맥길 대학교의 학생으로 있던 시절 헵의 세미나를 들으면서 기억의 생리학에 대해 깊은 관심을 가졌다. 안데르센의 연구실에서 블리스와 뢰모는 해마의 시냅스전달에 대한 전기적 자극의 효과를 연구하여 1973년에 오늘날 LTP로 불리는, 오래 유지되는 강화 현상에 대해 논문을 발표했다.[21] 블리스와 뢰모는 그들의 실험에서 자극전극을 해마로 들어가는 섬유경로에 연결하고 기록전극은 해마 위에 놓았다. 전기자극을 그 경로에 한 번 주고 시냅스후 뉴런들의 전기적 반응을 기록했다. 이 반응 수치는 기준선이 되며 이후 실험결과의 수치가 높아지는지 낮아지는지를 이 기준에 의해 결정했다. 그 다음 그들은 강화자극, 즉 빠르게 반복되는 여러 개의 펄스로 구성된 짧은 시간 동안의 폭발적 전기자극*을 주

* 펄스란 수 밀리세컨드(밀리세컨드는 1,000분의 1초)의 전기자극을 말하는데, 자극전극을 통해 주어지며 시냅스전 세포에 활동전위를 발생시킬 수 있다. 이때 해마의 시냅스후 세포에서 일어나는 전기적 반응을 기록전극을 통해 알아낼 수 있다. 이 전기적 반응이 시냅스의 강도에 대한 측정값이 된다. 강화자극이란 1~2초 동안 대략 50에서 100개의 펄스자극을 한꺼번에 주는 펄스자극, 즉 짧은 시간 동안 폭발적으로 반복하여 주는 펄스자극들을 말한다. 이런 강화자극을 받고 나면 시냅스 강도가 2~3배까지 증가하는 것을 볼 수 있으며 이를 LTP라고 한다—옮긴이

었다. 그러고 나서 다시 한 번 펄스를 가지고 전기적 반응을 시험기록하고 이 시험기록을 몇 시간 동안 주기적으로 계속 측정했다. 강화펄스들을 받고 나서 시냅스 반응이 기준선 반응에 비해 훨씬 커졌다. 몇 시간 동안 커진 것이 유지된 것은 중요한 발견이었다. 블리스는 "실험했던 첫날 밤이 지나면서 우리는 정말로 중요한 사실을 발견했다는 것을 알았다"라고 했다.[22] 동물이 실제로 무엇인가를 학습하게 하여 찾은 것이 아니라 신경경로를 전기적으로 자극하여 시냅스후 반응의 변화가 오래 지속되는 것을 발견한 것이다. 그러나 그들은 우리가 생활하면서 얻는 정보를 저장하는 데 사용되는 메커니즘, 즉 환경적 자극에 의해 발생하는 신경활동을 시냅스 효율성(강도)의 변화로 번역하는 메커니즘을 찾아냈다고 생각했다. 그리고 해마에서 이런 현상을 발견했기 때문에 시냅스적 전달의 효율성 변화가 기억을 설명한다는 가정이 더욱 설득력을 얻게 되었다. 재미있는 사실은 블리스와 뢰모가 시냅스적 전달에서 생기는 오래 지속되는 변화를 만드는 데 사용한 방법은, 에클스와 다른 사람들이 척수에 사용하여 실패한 방법과 매우 유사했다.[23] 왜 해마에서는 성공했을까? 한 가지 가능성은 해마가 매우 가소적이라는 것이다. 이 말은 어느 정도 일리가 있지만, 그 이후에 LTP는 척수를 포함한 신경계의 다른 영역들에서도 발견되었다.[24] 아마도 더 적절한 이유를 든다면 해마에 잘 발달된 층구조, 즉 한 층으로 입력이 들어오고 다른 층에서 출력이 되는 구조 덕분인 것 같다. 이렇게 자연적으로 분리된 구조적 특성 때문에, 입력섬유들을 전기적으로 자극했을 때 나타나는 시냅스후 반응을 다른 층의 세포들로부터 분리하여 쉽게 측정하는 것이 가능했다. LTP 현상이 해마에서 밝혀지자 많은 연구자들이 다른 신경회로에서도 비슷한 연구를 시작했다. 결과적으로 포유류 뇌에서의 가소성에 대한 생생한 모델을 얻게 된 데는 많은 행운이 작용했다. 만약 해마가 매우 간단한 구조로 되어 있지 않았다면 뢰모는 우연히 LTP를 발견하진 못했을 것이다. 블리스가 헵의 세미나에 가지 않았다면, 그리고 만약 그가 노르웨이에 가지 않았다면 뢰모의 발견은 책상 서랍 속에 파묻혔을 것이다. 그러나 결국 어떻게든 모든 조각들이 제 위치에 놓여졌기 때문에 헵의 마술은 LTP에 의해 실행되었다.

생명의 박편

블리스와 뢰모는 살아 있는 동물들을 대상으로 연구했다. 이것은 기술적으로 까다로운 실험이며, 그 때문에 그들의 연구는 밤늦게까지 계속되곤 했다. 그러나 곧 좀더 쉽게 LTP를 연구할 수 있는 길이 열렸다. 뇌에서 분리한 해마의 얇은 박편을 생리식염수 용액에 담근 다음 해마의 해당 지역들에 전극을 연결하는 실험 방법이 개발된 것이다. 많은 과학자들이 해마의 LTP 연구에 몰려들었다. 1975년부터 그 후 5년 동안 LTP에 대한 논문은 12편에 불과했다. 그러나 해마 박편 기술이 도입된 후 5년 동안에 무려 90편의 논문이 쏟아졌다.[25] 그러나 이것은 시작에 불과했다. 1990년과 1994년 사이에 무려 1,000편의 논문이 무더기로 쏟아져 나왔으며, 다시 그 이후 5년 동안에는 두 배로 증가했다.

해마 박편은 시냅스의 가소성에 대한 연구뿐만 아니라 시냅스전달 연구에서도 귀중한 실험 방법이었다. 수년에 걸쳐 LTP의 특징들이 속속 밝혀지면서 이 인위적인 현상이 기억과 관련 있을 가능성이 계속 증가했다.[26] 예를 들어, LTP는 신속히 유도되고 장시간 지속되는 성질뿐만 아니라 연상의 형성에 관여하는 특정한 시냅스전의 입력과 시냅스후 세포 사이의 상호작용에도 관여하는 것으로 밝혀졌다. 신속한 획득, 지속성, 특정성, 연합성 등은 모두 기억 메커니즘에 대해 예상할 수 있는 특징들이다(그림 6.2). 그러면 특정성과 연합성의 의미를 더 살펴보자.

블리스와 뢰모는 LTP가 자극을 받은 경로에만 '특정하게' 나타난다고 발표했다. 그들은 같은 시냅스후 뉴런들의 집단을 활성화시킬 수 있는 서로 다른 두 개의 경로를 각각 자극하여 실험했다. 한 개의 경로에만 강화자극을 준 다음 두 개의 경로에 의한 시냅스후 반응을 각각 기록했다. 각각의 경로를 자극하면 시냅스후 세포로부터 각각의 반응을 얻을 수 있었지만, 오로지 강화자극을 부여했던 경로에서의 시냅스후 반응에만 변화가 있었다. 한 개의 경로를 강화시킨다고 해서 시냅스후 뉴런이 지닌 모든 시냅스들이 자동적으로 변하는 것은 아니었다. 단지 강화자극을 받은 시냅스들만이 변했다. 따라서 LTP는 강화 경험에 관여하는 시냅스에 대해서만 특정적으로 일어나고 시냅스후 뉴런의 전체에 대해 변화가 일어나는 것은 아니다. 즉 주어진 하나의 세포가 그 세포의 서로 다른 시냅스들이 다양한 경험들을 받아들이는 데 관여하고 있는 한, 그 경험들과 관련된 정보들의 저장에 참여할 수 있다.

연합성을 보여 주는 중요한 전주곡은 맥노턴과 그의 동료들에 의한 것으로, 그들은 LTP가 협동성과 관계있다는 사실을 입증했다.[27] 블리스와 뢰모처럼 그들도 두 개의 경로를 사용했다. 약한 자극으로 잇달아 두 경로를 자극시킬 때는 LTP가 일어나지 않았다. 그러나 약한 자극으로도 두 경로를 동시에 자극하면 두 자극이 합쳐져서(협동하여) 두 경로 모두에 LTP를 일으켰다. 이것은 세포 수준에서 시냅스 입력들 사이에 일어나는 어떤 상호작용이 LTP와 관련이 있으며, 따라서 LTP는 서로 다른 입력들 사이의 연합을 일으킬 수 있다는 점을 시사했다.

자극들 사이의 연합이 일어날 수 있는지 여부는 LTP가 학습의 시냅스 메커니즘인지 여부를 판별하기 위한 주요한 과제였다. 1979년의 레비와 스튜어드의 연구결과는 LTP가 연합을 형성하는 방법일 수 있다는 것을 강력하게 시사했다.[28] 그들은 한 경로에 약한 자극을 가함과 동시에 다른 경로에 강한 자극을 가했다. 맥노턴의 협동성 실험에서와는 달리 레비와 스튜어드의 연합성 실험에서는 강한 자극만으로도 LTP가 유도되었으며, 약한 자극은 LTP를 유도하는 데 별다른 도움이 되지 않았다. 그러나 강한 입력이 시냅스후 세포들을 활성화시키는 동안에 다시 약한 입력이 도달하면, 강한 입력경로뿐만 아니라 약한 입력의 경로에서도 LTP가 일어났다. 헵이 예측했던 대로 시냅스후 세포가 활성화된 상태에서 약한 입력이 들어오면, 약한 입력의 경로와 시냅스후 세포 사이의 연결이 강화되었던 것이다.

또 1986년에는 서로 다른 여러 연구진들에 의해 하나의

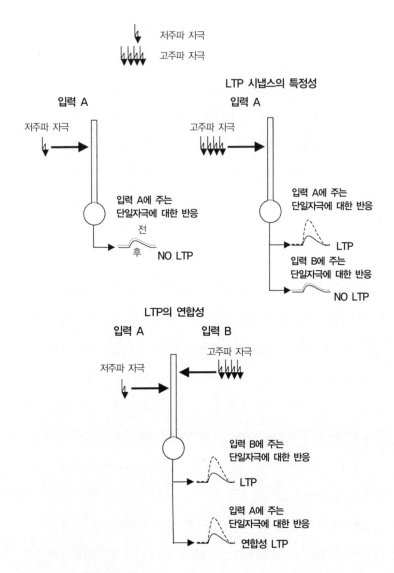

그림 6.2 장기강화(LTP)

장기강화는 헵 가소성과 더 나아가 연합기억에 대한 시냅스 원리를 연구하기 위한 모델이다. 그림을 보면 훈련자극(일련의 전기자극)이 낮은 속도(저주파수의 자극, LFS)로, 또는 높은 속도(고주파수의 자극, HFS)로 한 세포로 입력되는 하나(좌측 상단과 우측 상단) 또는 두 개(하

시냅스후 세포가 마치 강한 입력을 받은 듯이 활성화될 때, 약한 입력이 들어온 시냅스에서도 LTP가 일어난다는 사실이 밝혀졌다.[29] 기술 발전에 힘입어, 약한 입력이 들어오기 전에 세포 내 음전하의 양을 줄일수 있게 되었다(제3장에서 보았듯이, 시냅스 입력들에 의해 한 세포가 강하게 활성화되면 그 세포 내부의 전기적 상태는 덜 음성적이 되고, 그에 따라 활동전위가 발생할 수 있다). 이렇듯 유도된 활성이 있는 동안 약한 시냅스전 입력이 도달하면 바로 이 시냅스가 강화되었다. 즉 시냅스전 활성과 시냅스후 활성을 조합하는 것이 시냅스 강도를 증가시키

단)의 입력경로(입력A와 입력B)에 주어진다. 세포 반응에 대한 훈련자극의 효과는 단일 시험자극을 하나 또는 두 개의 경로에 준 뒤 측정한다. 입력들에 제공되는 시험자극들은 표시되어 있지 않지만 시험자극에 대한 반응은 우측 하단에 표시되어 있으며, 훈련자극 전과 후의 반응을 서로 비교할 수 있도록 겹쳐서 표시해 놓았다.

좌측 상단_ 경로 A의 LFS는 경로 A에 제공되는 시험자극에 대한 반응에 변화를 일으키지 않는다(훈련자극의 전후에 주는 시험자극에 대한 반응에 변화가 없다). 따라서 LTP가 일어나지 않는다.
우측 상단_ 경로 A에 HFS를 주면 LTP가 발생한다(즉, 시험자극에 대한 경로 A의 반응은 훈련자극 전에 비해 훈련자극 후가 더 크다). 그러나 경로 A의 HFS는 경로 B에 주는 시험자극에 대한 반응에는 A의 HFS 전후를 비교할 때 전혀 변화가 없으므로, LTP 효과는 HFS로 훈련받은 특별한 입력 시냅스에만 특정적으로 작용한다는 것을 보여 준다. 이것이 LTP가 가지는 시냅스 특정성의 속성이다.
아래_ LFS가 하나의 입력(A)에 주어지는 동시에 HFS가 또 다른 입력(B)에 주어지면, 두 입력의 시험자극에 대한 반응은 모두 증가한다(두 경로 모두에서 LTP가 발생한다). 입력 A에서의 LTP는 헵(연합성) 가소성의 한 예인데, 시험자극에 대한 경로 A의 반응이 자기에게 주어졌던 훈련자극(좌측 상단의 그림처럼, A의 LFS는 LTP를 유도하지 않는다)에 의해 변형된 것이 아니라, 그 세포에 들어오는 다른 입력(입력 B)이 가소성을 일으키는 HFS를 받을 때 동시에 경로 A가 활동했기 때문이다. 이것은 LTP의 연합성의 속성이다. 시냅스 특정성과 연합성은 연합기억의 모델이 되기 위해 필요한 2가지 특징이다. Beggs et al. 1979의 그림 55.22에서 인용했음.

는 마술의 실제 비법이었던 것이다.

그것은 우연인가?

실제로 뇌는 어떻게 헵 가소성을 구현해 낼까? 다시 말해, 어떻게 시냅
스전 세포와 시냅스후 세포의 공동 활성이 기록되고 저장되는가? 1980
년대 중반에 이뤄진 두 가지 발견이 이 과정을 설명해 내기 시작했다.[30]
첫 번째는 콜린그리쥐의 발견으로, 어떤 특정한 유형의 글루타메이트
수용체(제3장 참조)를 차단하면 시냅스전달에 영향을 주지 않으면서
LTP 유도가 방해된다는 사실이다. 따라서 이 수용체가 차단되면 시냅
스는 별 탈 없이 작동하지만(시냅스전 뉴런에서 전달물질이 분비되어 정
상적인 시냅스후 반응을 일으킨다), 경험에 의한 시냅스 강화는 일어나
지 못한다. 두 번째는 린치와 니콜이 독립적으로 발견한 것으로, 시냅
스후 세포에서 활동전위들이 만들어질 때 칼슘이온 농도가 올라가는
것을 막으면 LTP가 일어나지 않는다는 사실이다. 이 두 가지 발견은 사
실 서로 보완적인 내용으로, 활동전위가 만들어질 때 시냅스후 세포에
서 칼슘 농도가 올라가는 것은 바로 이 특정한 글루타메이트 수용체를
통해서 칼슘이 세포 속으로 들어오기 때문이다.

알다시피 글루타메이트는 뇌의 대표적인 흥분성 전달물
질이다. 시냅스전 세포의 말단에서 분비된 글루타메이트가 시냅스후
수용체들과 결합하면 시냅스후 세포가 발화할 가능성이 높아진다. 사

실 글루타메이트 수용체는 여러 종류가 있으며, 각기 다른 역할을 맡고 있다. 그 가운데 하나인 암파AMPA 수용체는 통상적인 시냅스전달에 관여하며, NMDA 수용체는 시냅스 가소성에 관여한다(그림 6.3). 이 밖에도 여러 가지 수용체들이 있지만 이 두 가지 수용체가 여기서 논의할 주제와 가장 관련이 깊다.

시냅스전 세포에서 분비된 글루타메이트는 암파 수용체와 NMDA 수용체 모두와 결합한다. 암파 수용체와 결합하면 시냅스후 세포가 활동전위를 발화하게 되는데, 보통 세포들이 발화하는 것은 대개 바로 이 과정에 의해서다. 이와 달리 NMDA 수용체와 결합하면 초기에는 아무 효과가 나타나지 않는데, 그것은 이 수용체 일부가 차단되어 있기 때문이다.[31] 그러나 글루타메이트와 결합된 암파 수용체에 의해 시냅스후 세포가 활성화되어 활동전위를 만들어 내게 되면 NMDA 수용체의 차단이 제거되며, 글루타메이트가 이 수용체 통로를 열어 칼슘이 세포 속으로 들어올 수 있게 해준다. 그 결과로 LTP가 일어난다.

NMDA 수용체가 칼슘을 통과시키려면 시냅스전 세포와 시냅스후 세포가 동시에 활성화되어야 한다. 이것이 헵 가소성의 기본 요건이다. 그런데 어떻게 이런 일련의 일들이 한 세포에 들어오는 두 입력 사이의 연합을 형성하는가? 다음 절에서 우리는 NMDA 수용체로 들어오는 칼슘에 의해 '어떻게' LTP가 일어나는지, 다시 말해서 어떻게 NMDA 수용체로의 칼슘 유입이 약한 입력과 강한 입력 사이의 연합을 형성하는 도구가 되는지, 그 화학적 작용을 살펴볼 예정이다.

약한 입력경로에서의 활성은 글루타메이트를 분비시키

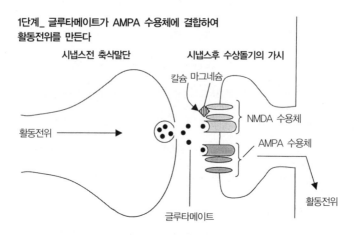

1단계_ 글루타메이트가 AMPA 수용체에 결합하여
활동전위를 만든다

시냅스전 축삭말단   시냅스후 수상돌기의 가시

칼슘 마그네슘

NMDA 수용체

AMPA 수용체

활동전위

활동전위

글루타메이트

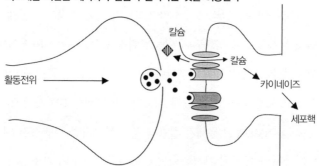

2단계_ 활동전위는 세포를 탈분극하여 NMDA 수용체의
마그네슘 차단을 제거하여 칼슘이 들어가는 것을 허용한다

칼슘

칼슘

활동전위

카이네이즈

세포핵

그림 6.3 글루타메이트 전달

글루타메이트가 암파AMPA 수용체에 결합하면 시냅스후 세포에서 활동전위를 일으키는 흥
분성 반응이 촉발된다. 글루타메이트는 NMDA 수용체에도 결합하지만 마그네슘에 의해 차단
되어 있으므로 별 효과가 없다. 그러나 시냅스후 세포가 활동전위를 발화할 때 마그네슘 차
단이 제거되면서 NMDA 통로를 통해 칼슘이 들어올 수 있다. 시냅스후 세포에서 칼슘이 증
가하면 카이네이즈들이 활성화되어 세포핵으로 들어간 후 추가적인 분자적 처리 과정이 발
생하는데, 여기에는 유전자 활성화가 포함되며 이로써 시냅스를 강화하는 데 필요한 새로운
단백질들이 만들어진다(그림 6.5를 볼 것).

고, 이 글루타메이트를 시냅스후 수용체에 결합시키는 결과를 낳는다. 그러나 연결이 약하기 때문에 이런 입력만으로는 시냅스후 세포를 자극하여 활동전위를 발화시키지 못한다. 그러나 강한 경로에서의 시냅스 활성으로 인해 시냅스후 세포가 활성화되면 약한 시냅스에서도 NMDA 수용체에 있던 장벽이 제거된다. 따라서 이 와중에 약한 경로에서 글루타메이트가 분비되면 강한 시냅스와 약한 시냅스에 있는 모든 NMDA 수용체들이 글루타메이트와 결합하여 통로들이 열리고, NMDA 수용체를 통과하여 들어온 칼슘은 약한 시냅스를 강화시킨다.[32]

결국 NMDA 수용체가 LTP를 일으키는 것은 이 수용체가 동시발생탐지기이기 때문이다. 말하자면 시냅스전 세포와 시냅스후 세포가 동시에 활성화되었다는 사실을 이 수용체가 기록한다. 좀더 구체적으로 말하면, 시냅스후 세포가 발화할 때 어떤 시냅스전 입력들이 활동했는지를 이 수용체가 정확히 기록해 두는 것이다. 이러한 입력특정성은 연합성을 푸는 열쇠다. 이것은 NMDA 수용체가 발견되기 수십년 전에 헵이 예측했던 바와 정확히 일치한다. 최근에 후시와 그랜트가 시냅스 가소성을 유도하고 유지하는 데 한 단위로 상호작용하는 단백질 집합의 구성요소인 NMDA 수용체, 그리고 그것과 결합하고 있는 분자들을 헤보솜Hebbosome이라는 이름으로 총칭한 것은 바로 이 점을 고려했기 때문이다.[33]

변화를 지속시키기

글루타메이트가 수용체에 결합하는 것은 매우 짧은 순간에 일어나는 일로 몇 초를 넘지 않는다. 그러나 기억은 평생 유지되기도 한다. NMDA 활동으로 암호화된 시냅스 변화가 지속되기 위해서는 시냅스 활동보다 훨씬 더 오래 지속되는 화학적 과정이 필요하다. 바로 이런 과정들에 대한 연구가 두 가지 서로 다른 실험조건에서 이루어졌다. 하나는 한 시간 정도 유지되는 헵 LTP를 유도하는 조건이고, 다른 하나는 헵 LTP를 더 오래 유지할 수 있게 하는 조건이다.[34] 이들을 각각 초기 LTP와 후기 LTP라고 부른다.[35] (NMDA 수용체가 아무런 역할도 하지 않는 LTP도 있지만, 여기서는 언급하지 않기로 한다.[36])

초기 LTP와 후기 LTP는 각각 단기기억과 장기기억의 상사형相似形처럼 여겨진다.[37] 생물학적 관점에서 보면, 단기기억과 장기기억은 기억의 지속 기간에서의 차이뿐만 아니라 화학적 요구조건에서도 구분된다. 수십 년 전에 이미 동물에게 단백질 합성을 방해하는 약물을 주입하면 그 동물은 정상적으로 학습할 수 있지만, 장기간 지속되는 기억을 형성하지 못한다는 사실이 밝혀졌다(이 약물을 투여한 동물들에게 학습시킨 다음 한 시간 이내에 시험해 보면 배운 대로 잘 행동한다. 그러나 다음날 시험해 보면 모두 잊어버렸음을 알 수 있다).[38] 이런 결과가 전부는 아니지만 대부분의 학습과제들에서 나타났으며, 모든 동물은 아니지만 대부분의 동물 종들에 해당된다. 초기 LTP와 후기 LTP도 마찬가지다. 단백질 합성을 차단하면 초기 LTP는 영향받지 않지만 후기 LTP는 방해받는다.[39] 이처럼 초기 LTP는 단기기억에, 그리고 후기 LTP는 장기기억에 각각 상응하는데, 이것은 LTP와 기억이 동일한 분자 메커니즘에 의해 매개된다는 견해와 일치한다.[40]

초기 LTP와 후기 LTP의 화학을 좀더 깊이 이해하고 또 LTP와 기억이 유사한 분자적 토대로부터 기인하는지를 확인하기 위해서는 이차전령second messenger 개념을 검토할 필요가 있다. 글루타메이트와 같은 신경전달물질은 일차전령first messenger으로 뉴런들 간의 신호전달을 담당한다. 이차전령은 일차전령이 역할을 수행하고 남긴 뒷일을 처리한다. 그것이 하는 일은 일차전령이 세포 '바깥'에서 신경전달 과정을 통해 제공한 정보를 토대로 세포 '안'에서 화학반응을 일으키는 데 관여하는 것이다.

칼슘은 중요한 이차전령들 가운데 하나다. 앞서 보았듯이 글루타메이트가 NMDA 수용체와 결합하면 칼슘이 (장벽이 제거된 후에) 세포 속으로 들어온다. 이 칼슘은 시냅스연결을 강화시키는 일련의 단기적 또는 장기적 화학반응들을 일으킨다.

이 전 과정에서 핵심적인 열쇠는 특정한 단백질들을 활성화시키는 단백질 카이네이즈protein kinase라 불리는 효소다. 이들이 하는 일은 특정 단백질들을 인산화시키는 것이다. 기술적으로 말해, 단백질에 인산기를 갖다 붙이는 것이 이들의 일이다. 여러분은 단백질들이 인산화되면 조용한 상태에서 활동적인 흥분 상태로 변한다는 사실만 기억해 두면 된다.

초기 LTP에서 카이네이즈는 세포에 이미 존재하면서 신호를 기다리고 있던 단백질에 작용한다. 초기 LTP에서 칼슘이 세포 속으로 들어오면 여러 종류의 카이네이즈들이 활성화된다.[41] 이들이 수행하는 중요한 작업 가운데 하나는 암파 수용체 단백질을 인산화시키는 것이다.[42] 그 결과 시냅스전 세포에서 특정한 활동전위에 의해 분비되는 같은 양의 글루타메이트가 LTP 이전에 비해 더 많은 암파 수용체들과 결합하여 더 큰 시냅스후 반응을 일으킨다. 따라서 각 시냅스전 세포의 활동전위가 시냅스후 세포의 발화에 미치는 영향이 커지게 된다 (제3장에서 살펴보았듯이, 활동전위를 만들기 위해서는 여러 시냅스에서 거의 같은 시간에 활동전위들이 시냅스후 세포로 몰려와야 한다. 그래서 여러 개의 작은 시냅스 입력들이 힘을 발휘한다).

이 분야의 많은 연구자들은 LTP가 시냅스후 세포에서 칼슘으로 촉발되는 화학반응들에 의해 유도되거나 시작된다는 데 동의하고 있다. 그러나 어떤 연구자들은 이런 시냅스후 세포의 변화로 LTP가 완전히 설명된다고 믿고 있으며, 또 다른 연구자들은 시냅스전 세포에서도 변화가 생긴다고 주장한다(그림 6.4).[43] 예를 들어, LTP가 유도된 후에는 활동전위가 그들의 말단에 도달할 때 시냅스전 세포들이 쉽게 글루타메이트를 분비할 수 있게 됨으로써 더 큰 시냅스후 반응을 일으킨다는 주장이 상당한 호응을 얻고 있다. 이 이론을 뒷받침하는 증거는 솔크 연구소의 스티븐스와 스탠퍼드 대학교의 리차드 첸을 비롯한 여러 사람들이 수행한 정교한 실험들에 의해 제시되었는데, 이 실험들에서 연구자들은 글루타메이트의 정확한 수치를 측정했다.[44] 그러나 LTP는 시냅스후 세포에서만 일어나므로, 만약 시냅스전 이론이 옳다

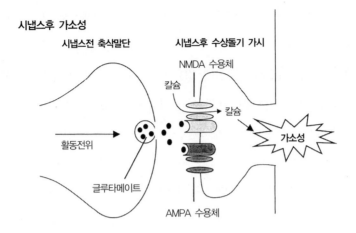

시냅스후 가소성

시냅스전 축삭말단   시냅스후 수상돌기 가시

NMDA 수용체

칼슘

활동전위   칼슘

가소성

글루타메이트

AMPA 수용체

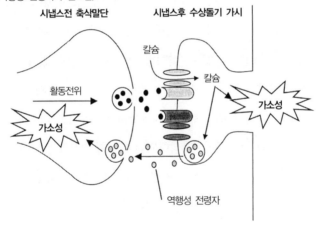

시냅스전 및 시냅스후 가소성
(역행성 전령자가 필요함)

시냅스전 축삭말단   시냅스후 수상돌기 가시

칼슘

활동전위   칼슘

가소성   가소성

역행성 전령자

그림 6.4 시냅스전 가소성과 시냅스후 가소성
LTP는 고전적으로 NMDA 수용체를 통해 들어오는 칼슘에 의해 시냅스후 세포에서 유도되
고 유지된다고 보고 있다(위). 그러나 어떤 경우에는 LTP가 오랜 시간 유지되기 위해서는 시
냅스전 세포도 변형되어야 한다. 시냅스후 세포에서 일어난 변화가 시냅스전 세포에 영향을
미치려면 시냅스를 가로질러 어떤 메시지가 거꾸로 시냅스전 세포로 전달되어야 한다(아래).
역행성 전령자로 불리는 화학물질이 이런 기능을 담당한다고 믿고 있는데, 역행성 전령자의
관여 여부는 여전히 논란거리다.

면 LTP가 시작된 이후에 무엇인가가 시냅스후 세포에서 시냅스전 세포로 전달되어야 한다. 이런 일이 발생할 수 있는 한 가지 가능성은 역행성 물질을 가정하는 것인데, LTP가 유도되고 나서 이 역행성 물질이 시냅스후 세포에서 분비되고, 이 물질이 시냅스전 세포에 흡수되어 글루타메이트 분비를 더 쉽게 해주는 변화가 일어나는 것이다. 칸델 연구 그룹의 호킨스와 여러 학자들이 시냅스전 가설에서 제안되었던 역행성 전령들이 시냅스전 말단을 변형시킨다는 증거를 발견했다.[45] 그러나 말렌카와 니콜 같은 선도적인 LTP 연구자들은 이것을 여전히 논란의 여지가 많은 개념으로 보고 있다.[46]

초기 LTP는 이미 존재하는 단백질들이 카이네이즈에 의해 활성화됨으로써 일어나는 반면에 장기기억처럼 오랜 기간에 걸쳐 유지되는 후기 LTP는 새로운 단백질들의 형성과 관련 있다. 이 과정에서 중요한 단계들 가운데 하나는 단백질 카이네이즈A(PKA), 맵 카이네이즈(MAPK), 칼슘/칼모듈린 카이네이즈(CaMK) 같은 카이네이즈들의 활성화다(그림 6.5). 이들은 활성화되면 세포핵 속으로 들어가며,[47] 거기서 크렙CREB이라는 단백질을 활성화시킨다. 크렙은 유전자 전사인자 gene transcription factor인데, 특정한 단백질을 만들어 내는 유전자들을 활성화시킨다. 이렇게 하여 만들어진 새로운 단백질들은 애초에 이 모든 과정을 발동시켰던 시냅스로 이동하여 시냅스연결을 안정시킨다(아래의 〈꼬리표 붙이기〉 참조).

LTP의 분자 기반에 대한 우리의 이해는 두 가지 종류의 연구들에서 비롯되었다. 그 한 가지는 전통적인 접근법으로, 특정한 분

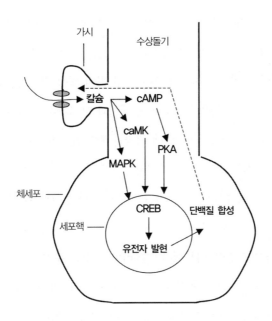

가시
수상돌기
칼슘
cAMP
caMK
PKA
MAPK
체세포
CREB
단백질 합성
세포핵
유전자 발현

그림 6.5 기억이 형성되는 동안 칼슘에 의해 촉발되는 분자신호 전달 시스템
시냅스후 세포로 들어온 칼슘은 여러 카이네이즈들을 활성화시킨다. cyclic AMP(cAMP) 의
존성 단백질 카이네이즈 A (다른 말로 PKA), 칼슘/칼모듈린 단백질 카이네이즈, 맵MAP 카
이네이즈(MAPK). 이들 각각은 유전자 전사 인자인 크렙CREB(CRE 결합단백질)을 활성화시
켜 유전자 발현을 시작한다. 그 이후 단백질들이 합성되고 세포 전체로 운송된다. 그러나 가
소성 동안에 시냅스들이 꼬리표를 달게 되므로, 꼬리표를 가진 시냅스들만이 새로이 만들어
진 단백질들을 사용할 수 있다.

자적 단계들을 방해하는 약물을 사용하여 NMDA 수용체로의 칼슘 통
과를 차단하거나, 카이네이즈의 인산화 기능을 마비시키거나, 단백질
합성을 방해하는 것과 같은 방법이 포함된다. 이와 같은 실험을 하기
위해서는 약물을 뇌 박편을 담가 놓은 수용액에 풀거나 시냅스후 세포
에 직접 주입해야 한다. 만약 어떤 약물에 의해 LTP가 교란되면, 그 약
물이 작용하는 화학적 단계가 가소성의 저변에 깔려 있다는 것을 의미

한다. 그러나 최근에는 새로운 접근법이 등장했다. 뇌 박편에 약물을 처리하는 대신, 형질 전환을 통해 크렙이나 카이네이즈 같은 특정 분자들을 만들어 내지 못하거나 혹은 너무 많이 생성하는 생쥐들을 만들어 내는 것이다. 약물을 이용한 연구에서와 마찬가지로 여기서도 생쥐들의 LTP가 이러한 조작에 의해 영향을 받으면, 결손된 분자 또는 너무 많아진 분자가 그 과정에 관여하고 있음을 알 수 있다.

지금까지 형질 전환 생쥐를 이용한 대부분의 연구들은 한 유전자를 완전히 제거함으로써 특정한 단백질이 일생 동안 합성되지 않게 하는 방법을 이용했다.[48] 그러나 특정한 분자가 일생 동안 합성되지 않도록 하면 연구결과를 해석하는 데 몇 가지 어려움에 봉착할 수 있다. 왜냐하면 그 분자가 없어서 LTP가 일어나지 못한 것인지, 아니면 그 분자가 없는 탓에 그 동물이 살아가면서 겪게 되는 부수적인 문제로 인해서 LTP가 일어나지 않은 것인지 모호하기 때문이다. 따라서 이 접근법은 더욱 정교하게 발전했다. 최근에는 해마와 같은 특정 영역에서만 특정 분자를 선택적으로 변화시킴으로써 다른 영역은 온전하게 남겨 놓거나,[49] 특정한 기간 동안 해당 유전자의 작동을 켰다 껐다 할 수 있게 되었다.[50] 그 결과 생쥐는 모든 분자들이 온전한 상태에서 자랄 수 있게 되었으며, LTP 실험을 할 때만 화학적 스위치를 조작하여 문제의 특정 분자를 감소시키거나 증가시킬 수 있다. 이러한 접근법은 매우 강력하지만 구현하기가 대단히 어렵다. 그럼에도 불구하고 연구자들은 뇌의 특정 영역에서만 쉽게 유전자를 켜고 끌 수 있도록 하는 기술들을 향상시키기 위해 노력하고 있다. 뇌 연구에서 유전자 변형 생쥐들은 NMDA 수용체, 단백질 카이네이즈, 크렙 등이 LTP에 관여한다는 사실을 입증하는 데 결정적인 공헌을 했다.[51] 유전자 변형 동물을 만드는 기술이 더 개량될수록 앞으로 더 중요한 방법이 될 것이다.

지금까지 헵의 LTP에 관여하는 많은 분자들 중 단지 몇 가지만을 간략하게 설명했다.[52] 이들의 기능에 대한 지식이 날로 증가하고 있다. 그리고 시냅스 가소성에 대한 풀리지 않는 많은 미스터리가 여전히 남아 있지만, 최소한 NMDA 수용체, 칼슘, 카이네이즈들, 크렙으로 활성화되는 유전자들, 단백질 합성 등이 관여한다는 것은 상당히 명확하게 보인다. LTP의 분자적 기초에 대한 연구결과가 엄청나게 쏟아져 나오는 것을 두고 뇌발생에 대해 연구하는 세인즈와 리히트만은 LTP의 분자 연구를 일시 중지할 것을 요청했다.[53] 반면 스웨트와 케네디는 LTP 작동원리에 대해 그렇게 많은 정보가 쏟아지는 것을 이 분야가 생동감 넘친다는 신호로 보고 있다.[54] 나는 그들의 낙관론에 동참하고 싶다.

꼬리표 붙이기

LTP를 촉발하는 시냅스 활성은 수상돌기에서 일어나는 반면, LTP를 지속적으로 유지시키는 데 필요한 단백질을 만드는 유전자는 시냅스와 멀리 떨어진 세포핵에 들어 있다. 우리는 시냅스에서 세포핵까지의 간격이 얼마나 되는지 알고 있다. 즉, NMDA 수용체를 통해 칼슘이 들어오고, 핵에 있는 유전자들을 궁극적으로 자극하는 분자적 변화가 촉발된다. 더욱 궁금한 것은 이런 순환고리가 어떻게 하여 다시 연결되느냐는 것이다. 다시 말해, 세포체에서 만들어진 단백질들이 어떤 방법으로 처음 단백질 합성을 지시했던 바로 그 시냅스를 수많은 시냅스들 중에 가려내어 찾아가느냐는 것이다. 시냅스 가소성이 활성화된 시냅스에서만 특정적으로 일어나기 위해서는 바로 그 시냅스에서만 변형 과정이 일어나야 한다.

최근의 연구결과가 이 문제에 대한 의문을 푸는 데 도움을 주고 있다. 두 연구 그룹에서 연구한 결과를 보면(뉴욕의 칸델과 마틴, 스코틀랜드와 독일의 모리스와 프라이), 중요한 어떤 경험을 하면 활성화된 시냅스에 분자 꼬리표가 주어진다는 것이다.[55] 그 이후 새로운 단백질들이 세포체에서 만들어지면 이들은 세포의 모든 시냅스들로 우송되지만, 초기 자극에 의해 꼬리표가 붙은 시냅스들만 새로운 단백질들을 사용하여 시냅스전 말단과의 연결을 안정화시킬 수 있다(그림 6.6).

일단 꼬리표가 붙은 시냅스를 찾아가면 단백질들은 시냅스전 뉴런과 시냅스후 뉴런 사이의 연결을 안정화시킨다. 이 과정이 일어나는 방법에 대한 설명은 두 가지 부분으로 나눌 수 있다. 첫 번째는 이미 존재하는 시냅스의 안정화와 관련된 사항이다. LTP에 의해 시냅스가 개량되고 촉진된 상태를 유지할 수 있는 여러 방법이 있다. 예를 들어, 시냅스에 암파 수용체가 더 많아지면 시냅스전 말단에서 분비되

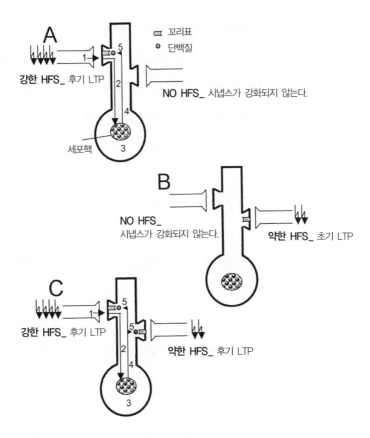

그림 6.6 시냅스 꼬리표 달기

시냅스 꼬리표에 의해 단백질들이 확보되는 모습.

A_ 강력한 고주파 자극HFS은 후기(오래 유지되는) LTP를 만든다. 강한 HFS(1)는 시냅스에서 분자 꼬리표를 만들어 내고 세포핵에서(3) 유전자를 활성화시키는 분자 처리 과정(2)을 촉발시킨다. 단백질들이 만들어지고 세포 전역에 운송되지만 HFS에 의해 꼬리표가 만들어진 장소에서만 유용하다.

B_ 약한 HFS는 초기(단기간만 유지되는 형태의) LTP를 만들지만 유전자 발현과 단백질 합성은 필요로 하지 않는다. 그러나 꼬리표는 만들어 낸다.

C_ 한 경로에 약한 HFS를 주더라도 다른 경로에 강한 HFS를 주면, 초기 LTP를 후기 LTP로 전환시킬 수 있다. 이러한 일은 약한 HFS가 꼬리표를 만들어 냄으로써(B 설명 참조), 시냅스가 다른 경로에 주어졌던 강한 HFS에 의해 만들어진 단백질들을 이용할 수 있기 때문에 가능해진 것이다. Frey & Morris 1997에서 인용함.

는 같은 양의 글루타메이트에 대해 더 큰 시냅스후 반응을 일으킬 수 있다. 더 나아가 우리가 보았듯이 시냅스후 세포에서 시냅스전 세포로 거꾸로 가는 역행성 전령자에 의해 시냅스전 세포 말단은 더 효율적으로 신경전달물질을 분비할 수 있다. 일시적인 변화를 연장시키면 LTP 효과는 오래 지속될 수 있다. 나머지 부분의 설명은 새로운 시냅스의 실제적인 성장과 관련되어 있다. 여러 연구자들에 의해 LTP는 정말로 새로운 연결을 만든다고 밝혀졌다.[56] 시냅스 형성은 시냅스후 세포에서 분비되는 일종의 강장제와 같은 신경성장인자들에 의해 부분적으로 일어나는 것 같다. 신경성장인자들이 뇌발달 과정에 미치는 효과에 대해서는 제4장에서 언급한 바가 있다. 신경성장인자들은 시냅스후 세포가 활동적일 때 분비된다. 이들은 또한 시냅스후 세포처럼 활동적인 시냅스전 말단에 의해 흡수된다. 흡수한 시냅스 말단은 새로운 가지들을 뻗어 시냅스후 세포와 함께 새로운 연결을 만든다. 더 많은 시냅스연결은 축삭을 따라 내려오는 하나의 활동전위가 여러 말단 가지로 퍼져 나가 그들로부터 전달물질을 분비시켜, 더 많은 시냅스후 장소에 결합하게 해주기 때문에 더 큰 효과를 얻을 수 있다.

최근의 연구들을 보면 단백질이 수상돌기에서도 합성될 수 있다고 한다.[57] 기억이 형성되는 동안 수상돌기 단백질 합성이 일어난다면 시냅스 특정성을 획득하는 문제는 어느 정도 단순화될 것이다. 왜냐하면 국소적으로 만들어진 단백질은 세포체에서 활동한 수상돌기를 찾아 먼 길을 되돌아오지 않아도 되기 때문이다. 이것은 흥미로운 새로운 연구분야다.

LTP에서 기억까지

결국 LTP, NMDA 수용체, 카이네이즈, 크렙은 배양접시에 들어 있는 전기적으로 자극받는 뇌세포들에서 일어나는 것으로서가 아니라 실제 기억과 무슨 관계가 있을까? 이에 대한 해답을 얻기 위해 NMDA 수용체부터 시작하자.

NMDA 수용체가 기억에 중요한 역할을 한다는 증거는 모리스와 캘리포니아 어바인에 있는 린치의 공동 연구에 의해 얻어졌다.[58] 모리스는 암파 수용체나 다른 뇌기능에는 영향을 주지 않는 약물을 이용하여 NMDA 수용체를 차단했다. 그는 이 약물을 쥐의 해마조직에 투여한 뒤 그의 유명한 물미로(쥐의 해마가 공간기억에 관여한다는 것을 보여 준 시험법 중에서 가장 잘 알려진 방법, 제5장 참조)를 사용해 이 쥐들을 시험했다. 대조군의 정상 쥐들은 물속에 잠긴 높은 단상이 있는 위치를 잘 찾아냈다. 그러나 약물을 투여한 쥐들은 과제를 잘 해결하지 못했다. 이 쥐들이 물위로 솟아오른 단상을 헤엄쳐서 잘 찾아갈 수 있는 걸 보면, 약물이 시력이나 수영 능력에 영향을 주지 않았음을 알 수 있다. 최종적으로 이 쥐들을 해부하여 해마를 꺼내고 접시 위에 절편을 만든 후 LTP를 관찰했다. 정상적인 대조군 조직에서는 LTP가 정상적으로 만들어졌지만 약물을 투여한 조직에서는 LTP가 손상되었음을 알아냈다. 같은 처리에 의해 해마 LTP와 해마기억이 파괴되었으므로, 해마 LTP는 해마기억과 어떤 관련이 있을 것이라고 결론 내렸다.

이 중요한 발견에 이어 많은 후속 연구들이 수행되었다.[59] 성공도 있고 실패도 있었으며,[60] 해마에서의 NMDA 수용체와 공간기억을 관련짓는 데에 있어서 다른 해석도 있었다.[61] NMDA를 차단한 것이 학습 그 자체에 특정적인 효과를 보인 것인지 아니면 다른 덜 특정적인 기능, 예를 들어 주어진 자극을 지각하는 능력이나 적절한 반응을 수행하는 능력 또는 수행하고자 하는 욕구에 변화를 가져온 것인지를 가려내는 것을 특히 확인하기 어려웠다. 그러나 모리스와 그의 동료들에 의한 최근의 연구들을 보면 NMDA 수용체들을 해마에서 차단한 것이 공간학습을 방해한 것처럼 보인다.[62] 해마의 NMDA 수용체들이 공간학습에 관여한다는 것은 유전적으로 변형된 생쥐를 이용한 연구에서도 주장되었다. MIT의 토네가와와 그의 동료들은 NMDA 수용체의 중요한 구성요소가 없는 쥐를 만들었다.[63] 특히 중요한 사실은 해마의 일부 장소에서만 수용체가 손실되도록 조작할 수 있었다는 것이다. 이 쥐들은 공간학습 과제들을 제대로 수행하지 못했고 LTP 유도도 망가졌다. 가장 최근에는 토네가와의 전 동료였던 조 첸은 역방향 접근방식으로 NMDA 수용체들의 기능을 해마의 특정 지역에서만 향상시킨 쥐들을 만들었다. LTP 유도가 촉진되었으며 그와 마찬가지로 해마에 의존하는 여러 가지 기억기능들이 좋아졌다.[64] 이 연구들은 세 가지 관계, 즉 해마의 NMDA 수용체, 해마의 LTP, 해마의존적인 기억 간의 관계에 대한 꽤 직접적인 증거를 제공했다.

LTP와 공간기억을 비교한 유사한 실험들이 LTP에 관여하는 것으로 보이는 다른 분자들에 대해서도 수행되었다.[65] 지금까지 발표된 논문들은 꽤 광범위하지만 불완전하므로 나는 몇 가지만 언급하려 한다. 실바와 동료들은 크렙을 제거한 생쥐를 만들었는데,[66] LTP와 해마의존적인 기억이 파괴되는 것을 발견했다. 또한 에이블, 메이포드, 칸델과 동료들은 크렙를 인산화하는 단백질 카이네이즈A(PKA)와 칼슘/칼모듈린 카이네이즈 (CaMK)를 유전자조작으로 변화시켰을 때, 초기 LTP 또는 단기기억에는 영향을 주지 않고 후기 LTP와 장기기억이 손상되는 것을 발견했다.[67]

　　　따라서 많은 연구들이 해마 LTP와 해마의존적인 기억이 유사한 분자 메커니즘에 의해 작동된다는 주장을 입증하고 있다. 사실 이러한 유사성은 꽤 인상적이지만 완벽하지는 않다. 예를 들어, 어떤 연구를 보면 LTP를 차단하는 처리들에 의해서도 해마의존적인 기억들이 전혀 영향을 받지 않는 경우들이 있다.[68] 이런 형태의 결과들은 별로 많지 않으며 전체 영역을 깎아 내릴 만큼 크게 강력한 것도 아니다. 게다가 우리가 알기에 여러 다른 형태의 LTP가 있는데, NMDA 수용체가 관여하는 것도 있고 그렇지 않은 것도 있으며 또 어떤 LTP는 시냅스전 활성과 시냅스 활성을 동시에 요구하는 헵 LTP인 반면, 시냅스전 세포의 변화만을 필요로 하는 또 다른 형태의 LTP도 있다.[69] 심지어 시냅스전 세포와 시냅스후 세포 사이의 활성이 서로 일치하지 않을 때 시냅스가 약화되는 장기저하 현상long-term depression도 발생한다.[70] 시냅스가 어떻게 기억을 만드는지 이해하기 위해 갈 길이 멀지만, LTP는 이 목표를 달성하는 데 매우 유용한 도구가 되어 왔다는 점은 인정해야 한다.

손상된 연결

LTP에 대한 많은 연구의 저변에 깔린 가정은 LTP는 경험에 의해 시냅스가 어떻게 변하는가를 연구하기 위한 '하나의' 방법이 아니라 우리가 학습할 때 시냅스가 변화하는 방법이라는 것이다. 같은 분자들이 LTP와 기억에 관여한다는 여러 증거들은 LTP가 학습할 때 일어난다는 견해와 일치하지만, 비평가들이 지적하듯이 이런 증거들은 간접적이다.[71] 이런 비판을 잠재우기 위해 LTP 연구자들은 학습이 일어날 때 LTP 같은 것이 해마에서 발생한다는 것을 보여 주려고 노력해 왔다.[72] 그러나 이런 연구들은 여러 이유로 아직 불충분하다.[73]

　　　　오랫동안 나는 LTP에 대해 이중적인 태도를 견지해 왔다. 내가 생각하기에 LTP는 흥미로운 현상이지만, 기억이 어떻게 만들어지는가에 대한 대답이라고 확신하지 않았다. 클러그넷과 나는 청각 정보가 편도체로 들어가는 신경경로에서 LTP를 유도할 수 있었을 때 큰 흥미를 느꼈다. 이 신경경로는 공포조건화에 관여하는 역할 때문에 내 연구실에서 계속 연구하던 것이었다. 그러나 내가 결정적으로 생각을 바꾸게 된 계기는 내 연구실의 박사과정생이었던 로간이 수행한 연구였으며, 지금 나는 전향자가 되었다.

　　　　로간은 학습할 때 LTP가 발생하는 것을 명확히 보여 주기로 결심했다. 이 분야의 초기 연구결과들 대부분은 해마를 이용했는데, 해마의존적 기억(공간기억)에 관여하는 실제 회로들에 대한 이해가 없었다. 반면 로간은 공포조건화에 관여한다고 알려진 회로를 이용했으며 LTP가 이 회로에서 발생하는지에 대해 연구했다. 이러한 반대 방향의 전략(가소성의 한 형태로 시작하여 그것이 학습과 어떤 관련성이 있는지를 찾아내는 것이 아니라 학습회로로부터 시작하여 그 회로 안에 가소성이 있는지를 밝히는 것)은 매우 유리한 것으로 판명되었다.

내 연구실에서는 쥐를 이용해 공포조건화의 해부학을 연구해 왔으며, 소리가 충격과 결합하여 혐오스런 특징을 갖게 되려면 청각시상에서 편도체의 측좌핵Lateral nucleus으로 전달되어야 한다는 점을 보여 주었다(제5장). 그리고 위에서 언급한 것처럼, 우리는 이 경로에서 LTP를 유도할 수 있었다. 로간은 이런 발견들을 종합하여 두 가지 추가적인 단계의 일들을 추진했다.

첫째, 조건화 실험에서 우리가 소리자극을 사용했다는 점과 소리가 시상—편도체 경로를 통해 편도체로 간다는 사실을 바탕으로, 로간은 이 경로의 LTP 유도가 소리자극이 편도체에서 처리되는 방식에 변화를 줄 것인지 질문했다. 그는 통상적인 방법으로 빠른 전기자극을 이용하여 LTP를 유도했는데, LTP에 대한 실험으로 신경섬유에 대한 전기자극이 아니라 자연적인 자극(이 경우에는 소리)을 사용한 것이 기존 LTP 연구와는 다른 방법이었다. 그의 발견에 따르면, LTP 유도에 의하여 소리를 편도체에 전달하는 경로에서 소리에 대한 편도체의 반응이 향상되었다. 이 논문이 발표될 때 이 분야의 몇몇 권위자들의 논평들이 같이 실렸는데, 그들은 이 연구결과를 LTP와 기억을 연결하려는 긴 탐구 여정에 중요한 진일보라고 말했다.[74]

로간의 첫 연구는 경로상에 있는 시냅스전달을 인공적으

로 변화시키면 외부자극을 처리하는 방식에 경로상의 변화가 생긴다는 것을 보여 주었다. 이것은 흥미로운 발견이지만, 자연적인 학습과정에서 LTP와 같은 것이 뇌에서 일어나는지는 알려주지 못했다. 따라서 두 번째 연구는 LTP 유도 대신에 공포조건화를 사용했다. 몇 년 전 로만스키에 의해 밝혀진 바에 의하면, 외측편도체에 있는 개별적인 세포들은 소리정보와 충격정보를 동시에 받아들인다는 것, 그래서 이 세포들은 동시발생검출기일 수 있다는 것이다.[75] 따라서 충격으로 인한 공포조건화는 소리자극으로 인해 유발되는 외측편도체 세포들의 반응에 변화를 가져올 수 있다. 실제로 로간의 결과를 보면 공포조건화와 LTP 유도는 소리자극에 대한 편도체 세포들의 전기적 반응에 매우 비슷한 변화를 발생시켰다는 것을 알 수 있다. 즉 공포조건화는 LTP를 유도한 것으로 보인다(그림 6.7). 이 연구결과로 로간은 1999년에 행동신경과학의 최고 학위논문에 주어지는 린즐리 상을 수상했으며,[76] LTP의 최고 연구자 중의 한 사람이자 기억에 대한 "백만 불짜리 질문"의 최종적인 답이 얻어졌는지를 물었던 스티븐스에 의한 해설도 듣게 되었다.[77] 그가 결론짓기를, 그 답을 아직 얻은 것은 아니지만 우리들이 그 답을 얻는 과정에 중요한 걸음을 내디뎠다고 말했다.

　　　　따라서 공포학습은 공간학습이나 다른 해마의존성 학습보다 LTP와 기억 사이의 빈 공간을 채우는 데 더 성공적이었다.[78] 세심한 해부학과 행동학적 연구를 바탕으로 어떤 시냅스들이 공포학습에 의해 변화하는지를 알아낼 수 있었고, 이들을 자연적 자극이나 전기적 자극에 의해 쉽게 자극시킬 수 있었다. 해마의 회로가 잘 알려져 있지만 학습 내용의 복잡성 때문에 학습과 해마의 특정 회로 사이의 관련성을 이해하기가 어려웠다. 공간학습에서 쥐는 환경의 다양한 자극들을 자유롭게 배우기 때문에 헵이 말한 것과 같은, 무엇과 무엇이 연합되는지를 찾아내기가 어렵다. 이와 대조적으로 공포조건화는 연합학습의 명확한 형태로서 강한 자극(발에 주는 전기충격)과 약한 자극(소리)이 시냅스들에 의해 같은 세포에 작용하는 헵 가소성으로 정의할 수 있다.[79]

해마 LTP의 분자적 원리를 파악하기 위해 수행된 엄청난 양의 연구결과들을 편도체 LTP와 공포조건화에 똑같이 적용할 수 있느냐는 것이 중요한 질문이다. 다행히도 많이 일치하는 것으로 보인다. 예를 들어, 내 연구실의 로드리게스, 마이클 데이비스와 동료들, 팬슬로우와 동료들(특히 김과 마렌)에 의해 연구된 바에 의하면, 외측편도체의 NMDA 수용체를 차단하면 공포조건화가 생기지 않았다.[80] 더 나아가 내 연구실의 샤페는 해마의 후기 LTP를 유도하는 데 관여하는 인산화효소나 단백질 합성을 외측편도체에서 방해하면 단기기억에는 영향 없이 공포조건화의 장기기억이 손상되는 것을 알아냈다.[81] 잘 알려진 주된 인산화효소는 PKA와 맵 카이네이즈다. PKA는 또한 샤페와 칸델 연구실의 보우쵸라제에 의해 상황학습에도 관여하는 것으로 알려져 있다.[82] 또한 외측편도체에서 크렙의 발현 수준을 올려 주면 약한 훈련에 의해서도 강한 학습이 일어난다.[83] 크렙, PKA 그리고 다른 분자들도 칸델, 실바, 메이포드, 토네가와, 조 첸 등이 만든 유전적으로 변형된 생쥐들을 이용한 연구에서 공포조건화에 관여하는 것으로 알려졌다.[84] 중요한 발견으로, 황과 칸델은 외측편도체의 후기 LTP가 NMDA 수용체,

공포조건화 회로

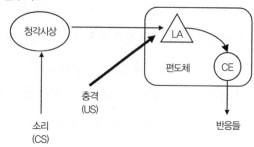

CS 경로에 HFS를 주면 CS 경로의 소리자극에 대한 LA의 반응이 향상된다.

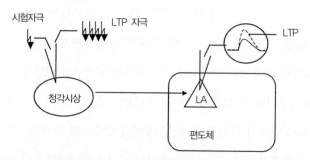

그림 6.7 편도체 LTP는 공포조건화를 설명하는가?

공포조건화는 약한 조건화 자극CS이 강한 무조건화 자극US 입력과 편도체에 동시에 겹치게 들어가면 만들어지는 것으로 믿어진다. 결과적으로 CS에 대한 처리가 달라지면서 공포반응을 조절하는 회로에 접근할 수 있게 된다. 간단히 말해 외측편도체를 활성화하는 약한 CS의 능력은 강한 US에 의해 강화된다. 이 현상은 연합성 LTP에서 일어나는 현상과 매우 유사하므로 연합성 LTP가 공포조건화의 원리임을 의미한다(그림 6.8 참고). 이를 지지하는 한 실험적 증거는 마취된 쥐에서 CS 경로에 고주파 전기자극HFS을 주면 LTP가 유도된다는 사실이다. 즉 실제 CS가 아니라 인위적인 전기자극이긴 하지만 LTP가 CS 경로에서 일어날 수 있다는 것이다. 그러나 마취된 쥐에서 CS 경로에 HFS를 주면 청각 CS에 대한 LA 세포들의 반응이 향상된다. 이는 자연적인 자극, 즉 공포조건화 연구에 사용된 CS와 같은 자극도 인위적으로 유도된 LTP에 접근이 가능하다는 것을 의미한다. 그러나 무엇보다 중요한 사실은

CS 경로에 HFS를 주면 CS 경로의 소리자극에 대한 LA의 반응이 향상된다.

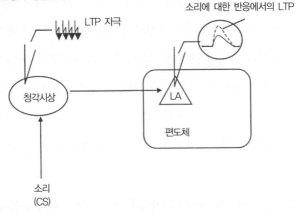

공포조건화는 CS 경로의 소리자극에 대한 LA의 반응을 향상시킨다.

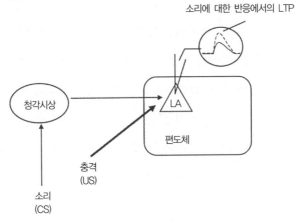

자연적인 조건(쥐가 깨어 있고 자유로이 움직이는 상황)하에서 공포조건화(실제 CS와 US 같은 짝짓기)는 CS에 대한 편도체의 반응을 강화시킨다는 것으로서, 이는 LTP가 공포조건화에서 일어난다는 것을 나타내는 것이다. 더 나아가 행동학적 공포반응의 습득은 LTP 형성과 궤를 같이하며 이는 LTP가 공포조건화의 원리임을 강하게 제시하고 있다.

PKA, 맵 카이네이즈, 단백질 합성 등에 부분적으로 의존한다는 것을 알아냈는데,[85] 외측편도체에서 기억 형성과 LTP사이의 빈틈을 채우는 데 공헌했다.[86] 따라서 공포조건화와 외측편도체 LTP는 해마에서 시냅스 가소성과 기억에 관여하는 것으로 알려진 똑같은 종류의 분자들을 필요로 하는 것으로 보인다. 즉, NMDA 수용체를 통한 칼슘 유입에 의해 촉발되고, 새로운 단백질들을 만들어 내는 크렙과 관련된 유전자들을 유도하는 단백질 카이네이즈(인산화효소)에 의해 안정화되는 시냅스 강도의 헵 변화가 일어난다. NMDA 수용체, 맵 카이네이즈, 크렙, 단백질 합성 등은 이스라엘 와이즈만 연구소의 두다이와 동료들에 의해 연구된 회피성 고전적 조건화의 한 형태인 조건화된 음식회피 학습에도 관여되어 있다.[87]

편도체에 의한 공포조건화와 음식회피학습, 그리고 해마에 의한 관계(공간)학습이 모두 유사한 분자적 변화를 보인다는 사실의 중요성은 무엇인가? 회로들은 분명 여러 면에서 매우 다르다. 예를 들어, 편도체의 공포학습 회로들은 감각계들로부터 하나의 시냅스를 받는 대신, 해마에서는 감각계들로부터 들어온 입력들이 여러 단계의 시냅스를 거치게 된다. 아울러 이런 회로들을 활성화할 때 나타나는 결과들도 다르다. 편도체의 공포조건화 회로들을 활성화하면 뇌간과의 연결을 통해 이미 짜여 있는 생리반응을 일으키게 하고, 해마회로가 활성화되면 피질 영역들과의 광범위한 연결들을 통해 다양한 반응을 일으키게 하는 표상들을 만들어 낸다. 따라서 기억의 다른 형태들은 단백질들의 차이에 의해서가 아니라 그 단백질들이 작용하는 회로들에

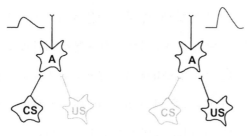

짝짓기 전 CS에 대한 약한 반응　　짝짓기 전 US에 대한 약한 반응

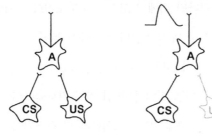

CS와 US의 짝짓기　　짝지은 후의 CS에 대한 약한 반응

그림 6.8 헵 가소성으로서의 고전적 조건화

개별적인 뉴런들에 입력되는 CS와 US에 대한 정보가 한곳으로 수렴되면 고전적 조건화가
일어나고, 이것을 헵 가소성으로 생각할 수 있다(그림 6.1 참고). CS는 A를 약하게만 활성화
시킨다(좌측 상단). 반면 US는 강하게 A를 활성화시킨다(우측 상단). CS와 US가 동시에 일
어나면(좌측 하단) CS 연결의 강도가 증가하여 결국 CS는 조건화가 이뤄진 뒤에는 이뤄지
기 전에 비해 더 강한 반응을 초래하게 된다. 회색 음영은 경로가 활동하지 않음을 나타낸다.

의해 구별되는 것이다.

　　공포조건화에 대한 몇 가지 세부적인 점들에 대한 분자
수준의 원리를 파악하기 위해서는 많은 연구들이 필요하다. 예를 들어,
내 연구실의 와이스코프와 바우어가 편도체의 뇌 절편을 가지고 수행

6장 작은 변화 **273**

한 연구를 보면 최소한 어느 정도의 가소성이 특수한 칼슘 통로를 통해 들어오는 칼슘에 의해 매개된다는 것을 시사하고 있다.[88] 이 연구에 이어 바우어와 샤페는 공포조건화가 칼슘 통로 차단에 의해 방해받는다는 사실을 밝힘으로써 NMDA 수용체와 칼슘 통로 두 가지 모두 공포학습에 관여한다는 것을 제시했다.[89] 이 이론은 현재 진행되는 연구에 의해 더 조사되고 있다. 해마 LTP에서도 NMDA 수용체와 칼슘 통로가 복합적으로 관여한다는 연구결과가 있다.[90] 다른 연구에 의하면, LTP 유도와 공포조건화가 되는 동안 편도체에서 시냅스전 가소성이 일어날 수 있다.[91] 그렇다면 쥐에서 고전적 공포조건화는 시냅스전 변화와 시냅스후 변화가 둘 다 일어난다는 점에서 무척추류에서의 고전적 조건화와 매우 유사하다. 다음에 나오는 무척추류의 학습에 대한 내용에서 이 점이 다시 논의될 것이다. 또한 기억 저장의 장소는 아직 알려지지 않았다. 외측편도체에서의 가소성은 분명 관련되어 있다. 그러나 이곳만이 변화가 일어나 오랫동안 유지되는 유일한 장소인지는 더 규명이 되어야 한다.[92]

공포조건화에 대한 연구를 하다 보니 기억 연구에서 기이하면서도 매우 중요한 현상인 재공고화reconsolidation[93]에 대한 관심도 높아졌다. 내 연구실의 네이더와 샤페가 발견한 것에 의하면, 최근에 회상했던 내용을 다시 기억으로 재저장할 때 편도체에서 단백질이 합성되어야 한다는 것이다. 즉 저장소에서 기억을 끄집어낸다면 기억이 기억으로 남아 있기 위해 새로운 단백질들을 합성해야 한다는(복원하거나 재공고화해야 한다는) 뜻이다. 어쩌면 회상하는 뇌는 초기기억을 형성했던 바로 그 뇌가 아닐지도 모른다. 옛 기억이 현재의 뇌에서 의미를 가지려면 업데이트 되어야 한다. 이 연구결과는 과학자들뿐만 아니라 일반인들에게도 커다란 관심을 불러일으켰다. 어떤 사람은 전화하여 물어보기를, 전 부인에 대한 기억을 지우기 위해 그녀에 대해 생각하는 동안 단백질 합성을 차단하면 지울 수 있는지 물어 오기도 했다. 이 연구의 실질적인 측면은, 언젠가 가능할지 모르겠으나 정신적 충격장애를 가진 사람에게 약을 투여하거나 뇌를 교란시켜 그 사람의 정신에서 기억의 지배를 약화시키는 일이 가능해질 거라는 것이다. 우리가 이것을 제안했지만 한 치료사가 매우 좋은 점을 지적했다. 예를 들어, 대재앙을 경험한 사람이 있다고 하자. 경험 후 수년이 지나면서 그의 이런 기억은 은연중에 그의 정체성을 형성하는 데 기여하게 될 것인데 그 기억을 지운다는 것이 정체성의 부분적 소실을 의미하지 않을까? 이런 문제는 윤리적 문제와도 깊게 연관을 맺고 있다.

공포조건화 연구는 현대 신경과학에 돌파구를 마련하여 시냅스적 변화가 기억을 어떻게 설명하는지를 이해하게 해주었다. 칸델과 스펜서가 1968년에 제시했던 세포-연결 전략에 따라 단순한 행동을 고르고 회로를 찾아내었다. 즉 회로에 있는 세포들의 가소성을 연구했다. 세포의 변화를 특정한 시냅스와 연관시켰으며 시냅스적 변화를 특정한 분자적 사건에 연결시켰다. 1968년 당시에 이런 일이 포유류 뇌에서 가능할 것이라고는 상상도 할 수 없었으며, 이것은 신경과학의 발전 속도가 얼마나 빠르고 얼마나 많은 지식들을 얻을 수 있는지를 말해 주는 예가 된다.

달팽이 이야기

기억분자들은 같은 종 내에서 일어나는 다른 종류의 기억들에만 보존되어 있는 것이 아니라, 매우 다양한 종류의 동물들에서도 보존되어 있다. 사실 가소성의 분자적 기반에 대한 기본적인 사실들은 무척추동물들에 대한 연구를 통해 처음 밝혀졌으며, LTP 연구와 행동학습에 대한 연구를 통해 포유동물 뇌에서의 가소성에도 적용할 수 있음이 밝혀졌다. 이제는 포유동물의 뇌는 접어 두고 기억에 대한 현재의 이해를 가능하게 한 무척추동물에 대한 몇 가지 연구를 살펴보자.

학습과 기억에 대한 신경학적 기반은 많은 무척추동물, 예를 들어 벌, 메뚜기, 민물새우, 달팽이, 파리, 기타 연체류들을 대상으로 연구되고 있다.[94] 그러나 이 가운데에서도 군소Aplysia californica라는 연체동물에 대해 가장 활발히 연구되고 있으며, 많은 정보를 제공해 주고 있다. 바다에 서식하는 이 달팽이에 대한 연구는 대부분 칸델과 그의 학생들 및 동료들 그리고 세계 여러 곳에 있는 연구자에 의해 이뤄졌다.[95] 이러한 선도적인 연구로 칸델은 2000년에 노벨상을 수상했다.

행동학적 연구

군소는 맨틀mantle이라고 불리는 덮개피부로 쌓인 아가미로 숨을 쉰다. 덮개를 가볍게 건드리면 아가미가 오그라든다. 이런 방어반사는 아가미를 다치지 않게 보호하는 역할을 하며, 학습과 기억의 행동학적 모델로 연구가 광범위하게 이뤄져 왔다. 군소의 다른 반사행동에 대한 가소성 연구도 있지만,[96] 아가미 수축 반사에 대한 연구로 얻어진 결과들을 설명하겠다.

　　　　군소의 중추신경계는 2만여 개의 뉴런으로 구성되어 있다.[97] 400개에서 1,000개 미만의 뉴런들이 아가미 수축 반사에 관여하는 것으로 추정된다. 그리고 이들 중 많은 수가 핵심적인 역할을 하지 않는 것으로 보인다. 핵심적인 뉴런들은 아가미 덮개 피부에 대한 촉각을 처리하는 감각뉴런과, 아가미 수축을 조절하는 운동 또는 출력 뉴런들이다. 감각뉴런들은 운동뉴런들과 시냅스연결을 만든다. 또한 흥분성과 억제성 중간뉴런들이 감각뉴런 또는 운동뉴런과 시냅스를 만들어 반사작용을 조절하고 있다는 것이 중요하다. 포유류 뇌에 있는 수십억 개의 뉴런들과 비교한다면, 군소의 행동기능에 대한 신경학적 기반을 연구하는 것이 왜 쉬운 일인지 자명해진다.

　　　　아가미 수축 반사는 여러 학습 형태를 보인다. 그중의 하나는 습관화인데 아가미 덮개를 반복적으로 자극하면 아가미 수축이 약해진다. 습관화는 비연합성 기억의 한 종류다. 여기서 비연합성은 한 개의 자극만 관여되어 있으며 다른 어떤 자극과도 연합이 되지 않는다는 것을 뜻한다. 꼬리와 같은 여러 신체 부위에 강한 자극을 주면 습관화는 즉시 역전될 수 있다. 이런 충격을 준 후 아가미 덮개를 자극하면 아가미가 강력히 수축한다. 이것은 또 다른 형태의 비연합성 학습으로 민감화라고 하는데, 단순히 습관화로부터의 회복은 아니다. 왜냐하면 습관화가 일어나지 않은 제2의 다른 피부를 자극해도 아가미 수축은 여전히 향상되기 때문이다. 민감화가 비연합성인 이유는 건드리는 시험자극과 충격자극 사이에 관련성이 없고, 학습 또한 시험자극에 특유하지 않기 때문이다. 동물은 충격 후에 여러 종류의 자극에 대해 민감하게 더 큰 반응을 보인다. 민감화 효과는 어떻게 동물을 훈련하느냐에 따라 짧게 지속될 수도 있고 오래 지속될 수도 있다. 약한 충격을 한 번만 준다면 반사의 변화는 짧게 지속될 것이며 수 시간 내에 사라져 버린다. 반면에 충격을 반복적으로 주면 반사의 변화는 며칠 동안 지속된다. 습관화와 유사하게 민감화도 비연합성 학습인데, 그 이유는 한 개의 자극(충격)이 행동상의 변화를 가져오기 때문이다.

연합성 학습, 즉 고전적 방어나 공포조건화도 아가미 수축 반사에서 일어난다. 이것은 기본적으로 포유류에서 여러 번 이야기했던 것과 같은 종류의 조건학습이다. 예를 들어 제5장에서 논의했던 암묵적 학습을 살펴보자. 아가미 덮개를 건드릴 때 꼬리에 충격을 가하면, 나중에 아가미 덮개를 건드릴 때 조건화시키기 전보다 더 크게 아가미를 수축한다(그림 6.9). 이 현상이 충격에 의한 민감화 기억이 아니라 연합성 학습인 이유는, 촉각과 충격을 동시에 주지 않고 엇갈려 주면 조건화 반응이 더 약해진다는 사실 때문이다. 따라서 두 자극 간의 관계가 열쇠다. 이 학습이 연합성인 이유는 또 다른 사실로도 입증된다. 즉 촉각자극을 아가미 덮개의 다른 위치에 주는 경우를 생각해 보자. 한 장소에 자극을 줄 때는 충격과 연합시키고 다른 장소에 자극을 줄 때는 충격과 연합시키지 않는 실험을 하면, 연합시킬 때 그렇지 않은 경우보다 더 큰 반응을 유발한다. 조건화와 민감화는 강한 자극

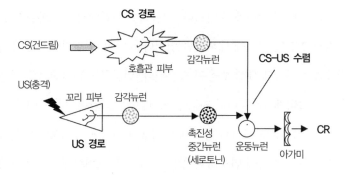

행동의 조건화

CS 경로

CS(건드림)

호흡관 피부

감각뉴런

CS-US 수렴

US(충격)

꼬리 피부   감각뉴런

촉진성
중간뉴런
(세로토닌)   운동뉴런

아가미

CR

US 경로

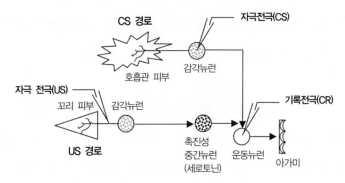

고전적 조건화의 세포 모델

CS 경로

자극전극(CS)

호흡관 피부

감각뉴런

자극 전극(US)

꼬리 피부   감각뉴런

기록전극(CR)

촉진성
중간뉴런
(세로토닌)   운동뉴런

아가미

US 경로

그림 6.9 군소에서의 고전적 조건화

위_ 군소에서 호흡관 피부를 가볍게 건드리면(조건화된 자극, CS) 감각뉴런들이 활성화되고 이들은 운동뉴런들에게 입력들을 보낸다. 반면 꼬리 피부에 주는 전기충격(무조건화 자극, US)은 또 다른 감각뉴런들을 활성화시켜 촉진성 중간뉴런들에게 입력을 보낸다. 촉진성 중간뉴런의 말단은 CS를 운동뉴런에 전달하는 감각뉴런의 말단에 도달해 있다. 따라서 US 경로는 시냅스전 시냅스(말단과 말단끼리 만들어지는 시냅스를 말함)를 형성한다. 따라서 촉진성 뉴런에서 세로토닌이 분비되면 운동뉴런으로 전달되는 CS의 전달이 더 향상된다. 세포학적 메커니즘에 대한 자세한 설명은 그림 6.10과 6.11을 참고하기 바란다.

아래_ 고전적 조건화가 처리되는 과정은 외부의 CS와 US 사건들을 CS와 US를 처리하는 감각뉴런들(또는 감각뉴런들로 가는 경로들)에게 주는 전기적인 자극으로 대체하여 모방할 수 있다. 비슷한 방식으로 실제 나타나는 행동(조건화된 반응, CR)을 측정하는 대신 운동뉴런의 활동을 측정한다. 학습에 대한 이러한 모델 또는 다른 세포학적 모델들을 이용하여 연구자들은 기억의 생물학에 대해 많은 것을 알게 되었다.

에 의해 약한 자극에 대한 반응이 변화한다는 점에서 유사하다. 그러나 이들은 특이성 측면에서 다르다. 연합적 조건화에서는 증폭된 반응이 충격과 연합된 자극에 대해서만 일어나는 반면, 민감화에서는 충격과 관계없는 자극에 대한 반응이 증폭된다. 민감화는 기본적으로 달팽이를 깜짝 놀라게 한 후 다른 자극이 올 때 반응을 잘하게 만들어 주는 반면, 조건화는 강한 자극과 동시에 발생했던 자극에 대해서만 반응하고 다른 새로운 자극에 반응하지 않는다. 고전적 조건화에서는 연합시키지 않는 학습(민감화)을 대조군으로 하여 실험함으로써, 조건화된 반응이 강한 자극 단독에 대한 비연합적 효과가 아니라 강한 자극과 약한 자극 사이의 연합적 관계에서 비롯된다는 것을 보여 줄 수 있어야 한다.

군소 같은 동물을 이용할 때 큰 장점은 아가미 수축 반사와 같은 행동상의 변화를 조절하는 데 관여하는 뉴런들의 숫자가 워낙 적어 경험에 의해 뉴런들과 시냅스들이 어떻게 변하는지 정확히 알아내는 것이 비교적 쉽다는 것이다. 또한 기억을 구성하는 시냅스적 변화에 어떤 분자적 과정이 관여하는지 알아내기 쉽다. 군소의 신경계와 같은 단순한 신경계에서도 초점을 더욱 낮추고 좁히는 것이 유용하다.[98] 실제 행동상의 반응은 다른 수많은 뉴런들에 의해 조절되기 때문에, 한 연구에서는 행동을 배제하고 대신 학습이 일어났는지 여부를 알기 위해 운동뉴런 한 개의 전기적 활동을 조사했다. 연구자들은 이런 실험 시스템에서 촉각이나 충격 같은 자연적인 자극 또는 자연적인 자극을 전달하는 감각경로에 주는 전기적 자극에 대한 운동뉴런의 전기적 활동을 측정한다. 또한 감각뉴런이나 운동뉴런들에게도 직접적으로 화학물질들을 투여하는데, 신경전달 효과 및 세포의 여러 기능들을 모방하거나 차단하는 특별한 약물들이 이 화학물질에 포함된다. 더 환원적으로 접근하다 보면 배양접시에서 길러져 시냅스를 형성하고 있는 하나의 감각뉴런과 하나의 운동뉴런만이 남고 군소는 완전히 사라진다. 그후에 감각뉴런에 대한 전기적 자극 또는 뉴런에 직접 투여하는 약물들에 대한 운동뉴런의 반응을 직접 측정할 수 있다. 이런 접근방식에 의해 군소연구자들은 학습이 일어나고 유지되는 과정에서 발생하는 시냅스적 변화에 대한 많은 정보들을 찾아냈다.[99]

기억의 메커니즘

아가미 수축 반사 학습의 여러 형태들을 보면 아가미 덮개피부에서 오는 입력을 받는 감각뉴런과 아가미 반응을 일으키는 운동뉴런들 사이에 형성된 시냅스에 일어나는 변화가 서로 관련되어 있다. 습관화의 경우 시냅스전 입력에 대한 시냅스후 뉴런의 반응이 약해지며, 아가미 반응이 더 작아진다. 왜냐하면 시냅스전 말단에서 더 작은 양의 글루타메이트가 분비되기 때문이다. 전달물질이 고갈되었던 것이다.

　　　　반면에 민감화에서는 꼬리에 충격을 받기 전보다 받고 난 후에 같은 자극에 대한 아가미 반응이 더 커지는데, 그 이유는 감각뉴런에서 더 많은 글루타메이트가 분비되기 때문이다. 꼬리가 충격을 받은 후에 왜 글루타메이트가 더 많이 나왔는지 알기 위해서는, 충격경로가 감각뉴런과 운동뉴런 사이에 형성된 시냅스에 어떻게 작용하는

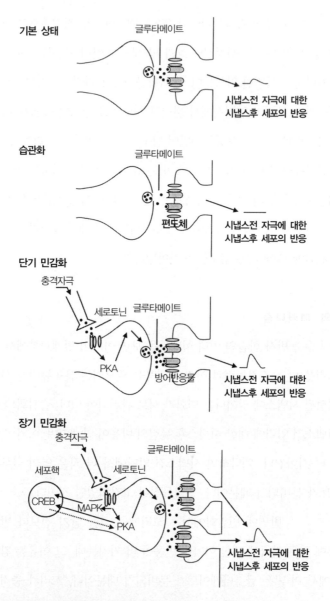

그림 6.10 군소의 비연합성 학습(습관화와 민감화)의 세포 메커니즘

하나의 자극이 시냅스전 뉴런에 처음으로 전달되면(기본 상태), 일정한 양의 신경전달물질(글루타메이트)이 말단에서 분비되어 시냅스후 반응(우측에 표시)을 일으킨다. 자극이 되풀이되지를 살펴보아야 한다.

충격경로는 감각뉴런의 말단에 시냅스를 형성하고 있다. 이것을 축삭-축삭 시냅스axoaxonic synapse라고 한다. 왜냐하면 충격경로의 축삭말단이 또 다른 축삭의 말단과 시냅스를 만들고 있기 때문이다. 이런 형태는 우리가 지금껏 보아 온 시냅스 형태, 즉 축삭말단이 수상돌기와 접촉하여 생기는 시냅스와는 다른 경우다. 따라서 꼬리 충격경로는 감각뉴런의 시냅스전 말단에 도달하여 분비되는 신경전달 물질의 양을 증가시킨다. 감각뉴런과 운동뉴런 사이의 전달에 효율성이 증가한 것은 전적으로 감각뉴런의 말단에서 일어난 변화에 의한 것이므로 이 현상을 시냅스전 촉진이라고 부른다. 시냅스후 뉴런의 활성 상태와는 관계없으므로 민감화는 정의상 비非헵 가소성의 한 종류다 (헵 가소성은 시냅스전 뉴런의 활성과 시냅스후 뉴런의 활성을 동시에 요

면 분비되는 글루타메이트의 양은 감소하며 시냅스후 반응도 감소한다(습관화). 그러나 같은 자극으로 더 많은 양의 글루타메이트 분비가 일어날 수 있는데, 전기적 충격이 가해진 후에 이런 일이 일어날 수 있다(민감화). 한 번 충격을 주면, 향상된 반응은 몇 시간밖에 지속되지 못하는데, 이를 단기 민감화라고 한다. 시냅스전 반응의 단기 민감화는 충격경로에서 분비되는 세로토닌에 의한 결과다. 세로토닌은 시냅스전 축삭말단에 위치한 세로토닌 수용체에 결합하여 단백질 카이네이즈 A(PKA)를 활성화시키고, 이는(이후 단계들은 표시되어 있지 않지만) 글루타메이트 분비를 증가시키며 시냅스후 반응은 더욱 커진다. 따라서 단기 민감화는 시냅스전 촉진 방식에 의해 일어난다고 말할 수 있다. 전기충격이 반복되면 며칠 동안 지속되는 장기 민감화가 일어난다. 시냅스전 촉진이 여전히 관련되어 있으므로 앞서 설명한 과정들이 여전히 관련되어 있다. PKA와 맵 카이네이즈는 세로토닌에 의해 활성화된다. 이들은 세포핵으로 들어가고 유전자 전사인자인 크렙을 활성화시킨다. 크렙에 의해 최종적으로는 단백질 합성이 일어나는데 글루타메이트 분비가 오랫동안(며칠 동안) 향상되는 능력을 증가시킨다. 또한 성장과정이 시냅스후 세포에서 일어나면서 새로운 가시들이 만들어진다. 이로 인해 글루타메이트는 여러 장소에서 시냅스후 세포를 자극할 수 있으므로 시냅스전 자극이 시냅스후 세포에 주는 영향이 더욱 향상된다.

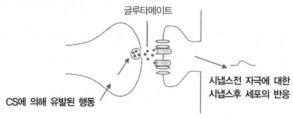

연합성 고전적 조건화가 일어나기 전

글루타메이트

CS에 의해 유발된 행동

시냅스전 자극에 대한
시냅스후 세포의 반응

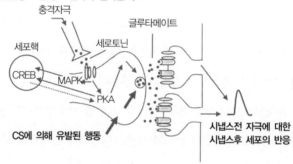

연합성 고전적 조건화가 일어난 후

충격자극

세포핵

세로토닌

글루타메이트

CREB MAPK

PKA

CS에 의해 유발된 행동

시냅스전 자극에 대한
시냅스후 세포의 반응

그림 6.11 군소에서 연합학습(고전적 조건화)의 세포 메커니즘

조건화가 일어나기 전(위), CS에 의해 초래된 활동은 작은 시냅스후 반응만을 나타내는데 (우측에 표시) 별다른 일이 더 이상 일어나지 않으면 곧 사그라든다(습관화된다). 그러나 CS에 이어 곧바로 충격이 가해지면(아래), 시냅스후 반응은 (우측에 표시) 짝을 짓기 전보다 (CS와 충격US간의 짝짓기) 더 커진다(상단우측과 하단우측에 표시된 반응을 서로 비교할 것). 그림 6.10의 하단에 나타난 그림(민감화)과 이 그림의 하단에 나타난 그림(조건화)사이를 비교하면 민감화(즉, 시냅스전 촉진)와 조건화(즉, 활동의존성 시냅스전 촉진) 사이의 차이를 잘 알 수 있다. 가장 큰 차이점은 조건화가 일어날 때 CS가 존재한다는 것인데, CS는 US의 분자적 효과를 더 향상시켜 시냅스후 반응이 더 크게 일어나도록 해준다. 메커니즘에 대한 자세한 설명은 그림 6.10과 본문을 참고하라.

구한다는 것을 기억하자).

꼬리 충격은 어떻게 시냅스전 촉진을 일으키는가? 꼬리 충격경로는 감각 말단에서 세로토닌이라는 조절물질을 분비한다. 세로토닌이 감각뉴런 말단에 있는 수용체에 결합하면 그곳에서 이차전령자들을 활성화시켜 LTP에도 관여하는 PKA라는 단백질 카이네이즈를 활성화시킨다.[100] PKA는 다른 변화들을 일으키는데, 그중 하나는 활동전위를 보통 때보다 길게 지속시켜 주는 것이다. 결과적으로 충격 전에 비해 더 많은 글루타메이트가 말단으로부터 분비된다.[101] 이렇게 되면 운동뉴런에서 더 큰 반응을 일으키게 되며 아가미 수축과 같이 운동뉴런에 의해 조절되는 행동이 더욱 강하게 표현된다.

충격에 의한 민감화 효과는 반복적으로 충격을 가하지 않는 이상 곧 사그라진다. 충격이 반복되면 또 다른 과정이 활성화되면서 민감화 효과는 며칠 지속될 수 있다. 특히 PKA가 특별한 방법으로 활성화되어 세포핵 속으로 들어갈 수 있게 된다.[102] 더 나아가 두 번째 단백질 카이네이즈인 맵 카이네이즈(해마와 편도체 가소성에 관여하는 효소임)가 역시 반복적인 충격에 의해 활성화되어 핵 속으로 들어간다. PKA와 맵 카이네이즈는 우리가 앞서 LTP를 배우면서 안 것처럼 유전자 전사인자인 크렙을 인산화시킨다.

크렙에 의해 활성화되는 유전자들은 새로운 단백질들을 만들어 내고, 이들은 다양한 방법으로 감각뉴런과 운동뉴런들 사이의 전달을 촉진시킨다. 이 단백질들이 만들어지면 PKA가 지속적으로 활성화되어, PKA에 의한 단기 민감화 효과가 길어지면서 전달물질 분비에 미치는 효과가 지속될 수 있다. 즉 시냅스전 촉진 현상이 지속된다. 그러나 또 다른 중요한 효과도 있다. 단백질들의 일부는 감각 말단을 자극하여 새로운 축삭가지들을 자라나게 하여 운동뉴런과 새로운 시냅스들을 만들어 낸다.[103] 두 세포 사이의 시냅스연결이 많아지면 시냅스전 축삭으로 들어온 하나의 활동전위는 여러 갈래로 나뉘어 동일한 시냅스후 세포를 자극하게 되므로 더 강력한 반응을 일으킬 수 있다. 두 가지 효과(PKA의 지속적인 활성화와 새로운 연결들의 형성)는 서로 합쳐져서 감각과 운동뉴런 사이의 신경전달이 잘 진행되는 현상과 이에 따라 반사반응이 더욱 강해지는 현상이 오래 유지되도록 해준다.

고전적 조건화는 본질적으로 명백하게 연합적이지만 헵이 아닌 시냅스 메커니즘, 즉 시냅스전 촉진이 증폭되는 것에 의해 매개된다고 오랫동안 믿어져 왔다. 시냅스전 말단에서 시냅스 활동이 일어날 때 충격에 의해 신경전달물질 분비가 촉진되는 일이 동시에 발생하면서 촉진되는 정도가 증가하는데, 이것이 바로 활동을 유발했던 자극과 촉진 현상이 서로 연합되는 것이다. 이러한 변화는 말단을 활성화시키는 자극에 제한되는 것이므로 연합성을 지니지만 시냅스후 세포가 관여되어 있지 않으므로 헵이라고는 하지 않는다. 그러나 최근의 연구결과에 의하면 이런 견해에 이르게 했던 초기 연구결과들이 완전하지 않았음이 드러나고 있다. 시냅스후 세포도 연합성 고전적 조건화에 관여하는 것으로 나타나고 있다. 글란즈만과 버언 같은 연구자들은 군소의 고전적 조건화에 헵의 시냅스 변화가 관련되어 있다고 주장하며, 여기에는 활동에 의존하는 시냅스전 촉진 현상 외에 NMDA 수용체가 관여되어 있을 것으로 추측하고 있다.[104] 결국 비연합성(헵이 아닌) 시냅스전 촉진이 연합성(헵) 가소성의 시냅스전 요소로서 기능한다는 것을 아는 것이 이를 이해하는 한 방법이다.

또한 군소의 고전적 조건화에 대한 분자 원리에 대해 많은 연구가 진행되었다. 초기 몇 단계는 민감화에서의 단계와 다르지만, 장기적 변화에 관련되는 분자 요소로는 공통적으로 단백질 카이네이즈에 의한 크렙의 인산화, 크렙에 의해 활성화되는 유전자들에서 비롯되는 단백질 합성 등이 있다. 따라서 서로 다른 단기적 변화의 종류들에 의해 촉발될지라도 장기 가소성이 만들어지는 데는 어떤 공통된 양식이 있는 것처럼 보인다.

군소의 연합성 조건화와 포유류 뇌에서의 가소성 사이에 가장 분명한 차이는 군소에서는 시냅스전 가소성이 중요하다는 것이다. NMDA에 의해 매개되는 시냅스후 세포의 가소성이 군소의 가소성에도 중요하다는 게 이런 차이를 없애는 데 도움이 된다. 공포조건화,[105] 편도체 LTP,[106] 해마 가소성의 여러 형태들[107]도 군소의 가소성에서처럼 시냅스후 변화만이 아니라 시냅스전 변화와 관련되어 있다는 사실은 다양한 동물 종에서 기억 현상을 만들어 내는 데 유사한 메커니즘들이 사용되고 있음을 보여 주고 있으며, 진화의 여러 단계를 거치면서도 기억 메커니즘이 보존되어 있음을 시사하고 있다.

파리 유전자들

초파리에 대한 연구도 기억에 대한 이해와 관련된 분자들을 찾아내는 데 중요한 기여를 하고 있다. 그러나 가소성의 분자 원리에 대한 연구에 집중적으로 사용된 군소에서의 세포-연결 접근방식과 달리, 초파리에서는 특정 분자들이 결여된 돌연변이체들의 행동학적 연구에 초점을 맞추고 있기 때문에 학습과 기억을 특정한 세포나 시냅스에 관여시키는 접근방식이 아니었다.[108]

앞서 언급했던 유전적으로 변형된 생쥐들을 이용한 연구들도 벤저와 그의 동료들이 수십 년 동안 해온 파리 돌연변이체를 이용한 연구의 후손들이라고 볼 수 있다. 벤저는 1960년대부터 파리의 행동을 조사하기 시작했지만, 파리를 학습에 활용한 것은 70년대 들어 벤저 연구실에 있던 퀸과 두다이에 의해 시작되었다. 그들은 파리들이 전기충격과 연합된 냄새를 기억한다는 것을 알아냈다.[109] 파리들에게 두 개의 방을 선택하게 했는데, 한 방은 전기충격과 연계된 냄새를, 다른 방에서는 또 다른 냄새를 풍겼다. 이때 파리는 전기충격과 연관된 냄새를 피해 다른 방으로 날아들었다.

돌연변이 파리들에 대한 연구들은 이런 종류의 학습 방법을 이용했는데, 이것은 고전적 방어 또는 공포조건화의 단순한 형태다. 이런 학습을 못하는 돌연변이체를 학습돌연변이체라고 부르는데, 학습하거나 기억하지 못하도록 유전적으로 변형되었기 때문이다. 학습 돌연변이체들은 정상적인 파리들을 DNA에 돌연변이를 일으킬 수 있는 화학물질들을 처리함으로써 만들 수 있다. 그리고 나서 학습과 기억에 손상이 생기는지 조사한다. 학습 능력이 손상된 파리들은 정교한 교배과정을 통해 학습과 기억이 손상된 유전적으로 동일한 파리들의 돌연변이를 만들어 낸다.

유전적 돌연변이들이 학습과 기억에 직접적으로 관계되지 않는 여러 이유에 의해 학습이 손상될 수 있으므로 학습돌연변이체를 판정할 때는 매우 조심해야 한다. 예를 들어, 냄새를 못 맡거나 충격을 감지하지 못하는 돌연변이체들, 또는 병약한 파리들은 이런 학습을 할 수 없다. 앞서 언급했던 유전적으로 변형된 생쥐의 경우에도 역시 주의해야 한다. 또한 생쥐 연구에서와 같이 단백질의 결여가 동물의 성장과정에 영향을 미쳐 결국 학습 능력에 손상을 일으킬 가능성도 배제할 수 없다. 다시 말해, 돌연변이체의 행동 변화라는 것은 돌연변이 때문일 수도 있고, 돌연변이를 극복하기 위한 결과에 의해 비롯되는 것일 수도 있다.

처음으로 밝혀진 학습돌연변이는 dunce라고 불린다. 그 후에 amnesiac, cabbage, rutabaga, turnip 등이 나온다. 이들은 모두 공포조건화 학습을 제대로 해내지 못했다. 이들을 보면 사실 학습은 어느 정도 일어나지만 훈련 후에 곧바로 쇠퇴해 버린다. 그러나 초기에 쇠퇴하고 남겨진 기억은 꽤 안정적이다. 이것은 돌연변이들이 기억의 후기가 아니라 초기 단계에 영향을 준다는 것을 의미한다.

학습돌연변이체들에 대한 초기 연구들은 비교적 단기기억에 초점을 맞추었다. 그러나 최근 툴리, 인, 퀸 등에 의한 연구들에 의하면, 정상적인 파리들은 반복적인 학습 훈련을 여러 차례 시키면(간격을 둔 학습이라고 함, spaced learning) 오래 유지되는 장기기억을 만들 수 있다.[110] 단백질 합성을 방해하면 이런 장기기억이 안 일어나지만 한 번에 몇 번의 훈련이 한꺼번에 이뤄지는 학습 훈련(덩어리 학습이라고 함, massed learning)에 의해 유도되는 비교적 단기간 지속되는 기억 형성에는 별 영향을 주지 않는다. 대학생처럼 한 번에 몰아쳐서 공부하는 것보다 적당한 간격을 두고 학습하는 것이 파리에게도 좋은 것이다.

인과 툴리는 이런 덩어리 학습 대 간격 학습 간의 차이를 이용하여 cAMP에 의해 매개되는 유전자 발현과 단백질 합성이 장기기억에 관여하는지를 조사했다. 그들은 유전자 전사인자인 크렙의 양을 훈련 직전에 올릴 수 있는 유전적 기술을 이용했다. 이런 과정은 학습결여가 기억을 형성하지 못하는 데서 결여된 것인지, 아니면 유전자가 변형된 채 자라서 그 결과로 학습을 못하는 것인지 고민하지 않게 해준다. 그들이 발견한 바에 의하면, 크렙 양이 증가하면 한 번의 훈련에 의해서도 며칠간 지속되는 장기기억을 얻을 수 있었다. 보통의 경우 이런 기억에는 여러 차례의 훈련이 필요하다. 이 연구결과는 훈련에 의해 유도된 크렙 활성과 그로 인한 크렙 관련 유전자들의 발현이 장기기억에 핵심적인 단백질을 만들어 내는 데 중요한 단계라는 것을 의미한다. 따라서 크렙과 관련된 유전자들을 유도하게 해주는 분자들은 동물의 종을 넘어서, 그리고 훈련 방법을 넘어서 기억의 빛나는 스타들인 것이다.

초파리들은 학습과 기억을 유전적으로 연구하는 데 여러 점에서 이상적이다. 그들은 뚜렷한 학습 형태를 보인다. 그들은 짧은 수명을 지니므로 짧은 기간 내에 여러 세대들에 대한 연구가 가능하다. 그러나 초파리는 학습과 기억에 관련된 개별적인 세포들과 시냅스들을 연구하기에 특별히 좋은 재료가 아니다. 가소성이 일어나는 장소를 찾는 데 몇 가지 진전이 있었지만,[111] 초파리에서의 회로 분석은 이 작은 생명체에 들어 있는 작은 크기의 신경계 때문에 앞으로도 아마 어려울 것이다.

점점 더 향상되고 있음을 인정할 수밖에 없다

당신이 지금쯤 스스로 질문하고 싶은 핵심적인 질문은 요지부동한 이 모든 신경과학이 실제적으로 어떤 응용이 가능하냐는 것이다. 다시 말해, 이런 연구결과를 이용해 정상적인 기억을 향상시키는 것이 가능한가? 더 중요하게는 노인성 기억상실을 예방하거나 회복시키는 것이 가능한가?

LTP 연구의 선구자 중의 한 사람인 캘리포니아 대학교의 린치는 기억을 개선하기 위한 수단으로 시냅스 가소성의 분자적 작동 시스템에 영향을 주는 방법을 모색해 오고 있다. 몇 년 전 그와 동료들은 암파카인ampakines이라 부르는 분자들을 발견했다.[112] 이 약들은 암파 수용체에 작용하여 글루타메이트 신경전달의 효율성을 증가시킴으로써 약한 자극으로도 NMDA 수용체들을 활성화하게 해준다. 해마 조직 절편들을 이 약으로 처리하면 LTP 유도가 촉진되었다. 쥐에게 이 약을 투여했더니 해마의존성 학습이 촉진되었다. 로간과 나는 스타우블리와 팀을 이뤄 이 물질들이 쥐의 공포조건화에 미치는 효과를 검사했다.[113] 암파카인 처리에 의해 쥐들은 더 빨리 학습했다. 따라서 편도체와 해마에서 글루타메이트 신경전달을 향상시키면 학습이 향상된다. 현재 린치는 이 약들을 이용하여 사람에게 적용할 기억향상제를 만들어 내는 데 집중하고 있다.

몇 년 전 프린스턴 대학교의 조 첸은 NMDA 수용체가 더 효과적으로 작동할 수 있도록 유전공학적으로 개량된 생쥐를 만들었다.[114] 이 생쥐는 공간학습과 공포조건화에서 둘 다 빠른 학습 능력을 보였다. 조 첸은 이 생쥐들에게 "두기"라는 별명을 붙여 주었다(TV 인기 드라마에 나오는 조숙한 의사 이름에서 따옴). 이런 발견은 학습에서 NMDA 수용체가 담당하는 역할에 대한 강력한 지지를 나타내며, 유전적 조작에 의해 언젠가는 나이든 노인에게서 나타나는 기억 능력의 소실을 회복시키는 것이 가능할지도 모른다.

당신이 누구냐에 대한 핵심은 당신 뇌의 여러 시스템들 내, 그리고 시스템들 사이에서의 시냅스적 상호작용으로 저장된다. 우리가 기억에 대한 시냅스적 메커니즘에 대해 많이 알아 갈수록 자아의 신경학적 토대에 대해 더 많이 배우게 된다.

7

정신 3부작

지식과 욕구 사이에 존재하는 것은 … 느낌이다.
―임마누엘 칸트

오랜 역사를 거치면서 마음은 인지, 감정, 동기의 3대 요소가 섞여 있는 3부작으로 인식되어 왔다.[1] 어떤 이들은 3부작을 단일한 마음시스템이 보여 주는 다른 측면들로 인식하는 반면, 또 다른 사람들은 3개의 뚜렷이 구분되는 별개의 능력들로 보았다. 20세기의 대부분의 기간 동안에 정신 3부작에 대한 이런 인식들은 모두 퇴조했다.[2] 행동주의자들이 득세하면서 심리학은 정신 3부작을 논쟁거리로 만들어 마음 전체를 무시했다.[3] 후에 인지혁명이 마음을 심리학에 다시 불러들였지만, 생각이나 이와 관련된 인지과정들만이 강조되고(지금도 대체적으로는 여전히 그러하다) 감정과 동기는 무시되었다.[4] 그러나 분명히 우리가 주의를 기울이고, 기억하며, 생각하는 '과정'을 이해하는 것도 중요하지만, 우리가 '왜' 다른 것들이 아니라 특정한 대상에 대해 주의를 기울이고,

기억하며, 생각하는지를 이해하는 것도 그에 못지않게 중요하다. 감정이나 동기들이 무시된다면 사고작용을 완전하게 이해할 수 없다.

이전 장들에서 우리는 신경회로들이 발생과정을 거치면서 어떻게 조립되고, 이런 회로들이 우리가 학습하고 기억할 때 어떻게 변형되는지를 알아보았다. 이제 이러한 회로와 회로의 가소성에 대한 기본적인 정보를 이용해 정신기능의 더 넓은 측면을 탐색해 보도록 하자. 이 일을 위해 정신 3부작의 각 요소에 대해 알아보고 이들의 상호작용도 살펴보자. 사고작용이 바로 이 장의 주제이며 감정과 동기는 그 다음 두 장에서 알아볼 것이다.

정신 묘기

하나의 아이디어, 하나의 영상, 한 가지 감각, 한 가지 느낌, 이 각각을 심리학자들은 정신내용mental content이라고 불리는, 마음속에 있는 내용물의 한 가지 예라고 한다. 정신내용은 19세기 후반에 처음 대두된 실험심리학의 연구주제였다.[5] 그러나 왓슨과 동료 행동학자들은 주관적 상태에 대한 이런 관심을 마음이 결여된 심리학, 즉 객관적으로 측정할 수 있는 사건들만을 다루는 심리학으로 대체했다.[6] 후에 등장한 인지혁명이 마음에 대해 공정한 입장을 취하려 했을 때도, 주관적 심리학을 되살리려고 그러했던 것은 아니다. 사고작용에서 나오는 의식의 내용보다는 사고과정 그 자체가 인지과학의 연구주제인 것이다.

"마음이 생각한다는 것은 마음의 정신상태 조각들을 가지고 요술을 부린다는 의미다." 인지과학의 한 분야인 인공지능의 설립자의 한 사람인 민스키의 이 간단한 말은 문제의 본질을 정확히 지적하고 있다.[7] 민스키가 제안했듯이, 익숙해진 방 안에서 가구들을 재배치하는 것을 상상해 보라. 당신은 주의를 돌려 이곳저곳을 살핀다. 다른 아이디어들과 모습들이 의식의 초점에 들어올 것이고 어떤 것들은 다른 것들을 방해한다. 당신은 여러 가지 배치 방안을 비교하고 대조한다. 당신은 어느 한 순간에 세부적인 부분에 마음을 빼앗겼다가는 곧 전체의 방 모습을 그려 보기도 한다. 마음이 어떻게 이런 요술을 할 수 있을까? 서로 다른 영상들의 변화를 어떻게 추적해 나갈 수 있을까? 마음은 작업기억이라 부르는 것을 사용한다는 것이 그 답이다.

당신은 전화번호를 찾고서 다른 데 정신이 팔려 그 번호를 금방 잊어버렸던 경험을 많이 했을 것이다. 그 이유는 번호를 작업기억에 넣었기 때문이며, 작업기억이란 한 번에 한 가지 일만 할 수 있는 정신의 작업장이다.[8] 새로운 일감이 작업기억에 들어오는 순간 이전 작업내용은 밀려난다. 이런 이유 때문에 전화번호를 계속 암송하면서 당신의 주의를 뺏을 수 있는 다른 일들을 무시하지 않는 한 마음속에 남아 있지 못한다.

작업기억은 뇌가 가진 매우 복잡한 능력 중의 하나이며 사고작용과 문제 해결 과정의 모든 측면들에 관여되어 있다. 식당에서 음식을 주문하는 경우를 생각해 보자. 웨이터가 가지고 온 메뉴판을 보면서, 그리고 여러 음식을 마음속에 떠올리면서 동시에 웨이터가 말하는 특별사항들도 같이 고려한다. 그런 다음 웨이터가 오기 전에 생각했던 것으로 다시 돌아간다. 작업기억에 의해 우리는 대화를 놓치지 않고, 장기와 바둑을 두고, 처음 가는 길인데도 지도에서 방금 보았던 내용을 토대로 자신의 방향을 잘 가늠하는 것이다. 이런 일상적인 활동뿐만 아니라 작업기억은 인간만이 할 수 있는 놀라운 작업들, 즉 음악을 작곡하거나 복잡한 수학 문제를 풀거나, 일을 마무리하기 위해 마음속에 정보를 붙잡고 있을 필요가 있는 다양한 상황들에 관여한다.

작업기억에 대한 우리의 이해는 1970년대 초 배들리가 한 선구적인 연구에서 비롯되었다.[9] 단기기억에 대한 자신의 연구를 바탕으로, 그는 두 종류의 인지시스템들로 마음을 서술했다. 즉 특정한 정신 작업들을 위해 할당된 한 세트의 특수시스템과 모든 사고작용에 공통적으로 사용되는 만능시스템이 그 두 가지다.

특수시스템들은 다시 두 가지로 나뉜다. 언어시스템은 언어 이해에 관련된 시스템처럼 인간 뇌에 주로 존재하며, 비언어시스템은 모든 뇌에 다 존재한다. 비언어적 특수시스템들은 감각시스템들에 의해 요약된다. 각각은 독특한 자극의 종류들(시각, 소리, 냄새 등)의 처리와 관련되어 있다. 언어적 특수시스템과 비언어적 특수시스템은 방금 처리했던 내용을 짧은 순간(수 초) 유지할 수 있는 본연의 기능을 가지고 있다. 이런 능력은 지각작용을 도와 지금 본 것, 들은 것과 전에 본 것, 들은 것을 비교할 수 있도록 해준다. 예를 들어, 강의를 들을 때 당신은 각 문장의 주어를 동사가 나타날 때까지 마음속에 잠시 담아 두어야 하며, 대명사가 나오면 그것이 지칭하는 내용을 찾기 위해 앞 문장의 기억을 조사해야만 전체 문장의 뜻을 이해할 수 있다.

만능시스템은 작업공간과 작업공간에 들어 있는 정보를 대상으로 수행되며, 집행기능executive function이라고 불리는 한 세트의 정신작동들로 구성된다. 어떤 순간에도 제한된 용량의 정보만이 유지될 수 있지만, 작업공간에서는 서로 다른 특수시스템들로부터 오는 다른 종류의 정보들을 붙잡아 서로 연관시키는 일이 일어난다(사물의 모습, 소리, 냄새, 놓여 있는 공간, 이름 등이 서로 연합된다). 시스템들로부터 오는 정보들을 통합하는 이런 능력에 의해 사물이나 사건의 추상적인 표상이 이뤄진다. 작업기억은 사람에게 특히 발달되어 있으며, 인간의 인지기능을 독특하게 해준다.

당신의 작업기억에 있는 정보는 지금 생각하거나 주목하고 있는 내용이다. 작업기억이 일시적이므로, 그 내용들은 계속 새로워진다. 그러나 작업기억은 지금 이 순간 바로 여기에 대한 순수한 산물이 아니다. 그것은 또한 우리가 알고 있는 것과 과거에 경험했던 것에도 의존한다. 즉 장기기억에도 의존한다.

사고작용에서 장기기억의 중요성은 아무리 강조해도 지나치지 않다. 그 중요성을 지적했던 최초의 예가 지금도 최고의 예가 되고 있다. 1930년대에 바트레트 경은 사람들에게 외국의 옛이야기들을 들려준 다음 나중에 그 이야기를 하도록 요구했다.[10] 당연히 사람들은 이 익숙하지 않은 이야기들을 정확하게 기억해 내지 못했다. 놀라운 사실은 틀린 부분들이 무작위적이 아니라 제법 시스템적이었다는 것이다. 사람들은 제각각 이야기들을 꾸며 작성했는데, 특히 이국적인 장면 부분이 심하여 자신이 익숙한 이야기와 비슷하도록 개작하기도 했다.[11] 이런 결과들을 설명하기 위해 바트레트 경은 "기억이라는 것은 … 상상에 의한 구성 또는 재구성인데, 과거 경험들로 이뤄진 전체적 활동에 대한 각 개인의 태도나 입장에 의해 좌우된다"라고 말했다. 결국 우리가 어떤 문제에 직면하면 우리는 저장된 지식들의 시스템화된 묶음들인 정신적 도식에 의지한다. 예를 들어, 야구 게임에 대한 질문을 누가 해온다면 당신은 야구 도식에 의지하여 답을 하게 된다. 여기에서 야구 도식이란 당신이 야구선수 또는 관중으로서 경험하여 취득한 모든 지식이나 야구에 대해 듣거나 읽은 모든 것들을 총칭한다. 바트레트 경의 발견은 기억이 속성상 개인적이고, 저마다 퍼스낼러티적이고, 오류가 있을 수 있다는 점을 지적했을 뿐만 아니라 작업기억의 일시적인 작업공간으로 불려온 장기기억들이 우리의 생각과 행동에 얼마나 큰 영향을 미치는지를 강조하고 있다.

　　　　우리는 마음속에(작업기억 속에) 한 번에 간직할 수 있는 것들이 몇 가지가 채 안 된다는 것을 수 세기 전부터 알고 있다.[12] 인지심리학의 선구자인 조지 밀러[13]가 심리학적 실험을 통해 알아낸 바에 의하면, 최대로 7조각까지 간직할 수 있다. 어떤 사람들은 8~9조각까지 기억하기도 하고 또 다른 이들은 5조각까지밖에 순간적으로 기억하지 못하지만, 평균적으로는 7조각이다(전화번호가 지역번호를 빼고 7자리인 것이 우연의 일치는 아닌 것 같다). 그러나 조지 밀러가 알아낸 것처럼 이런 능력은 효과적으로 확장시킬 수 있는데 정보를 쪼개거나 묶음으로써 가능해진다. 즉 7개의 단어나 개념을 기억하는 것이나 7개의 글자를 기억하는 것이나 비슷하다. 인간의 인지 능력이 대단한 이유 중의 하나가 언어를 사용한다는 것인데, 그로 인해 정보를 범주화하거나 나누는 능력을 크게 확장할 수 있다. 예를 들어, 어떤 전체적 문화 현상을 이름 하나로 지칭할 수 있다.

작업기억의 개념은 종전에 쓰던 단기기억을 포함한다. 그러나 작업공간workspace이라는 용어가 의미하듯이, 작업기억이란 일시적으로 저장하기 위한 하나의 장소 이상을 말한다. 작업기억은 정신적 일을 의미하기도 한다. 민스키가 말한 것처럼 사고작용이란 정신적 항목들, 즉 비교하고, 대조하고, 판단하고, 예측하는 일들의 묘기다. 작업기억의 집행기능들에 의해 이런 요술들이 이뤄진다.

마음을 컴퓨터 작동원리로 설명한 샐리스와 존슨-레이어드 같은 인지과학자들은 집행기능들을 감독시스템supervisory system[14] 또는 작동시스템operating system[15] 기능으로 보았다. 컴퓨터의 작동시스템은 정보처리 과정의 흐름을 조절하고, 영구기억장치에서 활성화된 기억을 가지고 있는 중앙 처리 단위로 정보를 옮기며, 활성화된 임시기억장치를 이용하여 작업할 계획을 수립하는 등의 일을 한다. 이와 유사하게 작업기억의 집행기능들은 일시적인 기억들을 수시로 최신화하고, 그 순간에 어떤 특수시스템과 일을 할 것인지(집중할 것인지)를 선택하며, 작업에 필요한 정보를 장기기억 공간에서 꺼내어, 즉 현재 상황에 알맞은 도식들을 활성화시키거나 특정한 기억들을 회수하여 작업공간으로 이동시킨다. 집행기능을 통해 특수시스템들은 작업기억이 하는 일의 성격에 따라, 어떤 특정한 자극에는 초점을 맞추고 다른 자극들을 무시하도록 감독한다. 다양한 정신활동을 필요로 하는 복잡한 작업에서, 집행기능은 정신 작업의 단계들을 계획하고, 어떤 활동들을 참여시킬 것인가 계획하며, 필요 시 활동들 간의 초점 이동을 어떤 차례로 할 것인가를 결정한다.[16] 집행기능은 의사결정 과정에 핵심적으로 관여하며 현재 일어나고 있는 상황, 그 상황에 대해 알고 있는 바, 그 상황에서 취할 수 있는 행동들이 가져올 각각의 결과들을 고려하여 어떤 행동을 취할 것인지를 선택하게 해준다. 집행기능이란 간단히 말해 실제적인 생각 기능과 논리적인 사고를 가능하게 해준다.

집행기능은 강력한 정신 능력이지만 전지전능한 것은 아니다. 작업공간처럼 집행기능에도 한계가 있다. 그것도 한 번에 하나 또는 몇 개의 일만을 할 수 있다. 전화를 걸다가 잠깐 딴 생각을 하면 번호를 잊어버리는 이유가 바로 이 때문이다. 연습과 훈련을 통해 두 가지 정신적인 작업들에게 주의를 분산시킬 수 있지만 쉬운 일은 아니다.[17] 이런 점에서 집행기능은 컴퓨터에서 문서 작성, 이메일, 달력, 그 밖의 여러 프로그램들을 동시에 처리할 수 있는 윈도우즈 작동시스템이라기보다는 예전의 구식 도스DOS 작동시스템에 더 가깝다고 볼 수 있다.

그러나 집행기능에서도 분담하여 일을 처리하는 방식이 있다. 우리가 본 것처럼 집행기능은 복잡한 작업에서 순서를 정하는 일에 관련되어 있다. 이때 집행기능은 한 번에 한 가지 이상의 일들을 하지만, 이들은 모두 한 가지 공통의 목적에 관련되는 것들이다. 만약 집행기능이 관련 없는 여러 목표들을 동시에 수행해야 한다면, 그 시스템은 분열되기 시작하며 목표들이 서로 배치될 때는 더욱 그러하다. 사람에게 스트레스를 주기 위한 간단한 방법은 여러 일을 동시에 하게 만드는 것이다. 계획하고, 의사를 결정하는 것과 같은 여러 정신생활의 측면들은 집행기능이 과부하 걸렸을 때 고통받는다.

사령부

러시아의 위대한 심리학자인 루리아는 머리에 총상을 입은 2차 세계대전의 병사들을 대상으로 한 뇌의 기능에 대한 연구를 통해 광범위하고 영향력 있는 이론들을 발전시켰다.[18] 그중의 하나는 전두엽에 손상이 생기면 계획하고 목표지향적인 행동을 집행하는 능력이 소실된다는 것이다. 전두엽손상 환자들에 대한 연구와 정신병 치료 목적으로 전두엽절제수술을 받은 환자들에 대한 연구결과들도 전두엽이 집행기능들(계획, 문제 해결, 행동 조절)에 관여되어 있으며, 단기 또는 일시적인 기억에도 관여하고 있다고 보여 주고 있다.[19] 최근 MRI나 PET와 같은 뇌 영상 기술로 측정한 신경활동을 보면, 사람에게서 일시적 기억과 집행기능들이 필요한 작업을 수행할 때 전두엽의 활동이 증가한다고 나타나고 있다.[20] 작업기억은 전두엽에 있는 신경회로들의 한 가지 기능으로 간주되게 되었다.

전두엽들(양쪽 뇌에 하나씩 있다)은 상당히 크고, 인간 뇌무게의 3분의 1에 해당한다.[21] 모든 포유류들은 전두피질을 가지고 있지만, 대부분의 동물들의 경우 주된 기능은 운동 조절에 있다. 전전두피질은 운동 조절 영역의 앞에 위치해 있는데, 영장류에서 특히 잘 발달되어 있다(어떤 연구자들에 의하면, 이 영역은 영장류가 아닌 동물에는 아예 없다고 한다).[22] 이 영역이 바로 작업기억을 담당하는 장소다(그림 7.1).

신경과학의 많은 영역들처럼 신경계가 심리적 기능에 어떻게 참여하는지를 알려면 동물 연구가 필수적이고, 작업기억에 관여하는 전전두피질의 역할에 대한 내용은 원숭이 연구를 통해 이뤄졌다. 첫 단서는 1930년대에 나타났는데, 원숭이의 전전두피질을 손상시킨 다음 두 그릇 가운데 먹을 것이 숨겨져 있는 그릇을 잠시 못 보게 하면 다시 보여 줄 때 제대로 고르지 못한다.[23] 소위 지연반응작업delayed response task에서 전전두손상 동물에서 나타나는 이러한 일시적 저장 능력의 결여는 광범위하게 연구되었으며 다양한 자극을 이용한 여러 실험 방법들에 의해 여러 차례 확인되었다.

그림 7.1 작업기억
작업기억은 다양한 출처들로부터 오는 정보를 처리할 수 있으므로, 집행기능들에 의해 정보를 비교하고, 대조하고, 통합하고, 인지적으로 다르게 다루어질 수 있게 해준다. 이러한 정신적 작동들을 수행하기 위해 작업기억은 정보를 일시적으로 저장할 수 있어야 한다.

원숭이 전전두피질이 작업기억에 관여하는 역할에 대해 UCLA의 푸스터와 예일 대학교의 골드만–래킥이 자세하게 연구하고 있다.[24] 두 연구자는 원숭이에게 지연반응작업 또는 일시적 정보 저장이 필요한 시험들을 수행하게 하면서 전전두의 뉴런에서 전기적 활동을 측정했다. 이 영역에 있는 세포들은 지연 기간 동안 특히 활동이 증가함을 알아내었다. 아마 이 세포들은 지연 기간 동안 정보를 저장하는 데 직접 관련되어 있는 것 같다.

　　　전전두피질의 시냅스연결에 관한 내용도 원숭이 연구를 통해 이루어졌는데, 다양한 종류의 자극이 작업기억에 관여하고 있다는 것이 밝혀졌다.[25] 전전두피질은 수렴 영역이다. 그것은 여러 특수 시스템들(시각시스템이나 청각시스템처럼)과 연결되어 있어서 외부세계에서 무슨 일이 벌어지는지를 알려 주며, 모인 정보들을 통합하게 해준다. 또한 그것은 장기 외현기억에 가담하는 해마와 기타 피질 영역들과도 연결되어 있기 때문에, 지금 하고 있는 작업에 적절한 저장된 정보들(사실들, 개인적인 경험들, 도식들)을 불러올 수 있다. 또한 전전두피질은 운동 조절에 관여하는—피질 하부 영역뿐만 아니라 전두피질의 운동 조절 영역들을 포함한—영역들과 연결하여 집행 결정사항을 실제 의지적 행동으로 옮기도록 한다.

작업기억의 시각

시각계는 뇌에서 가장 연구가 많이 된 시스템 중의 하나다. 이런 이유 때문에 작업기억이나 다른 인지과정 연구에 시각적 자극들을 즐겨 사용해 왔다. 시각 처리 과정에 대한 연구는 시각계에 대한 해부학적 연결과 기능에 대한 엄청난 양의 지식과 결부되어, 작업기억의 근거가 되는 시냅스연결을 이해하는 데 큰 도움을 주었다(그림 7.2).

피질의 시각 처리는 후두엽(머리의 가장 뒷부분에 있는 피질)에 위치한 일차 시각 영역에서 시작된다. 이 영역은 시각시상으로부터 시각정보를 받아 처리한 후, 다양한 피질 영역들로 출력을 분산하여 보낸다. 운거라이더, 제키, 에센 등을 비롯한 여러 학자들의 연구에 의해 피질에서 시각 처리가 일어나는 경로들이 밝혀졌다.[26] 이 회로들은 매우 복잡하지만[27] 시각 처리의 큰 두 줄기 경로에 대해 잘 밝혀졌다. 운거라이더와 미쉬킨의 연구에 의해, 이 두 경로가 '무엇what' 과 '어디에where' 와 관련된 시각경로들로 밝혀졌다.[28] '무엇' 경로는 사물을 인식하는 데 관여하며, '어디에' 경로는 외부세계에서 그 사물이 다른 자극원들과 상대적으로 어떤 위치에 놓여 있는지에 대한 정보처리에 관여하는 경로다. '무엇' 경로는 일차 시각피질에서 측두엽피질로 가는 경로이고, '어디에' 경로는 일차 시각피질에서 두정엽피질로 가는 경로다.[29]

두정엽에서 '어디에' 경로의 최종 단계는 전전두피질과 직접 연결된다.[30] 골드만–래킥, 푸스터 등이 발견한 바에 따르면, 전전

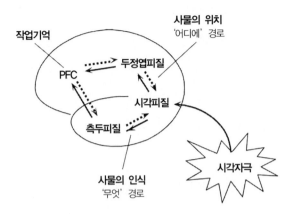

사물의 위치
'어디에' 경로

작업기억

사물의 인식
'무엇' 경로

그림 7.2 작업기억으로 가는 '무엇'과 '어디에'에 대한 시각적 입력들
작업기억은 전전두피질PFC에 있는 신경 네트워크들에 의해 매개된다. 작업기억에 대한 많은
지식들은 시각 처리 과정에 대한 연구를 통해 얻을 수 있었다. 시각계에서 여러 개의 하부시
스템들이 자극 처리 과정에서 중요한 역할을 한다. 이들 중 하나는 사물의 대상이 '무엇'인
가를 인식하는 데 관여하고, 다른 하나는 그것이 공간상에서 '어디에' 위치하는지를 인식하
는데 관여한다. 작업기억에서 이 두 가지 표상들은 합쳐져서 우리가 사물들을 바라볼 때 사
물들의 정체성뿐만 아니라 그것들의 위치까지를 파악할 수 있게 해준다.

두 영역에 있는 세포들이 공간작업들에서('어디에' 처리 과정이 관여되
어 있는) 지연 기간 동안 활발히 활동했는데, 이는 자극이 존재하지 않
는 시간 동안 이들 세포들이 자극정보의 일시적 저장에 관여함을 나타
낸다.[31] 또한 두정엽에 있는 '어디에' 처리 영역도 지연 기간 동안 활동
한다.[32] 두정엽의 '어디에' 영역과 전전두피질 간의 시냅스를 통한 상
호작용들에 의해 동물은 보상음식이 어디에 놓여 있는지를 마음속에
계속 그릴 수 있다.

측두엽피질에 있는 '무엇' 영역도 전전두피질과 연결되
어 있다.[33] 얼 밀러와 데시몬은 비슷한 자극 중에서 어떤 것이 보상물과

연계되어 있는지를 기억해야 하는 원숭이 실험에서 '무엇' 시각경로와 전전두피질에 있는 세포들이 모두 지연 기간 동안 활동하는지를 조사했다.[34] 이 실험에서 '무엇' 경로가 관여하는지를 알아보기 위해 보상물은 한 가지 특별한 자극과 짝을 이루게 했다. 그들은 전전두피질과 측두피질의 '무엇' 처리 영역에 있는 세포들이 모두 지연 기간 동안 활동했음을 알아냈다.

작업기억에서 시각정보의 유지는 결국 시각피질의 특수 영역들과 전전두 영역 간의 시냅스 경로를 통한 정보전달에 의해 이뤄진다. 특수시각 영역들에서 오는 경로들은 전전두피질에게 그 '무엇'이 저 바깥에 있고 그것이 '어디에' 놓여 있는지를 말해 준다. 또한 이들은 양방향 통로다. 즉 전전두피질은 시각 영역들에게 거꾸로 연결된 시냅스 경로들을 통해 작업기억에서 처리되고 있는 사물대상들과 그들의 공간적 위치에 대해 계속 주의를 기울여 초점을 맞추도록 명령을 보낸다. 최근 골드만-래킥과 로만스키의 연구에 의해 청각 작업기억도 유사한 방식으로 청각 처리 경로들과 전전두 영역 사이의 연결들에 의해 관여되고 있음이 밝혀졌는데, 이는 특수감각 처리 시스템들과 전전두피질 간의 연결이 관여하는 구조는 많은 시스템들에게도 일반적으로 적용될 수 있음을 시사해 준다.[35]

상부로부터의 명령

하위 처리 장소에서 상위 처리 장소로 정보가 흐르는 것을 인지심리학자들은 상향bottom-up 처리 방식이라 하고, 상위에서 하위 장소로 흐르는 것을 하향top-down 처리 방식이라 부른다.[36] 그래서 '무엇' 영역에서 전전두피질로 가는 것은 아래에서 위로 정보를 전달하는 것이고 (대상물체의 정체에 대한 정보를 작업공간으로 옮겨 놓는 것), 전전두피질에서 거꾸로 '무엇' 영역으로 가는 경로는 위에서 아래로 정보를 전달한다(작업공간에 표상되어 있는 사물에 대한 주의집중을 유지하도록 조절하는 집행신호를 보내는 것). 하향식 활동들은 결국 집행기능들을 다른 말로 부르는 것에 지나지 않는다.

조나단 코헨과 세르반–슈라이버는 하향 집행기능들이 하위 처리 과정에 미치는 영향을 연구하기 위해 소위 스트룹Stroop 작업을 사용했다.[37] 이 실험에서 사람들에게 간단한 단어들(색 이름들)을 잠깐 보여 주고는 단어의 이름을 말하게 하거나 그 단어가 인쇄된 색깔을 말하게 했다. 경우에 따라 단어의 이름과 인쇄된 색깔이 서로 다를 수 있으며 ('초록'이라는 단어가 빨간 글씨로 씌어 있을 때), 서로 일치할 수도 있다('초록'이라는 단어가 초록색으로 씌어 있을 때). 일치할 때에 비해 일치하지 않을 때 글씨 색깔을 맞추는 데 훨씬 더 많은 시간이 걸리지만 피험자들은 제대로 맞춘다. 그러나 전전두피질에 손상을 입은 환자들은 이런 작업을 제대로 해내지 못했다.[38] 이들은 가르쳐 준 답변 방식에 따라 제대로 답을 하지 못했다. 예를 들어, 단어의 색깔이 아니라 단어의 이름을 말하는 것을 억제해야 하는데도 그러지 못했다. 정신분열증 환자들은 전두엽에 기능이상이 있다고 믿어지고 있는데, 이들 역시 이런 작업을 제대로 해내지 못했다.[39] 여러 연구진들이 행한 두뇌의 기능성 영상 연구들에 의하면, 정상적인 사람들의 전전두피질은 색깔 맞추기 시험에서 갈등상황이 주어질 때 활성화되는 데 비해, 정신분열증 환자들은 그렇지 않았다.[40] 이런 발견들에 의하면, 집행기능들은 전전두피질에서 하위 처리 시스템들(색과 단어 처리 시스템들)로 연결을 보냄으로써 실험자가 제시한 규칙에 따라 (작업기억에서 여전히 활동하고 있는) 더 자연스러운 단어 말하기 반응을 억제하는 대신 잉크색을 말하는 덜 자연스러운 반응을 촉진한다. 인지과학자들은 종종 컴퓨터 시뮬레이션을 통해 심리학적이고 때로는 신경학적인 처리과정이 어떻게 작동하는지를 알아내는 데 도움을 받았다. 조나단 코헨과 세르반—슈라이버는 이런 컴퓨터 작업을 통해 스트룹 작업에서 전전두피질이 하는 역할을 설명했다.[41]

　　　일시적 저장과 집행기능들이 전전두피질에 있는 동일한 네트워크에 의해 수행된다고 알려져 있지만,[42] 대부분의 연구들은 주로 일시적 저장 쪽에 초점을 맞추었다. 그러나 데스포시토와 동료들은 집행기능에서 전전두 영역이 하는 일들을 명확하게 밝히기 위한 실험들을 고안했다. 그들은 사람을 대상으로 하여 단어 식별 작업(야채 이름을 들으면 반응을 보이기)과 시각작업(자극들이 일정한 공간배열을 이룰 때 반응하기)을 시켰다.[43] 이 작업들을 별개로 시키거나(이것은 쉬운 작업으로서 집행기능들을 필요로 하지 않는다), 또는 동시에 시켰다(이것은 어려운 작업으로서 집행기능들을 필요로 하는데, 두 종류의 자극들을 동시에 추적해야 하기 때문이다). 결과에 따르면, 두 작업을 동시에 시킬 때 전전두피질이 활성화되었다. 작업의 내용상 일시적 저장이 필요하지 않기 때문에(자극과 반응 사이에 지연이 없으므로), 나타난 결과는 전전두피질의 집행기능과 관련된 것으로 보면 된다. 또 다른 연구들에 의해서도 사람의 전전두피질은 정보의 일시적 저장뿐만 아니라 실제로 집행기능이 수행될 때 활성화된다고 밝혀졌다.[44]

명백한 여러 이유 때문에 사람이 아닌 영장류에서 집행기능들을 연구하기는 더 어렵다. 원숭이에게는 말을 시킬 수 없으므로 작업의 각 단계별로 비언어적인 수단으로 훈련해야 한다. 그러나 전두엽이 손상된 원숭이가 지연반응 수행 능력이 떨어지는 것은 일시적 저장 능력의 손실 때문만은 아닌 것으로 연구자들은 생각하고 있는데, 그 이유는 시험 중에 주의를 산만하게 하는 자극이 있으면 수행 능력이 훨씬 떨어지기 때문이다.[45] 마치 원숭이가 관련이 없는 산만한 정보를 무시하지 못하는 것처럼 보인다.

최근 들어 원숭이 뇌에서 일어나는 집행기능과 유사한 작동에 대한 증거들이 나오고 있다. 예를 들어, 레이놀즈와 데시몬은 화면에서 점이 나타나는 위치에 집중하도록 원숭이를 훈련시켰다. 이것은 본질적으로 집중이라는 집행기능을 훈련시킨 것이다. 그 후에 같은 위치에서(주의집중이 되고 있는 영역에서) 그림을 제시했다. 시각피질의 초기 단계에 있는 세포들은 그림에 반응했다. 그러나 제2의 자극이 처음 자극과 함께 화면에 제공되었을 때 세포들은 반응하지 않았다.

집행기능들은 처음 그림에 대해서만 초점을 맞추어 세포 활동을 보이고, 두 번째 그림에 대한 새로운 정보는 무시했다.[46] 이 연구는 앞서 말한 연구와 더불어 주의집중 신호들이 '무엇' 경로에서의 교통 흐름을 지휘하는 데 관여함으로써 어떤 자극들이 처리될 것인지를 조절한다는 것을 의미한다. 이와 유사하게 운거라이더와 동료들은[47] 사람을 대상으로 비슷한 작업을 시켜 기능적 뇌 활동을 측정했다. 그들도 비슷한 결론에 도달했는데, 위에서 아래로의 하향식 활동에 의해 하위 시각 영역들이 조절된다는 것이다.

　　　　얼 밀러의 연구결과는 원숭이 뇌의 전전두피질이 사람 뇌와 같이 하향식 신호들의 발원지라는 것이다.[48] 원숭이에게 목표자극을 먼저 보여 주었다. 그 다음 그 자극을 두 개의 관계없는 자극들과 함께 배열을 이루어 보여 준다. 약간 시간 간격을 둔 후 세 자극 배열을 다시 보여 준다. 만약 목표자극이 같은 위치에 있으면 원숭이가 손잡이를 눌러 반응을 보이게 한다. 연구결과에 의하면 전전두 세포들은 배열에 있는 목표자극을 골라내는 데 특히 높은 반응을 보였다. 더 나아가 시각피질에 있는 세포들이 목표 선택에 민감하지만,[49] 그들의 활동은 전전두 활동이 일어난 후에 일어난다. 이 사실은 주의집중 신호가 전전두 영역에서 만들어져서 시각피질로 하향식으로 전달된다는 것을 말한다.[50]

　　　　그러나 전전두피질에서 일어나는 활동이 인지작용에 필요한 것인가, 아니면 부수적으로 나타나는 현상일 뿐인가? 다시 말해, 전전두피질의 활동은 하향식 인지과정의 결과인가 아니면 원인인가?

나이트는 연구결과를 통해 전전두피질의 활동이 필요하며 원인이 된다고 지적한다.[51] 나이트는 두피에 전극을 붙여 사람의 시각피질에서 발생하는 전기적 활동을 기록했다. 비록 이 기술은 특정한 신경회로에 대한 상세한 정보를 제공하지는 않았지만, 시각피질과 같은 영역에서의 활동을 알아내는 데는 충분하다. 정상적인 경우에 피험자에게 어떤 자극을 예상할 수 있게 미리 알려 주면, 그 자극에 대한 시각피질에서의 반응이 향상된다. 그러나 하위 수준의 감각 처리에 대한 이러한 주의 집중적 조절작용은 전전두 영역이 손상된 환자에게서는 일어나지 않았다. 전전두피질은 하향식 인지과정이 일어나는 데 필요한 것이다.

전전두피질에서 내려오는 하향식 명령이 하위 처리 단계에서의 신경활동을 선택하는 데 중요하다는 것은 일본의 미야시타 팀이 수행한 정교한 실험에서도 드러났다.[52] 그들은 원숭이 뇌에 손상을 주어 시각자극을 줄 때 측두피질에 있는 '어디에' 영역이 상향식(시각계의 하위 영역들에서 오는) 또는 하향식(전전두피질에서 오는) 정보 중 하나만 받을 수 있도록 했다. 그들은 전전두 영역에서 오는 하향식 정보가 '어디에' 경로에 있는 세포들을 선택적으로 활성화시키는 데 충분하다는 것을 발견했다.

집행기능 중 중심적인 측면은 의사—결정이다. 여러 연구 그룹들이 하고 있는 연구에 의해 뇌에서 이런 일이 어떻게 일어나는지에 대해 조금씩 알게 되었다. 대부분의 연구는 간단한 행동인 안구운동에 초점을 맞추었는데, 실험자에게 여러 유리한 면이 있는 실험 방법이다. 원숭이를 훈련시켜서 눈동자를 움직여 특정한 위치에 있는 자극에 반응하도록 시켰다. 이런 반응을 이용하여 원숭이가 자기가 보는 사물에 기초하여 어떤 것에 반응할 것인가를 결정하는 과정을 연구했다. 예를 들어, 샤들렌과 김은 원숭이에게 특정한 방향 또는 다른 방향으로 움직이는 시각자극을 보여 주었다.[53] 움직이는 자극은 복잡한 배경그림 내에서 일어나므로 매번 정확하게 알아맞히는 것이 쉽지 않다. 즉 이 실험에서 원숭이는 자극에 대한 결정을 내리기 위해 불완전한 정보를 가지고 판단해야 한다. 더욱이 자극과 반응 사이에 지연 시간을 두게 했다. 초기 연구에서 밝혀진 바에 의하면, 움직이는 자극은 MT라고 불리는 시각피질에 있는 특수한 영역에서 처리되는데 이 영역은 전전두피질과 연결되어 있다.[54] 김과 샤들렌은 새로운 실험에서 전전두피질에서의 신경반응들을 기록했으며, 이 영역에서의 신경활동은 지연기간 동안 어느 방향으로 눈동자를 움직일 것인가를 예측하게 해주었다. 그들은 전전두 세포들이 자극정보를 반응계획으로 전환시키는 데 관여하고 있다고 결론지었다. 그들의 주장에 따르면, 이 세포들은 의사결정 처리 과정의 부분이다.

어떤 연구자들은 두정엽피질의 '어디에' 영역에 있는 회로들이 전전두 세포들처럼 움직임에 대한 계획과 의사결정에 관여한다고 주장한다.[55] 여러 면에서 이들 세포들은 전전두피질의 세포들과 비슷하게 반응한다. 그러나 두정회로들은 다음 움직임에 대한 계획에 관여하는 반면, 전전두회로들은 여러 단계를 미리 계획하는 데 관여한다.[56] 후에 감정과 동기를 알아볼 때, 의사결정에 대한 다른 측면들을 살펴볼 것이다.

하나의 시스템 아니면 여럿?

푸스터는 전전두피질이 공간(어디에)과 사물(무엇)에 대한 정보를 통합한다고 처음으로 주장했다. 이러한 두 가지 종류의 정보에 반응하는 세포들이 전전두피질에 서로 섞여 있기 때문이었다.[57] 이 결과는 전전두피질이 여러 처리 영역들에 걸쳐서 만능의 일시적 저장에 관여한다는 견해와 일치한다. 그러나 최근 골드만-래킥은 전전두피질이 과연 만능 작업기억 처리 장치인가에 대해 의문을 제기했다(그림 7.3).[58] 그녀와 프레이저 윌슨은 사물대상에 대한 처리와 공간 처리에 관여하는 세포들이 전전두피질의 다른 영역들에 몰려 있다는 증거를 발견했다.[59] 최근에 로만스키와 골드만-래킥은 청각 작업기억에 관여하는 새로운 영역을 찾아냈다.[60] 이런 발견은 일시적 저장이 전전두피질 내에서 특정한 영역에 의해 수행되므로, 일반적인 작업공간 개념에 의문을 갖게 했다. 스미스와 조니데스도 사람의 작업기억에 대한 기능 영상 연구를 통

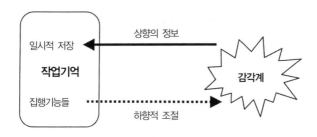

그림 7.3 상향식 처리 과정과 하향식 처리 과정
감각계들로부터 작업기억으로 정보를 보내는 과정이 상향식 처리 과정의 한 예인 반면, 작업기억에 의해 감각 처리 과정이 조절되는 것은 하향식 처리 과정의 한 예다.

해 비슷한 결론에 도달했다.[61] 그러나 얼 밀러는 전두의 각 영역에는 한 가지 종류에만 배타적으로 반응하지 않는 수많은 세포들이 있다고 지적했다. 더 나아가 다른 영역들은 서로 복잡하게 연결되어 있다. 여러 분야의 정보를 통합하기 위해 많은 영역들이 공동으로 작동하며, 독립적인 시스템들을 모으는 것이 아니라 하나의 단일한 분산시스템(여러 뇌 영역에 걸쳐 있는 하나의 시스템)을 만들어 일시적 저장을 매개하는 것이 가능하다. 이 문제를 풀기 위해 더 많은 연구가 필요하다.

일시적 저장기능들이 어떻게 구성되는가와 관계없이, 집행기능들은 자극 분야에 따라 전전두피질에서 구분된 것 같지는 않다.[62] 그러나 이 말이 하나의 단일 기능 영역에서 모든 집행기능들이 이루어진다는 것을 말하는 건 아니다. 집행기능들은 전두피질의 여러 영역들에 걸쳐 퍼져 있는 것 같다. 예를 들어, 작업기억에 관여하는 전전두피질의 고전적 영역은 외측전전두피질lateral prefrontal cortex인데 전두피질의 바깥 표면에 위치해 있다.[63] 그러나 내측전두피질, 즉 안쪽에 위치한 영역도 작업기억의 기능 영상 연구에서 밝혀졌듯이 활성화되어 있으며 집행기능들을 관장하는 주요 영역 중의 하나다.[64] 이 영역은 전대상피질anterior cingulate cortex인데 외측전전두 영역, 즉 고전적인 작업기억 영역과 더불어 여러 감각시스템들로부터 입력을 받고 있으며 고전적인 외측 영역과 해부학적으로 서로 연결되어 있다.[65] 더욱이 두 영역은 인지심리학자인 포스너가 전두엽 주의집중 네트워크라고 불렀던 부분이다.[66] 이 네트워크는 선택적 주의집중, 정신적 자원 할당, 의사결정 과정, 수의적 운동 조절, 그리고 (또는) 경쟁하는 자극들 사이의 갈등 해결 등에 관여한다.[67] 작업기억의 집행적 측면들이 외측전두와 전대상anterior cingulate 영역이나 다른 영역들 간의 시냅스연결들에 의해 이루어진다고 생각할 수 있다.[68] 그럼에도 불구하고 집행기능들의 다양한 측면들이 여러 영역들에 걸쳐서 똑같이 분산되어 있지는 않을 것이다. 사실상 특정한 집행기능들이 특정한 위치에 국한되어 있다는 증거들이 있다. 즉 어떤 작업을 수행할 때 집행기능들의 다른 측면들(예를 들어, 자극 또는 반응 선택 대 갈등 해결 대 의사결정)이 전전두피질의 다른 영역들에 다른 정도로 관여하고 있다는 것이 밝혀졌다.[69] 즉 다양한 집행기능들이 자체적으로 계획하고 의사결정하는 능력을 가지고 있다는 것이 결코 아니다. 대신 다양한 집행기능의 요소들은 전두피질에 있는 여러 영역들 사이와 더 나아가 다른 영역들 사이에 퍼져 있는 상호 연결회로들의 집합에 의해 만들어진다는 것인데, 이 점은 제9장에서 더 자세히 논의할 것이다.

생각의 너트와 볼트

작업기억 기능이 세포와 시냅스 수준에서는 어떻게 작동할까? 이 과정에 대해 완전히 이해할 순 없지만, 적어도 설명을 위해 몇 가지 조각들은 맞출 수 있다.

신피질의 다른 영역들처럼 전전두피질은 6개의 층으로 구성되어 있다.[70] 그리고 다른 영역들처럼 중간층들은 다른 지역에서 오는 입력을 받아들이고, 깊은 층들은 다른 지역들로 출력을 보낸다. 따라서 다른 피질 영역들(예를 들어 '무엇'과 '어디에'를 처리하는 영역들)로부터 오는 축삭들은 전전두피질의 중간층들에 있는 세포들과 시냅스를 이룬다. 이렇게 입력 받은 세포들은 깊은 층에 있는 세포들로 축삭을 보낸다. 깊은 층에 있는 세포들은 중간층 세포로 되돌아가는 연결을 만들기도 하고 다른 피질 또는 하부피질 영역, 특히 운동 조절에 관여하는 영역들에 연결을 보내어 행동반응을 일으키게 한다. 이런 방법들을 통해 중간층과 깊은 층의 세포들은 서로 영향을 끼친다. 또한 중간층의 입력세포들과 깊은 층의 출력세포들은 같은 층 안에 있는 다른 세포들과도 국소적인 연결을 하고 있다. 이런 배열에 의해 입력세포들은 다른 입력세포들에게, 출력세포들은 다른 출력세포들에게 영향을 준다.

전두피질로의 입력 전달과 전두피질로부터의 출력 전달, 그리고 전두피질 내에서 세포 사이의 전달과 층들 사이에서의 전달은 시냅스전 세포에서 분비되는 글루타메이트가 시냅스후 수용체에 결합하여 이뤄진다. 특히 이런 회로들로 들어오는 외부입력은 전두피질의 흥분성 시냅스연결에서 아주 미미한 부분에 지나지 않는다는 점이 흥미롭다. 전두피질 내에서의 연결들, 즉 층 내에서의 연결과 층들 간의 연결 등은 감각 처리 영역처럼 다른 영역들로부터 오는 연결들에 비해 훨씬 많다. 내부적인 연결에 의해 이뤄지는 상호 흥분은 외부에서 오는 입력신호들을 증폭하여 계속 활동이 유지되도록 해주며, 아마도 지연 기간 동안 관찰되는 지속적인 활동성에 기여할 것이다.[71]

물론 이 회로들 안에 억제작용도 있다. 대부분의 억제성 연결들은 깊은 층의 출력세포들에 연결되어 있다. 그러나 이 출력세포들은 상층이나 같은 층의 다른 세포들에 역방향 흥분성 투사를 할 수 있기 때문에, 깊은 하층의 국소적 억제는 네트워크를 통한 흥분성 흐름의 상당 부분을 조절할 수 있다.

전전두피질에 있는 흥분성 회로와 억제성 회로가 작업기억에 기여하는 바에 대해 알고 있는 지식은 신경조절물질인 도파민에 대한 것이 대표적이다.[72] 전전두피질은 도파민을 갖고 있는 축삭들에 의해 많이 연결되어 있고,[73] (도파민을 파괴하는 약물을 투입하여) 전전두피질에서 이 물질을 제거하면 전전두피질이 제거된 원숭이처럼 지연반응 수행 능력이 상실된다. 도파민을 제거한 동물들에게 특정한 타입의 도파민 수용체를 활성화시킬 수 있는 약물을 전전두피질에 흘려보내주어, 마치 도파민성 섬유가 도파민을 분비하는 것처럼 수용체와 시냅스후 세포들을 활성화시켜 주면 수행 능력이 다시 살아난다. 젊은 원숭이의 전전두피질에 도파민을 넣어 주면 작업기억의 용량이 향상되고 늙은 원숭이의 경우는 노화와 관련되어 약화되는 작업기억을 회복할 수 있다.[74]

도파민 세포체들은 뇌간에 자리 잡고 있는데 그 지역을 복측피개ventral tegmental 영역이라고 한다. 이 세포들의 축삭들은 여러 갈래로 나뉘어 전전두피질을 포함한 전뇌의 여러 영역들로 가는데 그 말단에서 도파민을 분비한다.[75] 영장류의 도파민말단은 전체 층들에 골고루 분포되어 있어 수용체에 도파민을 결합시킴으로써 입력층과 출력층에 있는 흥분성과 억제성 전달과정을 조절한다. 도파민 수용체에는 여러 타입들이 있지만, D1 타입(D1과 D5형 수용체들을 포함한다)이 작업기억에 관여하는 것으로 알려져 있다.[76] 이 수용체들은 흥분성 세포의 수상돌기 축이나 가시들에 존재하고 수상돌기에서 세포체로 전달되는 흥분성 전달을 감소시키는 것으로 보이는데, 이렇게 함으로써 오로지 강한 흥분성 입력만이 세포체에 도달하여 흥분을 일으킨다.[77] 전전두피질에서의 도파민 분비는 가바 분비의 시냅스전 촉진에 의해 가바 억제를 촉진하는 것으로도 보이는데, 전전두회로들에서의 흥분성 전달을 더욱 감소시키는 효과가 있다.[78] 이런 효과들은 도파민 수용체들을 갖고 있는 세포들에서 인산화효소인 PKA가 활성화되어 일어나는 것으로 보인다. 이런 발견들을 종합하여 아른스텐은 다음과 같이 주장했다. 도파민은 세포들을 대체적으로 강한 자극에만 반응하도록 편향시키고, 그에 따라 현재 활동 중인 목표에만 집중하게 하고, 산만한 자극으로부터는 벗어나도록 해준다. 그는 이런 방식으로 도파민이 작업기억에 참여한다고 주장했다(그림 7.4).[79]

오즈의 마법사

많은 사람들은 생각(인지)과 의식이 밀접하게 관련되어 있다고 직관적으로 생각한다. 이런 직관은 맞지만 완전하지는 않다. 버지니아 울프는 이 점을 다음과 같이 지적했다. "우리 모두는 생각한다고 불리는 이상

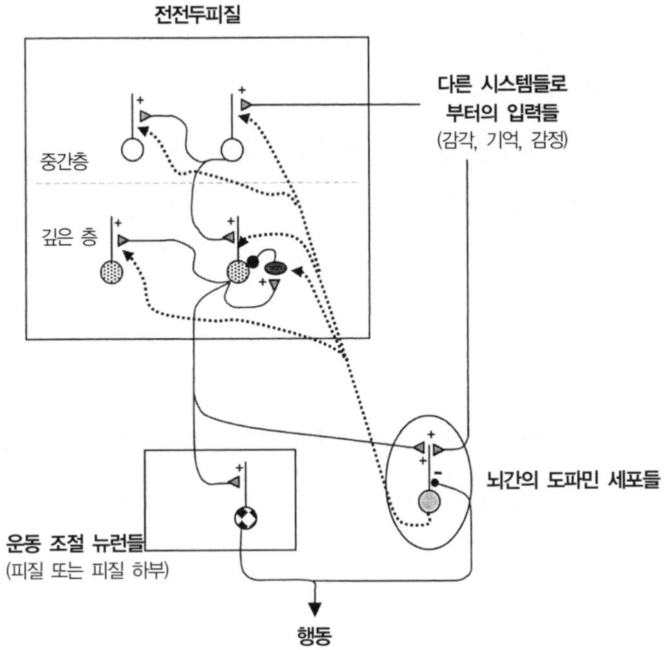

그림 7.4 작업기억의 세포 메커니즘

감각계, 기억시스템, 또는 다른 시스템들로부터 전전두피질로 오는 입력들은 중간층에 있는 세포들의 수상돌기에 도달한다. 이 세포들은 광범위하게 흥분성(+) 연결을 같은 층의 세포들뿐 아니라 깊은 아래층에 있는 세포들과도 맺는다. 깊은 층 세포들은 또 다른 깊은 층 세포들과 연결되어 있으며 행동을 조절하는 데 관여하는 피질과 피질 하부의 운동 영역들에도 연결되어 있다. 또한 깊은 층 세포들은 억제성 중간뉴런들과도 연결된다. 뇌간에 있는 도파민성 세포들은 전전두회로가 갖는 여러 작용들을 조절하여 흥분을 향상시키고 촉진시킨다. 이 회로가 가지고 있는 광범위한 흥분성 연결과 도파민에 의한 회로 연결의 촉진은 작업기억에 들어온 자극들을 계속 붙잡아 놓을 수 있는 작업기억의 능력을 설명해 준다. 작업이 계속 이뤄지고 있는 동안에는 운동계들의 출력은 도파민성 세포들을 억제하는데, 일단 행동이 발생하면 도파민에 의한 촉진은 더 이상 일어나지 않고, 작업기억도 다른 일을 하기 위해 해방된다는 것을 의미한다. Durstewitz et al. 1999에서 인용.

하고도 즐거운 과정을 탐닉하고 있으나, … 막상 우리가 생각하는 바를 말해야 할 때가 되었을 때, 우리가 전달할 수 있는 것은 얼마나 작은 부분에 지나지 않는가!"[80]

당신이 신문을 읽는 것과 같은 어떤 정신작용에 몰입해 있다고 가정하자. 당신 주위에서 벌어지는 다른 일들은 무시하게 된다. 그러나 당신 이름을 부르는 소리 같은 무엇인가 의미 있는 일이 뒤에서 일어나면, 그때 당신은 읽는 것을 멈추고 당신을 부른 사람을 돌아볼 것이다. 당신의 의식적 마음은 신문에서 유래되는 시각적 신호 이외의 다른 것들을 무시하지만 당신의 뇌는 그렇지 않다. 다른 감각계들로부터 오는 입력들은 계속 처리되고 있는데, 그렇지 않다면 당신의 이름을 불렀을 때 이를 깨닫지 못했을 것이다. 따라서 인지와 의식은 같은 것이 아니다. 그렇다면 무엇이 의식이고, 우리가 무엇을 의식하고 있다는 것은 어떻게 결정되는가?

우리는 의식을 기초가 되는 인지과정들의 산물로 생각할 수 있다. 우리는 주요 과정들이 어떻게 작동하는지를 실제로 보아 왔다. 우리가 의식하는 내용물들은 작업기억이 작업하는 내용물이다.[81] 인지과학이 의식에 대해 논란이 되는 의문에 휩싸이지 않으면서 마음에 대한 연구를 할 수 있는 방법을 제공했을 뿐만 아니라, 작업기억을 설명하는 과정에서 의식이 어떻게 작동하는지를 이해하기 위한 현실적인 접근 방법을 제공했다.

위에 언급한 예를 인지언어로 번역해 보자. 주의집중하는 동안 여러 정신적 자원들이 지금 벌어지고 있는 작업에 배분된다. 다시 말해, 집행기능은 하위 처리 영역들에게 현재 진행되고 있는 작업을 지원하도록 명령한다. 그러나 만약 그때 놀고 있는 하위 처리 영역들이 현재 작업과는 관련이 없으나 현재 작업보다 더 중요한 어떤 사건을 발견한다면, 자원들은 새로운 사건을 처리하는 데 재분배된다. 집행기능이 가지는 작업관리, 일정관리, 갈등해결 기능 등은 새로운 사건으로 주의를 돌리고 그것에 알맞은 정보들을 작업기억으로 이동시킨다. 이렇게 되면 기존의 정보는 쫓겨난다. 새 작업과 관련된 행동이 개시된다. 즉 당신은 소리가 나는 방향으로 몸을 돌린다. 만약 당신의 이름을 부른 후에 그 사람이 "이게 무슨 냄새지?"라고 묻는다면, 당신은 그 말에 답하려는 듯 코를 킁킁거릴 것이다. 이런 작동들이 일어나는 동안 기억들이 작업기억 속으로 회수되어, 그 소리는 당신의 이름이고 소리의 출처는 당신의 친구라는 것을 인식하게 된다(당신이 기억하지 않는다면 당신의 이름을 어떻게 알겠는가? 친구의 목소리와 모습을 기억하지 않는다면 어떻게 그가 친구라는 것을 알겠는가?). 회수된 장면기억과 의미기억들은 도식들과 함께 집행적 의사결정을 내리는 데 도움을 준다.

집행과정들(감시기능, 자원배분, 작업관리, 갈등해결, 기억회수)의 최종 결과는 작업기억에서 당신의 이름을 의식의 내용으로 표상하는 것이지만, 이것을 가능하게 하는 집행과정들은 무의식적으로 기능한다는 것을 아는 것이 중요하다. 신경과학의 선구자인 래슐리가 1950년대 초에 지적한 것처럼, 우리는 처리 과정을 의식할 수 없으며 처리 과정의 결과만을 의식하게 될 뿐이다.[82] 오즈의 마법사처럼 집행과정들은 은막 뒤에서 일한다.

의식에 대한 작업기억 모델에 따르면 전전두피질이 의식에 중요한 역할을 담당한다는 것인데, 이것은 특별히 새로운 아이디어가 아니다.[83] 예를 들어, 앞서 소개한 바 있는 러시아 심리학자인 루리아는 전두엽이 손상된 환자들이 보이는 두 가지 특징적인 결함을 지적했다. 그들은 자발적이면서 목표지향적인 행동을 하지 못하고, 이런 그들의 결함을 그들 자신이 이해하지 못하는 문제점이 있었다.[84] 전두엽이 손상되었을 때의 효과를 오랫동안 연구한 미국의 신경학자인 벤튼은 이런 전형적인 환자를 다음과 같이 기술했다. "자리에 앉은 채 자아몰입을 하거나, 몽상에 빠지거나, 자기관찰에 빠지는 그들을 본 적이 없다."[85] 엄밀히 말해 이 환자들은 '무의식적'인 것이 아니라, 그들이 경험하는 것에 대해 제대로 이해하지 못하는 것처럼 보인다.[86] 동시에 그들은 전전두피질을 모두 손상당한 것이 아니므로, 의식 상태가 일부 남아 있는 것은 아마도 이 크고 복잡한 전전두피질의 일부가 남아 있기 때문인 것으로 보인다. 우리가 본 것처럼 작업기억 기능들은 전전두피질의 한 장소에만 있는 것이 아니라 넓은 영역에 걸쳐 분산되어 있다.

반면에 원시적인 수준의 의식이 존재할 수도 있다. 특히 의사결정과 행동을 안내하기 위해 실시간 정보를 활발하게 사용하는 것과는 반대되는 개념으로, 전전두피질에 의존하지 않으면서 벌어지는 사건들을 소극적으로 깨닫는 의식과정이 있을 수 있다.[87] 이런 종류의 정신상태들은 아래에 논의하는 것처럼 전전두피질이 전혀 또는 거의 없는 동물들에게도 존재하는 의식으로 규정할 수 있다.

만약 전전두피질이 인간 의식에서 핵심적인 역할을 한다

면, 그것은 우리가 의식적인 접근을 할 수 있는 기억인 외현기억에도 관여해야 한다. 사실 사람의 전전두피질이 손상되면 특히 장면기억과 같은 장기기억들의 의식적 회상이 방해받는다.[88] 전전두피질은 장면기억 회상이 일어날 때 활동하고,[89] 장면기억을 암호화(형성)할 때도 관여한다는 보고가 있다.[90] 이런 발견들이 밝혀낸 사실에 의하면, 명시적이고 의식적인 기억이 형성되려면 내측두엽도 관여하지만(제5장) 다음 두가지 조건들이 만족되어야 한다. 최초의 경험이 이뤄질 때 당신은 그 정보(경험)를 의식하여야만 한다(경험이 일어날 때 그 경험은 작업기억에 표상되어야 한다). 그리고 회상할 때 피질의 저장회로들(제5장)로부터 정보를 운반하여 작업기억으로 전달해야 한다.

작업기억을 연구하는 학자들이 시각자극을 주로 사용하는 것처럼, 뇌와 의식에 관심이 많은 이론학자들은 의식경험에 대한 창구로서 시각적 자각에 초점을 맞추는 경향이 있다. 예를 들어, 노벨상 수상자인 크릭과 그의 동료인 코흐는 작업기억에서 시각계의 역할에 대한 지식을 기반으로 시각적 자각에 대해 가설을 제기했다.[91] 다시 말해, 우리는 전전두피질의 작업기억 영역들과 연결된 시각 처리 영역들에서 일어나는 정보처리 과정에는 접근할 수 있지만, 작업기억 영역들과 연결되지 않은 영역들에서 일어나는 정보에는 접근할 수 없다고 주장했다. 실제로 시각피질의 1차 영역은 전전두피질과 연결되어 있지 않다. 그래서 거기에서 처리되는 자극의 윤곽과 명암에 대해서는 경험할 수 없다. 그러나 그 이후의 처리 과정들은 전전두피질과 연결되어 있으므로 이들 영역들의 산물인 물체의 전반적인 특징 즉 모양, 색, 움직임, 위치 등을 경험할 수 있다.

크릭/코흐 이론을 뒷받침하는 연구결과들이 있다.[92] 예를 들어 토텔과 동료들이 한 실험을 보면, 아무것도 없지만 움직임은 볼 수 있게 조작된 장면을 피험자에게 보여 준 후 시각적 움직임을 처리하는 뇌 네트워크가 작동하는지를 조사했다.[93] 그들은 약간의 시간 차이를 두고 정적인 자극들을 보여 줌으로써 만들어지는 폭포수 환영을 이용했다. 결과를 보면, 전전두피질과 연결되어 있는 고차원적인 시각 영역인 움직임 처리 영역이 움직임의 환영 동안에 특히 활성화되었다.[94]

시각적 자극의 다른 특징들(모양, 색, 위치, 움직임)이 각각 다른 영역들에서 처리되므로, 사물 전체의 모습에 대한 의식적 지각이 이뤄지기 위해서는 이런 특징들을 모을 뿐만 아니라 서로 합쳐야 한다.[95] 우리는 이런 특징들을 구별하여 찾아내지 않으며, 구성부분들로서가 아니라 대체적으로 일관된 사물의 모습으로서 경험한다. 이런 통합과정이 어떻게 일어나는가에 대한 질문을 결합 문제binding problem라고 한다.[96]

결합은 적어도 부분적으로나마 개별적인 처리 영역들로부터 정보를 통합하는 영역들로 정보가 운송되면서 일어난다. 우리가 살펴본 것처럼 이런 수렴과정은 각각의 감각계 내에서 일어난다. 예를 들어, 시각피질 처리의 초기 단계에서는 사물에 대한 기초적인 특징들(윤곽, 밝기)이 처리되고, 후기 단계에서는 보다 복잡한 특징들('무엇', '어디에', 움직임)이 처리된다. 더 나아가 여러 가지 복잡한 특징들은 서로 다른 회로들을 통해 처리되며, 전체 내에서뿐만 아니라 회로들 간의 통합 또는 결합을 필요로 한다. 그리고 시각자극들은 분리되어 발생하지 않고 다른 종류의 자극들(소리, 냄새)과 연결된 상황에서 일어나므로 감각형식들 간의 결합도 필요로 한다. 또한 하나의 감각자극에 대한 의식적 경험은 단순히 감각경험만이 아니다. 우리는 대체적으로 자극을 경험할 때 다듬지 않은 감각으로서가 아니라 의미 있는 대상으로서 경험한다. 따라서 자극이 보이고, 들리고, 냄새 나는 방식은 경험과 사실을 포함한 기억 속에 저장된 관련 정보들과 통합되어야 하며, 자극에 대한 감정적이고 동기적인 중요성에 대해 저장된 정보들과도 통합되어야 한다. 전전두 영역들은 감각, 기억, 감정, 동기회로들로부터 수렴하는 입력들을 받고 있으므로 의식적 경험 동안 뇌에서 반드시 일어나야 하는 복잡한 형태의 정보통합(결합)이 일어난다.

그러나 어떤 연구자들은 작업기억에서 이뤄지는 정보 수렴만으로는 한 자극에 대한 의식적 경험을 설명하기에 부족하고, 그 자극에 대해 의사결정을 한 후 적절하게 대응되는 행동을 할 수 있는 우리의 능력을 설명하기에도 부족하다고 말한다.[97] 그들은 추가적인 구성요소가 필요하며, 그것은 뉴런동조neuronal synchrony라고 주장한다. 동조는 두 가지 중요한 목적을 달성하기 위해 제안되었다. 즉 시냅스후 세포들의 향상된 활성화와 널리 퍼져 있는 국소 영역들 간의 조정작용을 말한다. 시냅스후 세포들의 그룹이 여러 시냅스전 세포들로부터 동조된 입력들을 받을 때 더 강하게 활성화된다는 것은 잘 알려져 있는 사실이다. 따라서 뇌가 두드러진 시각적 자극을 처리하고 있다면, 시각 영역들에 있는 세포들은 동조하여 발화할 것이다. 결과적으로 이들 영역들에서 처리된 정보는 전전두 영역을 더욱 강하게 활성화시켜, 시각적 자극이 더 쉽게 작업기억으로 들어갈 것이다. 한편, 동조는 조정 역할을 한다는 설명도 있다. 즉 몇몇 학자들은 동조 현상이 정보 수렴만으로 해결하지 못하는 결합 문제에 대한 해법이 될 것으로 믿고 있다. 이 견해에 따르면 뇌의 여러 영역에서 동시에 발화되는 뉴런들은 일시적으로 결합되어 있으며, 뇌에서 적절한 방법에 의해 합쳐질 때 이러한 발화의 동조는 매 순간 다양한 영역으로부터 오는 관련된 정보들이 작업기억에 표상되는 것을 촉진시킨다. 동조가 실제로 일어나고 있으며 시냅스후 발화를 향상시킨다는 많은 증거들이 있지만,[98] 동조의 두 번째 역할, 즉 여러 영역들에 걸쳐 이뤄지는 조정 역할에 대해서는 아직 논란이 되고 있는데 특히 의식적 지각을 설명하고자 할 때 더욱 그렇다(우리는 제11장에서 동조에 대해 덜 논쟁적인 역할, 즉 뇌의 여러 영역들에 걸쳐 시냅스 가소성이 조정되는 기능에 대해 다시 살펴볼 것이다).[99]

우리는 의식에 대한 작업기억 이론을 통해 뇌의 여러 영역들에 걸쳐 일어나는 동조적인 정보의 조정이 없더라도 의식을 신경과학적으로 해석할 수 있다. 그러나 마음—육체 문제(제2장)에 머리를 부딪치는 일 없이 이러한 의식과 뇌에 대한 탐구를 얼마나 깊게 할 수 있을까? 결국 작업기억의 정보는 우리가 의식적으로 경험하는 것이라고 말하는 것과, 이런 경험들이 어떻게 작업기억에서 출현하는가를 설명하는 것은 다른 문제다. 비슷하게 작업기억의 의식적 내용물들이 근육 움직임을 이끌어내는 집행기능들을 개시하여 수의적隨意的 행동을 만들어 낸다고 말하는 것과, 의식적 내용물이 어떻게 집행적 조절로 번역되는가를 설명하는 것 역시 다른 문제다. 이원론자, 즉 마음의 성분은 물리적 물질과는 다르며 이 둘은 일정한 방식에 의해 합쳐져 있다고 믿는 이들은 이것이 정말로 다른 현상이라고 생각할 것이다. 그러나 당신이 나처럼 우리가 정신적 용어로서 설명한 것들이 사실은 뇌에서 일어나는 처리 과정들이라고 믿는다면, 작업기억에 대한 관점은 문제를 해결하는 데 탁월한 방법이다. 지금 이 시점에서 의식과 마음의 여러 측면들에 대한 모든 미묘한 문제들을 다 설명하지 못하더라도, 작업기억은 분명 우리가 잘 활용할 수 있는 개념이다.

생각하는 뇌의 혁명

제3장에서 논의한 것처럼 전전두피질은 사람에게서 특히 발달했는데, 다른 영장류에도 있고 포유류에도 원시적인 구조가 있지만 그 밖의 다른 동물들에게는 없다. 작업기억과 의식을 이해할 때 이런 현상은 어떤 의미가 있는가?

　　　　사람이 아닌 영장류와 포유류 사이의 차이에 대해 먼저 살펴보자. 그러기 위해서는 우선 전전두피질의 조직에 대해 자세히 보아야 하며, 특히 전전두 영역들 간의 구분에 초점을 맞추어야 한다. 우리는 외측전전두피질에 대해 위에서 살펴본 적이 있는데, 이 피질은 다시 나누어진다는 것을 알고 있다.[100] 내측전전두피질medial Prefrontal cortex은 반구의 안쪽 벽에 위치해 있다. 두 개의 반구로 구성된 뇌를 핫도그 빵에 비유해 보자. 빵 바깥 부위의 누런 부분은 외측피질이고 안쪽의 하얀 부분은 내피질과 같다. 내피질의 한 영역이 전대상인데, 우리가 아는 것처럼 집행기능에도 관여한다. 또한 복측전전두피질, 특히 안와피질은 작업기억 중에서도 감정과 관련된 정보를 처리하는 데 중요하며, 제8장과 제9장에서 다시 언급할 것이다. 다른 포유류들도 내측전전두, 복측전전두피질들을 가지고 있으나 영장류만이 외측전전두피질을 가지고 있다.[101] 따라서 영장류에서 작업기억에 관여하는 주요 영역 중 하나가 다른 동물들에게는 없는 것이다. 이 동물들의 인지 능력이 영장류들과는 비교될 수 없다는 사실은, 영장류 인지기능의 독특한 특징들이 외측전전두 영역의 발달과 내측전전두와 복측전전두 영역으로 구성된 기존의 네트워크에 외측전전두가 통합되면서 나타났다고 볼 수 있다. 예를 들어, 쥐들도 일시적 저장을 할 수 있고 특히 감정과 관련된 정보를 저장할 수 있으며 특정한 자극에 주의를 집중할 수 있지만, 세계를 분류하고 다른 자극과 사건들을 구분하여 사물들의 관련성과 연합성을 실시간으로 만들어 내고 이런 인지적 분석들을 이용해 문제를 풀고 의사를 결정하는 능력에서는 영장류에 비해 훨씬 떨어진다.

일시적 저장은 감각 또는 감정시스템과 같이 특정 기능과 관련된 시스템 내에서도 일어날 수 있다는 점을 지적하고 싶다. 이는 새나 파충류들이 단기기억을 가지고 있는 이유를 설명해 준다. 이러한 기능 영역별domain-specific 단기기억 과정들은 정교한 작업기억 기능이 없는 동물들의 원시적인 의식적 표상들의 근거가 될 수 있다. 예를 들어, 기능 영역별 일시적 저장은 포식자의 모습, 상처로 인한 고통, 음식의 맛, 섹스의 환희처럼 중요한 자극을 자각하게 해준다. 일시적으로 저장된 정보에 의해 일어나는 각성이 충분히 강렬하며, 뇌의 다른 기능들은 일부 억제되어 각성상황이 가라앉을 때까지 활성화된 기능 영역이 뇌 전체 기능을 좌지우지한다. 예를 들어, 성적 충동은 위협적인 상황에서는 억제된다.[102] 이런 종류의 각성은 포식자 검출 시스템과 뇌간 각성회로(다음 장에서 설명) 간의 상호작용에 의해 이뤄진다. 실제로 펜실베이니아 대학교의 아스톤-존스와 여러 연구자들은 뇌간 각성시스템들이 한 작업에 대한 각성활동, 즉 지속적인 행동적 관여에 근거가 된다고 보여 주었다.[103] 전전두피질이 결여되어 다형적 통합 능력과 집행기능들이 결여된 동물에서도 이러한 시스템들에 의해 주의집중이 가능하게 된다.

물론 다른 동물들이 어떤 것을 경험하고 있는지 동물에게 직접 물어볼 수 없으므로 알기 어렵다. 그러나 만약 동물들이 경험하고 있다면, 기능 영역별 감각의식과 같은 종류일 것이다. 작업기억과 감각의식을 구분하는 주요 요소는, 작업기억의 경우 여러 영역들로부터 오는 일시 저장된 정보들을 동시에 연관시킨 후 이들을 유연하게 활용하여 의사결정을 내리는 능력, 즉 전전두회로의 능력이 있다는 점이다. 이런 분석이라면 인간의 의식과 유사하게 발달한 작업기억 시스템을 가진 다른 동물들(영장류)에도 있을 수는 있지만, 그 밖의 다른 동물들에게는 없을 것이라고 말할 수 있다. 그러나 사람을 제외한 영장류들은 인간의 의식과 같이 독특한 특징들을 가지고 있지 않다. 소설가

이자 자연학자인 딜라드가 말하길 "모든 종교들이 우리를 우리의 조물주로부터 구분시키는 것으로 인정되는 한 가지, 즉 우리의 자아의식이 동료 생명체(동물)들과 우리를 구분 짓는 바로 그것이다. 그것은 진화로부터 받은 씁쓸한 생일선물이다."[104]

크기 이외에도 사람의 전전두피질은 다른 영장류의 전전두피질과 다른 중요한 장점을 지니고 있다. 즉 언어 사용에 특화된 처리 단위에 접근 가능하다는 것이다. 커다란 크기가 힘을 증가시킬 수 있지만, 언어가 있다는 것은 피질의 능력을 향상시키는 것 이상이다(여기서 말하는 언어란 모든 인간들이 갖고 있는 문법적인 자연언어를 말하는 것이며, 침팬지나 앵무새들이 보여 주는 다른 형태의 의사소통 능력을 말하는 것이 아니다). 언어는 뇌의 능력을 급변시켜 실시간에 비교, 대조, 차별, 연합이 가능하도록 해주며, 이런 정보를 사고작용과 문제 해법에 이용하도록 해준다. 비언어적 작업기억만 갖고 있는 것과 비언어적 작업기억과 언어적 작업기억 둘 다 가지고 있는 것의 차이는 인지 시스템이 작동하는 방식에 엄청난 차이를 일으킨다.

내 생각으로는 인간의 뇌에 부여되어 있는 독특한 특징은 언어에 인지를 조직화하는 것이다. 다른 동물들은 어떤 의미에서 세상에서 벌어지는 사건들을 의식적으로 자각할지 모른다. 그들은 기능 영역별 의식을 가지고 있을 것이며, 사람 아닌 영장류들은 기능 영역에 독립적인 비언어적 의식은 있지만 언어와 인지적 표현 능력을 갖고 있지 못하므로, 복잡하고 추상적인 개념들('나를', '나의', '우리의 것'과 같은)을 표현하지 못한다. 따라서 외부 사건들을 추상개념들과 연관시키고 이 결과를 이용해 의사결정을 내리고 행동을 조절하는 행동을 하지 못하는 것 같다. 몇몇 뛰어난 영장류 동물은 자신의 모습을 거울을 통해 시각적으로 인식한다.[105] 이것은 자연언어 없이도 자기인식에 대한 감각이 있다는 점을 의미한다. 흥미롭게도 돌고래와 고래도 이와 유사한 능력을 갖고 있다는 최근 결과가 있다. 따라서 이런 능력은 평행적 진화과정을 거쳤다고 볼 수 있다. 그러나 이런 발견들에 대한 해석상의 의문이 제기되고 있다.[106] 어쨌든 자기인식이 항상 자아자각을 의미하는 건 아니다.[107] 자극인식은 자극을 의식적으로 알아차리는 게 아니라는 것이 여러 실험들을 통해 입증되고 있다.[108] 자극인식은 방금 제공된 자극이 기억 속에 있는 유사한 어떤 표상과 일치되기만 하면 일어날 수 있다. 인식에는 의식적 자각이 필요 없다(그림 7.5).

내가 '의식' 이라는 말을 쓸 때는 대체적으로 인간 의식의 특별한 속성을 말하는 것이며, 특히 언어에 의해 가능한 속성들을 말하는 것이다(인간의 뇌가 다를 수 있지만, 언어는 특히 중요한 차이다). 이 말은 우리가 영어, 중국어, 또는 스와힐리어를 의식한다는 말이 아니며, 벙어리나 귀머거리가 인지적으로 뒤쳐진다고 말하는 것도 아니다. 내 요점은 인간의 뇌가 구성되고 설계된 방법에 대한 것이다. 즉 언어의 기초인 인지 능력들이 출현함으로써 뇌가 작동하는 방식에 변화가 일어났으며, 인간의 뇌가 다른 뇌들과는 다른 방식으로 사건들을 생각하고 경험하게 되었다는 것이다. 인간의 뇌에 언어가 첨가된 것은 기능의 진화라기보다는 혁명에 가깝다고 볼 수 있다.

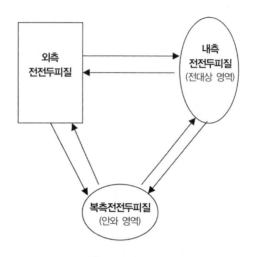

그림 7.5 작업기억에 관여하는 전전두피질 영역들 간의 연결들
작업기억은 한 영역의 기능이 아니라 전전두피질에 있는 복잡하게 서로 얽혀 있는 네트워크
의 기능이다. 관련된 영역들을 보면 고전적인 작업기억 영역인 외측전전두피질, 내측전전두피
질(특히 전대상 영역), 복측전전두피질(특히 안와 영역)이 있다. 각 영역이 작업기억에서 담당
하는 역할들에 대해서는 본문을 참고하기 바란다.

P. S.

언어가 작업기억을 아름답게 하며 그로 인해 인간의 의식이 독특하게
되었다는 나의 주장은, 가자니가가 말한 인간 의식의 독특한 특질을 만
들어 낸 좌반구 내의 해석시스템이라는 개념과 어느 정도 연관성이 있
다.[109] 다시 말해, 우리 정체성에 대한 의식적 자각은 살아가면서 경험
하는 우리의 언어적 해석(표시하고, 분류하고, 설명하는)에 의존한다는
것이 해석시스템 이론의 핵심이다(이것은 제2장에서 논의했던 서술적 또
는 구성된 의식자아라는 개념과 관련이 있다). 의식에 대한 내 개념과 가

자니가의 개념 사이의 유사성은 놀랄 만한 일이 아닌데, 1970년대에 그는 나의 박사학위 지도교수였기 때문이다. 그는 1960년대 대학원 시절부터 뇌에서의 의식 문제를 탐구해 왔다. 나는 박사과정 때 P.S.라는 분열뇌* 환자를 대상으로 연구했는데, 우리에게 많은 영향을 주었다.[110] 가자니가는 해석시스템 이론을 제안했으며, 나는 감정적 뇌를 이해하기 위해 열심히 연구했다. 결국 우리는 한 바퀴 돌아 제자리에서 만난 셈이다. 이제 감정은 그의 의식이론에서 중요한 역할을 담당하고 있다.[111] 또한 다음 장에서 보겠지만 의식은 작업기억의 형태로서, 내가 감정들 특히 느낌에 대해 생각하는 방식에 중요한 부분이 되었다.

* 간질과 같은 질병을 치료하기 위해 좌반구와 우반구를 연결하는 뇌량섬유를 절개하는 수술에 의해 좌반구와 우반구가 완전히 분리되어 있는 뇌를 말함 —옮긴이.

8

다시 찾아온 감정적 뇌

감정의 이점은 우리를 미혹시키는 데 있다.
—오스카 와일드

감정이란 와일드의 말처럼 우리를 미혹시킬 수 있다. 그러나 여러 시대를 거치면서 위대한 사상가들이 감정을 정신의 3대 요소에 포함시킨 것은 감정의 산만한 특징 때문이라기보다는 우리의 정체성을 정의하는 데 중요하기 때문이다. 마음에 대한 순수한 인지과학적 견해, 즉 감정의 역할을 간과하는 견해는 결코 옳지 않다. 시냅스라는 용어로 자아를 구성하기 시작할 때 감정은 주요한 역할을 한다.

감정적 뇌와 그 변천

19세기 말에 도전적인 뇌연구자들에 의해 감각지각과 운동 조절에 관여하는 신피질의 영역이 발견되자마자 윌리엄 제임스는 감정 또한 이러한 기능들에 의해 설명될 수 있는지, 아니면 감정이란 별개의 아직 발견되지 않은 뇌 시스템에 의해 이뤄지는 것인지 질문했다.[1] 실용주의 자로서 그는 감각과 운동 메커니즘의 기능들만을 기반으로 하여 감정 이론을 제안했다. 즉 그는 감정을 일으키는 자극들은 감각피질에서 지각되며, 이는 운동피질을 활성화시켜 적절한 신체반응을 일으킨다고 주장했다. 감정적 느낌이란 우리의 감각피질이 신체반응에 수반되는 감각들을 지각할 때 나타난다고 보았다. 다른 감정들은 특정한 신체반응들을 관여시키므로, 그들은 뚜렷이 구분되는 감각신호들에 따라 다르게 느껴진다. 결국 제임스 이론의 핵심은 다음과 같은 결론에 잘 나타나 있다. 우리가 곰으로부터 도망치는 것은 두려움을 느껴서가 아니라 우리가 도망가므로 두려움을 느낀다는 것이다.

제임스의 이론은 곧 반박되었는데, 신피질을 완전히 제거한 동물의 경우에 감각자극에 의해 유발되는 감정반응이 여전히 나타나 감각과 운동피질이 중요한 열쇠가 아니라는 것이 밝혀졌기 때문이다.[2] 후속 연구들에 따르면 감정과 관련된 특정한 뇌 부위들이 밝혀졌는데, 신피질이 아니라 피질 하부 또는 구피질 영역이 관련되는 것으로 드러나면서 뇌에 감정의 특수한 시스템이 존재한다는 견해가 시작되었다. 이런 경향은 궁극적으로 20세기 중반에 이르러 유명하면서 여전히 인기 있는 감정의 변연계 이론으로 정점에 이르며 많은 후속 연구들을 고취시켰다(이 이론에 대해서는 뒤에서 자세히 다룰 것이다). 그러나 1960년대 중반까지 감정의 신경적 근원에 대한 연구는 거의 중단

되었다. 수십 년간 집중적인 주목을 하고 나서 신경과학자들은 이 주제를 버렸다.[3]

심리학자들처럼 뇌연구자들은 인지과학의 태동에 크게 영향을 받았지만, 감정은 인지 연구 계획의 한 부분이 되지 못했다. 감정이란 정신적 처리 과정의 실체라기보다는 정신적 내용의 실체로 보았으며, 사고작용에 관심을 갖는 이들에게는 관심 밖의 대상이었다. 물론 인지과학자들이 감정이 중요하지 않다고 한 것은 아니었지만, 이 연구주제가 인지과학 분야에는 적합하지 않다고 생각했다.[4] 인지에 대한 관심이 커지면서 감정에 대한 연구는 신경과학에서 줄어들었다.

그러나 최근 들어 정신 3부작의 두 번째 부분인 감정이 신경과학에서 인기 있는 연구주제가 되고 있다. 뇌연구자들의 열정이 심리학자들로 하여금 감정에 흥미를 갖도록 자극했다. 이런 새로운 연구 분위기에 대한 몇 가지 측면들을 《감정적 뇌》란 책에서 예전에 언급한 바 있다. 그 이후에 많은 연구결과들이 얻어졌으며, 특히 감정에 대한 동물 연구를 어떻게 인간의 뇌에 적용할 것인가와 관련된 많은 지식들이 축적되었다. 감정의 신경학적 원리에 대한 연구를 언급하기 전에, 감정에 대한 동물과 인간의 연구결과들 사이의 관계를 논의하는 데 약간의 시간을 할애하고자 한다.

신뢰성 문제

심리학에서건 뇌과학에서건 감정연구자들은 대부분의 사람들이 감정의 핵심이라고 생각하는 것들, 즉 감정적 상태에 일어나는 주관적인 경험, 예를 들어 위험에 처할 때 느끼는 두려움, 화가 났을 때의 분노, 좋은 일이 생길 때 느끼는 즐거움을 설명할 수 있는 그 무엇인가를 찾기 위해 노력해 왔다. 이것은 제임스 이론으로부터 변연계 이론에 이르기까지 감정적 뇌 이론의 뚜렷한 목표였다.[5] 그러나 우리가 감정에 대해 자세한 메커니즘을 알게 된 것은 느낌 자체에 대한 연구에서 기인한 것이라기보다는 감정과 관련된 행동의 연구에서 비롯되었다. 이 상황에 대한 설명은 간단하다. 인간에 대해서는 느낌을 연구할 수 있지만, 다음에 논의할 이유 때문에 동물에 대해 조사한다는 것은 어려운 일이기 때문이다. 현실적이고도 윤리적인 이유 때문에 뇌 연구는 대부분 동물을 대상으로 이뤄지므로 감정 이론이 말하고자 하는 것(느낌)과 뇌연구자들이 실제로 측정하는 것(행동) 사이에 간격이 존재한다. 이런 간격은 감정에 대한 뇌과학에 대해 신뢰성 문제를 제기한다.

동물들로부터 느낌 상태를 조사할 방법이 있다면 신뢰성 문제를 극복할 수 있다. 사람에게서 느낌을 조사하는 방법이란 주로 말로써 자신의 기분 상태를 표현하는 자기평가 방식에 의존한다.[6] 그러나 자기평가 방법은 감정을 연구하는 데 쓰이는 과학적 방법으로는 문제가 있다.[7] 헵 시냅스 이론(제6장)을 주장했던 도날드 헵이 말하기를, 외부 관찰자가 감정적 기분 상태를 평가하는 것이 경험하고 있는 본인이 평가하는 것보다 종종 더 정확하다고 한다.[8] 헵에 따르면 질투 역시 질투에 휩싸인 본인은 자신의 기분 상태를 질투가 아닌 분노 또는 곤혹이라고 말하지만, 공정한 관찰자는 질투 감정임을 쉽게 찾아낸다.[9] 또한 관찰자와 피험자가 감정 상태에 대해 서로 의견이 다를 때, 관찰자의 결론을 따르는 것이 피험자의 그 감정에 따른 다음 행동을 예측하는 데 더 정확하다고 말했다.[10]

느낌 상태를 연구하는 데 사용한 전통적인 자기보고 방식은 피험자에게 요청하여 이전에 느꼈던 감정 경험을 회상하도록 하는 것이다. 그러나 기억의 내용을 통해 평가가 이뤄지는 것에는 문제가 있다. 다시 말해 우리가 감정 경험에 대해 회상하는 것은 실제로 감정을 경험하는 것과는 다른 면이 분명히 있다고, 카네만과 동료들이 다양한 방법으로 제시했다.[11] 예를 들어, 사람은 감정 경험의 마지막에 느꼈던 바를 기억해 내는 것이지 감정 경험 전체에 대해 어떤 느낌을 가졌었는지를 기억하는 것이 아니다. 한 연구에 따르면 고통스러운 직장내시경 검사를 받는 환자에게 60초마다 고통 정도를 보고하라고 했다. 어떤 환자에게는 1분을 더 연장하여 내시경 검사를 했는데, 이 마지막 1분 동안 내시경을 장 속에서 움직이지 않고 가만히 두었다(이럴 때는 통증이 훨씬 덜하다). 내시경 검사가 끝난 후 내시경 검사의 전체 경험에 대해 고통의 정도를 보고하게 했다. 움직임 없는 내시경으로 1분을 추가했던 피험자들은 이때 통증을 덜 느꼈기 때문에, 검사가 길어져서 실제 느낀 총 고통은 더 컸음에도 불구하고 회상하는 경험의 내용은 덜 혐오스럽다고 보고했다. 이런 연구결과들에 기반하여, 카네만은 어떤 경험에 대해 회상되는 감정의 중요성(그가 회상되는 유용성이라고 불렀던)은 전체적 경험(총 유용성)을 항상 반영하는 것은 아니라고 주장했다.

기억의 왜곡 현상도 경험의 강도 못지않게 문제의 소지가 있는데, 기억하는 내용이 왜곡되기도 하기 때문이다. 예를 들어 로프투스와 여러 연구자들에 의하면, 감정 경험에 대한 기억은 실제 사건이 일어날 때 느꼈던 감정과는 다르다고 한다. 그녀의 조사에 따르면, 범죄 장면의 생생한 기억들이 일부러 의도한 바는 아니지만 때때로 부정확하기도 하고, 심지어는 의도하지 않았더라도 완전히 조작되는 경우들이 있다고 한다.[12] 바트레트 경이 오래 전에 제시했던 것처럼 기억은 회상하는 과정에서 조립되어 구성되며, 초기 경험과정에서 저장된 정보는 재구성될 때 사용되는 구성요소의 하나일 뿐이다. 다른 구성요소들은 경험 후에 보고 듣거나 하여 저장된 내용과 경험 전에 뇌에 저장되었던 정보들이 포함될 수 있다.[13]

회상된 경험은 왜곡되고 실험실 연구에서는 실제 감정 경험을 유발시키기가 어렵기 때문에, 당대의 몇몇 연구자들은 실제 자연스런 상황을 설정하여 실제 감정 경험이 일어나는 동안 온라인으로 동시에 분석하거나 즉각적으로 분석하는 방법(즉각적 유용성)의 중요성을 강조하고 있다.[14] 이런 연구들은 회상된 유용성*과 실험연구의 인위성에서 비롯되는 오차 등을 피할 수 있지만, 시간적으로 부담스러울 뿐만 아니라 실제 장치를 만들기가 매우 어렵고 설사 된다 하더라도 피험자의 자기관찰적 평가에 의존하는 방법들이 고질적으로 갖고 있는 편향성과 측정상의 문제점은 여전히 피할

* 회상된 경험에 대한 감정적 중요성을 말함 —옮긴이.

수 없다.[15] 결국 자기분석의 오류와 주관성은 20세기 초에 심리학에서 행동주의 혁명을 촉발시켰다. 또한 심리학에서 마음이란 주제를 되찾게 한 인지혁명은 자기분석에 의하지 않고, 정신내용보다는 정신과정에 초점을 맞추면서 마음에 대한 연구가 가능한 방법들을 제시했다.

그러나 만약 당신이 주관적 경험의 내용을 자기분석적으로 평가하길 원한다면, 자기평가와 언어적 보고 이외에 다른 대안은 많지 않다. 정의상 주관적 경험이란 경험하는 사람 본인만 직접적으로 알 수 있고, 주관적 상태에 대한 언어적 서술은 이를 평가하는 가장 직접적인 방법이다. 확인해야 할 항목이나 등급 표시를 이용하여 피험자가 느끼는 정도를 표시하는 것은 최종 반응을 언어적 행동 없이 나타내게 하는 하나의 회피 방법이 될 수 있지만, 결국 이 역시 정신상태의 자기 관찰적 평가에 의존하는 것이며 정신의 내용물을 분류하고 범주화하는 데 단어들을 불가피하게 사용하게 된다. 예를 들어, 당신이 느끼는 감정을 찾아내기 위한 가장 쉬운 방법은 공포, 분노, 사랑 또는 혐오 등으로 언어를 이용해 지적하는 것이다. 심지어 어떤 사람은 당신이 지적해 내기 전까지는 당신이 느끼는 것을 당신은 실제로 모르고 있다고 주장하기도 한다.[16]

동물들이 느끼는 것

어떤 연구자들은 동물의 행동을 이용하면 그들이 느끼는 바를 비언어적인 방법으로 표현하는 것을 찾을 수 있다고 주장해 왔다. 신경과학자인 판크세프는 《감정 신경과학Affective Neuroscience》에서 이런 방법을 사용했고, 더 큰 논란을 일으킨 심리분석학자인 메이슨도 《코끼리가 울 때When Elephants Weep》에서 유사한 방법을 사용했다.[17] 그들의 논리는 다음과 같다. 동물과 사람은 감정이 일어날 때 비슷하게 행동하므로(예를 들어 공포반응은 쥐나 사람이나 위험에 직면하면 비슷하게 표현된다), 같은 주관적인 상태를 경험하고 있음에 틀림없다. 만약 그렇다면 동물의 행동반응은 그들의 느낌에 대한 척도가 될 수 있다.

이런 방법의 취약점은 이전에 언급했던 신뢰성 문제를 다시 생각하게 하는데, 이는 헤로인 중독자들에 대한 연구결과에서 명확하게 볼 수 있다.[18] 피험자들이 단추를 누르면 정맥에 연결된 주사액에서 식염수가 들어갈지, 아니면 많은 양 또는 적은 양의 몰핀이 들어갈지 결정된다. 피험자들은 주사약에 무엇이 들어 있는지 어느 순간에도 전혀 모른다. 주기적으로 그들이 느끼는 정도를 평가하게 한다. 몰핀이 많이 들어 있을 때 그들은 여러 차례 격렬하게 단추를 눌러대며 기분이 좋다고 보고한다. 그러나 몰핀 양이 적을 때는 단추를 열심히 누르면서도 전혀 느끼는 것이 없다고 말한다. 이런 경우 나타나는 행동을 가지고 느끼는 바를 측정한다는 것은 명백히 잘못이다. 왜냐하면 피험자는 행동으로 보여 주었지만 느끼지는 않았기 때문이다. 감정적 반응들이 묵시적인 느낌을 외적으로 표현하는 거울이라기보다는 더 근본적인 과정들에 의해 조절되고 있는 것이다.

다른 종들에서 행동과 느낌의 관계를 조사할 때 더 심각한 문제가 발생한다. 두 생명체가 같은 행동을 한다고 해서 그들이 꼭 같은 경험을 한다고 볼 수는 없다. 사람의 발에 깔리게 될 것을 알아차린 풍뎅이는 사람 역시 같은 상황에서 그러하듯이 밟히기 전에 도망간다. 머리를 향해 날아오는 물체를 손을 뻗어 비껴가게 하도록 사람이 하는 것처럼 로봇을 만들어 재현할 수 있다. 풍뎅이와 로봇은 공포를 느끼는가? 아니면 그들은 방어반응을 단지 표현하는 것뿐인가? 우리가 감정적인 행동을 할 때 느낌을 가진다는 사실이 감정적으로 보이는 모든 행동들이 꼭 느낌을 동반하는 것을 의미하는 것은 아니라는 것이다.

틴버겐이 비슷한 결론을 내린 바 있다. 행태학자는 "동물들에게서도 주관적 현상들이 존재할 가능성을 부인하고 싶지 않겠지만, 이런 현상들이 과학적인 방법에 의해 관찰될 수 없으므로 이들을 원인으로서 제안하는 것은 쓸모없는 일이다. … 배고픔이란 분노, 공포 등과 같이 자기관찰에 의해서만 알 수 있는 현상이다. 다른 대상에 적용될 때 특히 다른 종에 속하는 대상에 적용될 때는 동물의 주관적인 상태의 가능한 본성에 대한 추측에 불과할 뿐이다."[19]

동물의 감정 상태를 알아내는 데 비언어적인 행동만을 이용해야만 하고 동물 연구가 뇌를 연구하는 최상의 방법이라고 한다면, 우리는 어떻게 신뢰성 문제를 피하면서 뇌의 감정회로에 대해 더 깊게 심리학적으로 이해할 수 있을까? 다시 말해, 우리는 어떻게 느낌을 측정하는 수단을 사용하지 않으면서도 비언어적 감정행동을 하나의 수단으로 하여 감정을 연구할 수 있을까? 역설적으로 이 일을 해내기 위한 중요한 방법이 인지과학에서 제안되었다. 앞 장에서 보았듯이 인지과학은 주관적 경험에 대한 의문으로 궁지에 빠지지 않고 마음을 연구하는 방법을 알아내는 데 성공했다. 그 비결은 마음을 경험이 일어나는 장소로 보지 않고 정보를 처리하는 장치로 간주하는 것이었다. 초기 인지과학자들은 감정을 정보처리의 문제가 아니라 정신내용의 문제로 간주해 인지분석의 대상이 될 수 없다고 생각했지만,[20] 그들의 정보처리 접근방식은 감정의 연구에도 직접적으로 적용할 수 있었다. 색과 모습에 대한 의식적 경험이 어떻게 일어나는지에 대해 알지 못해도 한 자극의 색깔과 모습이 뇌에 의해 어떻게 정보처리되는지 연구가 가능한 것처럼, 한 자극이 의식적 느낌들을 어떻게 유발시키는지에 대한 이해가 꼭 없더라도 한 자극의 감정적 중요성이 뇌에 의해 어떻게 처리되고 있는지를 조사할 수 있다. 감정들이 처리 과정으로서 동물과 사람에게서 똑같이 연구될 수 있으며, 앞으로 보겠지만 감정 처리 과정이 감정행동과 감정의 느낌들의 토대를 이루므로, 정보처리 접근방식은 신뢰성 문제를 피하기 위한 한 방법이 된다.

　　　　이런 방법에 의해 주관적 상태에 의존하지 않고도 동물들의 감정에 대한 중요한 측면들을 설명할 수 있지만, 이것을 사람에게만 주관적 상태가 존재한다고 받아들여서는 안 된다. 앞 장에서 다른 동물들이 어떻게 의식의 영역특정적인 형태들을 가질 수 있는지, 사람을 제외한 영장류의 경우 어떻게 비언어적 의식의 영역독립적인 형태들을 가질 수 있는지, 그리고 어떻게 인간만이 언어적 작업기억을 가지고 있어서 언어에 의해 가능하게 된 언어 기반 의식과 정신적 장식을 갖게 되었는지에 대해 논의했다. 우리가 행동을 설명하기 위해 주관적 상태에 의존하면 할수록 우리는 이런 상태들이 인간뿐만 아니라 다른 창조물에도 존재하는지를 알아내는 것이 점점 어려워진다는 것이 문제다. 따라서 나는 인간에 대해서만 의식적 감정들(느낌들)을 논의할 것이며, 사람이 아닌 생물들에 대해 말할 때는 감정의 정보처리 개념에 내 자신을 국한시킬 것이다. 이렇게 함으로써 결코 증명하지 못할 이론을 만드는 것을 피할 수 있지만 아마도 불완전한 이론이라는 대가를 치르게 될 것이다. 다른 사람들은 다른 방식을 선호하겠지만, 나는 이 접근방식이 편하게 느껴진다.[21]

감정의 처리 과정

살아 있기 위해, 건강을 유지하기 위해, 자신의 종을 퍼뜨리기 위해 동물들은 친구와 적을 식별해야 하고, 안전하고 영양 있는 음식을 찾아내야 하고, 배우자를 선별하며, 이런저런 자극들과 상황들에 적절하게 반응해야만 한다. 포식자를 상대로 방어하지 않고 대신 교미하려는 시도는 매우 큰 대가를 지불해야 한다. 따라서 일정한 종류의 자극이 주어지면 이에 맞는 일정한 반응이 나타나도록 환경의 정보를 번역해 주는 메커니즘, 즉 입력과 출력 사이에 존재하는 어떤 메커니즘 또는 어떤 회로가 있어야 한다. 뇌에는 수많은 회로들이 존재해야 하는데 생존과 좋은 삶에 관계하는 활동의 범주들은 매우 많다. 이 중에서 몇 가지만 언급하면 방어, 섭식, 성행위 등이 있으며 이와 관련된 서로 다른 시스템들이 있다. 내가 '감정의 처리 과정emotional processing'이라는 용어를 사용할 때는 이와 같은 회로의 기능을 마음에 두고 있다.

이런 관점에서 구체적으로 말한다면, 감정을 뇌가 어떤 자극의 가치를 결정하거나 계산하는 데 사용되는 처리 과정으로 정의할 수 있다.[22] 감정의 다른 측면들은 이런 계산 결과에 따른다. 첫째, 감정적 반응이 일어난다. 이러한 명백한 신체반응과 이와 관련된 신체 내적인 생리 변화는 감정반응의 초기 단계다. 그 다음에는(최소한 사람에게는) 무언가 중요한 일이 있으며 우리가 그것에 반응하고 있는 중이라는 것을, 그리고 우리의 뇌가 방금 결정했다는 것을 우리가 깨달으면서 일종의 느낌이 발생한다. 또한 우리가 감정을 일으키는 상황에 놓여 있다면 우리는 종종 행동을 취한다. 즉 우리는 감정을 자극하게 하는 사건에 대처하거나 이를 활용하기 위해 어떤 일들을 한다. 다시 말해, 감정적 행위들은 감정이 우리를 움직여 어떤 일들을 하게 할 때 일어난다. 나는 여기서 감정적 반응과 느낌들에 대해 초점을 맞추고자 하며, 동기부여에 대해서는 다음 장에서 설명할 것이다.

감정적 반응들이 어떤 감정 처리 과정을 거쳐 나타나는지를 신경학적 용어로 설명하는 것은 비교적 쉽다. 감각계를 통해 들어온 정보는 감정 처리 회로들을 활성화시키고, 이들은 입력된 자극의 의미를 평가하여 출력회로를 통해 특정한 감정반응을 일으킨다. 방어, 음식 구함, 섹스회로 등은 같은 감각계로부터 입력을 받으므로 유사한 정보를 얻지만, 주어진 한 회로는 감각입력이 작동을 일으키기에 충분히 적절한 자극정보를 포함할 때에만 활성화된다(그림 8.1은 방어시스템의 중심체인 편도체로 들어가는 입력들을 표시하고 있다). 이러한 검출과 반응의 처리 과정들은 자극에 대한 의식적 각성과 느낌에 관계없이 자동적으로 일어난다. 이것이 바로 감정 처리 과정의 견해에서 볼 때 신뢰성 문제가 더 이상 발생하지 않는 이유다.

감정적 행위를 조절할 때 의식과정으로부터 감정 처리 과정을 독립시키는 가장 단순한 방법은 의식이 관여하지 않는 좋은 예를 찾아 기술하는 것이다. 당신은 살아가면서 이런 경험이 적어도 한

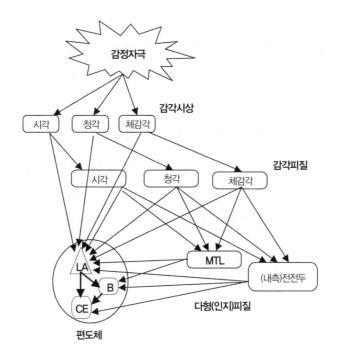

그림 8.1 편도체로의 정보전달
편도체는 시상에 있는 감각 처리 영역들로부터 오는 사물과 사건들에 대한 하위정보와 피질에 있는 감각 처리 영역들로부터 오는 좀더 복잡한 정보를 받는다.
MTL 내측두엽 기억시스템 ; LA 외측편도체 ; B 기저편도체 ; CE 중심편도체

번은 있을 것이다. 무언가 당신에게 재빠르게 돌진해 올 때 급히 몸을 피하고 나서야 그것이 날아온 공이었는지 버스가 휙 하고 지나간 것이었는지를 알아차리게 되고, 그 이후에 심장이 크게 두근거리고 있음을 알게 된다. 두려움을 느끼는 것은 당신이 몸을 급히 피하고 나서이고, 당신의 심장이 크게 뛰고 난 후의 일이다. 즉 느낌 자체가 몸을 피하게 하거나 심장을 뛰게 하는 원인은 아니다. 이와 같은 일화는 그 무엇도 증명하지 않지만, 이런 종류의 반응에 대한 과학적 증거들은 매우 많다. 앞서 언급했던 마약중독 연구도 한 예다. 다른 것을 살펴보자.

뇌에 무의식적으로 자극을 제공하는 일이 가능하다. 이것은 여러 방법을 이용해 할 수 있지만 가장 많이 쓰는 방법은 역행성 차폐backwards masking 방법이다.[23] 이 방법에서 감정을 자극하는 시각자극이 화면에 매우 짧게 수 밀리세컨드 동안 비춰지고, 곧바로 몇 초 동안 중립적인 자극이 계속 비춰진다. 두 번째 자극은 첫 번째 자극을 차단하여(작업기억으로 들어오지 못하게 함으로써) 의식적 자각이 되지 못하도록 한다. 그러나 첫 번째 자극이 감정적 반응을 유발하는 것을 차단하지는 못한다(자극은 여전히 심장박동을 늘리고 손바닥에 땀이 나게 한다). 자극은 전혀 자각되지 못하므로(작업기억으로부터 차단되기 때문에), 이러한 반응들은 자극의 의식적 경험에 의해서가 아니라 자극의 의미에 대한 무의식적 처리 과정에 기반을 두고 있는 것이 분명하다. 자극이 의식의 세계에 도달하는 데 필요한 단계들을 제거함으로써 차폐 방법은 인간 두뇌가 지니고 있는 의식세계 밖에서 이뤄지는 처리 과정들을 드러낸다.

작업기억의 형태들을 갖고 있지 않은 생명체들은 정보를 의식적으로 마음에 간직하지 못하므로(제7장에서 사고의 진화에 대한 논의를 보라) 무의식적 처리 과정은 예외가 아니라 규칙이 된다. 이런 생명체들의 기본적 행동양식들은 무의식적으로 조절되는데, 의식적 경험을 할 수 있는 뇌를 갖고 있지 않기 때문이다. 사람의 뇌도 이런 무의식적 능력을 동시에 갖고 있다.[24] 실험동물의 감정 처리 과정을 측정하기 위해 감정적 상황에서 일어나는 행동반응들(그리고 내장기관의 반응처럼 신체생리와 관련된 변화들)을 이용해, 이런 처리 과정의 근본이 되는 뇌의 메커니즘들을 밝힐 수 있다. 또한 뇌가 손상된 환자들에 대한 연구와 정상인에 대한 기능적 영상 연구를 통해 인간 뇌에서도 감정적 처리 과정에 같은 시스템들이 관여되어 있는지를 판별할 수 있다. (인간에게서 처음 연구를 시도하는 것보다 동물 연구 이후에 같은 시스템이 인간에서도 작동하는지를 아는 것이 훨씬 용이하다. 이것이 동물 연구가 길을 인도하는 중요한 이유다.) 인간 뇌에서만 고유한 감정의 측면들을 추구하지 않는 한, 그리고 우리가 연구하려는 인간 감정에 적절한 감정 처리 과정을 가진 동물들을 선택하는 한, 동물의 뇌를 통해 인간의 감정 처리 과정에 대한 뇌 메커니즘을 연구할 수 있다.

감정을 연구하기 위한 처리접근법을 다른 두 가지 방식들과 구분하는 것이 중요하다. 처리접근법이 명백한 반응들에 의존하면서 주관적 경험을 피하려 하기 때문에 원칙적으로 행동주의처럼 들릴 수도 있다. 몇 년 전 이런 접근법에 대해 강연을 하고 난 후, 나는 신경과학자로 변장한 극단적인 행동주의자(마음이 존재하는 것을 부정하는 사람)라고 공격받았다. 그러나 그런 묘사는 나에게 적절하지 않은데 그 이유는 두 가지다. 첫째, 나는 블랙박스[25]에서 무슨 일이 일어나는지 관심이 있으며, 특히 뇌에 있는 회로들이 감정적 자극의 의미를 어떻게 표상하고 평가하는지에 관심이 있다. 내가 행동을 연구하는 것은 행동을 이해하기 위해서라기보다는 뇌에 있는 처리 장치들이 어떻게 작동하는지를 이해하기 위한 것이다. 이렇게 묵시적 처리 과정에 관심을 갖고 있다는 것 자체만으로도 내가 극단적인 행동주의자로 간주되기에는 결격사유가 된다. 또한 나는 행동주의자들이 멀리했던 주제인 느낌과 의식에 관심이 매우 많다. 행동주의자들이 주관적 상태의 내용물에 대한 분석을 멀리하려는 데 반해, 그 반대로 나는 주관적 현상들을 이해하고 싶지만 의식적 내용으로서보다는 바탕에 깔려 있는 처리 과정으로서 이해하고 싶다. 느낌이란 것이 신경 처리 과정으로부터 어떻게 발생하는지에 대해서는 나중에 논의하겠다.

아울러 처리 과정 접근법은 감정에 대한 인지적 접근과 혼동될 수도 있다. 인지적 접근이란 감정을 평가판정으로(즉 주어진 상황에 대한 생각으로) 취급한다.[26] 어떤 평가이론가들은 무의식적 평가들(처리 과정 접근법과 일치하는)을 허용하는 데 반해, 대부분은 평가들을 의식적 사고들로서 강조하고 평가과정의 본질을 이해하기 위해 언어적 자기보고 방식을 이용한다. 이런 접근법은 명백하게도 신뢰성 문제로 다시 우리들을 돌려놓는다. 의식적 평가들은 하나의 감정상태 동안에 실질적으로 일어날 수 있지만, 더 근본적인 다른 처리 과정이 또한 작동하고 있다. 이와 같은 근본적인 처리 과정들을 이해하려는 것이 처리 과정 접근법의 목표다.

　　　　따라서 신뢰성 문제를 벗어나는 데 있어, 처리 과정 접근법은 사람과 동물에게서 비슷하게 무의식적 감정기능들을 연구하게 해 주며, 동시에 감정적 의식(느낌들)을 이해하기 위한 방법을 제공한다(느낌들이란 그 자체가 무의식적으로 일어나는 처리 과정으로 비롯되기 때문이다). 뿐만 아니라 처리 과정 접근법은 또 다른 이점을 제공한다. 그것은 감정과 인지를 같은 것으로 취급하도록 허용해 준다(의식적 경험으로 진행될 수도 있지만, 항상 그렇게 진행되지는 않는 무의식적 처리 과정으로 취급할 수 있다). 그리고 그것은 크게 요구되고 있는 인지와 감정의 결합을(그리고 나중에 언급하겠지만 동기부여를 포함해) 가능하게 해 준다. 결국 정신 3부작의 재결합을 말한다.

쉽게 고쳐질까?

정신 3부작을 재결합하기 위한 한 방법은 인지혁명에서 유래한 생각하는 뇌에 대한 모든 새로운 지식들과, 변연계 개념으로 오래 전에 주목받았던 감정적 뇌에 대한 견해들을 합치는 것이다. 아마도 변연계 개념은 약간 현대화시킬 필요가 있는데, 변연계를 의식적인 느낌들이 자리하는 장소가 아니라 감정 처리가 일어나는 네트워크로 취급할 필요가 있다. 그러나 변연계 이론은 뇌가 어떻게 감정을 만들어 내는지를 설명하는 지배적인 이론이지만(신경과학뿐만 아니라 일반 대중문화에서도), 감정적 뇌에 대한 적절치 못하고 결점이 있는 이론이다. 나는 이 점에 대해 《감정적 뇌》에서 강하게 주장했지만 이런 비판은 반복할 필요가 있다. 변연계 개념은 선구적인 신경과학자인 맥클린의 공헌이며, 마음과 행동에 대한 혁명적 설명의 맥락에서 발표되었다.[27] 20세기 초 비교해부학자들에 의해 제기된 견해, 즉 신피질은 포유류의 고유 특성으로서 다른 척추동물들은 원시적인 피질을 갖고 있지만 포유류만이 신피질을 갖고 있다는 견해(제3장)에 근거하여 변연계 이론이 성립되었다. 사고작용, 추론, 기억, 문제 해결 등은 포유류에서 잘 발달되었으며, 특히 인간을 비롯한 영장류는 신피질 조직을 더 많이 가지고 있으므로, 인지 처리 기능은 구피질이나 다른 뇌 조직이 아닌 신피질에서 매개된다고 믿었다. 반면에 구피질과 여러 관련된 피질 하부의 영역들은 변연계를 형성하는데, 정신생활과 행동 중에서 진화적으로 오래된 측면들, 즉 감정을 매개하는 것으로 알려져 왔다. 이런 식으로 인지는 신피질이 담당하고, 감정은 변연계가 맡고 있다고 생각한 것이다.

변연계 이론은 발표되자마자 곧바로 난관에 빠졌는데, 1950년대 중반 구피질 영역이자 변연계 중심인 해마가 손상되자 확실하게 인지기능이라고 볼 수 있는 장기기억이 심각하게 손상된다는 사실이 밝혀졌다.[28] 이런 발견은 종전에 이뤄졌던 개념, 즉 변연계 특히 해마의 원시적인 구조물은 인지기능에 관여하기에 적절하지 않다는 개념에 잘 들어맞지 않았다.[29] 그 후 1960년대 후반에 포유류가 아닌 척추동물들에서도 단순한 형태이긴 하지만 포유류의 신피질에 해당하는 조직들이 발견되었다(제3장). 결과적으로 구피질/신피질이라는 구분은

모호해지면서 감정을 구피질(변연계)에, 그리고 인지를 신피질에 할당하는 진화론적 근거가 공격받았다.[30]

변연계 자체는 연구자들에게 움직이는 과녁이 되어 왔다. 변연계라는 용어가 나온 후 몇 년 사이에 이 용어의 정의는 원래 구피질과 그와 연관된 피질 하부 전뇌의 신경핵의 집합이었는데, 여기에서 확장되어 중뇌의 일부에다가[31] 심지어는 신피질의 일부 영역도 포함되었다.[32] 변연계에 대한 정의를 더 정확히 하여 변연계를 구출하려는 시도가 여러 차례 있었다.[33] 반세기에 걸친 논의와 토론에도 불구하고, 뇌의 어느 부위가 변연계에 포함되는지를 규정하는 일반적인 기준이 아직 없다. 어떤 과학자들은 변연계 개념이 폐기되었다고 주장하기도 했다.[34]

이런 어려움에도 불구하고 변연계는 해부학적 개념으로서, 그리고 감정을 설명하는 시스템으로서, 교과서 · 연구논문 · 과학강연 등에서 여전히 생존하고 있다. 변연계가 매개하는 것으로 추정되는 감정기능과 해부학적 기초가 반박하기에는 너무나 모호하게 정의되어 있다는 게 그 부분적인 이유다. 예를 들어, 변연계가 감정을 어떻게 매개하는지에 대한 많은 저서들을 보면, '감정'이라는 의미가 제대로 정의되어 있지 않다. 행간의 의미를 읽는다면, 저자들은 영어에서 말하는 일반적인 의미, 즉 느낌에 가까운 뜻으로서 감정을 말하고 있는 듯이 보인다. 그러나 우리가 이미 보았듯이 감정을 느낌이라는 용어로 개념화하는 것은 문제를 일으킨다.

더 나아가 변연계에 포함되는 뇌 영역들에 대한 해부학

적 기준이 아직 정립되어 있지 않으며, 변연계에 포함되는 영역이 감정의 어떤 측면에 기여하는지를 밝히는 것이 변연계 개념의 정당성을 입증하는 증거로 사용되어 왔다. 예를 들어 편도체는 변연계 영역 중의 하나로 포함되어 왔으므로, 편도체가 공포에 관여한다는 것을 설명한 연구결과는 변연계의 다른 많은 영역들이 공포나 다른 감정에 하는 역할이 거의 없음에도 불구하고 변연계 이론이 정당하다는 증거로 간주되었다. 수백 가지 실험들이 감정에서의 변연계 역할을 규명하기 위해 수행되었지만, 우리의 감정이 어떻게 변연계의 산물이 되는지에 대해 아직도 잘 모른다. 특히 감정에 대한 원래의 변연계 이론이나 그에서 파생된 어떤 이론들도 감정의 특정한 측면들이 어떻게 뇌에서 작동되는지를 예측하지 못한다는 것이 문제다. 모든 설명들은 실험한 뒤에 그 결과를 설명하기 위해 꾸며진 것이다. 다시 말해, 과학자들은 설명보다는 예측에 더 높은 가치를 부여한다. 이 문제는 사람의 뇌를 연구하기 위해 기능적 영상 기법을 이용하는 최근의 연구에서 더 명백해졌다. 감정적 작업을 제시하여 한 변연계 영역이 활성화되면, 이 활성을 변연계 영역들이 감정을 매개한다는 사실에 근거하여 설명하려고 한다. 그리고 순수한 인지적 작업에 의해 변연계가 활성화되면, 그 작업에 어떤 감정적인 요소가 들어 있을 것이라고 가정한다. 다시 말해, 우리는 지금 뇌가 어떻게 작동하는지를 사실보다는 전통에 입각하여 언제든지 쉽게 설명할 수 있게 된 변연계 이론을 갖고 있다. 그 개념에 대한 맹목적인 경의가 정신생활이 뇌에 의해 어떻게 매개되는지에 대한 창의적인 사고를 억압하고 있다.

변연계 이론이 감정에 대한 뇌의 특정한 회로에 대한 설명으로서는 부적절하지만, 맥클린의 원래 개념은 감정과 뇌에 대한 일반적인 진화적 설명의 맥락에서 보면 통찰력 있고 꽤 흥미롭다. 특히 감정에는 포유류 진화를 거치면서 보존되어 온 비교적 원시적인 회로들이 관여한다는 주장이 맞는 것으로 보인다. 더 나아가 인지과정은 다른 회로들이 관여하고 감정회로와는 비교적 독립적으로 기능할 수 있다는 주장은 적어도 일부 상황에서 맞는 것처럼 보인다. 비록 우리가 감정적 뇌에 대한 해부학적 이론으로서 변연계를 궁극적으로 버린다고 하더라도 이러한 기능적 개념들은 보존할 필요가 있다.

적은 것이 더 많다

변연계 이론은 모든 감정들을 동시에 설명하려 한 부분적인 이유 때문에 실패했으며 어느 한 감정도 적절하게 설명하지 못했다. 1970년대 후반에 감정 연구에 관여하면서 나는 반대 방향으로 접근하여 하나의 감정, 즉 공포에만 매달려 연구하기로 결심했다. 이 절에서 그동안 우리가 공포에 대해 배워 온 것들을 구체적으로 말하고자 하는데, 왜냐하면 우리가 가장 많이 아는 감정이기 때문이다. 그러나 공포시스템에서 알려진 기본 원리들은 다른 시스템에도 적용할 수 있다고 생각한다. 뇌의 다른 회로들이 감정의 다른 기능들에 관여하겠지만, 특정한 감정처리 회로들과 감각, 인지, 운동, 그리고 다른 시스템들과의 관계는 다양한 감정의 범주를 통틀어 유사할 것으로 보인다.

공포의 신경학적 토대에 대해 알아낸 많은 지식들은 지난 20년 동안 공포조건화에 대한 연구에서 비롯되었다. 이 조건화는 행동심리학에서 오랫동안 기본 도구였으나,[35] 나와 여러 연구자들이 감정학습 회로를 연구하기 위해 채택하기 전까지는 그리 많이 사용되지 않았다.[36] (제5장에 언급한 것처럼, 공포조건화의 신경학적 원리에 대한 중요한 작업은 로버트 블랑차드와 캐롤린 블랑차드, 캡, 마이클 데이비스, 팬슬로우의 연구실과 내 연구실에서 이루어졌다.[37] 또 그전에는 비둘기를 이용한 데이비드 코헨의 연구들이 있다.[38]) 몇몇 변연계 영역들이 공포조건화에 관여하는 것으로 알려졌지만, 관여하는 영역의 정확한 위치와 관여하는 기능 등은 변연계 이론만으로는 예측이 불가능했을 것이다.

결국 공포조건화가 우리가 알고 싶은 공포, 특히 사람의 공포에 대한 모든 것을 말해 주지 못할지도 모른다. 예를 들어, 조건화된 공포자극에 반응하는 과정에 관여하는 신경회로는 공포와 관련된 행동의 복잡한 측면들을 모두 다 설명하지는 못할 것이다. 예를 들어 특정한 자극에 의존하지 않는 대신 실패의 공포, 두려움의 공포, 사랑에 빠지는 공포 등과 같이 추상적인 개념이나 사고에 의존하는 반응들을 다 설명하지 못할 수 있다.[39] 그럼에도 불구하고 공포조건화는 공포에 대한 기본적인 사실들을 이해하는 데 훌륭한 도구가 되어 왔는데, 특히 공포반응이 평상시에 사람이나 동물들이 접하는 특정한 자극들과 어떻게 연결되는지를 이해하게 해주었다.

회로를 추적하는 관점에서 볼 때 왜 공포조건화가 그렇

게 유용한가? 한 가지 이유는 그것이 간단한 절차로 이뤄진다는 것이다. 의미 없는 자극, 즉 '삐' 하는 소리 같은 자극을 공포를 유발하는 사건으로 만들려면 피부에 주는 가벼운 충격과 같은 혐오스런 사건과 동시에 몇 번(한 번만 주어도 종종 가능하다)을 발생시키면 쉽게 이뤄질 수 있다. 또한 다양한 변형이 가능한데 충격 또는 다른 많은 종류의 위험한 자극들을 예측하게 해주는 어떤 자극이라도 조건화된 공포자극이 될 수 있다. 또한 학습은 오래 지속되면 영구적일 수도 있다. 사람이나 쥐에게 비슷하게 수행될 수 있으므로, 인간의 공포를 연구하기 위해 쥐의 뇌를 연구하는 것이 가능하다. 뿐만 아니라 반응들은 뇌 속에 이미 설계되어 있으며 자동적이다. 위험한 자극 앞에서 얼어붙거나 혈압이 올라가는 것을 따로 배울 필요가 없다. 왜냐하면 뇌가 이런 반응을 보이도록 진화적으로 설계되어 있기 때문이다. 우리가 배우는 것은 무엇을 두려워할 것인가이지, 어떻게 두려움을 느껴야 하는가에 대한 것이 아니다.

물론 이 모든 것에 내포되어 있는 전략은 공포 처리 회로를 찾아내기 위한 것이다. 우리가 해야 할 일은 입력시스템(조건화된 자극, 즉 '삐' 하는 소리를 처리하는 감각계)으로부터 출력시스템(몸이 얼어붙는 것과 같이 자동적으로 나타나는 반응들)으로 정보를 전달하는 경로를 추적하는 것이다. 논리적으로 본다면 공포 처리 회로는 입력과 출력 시스템의 중간에 존재해야 한다.

당신 뇌 속의 열매

공포조건화 연구에 의해 공포의 입력과 출력이 교차하는 지점에 있으면서 뇌가 위험을 처리하는 과정을 이해하기 위한 주요 열쇠가 되는 조직이 바로 편도체라는 것이 밝혀졌다. 사실 뇌에는 양쪽에 두 개의 편도체가 있지만 두 개가 거의 같은 일을 하므로 편의상 하나로 취급하겠다.[40]

예전에는 뇌의 모호한 영역이었던 편도체가 요즘은 일상 용어가 되었다. 배트맨 만화 중에서 《박쥐의 그림자*Shadow of the Bat*》를 보면 '편도체'로 불리는 괴물이 나오는데, '뇌에서 분노의 감정을 조절하는 신경의 덩어리'로 아몬드처럼 생겼다고 해서 괴물 이름이 그렇게 붙여졌다(그리스어인 편도체는 생긴 모양을 따라 붙여진 이름인데 영문 뜻은 아몬드다). 최근 〈아이들의 도시Kids' City〉라는 어떤 뉴스지의 칼럼에서 유년 시절의 공포에 대한 편도체의 역할이 논의되었다. 어떤 웹사이트를 보면 "당신의 편도체를 클릭하세요"가 나오는데 단추들을 클릭할 때마다 편도체를 작동시킬 만한 자극들이 나타난다. 어느 밤 TV 채널들을 돌리다가 공상과학 채널 쇼를 보았는데 한 외계인이 인간들의 편도체들을 자극하여 공포를 조절하는 장면이 있었다. 심지어는 변호사들로부터 연락이 왔었는데, 피고 의뢰인의 폭력범죄가 그의 자유의지에 의한 것이 아니라 단지 편도체의 실수로 벌어진 것임을 주장하는 '편도체 방어' 이론을 상정하려 했다. 잘된 일이건 잘못된 일이건 간에, 편도체는 더 이상 모호한 구조가 아니다. 그러나 편도체와 관련된 대중적 이슈들을 잠시 접어 두고 편도체의 시냅스 구조와 기능에 대해 더 자세히 알아보자.

제5장에서 기술한 바와 같이, 편도체는 12개 이상의 영역들로 나누어져 있는데 그중에 2개만이 공포조건화에 필요하다. 외부 세계로부터 오는 정보는 시상과 피질에 있는 감각 처리 영역들로부터 외측핵으로 전달되어, 편도체가 바깥세상에 어떤 위험요소가 있는지를 모니터할 수 있게 해준다. 만약 외측핵이 위험을 감지하면 중심핵을 활성화시켜 행동반응을 야기하고 공포의 상태에 특징적인 생리적 변화를 시작하게 한다(제5장의 그림 5.6).

그렇다면 조건화는 어떻게 일어나는가? 우리는 이 문제에 대해 제5장과 제6장에서 이미 살펴보았지만 다시 한 번 간략히 요약해 보겠다. 훈련받은 적이 없는 동물에게 소리를 들려주면, 그 소리는 외측핵으로 전달되어 그곳의 뉴런들을 약하게 자극한다. 가바 억제 작용에 의해 반응이 억제되며, 소리가 반복되더라도 별다른 일(위험)이 생기지 않으면 세포들은 곧 반응을 멈춘다. 그러나 소리에 이어 충격이 주어지면 약했던 반응이 헵 가소성 규칙에 따라 크게 증폭된다. 소리에 의해 시냅스전 말단에서 글루타메이트가 분비되는 사이에 충격이 시냅스후 세포를 활성화시킨다. 활성화되는 동안 칼슘이 시냅스후 세포로 들어와 일련의 화학반응이 세포 안에서 일어나는데, 여기에는 카이네이즈들과 전사인자들이 관여하며 유전자들을 활성화시켜 시냅스전 뉴런과 시냅스후 뉴런 사이의 관계를 안정화시키는 데 필요한 단백질들을 발현시킨다. 조건화의 결과로 이제 소리는 편도체에서의 강한 흥분을 유발할 수 있게 되어, 조건화가 이뤄지기 전에 비해 편도체 회로들을 효과적으로 활성화시킬 수 있다. 외측핵에 있는 가바 보안장치를 통과할 수 없었던 하나의 자극이 이제는 쉽게 중심핵으로 움직일 수 있어 중심핵에서는 감정반응의 수문이 열리게 된다.

공포를 제자리에 밀어 넣기

공포조건화에 관여하는 편도체 회로의 역할에 대해 많은 것이 알려졌다. 이런 정보들을 바탕으로 편도체에서의 처리 과정이 인지 처리 과정에 관여하는 피질회로의 처리 과정과 어떻게 관계가 있는지 질문해 볼 수 있다. 해마와 편도체 사이의 연결을 우선 고려하고 이것이 공포라는 내적 상황을 어떻게 만들어 내는지, 즉 우리가 처한 상황에 대한 판단에 근거한 공포의 수위 조절에 어떻게 관여하는지 조사해 보자.

감정이 개입되어 있는 상황에서 어떤 자극은 뚜렷해지는 반면, 다른 자극은 중요한 것임에도 불구하고 미미하게 받아들여진다. 예를 들어 당신이 외국의 도시를 방문하다가 총을 든 괴한에게 강도를 당했다면 가장 두드러진 자극인자는 총을 겨누고 있는 괴한일 것이다. 하지만 강도를 당한 주위 상황도 또한 중요하다. 만약 당신이 사건이 일어난 그 길모퉁이 또는 그 도시를 다시 방문한다면 별로 유쾌한 기분이 아닐 것이다(내 아들과 그의 친구들이 다른 학교에서 농구경기를 하기 위해 걸어가던 중 갑자기 한 친구가 길을 돌려 집으로 가버렸는데, 알고 보니 몇 년 전에 그 교차로에서 걸려 넘어지면서 이빨 2개가 부러진 적이 있었다고 한다). 실험실에서 상자에 들어 있는 쥐에게 소리와 공포의 조합으로 조건화시키면, 나중에 그 쥐를 그 상자 안에 가져다 놓을 때 얼어붙으면서 두려워하는 행동을 한다. 소리가 가장 뚜렷한 신호지만 상자 안에 있는 다른 자극들도 조건화된 것이다.

　　　　　상황조건화contextual conditioning라는 개념이 내 연구실의 필립스, 팬슬로우와 그의 동료들에 의해 최근에 많이 연구되었다.[41] 소리조건화와 같이 상황조건화는 편도체에 의존하지만, 소리조건화와는 달리 해마에도 의존한다. 청각계가 소리에 대한 정보를 편도체에 보내는 것처럼, 관계/배열/공간 처리를 담당하는 해마도 감정학습이 일어나고 있는 상황에 대한 정보를 편도체에 보낸다(제5장 참조). 다시 말해 상황이란 것은 감정적 상황을 만드는 여러 인자들에 대한 심리적 구성, 즉 어떤 한 장소에서 만들어진 기억과 같은 것이다. 조건화 동안 편도체에서 소리와 충격이 통합되는 것처럼, 상황과 충격도 통합된다. 그러나 외측핵은 소리-충격 통합에 관여하지만, 상황-충격 통합에는 필요하지 않다. 대신 해마와 연결된 하핵basal nucleus이 상황-충격 통합에 관여한다. 하핵은 공포반응을 조절하는 중심핵과 소통한다(그림 8.2). 이러한 해마-편도체 회로를 거쳐 공포반응은 상황의 여러 특징적인 요소들에 의해 조정될 수 있다. 야외에서 맹수를 만나면 공포를 느끼지만 동물원에서 만나면 환상적으로 즐길 수 있다. 그러나 찰스 다윈이 동물원의 유리상자에 갇힌 무서운 뱀이 공격하려 할 때마다 아무리 무서움을 참으려고 해도 참을 수 없었다는 것처럼,[42] 이

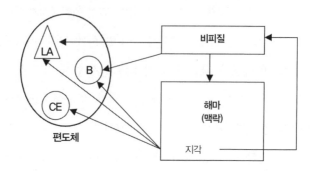

그림 8.2 상황에 대한 해마의 처리 과정이 편도체에 영향을 미칠 수 있는 경로들
위험한 상황을 평가하는 과정은 해마와 편도체가 서로 작용하여 이뤄진다고 믿어지고 있다. 해마에서 처리된 정보는 피질의 비rhinal 영역과 지각subiculum을 통해 편도체로 간다. LA 는 외측편도체, B는 기저편도체, CE는 중심편도체다.

모든 것의 밑바닥에는 반응하기 위해 준비하고 있는 반응-시스템이 있다. 해마가 상황조건화에 관여되어 있다는 개념은 여러 차례 공격받았다.[43] 그러나 이런 도전들에도 불구하고 해마와 편도체의 연결이 공포에서 상황 처리 과정을 설명한다는 주장이 여전히 인정받고 있다.

균형과 조절

또한 편도체는 내측전전두피질과 상호작용한다. 이 영역에는 전대상과 안와 영역orbital regions뿐만 아니라, 이들 사이에 끼어 있는 영역(하변연/전변연 피질, infralimbic/prelimbic cortex)도 포함된다. 이 영역들은 편도체의 여러 영역들에게 연결을 보내는데 여기에는 뇌간

brainstem으로 출력하는 중심핵도 포함된다. 이런 회로에 의해 전전두 영역에서 조직된 인지기능들이 편도체 및 편도체의 공포반응들을 조절한다.

몇 년 전 내 연구실의 모건은 공포조절에서 내측전전두피질의 역할을 연구했다. 이 영역에 손상을 주면, 어느 부위가 손상되느냐에 따라 그 결과가 다양하게 나타났다. 어떤 손상은 공포반응을 과장시켰다. 이런 손상을 당한 쥐는 조건화된 공포자극(충격과 짝을 지었던 소리)이 나타날 때마다 대조군의 쥐들에 비해 더 심하게 얼어붙었다. 반면에 다른 영역이 손상되면 이런 공포의 증폭 현상이 일어나지 않았다. 그러나 충격 없이 소리만 반복적으로 주면 공포기억의 소멸이 나타나는데, 이 손상된 쥐들은 보통 쥐에 비해 소멸이 일어나기 위해서는 충격 없이 더 많은 횟수의 소리의 반복을 필요로 했다.[44] 내측전전두피질이 공포조절에서 하는 역할은 내 전 동료이자 현재 푸에르토리코에 있는 쿼크[45]와 프랑스의 가르시아에 의해 최근에 확인되었다.[46]

종합해 보면 이런 연구에 의해 전전두피질과 편도체가 상호관련되어 있다고 밝혀졌다. 즉 편도체가 공포반응에 반응하기 위해서는 전전두 영역이 차단되어야 한다. 같은 논리로 전전두 영역이 활성화되면 편도체가 억제되어 공포를 표현하기 어려워진다. 편도체가 전전두피질에 의해 조절되지 않을 때 병적인 공포가 발생할 수도 있는데, 이런 공포를 치료하려면 환자는 전전두 영역의 활동을 증가시키는 법을 배워 편도체가 공포를 표현하지 못하도록 해야 한다. 내측전전두피질과 복측전전두피질ventral prefrontal cortex에 손상이 있는 환자가 감정적 상황에서 의사결정 능력이 손상된다는 것은 명백하다.[47] 또한 이런 환자는 공포장애와 불안장애에 걸릴 위험이 높다. 이런 비정상적 경우들은 유전적 또는 비유전적 요인에 의해 잘못된 전전두 시냅스들 때문이거나, 경험을 통해 전전두 시냅스연결에 미묘한 변화가 발생했기 때문이다. 내측전전두피질에 이상이 있는 동물들의 행동은 불안장애를 가진 사람들을 연상시킨다. 이들은 주체할 수 없는 공포반응을 나타낸다. 세상에 대한 객관적인 정보에 의하면 그 상황이 위험하지 않은데도 불구하고, 그들은 공포회로를 적절하게 조절하지 못해 안전한 상황에서도 공포와 불안을 경험한다.

따라서 내측전전두피질은 인지와 감정시스템의 중간 접촉면처럼 기능하여 전전두피질에서 일어나는 인지정보 처리에 의해 편도체에서의 감정 처리 과정을 조절하게 해준다. 아울러 편도체에서의 감정 처리 과정도 전전두피질의 의사결정 기능이나 다른 인지기능에 영향을 미칠 수 있다. 이 장의 후반부에서 공포회로와 공포의 의식적 느낌 사이의 관계를 고찰할 때 전전두-편도체 상호작용에 대해 더 알아보겠다.

쥐와 사람의 비교

벌레, 달팽이, 조개, 기타 무척추류들은 편도체가 없다. 공포조건화는 이들에게서 다른 방식으로 일어난다. 그러나 척추류(최소한 파충류, 조류, 다양한 포유류, 인간)에서는 편도체에 의해 공포조건화가 일어난다.

쥐나 다른 동물의 뇌보다 인간의 뇌를 연구하기가 더 어렵다. 그러나 최근 몇 년 사이에 뇌손상 환자에 대한 연구와 새로운 뇌영상 기술을 이용한 연구들을 통해 공포와 다른 감정과정에서 사람의 편도체가 하는 일들이 연구되고 있다. 아직은 이런 조사가 편도체 내에서의 특정 회로의 역할에 대해서 꼭 집어 말할 수 있는 정도는 아니지만, 기본적인 공포조건화 과정은 사람이나 동물이나 비슷하다는 것을 보여 주고 있다.

1995년에 뇌손상이 사람의 공포조건화에 미치는 영향에 대해 두 편의 기념비적인 논문이 발표되었다. 예일 대학교에 있는 나의 공동연구자들인 라바, 펠프스, 데니스 스펜서는 한쪽 뇌에서 측두엽절개수술을 받은 20명의 환자들을 조사했다. 한쪽 뇌 측두엽절개술은 간질을 치료하기 위해 한쪽 뇌의 측두엽을 절제하는 것으로 여기에는 편도체도 포함된다.[48] 절제된 쪽에 관계없이 환자들은 공포조건화에 이상이 생겼다. 비슷한 시기에 다마시오와 그의 동료들은 한 환자를 연구했는데, 그 환자는 양쪽 뇌의 편도체에 모두 손상이 있었으며 공포조건화가 일어나지 않았다.[49] 우리 연구와 그들의 연구에서 환자들은 조건화 경험에 대한 명시적 또는 서술적 기억은 아무런 문제가 없었기 때문에, 쥐의 뇌에서처럼 사람의 뇌에서도 공포조건화와 서술기억이 서로 분리될 수 있다는 것을 보여 주었다(제5장). 또한 해마의 손상은 사람이나 쥐나 똑같이 상황요인에 대한 공포조건화 형성을 방해했다.[50]

사람에게서 뇌손상이 공포에 미치는 효과에 대한 이런

발견들은 기능 영상 기법 연구에 의해서도 입증되었다. 라바, 펠프스와 내가 수행한 연구나 모리스, 외만, 돌란이 수행한 연구가 바로 그것이다.[51] 이 두 연구는 기능성 MRI를 이용했으며, 두 연구 모두 사람의 편도체가 공포학습이 일어날 때 활성화된다는 것을 보여 주었다(그림 8.3). 모리스의 연구에는 흥미로운 점이 한 가지 더 있다. 시각적으로 조건화된 자극이 차폐되어 의식 속에 들어오지 않는 상황에서도, 경험하지 못하는 그 자극에 의해 편도체는 감정학습을 할 수 있다는 것을 보여 주었다.

어떤 연구자들, 특히 신피질에 대해 연구하는 이들은 시상에서 편도체로 가는 직접적인 경로, 즉 '낮은 길low road'이 사람과 영장류에서는 그리 중요하지 않다고 반박하기도 했다.[52] 그들의 주장에 의하면, 영장류에서는 피질이 매우 중요하므로 낮은 수준의 하피질 처리 과정subcortical processing의 효과는 가려질 수 있다는 것이다. 그러나 돌란 그룹에서 수행한 후속 연구는 이런 비판을 잠재우는 데 도움을 주었다. 영상 연구는 신경활동이 증가하거나 감소하는 장소를 찾는 것이 전형적이다.[53] 똑같은 자극을 세 번 주었을 때 평균적인 활동이 두 영역 A와 B에서 모두 증가했다고 가정하자. 그런데 A영역에서의 활동을 보면 자극을 처음 보였을 때 가장 높은 활동, 두 번째는 중간 활동, 세 번째는 낮은 활동의 증가를 보였다고 가정하자. 평균적인 변화는 중간 크기의 증가일 것이다. 똑같은 평균적인 활동 증가가 B영역에서도 일어났지만 첫 번째 시도에서는 낮은 증가, 두 번째는 중간, 세 번째는 가장 높은 증가를 보였다고 가정하자. 이러한 패턴은 A와 B 영역

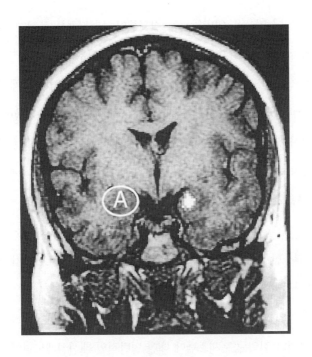

그림 8.3 공포조건화가 일어나는 순간 활성화되는 사람의 편도체
사람의 편도체가 공포조건화가 일어나는 동안 조건화된 자극에 의해 활성화되는 모습을 기능성 MRI가 보여 주고 있다. 신경활동이 증가한 모습이 오른쪽 뇌에서 하얗게 나타나고 있다(한쪽에서만 활동이 보이고 있지만, 대체적으로 정도의 차이는 있으나 양쪽 다 활성화된다). 편도체의 위치가 왼쪽 뇌에서 원(A)에 의해 표시되어 있다. 펠프스가 제공한 사진임.

이 기능적으로 서로 연결되지 않았음을 말한다. 왜냐하면 두 영역에서 보이는 변화는 각각의 시도에서 다른 방식으로 변했기 때문이다. 그러나 두 영역이 매 시도마다 같은 패턴의 변화를 보인다면 그들 사이에는 기능적인 연결이 있음을 시사한다. 돌란과 그 동료들은 차폐조건화 연구결과를 놓고 이런 종류의 자료를 분석했다.[54] 구체적으로 말해 뇌의 어느 영역이 편도체와 같이 변하는지, 그리하여 편도체와 기능적으로 연결되어 있음을 의미하는지 질문했다. 뇌 전체를 조사한 결과 조건화가 일어날 때 시각시상을 포함하여 피질 하부의 시각 처리 영역이 직접적으로 편도체와 관련되어 있음을 알아냈다. 특히 편도체의 활동이 시각피질의 활동과 전혀 관계없다는 점이 중요하다. 이러한 발견은 무의식적 감정학습이 시상의 시각 영역에서 편도체로 이르는 경로를 통해 일어난다는 것을 의미한다. '낮은 길'은 쥐나 사람의 뇌에서도 실제로 사용되고 있는 것이다.

지금까지 우리가 본 쥐와 사람 사이의 유사성을 놓고 본다면, 최소한 공포반응의 분야에서는 틀리다는 증거가 나오기 전까지 쥐에서 밝혀진 사실들이 사람에게도 적용된다고 봐야 한다. 그렇다고 해서 사람의 뇌가 쥐의 뇌처럼 고양이를 무서워해야 한다는 말이 아니라 사람이나 쥐의 공포시스템에 대한 일반적인 배선설계도면이 같다는 뜻이다. 결국 고양이가 있을 때 쥐의 편도체를 흥분시키는 시냅스 회로는 위험한 자극 앞에 놓인 사람의 편도체도 비슷하게 흥분시킬 것이다.

조건화에 대한 편도체의 역할과 아울러 공포라는 주제와 관련된 수많은 인간 뇌 영상 연구들이 수행되었다. 예를 들어, 사람 얼굴에 나타난 감정표정은 강력한 감정자극이 된다고 알려져 있다. 런던의 돌란 그룹[55]과 브레이터, 훼일렌, 라우쉬[56]가 발견한 바에 의하면, 공포에 질린 모습이나 화난 얼굴을 피험자에게 보여 주면 피험자의 편도체가 활성화된다. 또한 훼일렌과 동료들은 이런 얼굴의 차폐된 자극 제시도 비슷한 활성을 일으킨다고 주장했다.[57] 비슷한 맥락에서 사람의 편도체가 손상되면 사람의 얼굴이나 목소리에 나타나 있는 감정들을 판단하지 못한다.[58] 편도체에 이상이 있는 사람은 실제로 일상생활에서 누구를 믿어야 할지 판단하는 데 큰 어려움을 겪는다.[59] 사람에게서 발견된 이런 현상들은 20세기 초에 관찰되었으며, 크루버와 부시가 1937년에 발표하여 인기를 얻은 관찰결과를 연상시킨다. 편도체가 들어 있는 측두엽을 제거한 원숭이들은 사람이나 뱀과 같은 위협적인 존재를 두려워하지 않았다.[60] 얼마 후에 롤스와 오노를 비롯한 여러 연구자들은 원숭이의 편도체에 있는 뉴런으로부터 전기적 활동을 측정하여 크루버-부시 증후군의 원리를 밝혀냈다.[61] 그들이 찾아낸 뉴런들은 얼굴에 특이하게 반응을 보이거나, 음식물이나 위협적인 사물들처럼 생물학적으로 중요한 자극에 반응했다.

펠프스와 훼일렌의 최근 연구에 의하면, 편도체는 사회적 상호작용에도 관여한다.[62] 별개의 연구에서 그들이 밝힌 바에 따르면, 잘 모르는 백인의 얼굴을 미국 흑인 피험자에게 비춰 주면 피험자의 편도체가 활성화되는데, 활성화되는 정도는 피험자의 인종적 편견성 정도에 비례한다. 특히 편향성 시험이 인종편견성에 대한 암묵적 측정 방법으로 이뤄졌다. 이 말은 인종차별에 대한 암묵적(무의식적) 성향 정도는 인종차별 대상을 보여 줬을 때 편도체가 활성화되는 정도와 일치한다는 것이다. 이런 연구는 새롭고도 도발적인 분야로 우리를 인도하지만, 연구자들에게 심각한 윤리적 이슈들을 제기한다. 부정적 태도와 편견들이 무의식적인 행동에 매우 큰 영향을 끼치고 더 나아가 그 때문에 억제하거나 보완하지 못한다고 가정할 때,[63] 연구자는 피험자들에게 그들이 가지고 있는 편견들에 대해 알려 주어야 하는가? 또한 그러한 연구들은 사회의 윤리적인 판단에 직면하게 된다. 인간의 마음을 읽기 위해 뇌 영상 기술을 어디까지 활용해야 하는가? 우리가 밝힌 정보를 어떻게 이용해야 할 것인가? 이것은 이런 질문들에 대답해야 할 시점에 이르고 있다는 증거다.

과거의 감정을 되살리기

앞에서 말한 바와 같이 편도체에 의한 공포조건화는 의식의 참여를 필요로 하지 않는 암묵적 학습의 한 형태다. 그러나 우리가 깨어 있고 주의를 집중하는 상태에서 이루어지는 경험 동안에는 무슨 일이 벌어지고 있는지를 작업기억이 알게 되고, 벌어지는 일이 중요한 것이라면 그 내용을 외현기억 시스템으로 저장하도록 집행한다. 그리하여 우리는 명시적으로 저장된 경험내용들을 나중에 의식적으로 다시 회상(작업기억으로 다시 회수함)할 수 있다. 모든 종류의 외현기억에 이런 사실이 적용되지만, 감정에 대한 외현기억은 독특한 면이 있다.

감정적 상황에서 형성된 외현기억들은 특히 생생하고 오래 지속되는데 이런 이유로 섬광기억flashbulb memory이라고도 한다.[64] 고전적인 예를 보면, 베이비붐 시대에 태어난 세대들은 존 F. 케네디 대통령이 암살당했다는 뉴스를 들었을 때 자신들이 어디에 있었으며 무엇을 하고 있었는지 잘 안다. 우리도 일상생활을 돌이켜 볼 때 우리의 감정을 자극하는 일들이나 특별히 중요한 사항들에 대해서는 잘 기억해 낸다. 결국 감정이란 기억을 증폭한다.

　　맥고우와 그의 동료들이 수십 년 동안 수행한 연구에 의하면, 외현기억의 감정적 증폭에 편도체가 관여되어 있음을 알 수 있다.[65] 감정적으로 흥분한 상태에서 중심편도체로부터 나오는 출력들은 부신에서 호르몬을 분비하게 하고 호르몬은 다시 뇌로 들어온다. 이러한 되먹임의 중요한 목표 중 하나가 편도체다. 이런 되먹임에는 직접적인 것과 간접적인 것이 있다. 직접적인 것은 부신피질에서 분비되는 코르티솔 호르몬으로, 편도체에 직접 작용한다. 간접적인 것은 부신수질에서 나오는 에피네프린과 노레피네프린 호르몬으로, 이들은 뇌로 들어가는 신경에 작용하여 궁극적으로 편도체의 신경활동에 영향을 준다. 편도체는 외현기억 시스템에 관여하는 해마 및 다른 영역들과 연결되어 있으므로, 감정적 흥분 상태 동안 외현기억의 공고화consolidation를 조절 또는 강화시킬 수 있다. 훗날 기억은 쉽게 회상되고 원래 경험의 세부적인 사항들을 생생하게 기억할 수 있게 된다. 따라서 편도체는 위험한 상황에 대한 암묵기억을 회로에 '저장'할 뿐만 아니라 외현기억의 내용을 해마나 다른 영역의 회로에 형성될 수 있도록 '조절'해 준다. 맥고우 연구실의 카힐과 로젠달이 수행한 최근의 연구 결과는 이런 결론을 뒷받침해 준다.

　　기분일치 가설mood congruity hypothesis에 따르면 회상하는 시점에서의 감정상태와 기억 형성 시의 감정상태가 일치하면 더 쉽게 기억을 회상할 수 있다.[66] 예를 들어, 우울할 때는 즐거웠던 사건보다 우울한 기억들이 더 잘 회상된다. 아마도 회상하는 동안 편도체의 활성이 기억 재생을 촉진하는 것으로 보인다. 최초의 경험에서 일어났던 감정상태(앞서 논의했던 것처럼 편도체 활성에서 비롯된 뇌의 상태와 그로 인한 모든 결과들을 말함)를 편도체가 다시 만들어 냄으로써 기억 재생의 촉진에 최소한 부분적이라도 공헌할 것이다. 즉 학습할 때와 회상할 때의 감정상태가 비슷할수록 회상은 더욱 효과적으로 일어난다. 회상하는 감정이 때론 다른 경우(카네만이 말한 회상된 유용성 remembered utility)와 목격자 증언이 다른 경우는, 회상하는 순간의 감정상태가 최초 경험이 이뤄질 때의 감정상태와 다소 다르기 때문일 수 있다.

기억이 형성될 때 감정적 각성상태가 적절한 정도라면 기억은 강화된다. 그러나 감정적 각성상태가 너무 강해 스트레스를 유발할 정도가 되면 기억은 오히려 손상된다. 사폴스키, 매케웬, 파블리데스, 다이아몬드, 쇼스, 김 등은 스트레스에 의해 해마 기능이 변화되므로 외현기억이 손상된다고 했다. 스트레스가 주어지는 상황에서는 부신피질에서 분비되는 코르티솔의 혈중농도가 증가한다.[67] 예를 들어 위협적인 자극에 의해 스트레스가 유발되면 편도체가 활성화되면서 코르티솔이 분비된다(그림 8.4). 이 호르몬은 뇌로 들어가서 해마에 있는 수용체에 결합하고 해마의 활동을 방해하여, 측두엽 기억시스템이 외현기억을 형성하는 것을 약화시킨다. 결과적으로 스트레스를 받은 쥐들은 해마를 필요로 하는 작업들, 즉 공간학습 같은 것을 제대로 해내지 못했다.[68] 더 나아가 스트레스를 받은 쥐는 해마 LTP가 잘 유도되지 않았다.[69] 스트레스가 지속되면 해마 세포들은 퇴화되기 시작하며 결국은 죽어 버린다. 이런 변화들은 외상후스트레스 질환PTSD이나 우울증과 같이, 스트레스와 관련된 정신장애에서 비롯되는 기억상실 증상을 부분적이나마 설명해 준다.[70] 또한 스트레스 호르몬들은 전전두피질에 해로운 영향을 주며,[71] 사람들이 스트레스를 받을 때 잘못된 판단을 내리는 것과 관련이 있는 것 같다. 해마와 전전두피질에 미치는 영향과는 대조적으로, 심한 스트레스는 편도체가 공포에 기여하는 것을 더

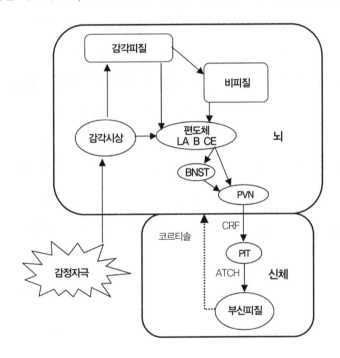

그림 8.4 스트레스가 일어날 때
스트레스 자극이 있을 때, 편도체의 중심핵은 시상하부의 외측뇌실핵PVN을 직접적으로 활성화하거나 또는 말단선조stria terminalis의 침상핵bed nucleus을 통해 간접적으로 활성화한다. CRF(corticotropin-releasing factor) 호르몬이 PVN에서 나와 뇌하수체PIT에 가면 그곳에서 ACTH가 방출되어 혈액을 통해 부신피질에 도달한다. 부신피질은 코르티솔을 분비하여 혈관계를 따라 뇌를 포함한 신체의 다양한 기관과 조직으로 전파된다.

향상시킨다.[72] 스트레스 호르몬이 이러한 스트레스로 인한 공포의 증폭에 관여한다는 것은, 혈중 스트레스 호르몬의 농도를 인위적으로 올리거나 스트레스를 주어서 공포반응이 증가하는 것을 관찰한 연구결과에 의해 밝혀졌다.[73]

요약하면 외현기억의 형성 능력을 약화시키거나 사고나 추론에 의해 공포를 조절하는 능력을 약화시킬 수 있는 조건들은, 공포반응을 강화시키고 스트레스나 외상성 상황에 대한 정보를 암묵적으로 저장하는 우리의 능력을 향상시킨다(그림 8.5). 여기에는 좋은 점과 나쁜 점이 교차한다. 좋은 점은 외현기억을 형성하는 능력이 손상되더라도 해로운 상황에 대한 유용한 정보를 여전히 저장할 수 있다는 것이다. 나쁜 점은, 우리가 배우는 내용이 무엇인지 모르면서도 나중에는 이런 자극들이 이해하기 어렵고 조절하기도 어려운 공포반응을 때때로 일으키면서 결국 병적인 상태를 일으킬 수 있다는 점이다. 이 점은 이 책의 후반부에서 시냅스의 질환을 논의할 때 다시 살펴볼 것이다(제10장).

공포 자체에 대하여

감정적 각성상태는 인지 처리 과정에 큰 영향을 미친다. 집중, 지각, 기억, 의사결정, 그리고 이들 각각과 함께 동반하여 일어나는 의식과정은 모두 감정상태에 의해 영향받는다. 그 이유는 간단하다. 감정적 각성상태는 뇌 활동을 조직하고 조정하기 때문이다.[74] 여기에서 나는 뇌 활동

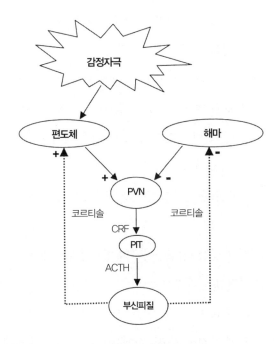

그림 8.5 편도체와 해마는 스트레스에서 다른 역할을 담당한다

편도체는 시상하부의 외측뇌실핵PVN을 활성화함으로써 위협적인 자극에 대해 스트레스 반응을 일으킨다(그림 8.4). PVN은 CRF를 뇌하수체PIT로 방출하고 거기에서 ACTH가 혈관계로 방출된다. ACTH는 부신피질에서 코르티솔을 분비하게 한다. 코르티솔은 혈관을 따라 뇌로 들어간다. 코르티솔은 해마 기능에 손상을 주며 (−부호로 표시함), 편도체의 기능을 촉진시킨다(+기호로 표시함). 해마는 원래 PVN을 억제하고 (−부호 표시) 편도체는 PVN을 흥분시키므로(+표시), 코르티솔의 효과는 앞되먹임을 일으켜 코르티솔의 분비가 더 많은 코르티솔의 분비를 가져온다. 즉 해마에 의한 코르티솔 분비 억제작용이 분비를 자극하는 편도체에 의해 더욱 위축된다.

에 대한 감정의 조정작용이 어떻게 의식적 경험을 감정적 경험으로 바꾸어 놓는지에 대해 말하려고 한다.

앞 장에서 나는 우리가 즉각적으로 느끼는 의식적 내용, 매 순간 의식하고 있는 사물 등이 작업기억을 차지하고 있다고 주장했다. 이것이 옳다면 어떤 느낌(어떤 감정을 의식적으로 경험하는 것)은 즉각적인 어떤 감정상태를 구성하면서 작업기억을 차지하고 있는 여러 요소들의 표상이라 할 수 있다. 이런 관점에서 두려워하는 느낌이란 다음에 열거하는 서로 구별되는 종류의 정보들이 작업기억에 의해 통합된 의식의 한 상태를 말한다고 볼 수 있다. (1)즉각적으로 제시된 자극(예를 들어 당신 앞에 놓인 뱀), (2)자극에 대한 장기기억(당신이 뱀에 대해 알고 있는 지식과 뱀과 관련된 지난 경험들), (3)편도체에 의한 감정적 각성. 처음 두 가지는 의식적 지각경험의 어떤 종류에서도 발견되는 요소들이다. 왜냐하면 당장 나타난 자극의 정체를 알아내는 것은 그것의 물리적 형태(시각적 또는 청각적 형태)를 이전의 비슷하거나 같은 자극들에 대한 기억과 비교함으로써 가능하기 때문이다. 그러나 세 번째 종류의 정보는 오로지 감정적 경험과정에서만 나타난다. 다른 말로 편도체 활성은 평범한 지각적 경험을 무서운 경험으로 바꿔 놓는다(그림 8.6). 카네만의 용어를 빌리자면, 편도체는 위협적인 상황에서 순간적인 유용성instant utility의 근원인 것이다.

그렇다면 핵심적인 질문은 이것이다. 편도체는 어떻게 의식과정을 변화시키고 인지를 감정으로 변환시키며, 더 적절하게는 감정이 의식을 적대적으로 점령하는 일이 어떻게 일어날까? 나는 최소한 공포 영역에서만큼은 편도체가 작업기억을 지배하게 되면서, 감정이 의식을 독점한다고 믿는다.

아래에서 설명하겠지만 편도체는 여러 방법으로 작업기억에 영향을 준다. 첫 번째는 피질 영역에서의 감각 처리 과정을 변화

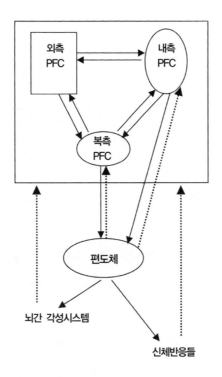

그림 8.6 작업기억 회로들과 연결되어 있는 편도체

고전적인 작업기억 영역인 외측전전두피질이 편도체와 직접 연결되어 있지 않지만, 작업기억에 관여하는 다른 두 영역들이 편도체와 연결되어 있다. 이것들은 내측전전두피질(특히 전대상)과 복측전전두피질(특히 안와피질)이다. 더욱이 세 영역들은 서로 연결되어 있다. 따라서 배측전전두dorsal prefrontal 영역은 다른 영역들을 거쳐 편도체와 간접적으로 연결되어 있는 것 같다. 작업기억이 편도체에 의해 조절되는 또 다른 간접적인 방법으로 첫 번째는 편도체의 출력에 의해 뇌간의 각성시스템이 활성화되어 조절성 모노아민류들을 전전두피질의 모든 영역들에 분비하게 하는 것과, 둘째로 편도체 활동에 의해 시작되는 신체반응들로부터의 되먹임에 의한 방법이 있다.

시킨다. 작업기억은 외부세계에서 일어나는 정보를 감각 처리 영역들을 통해 알게 되는데, 감각자극을 처리하는 이들 영역에 변화가 생기면 작업기억에 공급하는 재료가 달라질 수밖에 없다. 편도체는 피질에 있는 감각 처리 영역들과 연결되어 있으므로 편도체 각성은 감각 처리 과정을 변형시킬 수 있다. 애머럴이 지적한 바에 의하면, 감각피질에서 감각 처리 과정 중 마지막 단계에서만 편도체로 연결을 보내는 반면, 편도체에서는 모든 단계들에 연결들을 보내어 신피질의 초기 단계 처리에조차도 영향을 준다.[75] 감각피질 영역들이 편도체에서 일어나는 활동에 의해 영향을 받고 있다는 것은 와인버거의 연구에 의해 제안되었는데, 그가 밝힌 바에 의하면 소리자극에 의한 청각피질에서의 세포 발화는 공포조건화 상황에서 소리와 충격이 짝을 이루었을 때 더욱 증가한다는 것이다.[76] 내 연구실의 아모니와 쿼크도 편도체의 손상에 의해 피질에서 일어나는 일부 변화가 사라진다는 것을 밝혀냈다.[77] 감각피질이 작업기억에 중요한 입력들을 보내기 때문에, 편도체는 감각피질의 처리 과정을 변화시켜 작업기억에 영향을 미칠 수 있다.

감각피질은 내측두엽 기억시스템의 활성에도 깊이 관여하고 있다(제5장). 편도체는 감각피질에 영향을 주기 때문에, 활성화되어 작업기억으로 제공되는 장기기억에 편도체가 영향을 미칠 수 있다. 그러나 편도체는 비피질에도 강한 연결을 가지고 있으므로, 내측두엽 기억시스템에 직접 영향을 주어 기억들이 작업기억으로 제공되는 것에 영향을 미칠 수 있다(제5장).

편도체는 작업기억 회로들에 직접 작용할 수도 있다. 편도체는 외측전전두피질에 직접적인 연결을 가지고 있지 않지만 작업기억에 관여하는 전전두피질의 다른 영역들과 연결되어 있는데, 여기에는 내측전전두피질(전대상anterior cingulate)과 복측(안와)전전두피질이 포함된다.[78] 앞 장에서 살펴보았듯이 이런 영역들 내에서 그리고 이런 영역들 사이에서의 연결들에 의해 작업기억의 통합적 기능의 근거가 되는 분포된 회로distributed circuits들이 구성된다. 앞에서도 살펴보았지만 쥐의 내측전전두피질을 손상시키면, 공포에 대한 조절작용이 이뤄지지 않는다. 그리고 원숭이와 사람에 대한 연구에서도, 감정자극(보상과 처벌)을 처리하거나 이를 일시적으로 저장하는 데에 안와 영역이 관여되어 있다고 알려져 있다.[79] 안와 영역은 전대상과 연결되어 있으며 전대상처럼 편도체와 해마로부터 정보를 받는다.[80] 안와피질이 손상된 환자를 보면 사회적·감정적 자극들에 무관심해지고, 의사결정 능력이 떨어지며, 경우에 따라 사회병리적 행동을 보인다.[81] 전대상과 안와 영역은 편도체와 연결되어 있을 뿐만 아니라 외측전전두피질과도 서로 밀접히 연결되어 있다. 이들 전전두 영역들은 감각 처리 영역들, 그리고 암묵기억과 외현기억의 처리 과정에 다양하게 관여하고 있는 영역들로부터 각각 정보를 받는다. 따라서 전대상과 안와 영역은 작업기억에서 편도체에 의한 감정 처리 과정을 즉각적인 감각정보 및 피질의 다른 영역들에서 처리된 장기기억과 결부시킬 수 있도록 도와준다.

주의집중과 작업기억은 밀접히 관련되어 있다(제7장). 그리고 펠프스의 최근 연구에 의하면, 편도체의 손상은 주의집중을 방해한다.[82] 정상적인 경우 우리가 하나의 자극에 주의를 기울이면 다른 자극들은 무시된다. 이것을 선택적 주의집중이라고 하며, 우리가 한 가지 작업에 몰두할 수 있게 해준다. 그러나 두 번째 자극이 감정적으로 중요한 자극이면 선택과정에 침범하여 작업기억 속으로 끼어든다. 그런데 편도체가 손상되면 이런 일이 안 일어난다. 다시 말해, 편도체는 암묵적으로 처리되는(집중되지 않은) 감정적 자극들을 작업기억과 의식 속으로 보내는 통로의 역할을 수행한다.

또한 편도체는 콜린성, 도파민성, 노아드레날린성, 세로토닌성 뉴런들과 같이 피질 각성에 관여하는 뇌간과 전뇌의 세포들에 연결되어 있는데, 이런 연결에 의해 간접적으로 작업기억에 영향을 줄 수 있다. 제7장에서 우리는 작업기억에 미치는 도파민과 노레피네프린(노아드레날린)의 중요성을 확인한 바 있다. 그리고 위에서 보았듯이 노레피네프린은 감정상태에서 외현기억의 증폭에 핵심적인 역할을 담당하고 있다. 이러한 각성경로들은 많은 피질 영역들을 동시에 자극하기 때문에 비교적 비특이적이다. 그러나 활동하고 있는 회로에만 각성 효과가 작용한다는 점에서는 특이적이라 할 수 있다. 결과적으로 피질이 어떤 위협적인 자극에 초점을 맞추고 있을 때, 관련되는 회로들은 각성시스템에 의해 더 촉진될 것이다. 이렇게 되면 위협적인 자극에 주의집중하는 것이 용이해진다.

마지막으로 편도체로부터의 출력에 의해 공포와 관련된 행동과 이에 수반되는 신체생리적 변화(싸울 것인가, 도망갈 것인가와 같은 상황에서 생기는 신체반응들)가 발생하면, 뇌는 이렇게 발생된 신체반응들로부터 되먹임을 받는다. 되먹임은 내장기관으로부터의 감각(내장감각) 신호일 수도 있고, 근육으로부터의 신호(자기수용감각)이거나 신체기관들에서 분비된 후 혈관을 타고 뇌에 들어와서 신경활동에 영향을 주는 호르몬 또는 펩타이드 형태일 수도 있다. 신체적 되먹임이 어떻게 작업기억에 영향을 주는지는 명확하지 않지만, 작업기억이 이들 정보들을 받아들이는 것처럼 보인다. 그러나 이런 되먹임 과정이 일어나는 시간은 수 초 정도인데, 시냅스전달이 수 밀리세컨드 안에 신속하게 일어나는 것에 비하면 상대적으로 느리다고 할 수 있다. 신체 되먹임은 최소한 감정의 강도를 높이고 지속시간을 늘리는 효과가 있으며, 일단 사건이 발생하면 우리가 그 순간 경험하고 있는 감정에 대한 해석을 더욱 구체화시키는 데 도움을 준다.[83] 우리가 위에서 고찰한 것처럼 스트레스 호르몬이라는 형태의 신체 되먹임은 측두엽 기억시스템의 장기기억 기능을 향상시킬 수도 있고 약화시킬 수도 있다. 이런 결과는 작업기억의 내용에도 영향을 미친다.

공포를 초래하는 자극이 있을 때는 감정적으로 무의미한 자극에 비해 작업기억은 편도체 활성에 의해 더 많은 수와 더 다양한 종류의 입력들을 받게 된다. 이런 추가적인 입력들에 의해 작업기억의 표상내용에 감정적인 풍미가 첨가되고, 어떤 특별한 주관적인 경험이 공포감정의 경험이 된다고 주장하고 싶다.

전전두피질이 잘 발달되지 않은 동물들은 어떻게 작동하는가? 그들도 감정경험과 같은 종류의 것을 갖는가? 제7장에서 지적한 바 있지만 한 시스템의 활동이 뇌 전체를 장악할 때, 감각의 형식에 특이적인 의식상태가 있을 수 있다. 강한 감각자극(큰 소리 또는 통증자극)이나 감정을 내포하는 자극(포식자의 모습)에 대한 반응에서 이런 일이 일어날 수 있다. 감각형식에 특이적인 느낌들은 자각의 수동 상태 개념으로 이해할 수 있으며, 작업기억으로 가능해진 신속한 의사결정 능력을 가진 더 유연한 형태의 의식적 자각에 반대되는 개념이다.

감정경험에 대한 내 이론은 공포 연구에 기초한 것이지만, 다른 감정경험의 종류에도 일반적으로 적용되는 이론으로 제시하고자 했다. 개별적인 내용들은 다를 수 있겠지만 전체적인 구도(작업기억이 현재 일어나고 있는 물리적 자극들뿐만 아니라 그와 유사한 자극들에 대한 과거 경험으로부터 기억내용과 현재의 그런 자극들이 일으키고 있는 감정적 결과를 통합하는 구도)는 인간의 다양한 감정경험, 즉 공포에서부터 분노, 환희, 외로움, 심지어 사랑에 이르기까지 모든 감정경험에 적용될 것이다.

공포를 넘어서_ 사랑에 빠진 뇌

감정과 뇌에 대해 강의를 할 때마다 자주 받는 질문이 있다. "편도체는 공포라는 감정 말고도 다른 감정, 특히 긍정적인 감정 처리에도 관여하나요?" 이것은 내 연구결과로 직접 답할 수 있는 질문이 아니다. 나는 편도체가 일반적으로 어떤 일을 하는지에 대해서가 아니라, 공포 메커니즘을 구체적으로 이해하기 위해 노력해 왔다. 그러나 다른 연구자들은 욕구를 충족하는 대상들(맛있는 음식이나 성적인 배우자와 같은)을 기대하게 하는 자극들을 처리하는 데 있어서의 편도체 역할에 대해 연구하고 있다. 여기에는 케임브리지 대학교의 에버리트와 로빈스, 옥스퍼드 대학교의 게이판과 롤스, 맥길 대학교의 화이트, 존스홉킨스 대학교의 겔러거, 일본 토요마 대학교의 오노가 있다. 그러나 동물을 이용한 인간 감정의 이해는 공포의 연구결과와 달리 그리 분명하지 않다. 그럼에도 불구하고 이런 연구는 매우 중요하며, 뇌가 어떻게 감정을 만들어 내는지를 이해하는 데 중요한 부분이 될 것이다. 다음 장에서 이런 연구들의 결과를 살펴볼 것이며, 아울러 행동이 감정 처리 과정에 의해 어떻게 동기유발이 되는지를 살펴볼 것이다.

그리고 이 장의 마지막에서는 인간에 가까이 있으며 소중한 존재, 즉 사랑이라는 감정의 신경적 원리에 대한 매우 흥미로운 연구결과를 살펴보고자 한다.

정신기능 또는 행동기능이 뇌에서 어떻게 일어나는지 이해하기 위해서는 이 책에서 종종 말해 왔듯이, 실험동물을 대상으로 연구해야 한다. 따라서 사랑이란 신뢰성 문제를 야기하는 주제이므로 뇌 연구자들에게 좋은 주제가 아닌 것처럼 보일 수 있다. 중요한 문제는 사람의 행동과 관련지어 설명할 수 있도록 동물의 기능을 연구할 방법이 있느냐는 것이다. 공포에 대해서는 조건화 방법을 이용했는데 그것은 조건화된 공포반응이 사람이나 다른 동물들이나 유사했기 때문이다. 그러나 사랑의 경우 상황은 여러 면에서 복잡하다. 우선 대부분의 동물들이 아무하고나 짝을 이루려 하는 습성을 보인다. 따라서 연구자들은 사랑을 행동학적으로 연구할 길을 찾아야 하는 것 이외에도 일부일처제를 보이는 동물의 종을 찾아야 한다.[84]

포유류의 3%만이 일부일처제를 따르며 영장류에서도 일부일처제는 매우 드물다. 짝을 이룬 후 새끼를 낳고 가족을 구성하며 외도하지 않는 종으로 미국 중서부 평야에 있는 설치류인 초원땅굴쥐 prairie vole가 있다. 짝을 고수하는 습성이 희귀하기 때문에 일부일처의 초원땅굴쥐는 애정생물학을 연구하기에 좋은 모델이다.

애정(짝—결합 형성)은 사랑의 주요 요소다.[85] 땅굴쥐의 애정 저변에 깔린 시냅스 메커니즘에 대한 이해를 일부일처의 습성을 보이는 다른 종, 즉 사람에게도 적용할 수 있을 것이다.

땅굴쥐 연구자들은 우리가 공포에서 연구한 전략과는 다른 전략을 사용하여 연구했다. 회로로부터 출발하여 화학을 이해하는 전략 대신, 그들은 화학적 발견을 먼저 하고 나서 이를 회로 연구에 이용했다. 대부분의 연구는 인셀, 카터와 그의 동료들에 의해 이루어졌다.[86] 인셀은 그의 스승인 맥클린으로부터 지적 영향을 많이 받았다. 따라서 맥클린이 변연계 개념을 제안한 지 반세기가 지나도록 감정적 뇌에 대한 연구에 몰두하고 있다.

최근 논문에서 인셀은 짝짓기 습성에 대한 연구에 매력적인 땅굴쥐의 두 가지 특징을 지적했다.[87] 첫 번째는 실험실에 가져다 놓은 땅굴쥐도 일부일처제 경향을 보인다는 것이다. 야생에서만 이런 습성이 일어난다면 신경원리에 대해 연구하기가 매우 어려울 것이다. 실험실에서 짝—결합을 연구하는 방법을 보면, 먼저 세 개의 구획으로 나눠진 상자의 가운데 방에 땅굴쥐를 가져다 놓는다. 그 쥐는 양쪽 방으로 자유로이 드나들 수 있다. 한쪽 방에는 원래의 짝이 있고 다른 방에는 낯선 땅굴쥐가 있다. 결혼을 한 쥐는 원래 짝이 있는 방으로만 가고, 결혼을 한 적이 없는 쥐는 아무 방이나 선택한다. 짝을 짓고 난 후,

즉 결혼한 후에 다른 쥐가 신혼방에 들어오려고 하면 수컷 쥐는 배우자를 보호하기 위해 침입자를 공격하여 쫓아낸다.

이런 연구에 도움이 되는 땅굴쥐의 두 번째 특징은 짝-결합이 오로지 땅굴쥐에서만 발견되며, 매우 유사한 종이면서도 가족과 지내기보다는 홀로 지내기를 좋아하고 로키 산맥에서 발견되는 산악땅굴쥐montane vole에서는 이런 짝-결합 현상이 없다는 것이다. 이 산악쥐들은 성행위 뒤에도 짝에 고착하려는 습성이 없다. 따라서 세 방으로 구성된 상자에 넣어도 성행위 뒤에 특별히 원래 짝과 가까이 하려는 습성을 보이지 않고, 침입자들을 공격하려 하지도 않는다. 이 두 가지 땅굴쥐의 뇌 구조의 차이를 안다면 짝-결합(애정), 가족 형성, 그리고 아마 사랑 자체에 대한 생물학에 대해 중요한 단서를 찾을 수 있을 것이다.

중요한 발견 중의 하나는 생식행위에 중요한 역할을 하는 두 가지 호르몬에 대한 수용체들이 초원땅굴쥐와 산악땅굴쥐에서 서로 다른 회로에 위치하고 있다는 것이다.[88] 이 호르몬들은 바소프레신과 옥시토신인데 포유류에서만 발견되고, 비포유류 종들에서는 집을 짓는 행위 같은 생식행위에 중요한 역할을 하는 호르몬들과 구조가 비슷하다. 포유류에서 이들은 여전히 생식행위에 중요한 작용을 한다. 예를 들어 옥시토신은 출산 시 자궁 수축과 출산 후 모유 분비를 일으킨다. 그러나 뇌에서 이들 화학물질들은 호르몬으로서만 작용하는 게 아니라 신경전달물질 또는 조절물질로 작용하는데, 신경 말단에서 분비되어 시냅스후 수용체들과 결합한다. 여기서 이 물질들이 존재하는 회로의 정확한 위치에 대해서는 구체적으로 언급하지 않겠다. 아직 화학물질, 회로, 행위 사이의 관계에 대해 더 많은 연구가 필요하다. 그러나 분명한 것은 땅굴쥐들 사이의 행동적 차이에서 나타나는 이 화학물질들의 기능들이다. 이것은 바소프레신이나 옥시토신의 활동을 자극하거나 억제하는 약물들을 뇌에 주사하여 알아냈다. 약물들은 뇌 영역의 특정한 위치에 주사한 것이 아니라 뇌척수액CSF이 들어 있는 공간인 뇌실 속에 주사했으며, 약물은 뇌실로부터 뉴런들을 감싸는 주위 공간들로 흐르게 된다. 이렇게 주사하면 약물은 뇌의 광범위한 지역들로 퍼져 나가고, 적절한 수용체들을 지닌 세포들이 있는 지역에서 신경기능에 영향을 준다. 자연적으로 분비되는 옥시토신의 작용을 차단하는 한 약물을 암컷 초원땅굴쥐의 뇌실에 짝을 짓기 바로 전에 투여했더니, 그 암컷이 교미는 하지만 교미 배우자와 결합하지는 않았다. 그 약물이 성행위에 영향을 주지 않으면서 애정을 파괴시켰다는 것은, 성행위 동안 분비된 옥시토신이 암컷의 결합형성의 토대가 된다는 것을 의미한다. 반면에 바소프레신을 차단하는 약물을 수컷 땅굴쥐의 뇌실에 교미 전에 넣으면, 수컷은 성행위를 하지만 그렇다고 바로 그 배우자와 결합하지는 않으며 그 배우자를 다른 수컷으로부터 보호하려 하지도 않는다. 그러나 똑같은 약물을 교미 후에 주사하면 다른 수컷을 물리치려는 공격성 행동을 보인다. 수컷의 이런 결과들은 그 약물이 애정을 차단하지만 성행위나 공격반응들에는 관여하지 않는다는 것을 의미한다. 따라서 암컷 초원땅굴쥐에서 옥시토신을 차단하고 수컷에서 바소프레신을 차단하면 산악땅굴쥐와 같은 행동을 한다. 옥시토신은 암컷 뇌에서의 짝-결합 기능에만 영향을 주고 바소프레신은 수컷 뇌에서의 짝-결합 기능에만 영향을 준다. 여성호르몬인 에스트로겐이 옥시토신 활동의 열쇠이듯이, 바소프레신이 정상적으로 기능하려면 남성호르몬인 테스토스테론이 필수적이다.[89]

옥시토신과 바소프레신이 인간의 뇌에도 존재하고 성행위 동안 분비되지만, 이들이 애정에 관여하는지는 아직 증명되지 않았다. 옥시토신과 바소프레신에 대한 땅굴쥐 발견들이 사람 뇌에도 똑같이 적용되는지는 아직 모르지만, 이 연구는 언젠가 이루어질 연구들의 방향을 명확히 제시할 것이다.

미래 연구에서 중요한 분야는 바소프레신과 옥시토신이 성과 관련된 짝-결합 형성이 이뤄질 때 작용하는 정확한 회로들을 찾아내는 것이다. 성행위의 신경원리에 대해, 특히 쥐에 대해 연구가 많이 수행되었다. 이와 관련된 뇌 영역들을 보면 편도체 내 영역들(내핵과 후핵), 소위 확장된 편도체(말단선조의 침상핵으로 뻗어나간 편도체의 일부분)라고 불리는 영역, 선조체(특히 측좌핵), 시상하부(복내측, 내측시신경전, 부뇌실, 시신경상 영역들) 등이 있다.[90] 이 영역들이 밀접히 연결되어 있고 옥시토신과 바소프레신이 이들 다수의 뉴런들에 존재한다는 사실은, 성적 행위만이 아니라 짝-결합 기능에도 관여하지 않을까 하는 생각을 하게 하지만 아직 증명된 바는 없다.

편도체의 영역들에는 공포회로뿐만 아니라 사랑회로도 있다. 그러나 두 회로는 구별되어 있다. 편도체 내에서도 사랑과 관련된 영역은 내핵과 후핵medial and posterior nuclei이고, 공포와 관련된 영역은 외핵과 중심핵lateral and central nuclei이다. 모든 감정을 총괄하는 하나의 회로가 있는 것이 아니라, 감정시스템에 따라 다른 종류의 회로들이 있는 것이다. 동시에 공포회로와 사랑회로들처럼 서로 다른 감정회로들이 상호작용한다. 예를 들어 내핵은 중심핵에 연결을 보내는데,[91] 중심핵에는 옥시토신 수용체들이 존재한다.[92] 이것은 옥시토신이 사랑의 접촉에 의해 공포나 스트레스를 누그러뜨리는 효과와 관계가 있는 듯 보인다.

　　　　동물에서의 짝-결합에 대한 연구를 통해 감정 연구에 불가피하게 따라다니는 신뢰성 문제를 맞닥뜨리지 않으면서 사랑이란 주제의 연구가 가능하다. 그러나 결국에 우리가 더 알고 싶은 것은 애정행동만이 아니라 사랑에 대한 특별한 느낌에 대한 것이다. 현재는 이런 연구가 거의 없지만, 공포에서 인지-감정 상호작용들에 대해 밝혀진 지식들을 활용하면 뇌가 사랑을 어떻게 느끼는지 추정해 볼 수 있다.

　　　　만약 당신이 특별히 좋아하는 사람을 우연히 보았다고 치자. 그 순간 당신은 그 사람에 대해 사랑의 감정을 느낀다. 시각시스템에서부터 사랑의 경험에 이르기까지 우리가 알 수 있는 뇌에 대한 최대한의 지식을 활용하여 이해해 보자. 우선 자극은 시각계를 거쳐 전전두피질로 흘러들어 간다(사랑하는 이에 대한 영상을 작업기억에 집어넣는다). 그 자극은 또한 측두엽의 외현기억 시스템에 들어가 그 사람에 대한 기억들을 활성화시킨다. 작업기억은 관련되는 기억들을 회수하고 그 사람의 영상자료와 통합한다. 이런 과정들과 동시에 애정과 관련된 피질 하부 영역들이 활성화될 것이다(그러나 자극이 어떻게 이런 영역들에게 전달되는지는 아직 모른다). 애정회로들이 활성화되면 작업기억에 여러 방법으로 영향을 끼친다. 한 가지는 애정 영역에서 전전두피질로 직접 가는 것이다(공포에서처럼 피질 하부의 애정 영역들과 연결된 곳은 내측전전두 영역이다). 애정회로들이 활성화되면 뇌간의 각성회로들을 활성화시켜 작업기억에 의해 사랑하는 이에 대한 주의집중을 촉진시킨다. 애정회로에 의해 신체반응들이 개시되는데, 공포나 스트레스 회로들에 의한 놀람 반응들과는 대조적이다. 그 사람을 피하려 하거나 도망가려는 대신 더 가까워지려고 접근하게 되고, 이런 행동적인 차이들은 몸 안에서의 다른 생리적 반응들을 수반한다.[93] 작업기억으로 입력되는 뇌 안에서의 정보와 신체로부터 입력된 정보들은 긴장과 경계 대신 개방과 수용의 자세를 취하도록 하는 정보처리 과정을 거친다.[94] 작업기억에서의 결과가 사랑의 느낌인 것이다.[95]

이 가설은 아마 불완전할 것이다. 그러나 완전히 틀린 것은 아닐 것이다. 이것은 하나의 감정에 대한 연구가 다른 감정들에 대한 가설을 만드는 데 어떻게 이용되는지를 보여 준다. 우리 정체성의 상당 부분이 우리의 감정들에 의해 정의되는 것이라면, 수많은 감정들에 대한 뇌의 메커니즘들을 가능한 한 많이 알아내는 것이 중요하다. 이 작업은 이제 시작일 뿐이며 미래는 밝다.

9

잃어버린 세계

모든 원인에는 이유가 있다
—셰익스피어, 《실수 연발》, 2막 2장

우리가 지금 하는 일들을 우리는 왜 하고 있는 걸까? 우리가 생각하는 것들을 왜 생각하고 있는 걸까? 우리가 내리는 결정은 왜 내리게 되는 걸까? '왜'라는 질문들, 즉 우리동기화에 대한 질문들은 각자를 고유하게 만드는 것들을 이해하는 데 근본적이다. 그러나 인지혁명에 뒤이어 동기화는 감정처럼 많은 심리학자와 뇌과학자들에게 간과되어 왔다. 이들 영역들에서 동기화의 부활은 감정과 달리 늦게 나타났지만 역시 진행 중에 있다. 그리고 감정과 같이 동기화에 대한 연구의 회생과 이론의 발전은 심리학에 대한 뇌과학의 경우와 비슷한 경로를 걷고 있다. 자, 이제 뇌에서 어떻게 작용하는지에 대한 관점에서 출발하여 정신 3부작의 제3의 영역인 동기화의 잃어버린 세계를 재발견해 보자.

행동화하기

1996년 따뜻한 여름 저녁에 한 군중이 애틀랜타 올림픽공원에서 연주회를 즐기고 있었다. 갑자기 폭발물이 터졌다. 비디오로 찍힌 그 장면이 CNN 방송에 반복해서 방영되었다. 폭발이 터진 직후 군중 속의 모든 이들이 얼어붙는 반응을 보였다. 수 초간 움직임이 없다가 몇몇은 도망치기도 하고 모두 다시 움직이기 시작했다.

이 짧은 비디오 장면은 감정적 사건이 시간에 따라 펼쳐지는 과정을 잘 보여 준다. 갑작스런 위험상황에서 우리는 얼어붙는 행위처럼 진화적으로 프로그램된 반응을 통해 먼저 반응하는데, 우리와 같은 생명체들의 생명을 지켜 주는 데 성공적이었다. 이런 반응들은 의지에 의해 방출되는 것이 아니라 유발되는 것이고, 생각할 시간을 가지기 전에 자동적으로 일어난다. 그러나 우리는 영원히 얼어붙어 있을 수는 없다. 조만간 우리는 행동을 취해야만 한다. 앞 장에서 감정적 반응들이 어떻게 외부자극에 의해 자동적으로 유발되는지를 보았다. 이번 장에서는 감정이 일단 활성화된 후에 어떻게 우리에게 동기를 부여하여 일을 하게 하는지, 즉 동작을 취하게 하는지를 살펴보자.

'동기화motivation'는 여러 방식으로 정의될 수 있다. 내가 사용하려는 정의는, 우리가 소망하고 그 때문에 우리가 노력하는 소득 또는 우리가 무서워하기 때문에 이를 방지하고 벗어나고 회피하기 위해 노력하게 되는 것 등과 같이 목표를 향해 우리를 인도하는 신경활동을 지칭하고자 한다. 목표들은 행위를 만들고, 특정한 자극처럼

(예를 들어 특별한 소비상품과 같이) 구체적이며, 신념이나 개념(예를 들어 열심히 일하면 성공할 수 있다는 신념, 또는 자유는 죽음과 바꿀 수 있다는 개념)처럼 추상적이다.

또한 목표 대상물을 인센티브incentive라고 부른다. 어떤 것들은 선천적인 동기화 요소(음식, 물, 고통스런 자극)인 반면, 다른 것들은 경험을 통해 동기화의 특성을 지니게 된다. 후자의 경우를 이차 인센티브second incentive라고 부른다. 이런 동기화들은 연합에 의해 (고전적 조건화에서처럼 낮은 수치의 자극이 높은 수치의 자극과 연합되어 나타날 때), 관찰학습에 의해(한 자극이 다른 사람들에 미치는 방식을 봄으로써), 언어를 통해(무엇이 좋고 나쁘다는 말을 듣고 나서), 또는 순전히 상상의 힘에 의해 생긴다.

내가 여기서 설명하려고 하는 동기화에 대한 견해는, 인센티브가 동기화를 만드는 것은 감정시스템들을 활성화시키기 때문이라는 것이다. 폭발물에 대한 얼어붙는 반응은 감정시스템의 활성화를 반영하는 것인 반면, 얼어붙은 뒤 몇 초 후에 도망치는 것은 감정시스템의 활성화로 야기된 동기화 발생의 결과를 반영한다(그림 9.1). 감정 발생에 의해 동기화되는 행동들은 발생된 감정에 대처하기 위해 일정한 목표를 갖는다. 모든 동기화된 행동들이 감정적 활동에 반드시 기반을 두고 있느냐에 대해서는 아직 논쟁 중에 있다. 그러나 감정이 강력한 동기화 요소가 된다는 것은 의심의 여지가 없다.

목표지향적 행동은 기능적인 의미로서 가장 잘 간주된다. 우리가 보통 해로운 자극들로부터 도망치거나 피하려 하는 동안,

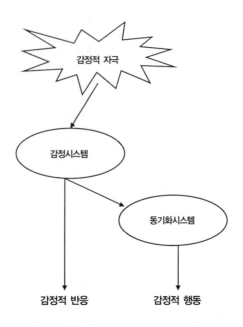

감정적 자극

감정시스템

동기화시스템

감정적 반응   감정적 행동

그림 9.1 감정적 자극은 감정적 반응을 일으키고 행동을 동기화한다
감정적 자극에 의해 감정 처리 시스템들이 활성화되면 두 가지 일이 일어난다. 하나는 감정적 반응들(자동적으로 미리 프로그램된 반응들)을 일으킨다. 두 번째는 동기화 시스템들을 활성화시키는데, 이 시스템들은 행동을 지시한다(과거의 학습 또는 순간적 결정에 근거한 기구 반응들).

어떤 경우들에서는 방어를 이루기 위해 해로운 대상과 적극적으로 부딪쳐야 한다. 특히 사람의 경우 동기화된 행위들을 보면, 중요한 것은 행동의 목표에 대한 관계이지 행동 자체가 아니다. 사실 사람에게 동기화된 행동들의 대부분은 특정한 목표들과 임의적으로 관계되어 있을 뿐이다. 배고프면 다양한 방식으로 음식을 취한다. 걷거나 운전하여 식당이나 식품점에 가거나 배달해 달라고 전화를 하거나, 친구에게 시켜 사다 달라고 한다. 이런 활동의 각 유형은 특정한 상황에서 적절한 것이지만 그 어떤 것도 음식 습득과 소비에 대해 미리 결정되거나 불가피한 관계를 갖는 것은 아니다. 일반적으로 같은 종류의 활동들(걷는 것, 운전하는 것, 전화하는 것, 부탁하는 것)이 다양한 종류의 목표를 성취하기 위해 사용될 수 있다. 당신의 목표를 달성하기 위해 특정한 상황에서 어떤 일을 해야 하는지를 알아 가는 것이 바로 인생의 여정인 것이다. 따라서 학습과 동기화는 서로 얽혀 있는 주제들이다.

밀고 당기기

내가 동기화라는 주제를 흥미 있게 생각하게 된 것은 올림픽공원에서 폭발이 발생했을 때 얼어 있던 군중들이 도망가는 장면을 비디오로 보고 난 이후다. 이런 행동은 밀러가 1940년대에 행한 고전적인 실험에서 얻은 결과를 연상시켰다.[1] 밀러는 흰색과 검은색으로 칠해진 두 개의 방으로 구성된 장치에 쥐를 집어넣었다. 두 개의 방에는 서로 연결된 통로가 있다. 쥐들을 흰 방에 넣고는 기다렸다가 전기충격을 준다. 처음에 그들은 얼어붙는 반응을 보였다. 그 이후 충격이 없는 검은 방으로 도망갔다.[2] 결국 쥐들은 흰 방에 놓이자마자 도망쳐야 한다는 것을 깨닫게 되었다. 이 일이 반복되면 쥐들은 일상적으로 습관화된 반응을 보이며, 충격장치를 끈 이후에도 반응은 계속된다. 이 단계가 지나면 두 방을 연결하는 문을 폐쇄하여 오래된 습관이 더 이상 유용하지 않도록 만든다. 대신 조그만 운전대를 돌리면 문이 열리도록 해준다. 그러면 시행착오 끝에 운전대를 돌리면 문이 열린다는 것을 알게 되어 새로운 습관을 습득하게 된다.

밀러는 이 결과를 당시의 지배적인 동기화 이론이었던 헐의 욕구이론으로 설명했다.[3] 헐의 견해에 의하면 모든 학습은 기본적인 욕구(배고픔, 목마름, 성욕, 고통)의 해소를 목표로 하고 있으며, 현재 행위는 과거 욕구 해소의 결과물이다. 즉 우리가 오늘 처한 어떤 상황에서 하고 있는 행위는 과거에 유사한 상황에서 욕구를 줄이는 데 성공적이었던 행위의 기능에 의한 것이며, 결국 이런 주장은 즐거움을 추구하고 고통을 피한다는 쾌락주의 철학의 심리학적 버전인 셈이다.[4]

19세기 후반 실험심리학의 선구자인 소른다이크는 쾌락주의를 심리방법론의 기초로 사용했다.[5] 소른다이크의 주장에 따르면, 배고픈 고양이들은 섭식행위와는 직접적으로는 관계없는 행동이지만 우리 바깥에 놓인 음식으로 통하는 문을 여는 데 필요한 복잡한 행동 반응을 배울 수 있다. 고양이들은 기본적으로 시행착오의 과정을 거친다. 문을 열 수 있는 반응들은 나중에도 반복된다. 소른다이크는 이것을 효과의 법칙law of effect이라 불렀다. 즉 원하는 목표를 얻을 수 있고 원치 않는 것을 피할 수 있는 효과적인 행동들은 보상받으며 반복되는 반면, 원하는 목표를 얻는 데 실패하거나 원치 않는 것에 이르는 행동들은 벌을 받게 되어 더 이상 반복되지 않는다.

소른다이크가 이용한 학습작업의 종류를 도구적 조건화라고 부른다. 이 개념은 보상받거나 벌을 받는 데 있어 행동이 도구적이라는 사실을 의미한다. 보상 또는 처벌자극이 행동반응과 연합되어 있기 때문에, 도구적 조건화는 자극-반응 학습stimulus-response learning이라고 부른다. 도구적 조건화는 파블로프의 고전적 조건화와는 대조되는데, 동물이 무엇을 하든지 관계없이 고전적 조건화에서는 보상 또는 처벌자극이 일어난다. 형성되는 연합이 보상 또는 처벌자극과 반응 사이에 일어나는 것이 아니라, 보상 또는 처벌을 일으키고 예측하게 하는 자극과 중립적인 자극 사이에서 일어난다. 따라서 파블로프식 조건화는 자극-자극 학습stimulus-stimulus learning이라고 한다.

예를 들어 파블로프의 개는 종소리에 침을 흘리는데, 종소리가 음식과 그전에 연합되었기 때문이다. 개는 음식을 얻기 위해 아무 일도 하지 않지만, 종소리와 함께 음식이 나타난다(이것은 자극-자극 연합이다). 반면에 만약 개가 종소리를 듣고 나서 어떤 지점에 걸어가서 손잡이를 발로 누르면 음식물이 나오는 것을 배우게 된다면, 그 행동은 도구적 반응으로서 음식물을 얻게 되는 성공에 의해 보상받는다(이것은 자극-반응 간의 연합이다). 이 두 가지 형태의 학습은 행동심리학의 근간이 되었으며 왓슨, 스키너, 헐 같은 이들은 이러한 방식으로 모든 인간 행동을 설명하려고 했다.[6]

이 분야에서 헐이 특별히 기여한 것은 효과의 법칙을 욕구 감소라는 방식으로 재해석하여, 새로운 도구적 행동들과 습관이 욕구를 감소시키기 위해 학습되고 반복된다고 주장한 점이다. 그러나 헐에게 욕구는 행동을 활성하거나 깨우치게 해 주는 것일 뿐이었다. 그것은 욕구를 감소시키는 특별한 자극으로 가까이 가도록 행동을 유도하지 않았다. 대신 욕구에 의해 촉발된 행동의 방향성은 예전 상황에서 욕구를 감소시켰던 학습된 습관과 반응에 의존하여 결정된다.

이런 토대에서 밀러의 실험의 마지막 부분, 즉 충격이 없던 상황에서 감소되었던 욕구는 무엇인가? 왜 쥐는 새로운 반응을 학습했는가? 욕구이론자로서 밀러는 학습이 일어났기 때문에 어떤 욕구가 줄어들었음에 틀림없다고 가정했다. 그러나 학습의 마지막 부분에서는 충격이 제시되지 않았으므로 고통 예방은 만족된 욕구가 될 수 없다. 밀러는 줄어든 욕구가 공포라고 주장했다. 그의 관점에서 본다면 공포는 학습되거나 습득되는 욕구로서 생물학적 욕구(학습되지 않는 본능적이고 천성적인 욕구)와는 다른 것이다.

습득되는 욕구라는 개념은 욕구이론에 많은 유연성을 제공했는데, 대부분의 인간 행동은 고통 또는 필수영양분의 고갈에 의해 동기부여가 되는 것이 아니기 때문이다. 예를 들어 돈은 자체적인 고유의 가치가 없으며, 돈의 가치는 오로지 이를 사용하는 사람들이 그 가치를 상호 인정할 때 가치가 발생한다. 유사한 논리로, 찬사의 말이나 비방하는 단어들도 천성적으로 동기화를 자극하지 않으며 서로 그 뜻을 공유하기 때문에 그 효력이 나타난다.

그러나 밀러의 현명한 추가 제안에도 불구하고 욕구이론은 여러 이유로 인해 여전히 문제의 소지가 있다.[7] 주된 문제 중 하나는 사카린을 얻기 위해 미로 문제를 학습하는 쥐들에 대한 연구에서 비롯되었다.[8] 사카린은 단맛 때문에 인센티브 가치를 지닌다(쥐들은 이를 얻기 위해 일한다). 그러나 사카린은 영양가가 없으며 따라서 배고픔을 줄이지도, 음식을 향한 생물학적 요구에 의해 활성화되는 욕구를 감소시키지도 못한다.[9] 이 결과와 다른 연구결과들에 의해 욕구이론은 결국 인센티브 이론으로 대체되었다. 욕구가 내적 요인에 의해 우리를 밀고 있는 반면, 인센티브는 우리를 외적 요인에 의해 끌어당긴다.[10]

인센티브 관점이 가지는 유리한 점은 학습이 일어나기 위해 감소해야만 하는 가상적인 욕구의 상태를 전제하지 않아도 된다는 것이다. 그러나 인센티브 이론들은 덜 껄끄러워지는 동시에 자체적인 결점도 내포하고 있다. 즉 이 이론들에서는 욕구의 문제 대신 신뢰성 문제가 종종 발생한다(제8장). 즉 이 이론들은 주관적인 쾌락경험과 감정적 느낌들이 행동을 동기부여한다고 가정한다.

내가 여기서 발전시키고 싶은 개념은 인센티브를 행동으로 번역하는 데 느낌과정이 필요하다는 가정 없이도 인센티브에 의해 동기화를 설명할 수 있다는 것이다. 우리가 받아들여야 할 것은 조건화된(학습된) 또는 비조건화된(천성적인) 인센티브가 있을 때, 감정시스템이 활성화되어 뇌가 도구반응이 잘 일어날 수 있는 상태로 된다는 것이다. 이런 견해에서는 동기화된 행동을 설명하기 위해 욕구나 주관적인 상태들과 같은 가설적인 개념의 존재를 전제할 필요가 없다. 우리가 논해야 할 것은 실제 뇌 시스템들과 그들의 기능이다.

뇌는 환경과 상호작용하면서 계속 살아남도록 하는 데 이용되는 많은 시스템들을 가지고 있다고 볼 수 있다. 나는 이 중 많은 것들의 특징을 파악하여 '감정시스템'이라는 용어를 사용해 왔다. 그러나 여기에서 주목할 것은 우리가 그 시스템에 붙이는 표시가 아니라 시스템이 수행하는 기능이다. 여기에는 포식자와 여러 위험요소, 성적 배우자, 적절한 음식과 음료, 안전한 거처 등을 검색하여 반응하는 시스템들이 포함된다. 이 시스템들을 활성화하는 자극(인센티브)이 이런 반응을 일으키는 것은 생물학적으로 이미 결정된 인자 때문이거나 각 개인이 과거에 학습한 결과 때문이다. 뇌가 비조건화된 또는 조건화된 인센티브에 의해 활성화될 때, 사람을 포함한 동물들은 도구적 반응들을 수행하도록 동기화된다. 감정적으로 점화된 이러한 도구적 반응들은 그들의 목표로서 그들의 동기인 유기체가 처해 있는 뇌 상태의 변화이자 감정상태의 변화를 의미한다. 우리가 감정상태들을 주관적 방식으로 보려는 유혹을 떨쳐 버리는 대신 뇌의 상태로 설명하려는 만큼, 우리는 앞 장에서 논의했던 위험한 신뢰성 문제를 피하면서 단단한 기반 위에 여전히 서 있을 수 있다.

뇌의 무서운 습관들

밀러의 고전적인 연구에 뒤이어 연구자들은 공포의 뇌 메커니즘을 연구하기 위해 회피성 도구적 조건화 방법을 사용했다.[11] 이러한 연구들에서 쥐 또는 다른 동물들은 충격을 피할 수 있는 방법을 학습한다. 일단 충격을 피할 수 있는 방법을 학습하고 나면 동물들은 습관적으로 반응을 수행한다. 공포나 불안 증상의 주된 특징이 다치거나 불안에 이르게 하는 상황을 습관적으로 피하게 되는 것이라고 한다면, 이런 접근방식에 의해 임상의학과 관계된 학습의 신경 기반을 이해할 수 있다. 그러나 앞서 언급한 바와 같이 회피조건화에 대한 연구는 공포의 신경 기반을 완전히 이해하는 데 실패했다. 이런 작업에서 일어나는 두 가지 종류의 학습에 관여하는 신경계들을 구분하고자 하는 노력이 부족했던 것이다. 초기에 피험자는 고전적 공포조건화를 경험하는데, 장치 안에 있는 단서들이 충격과 연합되고 나서 충격이 일어날 가능성이 높은 상황을 벗어나게 해주는 도구 회피 습관을 학습한다.[12] 그러나 그 당시 다중기억 시스템 개념은 아직 출현하지 못했으며, 다른 종류의 학습이 뇌의 다른 시스템들을 통해 수행될 것이라는 점도 알지 못했다(제5장). 연구자들이 회피조건화의 맥락에서 벗어나 공포조건화 그 자체에 대해 초점을 맞추기 시작하면서 연구에 가속도가 붙었다. 그리고 공포조건화가 인기를 끌면서 뇌 메커니즘과 관련짓기 더 어렵고 더 복잡한 회피조건화는 인기가 시들었다.

그러나 공포조건화는 공포반응이 어떻게 작동하는지에 대해서만 알려준다. 감정시스템의 각성이 어떻게 행동의 동기화가 되는지를 이해하려면, 우리는 뇌가 행동을 배우는 회피와 같은 도구학습에 눈을 돌려야 한다. 이런 점을 고려하고 올림픽공원 폭발 비디오를 보고 밀러의 쥐들이 얼어붙었다가 도망가는 것을 상기하면서 나는 몇 년 전에 결정하기를, 공포가 동기화가 되는 도구학습, 즉 공포습관 학습이 어떻게 뇌에서 작동되는지에 대해 다시 연구해 보기로 했다. 그러나 나는 공포습관 학습 작업을 임의적으로 연구하려고 시도한 것이 아니었다. 조건화된 공포, 특히 충격과 그 이전에 짝이 되었던 소리에 의해 유발되는 조건화된 공포의 신경 기반에 대해 많은 지식을 얻을 수 있는 그런 연구를 하고 싶었다.

네이더, 애모러팬스와 나는 이를 연구하기 위해[13] 공포로부터 벗어나는 작업을 이용했다.[14] 이 작업에서 쥐들은 먼저 소리-공포의 조합으로 공포조건화를 경험했다. 다른 연구에서처럼 공포조건화 단계에서 학습이 얼마나 이뤄지는지, 그리고 쥐가 얼마나 소리에 의해 얼어붙는지를 측정했다. 다음날 동물들을 다른 상자에 넣었다 조금 기다린 후 소리를 들려주었다. 처음에 그들은 소리를 듣고 얼어붙었다. 그러나 결국에는 조금씩 이곳저곳으로 움직이다가 시행착오 끝에 상자의 다른 편으로 가면 소리가 안 들린다는 것을 알게 되었다. 많은 시도 끝에 쥐들은 다른 편으로 가면 소리에 노출되는 것이 최소화된다는 것을 학습했다. 따라서 쥐들은 소리가 충격과 연합되어 있다는 것을 처음 학습하고 나서 이를 바탕으로 행동을 취하는 것을 배웠다. 그런데 충격은 새 상자에서는 주어지지 않았다. 소리는 부정적인 이차 인센티브였으며 이 자극을 제거할 수 있는 행동이 강화되고 습관으로 학습되었다. 이 실험은 밀러의 그것과 매우 유사했으며 단지 장치 자체에 존재하는 상황에 대한 단서 대신 공포 유발 자극으로 소리를 사용한 것이 다르다. 이를 이용하여 공포시스템을 활성화하는 것이 어떻게 행동의 동기화가 되는지를 알려주는 뇌 메커니즘을 연구하게 되었다.

앞 장들에서 보았듯이 소리조건화가 일어나려면 소리는 편도체의 외측핵으로 전달되어야 한다. 이 부위에서 신호가 다시 중심핵으로 가고 거기서 공포반응이 조절된다. 따라서 우리가 던졌던 첫 질문은 외측핵이나 중심핵이 손상되었을 때 도구회피 반응의 조건화가 파괴되느냐는 것이었다. 대답은 분명했다. 외측핵에 손상이 있을 때는 회피반응이 학습되지 않았지만 중심핵이 손상되었을 때는 아무 효과가 없었다. 따라서 중심핵에서 뇌간으로 가는 출력은 공포반응에는 필요하지만, 공포시스템 활성화에 근거하여 새로운 행동을 하는 것을 배우고 행동으로 취하는 데에는 사용되지 않았다. 따라서 우리는 그 다음으로 외측핵의 다른 목표물인 기저핵의 손상이 어떤 영향을 주는지 살펴보았다. 쥐가 방어행위를 시작하기 위해 공포조건화 동안 배운 정보를 사용하는 능력이 이 손상에 의해·결여되었다. 유의할 점은 소리에 의해 얼어붙는 동물의 능력에는 아무 영향이 없었다는 것이다.[15] 이런 결과의 패턴들을 신경과학자들은 이중해리double dissociation라고 부르는데, 뇌의 두 영역의 역할이 두 행동에서 뚜렷이 다른 경우를 지칭한다. 중심핵은 공포반응에는 관여하지만 공포행동에는 관여하지 않는 반면, 기저핵은 공포행동에는 관여하고 공포반응에는 관여하지 않는다 (그림 9.2).

그러면 편도체에서 처리된 조건화 자극, 즉 조건화 인센티브가 어떻게 정확히 행동을 동기화하고 행동을 강화시키는 것인가? 이 질문에 답하기 위해서는 강화reinforcement의 본질에 대해 더 알아볼 필요가 있다.

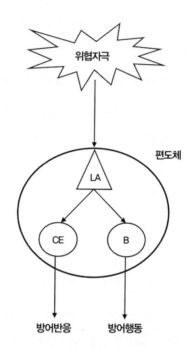

그림 9.2 편도체는 반응과 행동을 중재한다
편도체에서 외측핵LA은 위협적인 (폭발음과 같은) 자극이 있을 때 자율적 반응(얼어붙음)과
도움이 되는 행동(얼어붙은 뒤 몇 초 뒤에 도망치는 행동)을 모두 중재한다. 반응에는 외측핵
에서 중심핵CE으로 가는 연결이 관련되어 있는 반면, 행동에는 외측핵에서 기저핵B으로 가
는 연결이 관여한다(본문 참고).

그냥 보상

1950년대 초 도날드 헵이 있던 맥길 대학교에서 그와 같은 학과에 있
던 올즈와 피터 밀너는 쥐의 뇌에 전기적인 자극을 주면 그 자극을 받
았던 상자 안의 특정한 장소로 돌아온다는 것을 발견했다.[16] 다시 말해,
쥐들은 더 받으려고 돌아오는 것처럼 보였다.[17] 올즈와 피터 밀너는 그

들이 무언가에 끌리고 있음을 곧바로 알아차렸다. 보상이 그러하듯이 자극이 행동에 강한 흔적을 남겼다. 그 당시는 행동주의가 심리학을 지배했으며 뇌자극 보상은 행동주의 이론에 가장 중요한 주제, 즉 보상을 유도하는 반응이 어떻게 학습되는가의 기반이 되는 뇌 메커니즘을 이해하는 한 방법이 될 것처럼 보였다.

올즈와 피터 밀너는 뇌자극이 새로운 반응을 강화시키는지 여부를 시험할 방법을 고안했다. 전극이 쥐의 뇌에 이식되었으며 동물이 밟을 수 있는 레버에 연결했다. 레버를 밟을 때마다 전기자극이 뇌로 들어갔다. 쥐들은 미친 듯이 밟아대기 시작했다. 이러한 자기-자극self-stimulation은 분명히 보상을 주었다. 레버를 누르는 임의적인 행동의 습득이 동기화되었다.

이 놀라운 결과는 실수로 얻어졌다.[18] 애초 그 연구자들은 각성, 경계, 조심성과 관련된 영역인 뇌간에 있는 망상계를 자극하는 실험을 하고 있었다. 이때는 욕구가 동물을 각성시켜 학습을 유발한다는 욕구이론의 전성기였으며, 올즈와 피터 밀너는 망상계를 자극하여 각성을 증가시킬 때 학습이 향상되는지를 조사하려고 했다. 그런데 전극이 실수로 뇌간이 아니라 전뇌의 일부분에 꽂히게 되었다. 그 정확한 장소는 몰랐지만 올즈, 피터 밀너와 여러 연구자들은 후속 연구들을 통해 자기-자극이 일어나는 많은 장소들을 찾아내었으며,[19] 그 중 가장 강력한 곳이 시상하부에 있었다. 이 장소들이 그렇게 효과적이었던 이유는, 시상하부가 뇌의 보상센터라기보다는 거대한 신경다발이 시상하부를 거쳐 지나가기 때문이다. 이 경로를 내측전뇌다발

medial forebrain bundle이라 부르며, 나중에 설명하겠지만 사실상 보상효과의 진원지다.[20]

뇌자극 보상 현상이 알려지자마자, 이런 효과가 뇌의 '쾌락센터'를 자극했기 때문에 나타나는 것이라는 주장이 등장했다.[21] 이런 개념은 더욱 지지를 얻었는데, 뉴올리언스의 외과 의사인 히스는 정신분열 환자를 통해 그런 자극은 쾌감을 일으킨다고 보고했다.[22] 비슷한 시기에 크라이튼은 《터미널 남자The Terminal Man》라는 소설에서 쾌감센터를 묘사하면서 베스트셀러 작가가 되었다.[23] 많은 연구자들이 뇌자극 보상을 주관적으로 경험하는 쾌감으로 취급하는 반면, 이 분야의 유명한 사상가인 쉬즈갈은 행동이 동기화되는 보상의 능력과 쾌감을 일으키는 보상의 능력은 별개의 것이라고 주장했다.[24] 쉬즈갈이 지적했듯이 이것은 감정적 행동이 감정적 느낌에 의해 항상 유발되는 것은 아니라는 나의 개념을 동기화적 관점에서 살펴본 것이라 할 수 있다.

대단한 인기를 얻었음에도 불구하고 뇌자극 보상 연구는 결국 시들해졌다.[25] 한 가지 이유는 뇌자극 보상이 어떻게 동기화를 자극하는지 제대로 이해하기가 어려웠기 때문이다.[26] 자극에 의해 욕구를 활성화한 것인가? 인센티브를 향상시킨 것인가? 아니면 둘 다인가?[27] 자연적인 보상과 똑같은 것인가? 학습을 설명할 수 있는가?[28] 이러한 이슈는 해결되지 않은 채 남아 있으며 1960년대 후반에 이르러 뇌자극 보상은 동기화, 감정과 관련된 다른 주제들과 마찬가지로 인지과학의 영향력이 커지면서 쇠퇴했다. 욕구, 인센티브, 보상은 행동주의자들이 그랬던 것처럼 인지과학자들에게도 중요하게 취급되지 않았다.

제발 나를 풀어주세요

뇌자극 연구의 가장 큰 수확은 아마도 내측전뇌다발 자극이 보상작용을 하는 이유를 설명한 것이다.[29] 이 경로가 시상하부 영역에서 자극되면, 전뇌에서 뇌간으로 가는 섬유들이 활성화된다. 이 섬유들의 주요 목적지는 도파민을 만드는 뉴런들인데,[30] 이들은 뇌간의 한 영역인 복측피개야ventral tegmental area에 있다. 이 세포들은 다시 전뇌로 축삭을 보낸다. 결국 도파민 세포들이 내측전뇌다발에서 오는 입력에 의해 활성화될 때 그들은 전뇌의 여러 곳에 도파민을 분비한다.[31]

　　　　도파민은 보상작용에 중요한 인자로 간주되어 왔다.[32] 도파민이 관여하지 않는 보상조건들도 있지만,[33] 우리가 아는 보상에 관한 지식의 대부분은 도파민의 역할에 관한 것이다. 예를 들어 뇌의 도파민 수용체에 작용하여 도파민 효과를 억제하는 약물을 쥐에게 투여하면, 뇌자극에 의한 보상효과가 사라진다. 즉 쥐는 이런 조건에서는 레버를 누르려 하지 않는다. 또한 배고픈 쥐에게 두 방으로 된 상자의 한쪽에 음식을 주거나, 배부른 쥐에게 한쪽 방에서 뇌자극 보상을 주면 그들은 보상을 받은 방에서 더 많은 시간을 보내려 한다. 이것을 장소 선호place preference라고 한다. 도파민 작용을 차단하는 약물을 쥐에게 투여하면 장소 선호 현상이 사라진다. 장소 선호는 암페타민이나 코카인을 주사해도 일어나는데, 이 두 약물은 도파민 작용을 흉내 내는 물질들이다. 널리 남용되고 있는 이 두 약물이 학습조건에서 보상처럼 작용하고 있으며, 인지과학이 신경과학을 지배한 수년 동안 약물중독과 도파민 사이의 관련성이 보상과 동기화라는 주제에 대한 흥미를 유지하는 데 중요한 역할을 한 것은 우연이 아니다.

처음에는 뇌자극 보상이 쾌락센터를 활성화시키기 때문이라고 생각했던 것처럼, 도파민은 쾌락의 화학물질로 여겨졌다.[34] 그러나 우리가 본 것처럼 뇌자극 보상에 대한 쾌락주의적(주관적 즐거움) 견해는 옳지 않으며, 보상에 대한 도파민의 역할에 대한 쾌락주의적 해석 역시 옳지 않다.[35] 예를 들어 도파민을 차단하면 달콤한 보상에 의해 동기화되는 도구작업 반응이 방해받지만, 획득한 맛있는 음식을 실제로 소비하는 것을 막을 수는 없다. 동물은 음식물을 소비할 때 그 보상을 여전히 '좋아한다.' 따라서 도파민은 완료 행동 반응(먹고, 마시고, 성행위 하는 것)보다는 기대되는 행동(음식, 음료, 성적 대상을 찾는 것)에 좀더 관련되어 있다. 그러나 배고프거나 목마른 것은 유쾌한 일이 아니다. 쾌락은, 그것이 경험되는 것이라는 점에서, 기대하는 동안이 아니라 행동이 완료되는 단계에서 나타난다. 반면 도파민은 행동이 완료되는 단계가 아니라 기대하는 단계에서만 나타나는 것이므로, 그것의 효과는 (최소한 일차적 욕구상태의 경우에) 쾌락으로서 설명할 수 없다(제8장에서 신뢰성 문제에 대한 논의를 보라).

동기화, 보상, 습관학습에서 도파민의 정확한 역할은 여전히 논쟁거리다. 도파민이 주관적 쾌락이나 완료 행동 반응의 발현에 관여하고 있지 않다는 것은 분명하지만, 도파민에 의존하는 조건들에 대해서는 의견이 분분하다. 어떤 이들은 고전적 가설, 즉 그것이 보상의 기반임을 믿는다.[36] 또 다른 견해는 도파민 분비가 이차 인센티브 자극이 있을 때 기대 행동의 시작과 유지에 중요하다는 것이다.[37] 다른 이들은 도파민 분비가 전뇌에게 보상 자체가 일어났다는 것은 아니고 무언가 새롭고 예상치 못한 일이 일어났다는 것을 알려주는 것이라고 생각한다.[38] 또 다른 이들은 도파민이 주의를 환기시키거나 행동을 선택하는 데 중요하다고 한다.[39] 이런 견해들이 서로 배타적인 것은 아니다. 사실 각각은 도파민이 동기화에 공헌하는 다양한 측면들에 대해 정확하게 그 특징들을 말하고 있다.

동기회로

복측피개에 있는 도파민 뉴런들이 활성화되어 전뇌의 많은 부분에서 도파민이 분비되는 동안,[40] 측좌핵(또는 측중격핵)이라 불리는 영역이 보상과 동기화에 특히 밀접하게 관련된다.[41] 도파민과 관련된 약물들이 나타내는 많은 효과들은 전뇌의 바닥 근처, 편도체 앞에 위치한 선조체의 한 영역인 측좌핵에 직접 이들을 처리하여 얻을 수 있다.[42] 예를 들어, 동물들은 도파민이나 이와 관련된 약물들(코카인 또는 암페타민)을 측좌핵에 흡수하기 위해 레버를 누르려 한다. 또한 자연적 보상물(음식, 물, 성적 자극), 조건화된 인센티브(보상물과 연합된 자극), 뇌자극 보상 등에 반응하여 측좌핵에서의 도파민 수준이 올라간다. 마지막으로 측좌핵에 있는 도파민 수용체를 차단하면, 내측전뇌다발 자극의 보상효과나 자연적 보상물에 의한 보상효과가 감소하고 장소 선호가 방해받는다.

　　그렇다면 측좌핵에서 도파민이 증가하는 것이 어떻게 하여 정확히 이런 일들을 일으키는가? 20년 전에 그레이빌[43]과 모겐슨[44]이 제안한 바에 의하면, 측좌핵은 감정과 움직임의 교차로에 위치해 있으며 이곳에 도파민이 분비되면 동기화되거나 목적지향적인 행동이 일어난다. 이런 결론은 4가지 관찰된 사실에 근거한다. 첫째, 측좌핵은 피개로부터 많은 도파민 입력을 받는다. 둘째, 암페타민이나 코카인을 측좌핵에 주사하면 행동이 활성화된다. 동물이 무엇인가를 찾는 양 주변을 두리번거리기 시작한다. 셋째, 측좌핵은 감정 처리와 관련된 영역들로부터도 입력을 받는다. 넷째, 측좌핵은 운동 조절에 관여하는 영역들(예를 들어 피질과 뇌간에 있는 운동 조절 영역들과 연결되어 있는 담창구 pallidum 같은)에 출력을 보낸다. 오늘날에는 측좌핵과 이와 연결된 영역들이 감정자극에 의해 목표지향적인 행동을 만들어 내는 회로의 핵심적인 요소들이라고 널리 받아들여지고 있다(그림 9.3).[45] 이제 이 동기화 회로의 기능에 대해 알아보려고 하는데, 뇌에 의해 일어나는 감정정보 처리라는 넓은 맥락에서 살펴볼 것이다.[46]

　　감정을 자극하는 자극요인들이 있으면 뇌는 동기화 상태라고 불리는 어떤 상태에 놓이게 되고,[47] 영역 내 또는 영역 간 시스템적인 정보처리가 일어나며, 긍정적인 목표를 향한, 또는 부정적인 목표로부터 벗어나는 행동을 부추기고 지시한다.[48] 인센티브가 어떻게 학습되고 반응을 초래하는지에 대해 우리는 회피조건화 연구로부터 많은 지식을 얻었다. 그러나 조건화된 인센티브가 어떻게 행동을 고무시키고 명령하는지에 대한 지식들은 긍정적 동기화에 대한 연구에서 얻었다. 따라서 회피조건화에 대한 이해로부터 동기화 회로로 한 걸음 더 나아가기 위해, 긍정적 동기화에 대한 측좌핵의 역할에 대한 지식을 부정적 동기화에 적용할 것이다(측좌핵의 부정적 동기화에 대한 역할은 좀 더 많은 연구를 통해 자세한 내용이 밝혀져야 할 것이다).

정보처리는 자극을 받아들이는 감각시스템에서 시작되

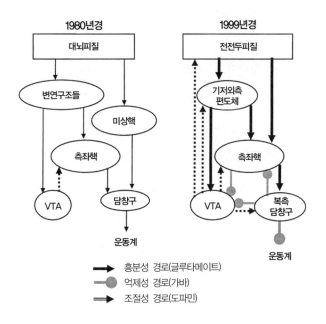

그림 9.3 동기화 회로
뇌의 동기화 회로의 본성에 대한 개념들은 여러 해 동안 다듬어져 왔다. 대뇌피질, 변연구조, 담창구 등과 같은 일반적인 용어들은 좀더 특정적인 용어인 전전두피질, 기저외측편도체, 복측담창구 등으로 대체되어 왔다. 더 나아가 동기화 회로에서의 흥분과 억제 작용이 갖는 다른 역할도 추가되었다. 그러나 복측피개야(VTA)에서 측좌핵으로 가는 도파민 투사는 여전히 회로의 핵심적인 특징으로 남아 있다. Mogenson et al.(1980)과 Kalivas & Nakamura (1999)에서 인용함.

며(혐오스런 충격과 짝을 이룬 소리의 경우는 청각시스템에서), 이후 편도체의 외측핵으로 정보가 전달된 다음 편도체의 중심핵으로 간다(제5장과 제8장). 중심핵의 출력은 종 특이적인 방어반응의 출현을 일으킬 뿐만 아니라(얼어붙거나 이와 관련된 자율신경에 의한 생리적 변화), 복측피개야에 있는 도파민 뉴런들을 포함하여 뇌간의 각성시스템을 활성화시킨다. 피개의 세포들은 축삭말단에서 도파민을 분비하여 측좌핵을 자극한다(전뇌의 다른 영역들도 자극한다).

위에서 본 바와 같이 동물들은 측좌핵에 도파민을 주사할 때 활동성이 강화되고 고무된다.[49] 이 현상이 일어나는 이유는 도파민이 측좌핵에서 담창구로 가는 시냅스전달을 더욱 촉진시켜 담창구와 연결된 피질과 뇌간의 운동 조절 영역들이 활성화되기 때문이다. 담창구의 출력이 증폭되면 운동 영역들이 강하게 활성화되므로 동물이 움직이기 시작한다(그림 9.4.). 피개의 세포들을 활성화시키거나 도파민을 분비하게 하는 그 어떤 것도 행동을 고무시킬 수 있다. 신선한 자극, 조건화된 인센티브, 비조건화 인센티브 등은 행동을 고무시키는 대표적인 자극들이다.[50]

그러나 고무 작용만으로는 충분하지 않으며, 행동은 지시를 받거나 일정한 방향에 따라야 한다.[51] 행동의 안내는 편도체에서 처리되는 조건화된 인센티브에 의존한다. 우리가 본 바와 같이 편도체의 기저핵은 외측핵으로부터 오는 조건화된 인센티브에 대한 정보를 받아들인다. 그 다음 이 정보를 측좌핵으로 전달한다. 도파민이 측좌핵에서 증가할 때(측좌핵에 도파민을 분비하는 피개의 도파민 뉴런들이 중

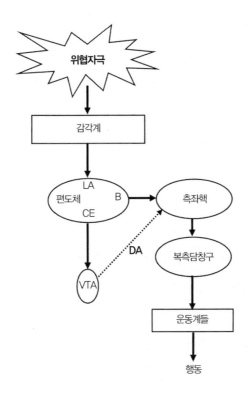

그림 9.4 도파민에 의한 행동 격려

동기화에 대한 현대적 개념의 열쇠는 행동의 활성화 또는 격려에 대한 도파민DA의 역할이다. 이것이 최소한 위협적인 자극의 존재하에서 일어나는 것으로 믿어지고 있는 한 방식이 그림으로 나타나 있다. 편도체의 외측핵LA은 위협적 자극에 대한 감각특질들을 처리한다. 기저핵 B으로의 연결을 통해 위협에 대한 정보는 측좌핵으로 보내진다. 중심핵CE을 통해 복측피개야VTA에 있는 도파민 세포들은 활성화되어 측좌핵으로 도파민을 분비한다. 도파민은 측좌핵 세포가 편도체에서 온 정보처리를 촉진시키도록 한다. 결과적으로 증폭된 신호는 복측담창구로 보내지는데, 그곳에서는 도움이 되는(동기화된) 행동을 조절하는 운동계들을 활성화시킨다.

심핵에 의해 활성화된 결과에 의해), 기저핵에서 측좌핵으로 인센티브 자극이 도달하여 측좌핵 세포들을 더 크게 활성화시키고,[52] 측좌핵의 하류에 위치한 복측담창구에 있는 뉴런들도 활성도가 더 증가할 것이다.

따라서 인센티브는 도파민 분비를 유도하고, 도파민은 인센티브가 행동을 고무시키며 행동의 방향성을 지정하는 데 효과적이다.

조건화된 인센티브는 이차 강화제이며 그 인센티브를 획득하는 반응에 강한 흔적을 남긴다. 경우에 따라 동물은 일차 인센티브를 얻지 못하더라도 조건화된 인센티브를 얻기 위해 노력한다. 우리가 보았듯이 소리가 충격을 예고한다는 사실을 학습한 후에 동물들은 소리를 멈추게 하려는 행동들을 취한다. 유사한 논리로, 소리가 더 이상 음식으로 이어지지 않을지라도(멀리 떨어져 있는 연인의 사진을 바라보는 것과 유사한 상황) 동물들은 어떤 맛있는 음식을 예고했던 소리를 켜기 위해 레버 누르는 작업을 수행할 수 있다.

우리는 조건화된 인센티브가 반응을 강화하는 방식을 완전히 이해하고 있진 않다. 그러나 LTP가 측좌핵회로에서 일어나며, 시냅스 변화가 일어나는 데 도파민이 필수적이라는 것은 알고 있다.[53] 설득력 있는 가설은 도파민이 활동성 있는 시냅스전 세포와 시냅스후 세포 사이에 헵 가소성을 촉진시킨다는 것으로서, 그에 따라 인센티브를 처리하고 반응을 조절하는 측좌핵 경로들 사이의 전달을 강화시킨다는 것이다.

편도체와 측좌핵이 동기화에 관여하는 역할에 대한 나의 주장은 케임브리지 대학교의 에버리트와 로빈스의 연구에서 많은 부분 빌려 왔다. 이들은 편도체와 측좌핵 사이의 상호작용이 어떻게 동기화에, 특히 긍정적 인센티브에 의한 동기화에 관여하는지 깊이 연구해 왔다.[54] 편도체 기저핵에 손상을 가하면 조건화된 인센티브가 이차 보상으로 작용하여 새로운 반응을 학습하도록 촉진하는 능력이 제거되었다. 이러한 손상의 경우 조건화된 인센티브는 중립적인 자극(예를 들어 소리)을 다양한 일차 보상물(예를 들어 맛있는 음식물, 코카인, 암페타민 같은 약물, 수컷 쥐에게 성적으로 성숙한 암컷 쥐를 노출시키는 일)과 짝을 지워 형성된다. 뇌의 한쪽에서 편도체를 제거하고 다른 쪽에서 측좌핵을 제거하는 실험을 통해 에버리트와 로빈스는 편도체와 측좌핵 간의 연결이 조건화된 인센티브에 의해 새로운 학습이 일어나는 데 핵심이라고 주장했다. 그들의 연구는 편도체에 의해 자극-보상 학습이 일어나는 과정에 대한 전통적인 연구 중 하나다. 이 분야의 핵심적인 연구자로는 미쉬킨, 롤스, 오노, 화이트, 겔러거, 게이판 등이 있다.[55]

감정적 습관이 잘 학습되고 나면 그것을 표현하는 데 관여하는 뇌 시스템은 더 단순해진다. 예를 들어 편도체는 회로에서 떨어져 나간다. 특정한 위험을 성공적으로 피하는 방법을 습득한 후에는 공포가 더 이상 각성되지 않으므로, 당신은 더 이상 편도체가 필요 없다. 개는 길거리에서 노는 일이 위험하다는 것을 배우기 위해 편도체가 필요하지만, 일단 학습하고 나면 길 옆 공터에서 행복하게 놀 수 있다(이 경우 위험을 피하는 것은 공포를 각성시키지 않고 공포를 예방한다). 특징적으로 편도체 의존적인 감정적 각성의 신호들은(예를 들어 심장박동 증가와 같은) 회피학습의 초기 단계에서 일어나지만, 회피반응이 학습되고 나면 사라진다.[56] 측좌핵도 마찬가지로 학습 후에는 떨어져 나간다. 학습을 하는 데 필요하지만 잘 학습된 반응을 수행하는 데는 더 이상 필요하지 않다.[57] 학습된 방어성 습관을 조절하는 정확한 시스템에 대해선 아직 잘 모른다. 아마도 선조체의 다른 영역들처럼 측좌핵은 전전두피질, 특히 운동피질 영역들의 회로에게 반응하도록 훈련시킬 것이다.[58] 다시 말해, 학습은 선조체(측좌핵)로부터 피질로 옮겨질 것이다. 이 현상은 서술 또는 외현 학습에서 일어나는 상황과 유사하다. 초기에 해마와 신피질이 모두 관련되어 있다가 해마가 신피질에 기억을 가르치고 나면 기억은 해마의 도움 없이 지속될 수 있다(제5장).

따라서 측좌핵과 편도체 사이의 상호작용은 동기화의 주요한 측면들을 신경계 원리로 설명하는 데 매우 효과적이다. 그러나 동기화 회로에는 다른 영역들도 참여하고 있다.[59] 해마는 편도체뿐만 아니라 측좌핵과 연결되어 있어, 환경에서의 공간적·관계적 단서들에 근거하여 행동을 지시하는 데 관여한다. 좋은 것을 찾고 나쁜 것을 멀리하기 위해서는 당신이 지금 어디 있는지, 어디로 갈 필요가 있는지, 지금 있는 곳에서 가야 할 장소로 어떻게 이동해야 하는지, 가는 길에서 어떤 자극들이 길 안내에 도움이 되는지 등을 알아내야 한다. 이런 정보는 매우 중요하며 장기기억에서 출력된다. 그리고 전반적인 목표를 마음속에 간직하는 것도 필요하며, 목표를 향한 진행상황을 수시로 확인해야 한다. 전전두피질의 작업기억 기능은 아마도 이런 능력에 중요하게 작용할 것이다. 전전두피질은 도파민 입력을 받으며 측좌핵, 편도체, 해마와 연결되어 있다. 앞으로 살펴보겠지만 어떤 결정에 근거하여 동기화가 이뤄질 때 전전두피질이 종종 관련된다.

결정을 내리다

네이더, 애모러팬스와 내가 수행한 실험, 즉 쥐를 이용해 충격과 관련된 소리로부터 도망가는 법을 배우게 하는 실험을 통해 감정적 각성이 어떻게 행동을 동기화하는지 확인하려 했다. 우리가 택한 방법은 습관학습과 관련된다. 그러나 우리는 실제 생활에서 항상 습관에 의지하는 것은 아니며, 새로운 습관을 배울 시간이 항상 있는 것도 아니다. 우리는 욕구에 의해서만 추진되거나, 인센티브에 의해 당겨지거나, 강화요인에 의해서만 형성되는 것은 아니다. 우리는 실로 매우 복잡한 세계에 살고 있기 때문에 물리적·사회적 환경은 매 순간 변하고 있으며, 당장의 필요성과 과거의 경험을 종합하여 가장 적절한 행동을 예측한다. 우리는 생각하고 사유하고 평가하는 능력을 사용한다. 즉 우리는 결정을 내린다.

의사결정은 시행착오적 학습경험을 요약하여 주어진 상황에서 특정한 행동이 가져올 결과에 대한 정신적 평가를 즉각적으로 내린다. 이를 위해 다양한 출처로부터 정보를 온라인상에서 종합한다. 즉 자극과 상황에 대한 지각정보, 기억에 저장된 관련된 사실과 경험들, 여러 가지 가능한 행동들이 각각 가져다줄 결과의 예측 등을 종합한다. 우리가 보았듯이 이런 종합적 처리 방식으로 전전두피질에서 작업기억이 작동한다. 제7장과 제8장에서 작업기억에서의 전전두피질의 역할과 외측전전두피질과 내측전전두피질이 기여하는 바를 살펴본 바 있다. 여기서는 내측전전두피질의 2개 하부 영역들이 갖고 있는 동기화 회로와의 관련성에 초점을 맞추고자 한다.

전대상피질은 기저편도체, 복측담창구, 해마뿐 아니라 피개에 있는 도파민 세포로부터 입력을 받는다. 또한 그 피질은 측좌핵과 운동피질로 출력을 보낸다.[60] 따라서 그것은 행동적 각성에 대한 정보(피개로부터의 도파민 연결)를 받아들이고, 조건화된 인센티브들에 대한 정보와 도파민에 의한 이들의 증폭(편도체와 담창구로부터의 연결)을 받아들인다. 그 이후 이런 정보를 장기기억으로부터의 데이터와 종합하고(해마와의 연결), 작업기억의 일시적인 내용과 종합하여(다른 전전두 영역과의 연결) 운동을 조절하는 처리 과정을 수행한다(운동피질과의 연결). 고통스러운 자극을 받고 있는 사람의 전대상피질 영역이 활성화된다는 연구에 의해, 이 영역이 비조건화 인센티브를 처리하는 데도 관련된다는 주장도 있었다.[61]

복측전전두피질의 한 영역인 안와피질은 눈구멍 바로 위에 있는 전두엽 밑에 있는데, 이 역시 동기화와 의사결정에 중요한 역할을 한다. 게이판과 롤스가 수행한 원숭이 실험에 의하면, 이 영역은 감정 처리, 즉 보상과 처벌 같은 인센티브 처리와 인센티브 정보에 대한 일시적 저장에 관여하는 것으로 보인다.[62] 이 영역은 전대상피질과 연결되어 있고, 전대상피질처럼 편도체와 해마로부터 정보를 받는다.[63]

다마시오는 인간의 의사결정에서 감정정보의 핵심적 본성과 이 과정에서 안와피질이 담당하는 역할에 주목하고 있다. 이 주제와 관련된 그의 최근 두 저서 《데카르트의 실수 *Descartes' Error*》와 《무엇이 일어나는지 감지하기 *The Feeling of What Happens*》[64]에 이러한 주장이 잘 요약되어 있다. 안와전전두 영역이 손상된 환자들은 부족한 판단과 사회적으로 부적절한 행동이라는 잘못된 결정을 종종 내린다. 일명 도박작업gambling task이라 불리는 실험을 통해 순수한 인지 측정 방식으로 시험했을 때, 다마시오와 동료 연구자들은 안와피질이 손상된 환자들은 작업기억이 비교적 정상적이었으나 자극이 갖고 있는 인센티브 가치의 변화에는 둔감하다는 것을 알아냈다.[65] 그들은 이런 결과를 안와피질손상 환자들이 행동을 지시할 때 감정적 정보를 사용하지 못하기 때문이라고 해석하고, 감정정보 또는 지식들은 주의집중과 작업기억 처리 과정에 영향을 주어 논리적 사고 능력을 한쪽으로 치우치게 만든다고 주장했다.[66] 비록 이런 결과들이 작업기억 처리와 의사결정을 서로 분리시켜 준다고 주장하더라도, 위에서 제안된 바처럼 안와피질이 작업기억 회로의 일부라는 사실, 그리고 감정정보에 작업기억이 관여하고 있다는 사실을 볼 때, 이 결과들은 작업기억의 인지적 측면과 감정적 측면이 구분된다는 것을 보여 준다.

외측, 전대상, 안와전전두 영역들은 다양한 방법으로 서로 연결되어 있어 완전히 구분되는 독립적인 단위라기보다는 종합 작업기억 시스템의 구성요소들로 보는 것이 타당하다(제7장과 제8장). 잘 통제된 연구실에서 수행한 실험에서는 각 영역들이 작업기억의 서로 다른 측면에 더 많은 공헌을 할 수도 있지만, 인지적 정보와 감정적 정보를 잘 종합하여 의사결정을 내리는 좀더 자연적인 실험적 환경에서는 영역들 간의 분리보다는 상호작용이 더 자주 일어나는 것 같다.

그러나 의사결정이 전전두피질에 의해 자체적으로 일어

나는 단순한 과정이라고 성급하게 결론을 내려서는 안 된다. 최근 뉴욕 대학교의 글림처에 의해 수행된 연구결과는 눈동자 움직임을 조절하는 의사결정 과정에는 두정엽피질의 특정한 영역이 관여한다는 것을 지적하고 있다.[67] 이 영역은 '어디에' 경로의 일부분인데 외측전전두피질과 강하게 연결되어 있으며,[68] 오래 전부터 안구운동 조절에 관여하는 것으로 추정되어 왔다(제7장).[69] 글림처는 복잡한 수학적 분석을 통해 두정엽 뉴런들이 의사결정에 참여한다고 주장해 많은 사람들의 관심을 끌고 있다.[70] 그의 분석에 따르면, 이 세포들은 주어진 자극에 대한 정보와 과거에 경험한 것에 비추어 보아 특정한 시도를 했을 때 예상되는 보상의 정도를 종합할 수 있다고 한다. 이런 종류의 분석을 전전두피질의 세포에도 적용할 수 있는지, 두정엽피질과 전전두피질 세포들이 관여하는 정도가 다른지를 밝히는 것은 흥미로운 일이다. 또한 전전두회로 내에서도 차이가 있는지도 중요한 주제다. 내측 영역 또는 안와 영역은 감정정보가 의사결정에 영향을 줄 때 관여하고, 외측전전두 영역은 감정정보가 인지정보보다 덜 중요할 때 관여할 것으로 추정하고 있다.

이 분야의 많은 학자들이 글림처의 연구에 주목하고 있다. 특히 흥미로운 사실은 그의 접근 방법에 의해 데카르트의 이원론을 완전히 잠재울 수도 있다는 것이다. 뉴런이나 의사결정에는 그 어떤 정신적인 성분이 들어 있지 않고 단지 수학적 계산을 수행하는 뉴런들만이 있을 뿐이다. 많은 학자들이 이런 형태의 처리 과정이 마음과 뇌 사이 관계의 기반이라고 주장할 때, 글림처는 우리가 결정이라고 부르는 계산들을 수행하고 있는 뉴런들을 가만히 엿들어 왔다.

동기화된 인간

지금까지 살펴본 동기화에 관련된 많은 연구들은 동물을 대상으로 연구한 것이다. 이런 연구가 인간의 일상생활에서 일어나는 동기화 현상을 얼마나 잘 설명해 줄 수 있는지 궁금할 것이다. 나는 그 둘이 꽤 멀리 떨어져 있다고 본다. 왜 그런지 이해하려면 오늘날 심리학에서 연구되는 2가지 광범위한 연구를 살펴볼 필요가 있다.

첫 번째이자 가장 중요한 것은 인지적 접근이다. 1950년대 사회심리학자인 페스팅어는 마음에 대해 새롭게 떠오르는 인지적 견해와 욕구의 고전적 개념을 융합하여 갈등상황에서의 인간 행동의 동기화를 설명하려 했다. 인지부조화cognitive dissonance라고 불리는 이 이론은 갈피를 못 잡거나 충돌하는 생각들이 생기면(예를 들어 "더 많은 돈을 가지려고 하는 것은 탐욕이다"와 "더 많은 돈을 가지면 좋다") 불편한 상태 즉 욕구상태에 빠지게 되는데, 생각을 바꾸어("탐욕은 그리 나쁜 것이 아니다" 또는 "많은 돈을 갖는 것은 그리 좋지 않다") 이 상태를 벗어나려 한다는 것이다. 이 이론은 사회심리학에서 많은 연구를 자극했고, 이와 관련된 많은 이론들이 등장했다.[71]

사회심리학자들은 인지혁명이 일어나는 동안 동기화에 여전히 관심을 가졌던 몇 안 되는 집단 중의 하나다. 그러나 시간이 지나면서 동기화에 대한 전통적인 개념에서 점점 벗어나 인지적 방향으로 편향되었다. 행동이 어떻게 자극되고 방향을 결정하는지를 이해하기 위해 지식, 신념, 기대, 자아자각이 욕구와 감정을 대체했다.

예를 들어 칸토르와 마르쿠스는 당대의 선도적인 인지적 동기화에 관한 이론가들인데, 동기화를 자아-지식self-knowledge의 산물로 보고 있다.[72] 자아-지식이란 자신의 감정들과 이들의 동기화적 중요성에 대한 지식을 포함하지만, 칸토르와 마르쿠스가 정의하는 동기는 자아에 공헌하는 요소로서만이 아니라 자아의 산물로 간주된다. 이 이론의 열쇠는 작업자아working self의 개념인데, 그것은 우리가 누구였으며(과거 자아), 우리는 어떻게 되기를 원하고, 또 어떻게 되는 것을 원치 않는지(미래 자아)를 반영하는 우리 정체성에 대한 진행적 구성을 의미한다.[73] 예를 들어 자아를 정적이고 영구적인 실체로 보았던 에이들러[74] 같은 예전의 자아이론가들과 달리, 칸토르와 마르쿠스는 자아를 여러 상황에서 변화할 수 있는 역동적인 구성으로 보았다. 예를 들어 우리는 집에 있을 때와 직장에 있을 때 서로 다른 목표들을 갖는데, 각 상황에서의 작업자아는 그러한 차이를 반영한다. 어떤 사람의 작업자아는 어느 한 순간에 일어날 수 있는 가능한 자아-개념의 전체 영역 속에 있는 한 가지 작은 집합이다. 생각하고 의식이 있는 사람은 이 작은 집합을 특정한 순간에 이용할 수 있으며, 부분적으로는 기억과 기대에 의해, 그리고 부분적으로는 닥친 상황에 따라 결정한다. 이런 작업자아의 특징들은 사람이 어떻게 안정적인 동기와 변하기 쉬운 동기를 모두 가질 수 있는지, 그리고 때로는 동기들이 상충하고 조화되지 않는지를 설명해 준다. 작업자아는 정신기능의 중추다. 그것은 지각, 주의, 사고, 기억 회상, 저장에 영향을 주면서 행동을 지시한다.

인지심리학자인 킬스트롬은 제임스에 근거하여 주장하기를, 모든 의식경험의 핵심적 요소는 작업기억에서 경험대상과 자아의 감각 사이의 관계성이라고 한다. 제임스와 킬스트롬의 이론을 칸토르와 마르쿠스의 이론과 합치면, 작업자아라는 것은 작업기억에서 형성되고 그 순간의 구성은 온라인 처리, 의사결정, 행동 조절 등에 중요하게 작용한다고 볼 수 있다.

인간 동기화에 대한 두 번째 주요 연구는 1950년대 데이비드 맥클랜드가 필요-성취 이론need-achievement theory을 제안한 것에서 시작되었다.[75] 그에 따르면, 인간은 제한된 수의 선천적인 동기화들(욕구, 필요)을 갖고 있는데 이들은 천성적인 인센티브(굶주림, 목마름, 섹스 등)에 민감하며, 동기화는 사람이 이러한 목표 대상물들을 얻기 위해 과거에 배운 어떤 행동을 수행하는 방식으로 일을 할 때 발생한다. 행동의 결과로 인센티브를 얻게 될 때, 감정이 발생하고 인센티브를 얻게 해준 행동의 순서들이 강화된다. 사람들은 천성적인 인센티브들을 얻기 위한 단서들을 쉽게 알아차릴 수 있도록 경험을 통해 학습하기도 한다. 이런 단서들이 감정을 발생시키기도 한다. 긍정적인 감정상태들은 강화작용이 있기 때문에, 사람들은 학습된 또는 천성적인 인센티브들이 존재하는 상황들을 찾는다. 따라서 그의 견해에서 동기는 목표 대상을 예상하는 감정적으로 충전된 상태를 말한다. 선천적 동기화와 학습된 인센티브들에 대한 이러한 준準생물학적 기반 위에서,

그는 소속감과 성취감 같은 긍정적인 동기화 상태에 초점을 맞춘 인간 행동 이론을 만들었다. 그는 부정적 동기화의 중요성을 거부했지만, 그의 이론이 다루고 있는 영역의 바깥에 이 주제를 위치시켰다. 데이비드 맥클랜드와 여러 학자들이 수행한 인간에 대한 연구가 수십 년 동안 축적되었으며, 성취이론의 주요 측면들을 지지했던 측면이 있다.

그렇다면 인간 동기화에 대한 두 견해들을 어떻게 화해시킬 것인가? 데이비드 맥클랜드의 이론은 비언어적 동기화 시스템들을 강조하며, 그중 일부는 생물학적으로 구성되어 있다. 이것들은 암묵적으로 작동하며, 각 동물의 종들은 고유의 동기화 시스템을 갖기도 하지만 사람이나 다른 포유동물들에게도 다들 비슷하게 기능한다. 그의 견해는 욕구/인센티브/강화라는 전통적인 이론에 잘 들어맞는다. 그러나 이런 접근방식은 그 자신이 밝혔듯이,[76] 인간 동기화의 모든 영역을 담지 못한다. 의식적으로 접근 가능하고, 언어에 담겨 있으며, 언어를 사용하여 얻을 수 있는 명시적 동기들 또한 인간의 정신생활, 특히 사회적 상황에서 중요한 부분이다. 따라서 동기화에 대한 자아-의식 견해는 암묵적 견해와 모순되는 것이 아니라 상호보완적이다.[77]

인류학자인 스트라우스와 퀸은 암묵적이고 생물학적인 동기와 명시적이고 심리적인 동기를 화해시켰던 그의 이론을 이용하여, 문화 간 동기화의 유사성과 차이점을 설명하려 했다.[78] 그들은 어떤 동기들은 문화 간에 큰 차이 없이 일반적인 반면, 다른 어떤 동기들은 특정 문화에만 존재한다고 지적했다. 이 이론들을 화해시키기 위한 쉬운 방법은 그의 생물학적 기반의 동기를 전자의 범주에 넣고, 칸토르와 마르쿠스의 명시적·자아-의식적·개별적으로 구성되는 동기를 후자의 범주에 넣는 것이다. 그러나 모든 학습된 동기들이 명시적 지식과 관련이 있는 것은 아니다. 소른다이크에서 헐까지, 그리고 밀러에서 데이비드 맥클랜드까지 우리가 거론한 대부분의 동기화 이론들은 동기화 습관의 학습을 강조한다. 일반적으로 습관학습은 암묵적 형태의 학습으로 간주된다.[79] 습관들은 일차 또는 이차 강화인자들을 접하거나 다른 이들의 성공과 실패를 관찰할 수 있는 사회적 상황 속에서 형성된다고 스트라우스가 지적했다. 자아-의식 동기화에 대한 사회심리학의 강조에도 불구하고, 사회적 행동에 대한 많은 연구들이 인간 동기화의 암묵적이고 무의식적인 측면을 강조하고 있다. 특히 바그의 '자동동기 automotive'와 윌슨의 숨겨진 자아에 대한 이론이 흥미롭다.[80] 그러나 습관시스템을 암묵적으로 학습하더라도, 현재 진행되는 상황에 작업기억이 주목하는 조건하에서 동기화 습관이 학습될 때, 습관학습의 결과는 명시적으로 표상될 수 있고 의식적으로 알 수 있으며, 그 이후에 일단 확립되고 나면 마음의 깊숙한 곳으로 보내진다는 점에 유의해야 한다. 습관들은 유용하기도 하고 (공황장애를 가진 환자가 외부세계를 습관적으로 피하려는 경우처럼) 병적일 수도 있기 때문에 행동학습에서 상당히 중요한 형태다.

따라서 암묵시스템과 외현시스템 둘 다 동기화에 관여한다. 작업기억은 목표를 향한 행동의 길잡이에 중요한데, 이러한 길잡이는 목표를 명시적으로 작업기억 내에 표상하고 작업기억의 집행조절 기능들의 지시를 받아 수행한다. 그러나 우리 뇌 시스템에는 목표를 향한 행동의 안내와 인센티브 처리를 암묵적으로 수행하는 시스템들도 있다. 가끔 암묵적 동기화와 명시적 동기화가 동조화되어 작업기억과 암묵시스템들이 공동의 목표를 향해 행동을 지시한다. 예를 들어, 다른 모든 상황이 동일하다면 폭발물이 터진 직후 외현시스템과 암묵시스템은 폭발 장소로 향하는 것이 아니라 폭발 장소에서 벗어나게 하는 행동을 시작하게 한다. 그러나 상황이 항상 똑같은 것은 아니다. 만약 당신의 배우자가 폭발 장소 근처에 있는 매점에 간식을 사러 갔다면, 당신은 집행결정을 통해 도망가려는 의도를 억누르고 폭발이 일어난 쪽을 향해 달려갈 것이다. 실제로 조나단 코헨이 수행한 뇌기능 영상 연구를 보면, 전전두피질 특히 전대상피질이 동기화 갈등을 해결하는 데 관여하는 것으로 보인다.[81] 따라서 이 영역뿐만 아니라 이와 연결된 시냅스들은 우리의 선천적 또는 학습된 욕망에 반하는 행동을 취할 필요가 있을 때, 공포 또는 다른 감정상태들을 극복하는 데 중요한 역할을 담당한다(이 회로는 인지적 부조화와도 관련이 있을까?).

특정한 기능을 담당하는 뇌의 영역들과 회로들에 대한 정보에 근거한 개념은, 뇌가 실제로 그 기능을 어떻게 수행하는지를 이해하는 가장 좋은 방법이다. 따라서 기본적인 동기화 개념들을 그럴듯한 회로들로 번역하고 나면 인간 동기화에 대한 엄청나게 복잡한 주제도 한풀 꺾이게 된다.

활동하는 정신 3부작

동기화를 통해 정신 3부작이 활동하는 것을 보았다. 마음이란 인지과학이 전통적으로 제안해 온 것처럼 단지 생각하는 장치가 아니다.[82] 가능한 한 가장 넓은 관점에서 볼 때, 그것은 인지, 감정, 동기화 기능들에 전념하는 시냅스 네트워크를 포함하는 하나의 종합 시스템이다. 더욱 중요한 사실은 그것이 정신생활의 다른 측면들에 관여하는 네트워크들 간의 상호작용을 포함한다는 점이다.

집중하거나 기억하는 것은 우리에게 중요한 일들이다. 그런 상황에서 인지적 처리 과정은 감정적 각성상태를 동반한다. 그리고 감정적 각성은 단순한 반응으로 끝나지 않는데, 그것을 이용하여 감정적 각성자극이 나타나는 상황으로부터 멀어지거나 가까워지도록 우리의 행동을 지시하기 때문이다. 이렇게 하는 과정에서 우리는 가끔 목표를 향해 계속 나아가기 위해 무엇을 해야 하는지 결정을 내려야 한다. 우회로를 택해야 하는 경우라도 그 목표를 마음속에 간직해야 한다. 그러나 가는 사이에 좀더 중요한 목표가 출현한다면 그 시스템은 다시 설정될 필요가 있다. 이때 인지, 감정, 동기화 자원들을 재할당하고, 구성요소 처리 시스템 내에서 또는 시스템 사이에서 조정해야 한다.

자아-지식은 분명 인간 동기화의 중요한 측면이다. 그렇지만 자각하지 못하거나, 적어도 인간이 스스로 자각하는 방식으로 보았을 때 덜 자각한다고 여겨지는 동물들도 어떤 일들을 할 때 동기화된다. 그들도 음식과 주거지를 찾고 포식자를 피하며, 다치는 것을 피하려 한다. 우리가 하는 것들의 상당 부분 또한 의식의 경계 밖으로 퍼져 있는 과정들에 의해 영향을 받는다. 의식은 중요하다. 그러나 그 밑에 깔려 있는 무의식적으로 작동하는 인지, 감정, 동기화 과정들도 그만큼 중요하다.

10

시냅스 질환

그대는 마음의 병을 도저히 고칠 수 없단 말이오?
기억 속에서 뿌리 깊은 근심을 도려낼 수는 없단 말이오?
뇌 속에 새겨진 고뇌를 지워 줄 수는 없단 말이오?
그리고 무슨 달콤한 망각의 약을 써서라도
마음을 짓누르고 있는
무서운 위험물을 제거해 줄 수는 없단 말이오?
―셰익스피어, 《맥베스》, 5막 3장

정신적 문제들은 '뇌의 고장' 때문이라는 셰익스피어의 통찰력에도 불구하고, 수백 년이 지나도록 정신질환의 물리적 기반을 지지하는 사람들은 이에 대한 증거를 찾지 못했다. 19세기 말까지 (임질과 같은 병으로 인한) 뇌의 실질적인 손상은 정신기능을 급격하게 바꿀 수 있다는 것이 널리 인정되었지만,[1] 신경증과 정신병 같은 기분과 사고의 변화 같은 것은 여전히 물리적인 설명이 받아들여지지 않았다. 젊은 프로이트는 정신질환의 신경학적 원인을 찾고자 했지만, 자기 생애에 이를 성취하기가 어려울 것으로 판단하고 대신 심리학적 설명과 치료법들로 연구의 방향을 돌린다. 히스테리, 우울증, 불안 등을 치료하기 위한 '달콤한 망각의 약'은 없었던 것이다.

지난 수십 년 동안 상황은 상당히 변했다. 정신적 질병들도 많은 사람들의 눈에 '뇌의 고장'으로 인식되기에 이르렀고 치료제들도 자주 등장했다. 오늘날 정신의학의 생물학적 지향에 대해 어떻게 느끼는가에 관계없이(사실 많은 비판론자들이 있다),[2] 두 가지 사실은 숙지해야 한다. 우리 정체성의 핵심이 뇌에 기호화되어 있으며, 정신질환으로 인한 생각, 기분, 행동의 변화가 뇌의 변화로 설명된다는 것이다. 주요 이슈는 정신질환이 본질적으로 신경학적인 것인지 여부가 아니다. 정신질환들에 깔려 있는 신경적 변화의 본성과 치료가 이루어지는 방식이 과연 무엇인지가 이슈인 것이다.

　　생물학적 정신의학은 정신질환이 뇌에서의 화학적 불균형에 의해 시작된다는 가정에 의해 설립되었고, 지금도 여전히 거의 그러하다. 이 관점에서 보면 뇌는 미묘한 수프와 같다. 독특한 향을 유지하기 위해 중요한 첨가성분들이 정확하게 섞여 있어야 한다. 한 가지 또는 다른 성분이 너무 적거나 많으면 수프의 맛이 변한다. 그러나 부족한 재료를 더 넣어 주거나 너무 많이 들어간 성분의 효과를 완화시켜 줄 또 다른 원료를 넣어 주면 맛이 회복될 수 있다. 숙련된 주방장처럼 생물학적 정신과 의사의 역할은 원하는 성격으로 되돌아올 수 있게 다시 잘 섞어 주거나 화학적 균형을 잡아 주는 것이다.

　　수프 모델은 정신과에서 두 가지 이유로 진화해 왔다. 하나는 실용적인 이유로 수많은 정신질환들이 뇌 화학을 변화시킴으로써 완화된다고 밝혀졌다. 다른 이유는 개념적인 이유로 신경과학자들은 정신세계가 뇌에 의해 만들어질 때 화학물질들이 중요한 역할을 한다고 생각했다. 실용적인 이유는 여전히 유효하지만, 개념적인 이유는 지금부터 보겠지만 변화했다.

　　1960년대 초에 여러 정신적 상태에 따라 이에 맞는 특정한 화학적 코드가 있을 거라고 생각했지만(즐거움, 공포, 공격성에 대한 분자들이 제안되었다),[3] 지금 보면 이런 개념은 너무 단순하다. 정신적 상태들은 단일 분자 또는 분자들의 혼합으로 표상되는 것이 아니다. 앞서 보아 왔듯이 정신상태라는 것은 시냅스로 연결된 신경회로들 간에서, 그리고 신경회로 내에서 정보처리의 복잡한 패턴에 의해 설명되기 때문이다. 화학물질들은 시냅스전달에 참여하고 시냅스전달의 조절과 변형에도 관여하지만, 정신상태를 결정하는 것은 관여하는 화학물질들보다는 회로에서의 전달 패턴이다. 과거의 슬로건인 "일그러진 분자 없이 일그러진 생각 없다"[4]는 교체되어야 한다. 분자가 아니라 시냅스 변화가 정신질환에 깔려 있다. 회로의 중요성에 대해서는 앞 장들에서 반복해서 설명했다. 이 장에서는 정신질환의 속성을 이해하기 위한 회로 관점에 중점을 두고자 한다.

　　생물학적 정신과 의사들은 회로가 중요하다는 것을 알고 있다. 그들이 수프 모델에 집착하는 건 몰라서 그러는 게 아니다. 그들은 스마트 미사일과 유사하게, 다른 회로는 건드리지 않으면서 질환에 관여하는 회로에만 직접 작용할 수 있는 스마트 약을 원한다. 이런 약이라면 두려운 부작용을 제거할 수 있다.[5] 그러나 이렇게 정교하게 작용하려면 특정한 정신질환에 관여하는 특정 회로를 잘 선별해야 하고, 약물은 그 회로의 화학적 특성에 잘 맞도록 설계되어야 한다. 오늘날 퍼즐의 모든 조각이 맞추어진 상태는 아니지만, 이런 일을 가능하게 할 정보를 얻기 위해 많은 연구가 진행되고 있다. 미국 국립정신보건원의 하이만 소장은 정신의학은 신경과학과 협력하여 중요한 문제들을 해결할 준비가 되어 있다고 주장했다.[6] 사실 하이만은 앞으로 "마음, 뇌, 행동의 밀레니엄"이 도래할 것이라고 말했다. 이 목적을 달성하기 위해 미국 국립정신보건원은 최근에 정신질환에 대한 신경과학연구센터들을 설립했다(나는 그중의 하나인 공포 및 불안 신경과학센터의 소장을 맡고 있으며, 그에 관해서는 이 장의 말미에서 설명하겠다).

생물학적 정신의학에 대해 비관적인 비판론자들은 수프에서 회로로 패러다임을 전환한 것에 대해서도 여전히 만족하지 못할 것이다. 중요한 질문은 우리가 화학물질 대신 연결에 초점을 맞추어야 하는가 여부가 아니라, 정신질환을 이해하고 치료하기 위해 뇌에 초점을 맞추어야 하는가 여부라고 그들은 주장한다. 또한 심리학적 문제들은 뇌 하드웨어의 기능이상이라기보다는 삶의 경험에 뿌리박혀 있으며, 뇌회로를 변화시키기 위한 노력보다는 환자를 도와서 잠재해 있는 문제와 화해할 수 있도록 치료해야 한다고 주장했다. 그러나 이 책에서 그동안 줄곧 해온 논의들을 볼 때, 오직 시냅스 회로에 기억으로 저장될 때에만 삶의 경험들이 우리에게 지속적인 영향을 줄 수 있다는 점은 자명하다. 심리적 치료 요법도 사실은 학습경험이므로 그 역시 시냅스연결에 변화를 수반한다. 뇌회로와 심리적 경험들은 다른 것이 아니라 같은 것을 달리 표현하는 방식일 뿐이다. 물론 심리적 요법에 의해 뇌가 변하는 방식이 약에 의해 변하는 방식과 항상 똑같을 필요는 없다. 어떤 경우에는 심리요법이 더 잘 들고 또 다른 경우에는 약이 더 잘 듣기도 하며, 경우에 따라서는 약물과 심리요법을 병행하여 더 큰 효과를 볼 수도 있기 때문이다.

개론은 이 정도로 충분하다. 지금부터 정신질환의 생물학에 대해 알려진 바를 살펴보자. 여기서 모든 정신질환 종류들을 다 다룰 수 없으므로 정신분열증, 우울증, 불안장애[7] 등에 초점을 맞추겠다. 이들 질환에 대해 개발된 약물들의 역사를 제대로 기술하기 위해 바론데스의 《분자와 정신병 *Molecules and Mental Illness*》, 발렌스타인의 《뇌 저주하기 *Blaming the Brain*》를 참고했다.[8] 정신병의 다양한 형태들과 치료법에 대해 자세히 알려면 다음의 "미국 정신건강 단체들"이라는 제목으로 상자 속에 수록된 웹사이트 목록들을 참고하기 바란다.

미국 정신건강 단체들

미국 불안장애협회_ www.adaa.org.
미국 정신의학협회_ www.psych.org.
미국 심리학협회_ www.apa.org.
국립정신병연합회_ www.nami.org.
국립 정신분열증 및 정서질환 연구연합회_ www.narsad.org.
국립 우울증 및 조울증 협회_ www.ndmda.org.
국립정신보건연구소_ www.nimh.nih.gov.
국립정신보건협회_ www.nmha.org.
세계 정신분열증 및 유사 질환 협회_ www.world-schizophrenia.org.

약에 취한 자궁

20세기 중반은 신경과학 연구에서 흥분된 시기였다. 2차 세계대전의 종전과 함께 국가의 과학 자원들이 평화적 노력에 사용되면서 붐을 일으킨 한 분야가 뇌 연구였다. 뉴런 독트린은 오랫동안 보편화되었고, 뉴런들 간의 시냅스전달은 뇌의 화폐로서 널리 인정되었다. 그러나 시냅스전달의 속성은 여전히 많은 연구의 주제였으며, 연구결과에 대한 해석이 뜨겁게 논의되었다. 에클스 경은 전기적 전달을 주장했고, 데일 경은 시냅스적 의사소통의 화학적 속성을 강조했다.[9] 결국에는 둘 다 옳았다. 어떤 시냅스는 화학적이고 다른 어떤 것들은 전기적이다.[10] 그럼에도 불구하고 화학적 전달이 시냅스적 의사소통에 더 지배적인 형태로 인정되었으며, 에클스도 여기에 뒤늦게 참여했다. 미량의 신경전달물질이 개별 시냅스들을 가로질러 분출된다는 생각과 정신상태와 정신질환이 화학적으로 코드화된다는 개념 사이에는 여전히 엄청난 간극이 있다. 비슷한 시기에 정점을 이루었던 또 다른 연구들에 의해 이런 공백이 채워졌다.

* peyote. 멕시코산 선
인장의 일종—옮긴이.

페이오티*나 다른 버섯류들처럼 자연에서 얻은 물질을 섭취하면 환각상태에 빠진다는 것이 오랫동안 알려져 있었고, 1937년에는 페이오티에 의한 환각 증상이 정신분열증과 닮았다는 보고도 있었다. 그러나 1950년대에 폭발적으로 시작된 정신약물 산업의 기폭제는 LSD(d-lysergic acid)라는 새로운 환각제가 우연히 발견된 것이었다.[11] 자궁 수축을 돕고 출산 시 하혈을 막기 위해 조산사들에 의해 맥각균ergot이 사용되었는데, 맥각균에는 활성성분인 에르고노빈ergonovine이 들어 있다고 화학자들에 의해 1930년대에 규명되었다. 산부인과 의사들을 위한 유용한 신약을 제조하는 과정에서, 호프만은 우연히 한 화학성분에 접촉하게 되었는데, "만화경 보듯이 변화무쌍한 색깔들"을 경험하게 된 "꿈과 같은 상태"에 빠졌다. 범인은 LSD-25(에르고노빈의 산성 추출물을 25번째로 변형한 물질)일 거라고 생각하여, 그는 그런 일이 다시 일어나는지를 알아보기 위해 소량을 또 먹었다. 역시 그는 대단한 환각을 경험했다. 방 안의 가구들은 "괴상하고 위협적인 모습으로 변했고," 옆집의 여자는 "색이 있는 가면을 쓴 사악하고 음흉한 마녀처럼" 보였다. 악마가 그를 14시간가량 엄습한 것 같은 느낌이었다. 그 제약회사의 다른 사람들도 그 물질을 시험해 봤는데 모두 똑같은 결과를 보였다. 이 뉴스가 알려지면서 이 약도 유명해졌다. 우리 이야기의 주요 사건은 케세이와 레러리 같은 이들에 의해 LSD가 널리 대중화되었다는 것이 아니라, 스코틀랜드 과학자인 가둠이 세로토닌으로 알려진 화학물질인 5-하이드록시트립타민5-hydroxytryptamine에 의해 유도되는 자궁수축을 LSD가 차단한다는 사실을 발견한 것이다. 뒤이어 세로토닌은 뇌에서도 발견되었으며 신경전달물질로 밝혀졌다. 가둠은 이런 사실들로부터 아이디어를 얻었다. 즉 LSD가 뇌에서의 신경전달을 변화시켜 환각이라는 정신상태를 만든다면 온전한 정신은 적절한 수준의 뇌 신경전달물질들을 필요로 할 것이며, 전달물질의 수준을 조절하면 정신질환을 치료하는 방법이 될 수 있다는 것이다.

약물이 정신질환을 치료하는 데 유용할 것이라는 아이디어는 새로운 것이 아니었다. 새로웠던 것은 비정상적인 정신기능이 시냅스전달의 변화로 인해 야기되며, 시냅스전달을 변화시킬 수 있는 약물은 정신질환을 치료하는 데 이용될 수 있다는 개념이었다. 가둠의 가설은 생물학적 정신의학의 현대적 방법을 알리는 서막이었다.

정신병 진정에서 교정까지

많은 정신과 의사들이 알고 있듯이 신프로이트 학파의 해리 설리번은 심리분석 전에 환자들에게 술을 마시게 하여 긴장을 풀게 했다. 치료를 목적으로 그렇게 했던 것이 아니므로, 이것은 그 자체로 약물요법은 아니다. 20세기 전반에는 치료를 목적으로 하지 않는 약을 사용하는 것이 비일비재했는데, 치료요법을 촉진하기 위한 것이라기보다는 흥분하거나 미친 환자들을 진정시켜 좀더 다루기 쉽고, 특히 규격화된 검사 환경에 놓일 수 있도록 하기 위함이었다.[12]

인슐린은 정신질환을 치료하는 데 도움을 준 최초의 약물 중 하나였다. 그 치료효과는 다른 약들처럼 우연히 발견되었다. 1933년에 세이클이라는 비엔나의 의사가 정신이 오락가락하여 밥을 안 먹는 정신분열증 환자에게 혈당을 낮추어 식욕을 촉진하도록 하기 위해 인슐린을 조금 투여했다. 놀랍게도 정신분열 증세가 다소 완화되었다. 세이클이 더 많은 양을 투여했더니 혈당이 너무 낮아지면서 환자가 며칠간 혼수상태에 빠졌다. 그런데 깨어났을 땐 정신분열 증세가 훨씬 좋아졌다. 치료된 이유는 알 수 없었지만, 인슐린 혼수요법coma therapy은 위험성에도 불구하고 정신분열증에 대한 다른 치료 방법이 없었기 때문에 널리 이용되었다.

그러나 1950년대에 두 가지 정신치료제가 등장했는데, 둘 다 신경전달에 대해 새롭게 발견된 지식으로 설명되었다. 하나는 레서핀reserpine으로, '인도사목Rauwolfia serpentina'이라는 식물에서 추출된 약물이다. 이 식물은 고대 힌두 시대부터 불면증과 정신이상을 치료하는 데 사용되었다. 1930년대에 인도 의사들이 이 식물 추출물이 고혈압을 낮출 수 있다는 것을 발견한 후, 제약회사들은 이 식물로부터 활성성분인 레서핀을 분리하였다. 한편 인도에서 사목이 정신이상 치료에 사용된다는 것을 이미 알고 있었던 뉴욕의 정신과 의사인 클라인은 레서핀을 구해 정신분열증 환자들에게 투여해 보았다.[13] 약을 투여 받은 환자는 덜 의심하게 되었으며 더 협조적인 태도를 보였다. 그 후 얼마 되지 않아 클라인은 뉴욕 주지사를 설득하여 뉴욕 주립정신병원 관내에 있는 94,000명의 환자에게 레서핀을 투여하게 했다. 클라인의 연구결과는 가둠이 세로토닌과 정신 온전성과의 관계를 해명한 때와 동시에 나왔으며, 그로부터 얼마 되지 않아 과학자들에 의해 레서핀이 실험동물인 쥐의 뇌에서 모노아민monoamine(세로토닌, 노레피네프린, 도파민이 포함됨)의 수준을 낮춰 준다는 것이 밝혀졌다. 1950년대 중반까지 정신병은 뇌에서의 모노아민 수치의 변화와 관련되어 있으며, 모노아민 기능을 회복하는 것이 병을 고치는 방법이라고 믿었다.

이런 결론은 비슷한 시기에 토라진Thorazine이라는 이름으로 발매된 페노티아진의 일종인 클로르프로마진의 약 효과가 발견되면서 더욱 지지받았다. 이 약은 항히스타민 약물들의 화학구조와 유사하다는 이유로 사용되기 시작했다. 한 프랑스 의사가 수술 중인 환자를 진정시키고 호흡기 합병증을 줄이기 위해 항히스타민제보다 이 약이 더 효과가 있는지 시험해 보았다. 이 약은 매우 강력한 진정제 효과를 보였기 때문에 이 의사는 이 약을 정신치료제로 사용할 것을 제안했다. 두 명의 프랑스 정신과 의사인 드레이와 데니커는 다른 약들이 효과가 없었던 정신분열증 환자들 몇 명에게 이 약을 투여해 보았다.[14] 이 환자들은 효과적으로 진정되었을 뿐 아니라 증세(편집증과 환각 증세) 또한 호전되었다.

그러나 레서핀과 클로르프로마진의 한 가지 부작용은 지연운동이상증tardive dyskinesia이라고 불리는 운동장애 현상이었다. 이 병은 파킨슨병처럼 근육이 딱딱해진다. 파킨슨병은 뇌에서의 도파민 감소와 관련된다고 알려져 있으며[15] 정신분열증은 도파민 과다에 의해 일어난다는 주장이 있으므로, 도파민전달을 변화시키는 항정신병 약들이 정신분열증에 효과적이라고 의사들은 주장했다. 사실 항정신병 약들의 효능은 운동장애를 일으키는 정도와 밀접히 관련되어 있었다.[16] 정신분열증에 도파민전달이 관여되어 있다는 견해는 도파민 수용체를 자극하는 암페타민(속칭 스피드)이나 파킨슨병 환자들을 치료하는 데 쓰이는 L-dopa를 과량으로 투여하여 도파민 수준을 높이면 정신병 증상들이 나타난다는 관찰에 의해서도 확인되었다.

스웨덴 학자인 칼슨은 레서핀과 클로르프로마진의 효과를 도파민과 결부시키는 데 기여했다.[17] 그는 쥐에서 각 약물이 다양한 모노아민들의 수치에 어떤 영향을 주는지 조사했다. 레서핀은 수치를 줄였으나 클로르프로마진은 효과가 없었다. 이것은 주목받던 정신분열증의 도파민 이론에 배치되는 결과였다. 그러나 후속 실험에서 다른 모노아민에는 변화가 없지만, 도파민의 분해 산물이 증가하는 것을 알아냈다. 즉 클로르프로마진에 의해 차단된 도파민 수용체를 보상하기 위해 도파민이 더 증가한다는 것을 발견한 것이다. 논리는 복잡하지만 여기서 중요한 사실은 두 가지 항정신병 약이 뇌에서 도파민전달을 감소시키는 작용을 한다는 것이다. 레서핀은 시냅스전 말단에서 도파민 분비를 감소시키는 작용을 하고, 클로르프로마진은 시냅스후 도파민 수용체를 차단하는 작용을 한다. 칼슨은 이 연구로 2000년에 노벨상을 받았다.

　　　정신분열증을 도파민 수용체의 수준으로 설명할 수 있다는 아이디어는 네덜란드 학자인 로우섬에 의해 수행된 연구에 의해서도 강력히 지지를 받았다.[18] 쥐에게 암페타민을 투여했더니 이동 활동이 증가했다. 항정신제인 클로르프로마진과 레서핀을 투여했더니 이전에 증가된 활동이 차단되었다. 이 약물들은 모두 모노아민들에 영향을 주지만, 제3의 항정신병 치료제인 할로페리돌haloperidol(할돌Haldol)은 도파민에만 영향을 미치며 이동 활동을 줄이는 데 탁월한 효과가 있었다. 결국 그는 항정신병 약들은 도파민 수용체를 차단하는 작용을 하고, 도파민 수용체들이 과다하게 자극되는 것이 정신분열증의 핵심이라고 주장했다.

도파민 신경전달과 정신분열증 간의 관계에 대한 증거는 여전히 정황적이다. 여러 추가된 발견에 의해 이 연결은 더욱 강화되었다. 1970년대 중반에 이르러 수많은 항정신병 약들이 개발되었다. 토론토의 시먼과 볼티모어의 크리스, 스나이더는 임상효과를 기준으로 약물들의 순위를 매긴 다음 도파민 수용체들을 차단하는 능력을 조사했다.[19] 두 연구에 의하면 거의 완벽한 상관관계가 있음을 알 수 있다. 도파민 수용체를 차단하는 능력이 크면 클수록 정신분열증을 치료하는 효능이 더 컸다. 임상적 효능과 세로토닌 또는 노레피네프린을 차단하는 효과 사이에 동일한 관계가 성립하지 않는다는 이 결과는, 도파민 수용체가 모노아민들이 아닌 도파민과 관련되어 있다는 견해를 강화시켰다.[20] 도파민 수용체는 두 그룹, 즉 D_1형과 D_2형으로 나뉜다. 도파민 수용체를 차단하는 고전적인 약물들은 D_2형 수용체들에 작용하여 항정신병에 효과적이라는 것이 알려졌으며, 이는 정신분열증에서 도파민이 매우 특정적인 역할을 갖는다는 것을 지지해 준다.[21]

모노아민과 정신분열증 사이의 관계에 대한 초기 연구에서 얻은 기본적인 결론은 다음과 같다. 너무 많은 도파민은 심리적인 질환을 유도한다. 그리고 너무 적은 경우에는 파킨슨병과 같은 운동장애를 일으킨다. 균형이 유지되어야 한다. 어느 한쪽으로 기울어지면 뇌는 정상적으로 기능하지 않는다. 다음 절에서 보겠지만 추후 연구들을 통해 정신분열증의 신경학적 기반에 대해서는 좀더 복잡한 그림을 그릴 수 있다. 도파민이 여전히 관여되어 있다고 믿고 있지만, 처음에 제안된 불균형 가설처럼 그렇게 간단한 것은 아니다.

정신병 다시 생각하기

뇌에서 수용체에 작용하는 도파민 작용을 차단하는 것이 정신병 증상을 치료하는 효과적인 한 가지 방법이며, 도파민 수용체들을 (L-dopa, 암페타민, 코카인을 이용해) 인위적으로 자극하는 것은 정신병 증상을 초래하지만, 정신병에 대한 도파민 수용체 가설은 몇 가지 이유로 인해 난관에 처하게 되었다. 첫째는 도파민성 약물들의 치료효과가 단순한 수용체의 과정으로 설명되기에는 너무 느리게 나타난다는 것이다. 시냅스 말단에서 분비되자마자 전달물질은 수용체에 결합하고 곧바로 생리적인 효과를 나타내기 시작한다. 그러나 약물들의 실질적인 치료효과는 1~2주 또는 그보다 지연되어 나타난다. 따라서 치료효과는 수용체 차단으로 인한 직접적이고 즉각적인 효과라기보다는, 수용체 차단에 대한 장기적인 보정과정 때문에 나타난다고 보아야 한다. 둘째로 파킨슨병의 경우에 도파민 수준의 저하를 측정할 수 있었지만, 정신분열증에서 도파민 수준이 높아진다는 증거를 찾고자 했으나 실패했다. 오히려 도파민 자체의 증가보다는 도파민 수용체의 변화를 찾는 것이 더 성공적이었지만,[22] 이들 증거에 대해서도 의견이 분분했다. 왜냐하면 대부분의 연구들이 항정신병 약을 복용하는 환자들을 대상으로 했기 때문에, 수용체들의 변화가 정신분열증에서 온 것인지 아니면 약을 복용한 결과인지 알 수 없었기 때문이다.[23] 셋째, 정신분열증의 기준이 되는 증상들에는 양성적인 또는 추가적인 증상(환각, 비정상적 사고패턴, 편집증, 망상, 동요, 적개심, 상황에 맞지 않는 이상한 행동)과 음성적인 또는 결핍 증상(무뚝뚝한 감정, 집중과 작업기억상의 인지장애, 더러운 위생상태, 사회적 격리, 동기화 소실)이 있다.[24] 고전적이고 전형적인 항정신병 치료약물인 D₂ 수용체 차단제들은 양성적인 증상을 치유하는 데 주로 유용하지만 음성적인 증상에는 도움이 되지 못하는데,[25] 이는 도파민 이론이 불완전하다는 것을 의미한다. 마지막으로 최근의 연구들에 의하면, 정신분열증은 세로토닌이나 노레피네프린 시스템을 목표로 하는 약물들에 의해서도 호전될 수 있다.[26] 이들 비전형적인 항정신병 약물들은 음성적 증상들을 치료하는 데 더 효과적인 것으로 나타나고 있어 초기의 도파민 이론이 충분치 않음을 보여 주고 있다.

정신분열증 및 여러 정신이상 증세들을 설명하기 위한 노력들은 모노아민 수준의 전반적인 변화에 초점을 맞추기보다는, 특정 뇌 부위의 기능 변화에 초점을 맞추는 복잡한 구상 쪽으로 새롭게 변하고 있다. 예를 들어, 많은 연구들에 의해 정상적인 뇌와 정신분열증 환자의 뇌 사이의 구조적 차이점들이 보고되고 있다.[27] 여기에는 특정 뇌 영역의 크기와 부피, 세포들의 수와 모양 및 배열방식 등이 연구되고 있다. 이러한 구조적인 변화가 일어나는 주요 영역들에 전전두피질과 내측두엽(해마와 편도체)이 포함된다. 전전두피질과 기저핵에서의 도파민 수용체들의 수에 변화가 있다는 결과도 있다.[28] 또한 전전두피질, 해마, 편도체를 PET나 기능성 MRI로 관찰하면 혈류량이나 신경활

동성이 비정상적임을 볼 수 있다.[29]

연구자들은 전전두피질의 구조적·기능적 차이에 많은 관심을 갖게 되었으며, 이에 따라 정신분열증에 대한 도파민 이론도 수정되었다. 고전적이고 전형적인 항정신병 약물들은 기저핵에 있는 D_2 수용체들을 차단함으로써 양성적인 증상들에 효과가 있다고 믿어지고 있다. 많은 연구들을 통해 아직 약을 처방받지 않은 환자들을 포함한 정신분열증 환자들의 기저핵에 D_2 수용체들이 많이 있다고 알려져 왔다.[30, 31] 그러나 우리가 본 것처럼 D_2 차단은 음성적 증상에는 별 효과가 없다. 가장 대표적인 음성적 증상 중의 하나는 인지기능의 변화이고, 인지장애 정도는 치료 예후豫後와 직접적인 관련이 있다.[32] 작업기억의 결함이 정신분열증 환자들의 인지장애의 밑바탕을 이룬다는 주장도 있다.[33] 앞으로 보겠지만 작업기억은 전전두피질과 관련 있다. 전전두피질에 상대적으로 적은 D_2 수용체들이 있다면,[34] D_2 관련 약물들이 인지적 음성 증상들에 별 효과가 없는 것은 그리 놀랄 일이 아니다.

동시에 D_1형 수용체들은 정상인의 전전두피질에 많지만 정신분열증 환자의 전전두피질에는 적다.[35] 또한 정신분열증 환자의 작업기억 수행 정도는 전전두피질의 D_1 수용체의 수와 관련이 있다. 수용체 수가 적으면 작업기억 수행 능력이 떨어진다.[36] 더 나아가 정보의 일시적 저장과 집행기능을 요구하는 인지시험을 하면, 정상인의 전전두피질에서는 기능활성도가 증가하지만 정신분열증 환자의 전전두피질에서는 그렇지 못하다.[37] 이런 결과들과 일치하게도 D_2가 아닌 D_1 수용체들을 원숭이 전전두피질에서 차단하면 지연반응 수행(작업기억의

일시적 저장 능력을 측정하는 인지시험법)이 손상된다.[38]

수정된 새로운 형태의 도파민 이론에 따르면, 정신분열증은 기저핵에서의 D_2형 수용체들의 과잉 활성과 전전두피질에서의 D_1 수용체들의 활성 저하가 관련된다고 주장한다.[39] 기저핵에서의 D_2 수용체 과잉 활성은 양성적인 증상들을 설명해 주고, 전전두피질에서의 D_1 수용체 활성 저하는 음성적 증상들을 설명해 준다. 이로써 D_2 수용체를 차단하면 왜 양성적 증상들만 치료되는지에 대한 의문점은 풀리지만, 여전히 음성적 증상들을 치료하는, 즉 세로토닌이나 노레피네프린 시스템을 목표로 하는 비전형적인 항정신성 약물들의 작용 메커니즘은 의문으로 남는다.

음성적 증상들이 개선되는 것은 아마도 비전형적 약물치료에 의해 전전두피질에 있는 말단들로부터 도파민 분비를 촉진시켜, D_1에 대한 자극 저하로 생긴 결손을 극복하게 해주기 때문인 것 같다. 약물의 작용 장소는 전전두피질 자체가 아니라 복측피개야인데, 여기에는 말단을 통해 전전두피질에 도파민을 분비하는 신경세포들의 본거지가 있다. 예를 들어 매우 효과적인 비전형적 항정신병 약물들은 세로토닌 2A 수용체를 차단하는데, 이들은 복측피개야의 도파민 뉴런들에 있는 것이다. 세로토닌 수용체들이 자극될 때, 전전두피질과 여러 영역에서 복측 피개야 세포들의 도파민 분비가 억제된다. 비전형적 항정신병 약물들이 세로토닌 수용체를 차단함으로써 복측 피개야 세포들은 세로토닌에 의해 정상적으로 초래되었던 억제작용으로부터 벗어날 수 있다. 이렇게 되면 피개야 세포들의 발화율이 증가하고 피질로의 도파민 분비가 증가한다. 이렇게 추가로 공급되는 도파민은 정신분열증 뇌에 감소되어 있는 도파민 수용체의 양을 보완하는 데 도움을 준다.

항정신병 약물에 대한 연구는 현재 다양한 방향으로 발전하고 있다. 모노아민 계열의 약물들에 대한 연구뿐만 아니라 글루타메이트 또는 그것의 수용체, 특히 NMDA 수용체들을 조절하여 증상을 호전시킬 수 있는지 연구하고 있다.[40] 또 다른 연구들은 가바전달의 역할을 조사하고 있다.[41]

일반적으로 수용체나 신경전달물질의 수준에 대한 관심보다는 신경회로에서의 시냅스연결의 변화에 대한 관심이 점점 증가하고 있다.[42] 신경전달물질과 수용체들 역시 이런 접근에서 중요하게 취급되고 있는데, 영역 내의 연결, 그리고 영역 간의 연결이라는 맥락에서 그렇다. 예를 들어 베네스는 정신분열증 환자들의 해마에 가바 세포들이 감소되어 있다고 발표했는데, 해마에서 가바 세포들의 소실을 보충하기 위해 흥분성 글루타메이트 세포에 대한 도파민연결이 가바 세포들로 전환된 것이 병과 관련된다고 주장했다. 또한 데이비드 루이스는 전전두피질의 특정한 세포층에 있는 가바 세포들의 특정한 형태가 인지 조절 작용에 중요한 역할을 하는데, 정신분열증 환자에게서는 변화되어 있다고 주장했다.[43] 뇌 영상 연구에서 실버스웨이그와 스턴 같은 연구자들은 전전두피질의 다른 피질 및 하피질 영역들과 연결된 회로들의 신경활동에 어떤 변화가 있는지 조사하고 있다.[44] 아마도 지금까지 정신분열증에 대한 가장 복잡한 회로이론은 그레이스의 이론일 것이다.[45] 대뇌의 여러 회로들에서의 도파민에 대한 연구를 통해, 그는 전전두피질, 해마, 편도체 간의 시냅스연결들을 이용해 정신분열증의 증상들을 설명하는 방법을 알아내고자 했다. 제9장에서 살펴본 동기화 회로에 대한 논의에서, 전전두피질은 측좌핵으로 연결을 보내고 측좌핵은 복측담창구를 통해 다시 전전두피질로 연결된다고 했다. 이것은 중요한 연결들인데, 이들 영역들이 음성적 증상과 양성적 증상에 모두 관여하고 있기 때문이다. 우리가 본 것처럼 전전두피질에는 음성적 증상과 관련된 D_1 수용체가 많다. 유사하게 측좌핵은 기저핵의 주요 영역으로서 복측피개야로부터 도파민입력을 받고 있으며, 우리가 본 바와 같이 양성적 증상에 관련된 D_2 수용체들이 많다.

그레이스는 전전두피질에 대한 측좌핵의 활성화가 해마와 편도체에 의해 조절된다고 주장했다. 즉 해마나 편도체로부터 측좌핵으로 연결된 시냅스가 활성화될 때는 전전두피질이 측좌핵 세포들을 발화시킬 수 있지만 그렇지 않으면 발화시킬 수 없다. 따라서 해마나 편도체 세포들은 측좌핵에 대한 전전두피질의 활성을 조절하는 수문 역할을 하는 셈이다. 해마가 환경에 대한 상황 처리에 관여하고 있고 편도체가 감정 처리에 관여하고 있기 때문에, 해마나 편도체에서 오는 연결들은 전반적인 환경적 상황뿐만 아니라 특정한 감정적 자극들의 변화에 맞추어 전전두 활동을 조정한다고 주장했다. 정신분열증에서 해마와 편도체 이상으로 인해 (이미 밝혀진 바와 같이) 측좌핵에서의 전전두 처리가 영향을 받아, 환자의 경우 즉각적인 인지와 감정적인 상황에 적절하게 반응하는 능력이 약화될 수 있다.

그레이스의 이론에 의하면, 도파민은 이 모든 영역들에

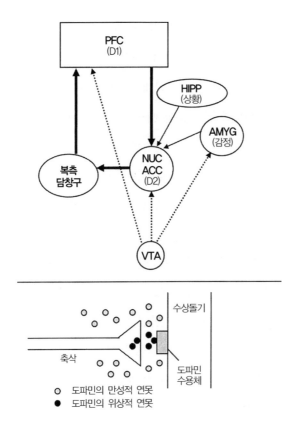

그림 10.1 정신분열증의 회로이론

그레이스의 연구결과에 기초함(본문 참고). AMYG는 편도체, D1, D2는 도파민 수용체들, HIPP 는 해마, NUCACC는 측좌핵, PFC는 전전두피질, VTA는 복측피개야를 뜻한다.

서 시냅스 상호작용을 조절한다. 특히 그레이스는 서로 다른 역할을 하는 두 가지 다른 도파민 연못이 있다고 제안했다. 가장 명백한 연못은 뇌간에 있는 도파민 세포들이 활동전위를 발화할 때 선조체 또는 전전두피질에 있는 축삭말단에서 분비되어 형성된다. 이것을 도파민의 위상연못phasic pool of dopamine이라고 부른다. 이렇게 위상적으로 분비된 도파민 중의 일부는 분해되지 않는 대신, 시냅스를 벗어나 주변으로 확산되고 시간이 지나면서 축적된다. 이렇게 형성되는 것을 도파민의 만성연못chronic pool of dopamine이라고 하며, 뇌간 세포로부터의 위상도파민을 받지 않을 때도 주변의 도파민 수용체들을 자극한다. 그레이스는 만성 도파민이 바로 장기적인 약물 투여에 의해 변화되기 때문에, 약물치료를 오랜 시간 동안 해야 한다고 설명한다. 이러한 변화들은 역으로 도파민의 위상작용에 영향을 주어, 방금 설명했던 회로들의 처리 과정에 영향을 준다.

이 분야의 연구는 크게 발전하고 있다. 이제는 정신분열증이 너무 많은 도파민으로 초래된다는 간단한 문제로 인식되지 않을 정도로 복잡해졌지만, 이러한 복잡성을 회피하기보다는 받아들임으로써 퍼즐이 더 잘 풀리는 것 같다. 예를 들어 회로 모델은 정신분열증이 간단한 질병이 아니라 다양한 사람들에게서 다양한 방식으로 벌어지고 있는 복잡한 양상을 지닌 질병이라는 주장과 더 잘 맞고 있다.[46] 전달물질의 변화를 포함하여 특정한 회로들이 받는 영향에 따라, 양성적 증상과 음성적 증상들이 나타나는 정도와 방식들이 결정된다. 미래의 돌파구는 특정한 증상이 어떻게 특정한 회로와 관련되어 있고, 이 회로들을 목표로 어떻게 약을 개발할 것인가가 될 것이다.

우울증 고치기

1950년대 정신분열증 치료제가 개발될 당시 우울증도 약으로 치료할 수 있다고 알려졌다. 처음에는 잘 인식되지 않았으나, 모노아민들이 이 질병에도 관여한다고 알려졌다.[47]

우울증에 효과를 보였던 첫 약은 이프로니아지드iproni-azid였다. 이 약은 2차 세계대전 당시 독일군이 미사일 연료로 사용했던 하이드라진hydrazine에서 개발된 약이다. 전쟁 후에 하이드라진으로부터 유도된 많은 화합물들이 개발되었고, 그 약의 효능이 시험되었다. 그중에서 이프로니아지드는 폐결핵 균을 억제하는 효과가 처음으로 알려졌다. 이 약으로 폐결핵 환자를 치료하는 도중에 이들이 도취감에 빠진다는 사실이 발견되었다. 이런 효과 때문에 우울증 환자에게 이 약이 처방되었다. 결과가 그렇게 뚜렷하지는 않았지만, 뉴욕 주립정신병원에 있는 정신분열증 환자들에게 레서핀을 주었던 클라인은 이 약을 시험해 보기로 했다. 다양한 그룹의 환자들에게 이 약을 준 결과 우울증 환자들이 많이 좋아졌다. 이전 연구와 클라인이 수행한 연구의 차이는 클라인이 약을 5주 동안 계속 주었다는 것이다. 항우울제 약효가 나타나려면 오래 복용해야 한다는 사실이 지금은 널리 받아들여지고 있는데, 클라인의 장기 투여 방식이 핵심적이었다. 클라인에 따르면 그가 보고한 지 1년 만에 40만 명이 이프로니아지드를 처방받았다.[48]

이프로니아지드가 작용하는 메커니즘은 알려지지 않았지만, 동물실험을 통해 모노아민들이 관여된다는 것이 곧 밝혀졌다. 정상 상태에서 모노아민은 축삭 터미널에서 분비된 후 모노아민 산화효소에 의해 분해되어, 더 이상 모노아민이 시냅스후 수용체에 작용하지 못하도록 해준다(전달이 시작되는 것만큼 끝나는 것도 중요하다). 이프로니아지드가 모노아민들이 분비된 후 파괴되는 것을 막아 준다는 것이 밝혀졌다. 결과적으로 모노아민은 시냅스에 오래 머물게 되어 더 큰 효과를 발휘하게 되는 것이다. 이프로니아지드는 모노아민 산화제를 억제하는 효과가 있기 때문에, 모노아민 산화효소 억제제monoamine oxidase inhibitor 또는 MAO 억제제MAO inhibitor라고 부른다.

MAO 억제제는 곧바로 일반적인 우울증 치료제가 되었다. 그러나 이런 치료가 효과적이든 그렇지 않든 간에 그 대가를 지불해야 했다. MAO는 뇌의 여러 영역에 작용할 뿐만 아니라 뇌 이외의 영역의 기능에 관여한다. 약을 복용하면 환자가 고치고 싶은 증상 말고도 다양한 기능들에 영향을 미치는 부작용이 나타났다. MAO의 또 하나의 역할은 식재료(특정한 치즈들)에 들어 있는 아미노산인 타이라민tyramine을 분해하는 것이다. 몸 안에서 타이라민이 증가하면 혈압이 급격히 올라가 생명에 위협을 줄 수 있다.

1950년대에 나타난 또 다른 우울증 치료제는 삼환계 항우울제tricyclics였다(3개의 고리 형태를 띤 화학구조에서 따옴). 이 약물 중 하나인 이미프라민imipramine은 페노치아진과 유사한 구조이기 때문에 정신분열증을 치료하는 데 사용되었다. 그러나 정신분열증 환자를 안정시키는 것이 아니라 오히려 활동성을 증가시켜 기분을 좋게 했기 때문에, 항우울제로 사용하면서 좋은 효과를 얻었다. 이 계열의 약들은 MAO 억제제에 비해 부작용이 적었고, 토프라닐Tofranil과 엘라빌Elavil이라는 상표명으로 나와 항우울증 치료제로 널리 사용되었다.

MAO 억제제처럼 삼환계 약들도 시냅스후 장소의 모노아민 수준을 높게 유지하는 데 관여한다. 그러나 그들의 활동 메커니즘은 다르다. 모노아민이 일단 분비되면 곧바로 분해되는 것이 아니라 일단 시냅스전 말단으로 다시 재흡수된다. 삼환계 약물들은 이 재흡수 수송과정을 차단하여, 모노아민들이 오랫동안 시냅스에 머물러 시냅스후 수용체에 작용하게 한다. 이런 효과가 엑셀로드에 의해 발견되었으며, 그는 모노아민 화학에 대한 여러 연구들의 공로로 노벨상을 받았다. 삼환계 약물들의 부작용이 MAO 억제제들에 비해 약했기 때문에 항우울증 치료제의 최전선으로 나서게 되었다.

1970년 중반까지만 해도 정신분열증이 너무 많은 모노아민 때문이라고 보았던 것처럼, 우울증은 너무 적은 모노아민전달 때문에 일어난다고 보았다. 이 결론은 사실 질병에 대한 단순한 그림을 의미하는 것이다. 지금은 우울증의 메커니즘이 꽤 복잡하다고 알려져 있다. 근본 이론이 맞느냐를 떠나서 환자들이 도움받는 면에서 고려할 때 모노아민 가설은 꽤 성공적이었다. 그러나 1950년대, 60년대, 70년대에 개발된 약들이 궁극적인 해답이 아니라는 사실에서 그리 성공적이지 않았음을 알 수 있다. 부작용을 최소화하기 위해 효과적인 약을 더욱 특정적으로 제작함으로써, 이 약들은 미래의 신약 개발을 위해 논리적인 접근을 위한 길을 닦아 놓았다는 측면에서 성공적이었다. 정신분열증 치료의 경우처럼 항우울제를 개발하려는 최근의 시도들은 부작용을 줄이는 것만이 아니라 효능을 더 증가시키기 위해 이것저것 다양하게 시도하고 있다. 이것은 모노아민 이론을 상당히 위태롭게 하고 있지만, 우울증을 치료하기 위한 새롭고 좀더 효과적인 접근 방법들을 찾는 것을 촉진하고 있다.

말하는 약들

1980년대 후반 들어 세로토닌을 선택적으로 증가시키는 약들이 개발되면서 우울증 치료와 관련된 새로운 장이 열렸다. 이전의 약들은 세로토닌과 노레피네프린을 둘 다 증가시켰다. 부작용이 적으면서도 우울증을 치료하거나 심지어는 정상적인 사람들을 더 행복하게 해줄 수 있기 때문에, 이 선택적인 세로토닌 재흡수 억제제SSRI는 세계를 태풍 속에 몰아넣었다. 《뉴스위크》 같은 잡지의 커버스토리와 크레이머의 《프로작에게 듣는다 Listening to Prozac》와 같은 베스트셀러 등에 의해 프로작Prozac은 일반인에게 더욱 알려졌다.[49] SSRI는 전 세계의 수백만 명에게 처방되었는데, 쇠약하게 만드는 우울증만이 아니라 다양한 형태의 불행한 그늘, 예를 들어 허리통증, 걱정, 스트레스, 생리전증후군PMS, 여러 형태의 불만에 대해서도 처방되었다. 프로작은 스트레스 없고, 좋은 친구들을 사귀고, 성공으로 충만한 행복한 삶으로 가는 티켓으로 여겨졌다. 《뉴스위크》가 말했듯 "부끄러운가요? 잘 잊나요? 두려운가요? 괴로운가요? 과학에 의해 약 한 알이 어떻게 당신의 성격

을 변화시키는지 보세요." [50]

　　지난 십여 년 동안 프로작, 졸로프트Zoloft, 팍실Paxil, 루복스Luvox, 셀렉사Celexa 같은 많은 종류의 SSRI가 팔렸다. 이 약들은 삼환계 약물처럼 우울증에 효과가 있는데 삼환계보다 더 뛰어난 것 같지는 않다. [51] 이것은 예상되는 것으로, 두 종류의 약물은 기본적으로 같은 일을 하기 때문이다. 즉 시냅스에 세로토닌을 더 많이 있게 한다. 그러나 SSRI는 부작용이 훨씬 적다. 이들은 세로토닌에만 선택적으로 작용함으로써 노레피네프린을 증가시켜 초래되는 부작용이 없기 때문이다.

　　단일 처방전의 숫자로는 SSRI를 따라갈 약이 없다. 한 해에만 350만 명에게 처방되었다. [52] MAO 억제제나 삼환계에 비해 부작용이 적기 때문에 환자의 상태를 주의 깊게 지켜볼 필요가 없으며 정신과 의사뿐 아니라 개업의들도 처방했다.

　　그러나 SSRI나 여러 정신병 약의 사용에 반대하는 움직임이 증가하고 있다. 《프로작에게 얘기하기Talking Back to Prozac》, 《독성 정신의학Toxic Psychiatry》 같은 책에서 브레긴은 약이 널리 사용되고 있는 것에 대해 비난했다. 즉 그는 사랑, 신뢰, 이해, 전통적인 심리요법을 통한 정신의학 방법을 옹호했다. [53] 그의 웹사이트를 보면 SSRI의 부작용들로서 폭력성향과 자살충동을 다루고 있으며, "프로작과 자낙스는 범죄행위를 일으킬 수 있다고 법원에서 판결함," "학교 총기난사 범인인 해리스는 루복스를 복용했는가?" 등과 같은 글들이 실려 있다. 안면 씰룩임, 성기능 장애와 같은 SSRI의 부작용도 글렌물렌

이 쓴 《프로작 반동 *Prozac Backlash*》에서 강조되고 있다.[54] 이것은 합당한 우려들이지만, 약의 긍정적인 효과와 함께 일화로서가 아니라 조심스런 연구들을 통해 평가되어야 한다.

또 다른 책들은 약물 사용과 관련된 개인적인 경험을 기술하고 있다. 우울증으로 수 년간 고생한 끝에 약의 도움을 받아 새 삶을 찾은 자전적 고백을 보고 감동받지 않을 수 없다. 재미슨의 《불안한 마음 *An Unquiet Mind*》[55]은 특히 주목할 만하며, 그 밖의 다른 책들도 있다.[56] 그러나 여전히 신중한 연구가 약의 효능을 평가하는 최선의 길이라고 본다.

그렇다면 이런 약들이 사람들에게 도움이 될 확률이 얼마나 될까? 과학적 연구에 따르면 우울증으로 진단받은 환자들의 50~60%가 SSRI나 삼환계 약물의 투여로 증세가 호전되었지만, 위약(가짜약)을 준 환자들의 30%가량도 증세가 나아졌다.[57] 비판적으로 본다면 약물은 위약에 비해 그리 좋은 성과를 거둔 것이 아니라고 말할 수 있다. 긍정적인 관점, 특히 약의 효과를 직접 느낀 사람들의 견해는 SSRI에 비해 위약 효과는 더 적고 오래가지 않으며 효과가 있다고 단정하기가 어렵다는 것에 의해 지지받는다.[58] 더욱이 최근 보고에 따르면 위약 효과의 타당성이 의심되고 있다.[59]

그러나 비판론자들이 지적하고 있듯이, SSRI를 사용하는 많은 사람들이 임상적으로 우울하지 않으면서도 단지 기분을 고취하거나 성격 보완을 위해 약을 먹는다는 것을 어떻게 볼 것인가? 컬럼비아 대학교에 있는 내 친구이자 정신과 의사인 그레그 설리번에게 이 점에 대해 어떻게 생각하는지 물어보았다. 그는 다음과 같이 말했다.

"내 경험을 보건데 이런 식으로 약을 사용하는 사람을 본 적이 없다. 일반적으로 이 약들을 복용하는 게 쉬운 일이 아니다(매일 약을 먹는 시간을 기억하는 것도 귀찮고, 성기능 장애가 있으며, 체중이 약간씩 늘어나고 약 먹는 걸 친구나 가족이 알면 정신적으로 문제가 있다고 바라보는 것도 편한 일이 아니다). 만약 어떤 이가 SSRI의 효과에 만족하고 있다면 그것은 이 약이 심각한 증세, 예를 들어 만성적인 저수준 우울증인 기분저하증과 같은 증상을 완화시켜 주고 있음을 말하는 것이다. 그런 사람들은 저활동, 만성적 수면장애, 모든 일에 대한 비관적 접근과 같은 일들이 더 이상 자신에게 정상적인 것으로 남아 있지 않게 된다는 사실을 배우게 될 때 놀란다. 그러나 SSRI는 '행복약happy pills'이 아니며, 정서불안과 불안장애가 심각하지 않은 사람들은 약을 먹어 봤자 효과가 없으므로 약을 먹지 않게 된다. 이는 예전에 남용되었던 약, 즉 많이 쓰면 황홀감에 빠지게 되는 리탈린Ritalin과 많이 사용하면 삶과 어려움에 무감하게 되는 벤조다이아제핀benzodiazepine같은 약들과는 매우 대조적인 현상이다."

당신이 만약 심각한 우울증에 빠졌고, 특히 심리요법만으로 해결이 안 될 때 약 처방을 심리요법과 병행하면 매우 효과적일 것이다. 부작용이 있을 수 있으므로, 부작용이 우울증으로 겪는 어려움보다 더 심각한지 결정해야 한다. 그러나 약에는 마법의 탄환이 거의 없기 때문에, 이런 일들은 모든 약에 적용된다.

지금까지 SSRI는 십 년 넘게 주목받고 있으며, 제약회사들에게 많은 이익을 주고 있다. 이 약들의 성공은 다른 약을 개발하는 힘의 일부를 받아들여 이뤄진 것이라고 어떤 과학자들은 주장하기도 한다.[60] 동시에 제약 산업에서 돈 버는 가장 좋은 방법은 더 좋은 약을 개발하는 것이다. 최근에 이 분야의 연구는 세로토닌과 관련된 약을 좀 더 특정적으로 하기 위해 전반적인 시냅스전 재흡수과정보다는 선택적인 수용체에 초점을 맞추고 있다. 여러 종류의 세로토닌 수용체들이 존재하고 있으므로, 치료효과가 있으면서 더 특정적인 약을 만들 수 있다면 부작용은 그만큼 더 줄어들 것이다.

우울증은 단순한 임상 상태가 아니므로 같은 처방이라도 모든 우울증 환자에게 똑같이 효과적인 것은 아니다. 한 가지 전략은 약들을 혼합하여 새롭게 처방하는 것이다.[61] 예를 들어, 삼환계나 SSRI가 각각 효능이 없는 경우에는 이 두 종류의 약을 혼합해서 처방해 효과를 볼 수 있다.[62] 이에 대한 이유는 분명하지 않으나 뇌기능 장애에 대한 원인을 잘 모르기 때문에, 정신과 처방에서는 이런 일들이 꽤 자주 벌어진다. 사실 정신질환에 효험 있는 좋은 약들을 개발하는 데 한 가지 장애가 있는데, 그것은 정신질환의 원인이 되는 뇌기능 이상에 대한 주요 통찰들이 우연히 발견된 효과적인 치료법들로부터 파생된다는 사실이다.[63] 모노아민 접근법이 처음 제안된 것도 그렇고, 모노아민이 계속해서 치료 전략의 주된 초점이 되는 이유도 그렇다. 그러나 모노아민이 관련되어 있지만, 우울증의 근본적인 문제는 모노아민 시스템 자체는 아니라는 것이 보고되고 있다.[64] 결과적으로 신약 개발도 다른 방향으로 움직이고 있으며 다른 전달물질, 조절물질, 호르몬, 이차전령계, 신경성장인자 등에도 목표를 두고 있다.[65] 분자생물학적 접근이 뇌 기능 이해를 위한 회로 수준의 접근과 통합될 때, 우울증과 그 치료에 관한 새롭고 더 나은 아이디어가 등장할 수 있을 것이다.

스트레스와 우울증

우울증에 대한 일관된 생물학적 발견 중의 하나는, 우울증 환자의 부신피질이 스트레스 관련 호르몬인 코르티솔을 더 많이 분비한다는 것이다.[66] 면봉으로 타액을 적셔 간단히 측정할 수 있는 이 단순한 사실 때문에 우울증을 스트레스의 생물학과 접목시키고 있다. 수년 동안 스트레스와 우울증의 관계를 이해하려는 많은 연구가 진행되었는데, 우울증 환자[67]와 우울증의 동물모델[68]을 이용하고 있다. 그러나 스트레스가 뇌에 미치는 악영향을 발견하면서 우울증의 원인에 대한 강력한 가설이 제기되었다.

제8장에서 본 바와 같이 스트레스가 일어나는 상황에서는 코르티솔 농도가 혈액에서 높아진다. 이것은 스트레스를 받는 동안 편도체와 뇌의 여러 영역들이 시상하부 뉴런들을 자극하여 뇌하수체로 호르몬을 분비하게 하기 때문이다. 이 호르몬을 CRF라고 하는데, 이 호르몬은 뇌하수체에서 ACTH 호르몬을 분비하게 하고, ACTH는 혈액을 타고 다니다 부신에서 코르티솔을 분비하게 한다. 코르티솔은 혈액을 통해 모든 기관과 조직에 수송된다(침샘에도 도달하기 때문에 타액에

서 호르몬 측정이 가능하다). 뇌에서 코르티솔은 여러 영역 중 해마의 수용체들과 결합한다. 해마 수용체들이 호르몬과 충분히 결합하면, 시상하부로 신호를 보내어 CRF를 더 이상 만들지 말라는 명령을 내린다. 이런 방식으로 해마는 편도체에 의해 촉발된 스트레스 반응을 조절하여 코르티솔의 분비를 안전한 범위 내에서 이뤄지게 해준다.

단기적으로 볼 때 스트레스 반응은 위험에 대처하여 신체의 자원들을 동원하는 데 도움을 준다. 그러나 스트레스가 심하고 지속되면 결과적으로 심각한 상황이 된다. 심장혈관계가 위태로워지고, 근육이 약해지며, 위궤양이 나타나고, 감염에 약해진다.[69] 그러나 이런 일들은 스트레스 반응을 차단하는 해마가 잘 작동하고 있을 때는 일어나지 않는다. 제8장에서 논의했듯이, 지속적이고 심각한 스트레스를 받는 동안에는 스트레스를 조절하는 해마의 능력이 '약해진다.'

사폴스키, 매케웬의 연구에 의해 스트레스가 해마를 손상시켜 수상돌기가 위축되고 세포 사멸이 일어난다는 것이 알려졌다.[70] 당연하게도 외현기억, 즉 서술기억처럼 해마에 의존적인 기능들이 심각하게 타격을 받는다. 스트레스 호르몬은 해마를 직접 손상시키는 것이 아니라 주요 에너지원인 포도당을 고갈시켜 중요한 순간에 작업을 제대로 수행하지 못하게 한다. 결과적으로 신경활동이 커질 때(예를 들어 스트레스를 받을 때) 증가하는 흥분성 전달물질에 대해 매우 민감하게 된다. 특히 해마 세포들은 포도당이 고갈된 상태에서는 시냅스에서 분비되는 글루타메이트에 대해 독성 반응을 일으킨다.

세포 위축과 세포 사멸은 해마의 한 영역인 CA_3 영역에서 주로 일어난다. 다른 영역인 치상회에서는 세포 사멸이 훨씬 적게 일어나지만, 스트레스는 그곳에서도 피해를 준다. 이곳은 성인 개체에서 신경세포가 새로 생겨나는 뇌의 몇 안 되는 영역 중 하나다.[71] 신경세포 생성은 새로운 것을 학습할 때마다 더 증가하고, 스트레스를 받을 때나 스트레스로 증가하는 코르티솔을 모방하기 위해 스테로이드 호르몬을 주사할 때 감소한다. 종합해 보면 CA3 영역에서의 세포 위축과 세포 사멸 또는 치상회에서의 새로운 신경세포 생성의 소실은 스트레스나 여러 다른 상황 때문에 코르티솔이 증가한 사람들의 뇌에서 해마 크기가 왜 줄어드는지 설명해 준다.

　　　　예를 들어 코르티솔은 우울증 환자에게서 증가되어 있는데, 이들은 해마의 크기가 줄어들어 기억장애가 나타난다.[72] 또한 코르티솔은 노인의 경우 증가하는데, 특히 기억장애와 우울증을 가지고 있으면 더 그러하다.[73] 더 나아가 부신피질에서 코르티솔을 과다하게 분비하는 쿠싱병Cushing's disease이라는 것이 있다.[74] 이 환자들도 작은 크기의 해마와 기억장애를 지니고 있으며, 많은 환자들이 우울증을 겪는다. 약을 사용하여 코르티솔 수치를 낮추면 이러한 구조적이고 기능적인 결과들을 다시 되돌릴 수 있다. 유사한 논리로 염증 치료 때문에 장기적으로 스테로이드 치료를 받은 사람들은 우울증과 기억장애를 겪는데, 스테로이드 치료가 중단되면 호전된다. 우울증에 대한 최신 치료 경향 중의 하나는 코르티솔을 증가시키는 CRF의 능력을 변화시키는 약을 개발하는 것이다. 코르티솔은 스트레스와 관련된 가장 저주스러운 화학물로 여겨지고 있으므로(물론 다른 화학물도 있겠지만), 코르티솔이 증가하는 것을 막는 것은 스트레스를 줄이고 우울증을 호전시키는 데 도움이 된다.

스트레스-호르몬 분비를 조절하는 신체시스템을 시상하부-뇌하수체-부신 축HPA axis이라고 부른다. 이 시스템은 우울증을 만들어 내기 위해 코르티솔을 분비하게 하는 능력을 진화시켜 온 것은 아니다. 대신 단기적인 신체적 위협들로부터 몸을 보호하기 위해 진화된 것이다. 신체적 위협들이란 음식 고갈, 상처, 포식자 또는 적들과의 만남같이 신체의 정상적인 생리적 균형을 파괴시키는 상황들을 말한다.[75] 단기적인 코르티솔의 역할은 신체의 자원들을 동원하여 생리적 정상 상태인 항상성을 유지하는 것이다. 스트레스 전문가인 사폴스키가 말한 것처럼, 야생 상태의 동물은 30년 동안 사자들을 피해 도망 다닐 필요가 없지만, 사람들은 30년 동안 주택융자 대출금과 여러 장기적인 문제들에 시달려야 한다. 우울증 같은 정신질환을 포함한 여러 질병에 걸릴 위험성을 증가시키는 것이 바로 장기적인 항상성 파괴, 즉 인간 스트레스의 잔인성이다.[76]

예일 대학교의 연구자인 듀먼은 스트레스에 의해 어떻게 우울증에 걸리기 쉬운가를 설명하는 이론을 제안했다.[77] 듀먼에 따르면, 우울증은 스트레스에 적절하게 적응하는 반응을 일으키지 못하는 데서 발생한다. 듀먼의 이론은 사폴스키와 매케웬의 과학적 발견들을 빌려 만들었으며, 스트레스에 의한 CA3 영역에서의 세포 사멸의 시작과 치상회 영역에서의 신경세포 발생 억제 등을 강조했다. 가장 일반적인 관점에서 볼 때, 스트레스에 의해 부신스테로이드들이 증가하고 세포성장과 생존(제4장), 시냅스연결의 유지(제6장) 등에 필수적인 BDNF와 같은 신경성장인자들이 감소한다고 듀먼은 주장했다. 증가된 신경활동과 글루타메이트 분비라는 상황에서 CA3과 치상회 세포들은 포도당이 고갈되고 BDNF가 결핍되어 위험에 빠진다. CA3에서 세포들은 영양결핍에 빠져 죽는다. 치상회에서는 새로운 세포의 성장이 억제되고, 기존 네트워크에 새로운 세포들의 연결 또한 억제된다. 항우울제를 투여하여 이런 변화들을 극복할 수 있다. CA3 세포의 수상돌기가 뻗어나오고, 세포들이 생존하며, 치상회 세포들이 다시 만들어지기 시작하고 네트워크에 합류한다.

그러면 어떤 과정을 통해 항우울제를 투여하여 이런 목적들을 달성하는가? 항우울증 약물들은 단순히 모노아민의 시냅스 수치를 변화시켜 우울증을 치료하는 것이 아니다. 왜냐하면 앞서 본 바처럼 시냅스에서의 모노아민 수치에 대한 효과는 순간적인데 반해, 치료효과가 나타나려면 몇 주씩 걸리기 때문이다. 약물효과에 대한 열쇠는 약물에 의해 활성화되는 이차전령자 신호전달 시스템에서 발견된다고 듀먼이 주장했다. 예를 들어, SSRI가 세로토닌 수용체에 결합할 세로토닌의 양을 증가시킬 때, 이 수용체들은 오랜 기간 동안 자극받는다. 결과적으로 더 강력한 세포 내부의 반응이 일어나고 이차전령자 시스템이 더 강력하게 활성화되어, 유전자 활성과 단백질 합성이 더욱 향상된다. 따라서 약물의 장기적 지속효과들은 새로운 신경돌기 성장을 일으키고, 이들이 기존의 시냅스 네트워크에 끼어들어가 자리잡게 하는 데 시간이 필요하기 때문인 것으로 볼 수 있다.

이런 일들이 어떻게 일어나는지 조금 자세히 들여다보자. 앞 장들에서 기억이 형성되는 동안 칼슘이 세포 안에서 증가하면 cAMP 수치가 올라가기 때문에, 단백질 카이네이즈(PKA와 맵 카이네이즈)를 활성화시켜 전사인자인 크렙을 인산화시킨다는 것을 살펴보았다. 크렙은 시냅스전달 장치에 필요한 여러 단백질들(새로운 수용체들, 칼슘이나 다른 이온을 통과시키는 새로운 이온 채널들, 새로운 전사인자들이나 카이네이즈)을 만들 수 있게 하기 위해 유전자 발현을 유도한다. 항우울증 약물치료는 실제 세계에서 학습경험의 언저리를 따라가게 하여 세포 내에서의 칼슘 양을 직접 증가시킨다. 이에 따라 또 다른 이차전령자들을 생성시켜 유전자를 발현시키고 단백질을 만들어 낸다. 이런 약물을 받아들인 뇌는 격리된 상태를 풀고 외부세계로부터의 학습을 고무시키고 강화하게 된다. 다시 말해, 뇌는 이런 치료에 의해 가소적이 되도록 속아 넘어가는 것이다.

따라서 항우울증 치료는 가소성을 증가시켜 뇌가 더욱 적응적이 되도록 하고, 과도한 코르티솔로 인해 초래된 위험한 상황을 잘 극복할 수 있게 해준다. 치료 자체가 직접적인 경험을 대신하게 해주지는 못하지만(새로운 기억을 만들지 않는다), 새로운 기억 형성이 촉진될 수 있는 상태로 뇌를 만들어 주기 때문에 우울증 환자들은 우울증으로 인해 갇힌 형태를 벗어나 새로운 정신적 상태와 행동들을 학습하게 된다. 환자를 이해하고 약의 효과를 이해하고 있는 심리요법사도 항우울제 투여와 동시에, 환자로 하여금 새롭고 긍정적인 삶의 경험으로 눈을 돌리게 도와주거나 옛날의 정상적인 경험들을 되돌아보게 하여 병의 치료에 도움을 줄 수 있다.

스트레스와 우울증에 대한 주제를 떠나기 전에, 우울증 환자의 뇌에서 해마만이 변하는 것은 아니라는 점을 지적하고 싶다. 사람의 뇌 영상 연구를 통해 전전두피질 영역들도 크기와 기능에 있어 위축된 것이 발견됐다.[78] 더 나아가 동물실험을 통해 이 영역들에 부신 스테로이드 수용체들이 풍부하게 존재하며, 해마처럼 HPA 축 조절에도 이 영역들이 관여하는 것으로 보고되고 있다.[79] 따라서 우울증에서 발생하는 코르티솔의 증가는 전전두피질도 공격하며, 이는 우울증과 관련된 인지기능장애, 즉 단기(작업)기억의 손상, 주의산만, 의사결정 능력과 집행기능의 손실을 설명해 준다.[80] 변화는 편도체에서도 발생한다.[81] 항우울 약물치료에 의해, 우울증으로 인한 이 영역들의 구조적·기능적 변화가 어느 정도 회복되는지를 밝히는 연구가 앞으로 더 필요하다.

결국 정신분열증처럼 우울증은 더 이상 모노아민 불균형으로서 단순히 설명될 수 없다. 그 대신 세상에 주의집중하고 참여하며 세상을 배우는 뇌의 능력이 감소되어 있는 신경적이고 심리적인 퇴행 상태로 사람을 가두어 놓는 변화된 신경회로가 있을 것이라고 믿고 있다. 사람을 다시 세상에 참여시킬 수 있는 어떠한 방법도 도움이 된다. 심리요법만으로 이 일이 가능한지 여부는, 유전적 배경이나 과거의 학습경험들처럼 각 개인에게 독특한 요인들뿐만 아니라 부적응을 일으킨 변화가 얼마나 많이 진전되었느냐에 달려 있다.

어머니의 작은 가정부

불안장애anxiety disorder는 정신질환에서 가장 일반적인 형태다. 정
신분열증은 전체 인구의 1%, 우울증은 15%가 앓고 있는 반면, 불안장
애는 성인의 25%가량이 임상적 불안 증세를 나타낸다고 한다.[82] 모든
사람이 가끔씩 불안 증세를 보이지만, 불안장애라 함은 심리적 기능이
나 인간관계가 날마다 걱정, 긴장, 수면장애, 성가심, 신체적 불평등과
같은 증세 때문에 지장받는 상황을 말한다. 불안장애란 한 가지 질환
이 아니라 불특정적이고 일반적인 불안, 혐오증, 공황장애, 외상후스트
레스 질환, 강박증을 포함하는 여러 상태들을 집합적으로 지칭한다.

　　　　심리요법은 다른 정신질환에 비해 불안장애를 치료하는
데 효과적이다.[83] 이것은 일반화된 불안장애 또는 좀더 특정적인 불안
장애에 다 적용된다. 불안에 대한 가장 효과적인 심리요법은 행동학
적 · 인지-행동학적인 접근 방법을 사용하는 것인데, 불안에 수반되거
나 불안을 지속시키는 불쾌한 증세들을 환자가 극복하거나 제거하는
데 도움을 준다.

　　　　불안에 대한 의학적인 접근도 중요하다.[84] 술은 불안을 감
소시켜 주는 가장 오래되고 가장 널리 사용되는 약이다. 직무 때문에
생긴 긴장을 풀기 위해 많은 사람들이 단골술집에서 '한잔'하거나 집
에서 식사 전 '반주'를 즐기고 있다. 그러나 술은 독성과 중독성이 있
으므로 심각하고 만성적인 불안에 대한 현실적인 해결 방법이 아니다
　　　　불안장애를 위해 처음 널리 사용된 의학적 치료제는 바

비츄레이트barbiturate인데, 뇌 활동을 억누르며 약효가 오래 지속되는 약물이다. 적은 분량의 약으로도 긴장과 불안을 부작용 독성 없이 감소시킬 수 있으며, 많은 분량의 약은 수면을 유도한다. 그러나 이 약은 중독성이 강하고, 자칫 수면을 일으키는 분량을 조금 넘어서면 호흡정지로 죽을 수 있다. 따라서 불안에 작용하는 새로운 약이 1950년대에 개발되었을 때 크게 환영받았다.

메프로바메이트meprobamate는 메페네신mephenesin이라는, 불안을 완화시켜 주지만 지속시간이 짧은 약의 변형된 유도체를 찾는 과정에서 발견되었다. 제약회사에서 약의 효과를 시험하기 위해, 우리에 갇히고 난 후 난폭하고 공격적이 된 원숭이들에게 투여했다. 메프로바메이트는 이들을 안정시켰고 덜 난폭하게 했다. 그리고 사람에게 투여했을 때 졸음을 일으키지 않으면서 불안을 감소시켜 주었다. 이 약은 에콰닐Equanil과 밀타운Miltown이라는 상표명으로 처방되었으며, 일반 언론에는 '행복약'으로 알려졌다. 초기에는 안전하고 중독성이 없어 바비츄레이트를 대체할 것으로 생각했지만, 이후 보고에 따르면 그렇게 긍정적이지만은 않았다. 중독 현상이 나타나며, 때로는 약 투여를 멈추었을 때 합병증이 나타났다.

불안증에 효과가 있는 그 다음 세대의 약은 폴란드에서 염색약을 개발하던 한 화학자가 미국의 제약회사에 취직하면서 알려지게 되었다. 그는 폴란드의 염색공장에서 연구하던 수많은 화합물들을 시험하여, 그중의 하나가 원숭이를 진정시키는 효과가 있음을 알게 되었다. 추가적인 연구를 거쳐 이 화합물이 지금까지의 약들과는 전혀 다르다는 것이 밝혀졌다. 클로르다이아제폭사이드chlordiazepoxide라 불리는 이 화합물은 벤조다이아제핀이라는 새로운 계열 약의 시초가 되었다.

이 약의 효능은 쥐를 이용한 갈등 테스트를 통해 더 시험 되었다. 쥐를 굶긴 후에 레버를 눌러 음식을 얻도록 한다. 그러나 불이 켜져 있을 때 누르면 전기충격을 받는다. 불빛은 그 자체가 공포를 유 발하는 자극이 되고, 신경과민 증상들(얼어붙음, 배변)을 일으킨다. 그 러나 이 약을 투여하면 레버를 더 누르게 되며, 불이 켜져 있어도 개의 치 않고 눌러댄다. 약에 의해 쥐들은 음식을 얻는 데 덜 두려워하게 되 었다. 이러한 효과는 인간의 불안을 치료하는 데 완벽하다. 쥐에 대한 갈등 시험은 사람의 불안을 완화시키는 새로운 약을 찾는 데 쓰이는 주 요한 방법이 되었다.

이 약은 리브륨Librium이라는 상표로 팔렸다. 그 후 발 륨이라는 상표로 알려진 다이아제팜diazepam이 나왔고, 자낙스 Xanax로 시판된 알프라졸람alprazolam이 나왔다. 1975년까지 미국 인구의 15%가 '어머니의 작은 가정부mother's little helper' 계열의 약 을 복용한 것으로 알려졌다. 불안을 완화시키는 탁월한 효과가 있지만 바비츄레이트나 메프로바메이트보다 부작용이 적다고는 볼 수 없는 벤 조다이아제핀도 중독성이 있으며 술과 같이 복용하면 위험할 수 있다. 영화배우 쥬디 갈란드도 이 때문에 사망한 것으로 여겨지고 있다. 정 신질환을 치료하기 위해 사용되는 대부분의 약들과는 달리, 모든 항불 안 약들은 효과가 즉각적이다. 이것이 바로 술을 마시면 곧바로 신경이 안정되고, 발륨이나 다른 벤조다이아제핀이 급성불안증에 효능이 있는 이유다. 1970년대 《다시 시작하기 *Starting Over*》라는 로맨틱 코미디에 나오는 버트 레이놀즈가 열연하는 극중인물은, 블루밍데일 백화점에서 자기 주위로 몰려든 사람들 때문에 심각한 불안 증세를 느껴 쓰러진다. 이때 어떤 사람이 소리 높여 발륨을 구하는데, 군중 대부분이 자기 지갑이나 주머니에서 이 약병을 꺼내는 장면이 나온다. 발륨 농담은 사실 요즘 코미디에서도 가끔 나온다. 우디 앨런의 영화 《스몰 타임 크룩스 *Small Time Crooks*》에 나오는 휴 그랜트는 일이 안 풀릴 때마다 욕실에서 발륨을 찾는다.

또한 벤조다이아제핀은 필요 시 수면제로도 사용되는데, 잠에서 깼을 때 일시적인 기억소실을 일으킬 수 있다. 이 약에 관한 악명 높은 이야기가 있다. 한 사업가가 유럽으로 가는 야간비행기 안에서 잠을 청하려고 이 약을 먹었는데, 깨어났을 때 자기가 왜 바다 건너 날아왔는지를 기억할 수가 없었다고 한다. 새로운 계열의 약들인 이미다조피리딘imidazopyridine 화합물들은 수면을 일으키는 데 더 유용하다. 암비엔ambien이 대표적이다. 화학적 구조는 벤조다이아제핀과는 다소 다르지만, 화학적 수준에서 작용하는 양상은 비슷하다(사실 더 특정적이다). 이 약들은 혈액 내에서 수명이 더 짧고 근육이완 작용이 없으므로, 다음날 아침 깨었을 때 인지 및 행동기능에 별 지장이 없다.

항불안 약물들은 우선 뇌에서 가바 억제성 전달을 촉진하는 작용을 일으키므로, 글루타메이트가 시냅스후 수용체를 자극하여 흥분을 일으키는 일이 더 어려워진다. 이것은 알콜, 바비튜레이트, 벤조다이아제핀(그리고 이미다조피리딘) 모두에 적용되는 사실이다. 그러나 이들 각각이 효과를 달성하는 과정은 다르다. 제3장에서 보았듯이 신경전달물질이 수용체에 결합하면, 수용체가 열리면서 전하를 띠는 이온들이 세포 외부로부터 세포 속으로 들어온다. 가바 수용체의 경우 염소 음이온이 들어오기 때문에, 세포 속은 더욱 전기적으로 음성 상태가 되고 글루타메이트 수용체가 열려 활동전위를 만들려고 할 때 더 많은 양이온이 들어와야 한다. 바비츄레이트는 직접 가바 수용체에 작용하여 염소이온 채널을 더 오랫동안 열리게 해주어, 좀더 많은 음이온들이 세포 속으로 들어오도록 한다. 알콜도 비슷한 효과가 있지만, 바비츄레이트가 작용하는 수용체와는 다른 종류의 가바 수용체에 작용한다. 그러나 벤조다이아제핀은 다른 방식으로 작용하는데, 결합하는 수용체가 따로 있으며 이 수용체가 가바 수용체와 연결되어 있다. 벤조다이아제핀이 수용체에 결합하면 이와 연결된 가바 수용체는 가바와 더 잘 결합할 수 있게 된다. 결과적으로 가바말단에서 분비되는 같은 양의 가바는 시냅스후 세포에 더 큰 억제효과를 준다. 따라서 벤조다이아제핀은 가바가 원래 분비되는 장소에만 작용한다. 이미다조피리딘은 벤조다이아제핀과 비슷하게 작동하지만, 가바 수용체의 좀더 특정적인 장소에 작용하므로 부작용이 더 적은 것 같다. (부언하자면 벤조다이아제핀 수용체가 뇌에 존재한다는 사실은 뇌에서 자연적인 벤조다이아제핀과 유사한 물질이 생성되고 있음을 말한다. 차분하고 근심이 적은 사람들은 아마도 이런 화학물을 많이 가지고 있고, 근심이 많은 사람들은 덜 가지고 있을 것이다.)

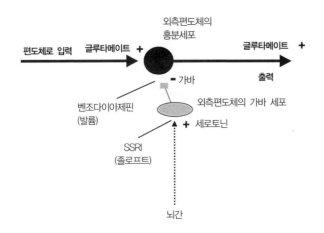

편도체로 입력　글루타메이트　＋　　　　　외측편도체의
흥분세포　　　　　글루타메이트　＋

출력

－　가바

벤조다이아제핀
(발륨)　　　　　　　외측편도체의 가바 세포

＋　세로토닌

SSRI
(졸로프트)

뇌간

그림 10.2 항불안증 약물과 편도체
불안증을 치료하는 데 사용되는 대표적인 두 약물은 벤조다이아제핀 계열(예를 들어 발륨)과 선택적인 세로토닌 재흡수 차단제(SSRI). 둘 다 최소한 부분적으로나마 편도체에서 가바 신경전달물질의 억제작용을 향상시키는 공통된 메커니즘을 통해 불안을 완화시킨다. 벤조다이아제핀은 억제를 증가시키고 외부 또는 내부적 자극이 편도체를 활성화시켜, 공포와 불안을 만들어 내는 능력을 약화시킨다. SSRI도 간접적이긴 하지만 편도체에서의 억제를 증가시킨다. 편도체에서 세로토닌 수치가 증가하면 편도체 활동이 억제되는데 세로토닌이 가바 세포들을 흥분시켜 억제작용이 나타나게 하는 것이다. SSRI는 시냅스에서 세로토닌의 재흡수를 방지하고 파괴를 방지하기 때문에, 가용한 세로토닌을 많이 만들고 가바 흥분을 초래하여 억제시킨다. 이 설명은 SSRI보다 벤조다이아제핀에 더 들어맞는데, SSRI보다 벤조다이아제핀이 불안증을 치료할 때 즉각적이고 효과적이기 때문이다. SSRI가 갖는 항불안증 효능을 완전하게 설명하려면 이차전령자들의 변화와 같은 추가적인 메커니즘이 필요하다(SSRI와 우울증에 대한 이전의 논의를 보라).

　　　가바와 벤조다이아제핀 수용체들은 뇌의 여기저기에 퍼져 있기 때문에, 여기에 결합하는 약물들은 불안 증세에만 작용하는 것은 아니다. 불안이란 특정한 회로들에 의해 생성되는 것이 사실이지만, 불안을 치료하는 약은 전체 뇌에 작용한다. 이것이 항불안 약물들이 졸음과 근육이완 같은 부작용이 있는 이유다. 깨어 있을 때 불안을 감소시키기 위해서가 아니라 수면제로서 약을 쓰는 경우 졸음은 부작용이라 할 수는 없다.

일반화된 불안 증세를 치료하기 위한 새로운 약도 있다. 이 약들은 부작용이 훨씬 작지만 효과가 금방 나타나지 않는다는 단점이 있다. 이 약들은 세로토닌 기능을 향상시킨다. 예를 들어, 부스파BuSpar(부스피론buspirone)는 세로토닌 수용체(특히 세로토닌 1A 수용체)를 자극한다. 앞에서 SSRI가 수용체에 가용한 세로토닌 양을 늘린다는 것을 살펴본 것처럼, SSRI는 불안장애를 치료하는 데도 도움이 된다.

걱정회로

불안은 어디서 오는가? 그레이는 항불안 약물이 일반화된 불안장애의 속성, 특히 불안을 일으키는 뇌회로를 이해하는 열쇠가 될 것이라고 믿었다.[85] 알콜, 바비츄레이트, 벤조다이아제핀을 화학적인 견지에서 보면 서로 다른 약물이고 다른 형태의 부작용이 있지만, 불안을 없애는 데는 공통적으로 작용한다고 그는 주장했다. 쥐를 이용하여 다양한 형태의 행동과제들을 지시할 때, 이 세 가지 약물들이 미치는 영향을 연구하고 이 약들에 의해 영향을 받는 과제들을 찾아낸다면, 불안의 행동학적 그림을 그릴 수 있을 것이다. 그리고 특정한 뇌 영역이 손상되

있을 때 항불안 약물의 작용양상과 비슷하게 이들 '불안' 과제에 영향을 미친다면, 불안의 신경학적 장소를 찾아낼 수 있을 것이다.

이런 연구 프로그램에 의해 1982년 불안에 대한 신경이론이 나왔다. 항불안 약물의 공통적인 효과가 중격septum 또는 해마의 손상에 의한 효과와 유사했기 때문에, 이들 영역이 불안의 핵심이라고 제안되었다. 해마는 자주 보았지만 중격은 그렇지 않았다. 이 영역은 전뇌의 한 부위로서(사실은 변연계의 일부) 해마와 밀접하게 연결되어 있으며 해마의 활동을 조절한다.

심리학적인 견지에서 보면 중격과 해마는 혐오스런 자극 즉 통증, 벌, 실패, 보상손실을 일으키는 자극, 또는 새로움과 불확실성을 초래하는 자극을 검출하고 반응하는 네트워크인 뇌의 행동억제장치를 구성한다고 여겨졌다. 행동억제장치가 활성화될 때 진행 중인 행동은 억제되고(예를 들어 얼어붙는 행위가 일어남), 동물은 각성되며, 주의력이 높아지고 경계하게 된다. 항불안 약물을 투여하면 혐오스런 자극에 의한 중격-해마의 각성과 경계활동이 일어나는 것이 차단되고, 이 영역들을 제거하면 혐오자극에 의한 각성과 경계가 사라지므로 불안이 감소하게 된다.

위에서 본 것처럼 고전적인 항우울제들은 가바전달을 향상시켜 작용을 일으킨다. 그 약물들은 각각의 방법들에 의해 가바전달에 영향을 주지만 모두 가바를 통해 작용한다. 그레이 이론의 주요 부분은 가바뉴런들이 불안에서 공통적이라는 것이다. 그러나 항우울제를 해마에 주사했을 때 불안 해소에 별 효과가 없었기 때문에, 약물들이 중격-해마 시스템에 영향을 주는 다른 영역들에서 가바전달을 변화시키킨다고 그레이는 주장했다. 작용이 일어나는 주요 영역으로 제안된 장소가 뇌간의 모노아민 시스템들로서, 특히 세로토닌과 노레피네프린 시스템들이 지목되었다. 이 영역들이 선택된 이유는 이전의 연구들에서 근거를 찾을 수 있는데, 쥐 또는 원숭이를 자극할 때 불안과 비슷한 행동을 관찰할 수 있고, 항불안 약물들을 같은 영역들에 주사하면 세포 활동이 억제되면서 불안과 유사한 행동들이 완화된다는 연구들이 있었다.[86] 항불안 약물들이 어떻게 작용하는지에 대한 그레이의 이론을 살펴보기 전에, 불안이 어떻게 뉴런 수준에서 일어나는지에 대한 그의 생각을 간단히 살펴보자. 위협이 있는 동안, 뇌간의 세로토닌과 노레피네프린 세포들이 활성화되어 세로토닌과 노레피네프린이 이들 세포의 말단에서 분비된다. 말단들은 뇌의 여러 영역들에 위치해 있지만, 세로토닌과 노레피네프린은 조절물질이기 때문에 그들의 주요 효과는 활동 자체를 일으키는 것이 아니라 활동하는 시냅스에서의 전달을 변화시키는 것이다(제3장). 중격과 해마는 위협을 처리하는 데 관여되어 있으므로, 위협 상황에서 이들 영역들이 활동하게 되며 세로토닌과 노레피네프린은 이들의 시냅스 과정을 향상시켜 각성, 경계, 그리고 불안을 야기한다.

그러면 항불안 효과는 어떻게 나타나는가? 우리가 살펴본 것처럼 항불안 약물들은 가바전달을 향상시킨다. 이런 향상은 가바전달이 일어나는 시냅스에서 발생하며, 활동이 멈춘 시냅스에서는 일어나지 않는다. 가바활성도는 주변 세포에서의 흥분에 반응하여 종종 촉발되기 때문에, 위협적인 자극이 있을 때 항불안 약물에 의한 가바 향상은 위협을 처리하는 시냅스들에만 집중될 것이다. 충격과 해마에 있는 세포들을 활성화시키는 것에 추가하여, 위협들은 세로토닌과 노레피네프린 세포들을 활성화시킨다. 따라서 그레이는 항불안 약물들이 이들 뇌간 세포들에서의 가바전달을 향상시키고, 그에 따라 전뇌에서의 세로토닌과 노레피네프린의 분비가 감소한다고 주장했다. 이들에 의해 향상되었던 충격과 해마에서의 정보처리가 줄어들면서, 각성과 경계가 줄어들고 그에 따라 불안이 감소된다.

그레이의 이론은 비록 신경심리학적 논리의 놀라운 걸작이지만, 곧 문제점에 봉착했다. 우선 이 이론은 모든 고전적인 항불안 약물들 간의 수렴점이 되고 있는 가바전달에만 초점을 맞추고 있다. 가바전달에 영향을 주지 않으면서도 불안장애를 성공적으로 치료할 수 있는 약이 나오면서 이 이론은 도전받았다. 예를 들어 부스피론과 SSRI는 둘 다 불안을 감소시키는 데 효과적이고 세로토닌이 작용하는 시냅스후 수용체 수준에서 작용하며 뇌간의 세포체에 작용하지 않는다. 사실상 이 약들을 해마에 직접 주사하면, 그곳에서 세로토닌전달을 선택적으로 향상시켜 어느 정도 효과를 발휘한다.[87] 이 사실은 그레이 이론의 일부분을 지지하지만, 뇌간에서의 가바전달 촉진이라는 이 이론의 핵심을 약화시켰다. 둘째 이 이론은 편도체의 역할을 무시하고 있는데, 우리가 살펴본 것처럼 편도체는 위험과 위협에 관한 정보를 처리하는 데 중요한 역할을 하고 있다.

최근에 나온 이 이론의 새로운 버전에서 그레이와 그의

오랜 공동연구자인 닐 맥노턴은 이런 결점을 보완하려고 시도했다.[88] 그들의 새로운 이론에 따르면 뇌간 모노아민 시스템의 조절을 받는 여러 영역들, 즉 중격-해마 영역, 편도체, 전전두피질들 사이에 시냅스로 연결된 네트워크에 의한 심리적 상태를 불안으로 여기고 있다. 이 새로운 이론은 더 넓은 영역을 다루고 있지만, 내 생각에 여전히 중격과 해마에 너무 많은 역할을 할애하고 있고 여전히 편도체와 전전두피질의 역할을 과소평가하고 있다.

내 생각에 불안이란 작업기억이 근심으로 독점화되는 인지적 상태를 말한다. 정상적인 마음의 상태(또는 작업기억의 상태)와 불안한 마음의 상태 사이의 차이는, 후자의 경우에 편도체와 같은 감정 처리에 관여하는 시스템이 위협적인 상황을 검출한 뒤에 작업기억이 주의를 기울이고 처리하는 대상에 영향을 주는 것이다. 이렇게 되면 집행기능들이 다른 피질 네트워크와 기억시스템들로부터 받는 정보를 선택하여, 어떤 행동을 취할 것인가를 결정하는 방식에 영향을 끼치게 된다.

해마가 불안에 관여하는 것은 그것이 그레이의 말처럼 위협을 처리하기 때문이 아니라, 현재의 환경적 상황에서 자극 관계들에 대한 정보와 외현기억에 저장된 과거의 관계들에 대한 정보를 작업기억에 제공하기 때문이다. 한 생명체가 작업기억을 통해 지금 위험한 상황에 처해 있음을 알면서도 곧 무슨 일이 일어날지 모르거나, 어떻게 대처하는 것이 최선의 방법인지 모를 때 불안이 일어난다.

편도체는 해마보다 위협을 처리하는 데 더 큰 역할을 한다. 나는 이전 장들과 《감정적 뇌》[89]에서 위협적인 요소들을 처리하고 반응하는 데 있어 편도체가 담당하는 역할에 대해 설명했지만 여기서 간단히 다시 설명하겠다. 위협적인 자극에 대한 감각정보가 편도체에 의해 검출되면, 뇌간에 있는 반응-조절 시스템으로 가는 출력 연결이 방어반응을 표현하고(예를 들어 얼어붙음), 신체의 생리적인 변화를 도와주는데(혈압·심박률의 증가, 스트레스 호르몬 분비), 이들 중 일부는 뇌로 다시 되먹여져서 계속 진행되는 처리 과정에 영향을 준다. 비록 그레이 이론이 어떤 과정으로 모노아민 시스템들이 위협에 의해 활성화되는지를 답해 주지 못했지만, 실제로 편도체와 모노아민 세포들 간의 직접적인 연결을 통해서 주로 일어나는 것으로 보인다. 따라서 위협이 존재할 때, 세로토닌과 노레피네프린(그리고 도파민)은 널리 퍼져있는 전뇌 영역들(전전두피질, 해마, 편도체 및 기타 영역들)로 분비된다. 위협들을 검출한 편도체는 편도체에서 전전두 영역들(전대상과 안와피질을 포함하여)로 가는 직접적인 연결을 통해 직접 작업기억 처리에 영향을 준다. 그러나 전전두피질과 그것의 작업기억 기능들은 다른 경로, 즉 편도체에 의해 자극받은 모노아민 분비와 호르몬 및 기타 신체반응으로부터의 피드백에 의해서도 영향을 받는다. 편도체가 위협을 감지하면 작업기억을 궁극적으로 경계 처리 상태로 변환시키는 일련의 과정들을 유발시켜, 작업기억은 그 순간에 처리하던 일들의 종류가 무엇이든 간에 그것에 주의를 계속 기울이며 생각, 결정, 행동들이 한쪽으로 쏠리게 한다. 더 나아가 제9장에서 본 것처럼 편도체에서 측좌핵으로 가는 출력에 의해, 위협적인 자극들이 동물을 동기화시켜 위협의 출처에서 벗어나도록 도와준다. 이것은 중요한 요소인데, 가능성 있는 위협의 출처로부터 병적으로 벗어나려고 하는 것이 불안장애의 특징적인 행동 증세이기 때문이다.

지금까지 논의하는 과정에서, 나는 공포와 불안을 뚜렷하게 구분하지 않았다. 그렇지만 고전적으로 두려움은 특정적이고 즉각적으로 존재하는 자극에 대한 하나의 반응으로 보는 반면, 불안은 '일어날지도 모르는' 것에 대한 근심이다. 그레이-맥노튼의 이론과 편도체 이론 사이의 한 가지 가능한 해결 방안은, 편도체회로가 공포를 관장하고 해마회로가 불안을 담당한다고 가정하는 것이다. 몇 년 전까지만 해도 이것이 받아들여질 수 있었다. 그러나 지금은 벤조다이아제핀을 편도체의 입력 단계에 해당하는 외측편도체와 기저편도체에 직접 주사하면, 항불안 약물의 효능을 시험할 때 사용하는 고전적인 여러 과제들에서(모두는 아니지만) 불안행동을 감소시킨다는 강력한 증거가 있다.[90] 이 발견은 벤조다이아제핀 수용체들이 편도체의 입력 영역에 농축되어 있다는 사실과도 일치한다.[91] 더 나아가 세로토닌 수용체를 목표로 하는 비전형적 항불안제들도 편도체에 주사하면 동물시험에서 불안을 완화시킨다.[92] 따라서 고전적인 약물과 비전형적인 항우울 약물들 모두 편도체 처리의 입력 단계에서 최소한 부분적으로 불안을 완화하는 데 효과적이며, 위협적인 자극들이 편도체의 활동을 자극하는 것이 더욱 어려워져 결국 편도체가 뇌의 다른 부분들을 각성시키는 것이 방지된다.

그러나 공포와 불안을 다른 방식으로 구분하는 이론도

제기되었다. 마이클 데이비스는 불안이 종말선stria terminalis의 침상핵의 기능일 수 있다는 연구결과를 발표했는데,[93] 이 뇌 영역은 편도체의 연장 구조물로 간주되며 출력 연결들은 편도체의 그것들과 놀랍도록 유사하다.[94] 그들의 유사한 출력들 때문에 편도체와 침상핵은 뇌의 동일한 목표 영역들(전전두피질, 모노아민 시스템들)에 영향을 유사하게 줄 수 있고, 같은 종류의 신체반응들(근육 긴장, 급히 뛰는 심장, 땀에 젖은 손바닥, 조여드는 위)을 만들어 낼 수 있다. 그러나 이 두 구조물로 가는 입력들이 다르기 때문에, 그들은 서로 다른 조건들에서 활성화된다. 편도체는 즉각적으로 존재하는 위협에 반응하고, 침상핵은 다가올 것으로 예상되는 위협에 반응한다. 편도체는 공포에 관여하고 침상핵은 불안에 관여한다는 역할 구분이 설득력을 얻고 있는데, 그 이유는 항불안 약물치료를 받는 환자들이 일반적으로 걱정과 불안이 줄어들면서도 즉각적인 위협에 정상적으로 반응하는 현상을 설명할 수 있기 때문이다. 그러나 이 두 가지 영역들의 역할, 불안에 관여하는 더 넓은 회로들, 그리고 이들의 관계에 대해서는 더 많은 연구가 필요하다.

　　　요약하면 일반화된 불안은 감정 처리로 시작되고 유지되는 마음의 각성상태다. 결과적으로 이것은 최소한 각성(모노아민 시스템들), 감정(아마도 확장된 편도체를 포함한 편도체), 인지(전전두피질, 해마) 기능들에 관여하는 네트워크들을 필요로 한다. 그리고 각각의 뇌 영역들과 네트워크들은 불안을 전체적으로 구성하는 개별적인 처리 과정들에 관여하지만, 불안 자체는 특정한 뇌 영역들보다는 전체적인 회로의 특징으로 보는 것이 가장 타당하다.

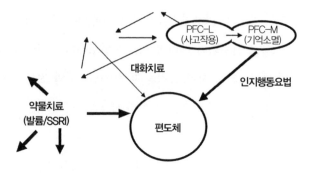

그림 10.3 치료법과 편도체
편도체의 기능과 기능장애에 대한 커다란 세 범주의 치료법의 작용양상에 대한 그림이다. 고전적인 정신치료(대화 또는 통찰치료, 치료효과를 얻기 위해 일정한 의식적 이해를 요구하는 모든 종류의 변형된 방법들)는 전전두피질의 작업기억 기능을 직접적으로 요구한다. 외측전전두피질PFC-L이 고전적인 작업기억 영역인 반면, 좀더 내측의 다른 영역들PFC-M도 작업기억에 관여한다. PFC-L에서 편도체로 직접적인 연결이 없는 점이, 왜 대화치료법이 편도체와 관련된 정신적인 문제를 해결하고자 할 때 상대적으로 비효율적인지를 말해 준다(치료효과를 얻는 데 소요되는 시간을 생각할 때). 행동치료(인지행동요법을 포함하여)는 의식적 통찰에 덜 의존적이고 기억소멸 과정과 새로운 연합, 새 기술, 새 습관 등의 개발에(즉 암묵학습에) 더 의존한다. 이런 과정들 중의 일부(특히 기억소멸)에 PFC-M이 관여한다. PFC-M과 편도체 사이의 직접적인 연결은 왜 인지행동요법이 특정한 공포/불안 관련 질환에 더 효과적인지 말해 준다. 약물들은 곧장 편도체로 갈 수 있지만, 다른 뇌 영역들에게도 영향을 미치기 때문에 약물요법의 정신의학적 부작용이 나타날 수 있다.

불안의 스펙트럼

지금까지는 막연하거나 일반화된 불안에 초점을 맞추었다. 그러나 불안장애는 공포증, 공황장애, 외상후스트레스 질환, 강박신경증 등을 포함한다. 이들은 다른 원인과 증상들로 구별되는 상태들이며, 하나의 질환에 대한 치료법이 다른 질환에 항상 똑같이 작용하는 것은 아니다.[95]

인지행동요법

치료란 환자가 생각하고 느끼고 (또는) 행동하는 방식을 변화시키는 과정이다. 여러 가지 형태의 치료법들이 있지만, 이들과 비교하여 인지행동요법이 무엇인지 설명하고자 한다. 심리분석은 무의식적(억눌린) 기억들을 의식화시키는 방법을 이용하여 부적응 상태의 원인이 무엇인지 알려는 것이다. 이것은 길고도 느린 치료과정이다. 대조적으로 행동치료는 부적응 상태(기본적으로 잘못된 습관들)를 변화시키려는 과정으로 강화, 소멸, 반대조건화 등과 같은 행동주의 심리학의 학습원칙들을 사용한다. 또한 행동치료는 행동변형으로 더 잘 알려져 있는데, 관찰 가능한 증세에 초점을 맞추어 환자에게 새로운 방식으로 행동하도록 가르치는 것이다. 어떤 병리적 경향성들을 신속히 변화시키는 데는 꽤 효과적인 반면, 행동치료는 원인보다는 증상을 다룬다는 비판을 받았으며, 병리적 상태의 시작과 지속과정에서의 정신생활의 중요성을 인정하지 않는다는 비판도 받았다. 반면 인지요법은 출발점으로서 비정상적 기능의 정신상태들(신념, 태도, 관념)이 정신병리학에 중요하게 기여한다고 주장하면서, 병리적 상태가 환자로 하여금 잘못된 신념들을 찾아내고 고치도록 도와주어 고칠 수 있다고 생각한다. 그러나 자신이 바보처럼 생각했다는 것을 단순히 깨닫는다고 해서 정신병이 낫는 것은 아니다. 그 환자는 새로운 사고방식과 행동방식을 배워야 한다. 요즘 많은 치료사들은 인지적 접근과 행동적 접근을 혼합하여 인지행동요법CBT을 사용하는데, 비정상적 인지기능에 의해 일어나는 잘못된 습관들(정신적인 것과 행동적인 것)을 고치는 과정을 말한다. CBT는 다양한 불안장애, 우울증 등과 같은 질환을 치료하는 데 꽤 효과적인 것으로 증명되고 있으며, 단독으로 사용되거나 경우에 따라 약 처방과 병행되기도 한다.

더 읽을 거리

Beck, A. T. 1991. Cognitive therapy: a 30-year retrospective. *Am. Psychol.* 46: 368-75.

Gorman, J. M. 1996. *The New Psychiatry.* New York: St. Martin's Press.

Hollon, S. 1999. What is cognitive behavioral therapy and does it work? *Curr. Opin. Neurobiol.* 8: 289-92.

Zinbarg, R. E., D. H. Barlow, T. A. Brown, and R. M. Hertz. 1992. Cognitive-behavioral approaches to the nature and treatment of anxiety disorders. *Ann. Rev. Psychol.* 43: 235-67.

벤조다이아제핀은 단순공포증simple phobia(뱀, 거미, 높은 곳에 대한 병적인 공포증 등)을 치료하는 데는 별 도움이 되지 않는다. 사실 이들을 치료하기 위한 가장 효과적인 방법은 심리요법, 특히 인지행동요법인데, 다양한 조건 속에서 공포자극에 노출시키는 과정을 반복하여 증상을 완화시킬 수 있다('인지행동요법cognitive behavioral therapy' 참조). 또 다른 종류의 공포증은 사회공포증social phobia인데, 같은 일을 하거나 비슷한 관심사를 공유하는 사람들로부터 부정적으로 평가받는 것을 두려워하는 공포가 그 핵심이다. 어떤 형태의 사회공포증은 대중의 시선을 한 몸에 받는 것을 두려워하는 공포증과 관련이 있다. 예를 들어, 대중연설이나 공연을 극심하게 두려워하여 결국 제대로 못해 내거나, 공공장소에서 식사하거나 공중변소를 사용하는 것을 두려워하기도 한다. 일부 SSRI와 MAO 억제제 같은 항우울제 처방들이 이런 경우에 치료 목적으로 사용된다. 인지행동요법 또한 도움이 된다. 공포로 나타나는 신체적 신호들(심장박동 증가)을 약화시키지만 뇌에는 작용하지 않는 프로프라놀롤propranolol과 같은 약들이 대중연설과 무대에서의 공포를 줄이기 위해 종종 사용된다. 사회공포증처럼 공황장애와 외상후스트레스 질환에 대해 선호되는 오늘날의 치료법은, 불안대처법과 관련된 심리요법과 인지행동요법과 함께 SSRI를 처방하는 것이다. 여러 다른 약들(MAO 억제제, 삼환계, 벤조다이아제핀)도 이런 질환에 어느 정도 효과가 있지만, SSRI들이 부작용 측면에서 더 좋은 선택이다. 강박신경증도 이와 유사하게 SSRI에 의해 어느 정도 호전될 수 있다.

여러 형태의 불안이 다양한 정신적·행동적·생리적 증상들로 나타나며, 다른 상황에서는 다른 형태의 불안이 나타나므로(연설하는 것은 거미에 대한 공포증에 아무 영향을 미치지 않지만, 대중연설 공포증을 가진 사람에게는 공포와 불안의 근거가 된다), 이들을 모두 치료하기 위해 똑같은 약을 쓰는 것은 적절하지 않다. 그리고 그 처방된 약이 특정한 불안장애를 위해 개발된 것이 아니라 항우울제이므로, 약의 개발과 치료라는 관점에서 본다면 일부는 너무 만연되어 있고, 심각한 불안장애 문제를 근본적으로 다루고 있지 않다는 생각이 들 수밖에 없다. 효과적인 치료에 대한 정보를 이용하여 그 밑에 깔려 있는 생물학적 이상 현상에 대한 단서를 찾고자 하는 전략으로는 다양한 불안장애들 사이의 차이를 규명할 수 없을 것이다. 왜냐하면 같은 SSRI 처방이 우울증뿐만 아니라 여러 다른 불안장애들에 똑같이 사용되기 때문이다.

앞서 말했듯이 나는 공포 및 불안 신경과학센터Center for the Neuroscience of Fear and Anxiety의 소장을 맡고 있다(http://www.cns.nyu.edu/CNFA). 이 센터는 뉴욕 맨해튼에 있는 주요 생물의학 연구기관들의 과학자들을 한데 모아 놓은 연구소다. 여기에는 뉴욕대학교(펠프스, 레온과 필자), 록펠러 대학교(매케웬), 코넬 의과대학(실버스웨이그와 스턴) 마운트 사이나이 의과대학(모리슨과 호프), 컬럼비아 대학교(고먼)가 포함된다. 이 센터에서는 환자 및 동물을 이용하여 불안장애를 연구한다. 단기 목적은 불안장애에 의해 변형되는 뇌의 과정을 연구함으로써 장기적으로 더 선택적이고 더욱 효과적이면서 부작용이 없는 치료법을 개발하려는 데 있다. 환자를 대상으로 하는 연구에는 최신 기능성 MRI 기술이 이용되고, 동물 연구에는 이 책에서 언급한 다양한 신경과학 기술이 활용된다.

불안장애는 위협과 위험에 대한 처리 과정 또는 반응양식의 변화 때문에 발생하며, 공포 메커니즘이 어느 정도 사람과 포유류의 뇌 속에서 보존되어 있으므로(제8장) 공포에 대한 심리학과 신경과학을 연구하면 다양한 불안장애들과 관련된 뇌의 문제들을 이해할 수 있을 것이다.[96] 여러 형태의 불안장애 환자들에 대한 뇌 영상 연구들이 있지만,[97] 우리 센터의 목표는 공황장애와 외상후스트레스 질환 PTSD 같은 불안장애에서 일어나는 뇌의 변화를 이해하기 위해, 동물의 공포조건화에 깔려 있는 신경경로를 밝히는 데 그동안 이룩한 성과들을 활용하는 것이다.

공황장애와 PTSD는 둘 다 위협을 처리하는 과정에서 생긴 변화 때문에 일어나지만 원인과 증상은 서로 다르다.[98] 공황장애에서 공포는 어떠한 명백한 환경자극이 없는 상태에서 불연속적이고 급작스런 공황발작으로 나타나며, 만성적인 예상 불안과 다양한 회피행동 증상을 일으킨다. 공황환자의 공포는 그 어떤 실제 위협과도 뚜렷한 관련을 찾을 수 없으며 불편한 체감각 등에 비정상적으로 민감하다. PTSD에서 공포는 원래의 생명을 위협했던 사건을 연상시키는 자극에 과도하게 민감한 형태로 나타나며, 명확히 과거 사건이 회상되어 깜짝깜짝 놀란다. 따라서 이 환자들은 서로 다른 신경 메커니즘이 작용한 결과로 보아야 한다.

여러 차례 살펴보았지만 편도체는 위협적인 경험과 연합된 자극들에 의해 초래되는 공포의 습득과 발현에 관여하는 주요 뇌 영역이다. 그리고 정상인에 대한 수많은 연구를 통해 공포조건화 동안 편도체가 활성화된다는 것을 알게 되었는데, 조건화 자극이 무의식적으로 주어져도 편도체가 활성화된다.[99] 따라서 우리는 공포조건화를 이용하여 편도체를 활성화시킬 수 있고, 불안장애 환자들의 경우 활성화되는 패턴이 어떻게 달라지는지 관찰할 수 있다. 공포 초래 자극이 지각되고 반응을 일으키는 방식의 변화가 모든 불안장애의 특징이므로, 공황장애나 PTSD 환자들의 경우 편도체의 활성도가 증가한 것을 관찰할 수 있다.

그러나 편도체만이 공포조건화에 관여하는 유일한 장소는 아니다. 앞서 보았듯이 해마도 공포 유발 상황이나 그 맥락을 처리하는 데 관여하고 있으며, 내측전전두피질은 소멸에서처럼(조건화 자극이 더 이상 위험을 예측하지 않을 때 조건화 자극이 공포 유발 능력을 소실하는 과정을 말함) 변화하는 환경적 상황들에 반응하여 공포반응을 조정하는 역할을 한다. 리즈 펠프스의 최근 연구는 상황적 공포자극의 처리에서 사람 해마의 역할을 재확인했고,[100] 우리는 내측전전두피질이 소멸 동안에 활성 정도가 변하는지를 검사하는 중이다.

공포조건화를 이용하여 해마, 편도체, 내측전전두피질 사이 또는 각 내부에서의 신경활동 패턴들이 정상인과 공황장애 및 PTSD 환자들 사이에 차이가 있는지 연구할 수 있다. 더 나아가 효과적으로 치료(예를 들어, SSRI의 사용과 인지행동요법)를 했을 때, 이 환자들의 뇌가 정상인의 뇌와 유사하게 되는지도 조사할 수 있다. 그리고 SSRI 또는 인지행동요법을 각각 사용할 때, 이 두 가지 요법들이 회로의 같은 구성요소 내지는 다른 구성요소를 변화시켜 치료효과를 나타내는지도 알아볼 수 있다.

우선 공황장애 환자와 PTSD 환자의 뇌가 어떻게 다른지, 그리고 정상인과는 어떻게 다른지를 알면, 그 다음 동물실험에서 어떤 종류의 경험과 생물학적 조건이 뇌를 그런 식으로 변화시키는지를 조사할 수 있다. 예를 들어, 공황과 PTSD에서 편도체가 크게 활성화되어 있고, 해마와 전전두피질이 공황과 PTSD에서 서로 다른 방식으로 변해 있다고 가정하자. 쥐의 뇌에서 이런 변화의 패턴을 일으키는 스트레스 경험들을 찾을 수 있다. 그러한 패턴들이 알려지면, 그 변화들을 시냅스 변화의 수준에서 연구할 수 있고 생물학적인 용어로 설명할 수 있을 것이다. 신경전달물질이 수용체에 작용하여 채널이 열리고 칼슘이 세포로 들어오면서 카이네이즈들을 작동시키면, 전사인자들을 인산화시켜 시냅스 변화를 안정화하는 단백질을 만드는 유전자를 유도한다는 식의 설명이 가능하다. 이런 분자 단계들 중에서 어느 하나라도 불안장애들 사이에 차이가 있다면, 미래의 신약 개발에 단서들을 제공하게 될 것이다.

지금쯤 당신은 경향을 알아차렸을 것이다. 신경과학자들은 전전두피질, 해마, 편도체가 지금까지 거론해 온 모든 형태의 정신질환들에서 어떤 방식으로든 변화했다고 주장하고 있다. 정신질환들은 우리에게 어떤 메시지를 주고 있는데, 이들 세 가지 뇌 영역들이 우리 정체성과 왜 우리가 그런 형태로 존재하고 있는지를 이해하는 데 매우 중요한 영역들이라는 것이다. 그러나 같은 뇌 영역이 여러 이유로 다른 질환에 관여될 수 있다는 것을 알아야 한다. 꽤 일반적인 수준의 설명에 의하면, 특정 영역에서의 신경활동이 한 질환에서는 증가하고 다른 질환에서는 줄어들 수 있다. 그러나 이런 방식으로 신경활동이 변하기 위해서는 의문시되는 영역의 세포들 내부나 세포들 간의 연결에서 더 기본적인 변화들이 일어나야 한다. 이런 깊숙한 곳에서의 변화는 실험동물을 이용하는 신경생물학적인 연구에 의해서만 밝혀질 수 있으므로, 인간의 정신의학적 질환에 대한 연구와 동물의 뇌기능에 대한 기본적인 과학적 조사가 잘 연결되어야 한다.

우리는 이런 연구 프로그램을 방금 시작했고 어떤 연구 결과를 얻을지 예상하기엔 아직 이르다. 그러나 연구 프로그램의 시스템적인 구조적 특성상 우리가 예상했던 바와 다를지라도, 공황장애 환자들과 PTSD 환자들 사이의 차이점을 알아낼 수 있다고 생각한다. 그러나 예상하지 못했던 결과가 오히려 더 흥미로울 것이며, 이 문제를 새로운 방식으로 생각하도록 해줄 것이다.

뇌, 유전자, 그리고 요법

지금까지는 유전자에 대한 언급 없이 정신질환에 대한 생물학적인 접근에 대해 설명했다. 많은 사람들, 특히 비판론자들은 정신질환에 대한 생물학적 접근이란 유전학에 대한 강조를 의미한다고 생각한다. 그러나 나는 믿을 만한 다른 견해를 제공했다고 생각한다. 정신생활의 다른 모든 측면들처럼 유전자들은 통합되어 그들의 운명을 미리 결정하지 않으면서 어떤 방향으로 사람들을 인도한다. 유전자들이 시냅스 연결성을 완전히 주관한다기보다는 연결성에 기여한다고 보는 것이 옳다.

로스와 팜 같은 비판론자들은 정신병에 대한 생물학적 접근이 "행동장애가 있는 개인은 결함 있는 원형질 때문에 어떤 방식으로든 고통을 겪어야 한다"든가, "가족이나 사회보다 육체 또는 뇌가 정신질환에 책임이 있다"는 견해를 암시하는 것에 우려하고 있다.[101] 그들은 생물학적 정신의학을 유전학과 동일시한다. 그러나 정신질환에 대한 유전학적 접근이 그 정의상 생물학적인 방향성이 있지만, 그 반대의 경우도 항상 옳은 것은 아니다. 즉 생물학적 접근이 유전학만임을, 또는 주로 유전학임을 나타내지 않는다. 우선 유전적 접근을 살펴보고 나서 좀더 큰 그림을 생각해 보자. 유전자가 정신질환에 미치는 영향을 밝히기 위해 많은 노력을 하고 있다. 예를 들어, 수 년간의 연구를 통해 정신질환에 걸릴 경향성에 대한 가계력 조사나 집단에 대한 연구가 수행되고 있다. 또한 일란성 쌍둥이에 대한 연구를 통해 한 사람이 정신질환을 갖고 있을 때 다른 사람이 걸릴 가능성에 대한 연구도 많이 진행되고 있다. 정신분열증, 우울증, 불안장애, 알콜중독증, 기타 다양한 정신병과 신경증 등이 이런 연구의 대상이다.

한 가지 대표적 사례로 정신분열증에 대한 연구를 살펴

보자.[102] 연구결과를 보면 유전자를 공유하는 정도가 클수록 병에 걸릴 확률도 증가하는 상관관계가 있다.[103] 전체 인구의 1% 가량이 정신분열증에 걸린다. 대조적으로 일란성 쌍둥이의 경우(100% 유전자 중복), 한 어린이가 정신분열증에 걸리면 다른 어린이가 미래에 정신분열증에 걸릴 확률이 50% 가량 된다. 그러나 이란성 쌍둥이의 경우(50% 유전자 중복) 걸릴 확률은 17%로 떨어진다. 형제자매 간에는(25% 유전자 중복) 그 수치가 9%로 떨어지고, 사촌 간에는(12.5% 유전자 중복) 2%로 떨어진다. 결국 정신분열증은 유전적 요인이 강하다. 유전적 용어로 말하자면, 일란성 쌍둥이 간에는 50%가량 일치한다. 그러나 보기에 따라서 반이 채워져 있는 컵으로 볼 수도 있고 반이 비어 있는 컵으로 볼 수도 있다. −50%의 불일치가 있을 수 있다는 것이다. 만약 유전자로 정신분열증을 완전히 "설명할 수 있다면," 그 일치도는 100%가 되어야 한다. 일란성 쌍둥이 간의 불일치는 여러 요인들에 기인한다.[104] 그 한 이유는 유전자 발현이 '후성적epigenetic' 현상이라는 것이다. 유전자 발현은 유전자와 환경인자들 사이의 상호작용에 의존한다. 후성론의 극단적인 예는 페닐키토뉴리아증PKU인데, 페닐알라닌이라는 필수아미노산을 먹지 않는 한 나타나지 않는 정신박약과 관련된 유전적 형태다(축산가 공물, 아보카도, 견과 열매, 설탕 대체물인 아스파탐에 들어 있다). 이 경우 일찍 발견하여 치료하면 병의 증세를 미리 예방할 수 있다. 그러나 대부분 유전적 상황들에서는 환경적 공모자가 알려져 있지 않다. 쌍둥이 간에 일치되지 않는 또 다른 인자는 여러 유전자들이 복합적으로 작용한다는 다유전자 유전 현상이다. 특정한 뇌 화학물의 간단한 불균형에서 정신질환들이 초래된다고 생각했던 시절에는, 질환이 한 유전자(전달물질이나 수용체 분자들을 만드는 유전자)에 의해 초래된다고 여겨지기도 했다. 그러나 우리가 살펴본 것처럼 정신질환들은 뇌의 복잡한 회로들이 관여되어 있기 때문에, 유전적 영향이 있다면 여러 유전자들의 복합적인 상호작용이 관여되어 있을 것이다. 각 유전자의 발현 또한 환경인자들과 상호작용하기 때문에, 다유전자 유전 현상은 환경이 유전적으로 병에 걸릴 소질에 영향을 미칠 수 있는 가능성을 더욱 확장시킨다. 더 나아가 어떤 경우에는 질병유전자를 가지고 태어난 사람이 병 증세를 보이지 않거나 거의 보이지 않는 경우도 있다. 이것을 비침투성nonpenetrance이라 부른다. 다른 경우에서는 유전 질병들이 다양하게 발현되어, 가족의 어떤 구성원들은 완연한 질병 증세를 보이는 반면 다른 구성원들은 미약한 증세만을 보인다. 마지막으로 정신질환은 여러 관련 없는 원인들에 기인하기도 한다. 예를 들어, 어떤 경우에 정신분열증은 질병에 걸릴 만한 유전적 원인이 전혀 없는 사람에게서도 뇌손상 또는 감염과 같은 환경적 요인들에 의해 일어날 수 있다. 따라서 일란성 쌍둥이 간의 불일치는 정신분열증에 걸린 쌍둥이가 비유전적인 요인에 의해 걸렸기 때문일 수 있다.

생물학적 정신과 의사들은 미래에 유전적 문제를 고칠 수 있는 가능성이 있기 때문에, 유전자들이 정신질환에 관여하는 가능성에 관심이 있다. 지나치게 활동하는 유전자 때문에 기능이상이 초래된다면 알약 하나로 유전자를 끌 수 있고, 활동성이 약한 유전자 때문이라면 약으로 유전자 활동성을 강화시킬 수 있다. 이런 것이 과연 가능할지는 아직 잘 모른다. 그러나 만약 가능하다면 많은 사람들이 도움을 받을 수 있을 것이다.

한 정신질환에 대한 성공 또는 실패는 다른 질환을 치료하는 데 있어 성공 또는 실패를 예측하게 해주지 않는다는 것을 알 필요가 있다. 각 질환은 유전적 접근에 대해 각기 독특한 장단점을 갖고 있으므로, 각 질환을 개별적으로 공격해야 한다. 한 가지 문제에 대해 개발된 전략이 동시에 다른 것들을 추구하는 데 도움이 될 수도 있다. 인간 유전체가 "밝혀졌기" 때문에[105] 이런 종류의 작업들이 앞으로 더 확대될 것이다.

그러나 아마도 나는 비판론자들에게 완벽하게 공평하지는 않은 것 같다. 그들의 걱정거리 중 하나는 유전자나 생물학의 다른 측면들에 대한 초점이 모든 책임을 지나치게 신체에 돌리게 되어, 정신과 전문가들이 약물이 아닌 다른 치료법을 사용하려는 의지를 꺾게 하고, 비약물요법에 대한 지불을 보험회사들이 꺼려하며, 환자들은 자신의 건강 회복에 대해 책임지지 않으려 하는 문제를 일으킨다는 것이다. 그러나 이런 걱정은 생물학적 정신의학의 목표들을 잘못 오해하는 데서 생긴 것이라고 생각한다.

정신질환의 유전적 분석에 대한 최근의 열광에도 불구하고 대부분의 생물학적 정신과 의사들은 유전자를 현실적인 방법으로 보고 있다. 존스홉킨스 대학교의 생물학적 정신과 의사인 드파울로는 가장 일반적인 견해를 다음과 같이 표현하고 있다. "나는 우울증이 완전히 유전적이라고 보지 않는다. 그러나 텐트의 한쪽 끝을 고정하고 땅에 못을 박으면, 텐트의 나머지 부분을 펼쳐 텐트가 어떻게 생겨야 하는지를 좀더 쉽게 이해할 수 있다."[106] 다시 말해, 한 질환에 대한 유전적 요소를 알게 되면 어떤 환경적 경험의 종류들이 유전자와 상호작용하여 병을 일으키고 악화시키는지를 더 쉽게 알 수 있다. 유전자들은 이야기의 한 부분이며, 그 부분의 이야기를 잘 이해할 수 있다면 그것을 무시했을 때보다 질환에 대한 이해가 더 깊어질 수 있을 것이다.

경험은 종종 유전자에 대한 대조로 간주된다. 그러나 '경험'은 다양한 의미와 끝없는 암시들을 가진 복잡한 개념이다. 결과적으로, 경험의 역할은 유전자의 역할을 이해하는 것보다 더 어려울 수 있다. 그러나 경험이 어떻게 뇌를 변화시키는지에 대해 더 넓게 이해할수록, 그것이 어떻게 정신질환에 기여하는지를 더 잘 설명할 수 있을 것이다. 우리가 보았듯이 경험들은 뇌에 영향을 미쳐 학습 동안 하나 또는 여러 시스템들에서 시냅스 변화로서 저장되는데, 이것이 바로 시냅스 가소성 또는 학습과 기억에 대한 연구가 왜 중요한지를 보여 준다.

정신건강과 정신질환에 대한 생물학적 접근이 심리요법과 어디에서 갈라지는가? 명망 있는 신경과학자인 에릭 칸델은 정신과 의사로 출발했다. 최근에 그는 생물학적 원칙들에 기반을 둔 "정신의학의 새로운 지적 골격"을 제안했다.[107] 우리는 뇌에서 기억과 감정시스템들에 대해 막 이해하기 시작했다. 이런 정보들과 분자신경과학에서의 계속적인 진보들이 합쳐진다면 정신의학에 큰 기회를 제공할 것이라고 그는 주장한다.

이번 장의 서두에서 지적한 바와 같이, 정신요법은 기본적으로 환자에게 학습시키는 과정이며 뇌의 회로를 재구성하는 한 방법이다. 이런 의미에서 정신요법은 정신질환을 치료하기 위해 궁극적으로 생물학적 메커니즘을 이용한다. 그러나 정신요법은 학습과 관여되어 있고 약물요법은 유전적으로 결정된 화학불균형의 교정과 같은 무엇인가 다른 것이 관여되어 있다는 뜻은 아니다. 비록 화학적 불균형이 정신질환을 설명할 수 있을지라도, 불균형은 순전히 환경적인 요인들(예를 들어 심각한 스트레스 경험) 또는 유전적(으로 병에 걸릴) 소질을 유발하거나 확대시키는 환경적 사건들로부터 초래될 수 있다. 치료사의 역할은 약을 사용하건 안 하건 간에 정신적 건강을 회복시키는 것이다. 만약 환자의 문제가 뇌를 각성상태에 고정시켜 놓는 신경적 변화와 관계되어 있다면 이를 풀어 주기 위한 방도는 심리요법, 약물요법 또는 두 가지의 복합요법을 사용해 각성상태를 완화시키는 것이다. 초기 원인이 사회적 스트레스건 유전적 시한폭탄이건 간에 질환에 수반된 뇌의 변화를 되돌리거나 우회할 수 없다면 문제를 해결하기 어려울 것이다.

정신질환의 치료에 대한 현재의 접근이 과거의 방식과 다른 것은 약물보다는 '효과적인' 치료를 강조한다는 것이다. 컬럼비아 대학교의 명망 있는 생물학적 정신과 의사인 고먼은 다음과 같이 말했다. "옛날 정신의학에서 임상의들은 한 학파에서 유래된 기술들의 목록을 학습해서 이를 찾아오는 환자들에게 똑같이 적용하려 했다. 새로운 정신의학에서 임상의들은 여전히 한 학파의 도구들에 가장 편안함을 느끼기는 하지만, 어떤 특정한 환자에게 적용할 적절한 기술을 가지고 있지 않을 때는 이를 기꺼이 인정한다."[108] 오늘날 정신분석가들은 처방이 필요한 환자들을 보면 정신약리학 기술을 소지한 정신과 의사에게 기꺼이 부탁하며, 마찬가지로 정신약리학 훈련을 받은 임상의들도 정신요법 전문가에게 환자들을 보내는 추세가 증가하고 있다. 고먼에 따르면 "새로운 정신의학은 안전하고 효과적인 치료를 제공하는 데만 관심이 있다. 만약 환자에게 복합요법을 제공하기 위해 다른 견해들을 빌릴 필요가 있다면 꼭 그렇게 해야 한다."

일단 병이 있고 뇌가 변했다면, 어떻게든지 그 변화를 다루어 환자를 회복시켜야 한다. 약물은 신경회로상의 적응적 변화를 유발할 수 있게 하거나, 신경회로의 상태를 변화시켜 적응과 학습이 증진될 수 있도록 해준다. 그러나 뇌가 스스로 올바른 것을 학습할지는 장담할 수 없다. 다시 말해, 환자들이 약물요법의 효과를 최대로 얻기 위해서는 약물로 유도된 뇌의 적응성이 의미 있는 방식으로 되도록 바로잡아 주어야 한다. 이것을 가장 잘하려면 약만을 알거나 환자만을 아는 사람이 아니라, 약과 환자, 그리고 환자가 경험하고 있는 삶의 상황 등을 총체적으로 이해하는 사람에 의해 약물치료가 이루어져야 한다. HMO(회원제 미국 건강관리기구)는 그것을 좋아하지 않을지 모르지만 약, 치료사, 환자는 치료라고 불리는 시냅스적 조정과정에서 동반자들이다. 또한 약은 문제를 밑에서부터 위로 공격하고, 치료사는 밖에서 안으로 공격하고, 환자는 자신의 시냅스적 자아를 오르내리면서 공격하는 동반자들이다.

11

당신은 누구인가?

당신은 누구인가요 — 누구라고? 누구라고요?
—더 후

뇌가 어떻게 작동하는지를 이해하는 것은 어려운 과제다. 그 때문에 신
경과학자들은 보통 그 퍼즐의 몇몇 조각, 예를 들어 인지 측면, 감정 측
면, 또는 동기 측면 등과 같은 조각에 대해서만 연구하며, 전체 기관이
나 시스템들을 한꺼번에 연구하지 않는다. 그러나 우리 뇌에 의해 우
리의 정체성이 어떻게 만들어지는지를 이해하려면, 우리는 이들 각각
의 과정들이 어떻게 혼합되어 뇌라는 원형질 덩어리의 전기적 · 화학적
인 활동들로부터 한 인간이 출현하게 되는지를 알아야 한다. 이제 쉽
지는 않겠지만 우리의 정체성이 어떻게 만들어지는가에 대해 내가 생
각하는 바를 시냅스 관점에서 설명할 때가 되었다.

뇌 그리고 병렬컴퓨터

내 친구 한 명은 뉴욕 맨해튼 시내의 한 신경과학 연구실에서 컴퓨터 프로그래머로 일하면서 보헤미안 생활을 즐기는 사람이다. 그는 매우 뛰어난 재능 때문에 결국 그 능력에 맞는 더 좋은 직장에서 일하게 되었다. 그는 보스턴에 있는 한 사업체에서 '연결기계connection machine'라 불리는 강력한 컴퓨터를 만들었다. 나는 그로부터 처음 병렬컴퓨터parallel computer를 듣게 되었다.

병렬컴퓨터는 우리가 익숙한 표준모델과는 다르게 작동한다. 이 컴퓨터는 순서에 따라 한 가지씩 일을 하는 것이 아니라(즉 일렬로 한 줄 한 줄 프로그램 단계들을 수행하는 것이 아니라), 많은 단계들을 동시에 처리한다. 병렬컴퓨터들은 보통 데스크탑 컴퓨터와 달리 많은 연산 처리 단위들을 가지고 있기 때문에 이런 기능이 가능하다. 주어진 작업들을 여러 처리 장치들에 분산시킴으로써 직렬컴퓨터보다 작업을 더 빨리 수행할 수 있다(집이나 사무실에 설치하기에는 너무 비싸다는 것을 생각하라).

뇌도 병렬컴퓨터의 일종으로 묘사되기도 한다. 그러나 뇌는 재고가 있어서 언제나 살 수 있는 기계와는 다르게 기능한다. 뇌는 서로 독립적으로(최소한 어느 정도는) 작동하는 연산 처리 장치들[1](신경시스템들)로 조직되어 있다. 이 시스템들의 각각은 특정한 임무를 부여받았으므로, 여러 형태의 작업들이 뇌에서 동시에 병렬적으로 처리될 수 있다. 이런 구조 때문에 당신은 길을 걸어가면서 껌을 씹고, 목적지를 찾아가면서 기쁜 감정을 느끼고, 당신의 친구가 준 전화번호를 기억해 내는 일을 모두 동시에 할 수 있다. 그와 동시에 당신은 제대로 서 있고, 혈압은 정상치를 유지하고 당신이 하는 활동들에 필요한 만큼 산소를 공급받기 위해 호흡률도 적절히 유지할 수 있다. 연결기계 (병렬컴퓨터)들은 뇌처럼 특별한 일들을 각각 수행하는 여러 그룹의 연산장치들로 나뉠 수 있다.[2] 각각의 작업은 모든 연산장치들이 한꺼번에 달려들어 처리하는 것에 비해 약간 비효율적으로 수행될지라도, 여러 가지 작업들을 동시에 처리하기 때문에 전체적으로는 더 효율적으로 기계를 사용하는 셈이다. 반대의 논리로 본다면, 적은 수의 신경시스템이 뇌의 전체 능력을 쓸 수 있다면 이 시스템들은 더 강력하게 작동할 수 있다. 그러나 우리는 하루하루 제대로 생존하기 위해 수많은 다른 일들을 해야 하므로(먹고, 자고, 걷고, 위험과 고통을 피하고, 듣고, 보고, 냄새를 맡고, 맛을 보고, 말하고, 생각하는 일 등등), 적은 수의 뇌 시스템들은 비록 자신이 맡은 특수 작업에 더 능숙할지라도 이런 일들을 모두 다 처리하기 어렵다.

      척추동물과 포유류를 거치면서 최종적으로 인간의 뇌가 만들어지는 길고도 느린 진화의 과정을 거치면서, 우리의 신경계는 중요한 일을 수행하기 위해 특수하게 설계되었다. 쉽게 포기할 수 있거나 살아가는 데 없어도 별 문제가 없는 여분의 것들을 우리는 가지고 있지 않다. 같은 맥락으로 새로운 시스템들을 쉽게 얻을 수도 없다. 예를 들어, 영장류의 뇌에 언어 및 관련된 인지 측면들을 추가하는 것은 결코 쉬운 일이 아니다. 뇌의 진화에서 뇌는 그 시점에 이미 포화상태였다. 따라서 새로운 기능 세트를 추가하려면 뇌 크기를 확대하든지 아니면 기존의 기능을 삭제하여 공간을 확보해야 한다. 사실, 두 가지 모두 일어난 것처럼 보인다. 인간의 뇌는 다른 동물의 뇌에 비해 더 크며 (전체 크기의 비율로 볼 때),[3] 재조직화가 일어난 것처럼 보인다. 예를 들어, 공간 관계를 지각하는 신경 메커니즘은 다른 영장류의 경우 양쪽 반구에 둘 다 존재한다. 그러나 사람의 경우에는 오른쪽 뇌에 주로 존재한다. 이것은 인간의 시냅스 영역에 언어 침공이 일어나면서 왼쪽 뇌에 있던 공간지각이 밀려났다는 것을 의미한다.[4]

삶이란 많은 뇌기능들을 필요로 하고, 기능은 시스템을 필요로 하며, 시스템은 시냅스적으로 연결된 뉴런들로 되어 있다. 우리는 모두 같은 뇌 시스템들을 갖고 있으며, 뇌의 각 시스템에 있는 뉴런들의 수는 사람에 관계없이 대동소이하다. 그러나 그 뉴런들이 엮어진 방식들은 각기 독특하며, 이런 독특한 면이 우리 각자를 다르게 만드는 것이다.

병렬 가소성의 역설

지금까지 이 책에서 뇌의 수많은 신경시스템들을 다루었다. 여기에는 감각기능, 운동 조절, 감정, 동기화, 각성, 내장 조절, 사고작용, 추론, 의사결정 등에 관여하는 네트워크들이 포함되어 있다. 놀라운 것은 이 모든 시스템들에 있는 시냅스들이 경험에 의해 변형된다는 점이다. 몇 가지 예들을 살펴보자.

　　　　우리가 살펴본 감정시스템들은 진화에 의해 포식자나 고통과 같은 선천적인 또는 무조건적인 자극 등과 같은 자극들에 반응하도록 프로그램되어 있다. 그러나 우리에게서 감정을 불러일으키거나 어떤 방식으로 행동하게 하는 동기화된 많은 것들은, 우리 뇌에서 우리 종의 일부로서 미리 프로그램되어진 것이 아니라 각자 배워야 한다. 감정시스템들은 연합에 의해 학습한다. 감정을 각성시키는 자극이 있을 때, 그와 동시에 존재한 다른 자극들은 감정을 각성시킬 수 있는 특질을 획득한다(고전적 조건화). 그리고 감정적으로 원하는 자극에 다다르게 하는 행동이나 해롭고 불쾌한 자극들로부터 당신을 보호하는 행동들이 학습된다(도구적 조건화). 다른 모든 형태의 학습들처럼 감정적 연합들은 그 자극들을 처리하는 뇌 시스템의 시냅스 변화에 의해 이뤄진다. 뇌의 가소적인 감정 처리 장치의 예로는 위험을 탐지하고 반응하는 시스템, 음식을 찾고 소비하는 시스템, 배우자를 찾고 사랑하는 시스템 등이 있다.

　　　　감각시스템들도 비슷하게 가소적이다. 최근까지만 해도 지각은 어린 시절 이후 감각시스템이 불변하므로 하루하루, 그리고 해가 가도 안정적이라고 생각했다. 그러나 와인버거, 길버트, 메르제니치 등의 연구결과에 의하면, 이 시스템들도 외부자극에 의해 놀랍도록 변형된다.[5] 예를 들어, 어떤 특수한 자극에 대한 경험이 어떻게 순영역을 변화시키는지, 그리고 그에 따라 그 자극을 처리하는 시냅스 영역을 어떻게 변화시키는지 메르제니치는 여러 가지 방법을 이용해 보여 주었다. 예를 들어, 손가락이 절단된 후 체감각피질에 있는 그 손가락을 담당하고 있는 영역이 줄어들고, 특정한 손가락을 대규모로 자극시키면 그것을 담당하는 피질의 영역이 팽창된다.

운동시스템들도 가소적이다. 우리가 기술을 배울 수 있고, 연습을 통해 특정한 동작 수행이 점점 나아지는 것을 보면 명백하다. 제5장에서 보았듯이 소뇌에서 시냅스전달의 변화가 어떤 형태의 운동기술 학습에 중요하다. 시냅스 가소성은 운동 조절에 관여하는 운동피질, 기저핵, 다른 뇌 영역들에서도 일어난다.[6]

시냅스 가소성이 거의 대부분 뇌 시스템에서 일어나므로, 뇌 시스템들의 대부분이 기억시스템이라고 결론내리고 싶을지 모른다. 그러나 제5장에서 보았듯이, 경험에 의해 변형되는 능력은 많은 뇌 시스템들에서 그들의 특정한 기능과 관계없는 특징이라고 보는 것이 옳다. 다시 말해, 뇌 시스템들은 처음부터 저장장치로 설계된 것이 아니다. 즉 가소성은 그들의 주된 본연의 임무가 아니다. 뇌 시스템들은 특정한 작업들, 예를 들어 소리나 빛을 처리하는 것, 음식이나 위험, 또는 배우자를 검출하는 것, 행동을 조절하는 것 등을 하기 위해 설계되었다. 가소성은 단지 그들이 작업들을 더 잘하도록 도와주는 하나의 특징일 뿐이다.

그러나 그렇게 많은 뇌 시스템에서 가소성이 일어난다는 사실로부터 우리는 흥미로운 질문을 던질 수 있다. 그렇다면 어떻게 부동의 퍼스낼러티를 지닌, 다시 말해 꽤 안정적인 생각, 감정, 그리고 동기화 집합을 갖는 사람이 나타날 수 있는가? 왜 시스템들은 서로 다른 것들을 배우지 않는가? 그리고 왜 우리의 생각, 감정, 동기화들을 다른 방향으로 끌고 가지 않는 것일까? 어떻게 그것들은 흐트러진 폭도가 아니라 서로 협조하는 작용을 하는가?[7]

단절로부터 얻은 교훈들

자아를 지탱해 주는 것을 조사하기 전에, 먼저 부분 작업이 얼마나 연약한지 살펴보자. 결론은 간단하다. 기능들은 연결들에 의존한다. 즉 연결을 끊으면 기능을 잃게 된다. 이것은 시스템들 간의 상호작용뿐만 아니라(측두엽의 어떤 부분에 손상이 일어나면 시각 대상에 대한 정보가 전전두피질로 가지 못하기 때문에, 그 자극이 작업기억에 들어가지 못하며 사고작용과 의사결정의 토대로 이용되지 못한다) 단일 시스템의 기능에도 적용된다(시각시상을 파괴하면 눈에서 오는 정보가 피질로 전해지지 못하기 때문에, 피질에서 시각 세계를 지각하지 못하게 된다)

  내가 개인적으로 목격했던 단절에 대한 가장 놀라운 예는 간질 치료를 위해 뇌 분할 수술을 받은 청소년이었다.[8] 이 수술로 뇌의 양쪽을 연결하는 신경이 절단되어 간질 활동이 좌, 우의 반구 사이를 이동하지 못하도록 했다. 원치 않은 부작용은 두 반구가 다소 따로 논다는 것이다. 수술한 지 며칠 뒤 소년은 한쪽 손으로는 바지를 내리려 하고 다른 손으로는 바지를 올리려는 장면이 목격되었다. 오른손은 좌반구의 지배를 받고 왼손은 우반구의 지배를 받고 있기 때문에, 우

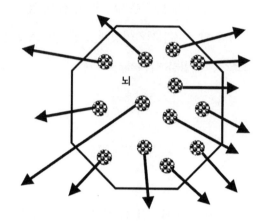

그림 11.1 다루기 힘든 무질서한 군중과 같은 뇌 시스템들
우리에게는 우리 정체성에 관한 정보를 학습하고 저장할 수 있는 수많은 뇌 시스템들이 있는데, 그렇다면 어떻게 하여 우리는 고유한 성격들을 발달시킬 수 있는 것인가? 우리는 어떻게 하여 스스로 정보를 학습하고 저장하는 시스템들의 무질서한 모임으로서가 아니라, 목표들과 소망들을 가지며 하나의 정체성을 가진 한 개인 또는 한 인격으로서 기능할 수 있는가?

리가 쉽게 하는 운동 조절의 정상적인 통합이 이 어린이한테서는 파괴된 것이다. 왜냐하면 두 손에게 최종적인 명령을 내리는 뇌 시스템들이 더 이상 연결되어 있지 않기 때문이다(이런 종류의 모순된 행동은 유사한 많은 환자들로부터 보고되었지만 직접 목격했을 땐 놀라웠다).

또 다른 예로는 전도실어증이 있다. 이 환자들은 별 어려움 없이 말을 할 수 있고 듣는 말을 이해할 수 있다(예를 들어, 누군가 말하는 물체의 그림을 손으로 가리킬 수 있다). 그러나 단어나 문장을 듣고 나서 따라하지 못하고 묻는 질문에 답하지 못한다. 20세기의 위대한 신경학자인 게쉬윈드의 설명에 따르면, 언어 이해에 관여하는 뇌의 영역과 말을 하는 영역 사이에 정보를 전달하는 신경경로가 잘려 나갔기 때문이다.[9] 따라서 뇌의 두 영역 간의 전도가 차단되었다.

게쉬윈드는 '단절 증상disconnection syndromes'이라 는 용어를 사용하여 뇌 영역들 간의 의사소통이 파괴되는 데서 비롯되 는 특정적인 행동 또는 정신상의 특징들을 설명했다. 이런 질환들의 놀 라운 점은 결함이 특정한 한 기능의 소실에서 유래되는 것이 아니라, 뇌 영역 간의 정보교환이 되지 않는 데서 일어난다는 것이다. 단절 증 상들은 뇌 시스템들 간의 내적인 조율이 마음과 행동의 통일성을 유지 하는 데 얼마나 중요한지를 알려 준다.

뇌손상 효과가 꼭 단절 증상들로 해석되지는 않지만, 뇌 가 손상되면 단절이 반드시 일어난다. 예를 들어, 복측 또는 안와피질 에서 일어나는 전전두피질의 손상은 퍼스낼러티를 급격히 변화시킨다 는 것이 19세기부터 알려져 왔다.[10] 철로공사 현장에서 생긴 사고로 쇠 막대기가 게이지의 뇌를 관통한 후 이 착실한 시민은 변덕스럽고, 불 손하며, 조절하기 힘든 성격으로 변했다. 당대의 한 관찰자는 "그의 지 적인 재능과 동물적인 충동 사이의 평형이 파괴된 것 같다"고 말했다.[11] 이 사례와 그 밖의 많은 경우들에 기초하여 다마시오가 주장한 바에 의 하면, 복측전전두피질에 손상이 일어나면 사회적 제어 능력이 소실되 며 극단적인 경우에는 반사회적 이상행동을 일으킨다.[12] 그러나 복측전 전두 영역을 사회적 예의범절의 장소라고 보는 것은 잘못이다. 다마시 오에 따르면, 복측전전두피질의 손상에 따른 결과들은 생각과 행동을 지도하는 데 감정적인 정보를 적절히 사용하는 능력이 파괴된 데서 기 인하는 것으로 생각할 수 있다. 이것은 논리적으로 보이는데, 복측전전두피질에 있는 몇 가지 주요 연결들은 고차원적인 인지과정(해마뿐만 아니라 외측전전두피질과 전측대상피질 같은 다른 전전두 영역들)과 감정/동기화 기능(편도체와 측좌핵)에 관여하고 있기 때문이다. 따라서 복측전전두 손상은 이곳에 단지 구멍을 내는 것 이상을 의미한다. 이 뇌 영역은 애초에 참여하고 있는 회로들로부터 퇴출된 것이다. 따라서 뇌손상은 항상 회로단절을 일으킨다.

연결의 변화는 정신질환에서도 일어나지만, 뇌손상이 뚜렷한 신경학적 환자들에서보다 훨씬 미세하다. 결과적으로 정신질환들은 단절 증상이라기보다는 연결상 문제로 보는 것이 적절할 것 같다. 예를 들어 앞 장에서 보았듯이 스트레스 호르몬이 장기적으로 높은 수치로 올라갔을 때, 이에 적응하는 과정에서 전전두피질과 편도체뿐만 아니라 해마에 있는 회로에 변화가 일어나서 우울증에 걸린다는 증거들이 있다. 뇌의 한 영역에서의 손상이 이 영역과 연결된 다른 영역들(또는 시스템들)이 매개하는 기능에 영향을 주듯이, 한 영역에서의 시냅스 작동에 변화가 생기면 이 역시 영향을 줄 수 있다. 뇌의 한 영역이 다른 영역에 대해 아는 유일한 것은 그 영역의 시냅스들 상태에 대한 것이다. 한 영역에서의 시냅스들의 변화는 마치 도미노처럼 다른 영역에서의 시냅스들을 변화시킨다.

뇌는 대부분 자아를 전체적으로 잘 유지한다. 그러나 연결이 변화하면 퍼스낼러티도 변할 수 있다. 자아가 매우 연약한 실체라는 것은 우리를 당황하게 만든다. 자아가 연결을 변화시키는 경험들에 의해 분해될 수 있다면, 아마도 그것은 연결을 개설하거나 변화시키거나 새롭게 하는 경험들에 의해 재조립될 수도 있을 것이다. 신경과학 분야의 한 가지 흥미로운 도전은 어떻게 뇌를 조작하여 정신질환을 앓는 환자가 스스로 또는 치료사의 도움으로 시냅스들을 다시 제자리에 복원시키는지 그 방법을 이해하는 것이다.

자아 조립하기

제4장에서 살펴보았듯이 당신의 뇌는 어린 시절에 유전적 영향과 환경적 영향의 조합에 의해 조립된다. 유전자들에 의해 당신의 뇌는 인간의 뇌가 된 것이고, 당신의 뇌는 다른 가족 구성원들보다는 당신의 가족 구성원들의 뇌와 더 비슷하지만, 그럼에도 불구하고 여전히 구별된다. 그 후 세계와의 경험들을 통해 당신의 시냅스적 연결들은 조정되어(선택 그리고/또는 지시와 구성에 의해), 당신을 다른 모든 사람들과 더욱 구분시켜 나간다.

시냅스연결들은 특정한 신경계에서 환경에 의해 유도된 신경활동에 의해 조정된다. 이런 변화들이 생애 초기에 나타나면, 이들은 발생 가소성과 관련된다고 말한다. 이들이 늦게 나타나면 학습으로 간주된다. 발생 가소성과 학습 사이에는 가는 선이 있으며 아마 존재하지 않을 수도 있다. 따라서 나는 이런 구분을 무시하려고 하며, 여러 신경시스템들에서 일어나는 시냅스 가소성이 자아 본성을 조립하고 유지하는 과정에서 어떻게 조율되는지에 대한 질문으로 곧바로 뛰어들려

한다. 내 생각에는 이것이 일어나는 방식을 7가지 원칙으로 이해할 수 있다.

제1원칙_ 다른 시스템들이 같은 세상을 경험한다

서로 다른 신경시스템들은 서로 다른 기능들을 갖지만, 같은 뇌에 있기 때문에 같은 생활 사건들을 암호화하는 데 관여할 것이다. 한 시스템은 시각정보를, 다른 시스템은 청각정보를, 또 다른 것은 같은 현장에서의 냄새를 맡는다. 또 다른 여러 시스템들은 그 장면, 소리, 냄새에서 어떤 위험인자가 존재하는지, 또는 맛있는 먹을거리가 있는지를 결정한다. 유기체와 그것이 상호작용하는 세계의 관점에서 본다면, 이것들은 다른 경험들이 아니며 단지 한 경험이 갖고 있는 여러 개의 측면들이다. 그리고 각 시스템이 가소적이기 때문에 정보를 학습하고 저장할 수 있다 하더라도, 각각은 같은 경험에 대한 정보를 배우고 저장한다. 같은 국가의 다른 거리에서 사는 사람들은 서로 얼굴을 본 적도 없지만 비슷한 환경영향(비슷한 기후, 지리, 신화와 전설, 정치·역사, 현 정치상황, 사회기관들) 속에 살기 때문에 같은 문화를 공유하므로, 뇌에서도 각 시스템들 사이에 문화의 공유가 일어난다.

　　　이 원칙을 보다 명확히 하기 위해 그림 11.2를 보자. 그림 A에서 세 개의 신경시스템들을 갖는 가상적인 뇌를 그려 놓았다. 이 모델 뇌에서 시스템들은 서로 간에 직접적으로 의사소통하지 않는다. 그러나 입력이 같기 때문에 그들은 세계에 대해 정확히 같은 것들을 알게 된다. 따라서 그들은 완전히 중복되는 처리 장치들이다.

A 공통의 입력이 동일한 뇌 시스템들에 의해 처리됨

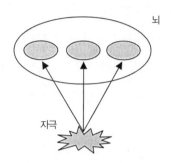

뇌

자극

B 공통의 입력이 별개의 뇌 시스템들에 의해 처리됨

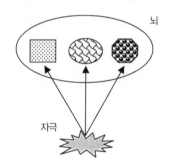

뇌

자극

그림 11.2 별개의 시스템들로 들어가는 공통의 입력들은 병렬 가소성을 조율한다
우리는 정보를 학습하고 저장할 수 있는 많은 뇌 시스템들을 갖고 있지만, 그것들은 모두 같은 사건들을 경험하기 때문에 다른 것들이 아니라 같은 것들에 대한 정보를 학습하고 저장한다. 그러나 각각의 시스템들은 다르다. 결과적으로 같은 사건들에 대한 정보를 학습하고 저장하지만 그들은 이 사건들의 다른 측면들을 처리한다.

그림 B는 조금 복잡성을 추가했다. 이제 세 가지 시스템들은 별개이며 중복되지 않는다. 즉 각각은 세계를 다르게 암호화한다(그림에서 다른 모양으로 표시했음). 이것들은 다른 감각시스템들로(예를 들어 시각, 청각, 후각 등) 생각할 수 있다. 각 처리 과정이 질적으로 다른 정보들을 처리한다는 사실에도 불구하고, 그들은 같은 사건들을 경험하고 있으므로 세계에 대해 그들의 표상에서 중복 정도가 여전히 강하다. 한 경험의 소리, 시각, 냄새 등을 각 시스템 관점에서 보면 정보의 서로 다른 조각들이지만, 뇌와 인간의 관점에서 보면 같은 경험을 이루는 부분들이다.

그럼, 우리의 가상적인 뇌가 세 곳을 방문하여 세 가지 다른 경험을 했다고 가정해 보자. 각 경험은 세 시스템(시각, 청각, 냄새)에 의해 암호화될 것이다. 이와 반대로 각 경험을 할 때 오직 한 시스템만 활동하고, 그 활동하는 시스템은 세 경험에서 모두 다르다고 가정해 보자. 이 경우 유기체와 그의 뇌는 세 가지 별개의 경험을 했음에도 불구하고 각 시스템은 한 번씩만 경험한다. 결과적으로 이 뇌는 첫 번째 환경에 대한 시각 형태의 정보를 갖고, 두 번째 환경에 대해서는 청각정보를, 세 번째 환경에 대해서는 후각정보를 갖지만, 병렬적인 암호화가 일어나지 않았으므로 세 시스템들 간에 세 경험에 대한 정보가 공유되지 않는다.

정상적인 경우에 이런 일은 발생하지 않는다. 당신 뇌의 여러 시스템들은 같은 경험들을 공유한다. 그들은 이것을 다르게 암호화하지만, 동일한 외적 사건들을 암호화한다. 그들은 동일한 세부적인 사항들에 초점을 항상 맞추고 있진 않으며, 각 경험에 항상 똑같이 참여하지도 않는다. 그러나 한 신경시스템이 한 경험을 암호화하는 정도까지, 같은 뇌의 다른 시스템들도 그 경험을 암호화하고 있다. 신경시스템들에 의한 병렬 암호화 방식, 그리고 신경시스템들에 존재하는 병렬 가소성의 결과에 의해 시스템들은 직접적으로 서로 대화를 나누지 않으면서도 공유된 문화가 시스템들 사이에 형성되고 지속된다.

제2원칙_ 동조는 병렬 가소성을 조율한다

실제 뇌에서 신경 네트워크들은 격리된 채 존재하지 않는다. 그들은 시냅스전달 과정을 통해 다른 네트워크들과 소통한다. 예를 들어, 둥그스름한 붉은 덩어리가 아니라 사과를 보기 위해서는 서로 다른 하위 시스템들에 의해 처리된 자극의 여러 특징들이 통합되어야 한다. 제7장에서 본 것처럼 이것이 일어나는 과정을 이해하는 데 생기는 문제를 '결합 문제'라고 부른다. 이 문제에 대한 한 가지 인기 있는 해답은 뉴런 동조 개념이다.[13] 동조(동시)발화와 결합이 일어나는 것은 의식을 설명하기 위해 제안되었다(제7장). 그러나 여기서 우리의 관심은 영역들을 가로질러 가소성을 조율하기 위해 연결되어 있는 다른 영역들에 있는 세포들 사이에 동조발화하는 능력에 있다.

싱어는 영역들(특히 시각계)을 가로질러 가소성을 통합하는 하나의 수단으로서 동조를 주장했다.[14] 그의 기본적인 아이디어를 간단히 말하면, 각 영역들에 있는 세포들이 동조하여, 즉 동시에 활동전위를 발화할 때 서로 연결되어 있는 서로 다른 영역들을 가로질러 정보처리가 조율된다. 예를 들어, 금방 본 물체에 대한 색과 형태는 특별한 형태와 특별한 색깔을 처리하는 세포들이 동시에 활동하기 때문에 같이 출현한다. 색 영역과 형태 영역에 있는 세포들 사이의 시냅스 상호연결에 의해, 헵 가소성이 일어난다(왜냐하면 외부의 시각자극에 의해 그들이 활성화되는 같은 시간에 세포들이 서로를 활성화시킬 것이기 때문이다). 따라서 헵 가소성은 활동하는 세포들을 동시에 결합시킬 수 있으므로, 다음번에 같거나 유사한 자극이 일어나면 같은 세포들 사이의 연결들이 활성화될 것이다(그림 11.3). 동조발화가 헵 가소성을 만들어 낸다는 것은(의식적 지각에 대립하는 것으로서) 명백하다. 사실 입력들이 (거의) 동시에 활성화된다는 것으로 헵 가소성을 설명할 수 있다(제6장).

불행히도 이런 형태의 변화들이 실제로 뇌의 네트워크들 간에 일어나는지('개별적인 네트워크 속에서'에 대립하는 것으로서)는 잘 알려져 있지 않다. 그러나 컴퓨터 시뮬레이션을 이용한 최근의 연구에서 각 시스템들에서 일어나는 가소성이 서로 연결된 시스템에서의 정보처리에 어떻게 변화를 주는지 조사하고 있다.[15] 이 연구는 실제 뇌에서 유사한 연구를 하는 데 기초를 제공할 것이다.

뇌 영역들을 가로질러 통합하는 것(결합)은 일반적으로 지각의 맥락에서 논의된다. 그러나 뇌에서 벌어지는 장거리 대화를 이해하는 것은 기억, 감정, 동기화, 그 밖의 다른 시스템들에게도 중요하다. 시스템들을 가로질러 상호작용하는 현상을 연구하는 것은 자아 본성을 뇌와 관련지어 이해하려 할 때 특히 중요할 것이다. 아주 간단한 예를 살펴보자. 우리가 사과를 지각할 때 그것은 단지 형태, 모습, 즉 기타 시각적인 사물의 특징들만을 통합하여 이뤄지는 것이 아니라, 이런 특징들을 그 사물, 그리고 그 사물과 관련된 경험에 대한 기억으로

동시에 활성화된 입력들은 각 영역에서 연합을 일으킨다

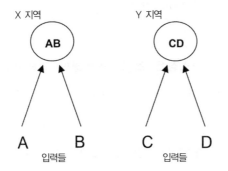

영역들 간의 상호작용들도 또한 연합을 일으킨다

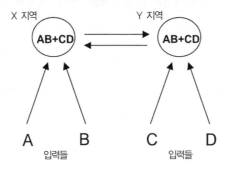

그림 11.3 네트워크들을 가로질러 가소성이 전파되는 것에 의해 병렬 가소성이 조율된다
단순히 한 지역 내에서 가소성을 유도하는 것 대신 네트워크들을 가로질러 통합하는 과정에서 헵 가소성이 유용하게 이용되려면, 가소성은 네트워크들 사이를 전파할 필요가 있다. 그림에서 두 영역(X와 Y)은 중복되지 않는 입력들을 받고 있다(X는 A와 B를 받고 Y는 C와 D를 받는다). 만약 A, B, C, D 입력들이 동시에 모두 활동하면, A와 B의 동시 활동은 X에서 헵 가소성을 일으킬 것이고 C와 D의 동시 활성은 Y에서 가소성을 일으킬 것이다. 그러나 X와 Y가 서로 연결되어 있으므로 (A와 B의 활동에 의해 발생하는) X의 활성화는, C와 D에 의해 Y가 활성화되는 거의 같은 순간에 Y를 활성화시키게 된다. 결과적으로 Y에서 C와 D의 연합은 X(A와 B의 연합)와 연합될 것이다. 유사하게 (C와 D의 활동에 의해 발생하는) Y의 활성화는 A와 B에 의해 X가 활성화되는 거의 같은 순간에 X를 활성화시키게 된다. 그리고 X에서 A와 B의 연합은 Y(C와 D의 연합)와 연합될 것이다.

저장된 정보들 및 지금 이 순간, 과거, 그리고 미래에서의 그 사물의 중요성이 모두 통합하여 이뤄진다.

제3원칙_ 병렬 가소성은 조정시스템들에 의해서도 조율된다

서로 다른 뇌 시스템들에서의 병렬 처리는 조절물질들에 의해서도 조율된다. 우리가 살펴본 것처럼, 이들은 새롭고 예측하지 못한, 또는 고통스런 자극이나 감정적 각성을 다르게 일으키는 자극이 존재할 때 뇌 전체로 퍼져 분비된다. 지난 장에서 우리는 조절물질 중 하나인 모노아민들이 정신질환에 미치는 영향을 확인했다. 여기서는 그들이 정상적인 기능일 때 담당하는 역할을 보고자 한다. 이들은 동전의 앞뒷면과 같다.

20세기 중반 뇌간의 한 영역이 각성과 경계에 필요하다는 사실이 연구자들에 의해 밝혀졌다.[16] 이 영역이 손상되면 동물이건 사람이건 혼수상태에 빠진다. 이 영역을 자극하면 깊은 잠에 빠진 동물을 깨울 수 있고, 동물이 이미 깨어 있는 상태라면 이런 자극에 의해 각성과 주의집중이 더 향상된다. 이 영역은 '망상활성시스템reticular activating system' 또는 '망상구조reticular formation'라고 불린다. 그 후에 각성기능들은 뇌간에 있는 하나의 통합시스템에 의해 설명되는 것이 아니라, 주변에 있는 여러 다른 뉴런 그룹의 활동이 관여하고 있으며 각 그룹은 고유한 화학기호(그룹들마다 전달물질 분자가 다르다)를 가지고 있음이 밝혀졌다.[17] 이 화학물질들은 모두 아민 계열이며, 특히 모노아민인 도파민, 노레피네프린, 에피네프린, 세로토닌과 아세틸콜린을 포함한다.

　　조절물질을 만드는 세포들은 주로 뇌간에 위치해 있지만 그들의 축삭들은 뇌 전체에 퍼져 있다. 결과적으로 이 세포들이 활성화되면 많은 뇌 영역들이 영향을 받는다. 조절물질들의 광범위한 활동은 무언가 중요한 사건이 일어났음을 널리 알리는 데 유용하지만, 일어난 일이 정확히 무엇인지 그 정체를 밝히는 데는 덜 적합하다. 조정(조절물질) 시스템은 조그만 도시의 한가운데 있는 소방서에서 들리는 화재경보와 같은 기능을 한다. 이 화재경보 소리에 의해 도시의 모든 소방경비대원들이 소방서에 집결하게 되는데 이때 어느 집에서 불이 났다는 것을 알리지는 않는다. 이런 정보는 그 후에 다른 방법에 의해 알게 되는데, 뇌도 마찬가지로 어떤 일 때문에 각성이 일어났는지를 다른 방법에 의해 추후에 정확히 결정해야 한다.

　　조절물질들의 주된 임무는 뉴런들 간의 신경전달을 조절하는 것이지만, 그들이 접촉하는 모든 시냅스들에 다 작용하는 것은 아니다. 그들은 조절물질이 도착하는 순간 이미 활동하고 있었던 시냅스들에서만 전달을 효과적으로 조절한다(그림 11.4).

　　조정(조절물질) 시스템들은 중요한 경험들을 하는 순간 활성화되기 때문에, 조절물질들은 산재된 신경시스템들을 가로질러 그러한 경험들을 활동적으로 처리하고 있는 시냅스들의 전달을 선택적으로 촉진할 수 있다. 감정적 경험이나 다른 중요한 경험들은 우리가 쉽게 기억하는 형태들이며, 제8장에서 보았듯이 노레피네프린과 같은 조절물질은 감정적 사건들이 일어나는 동안 기억을 향상시킨다고 알려져

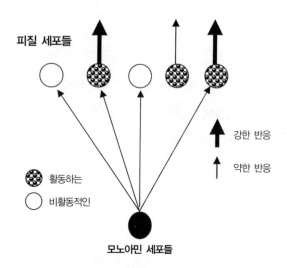

피질 세포들

강한 반응

약한 반응

활동하는

비활동적인

모노아민 세포들

그림 11.4 조절물질들은 병렬 가소성을 조율한다

뇌간에 있는 모노아민 세포들은 널리 퍼진 뇌의 여러 영역들로 연결들을 보내고(피질의 다른 영역에 있는 세포들이 그려져 있다) 중대한 사건 동안 모노아민들을 분비한다. 많은 영역들에 있는 세포들은 모노아민 분비에 의해 동시에 영향 받지만, 활동하는 세포들(현재 사건을 처리하는 데 활동적으로 관여하고 있는 세포들)만이 영향을 받는다. 예를 들어, 세 가지 활동적인 피질 세포들이 그림에 나타나 있다. 모노아민 입력을 받는 두 개의 활동적인 세포들은 입력을 받지 않는 한 세포보다 더 강한 반응을 보인다. 모노아민들의 한 가지 효과는 가소성을 촉진하는 것이다. 따라서 사건을 활동적으로 처리하고 있는 영역들에 있는 세포들에서는 학습이 촉진된다. 이런 방식으로 가소성은 중대한 사건들 동안 광범위한 영역들을 가로질러 조율되며, 아울러 가소성은 그러한 사건을 처리하는 데 활동적으로 관여하는 세포들이 그 사건에 대한 정보를 저장할 확률을 증가시킨다. 서로 다른 뇌 영역들은 한 경험의 서로 다른 측면들을 저장하기 때문에, 그러한 조율은 한 경험에 대한 우리의 기억들(암묵기억과 외현기억)의 통일에 중요하다.

있다. 또한 노레피네프린은 LTP의 유도에도 관여하는 것으로 추정되고 있는데,[18] LTP란 우리가 보았듯이 시냅스 가소성을 연구하는 실험적 현상이다. 따라서 이 화학물질이 있으면 LTP는 촉진되고, 그것이 없으면 붕괴된다. 결국 조절물질들은 중요한 사건을 처리하는 데 활동적으로 관여하는 회로들에서의 전달과정을 순간적으로 촉진시켜 줄 뿐 아니라, 그 회로에서의 시냅스 가소성을 증진시켜 학습과 기억을 증진시킨다. 정신질환에 대한 모노아민 치료법을 지지하는 가장 유명한 이론들 중 하나에 의하면, 이 치료약물들이 시냅스에서 더 많은 세로토닌과(또는) 노레피네프린이 가용해지도록 하고, 이에 따라 시냅스 가소성을 증진하는 세포 내부의 분자적 신호전달 시스템들을 촉진한다. 뇌 시스템들을 가로질러 가소성을 조절하는 것은 정상적 정신상태에서나 병리적 정신상태에서나 모두 중요하다.

조절물질들의 가장 중요한 특징 중의 하나는, (글루타메이트나 가바 같은 전달물질과 비교해볼 때) 일단 분비되면 오래 작용한다는 것이다. 글루타메이트나 가바의 주요 작용은 수 밀리세컨드 동안 지속되지만, 조절물질들은 수 초 동안 지속된다. 모든 뇌 시스템들이 정확히 똑같은 속도로 작동하지 않는다는 것을 생각할 때(어떤 시스템은 더 먼 거리의 시냅스와 더 많은 연결들로 되어 있으며, 일반적으로 처리 과정이 복잡할수록 더 많은 연결들이 관여되어 있으므로 더 많은 시간이 소요된다), 조절물질의 작용 시간이 긴 것은 처리 장치들의 넓은 범위에, 즉 한 사건을 처리하는 간단하고 단순한 것에서부터 복잡하고 가장 오래 걸리는 것에 이르기까지 영향을 줄 수 있어 한 경험을 구성하는 여러 측면들로부터 추출하는 정보들과는 독립적으로 학습이 진행되도록 해준다.

서로 다른 시스템들은 한 경험의 여러 다른 측면들에 대해 배우지만, 조절물질들이 광범위하게 퍼져 작용한다는 것은 무언가 중요한 것이 발생했을 때 여러 시스템들에 있는 활동적인 시냅스에서 가소성이 병렬적으로 일어나는 데 도움을 준다. 결과적으로 한 경험의 다중적 요소들(장면, 소리, 냄새, 감정적·동기적 중요성, 움직이는 패턴 등)을 촉진시켜, 여러 시스템들을 가로지르지만 전체적인 경험이 한 번에 저장될 수 있도록 도와준다. 물론 이런 시스템들에 포함되는 것으로는 암묵적 정보를 처리하는 시스템과 명시적 정보를 처리하는 시스템 모두가 포함되지만, 후자의 시스템이 더욱 그러하다.

모든 조절물질들이 똑같은 효과를 가지는 것은 아니다(어떤 것은 가소성을 향상시키는 것이 아니라 억제한다). 그리고 같은 조절물질이라도 그것이 작용하는 시냅스후 수용체의 종류에 따라 다른 효과를 줄 수 있다. 또한 한 조절물질과 수용체 사이의 상호작용은 회로에 있는 세포들의 종류에 따라 달라질 수 있다. 예를 들어, 세로토닌이 한 수용체와 결합할 때 억제를 만들 수도 있고, 또 다른 수용체와 결합할 때 흥분을 일으킬 수도 있다. 그러나 최종적인 효과는(그것이 흥분을 유발할 것인지, 또는 억제를 유발할 것인지는) 세로토닌 수용체가 위치해 있는 뉴런의 종류에 의해 결정된다. 예를 들어, 세로토닌은 편도체 투사세포들의 활동을 억제한다(이 세포는 편도체의 한 영역에서 다른 영역으로 정보를 전달하는 흥분성 세포다). 그러나 이런 억제작용은 가바 세포에 있는 흥분성 세로토닌 수용체를 통해서 일어난다.[19] 따라서 세로토닌은 가바 억제성 세포들을 흥분시키고 이들은 편도체 투사세포들을 억제한다. 세로토닌과 그 수용체 간의 상호작용 결과가 흥분성이지만 전체 회로에서의 결과는 억제성이다. 조절물질들이 특정한 회로에 전달을 조절하는 것, 그리고 가소성의 유도(학습)와 가소성의 유지 (기억)에 기여하는 바를 잘 이해하기 위해서는 더 많은 연구가 필요하 다. 그러나 우리 지식이 일부 부족하더라도 가소성을 향상시키는 조절 물질들의 역할이 잘 알려져 있으므로, 조절물질들은 신경시스템 간의 가소성도 조절할 수 있을 것으로 보인다.

제4원칙_ 수렴지대들이 병렬 가소성을 통합한다

지금까지 인용한 예들을 통해, 뇌 시스템들은 병렬 방식으로 학습한다 는 것을 보았다. 병렬 학습은 자아본성이 조립되도록 해주는 복잡한 처 리 과정 중의 중요한 부분이지만, 병렬 학습 그 자체만으로는(동조와 조 절물질들에 의해 보강되더라도) 한 인간의 일관된 퍼스낼러티를 설명하 기에는 부족하다.

사람과 영장류에서 자아-조립에 관여하는 또 다른 중요 한 메커니즘은 수렴지대가 존재한다는 것이다. 이 영역에서 다양한 시 스템들로부터 오는 정보들이 통합될 수 있다. 그림 11.5는 두 가지 독 립적인 처리 단위들을 보여 주고 있는데, 그들의 출력들이 제3의 수렴 지대에서 만나고 있다. 많은 동물들은 조절물질들과 동조발화에 의해 동시에 학습할 수 있는 다중적이고 독립적인 학습시스템들을 가지고 있지만, 몇몇 동물들만이 피질에 수렴지대들을 갖고 있다.[20] 한 포유동 물 종의 인지적 복잡성은 그들의 피질에 있는 수렴지대가 얼마나 많은 가와 밀접히 관계 있다. 사람은 원숭이보다 더 많이 갖고 있으며, 원숭 이는 쥐보다 더 많이 갖고 있다. 하나의 수렴지대로 입력되는 두 지역

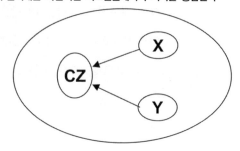

수렴지대는 독립적인 시스템들에서의 처리를 통합한다

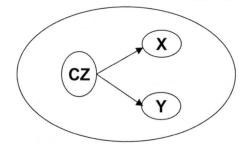

수렴지대는 독립적인 시스템들에서의 처리에 영향을 미칠 수 있다

그림 11.5 수렴지대CZ는 병렬 가소성을 통합한다
수렴지대CZ란 다른 뇌 영역들로부터 입력들을 받고, 다른 영역들에 의해 개별적으로 처리된 정보를 통합하는 영역을 말한다. 중요한 수렴지대들이 전전두피질에 위치해 있다. 일단 정보가 통합되면, 그것은 입력 영역들의 활동에 영향을 미치는 데 사용될 수 있다. 이러한 경우에는 상향식 처리와 하향식 처리가 있다. 여러 시스템들로부터 정보를 통합하고 정신적 작업들(비교, 대조, 인식하는 과정)을 위해 잠시 그 정보들을 유지하는 작업기억의 능력은 전형적인 하나의 상향식 과정이고, 이런 처리의 산물을 이용하여 우리가 주의집중하고 있는 것을 조절하는 데 이용하는 작업기억의 능력은 전형적인 하나의 하향식 과정 또는 집행기능이다.

에서 동시에 가소성이 일어난다고 할 때, 가소성은 수렴지대에서도 일어날 수 있다. 왜냐하면 가소성이 각 지역에서 형성되는 순간에 일어나는 높은 활동들은 수렴지역으로도 전달되기 때문이다. 또한 동조와 조절물질들도 수렴지대에 영향을 미쳐 시스템들을 가로질러 정보들을 통합하는 능력을 더욱 증가시킨다.

수렴은 시스템들 사이에서 일어나기 전에 시스템 내에서 일어난다. 시각피질의 '무엇' 흐름에서의 사물 인식의 경우가 한 예다(제7장). 다른 피질 처리 시스템들처럼 사물 인식 시스템은 위계적으로 조직화되어 있다.[21] 나중 단계들은 초기 단계들에 의존하고 정보 표상은 단계를 거치면서 더 복잡해진다. 예를 들어 초기 단계에서 각 세포들은 자극의 작은 부분에 대한 윤곽, 가장자리 등에 주로 반응한다. 많은 세포들을 가로질러 자극의 모습을 구성하는 모든 윤곽들이 표상된다. 다음 단계에서 세포들은 초기 단계의 세포들로부터 수렴적인 입력들을 받는다. 한 사물의 다른 부분들을 표상하는 세포들로부터 입력을 받아, 제2단계에 있는 각 세포는 그 사물의 더 큰 부분을 표상한다. 이런 식의 수렴이 계층을 따라 계속되며, 마지막 단계에 있는 개별적인 세포들이 전체 사물의 대부분을 표상한다. 이들 후자 세포들은 한때 '할머니 세포'라고 정겹게 불리었는데, 이들은 당신의 할머니의 얼굴처럼 복잡한 자극을 표상하는 데 필요한 모든 정보를 받아들일 수 있는 것으로 여겨졌기 때문이다. 할머니 세포가 존재한다고 더 이상 믿지 않지만, 앙상블이라 불리는 시냅스로 연결된 세포들의 작은 세트들이 처리 계층에 있는 낮은 수준들로부터 수렴적인 입력들을 받아들여 얼굴들, 복잡한 장면들, 그리고 지각이 되는 다른 사물들을 표상한다고 많은 과학자들은 믿고 있다.[22] 이런 차이는 한때, '교황pontifical' 세포들(사물들의 방식에 대해 최종 결정을 혼자 내리는)과 '추기경cardinal'

세포들(작은 그룹으로 일을 처리하는) 사이의 차이로 묘사되었다.[23] 단일
세포들이 놀라운 능력들을 갖고 있다는 연구결과들이 있지만,[24] 대부분
의 연구자들은 단일 세포들보다는 앙상블들이 정신적·행동적 기능들
의 바탕을 이루고 있다고 믿고 있다.[25]

　　　　일단 시스템 내에서 수렴이 완성되면, 그것은 시스템들
을 가로질러 일어나기 시작한다. 1970년에 존스와 포웰은 중요한 연구
결과를 발표했는데, 피질에서 2개 또는 그 이상의 감각시스템들의 마
지막 처리 과정 단계로부터 수렴적인 입력을 받는 몇 가지 영역들을 원
숭이 피질에서 찾아냈다.[26] 발견된 주요한 수렴지대들의 몇몇을 보면,
후두정엽, 부해마 영역,[27] 전전두피질 영역들이다. 다양한 종류의 정보
들을 통합할 수 있는 이 영역들의 능력은 왜 이들이 뇌의 가장 복잡한
인지기능들에 관여하고 있는지를 잘 설명해 준다. 우리가 보았듯이 전
전두피질의 영역들은 작업기억 기능에 관여하고 있으며, 이것은 사고,
계획, 의사결정 등의 많은 측면들의 바탕이 된다. 후두정엽 영역은 영
장류에서 공간 움직임의 인지적 조절에 중요한 역할을 하고,[28] 인간의
경우 좌반구에서는 언어 이해에 핵심적으로 관여하며 우반구에서는 공
간 인지에 관여한다.[29] 비鼻피질 영역들은 내측두엽 기억시스템의 한
부분이다(제5장). 이들은 피질의 감각 영역들과 해마 사이의 핵심적 연
결들을 만들고, 그에 따라 장기적 외현기억들을 수립하는 과정에서 외
적인 자극들 간의 관계들을 형성하는 데 필요한 원료들을 해마로 제공
한다. 해마 역시 수렴지대다. 다양한 감각시스템들로부터 입력 자체들
을 통합하는 것이 아니라, 다른 수렴지대들로부터 입력들을 받기 때문

에 일종의 초-수렴지대가 된다.[30]

해마와 같은 수렴지대에서 완전히 독립적인 감각표상들이 기억표상들로 종합되어, 초기 과정에 관여했던 개별적인 시스템들을 초월하는 것이 가능하다. 따라서 서로 다른 시스템들은 한 경험의 개별적인 측면들에 대한 독립적인 기억들을 형성하는 반면 수렴지대에서, 또는 수렴지대에 의해 형성되는 기억들은 다면적이다. 이 기억들은 여러 다른 시스템들로부터 추출된 정보를 포함한다. 이런 기억들은 유기체가 겪는 전체적인 경험을 반영하는 것이지, 다른 시스템들에 의해 기록된 경험의 부분 조각들을 반영하는 것이 아니다. 그러나 부분 조각들은 원료들이므로 수렴지대에서 형성된 기억과 하위 연결들에서 형성된 기억 사이에는 일종의 경험의 단일성이 있다. 그리고 해마 및 다른 수렴지대들은 중대한 각성의 상태 동안 조정(조절물질) 시스템들에 의해 입력들을 받기 때문에, 이들 네트워크에서의 가소성은 뇌의 여기저기에 있는 다른 시스템들에서 일어나는 가소성과 조율된다.

이런 배치에 의한 주목할 만한 결과는, 중요한 경험 동안 암묵적으로 그리고 명시적으로 기능하는 모든 시스템들에 의해 기억들이 형성되지만 그 기억들이 어느 정도 조율된다는 것이다.[31] 즉 한 경험에 대해 의식적으로 기억할 수 있는 내용요소들은, 또한 다른 시스템들에 암묵적으로 분리되어 저장되는 일부의 내용요소들과도 종종 중복된다. 내측두엽에 있는 수렴지대 같은 것들은 개별적으로 그리고 암묵적으로 다른 시스템들에 암호화되는 내용요소들을 통합하여 의식적인 접근이 가능한 기억들을 만들 수 있게 해준다. 그러나 내측두엽 시스템들이 의식적으로 접근할 수 있는 방식으로 기억들을 형성하는 반면, 이 기억들은 작업기억에 있어야만 의식으로 들어갈 수 있다는 것을 명심하자. 그리고 다음에 보겠지만, 일단 작업기억에 들어가면 기억들과 생각들은 처리 과정의 계통을 따라 거꾸로 내려가는 활동에 영향을 미친다.

제5원칙_ 하향적으로 이동할 수 있는 사고들이 병렬 가소성을 조율한다

지금까지 나는 자아를 조립하는 과정을 밑에서부터 위로 거의 자동적으로 진행되는 과정들에 초점을 맞추어 이야기했다. 그러나 이것은 전체 이야기의 일부분일 뿐이다. 밑에서 위로 가는 수렴적 표상들 또한 처리 계통을 따라 위에서 밑으로 전달되는 활동을 명령하는 데도 사용된다. 예를 들어 작업기억에 갖다 놓은 생각과 기억은 주의를 기울이는 방식, 사물을 보는 방식, 그리고 행동하는 방식에 영향을 줄 수 있다. 이러한 작업기억의 집행 조절 기능들은, 제7장에서 살펴보았듯이 전전두피질이 다른 수렴지대들처럼 투사들을 서로 주고받기 때문에 가능하다. 즉 수렴 입력을 제공하는 지역들로 다시 연결들을 보내는 것이다. 올바른 줄을 당겨(적절한 축삭들을 활성시킴으로써), 작업기억은 그것과 연결된 지역의 교통신호를 지시하고, 그것이 관여하고 있는 현재의 작업에 적절한 자극들의 처리를 더욱 향상시키고 다른 자극들의 처리를 억제시킨다.[32]

　　하나의 사고에 의해 뇌가 어떤 명령들을 내리는 과정을

하향적 원인작용이라고 한다.[33] 우리가 어떤 의지를 수행할 때마다 하향적 원인작용이 일어난다. 만약 사고들이 한 현상이고 뇌 활동들이 별개의 또 다른 현상이라고 생각한다면, 하향적 원인작용을 받아들이기 어려울 것이다. 사고작용을 뇌 활동의 한 형태로 보더라도 그것은 여전히 어려운 문제지만, 이 경우에는 해결의 실마리가 더 뚜렷이 보인다.

만약 어떤 사고가 뇌세포들의 특정한 네트워크 안에서 벌어지는 시냅스전달의 패턴에 의해 형태가 부여된다면(물론 당연히 그렇겠지만), 하나의 사고인 뇌 활동은 지각, 동기화, 운동 등에 관여하는 다른 뇌 시스템들의 활동에 영향을 미칠 수 있다. 그러나 거기에는 한 가지 연결이 더 필요하다. 하나의 사고가 하나의 네트워크에서 일어나는 신경활동의 패턴이라면, 그것은 다른 네트워크를 활동하게 할 수 있을 뿐만 아니라 다른 네트워크가 변화하도록, 다시 말해 가소적이 되도록 할 수 있다.

시냅스에서 가소성을 유도하는 데 필요한 것은 오로지 적절한 종류의 시냅스 활동이다. 감각사건들을 처리하는 세포들이 감각 시스템들에서 이 사건들로 말미암아 일어나는 활동에 의해 가소성을 경험할 수 있다면, 왜 사고를 처리하는 세포들은 이들이 대화하는 세포들의 연결을 변화시킬 수 없단 말인가? 분명히 그들은 변화시킬 수 있다. 어떻게 이런 일이 일어나는지에 대한 구체적인 과정만을 모르고 있을 뿐이다.

사고의 하향적 이동성은 신경시스템들에서 병렬 가소성

이 조율될 수 있는 중요한 수단을 제공한다. 한 종에 존재하는 수렴지대들이 정교해질수록 그 종의 인지 능력은 더 정교해지고, 가소성을 조율하는 정보수렴의 능력 또한 더욱 정교해질 것이다. 이렇게 권능을 부여받은 사고들이 있기 때문에, 우리는 자신에 대해 생각하는 방식들이 어떻게 우리의 존재방식과 우리가 될 모습에 영향을 끼치게 되는지를 알게 되었다. 우리의 자아-이미지는 영원히 계속되는 것이다.

제6원칙_ 감정적 상태들이 뇌의 자원들을 독점한다

감정들도 역시 뇌 활동을 조직화하는 데 중요한 역할을 한다.[34] 병렬 가소성을 조율하는 조절물질들의 기능을 논의할 때 이 점을 잠깐 논의한 적이 있었다. 감정적 자극들은 조정(조절물질) 시스템들을 활성화하는 강력한 것들이다. 그러나 감정의 영향은 조정시스템들을 활성화시키는 것 이상으로 광범위한 효과가 있으며, 위험을 감지했을 때 편도체가 다른 시스템들에 다양한 경로로 영향을 미친다는 것을 생각해 보면 쉽게 알 수 있다(그림 11.6).

위협적인 자극이 있을 때 편도체는 피질의 감각 영역과 연결된 경로를 통해 직접적으로 되먹임 신호를 보내, 자극세계의 위급한 측면들에 초점을 계속 유지하도록 한다. 편도체의 되먹임은 사고작용과 외현기억 형성에 관여하는 다른 피질 영역들에도 신호를 보내 어떤 사고들을 생각하도록 자극하고 현 상황에 대한 어떤 기억들을 형성하도록 자극한다. 또한 편도체는 각성 네트워크들에도 연결들을 보내어 조절물질들을 뇌 전체에 분비하도록 해준다. 따라서 외부세계를 처

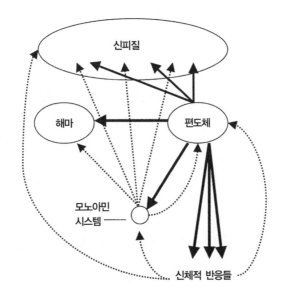

신피질

해마　　　　편도체

모노아민
시스템 ──

신체적 반응들

──────── 편도체 활성화의 직접적인 결과들

·············· 편도체 활성화의 간접적인 결과들

그림 11.6 감정적 독점
일단 편도체가 위험이 있다는 것을 결정하게 되면, 편도체는 여러 가지 다양한 뇌 네트워크
들을 활성화시킨다. 최종적으로 영향을 받는 다양한 시스템들은 위험상황에 대한 반응에서 조
율된다. 따라서 많은 뇌 시스템들이 위험상황 동안 활동하는 과정에서 편도체와의 광범위한
연결성 때문에 조율된 방식으로 활성화된다.

리하고, 세계에 대해 생각하고, 그것에 대한 기억들을 형성하고, 편도

체로부터 되먹임을 받아들이는 데 활동적으로 관여하는 시냅스들이 더

욱 활성화된다. 그리고 이들 활동적인 시냅스들에서 가소성이 촉진된

다. 동조적으로 발화하는 서로 다른 영역들에 있는 활동적인 세포들과

시스템들 사이의 상호연결들 역시 유도된 가소성에 의해 연결된다. 동시에 편도체에 의해 조절되는 신체적 반응들이 발현되며, 이것들은 뇌에게 추가적인 되먹임을 제공한다. 이 되먹임은 감정의 '느껴짐' 반응의 일부인 신체적 감각들의 형태로서뿐만 아니라, 시냅스 활동에 더욱 영향을 주면서 조절물질보다 더 오래 지속될 수 있는 호르몬의 형태로서 주어진다. 끝으로 감정적 각성이 뇌를 널리 파고들어 그 자체를 영속화시킨다.

우리가 살펴본 것처럼 뇌는 수많은 감정적 시스템들을 갖고 있는데, 여기에는 위험을 감지하고 이로부터 보호하는 것뿐 아니라 성적 배우자를 찾고 먹이를 찾는 데 관여하는 네트워크들도 있다. 이들 중 하나가 활동하면 다른 것들은 억제된다. 예를 들어, 동물들은 다른 모든 것들이 같다면 그들이 안전하게 거주할 수 있는 지역에서 많은 시간을 보내려 한다. 그래서 먹이를 찾아야 할 때, 전에 포식자와 마주쳤던 공개된 공간 또는 장소에 먹이가 있다면 그 공간과 장소에 대한 두려움은 극복되어야 한다. 동물이 더 배고플수록 그들은 위험과 불안을 더 감내하면서 음식을 얻는 데 따른 위험을 감수한다. 이와 유사하게, 먹는 각성과 성적 각성은 공포와 스트레스에 연관된 시스템들이 활성화되면 약화된다.[35] 그러나 일단 각성되면 성적 욕구는 다른 모든 뇌 시스템들을 유린한다. 사람들은 성적인 외도가 가져올 불온한 결말을 각오한다. 감정적 상태의 각성은 뇌의 많은 인지적 재능을 그 상태에 집중하게 할 뿐만 아니라 다른 감정시스템들을 차단한다. 결과적으로 학습은 시스템들을 가로질러 매우 특정한 방식으로 조율됨으로써,

발생한 학습은 그야말로 현 감정상황에 적절하다는 것을 확실하게 보증한다.

감정시스템들이 학습을 조율하기 때문에, 한 어린이가 경험하는 감정 폭이 넓을수록 발달하는 자아의 감정 폭도 더 넓어질 것이다. 어린이 학대가 왜 그렇게 좋지 않은지 그 이유가 바로 여기에 있다. 초기 감정 경험의 상당 부분이 긍정적인 시스템들이 아니라 공포시스템의 활성화에 의한 것이라면, 감정적 상태에 의해 조율되는 병렬 학습과정들로부터 구성되기 시작하는 특징적인 퍼스낼러티는 애정과 낙관이 아니라 부정과 절망으로 특징지어진 퍼스낼러티가 될 것이다.

감정적 각성은 동시에 활성화되는 많은 뇌 시스템들에 폭넓게 영향을 미치는데, 뒤로 기대어 무언가를 곰곰이 생각할 때처럼 조용한 인지적 활동을 할 때나 어떤 문제를 풀기 위해 격렬하게 생각하고 있을 때보다도 더 많은 뇌 시스템들에 영향을 미친다. 그리고 비감정적 상태 동안보다 감정적 상태 동안에는 더 많은 뇌 시스템들이 활동하며, 각성의 정도도 더 크기 때문에 뇌 시스템들을 가로질러 학습이 조율될 기회도 감정적 상태에서 더 크다. 뇌를 통해 병렬 가소성을 조율함으로써 감정적 상태들은 자아의 발달과 통일을 진척시킨다.

제7원칙_ 자아의 암묵적·명시적 측면들은 중복되어 있지만 완전히 중복되지는 않는다

다양한 뇌의 시스템들은 같은 궤도에 있도록 도움을 주는 여러 가지 감시와 균형들이 있음에도 불구하고, 같은 경험들에 대한 학습과 각각의 경험에서 같은 것들을 배우는 학습을 보면 항상 완벽하게 수행되는 건 아니다. 종종 명시적으로 학습되는 것들은 암묵시스템들에 의해, 특히 감정적 시스템들에 의해 초점이 맞추어지는 것들이 아니다. 피질과 독립적으로 학습하는 편도체의 능력을 다시 상기해 보라(제8장). 왜 그런가에 대해서는 많은 이유들이 있지만, 가장 분명한 이유는 인간 뇌의 진화적 현 단계에서 인지시스템들과 감정적 시스템들 간의 연결이 불완전하기 때문이다. 이런 사태는 갓 진화한 인지적 능력들이 우리 뇌에 완전히 통합되지 않은 대가로 지불하는 비용의 일부다. 이것은 또한 다른 영장류들에도 해당되는 문제이지만, 사람에게서 특히 심한 이유는 우리의 뇌, 특히 피질이 자연언어 기능을 습득하는 과정에서 광범위하게 재배선되었기 때문이다.

언어는 추가적인 인지 능력들을 요구하기도 하고 동시에 새로운 인지 능력들을 가능하게 하기도 하는데, 이러한 변화들은 공간과 연결들을 필요로 한다. 우리가 앞서 본 것처럼 어느 피질 공간에 있던 어떤 것들을 옮겨 놓고 더 많은 공간을 추가하면서 공간 문제는 해결되었다. 그러나 연결 문제는 부분적으로밖에 해결되지 않았다. 해결된 부분, 즉 피질 처리 네트워크 내에서의 연결에 의해 원시 인류의 뇌의 인지 능력이 향상되었다. 그러나 완전히 해결되지 못한 부분은 인지시스템들과 정신 3부작의 다른 시스템들(감정과 동기화 시스템들) 간의 연결성이다. 이것이 왜 천재적 수학자, 예술가, 성공한 기업인 등이 다른 모든 사람들처럼 성적 유혹, 과속운전, 질투, 아동학대, 강간 등의 죄를 범하거나 심각한 우울증 또는 불안장애에 빠지는지를 설명해 준다. 아직 우리의 뇌는 복잡한 사고작용을 가능하게 하는 새로운 시스템이 우리의 기본적인 욕구와 동기를 일으키는 구체제를 쉽게 조절할 수 있을 정도까지 진화하지 못했다. 그렇다고 우리는 뇌의 희생양일 뿐이므로 우리의 욕망에 쉽게 순응해야 한다는 뜻은 아니다. 결국 하향적 원인작용이 가끔은 어려운 일이라는 것이다. 올바른 일을 '한다는 것'은 무엇이 올바른 것인지를 '아는 것'으로부터 항상 자연스럽게 흐르는 것은 아니다.

그렇다면 결국 자아란 명시적으로 기능하는 시스템들과 암묵적으로 기능하는 시스템들 모두에 의해 유지된다. 외현시스템들을 통해서, 우리는 우리가 누구인지 그리고 어떻게 행동할지를 의지적으로 명령한다. 그러나 우리가 그렇게 할 때 부분적으로만 효과적인데, 그 이유는 우리가 다른 시스템들에 의한 학습을 조율하는 데에 핵심적인 역할을 하는 감정적 시스템들에 대해 불완전한 의식적 접근밖에 가지고 있지 않기 때문이다. 그러나 감정시스템들은 그들의 중요성에도 불구하고 항상 활동하는 것은 아니며 다른 뇌 시스템들이 학습하고 저장하는 것에 대해 가끔 일시적인 영향밖에 미치지 못한다. 더 나아가 여러 가지 독립적인 감정시스템들이 있기 때문에, 어느 한 시스템의 일시적인 영향은 그 자체로는 자아발달에 미치는 감정적 영향 중 한 요소일 뿐이다.

당신은 당신의 시냅스들이다

시냅스연결은 우리 모두에게서 대부분의 시간 동안 자아를 한데 뭉쳐놓는다. 그러나 가끔 사고들, 감정들, 동기화들이 풀어진다. 정신 3부작이 무너지면 자아는 붕괴되고 정신건강이 침해된다. 정신분열증에서처럼 사고들이 감정들, 동기화들과 극단적으로 분리되어 있으면, 퍼스낼러티는 사실상 급격하게 변화한다. 불안장애나 우울증처럼 감정들이 거칠어지면 한 인간은 더 이상 예전의 그가 아니다. 동기화가 약물중독에 의해 종속되면 생활의 감정적이고 지적인 측면들이 고통받는다.

자아가 시냅스적인 것은 저주일 수도 있다. 그리 어렵지 않게 떨어져 나갈 수 있기 때문이다. 그러나 그것은 축복이 될 수도 있다. 왜냐하면 거기에는 언제나 새로운 연결들이 만들어지기 위해 기다리고 있기 때문이다. 당신은 당신의 시냅스들이다. 그들이 당신의 정체성이다.

주

1

위대한 질문

1. '자아self'와 '퍼스낼러티personality'는 신경과학의 주요 연구주제는 아니지만, 몇몇 뇌과학자와 심리학자들은 자아와 퍼스낼러티가 뇌와 어떤 관계가 있는지 논의해 왔다. 자아와 뇌에 관한 대부분의 논의들은 자아의 의식 측면에 초점을 맞추고 있다. 반대로 나의 접근방식은 무의식 또는 묵시적 측면에도 똑같이 비중을 두었다. 퍼스낼러티를 뇌와 관련지으려는 다른 사람들의 시도를 보면 퍼스낼러티를 비교적 고정적인 특징들의 집합으로 취급하고 있다. 이와 달리 나는 퍼스낼러티를 학습 및 기억 능력에 의해 부단히 유동하는 뇌 과정들의 집합으로 생각한다. 자아와 퍼스낼러티의 관계는 제2장에서 다루고 있다. 자아와 뇌에 대한 다른 연구자들의 논의로는 Popper and Eccles 1977; Gazzaniga 1985; Gazzaniga 1998; Stuss 1991; Brothers 1997; Arbib 1999; Llinas 2001; Damasio 1999; Feinberg 2000 등이 있고 퍼스낼러티(기질)와 뇌에 관해서는 Gray 1991; Schore 1994; Davidson 1992; Kagan 1994; Kagan 1998; Zuckerman 1991 등이 있다.

2. 시냅스 관점에 대한 다른 두 가지 가능한 대안은 자아가 뉴런들 사이의 연결이 아니라 개별 뉴런들의 고유한 속성들에 의해 매개된다고 보는 관점, 그리고 자아가 (특정한 뉴런들의 독특한 연결에 의해서가 아니라) 하나의 계field 또는 게슈탈트Gestalt(게슈탈트란 형태라는 뜻의 독일어로서, 심리학에서는 '의식에 떠오른 전체 형태'를 의미한다—옮긴이)로서 포괄적으로 작용하는 거대한 뉴런들의 덩어리에 의해 매개된다고 보는 관점이다. 집합계 이론은 최근에 큰 신뢰를 얻지 못하고 있는데, 부분적으로는 거기에 반하는 실험결과들(Sperry & Miner 1955) 때문이고, 부분적으로는 시냅스 접근법이 매우 성공적이었기 때문이다. 그에 반해 뉴런들의 고유한 속성들이 중요하다는 것은 논란의 여지가 없다(Llinas 1988; Llinas 2001). 그러나 어떤 세포의 고유한 속성들이 뇌의 심리적 기능에서 표현되기 위해서는

반드시 그 세포가 시냅스라는 경로를 통해 다른 세포들과 상호작용해야 한다. 여기에 대해서는 제3장 후반에서 더 논의하고 있다.

3. Pinker 1994; Pinker 1997; Dawkins 1996; Wilson 1999.

4. Tellegen et al. 1988.

5. Kagan 1999; Kagan 1998.

6. Pinker 1997; Harris 1998; Gazzaniga 1992.

7. Harris 1998. 양육 가설에 대해서는 웹사이트 http://home.att.net/~xchar/tna/을 참조하라. Harris의 반박 논 거들로는 Gardner 1998; Kagan 1999; Ledoux 1998 등을 참조하라.

8. O'Connor et al. 2000; O'Connor and Rutter 2000.

9. Blanchard and Blanchard 1972.

10. 그렇다고 해서 고양이에 대한 쥐의 선천적 공포가 일체의 환경적 영향 없이 오로지 유전자에 의해 프로그램되어 있다는 뜻은 아니다. 다른 회로와 마찬가지로 공포회로들도 유전자에 의한 시냅스연결 프로그램과 환 경 영향의 조합에 의해 배선된다. 그 결과 고양이에게 반응하는 능력은 고양이와의 경험을 필요로 하 지 않더라도 편도체가 제대로 배선되기 위해 다른 종류의 경험을 필요로 할 수 있다. 불행히도 편도체 의 발달과정에 대해서는 밝혀진 바가 별로 없다.

11. 사건의 실제 순서는 놀람과 뒤이은 얼어붙기다.

12. 이와 같은 설명들은 진화심리학의 일이다(Tooby and Cosmides 2000). 이 분야에 대한 비평은 제4장을 참조 하라.

13. Bolles and Fanselow 1980; Blanchard and Blanchard 1972.

14. Blanchard and Blanchard 1972; LeDoux 1996.

15. LeDoux 1996.

16. 공포에 대응하여 일어나는 신체반응에는 흔히 말하는 도주-격투 반응이 포함된다. 사실 이보다 더 좋은 용어는 얼어붙기-도주-격투 반응일 것이다. 왜냐하면 얼어붙기가 일차적 반응이기 때문이다. 생리적 변화 를 돕는 것에는 피부와 내장으로부터 피를 소집해 뇌와 근육으로 재분배하는 일이 포함되는데, 장차 도주 혹은 격투를 위해서 뇌와 근육이 많은 에너지를 필요로 하기 때문이다. 피부 온도의 변화는 물론 이고 혈압과 심박동의 변화는 이와 같은 혈류의 변화에서 기인한 것이다. 이 과정을 지원하는 여러 기 관에서 호르몬들이 분비되기도 한다. 좀더 광범한 논의는 LeDoux 1987을 참조하라.

17. Rushdie 1990.

18. Sperry 1966; Sperry 1984; Gazzaniga 1970; Popper and Eccles 1977; Gazzaniga and LeDoux 1978; Gazzaniga 1988; Szentagothai 1984; Gazzaniga 1985; Gazzaniga 1992; Crick and Koch 1990; Stoerig 1996; Penrose 1989; Singer 1998; Edelman and Tononi 2000; Edelman 1993; Crick 1995; Damasio 1999; Llinas 2001; Zeki and Bartels 1999.

19. Horgan 1996.

20. 이 말이 다른 동물에서의 의식의 존재를 부정하는 것은 아니다. 단지 우리가 가지고 있는 독특한 종류로서의 의

식이 다른 동물에게는 어쩌면 없을지도 모른다는 것이다. 왜냐하면 우리 뇌는 크기(몸무게에 비해)나 복잡성(특히 전두엽 신피질)에서 대부분의 다른 동물들과 차이가 있기 때문이다. 제7장과 제8장에서 이 문제에 대해 더 언급할 것이다.

21. 바로 앞 주에서 말했듯이, 나는 다른 동물들이 모종의 의식적 자각을 가지고 있다는 것을 부정하지 않는다. 단지 인간의 뇌를 가짐으로써 비롯되는 그와 같은 종류의 의식적 자각을 가지고 있지 않다는 말이다. 특히, 자기반성self-reflectance 조건화와 미각혐오 능력은 아마 결여되어 있을 것이다. 엄밀한 의미에서 그들은 '수면상태나 혼수상태'를 의미하는 것이지 무의식 상태에 있는 것이 아니다. 그게 아니라 그들은 인간과 같은 방식으로 자아자각 상태에 있지 않다는 의미에서 무의식적인 것이다. 나는 어떤 동물은 의식적이고 또 어떤 동물은 그렇지 않다는 말 대신, 오직 '인간만이 의식적인 방식으로 의식적이다' 라고 강조하고 싶다. 동물 의식은 제7장과 제8장에 좀더 자세히 언급되어 있다.

22. Bargh 1990; Bargh and Barndollar 1996; Bargh and Chartrand 1999; Greenwald and Banaji 1995; Bowers and Meichenbaum 1984; Greenwald 1992; Jacoby and Woloshyn 1989; Kihlstrom 1987; Kihlstrom 1990; Meichenbaum and Gilmore 1984; Merikle 1992; Öhman and Soares 1994; Öhman 2000; Rozin 1976; Shevrin et al. 1992; Nisbett and Wilson 1977; Erdelyi 1985; Wilson et al. 2000; Wilson (in press).

23. Rozin 1976; Shevrin and Dickman 1980; Kihlstrom 1987; Kihlstrom 1990.

24. Popper and Eccles 1977; Stuss 1991; Sperry 1984; Gazzaniga 1985; Brothers 1997; Arbib 1999; Llinas 2001; Damasio 1999; Feinberg 2000.

25. Damasio 1999; Gazzaniga 1998.

2

자아를 찾아서

1. James 1890.

2. Hall et al. 1998; Mischel 1993.

3. 색소폰 연주가인 킹 커티스King Curtis의 노래 제목.

4. 학술대회는 바티칸 전망대와 신학과 자연과학센터에 의해 주최되었다. 논문집이 발간되었다. Russell et al. 2000.

5. 물론 이런 논의에 의해 제기되는 신학적 문제는 신이 행동할 때와 행동하지 않을 때를 이해하는 것이다.

6. Christian 1977.

7. Christian 1977.

8. Flew 1964.

9. Walter 1953에서 언급되었다.

10. 이 절에 들어 있는 내용에 대해 유용한 제안을 해준 스티븐 헤이펠Stephen Happell과 낸시 머피Nancey Murphy에게 감사드린다. 그들은 폴란드에서 개최된 바티칸학술대회에 참가했다.

11. 데카르트의 견해가 어떻게 해서 많은 영향을 끼쳐 왔는지에 대한 요약된 설명은 Rorty 1979에 있다.

12. Bremmer 1993; Snell 1960.

13. Flew 1972.

14. Plato, cited in Flew 1964.

15. Flew 1964; Flew 1972.

16. Happel 2000.

17. 마음-육체 가능성들에 대한 현대적 논의는 다음을 참고하라. McGinn 2000; Humphrey 1992, 2000; Metzinger 1995; Searle 1992, 2000; Dennett 1991; Churchland 1984; Block 1995; Chalmers 1996; Clark 1998. 마음-육체 문제에 대한 문헌목록은 다음의 홈페이지를 참고하라. http://www.u.arizona.edu/~chalmers/biblio.html.

18. Chalmers 1996.

19. 나의 마음은(그리고 당신의 마음도) 물리적 시스템의 산물이라고 믿지만, 마음에 대해 다른 방식으로 생각하는 것을 공공연하게 거부하지는 않는다. 환원주의는 뇌 연구에 좋은 접근방식이지만 배우자에게 구애하고, 애를 키우고, 사다리를 타고 올라가고 내려오거나, 배관공을 고용하는 것과 같은 우리의 일상생활을 인도하는 데 꼭 좋은 원리일 필요는 없다. 이런 활동들은 물론 뇌 메커니즘들에 의존하고 있으며 잠재적으로 설명까지 가능하다. 그러나 과학자나 일반인이 이런 일상생활을 할 때 신경생물학적인 주요 개념들을 꼭 알아야 할 필요는 없는 것이다. 물론 뇌가 어떻게 작동하는지에 대한 사실들은 일상생활에서 많은 도움을 주고 있다(사람들은 불안과 우울을 조절하기 위해, 두통과 통증을 없애기 위해, 간질이나 파킨슨병을 조절하기 위해 자유롭게 약을 복용한다). 그러나 이런 점에 있어 뇌과학에 특별한 무엇이 있는 것은 아니다. 반면에, 우리의 문화는 과학뿐만 아니라 인문학에서의 발달을 기반으로 하여 끊임없이 변화하고 있다. 예를 들어 문학은 인간생활에 유용한 아이디어들을 제공하며 더 나아가 문헌들은 마음이 뇌를 통해 어떻게 우리 정체성을 규정하는지를 이해시키는 데 도움을 줄 수도 있다. 한 예로 도스토예프스키는 정신생활에서 차지하는 무의식과정들의 중요성에 대해 재미있는 아이디어들을 제시했다. 비과학적인 접근들(문학, 시, 심리분석)과 비환원주의적 과학들(언어학, 사회학, 인류학) 등은 신경과학과 공존하고 상호보완할 수 있다. 예를 들어, 뇌가 작동하는 방법에 대한 새로운 원리들은 인류학자들이 인간 진화를 이해하는 데 도움을 줄 수 있고, 인류학이나 다른 사회과학에서의 새로운 발견들은 신경과학자들에게 새로운 실험을 하도록 인도할 것이다. 비슷한 맥락에서 인간들에 대한 영적인 견해는 신경과학적인 견해와 상호배타적일 필요는 없다. 나는 특별히 종교적이지는 않지만, 종교적인 과학자나 심지어는 종교신비적 측면을 믿는 과학자들을 안다. 환원주의는 종종 과학의 밖에 있는 사람들로부터 비난받는다. 이유는 부분적으로는 자기자신들 스스로 자아자각하는 형태로서 생각하고 싶어하기 때문이고, 의식자각 수준이 아닌 다른 어떤 수준에서 자아가 존재한다는 개념 자

체를 싫어하기 때문이다. 환원주의는 논리적 극단성 때문에도 나쁜 인상을 주고 있는데, 예를 들어 시를 소립자들의 방식으로 해석해야 한다는 오해와 같은 것이다. 이런 일은 우리가 피해야만 하는 불합리한 종류의 환원주의다. 그러나 나는 비합리적이지 않은 환원주의, 일리가 있는 환원주의를 찾고 있으며, 자아를 시냅스들에 의하여 생각하는 것이 타당하다고 믿는다.

20. 철학자들은 뇌과학자들이 추구할 수 있도록 정신 현상을 분석해 줌으로써 마음과 뇌의 연구 영역을 도울 수 있고, 그리고 도움을 주어 왔다. 독립적인 정신시스템인 정신단위를 구성하는 것에 대한 제리 포더Jerry Fodor의 철학적 분석은 신경과학에서 연구와 토론을 자극했다(Foder 1983). 이에 대해 지지자들이 있고(Tooby와 Cosmides 2000; Gazzaniga 1992) 비방자들도 있다(Elman et al. 1997; Fuster 2000). 네드 블록Ned Block의 견해, 즉 뇌와 의식에 대해 생각하기가 어려운 이유는 서로 다른 종류의 의식들이 종종 혼동되고 서로 섞여 있기 때문이라는 견해도 유용했다(Block 1995). 그의 분석에 의해 현상적 의식phenomenal consciousness과 접근적 의식access consciousness 사이에 구분이 지어졌는데 전자는 주관적 경험에 관한 것이고 후자는 정신과 행동상태를 조절하는 조절과정에 대한 것이다. 주관적 경험들은 과학적으로 조사하기가 어렵지만, 조절과정들은 주의집중처럼 실험연구가 가능하다. 블록의 구분이 궁극적으로 옳은지 여부를 떠나서, 그것 때문에 뇌연구자들은 주어진 현재의 지식과 연구 방법들을 토대로 의식의 어떤 측면들이 뇌에서 가장 유리하게 수행되고 있는지에 대해 구체적인 용어들을 가지고 생각하게 되었다. 마음에 새겨야 할 또 한 가지 중요한 것은 존 설John Searle과 다른 사람들이 만든 의식과 관계 있는 신경의 대상물을 찾는 것과 의식의 메커니즘을 찾는 것 사이의 구분법이다(Searle 2000). 즉 의식적인 경험과정에서 뇌에서는 많은 일들이 일어나지만, 이 모든 것들이 그 경험의 발생과 관련이 있는 것은 아닐 것이다. 팻 처치랜드Pat Churchland는 여러 기회를 이용하여 신경과학자들을 위한 철학을 제시해 왔으며, 종종 신경과학자인 테리 세즈노브스키Terry Sejnowski와 공동으로 논문을 발표하기도 했다(Churchland 1986; Churchland and Sejnowski: 1992). 그리고 신경과학자이면서 철학자가 된 닉 험프리Nick Humphrey는 흥미로운 점을 지적했는데, 단지 마음이 어떻게 작동하는지에 대한 것보다 뇌가 작동하는 방식에 대하여 현명하게 생각하는 것이 연구에 진보를 가져다 줄 것이라고 했다(Humphrey 2000).

21. Dennett 1976을 참고했다.

22. Strawson 1959.

23. 둘 모두 Strawson 1959에서 인용했다.

24. Dennett 1976.

25. Rawls는 Dennett 1976에 언급되어 있다.

26. Nagel은 Dennett 1976에 언급되어 있다.

27. Gallagher 2000; Sorabji 2001.

28. Gallagher 2000.

29. Dennett 1991; Dennett 1988; Neisser and Fivush 1994.

30. Gallagher 2000.

31. Foucault 1978; Gergen 1990; Butler 1990; Lutz 1988. 이에 대한 논평은 Strauss and Quinn 1997을 참고하라.

32. 사회구성주의자들은 현실의 상대론적 본성을 강조하고 과학자들에 의해 발견되기를 기다리는 현실의 근본원리 같은 것은 없다고 가정한다. 어떤 이들은 인간이 심리적인 존재로서 존재한다는 관념조차 부정하고 따라서 심리학의 배제를 거론한다. 이런 주제에 대한 글들의 예는 다음 문헌에 나온다. Gross et al. 1996; Martin and Sugarman 2000; Gergen 1997; Sass 1992.

33. Kolm 1985.

34. James 1890; Elster 1985; Neisser 1988.

35. Gallagher 1996; Rochat 1995; Damasio 1999; Bermudea 1996.

36. Neisser 1988.

37. Negel 1974.

38. 다른 사람들은 동의하지 않는 것 같다. 예를 들어 신경과학자이면서 철학자가 된 레슬리 브라더스Leslie Brothers는 인간들은 그들의 의식적 상태들에 의해 정의된다는 스트로슨의 아이디어를 채택하여 이를 조지 허버트 미드George Herbert Mead와 롬 헤어Rom Harré의 사회이론들과 결합하고는 진화심리학을 일부 첨가시켰다(Brothers 1997). 스트로슨처럼 브라더스는 한 인간은 "정신생활을 가지는 한 존재, 즉 의식적인 주관적 경험의 '소유주'"라고 말한다. 미드와 헤어의 주장에 의해 그녀는 주장하기를, "자아의식은 사회경험의 과정에서 일어난다." 그리고 "사회적 상황에서의 두뇌들만이 '나'를 포함하는 의식의 종류를 만들어 낼 수 있다"라고 했다. 진화심리학의 전통에서 그녀가 안 것은, "마치 우리가 언어를 배우도록 준비되어 있는 것과 같이 인간존재란 인간의 개념에 동의하도록 생물학적으로 준비되어 있다"는 것이다. 지금은 자명해진 이유들 때문에, 의식은 인간에 이르는 주요 열쇠라는 브라더스의 견해에 나는 동의하지 않는다. 반면에 사회적 상호작용들에 작용하는 두뇌 메커니즘의 역할을 이해하는 것이 중요하다는 브라더스의 견해에는 동의한다. 그러나 나는 사회적 수준에서 시작하여 두뇌에서 관계되는 대상물을 찾는 것보다는 특정한 두뇌 네트워크들의 신경생물학에서 출발하여 사회적 수준까지 올라가려고 시도하고 싶다. 또한 나는 그녀보다 진화심리학에(진화생물학의 반대되는 것으로서) 덜 열정적이지만, 가능한 정도까지 진화 메커니즘들을 찾아내야 한다는 개념에도 동의한다. 즉 나는 마음이 그 자체로 진화하기보다는 뇌가 진화한다는 것을 믿는다.

39. 앞의 주에서 언급한 Brothers, Harré, and Mead의 논의를 보라.

40. Boring 1950; Gardner 1987.

41. Boring 1950; Gardner 1987.

42. Watson 1925.

43. Ryle 1949.

44. Gardner 1987.

45. Bruner et al. 1956.

46. Miller 1956.

47. Gardner 1987.

48. Shevrin and Dickman 1980; Kihlstrom 1987; Erdelyi 1985; LeDoux 1996; Wilson et al. 2000; Wilson
    (in press); Bargh 1990; Bargh and Chartrand 1999; Greenwald and Banaji 1995; Zajonc
    1984; Loftus and Klinger 1992; Bowers 1984; Bowers and Meichen-baum 1984; Öhman
    2000; Debner and Jacoby 1994를 참고하라.

49. Gardner 1987.

50. Gazzaniga 1995.

51. LeDoux 1984; LeDoux 1996; Zajonc 1984; Ekman and Davidson 1994.

52. Hilgard 1980.

53. Hall et al. 1998; Boring 1950.

54. Hall et al. 1998.

55. Kagan 1994; Hall et al. 1998.

56. Freud 1915.

57. Hall et al. 1998.

58. Hall et al. 1998.

59. 자아는 보통 '의식적 자아'를 의미하므로 퍼스낼러티는 보통 자아보다 더 넓은 용어다. 그러나 나의 구도에서는
    자아가 더 넓은 용어인데, 그 이유는 오로지 사람들만이 인간이 되지만 모든 생명체들이 자아를 갖기
    때문이다.

60. Rogers는 Hall et al. 1998, p. 463에 언급되어 있다.

61. Markus and Kitayama 1991.

62. Munroe 1955.

63. Bargh 1990; Greenwald and Banaji 1995; Bargh and Chartrand 1999; Wilson et al. 2000; Wilson (in
    press).

64. Squire et al. 1993; Schacter 1987; Cohen and Eichenbaum 1992를 참고하라.

65. 기억에 미치는 감정과 스트레스의 효과는 LeDoux 1996에 자세히 나와 있고 다음 장들에서 다시 논의될 것이
    다.

66. 대중적인 특성이론들은 레이몬드 카텔Raymond Cattell과 한스 아이젠크Hans Eysenck의 주장이다. 요약을
    보려면 Hall et al. 1998의 제7장과 제8장을 참고하라.

67. Tellegen et al. 1988.

68. Zuckerman 1991; Gray 1982; Gray 1991; Kagan 1994; Kagan 1992; Kagan 1998; Eysenck and
    Eysenck 1985; Davidson 1992를 참고하라.

69. Schwartz et al. 1999.

70. Kagan 1994; Kagan 1992; Kagan 1998.

71. Mischel 1993; Mischel 1990.

72. Carlson 1993; Zuckerman 1991.

73. 밥 딜런Bob Dylan과의 인터뷰, 《뉴스위크Newsweek》, 1997년 10월 13일.

74. Roth 1986.

75. Epstein 1995.

76. James 1890.

77. Virginia Woolf, 《올란도Orlando》, 제6장.

78. Klee 1957.

79. 주된 예외는 생물학적 특성이론, 특히 아이젠크의 특성이론이다. 이 이론에 따르면 노이로제(신경증) 특성은 뇌
    의 공포/불안 시스템의 과도한 활동과 관계있고, 외향성은 쾌락 또는 보상 시스템의 과도한 활동에서
    기인한다고 주장한다(Gray 1982, 1991; Zuckerman 1991). 특성이론에 대한 비판은 Mischel 1993
    을 참고하라.

80. 자아와 뇌에 대한 다른 견해들로서 다음의 인용목록을 보라. 대체적으로 이 이론들은 자아의 의식적 측면들을
    강조하는 경향이 있다. 내 견해는 이와 대조적인데, 의식 측면뿐만 아니라 무의식적 측면도 포함하는
    것이다. 자아의 무의식적 측면이 가지는 역할을 포함시키는 견해들로는 안토니오 다마지오(Damasio
    1999)와 마이클 가자니가(Gazzaniga 1985, 1992, 1998; 가자니가는 《알아야 할 최후의 것The Last
    to Know》이라는 책을 집필하고 있으며 의식 형성 과정에서의 무의식적 처리 과정을 강조하고 있다)
    를 보라. 뇌와 의식적 자아에 대한 견해들은 다음을 참고하라. Popper and Eccles 1977; Stuss
    1991; Sperry 1984; Gazzaniga 1985, 1992, 1998; Brothers 1997; Arbib 1999; Llinas 2000;
    Damasio 2000; Feinberg 2000.

3

가장 설명하기 어려운 장치

1. 이에 대한 요약은 LeDoux 1987을 참고하라.

2, 전뇌는 시상, 시상하부, 기저핵, 변연계, 구피질, 신피질로 나뉜다.

3. Ariëns Kappers 1909; Papez 1937; MacLean 1949; MacLean 1952; Nauta and Karten 1970.

4. Nauta and Karten 1970; Northcutt and Kaas 1995; Karten and Shimizu 1991.

5. Lettvin et al. 1959; Camhi 1984.

6. Camhi 1984; Suga 1990; Gould 1982.

7. 다른 견해로서 뇌의 특정 시스템들이 아니라 뇌 전체에 대한 진화적인 압력을 강조한 견해는 Finlay and
    Darlington 1995를 참고하라.

8. Killackey 1990; Preuss 1995.

9. Brodmann 1909; Economo and Koskinas 1925; Campbell 1905.

10. Gazzaniga et al. 1996; Feinberg and Farah 1998; Ramachandran and Blakeslee 1998.

11. 뉴런이 아닌 세포들도 서로 의사소통을 하지만 뉴런이 하는 방식은 아니다. 시냅스전달의 전기 · 화학적인 과정은 신경계에만 있는 독특한 과정이다.

12. 세포이론에 대한 논의는 다음 자료에 기반을 두었다. Shepherd 1998, Jacobson 1993; Microsoft Encarta 2000.

13. Shepherd 1998의 제3장을 기초로 했다.

14. Shepherd 1998, p. 41.

15. Jones 1961, p. 32.

16. Jones 1961, p. 34.

17. Freud 1887-1902.

18. Jones 1961. 프로이트 전기작가인 그에 따르면, 프로이트는 해부학적 용어들을 버렸지만 그의 심리학 이론의 바탕이 되는 원칙들은 그가 일찍이 훈련받은 해부학과 생리학에 모두 근거하고 있다고 한다.

19. Sherrington 1897.

20. 반사에 대한 셰링톤의 지난 업적에 대한 요약을 보려면 Sherrington 1906을 참고하라.

21. Shepherd 1988, p. 65.

22. Shepherd 1988, p. 42.

23. Rozental et al. 2000.

24. Kuffler and Nicholls 1976.

25. Zigmond et al. 1999; Kandel et al. 2000.

26. Chen et al. 2000.

27. 근육들에는 수상돌기가 없다. 대신 그들은 축삭말단과 접촉하는 장소로서 그들만의 독특한 형태의 수용 영역이 있다.

28. Winson 1985를 기초로 했다.

29. Boring 1950.

30. Boring 1950.

31. Gregory 1981.

32. Shepherd 1988.

33. Shepherd 1988.

34. Shepherd 1988.

35. From Jacobson 1993.

36. 뉴런 사이의 공간은 액체로 채워져 있는데 신경계의 모든 뉴런들이 사실상 이런 액체의 바다에 잠겨 있다고 보면 된다. 이 바다는 뇌척수액으로 이루어져 있고 소위 세포외 공간을 점유하고 있다.

37. Kuffler and Nicholls 1976을 기초로 했다.

38. 사실상 시냅스후 세포는 수렴하는 입력들을 수 밀리세컨드 안에 받아야 하는데 그렇지 않으면 입력들은 서로 합쳐지지 못하여 활동전위를 만들어 낼 수 없다. 입력들은 세포체에서 합해지므로, 전기적 반응이 세포체에 동시에 도달할 수 있도록 여러 수상돌기들을 통해 입력될 수 있다.

39. 전기적 전달은 틈새연접이라고 불리는 특수한 접촉구조에 의해 이루어진다(Rozental et al. 2000). 이것은 뉴런이 물리적으로 실제 연결된 구조로서 세포들이 물리적으로 떨어져 있다는 뉴런이론의 개념에는 예외가 된다. 이 틈새연접은 해마에 있는 가바 세포들이 동조되는 현상을 일으키는 데 중요하다고 밝혀졌다(Fukuda and Kosaka 2000).

40. Bloom and Laserson 1985를 기초로 했다.

41. Cooper et al. 1978.

42. 가바 세포들은 가끔 긴 축삭을 가지고 뇌 영역들 사이에서 의사소통을 나눈다. 그러나 대부분의 가바 세포들은 짧은 축삭만을 가지고 바로 근처의 세포들과 접촉한다.

43. 그러나 작용 시간에 따른 조절물질과 빠른 전달물질 간의 구분도 모호해질 수 있다. 대부분의 전달물질들은 각각에 대해 다양한 수용체들을 갖는다. 예를 들어, 가바는 A형과 B형의 수용체에 작용한다. A형의 수용체는 우리가 말한 가바의 신속한 효과를 매개하는 반면, 가바가 B형 수용체에 결합하면 느리면서 오래 지속되는 반응을 일으킨다. 또한 글루타메이트는 느리고 길게 지속되는 효과를 나타낼 때가 있는데, 그것이 다른 유형의 수용체(대사성 수용체라 불림)를 활성화시킬 때 나타난다. 또 다른 빠른 전달물질인 아세틸콜린도 무스카린 수용체에 결합하면 느린 작용을 나타낸다. 따라서 전달물질과 수용체를 같이 놓고 생각하여야 어떤 종류의 전달이 일어나는지에 대한 결론을 정확히 내릴 수 있다.

44. Shepherd 1998.

45. 주 43을 보라.

46. 가장 주된 예외로는 뇌간의 아세틸콜린 시스템을 보완하는 뉴런들로, 기저전뇌basal forebrain에 있는 아세틸콜린 뉴런들이 있다.

47. 이것은 제10장에서 논의될 것이다.

48. Shepherd 1998; Cooper et al. 1978.

49. Selkoe and Kosik 1983.

50. Babic 1999; Yamada et al. 1999.

51. 이것은 뒤에 나오는 제8장과 제10장에서 자세히 논의될 것이다.

52. Stutzmann et al. 1998; Stutzmann and LeDoux 1999.

53. Gibbs 2000; Dell and Stewart 2000.

54. 주 39를 보라.

55. Quirk et al. 1995; Rolls 1999; Ono and Nishijo 1992; Collins and Pare 2000; Maren 2000.

56. Breiter et al. 1996; Morris et al. 1996; Morris et al. 1998; Whalen et al. 1998; LaBar et al. 1998.

57. Li et al. 1996; Lang and Pare 1997; Collins and Pale 1999.

58. Chapman et al. 1990; Weisskopf and LeDoux 1999.

59. Quirk et al. 1995; Collins and Pare 2000; Maren 2000.

60. Woodson et al. 2000; Szinyei et al. 2000; Smith et al. 2000.

61. Li et al. 1996; Collins and Pare 1999.

62. Stutzmann et al. 1998; Stutzmann and LeDoux 1999.

63. McEwen and Sapolsky 1995.

64. Stutzmann et al. 1998.

65. Bogerts et al. 1993; Convit et al. 1995; de Leon et al. 1988; Fukuzako et al. 1996; Sheline et al. 1996; Starkman et al. 1992; Yehuda et al. 2000; Coplan et al. 1998; Young et al.1994.

66. Corodimas et al. 1994; Conrad et al. 1999; Makino et al. 1994; Shors et al. 1992.

67. Llinas 1988.

4

뇌 만들기

1. 초기 발생에 관한 이 절은 Purves et al. 1996을 기반으로 했다.

2. Nottebohm 1989; Gould et al. 1997; Gould et al. 1999; Fuchs and Gould 2000.

3. Rodier 2000.

4. Chan and Jan 1999; Reichert and Simeone 1999.

5. Schlaggar and O'Leary 1991.

6. Rakic 1995.

7. Schlaggar and O'Leary 1991; Shatz 1992; Rakic 1992.

8. Miyashita-Lin et al. 1999.

9. Raper and Tessier-Lavigne 1998을 기초로 했다.

10. Terman and Kolodkin 1999.

11. Edelman 1987; Changeux and Danchin 1976.

12. Jerne 1967; Gazzaniga 1992를 참고하라.

13. Changeux and Dehaene 1989.

14. Edelman 1987.

15. Edelman 1987.

16. 제럴드 에델만이 소장으로 있는 신경과학연구소의 홈페이지(www.nsi.edu)와 Flanagan 1994에 요약된 에델만의 견해를 기초로 삼았다.

17. Changeux and Danchin 1976; Innocenti 1991.

18. 이에 대한 요약은 Oppenheim 1998을 보라.

19. 퇴화성 결과들에 대한 총론은 O'Leary 1992를 보라.

20. Rakic et al. 1986.

21. Bourgeois et al. 1994.

22. Quartz and Sejnowski 1997.

23. Huttenlocher 1979.

24. Quartz and Sejnowski 1997과 Katz and Shatz 1996을 볼 것. 한 가지를 말하자면 뇌의 한 영역에서 시냅스
    의 밀도를 정확하게 측정하는 것은 매우 어렵다. 왜냐하면 그 영역 자체가 시간에 따라 크기가 변하기
    때문이다. 또한 시냅스 변화들이 특정한 세포의 종류들과 관련이 없다면 시냅스 변화가 무엇을 의미하
    는지 알기 어렵다. 마지막으로, 구조와 관련된 측정값들(시냅스의 수와 같은)과 기능과 관련된 측정값
    들(그 시냅스가 기능하는지 여부)을 서로 관련짓는 것도 어렵다. 초기 발생에서 시냅스들은 시냅스 모
    양새를 갖추기 전에도 기능하므로, 이런 경우는 고려하지 못한 채 지나칠 수 있다.

25. O'Leary 1992.

26. 더 깊은 논의는 Quartz and Sejnowski 1997을 보라.

27. Hubel and Wiesel 1962; Hubel and Wiesel 1963; Hubel and Wiesel 1965; Hubel and Wiesel 1972.

28. 시각경로에 대한 이렇게 지나치게 단순한 서술에 대해 시각과학자들에게 사과했다.

29. 이에 대한 요약은 Katz and Shatz 1996; Shatz 1996; Stryker 1991을 보라.

30. Antonini and Stryker 1993.

31. 실제 실험은 외측슬상핵lateral geniculate nucleus이라 불리는 시각시상에 있는 세포들에 추적물질tracer을 주
    사하여 이뤄진다. 이 영역에서 세포들은 각각의 눈을 전담하는 여러 층들로 조직화되어 있다. 한쪽 눈
    에 자극을 주어 유발시킨 활동전위를 측정함으로써 층들을 분간할 수 있고, 그에 따라 그 층에 있는
    세포 안으로 화학물질을 주입하는 것이다.

32. 실제로 추적물질은 세포 내에서 항상 작동되고 있는 자연적인 과정들에 의해 말단 쪽을 향해 활동적으로 운송된
    다. 이 과정들에 의해 세포체에서 만들어진 것들이 세포 여러 곳으로 운반된다.

33. Quartz and Sejnowski 1997.

34. Neville 1990.

35. Neville and Lawson 1987.

36. Katz and Shatz 1996을 기초로 했다.

37. Rakic 1977; Horton and Hocking 1996.

38. Galli and Maffei 1988; Wong et al. 1993.

39. 묵시적인 활동을 차단시켰을 때라도, 두 눈에서 뇌로 들어가는 신경을 전기적으로 따로 분리하여 자극하면 세포
    무리들이 만들어진다. 이런 자극은 한 눈에서 뇌로 들어가는 많은 섬유들을 동시에 활성화시킬 수 있
    어, 마치 한 눈에서 많은 활동들이 동시에 뇌로 입력되는 것처럼 뇌를 속일 수 있다(Stryker & Harris
    1986; Crair 1998).

40. Chiaia et al. 1992.

41. Crair 1999.

42. Hebb 1949.

43. 이 말은 칼라 샤츠가 한 것이다.

44. Katz and Shatz 1996; Shatz 1992; Shatz 1996; Stryker 1991; Purves 1994.

45. 그러나 피질 세포들은 처음엔 양쪽 눈으로부터 입력을 받는다는 것을 상기하자. 따라서 피질 세포는 각각의 눈
   으로부터 시간을 달리하여 서로 관계있는 입력을 받게 될 것이다. 그러면 어떻게 한쪽 눈이 지배하게
   되는가? 각 세포가 양쪽 눈으로부터의 입력을 받는다고 해도 두 눈으로부터 오는 입력이 정확히 같은
   입력들이 아니므로 한쪽 눈은 약간이라도 더 우세하다. 헵 가소성은 처음부터 존재하는 이러한 편중성
   에 기초하여 피질 세포와 그의 더 효율적인 입력들 사이의 연결을 구성한다. 헵 가소성이 특별한 한
   세포를 연결하는 데 충분할지라도 피질에서 시각지배기둥이라고 불리는 세포특정적인 세포 집단을 형
   성하는 데는 더 많은 것이 필요하다. UCSF의 켄 밀러Ken Miller는 이에 관해 흥미로운 제안을 하고
   있다. Miller 1994, Wimbauer et al. 1997을 참고할 것. 결과적으로 한쪽 눈 또는 다른 쪽 눈이 하나
   의 피질 세포를 움직이는 데 더 효율적이다. 이에 대한 켄 밀러의 연구는 뉴욕 대학교의 토니 모브숀
   Tony Movshon이 나에게 알려주었다. 따라서 헵 가소성은 한쪽 눈에서 오는 입력들이 어떻게 한 개
   별적인 세포를 지배하게 되는지를 알려주지만, 한쪽 눈에 반응하는 세포들이 어떻게 같이 모이게 되
   었는지는 여전히 의문점으로 남는다. 이에 관해서는, 가까이 있고 동시에 활동하는 시냅스전 입력들
   을 함께 엮어 주는 작용을 하는 어떤 인자들이 있을 것이라고 일반적으로 가정되고 있다.

46. Glanzman et al. 1990; Martin and Kandel 1996.

47. Tsien 2000; Bliss and Collingridge 1993; Purves et al. 1996; Brown et al. 1988.

48. Katz and Shatz 1996.

49. Katz and Shatz 1996; Johnson 1998; Schuman 1999.

50. Oppenheim 1998.

51. Lorenz and Tinbergen 1938; Lorenz 1950; Tinbergen 1951.

52. Lehrman 1953.

53. Terrace 1984.

54. Terrace 1984.

55. Watson 1925; Skinner 1938; Hull 1943.

56. Chomsky 1957.

57. Gardner 1987.

58. Keil 1999.

59. Garcia and Koelling 1966.

60. 더 깊은 논의는 Marler and Terrace가 편집하고 1984에 출판된 책에서 H. S. Terrace, P. P. G. Bateson,
   and J. L. Gould and P. Marler가 쓴 장들을 참고하라.

61. Pinker 1994.

62. Pinker 1997.

63. Pinker 1997.

64. Bickerton 1980.

65. Elman et al. 1997; Quartz and Sejnowski 1997.

66. Gopnik 1997; Korenberg et al. 2000; Ridley 1999를 참고하라.

67. Pinker 1994; Gopnik 1997; Korenberg et al. 2000; Bickerton 1980; Ridley 1999.

68. Ekman 1999.

69. Cosmides and Tooby 1999; Barkow et al. 1992.

70. Cosmides and Tooby 1999; Barkow et al. 1992; Spelke 1994; Carey and Spelke 1994; Povinelli and
    Preuss 1995.

71. Cosmides and Tooby 1999; Barkow et al. 1992.

72. Gould 1997.

73. Gould 1991.

74. Gould는 Gazzaniga 1992에서 인용했다.

75. Premack 1985.

76. Pinker 1997; Pinker and Bloom 1990; Cosmides and Tooby 1999.

77. Rose and Rose 2000.

78. 예를 들어, Edwards and Pap 1959를 참고하라.

79. Spelke 1994; Carey and Spelke 1994; Marcus 1999; Pinker 1994, 1997; Piattelli-Palmarini 1989.

80. Wexler 1999.

81. Fodor 1983; Gazzaniga 1992; Tooby and Cosmides 2000; Mody et al. 1997; Denenberg 1999.

82. Keil 1999.

83. 뇌에는 영역독립적인 학습시스템(외현적 또는 서술적 기억시스템)도 있다. 그러나 이 시스템은 보상이나 벌과는
    관계없는 사실들과 경험들을 기록하는 데 관여한다. 일반적인 학습시스템으로 생각할 수도 있지만,
    행동학자들이 연구했던 종류의 학습행동들에는 핵심적인 역할을 하지 않는 것으로 보인다. .

84. Elman et al. 1997.

85. Quartz and Sejnowski 1997.

86. Barton 1997.

87. Brothers 1997.

88. Barton 1997.

89. Neisser 1998.

90. Alcock 1998.

91. Arnold 1980.

92. Alcock 1998; Wimer and Wimer 1985.

93. Alcock 1998에 설명되어 있으며, Holden 1980을 기초로 했다.

94. Tellegen et al. 1988.

95. Harris 1998에서 서술됨. Harris는 유전적 영향들이 유전점수에 의해 과소평가되고 있으며, 존재하는 그 어떤 유사성들이 그들이 공유하는 유전자들에 의해서 완전히 설명될 때도 부모와 자식 간의 성격 특징에 대한 연관성은 약하다고 주장했다.

96. Gardner 1998.

97. 이에 대한 요약은 Schuster and Ashburn 1992; Jacobson 1993을 참고하라.

98. 이에 대한 요약은 Jacobson 1993을 참고하라.

99. Harris 1998; Gardner 1998.

100. Hall et al. 1998을 참고하라.

101. Bruer 1999를 참고하라.

102. Mooney 1999; Gould and Marler 1984; Doupe and Kuhl 1999; Bottejer and Johnson 1997; Singh et al. 2000; Jarvis et al. 1998.

103. Elman et al. 1997.

104. Bruer 1999.

105. Tallal 2000; Tallal et al. 1998을 참고하라.

106. Bruer 1999.

107. Gopnik et al. 1999.

5

시간 속의 모험

1. Bartlett 1932; Schacter 1999.

2. 뇌가 무엇인가를 배울 때마다 뇌는 변한다.

3. Semon 1904; Schacter 1982.

4. Lashley 1929.

5. Lashley 1950.

6. Scoville and Milner 1957.

7. Scoville and Milner 1957; Milner 1962; Milner 1965; Milner 1967; Milner 1972.

8. Squire 1987; Cohen and Eichenbaum 1993.

9. Scoville and Milner 1957.

10. MacLean 1949; MacLean 1952; MacLean 1970.

11. Milner 1962; Corkin 1968.

12. Cohen 1980; Cohen and Squire 1980; Cohen and Corkin 1981.

13. Warrington and Weiskrantz 1973; Graf et al. 1984.

14. Weiskrantz and Warrington 1979.

15. Cohen and Squire 1980.

16. Schacter and Graf 1986.

17. 부해마 영역은 Witter et al. 1989에서 정의된 것처럼 내비피질, 비주위피질, 부해마피질로 구성된다.

18. Amaral et al. 1987; Suzuki and Amaral 1994; Witter et al. 1989: Burwell et al. 1995; Van Hoesen and
    Pandya 1975를 참고하라.

19. 내비피질, 비주위피질, 부해마피질은 Witter et al. 1989에 의해 정의된 것처럼 부해마 영역에 포함된다.

20. Jones and Powell 1970; Damasio 1989.

21. Mesulam et al. 1977.

22. 이 절은 Squire and Kandel 1999를 기초로 했다.

23. ECT에 의해 기억교란이 일어나는 이유는 단기기억이 장기기억으로 가는 과정이 교란된다는 사실과 관련된다.
    자세한 내용은 Squire 1987을 보라.

24. McClelland et al. 1995.

25. Winson 1985; Buzsaki 1989; McNaughton 1998; Wilson and McNaughton 1994.

26. Wilson and McNaughton 1994; Nadasdy et al. 1999; Poe et al. 2000; Louie and Wilson 2001.

27. Nadel and Moscovitch 1997.

28. 더 깊은 논의는 Nadel and Moscovitch 1997; Knowlton and Fanselow 1998을 참고하라.

29. Bontempi et al. 1999.

30. Tulving 1983을 참고하라.

31. Vargha-Khadem et al. 1997.

32. Squire and Zola 1998.

33. Milner 1970.

34. 이에 대한 요약은 Mishkin and Murray 1994; Murray and Richmond 2001; Squire and Zola 1996, 1998
    을 참고하라.

35. Eichenbaum et al. 1994.

36. 이 절의 제목은 Nadel and Willner 1980에서 개작한 것임.

37. O'Keefe and Nadel 1978.

38. Olton et al. 1979.

39. O'Keefe and Nadel 1978.

40. Ranck 1973.

41. Muller et al. 1999.

42. McNaughton 1998을 참고하라.

43. Morris 1984.

44. Cohen and Eichenbaum 1993.

45. Eichenbaum 2000.

46. Wicklegren 1979; Rolls 1990; Schmajuk and DiCarlo 1992; Gluck and Myers 1993; McClelland et al. 1995; Rudy and Sutherland 1992; Rudy and O'Reilly 1999.

47. O'Reilly and Rudy 2001.

48. McClelland et al. 1995.

49. Rudy and Sutherland 1992.

50. Skinner 1938; Skinner 1972; Hull 1943; Hull 1954.

51. Kandel and Spencer 1968.

52. 또한 칸델과 스펜서는 시냅스 가소성을 밝힐 수 있는 세포생리학에 대한 그 어떠한 접근도 행동과 관계없더라도 지금 단계에서는 설득력이 있다고 말했다. 왜냐하면 아무것도 알려진 내용들이 없기 때문이라고 언급했다.

53. Cowan 1998.

54. Cohen 1974.

55. Pavlov 1927.

56. McAllister and McAllister 1971; Brown et al. 1951; Bolles and Fanselow 1980; Blanchard and Blanchard 1969.

57. Kluver and Bucy 1937; Weiskrantz 1956; Blanchard and Blanchard 1972.

58. LeDoux 1996; LeDoux 2000; Davis 1992; Davis et al. 1997; Kapp et al. 1992; Maren and Fanselow 1996; Maren 2001; Fendt and Fanselow 1999; Weinberger 1995.

59. Pitkänen et al. 1997.

60. LeDoux et al. 1990; Amaral et al. 1992; Herzog and Van Hoesen 1976.

61. Pitkänen et al. 1997.

62. Amorapanth et al. 2000.

63. Romanski and LeDoux 1992; Doron and LeDoux 2000.

64. Bordi and LeDoux 1992.

65. Quirk et al. 1995; Quirk et al. 1997.

66. Romanski et al. 1993.

67. Quirk et al. 1995; Quirk et al. 1997; Repa et al. 2001.

68. Collins and Pare 2000; Maren 2000.

69. LeDoux 1990; Campeau and Davis 1995; LeDoux et al. 1990; Amorapanth et al. 2000.

70. Muller et al. 1997; Wilensky et al. 1999; Wilensky et al. 2000; Schafe and LeDoux 2000; Bailey et al. 1999; Helmstetter and Bellgowan 1994; Fanselow et al. 1994; Lee and Kim 1998; Maren et al. 1996; Miserendino et al. 1990; Gewirtz and Davis 1997.

71. Fanselow and LeDoux 1999; LeDoux 2000.

72. Thompson and Spencer 1966.

73. Gormezano 1972.

74. Weinberger 1995; Weinberger 1998.

75. 이에 대한 요약은 Thompson et al. 1983; Steinmetz and Thompson 1991; Hesslow and Yeo 1998; Medina et al. 2000을 참고하라.

76. Desmond and Moore 1982.

77. Thompson et al. 1983; Steinmetz and Thompson 1991; Thompson 1986; Thompson and Kim 1996; Hesslow and Yeo 1998.

78. Ito 1984.

79. Marr 1969; Eccles 1977; Ito 1984; Ito 1989.

80. Llinas and Welsh 1993.

81. Lisberger 1996; Lisberger 1998.

82. Steiner 1973.

83. Steiner 1973.

84. Grill and Norgren 1978.

85. 본능적 기능이라 불리는 그 어떤 것에서도 환경요소들의 역할을 무시할 수 없다(제4장의 논의를 볼 것).

86. Garcia and Koelling 1966.

87. Garcia 1990.

88. Chambers 1990; Yamamoto et al. 1994; Lamprecht and Dudai 2000을 참고하라.

89. 어떤 CS-US 간의 통합이 후뇌에서 일어날 수 있을지라도, 이곳에서의 통합은 조건화 미각혐오를 매개하는 데는 충분하지 않다고 여겨지고 있다.

90. Berrige 1999.

91. Lamprecht and Dudai 1996; Lamprecht et al. 1997; Dunn and Everitt 1988; Lamprecht and Dudai 2000.

92. Schafe et al. 1998.

93. Manns et al. 2000.

94. Moyer et al. 1990; Moyer et al. 1996. LaBar and Disterthoft 1998; Huerta et al. 2000.

95. Chun and Phelps 1999.

96. Blanchard and Blanchard 1969; Bolles and Fanselow 1980.

97. Kim and Fanselow 1992; Phillips and LeDoux 1992; Maren and Fanselow 1996; Frankland et al.

1998; Selden et al. 1991.

98. Schacter 2001.

99. De Leon et al. 1995.

100. 암묵시스템에 대한 손상은 암묵기억 기능에 대한 영향에 의해서만 퍼스낼러티를 파괴하지는 않는다. 모든 시스
      템들은 발생 초기에 후성학적epigenetically으로 규정된 시냅스적 연결들에(즉 유전적 영향과 환경적
      영향으로부터 건설되는) 기초하여 작동하며, 그 이후 관련된 신경시스템이 활동하거나 어떤 형태의
      학습에 참여할 때마다 변한다. 발생과 관련된 자세한 정보는 제4장에 나와 있다. 학습에 의해 유도되
      는 시냅스적 변화는 제6장에 있다.

6

작은 변화

1. Ramón y Cajal 1909-1911.

2. Hartley 1749.

3. James 1890.

4. Freud 1887-1902.

5. Hebb 1949.

6. 1990년대 후반에 유타의 Park City에서 있었던 학습과 기억의 신경생물학 학술회의에서 브루스 맥노턴이 언급한
      말이다. 그는 맥길McGill의 학생이었다.

7. 헵의 학습규칙은 Stent 1973에 의해 형식화되었다.

8. Jacobson 1993.

9. 라몬 이 카할은 1911년에 주신경생물성neurobiotaxis이라는 메커니즘을 제안했지만 이 개념은 비현실적이라고
      간주되었다(Kandel and Spencer 1968을 보라).

10. Konorski 1948.

11. 요약을 보려면 Kandel 1976을 보라. 특히 중요한 것은 Larrabee and Bronk 1947의 초기 연구와 Lloyd
      1949; Brock et al. 1952다.

12. Brock et al. 1952.

13. Eccles 1953.

14. 이런 반사작용은 피부에 주어지는 전기자극 또는 피부에서 척수로 감각정보를 전달하는 신경에 대한 전기자극
      에 의해 나타나는 근육의 수축을 측정함으로써 연구한다.

15. Thompson and Spencer 1966.

16. Hawkins et al. 1987.

17. Kandel and Spencer 1968.

18. 수 년간 연구된 주요한 무척추류 시스템에 대한 총론을 보려면 Beggs et al 1999를 참조하라.

19. Lømo 1966.

20. *Journal of NIH Research* (1995)에 실린 T. Lømo와의 인터뷰.

21. Bliss and Lømo 1973.

22. *Journal of NIH Research* (1995)에 실린 Bliss와의 인터뷰.

23. 그들이 꼭 실패했다고 말하기는 어렵다. 척수연구자들은 몇 시간씩이나 유지되는 시냅스전달의 변화를 만들어 낼 수 있다. 그러나 이런 효과를 보려면 매우 강력하고 지속적인 자극이 필요하고, 발생된 강화는 점 차 사라진다. 반면 해마에서는 훨씬 약한 자극으로 강화가 일어나고 강화도 매우 긴 시간 동안 유지된 다. 살아 있는 동물에서 LTP가 기록된 바로는 몇 주까지 지속된다는 보고들이 있다.

24. Iriki et al. 1987; Castro-Alamancos et al. 1995; Bear and Malenka 1994; Huang and Kandel 1998; Weisskopf et al. 1999; Randic et al. 1993; Pennartz et al. 1993; Kombian and Malenka 1994.

25. Sanes and Lichtman 1999.

26. Bliss and Collingridge 1993; Lynch 1986; McNaughton and Barnes 1990.

27. McNaughton et al. 1978.

28. Levy and Steward 1979.

29. Kelso et al. 1986; Malinow and Miller 1986; Wigström et al. 1986. 시냅스후 세포가 헵이 말한 활동을 나 타내기 위해 활동전위를 꼭 만들어 낼 필요는 없다. 세포의 막전위가 덜 음성적이 되면 충분하다.

30. LTP 메커니즘에 대한 초기 연구들에 대한 요약을 보려면 Lynch 1986; Bliss and Collingridge 1993; Nicoll and Malenka 1995; Malenka and Nicoll 1999를 참조하라.

31. Nowak et al. 1984; Mayer and Westbrook 1987; Bliss and Collingridge 1993; Malenka and Nicoll 1999; Nicoll and Malenka 1995.

32. Brown et al. 1988.

33. Husi and Grant 2001.

34. 뇌 박편은 접시 위에서 수 시간 이상은 살 수 없으므로 실제 지속 시간은 모른다.

35. Huang et al. 1996.

36. LTP의 여러 형태에 대한 논의를 보려면 Bliss and Collingridge 1993; Nicoll and Malenka 1995; Johnston et al. 1999; Morgan and Teyler 1999를 참조하라.

37. 심리학과 생물학에서의 단기기억의 관계를 보려면 Dudai 1989, 1996, 1997; Squire and Kandel 1999를 참 조하라.

38. Davis and Squire 1984.

39. Huang et al. 1996.

40. Squire and Kandel 1999.

41. 관련된 카이네이즈들로는 CaMK Ⅱ(칼슘/칼모듈린 protein kinases), PKC(protein kinase C), 타이로신 카이네이즈 등이 있다. CaMK Ⅱ의 기능이 특히 잘 연구되어 있다. 칼슘이 NMDA 수용체를 통해 들어오면 칼모듈린과 화학복합체(칼슘/칼모듈린)를 만들어 칼슘/칼모듈린 카이네이즈의 알파 형태를 활성화시킨다. 이 카이네이즈는 칼슘/칼모듈린 복합체와 작용하기 전에는 활성이 없다가 일단 활성화되면 세포 내에서의 칼슘 수준이 정상 상태로 돌아오고 난 뒤에도 계속 활성화된 상태가 유지된다. 왜냐하면 스스로를 활성화하기 위해 자가인산화가 일어나기 때문이다. Lisman 1994; Elgersma and Silva 1999; Mayford et al. 1996; Mayford and Kandel 1999를 참조하라.

42. Soderling 1996; Shi et al. 1999.

43. Humag et al. 1996; Malgaroli and Tsien 1992; Bekkers and Stevens 1990.

44. Malgaroli and Tsien 1992; Bekkers and Stevens 1990.

45. Hawkins et al. 1994.; O'Dell et al. 1994.

46. Malenka and Nicoll 1999.

47. PKA(protein kinase A)와 맵 카이네이즈(mitogen-activated protein kinase)가 포함된다. PKA가 활성화되는 단계에는 다음이 포함되는 것으로 보인다. 우선 NMDA 수용체를 통해 들어온 칼슘은 칼슘/칼모듈린 복합체를 형성한다. 초기 LTP에서는 이에 의해 CaMK Ⅱ가 활성화되지만, 후기 LTP에서는 칼슘/칼모듈린은 cAMP신호전달체를 활성화시켜야 한다. 칼슘/칼모듈린은 아데닐릴 사이클레이즈(adenylyl cyclase)를 활성화시켜 ATP에 cAMP를 만든다(ATP는 높은 에너지를 갖고 있기 때문에 cAMP가 만들어지면서 많은 대사에너지가 나온다). 이렇게 형성된 cAMP는 PKA를 활성화시킨다. 일단 활성화되면 PKA의 조절소단위는 촉매소단위로부터 떨어져 나가므로 촉매소단위가 세포핵으로 이동할 수 있다. Huang et al. 1996; Elgersma and Silva 1999; Mayford et al. 1996; Mayford and Kandel 1999를 참조하라.

48. 유전적 방법론에 대해서는 Silva et al. 1997; Mayford et al. 1995; Mansuy 1998; Mayford and Kandel 1999; Tsien 2000을 참조하라.

49. 예를 들어, McHugh et al. 1996을 참고하라.

50. Silva et al. 1997; Mayford et al. 1995; Gerlai 2000; Mayford and Kandel 1999; Tsien 2000; Tsien et al. 1996; Tang et al. 1999; Huerta et al. 2000.

51. Elgersma and Silva 1999; Silva et al. 1998; Kandel and Pittenger 1999; Mayford and Kandel 1999; Tsien 2000.

52. Sanes and Lichtman 1999; Sweatt 1999; Kennedy 1999을 참고하라.

53. Sanes and Lichtman 1999.

54. Sweatt 1999; Kennedy 1999.

55. Frey and Morris 1997; Martin et al. 1997.

56. Lee et al. 1980; Chang et al. 1991; Desmond and Levy 1986; Engert and Bonhoeffer 1999; Toni et al. 1999.

57. Steward and Schuman 2001.

58. Morris et al. 1986.

59. 이에 대한 논평은 Martin et al. 2000을 참고하라.

60. Staubli et al. 1989; Shapiro and Caramanos 1990; Bannerman et al. 1995; Cain et al. 1996; Shors and Matzel 1997; Keith and Rudy 1990.

61. Shors and Matzel 1997; Keith and Rudy 1990; Gallistel 1995.

62. Martin et al. 2000.

63. Tsien et al. 1996.

64. Tang et al. 1999.

65. Martin et al. 2000; Silva et al. 1997; Mayford et al 1995; Gerlai 2000; Mayford and Kandel 1999.

66. Silva et al. 1998.

67. Abel et al. 1997; Mayford et al. 1996.

68. 더 깊은 논의는 Shors and Matzel 1997을 참고하라.

69. Martin et al. 2000; Nicoll and Malenka 1995; Malenka and Nicoll 1999; Bliss and Collingridge 1993; Grover and Tyler 1990; Bortolotto et al. 1999; Bortolotto et al. 1999; Bekkers and Stevens 1990; Staubli et al. 1990; Weisskopf and Nicoll 1995.

70. Linden 1994; Bear and Malenka 1994; Ito 1996.

71. Shors and Matzel 1997; Gallistel 1995; Keith and Rudy 1990.

72. 이에 대한 논평은 Teyler and DiScenna 1987; Teyler 1992; McNaughton and Barnes 1990; Moser 1995; Staubli 1995; Martinez and Derrick 1996; Morris et al. 1989; Morris 1992; Morris 1994; Martin 2000을 참고하라.

73. Shors and Matzel 1997; Martinez and Derrick 1996; Martin et al. 2000; Barnes 1995; Eichenbaum 1995; Eichenbaum 1996을 참고하라.

74. Barnes 1995; Eichenbaum 1995.

75. Romanski et al. 1993.

76. 이 상은 미국 신경과학회에서 주어졌다.

77. Stevens 1998.

78. Barnes 1995; Eichenbaum 1995; Eichenbaum 1996.

79. Brown et al. 1988.

80. Rodrigues 2001; Miserendino et al. 1990; Gewirtz and Davis 1997; Walker and Davis 2000; Tang et al. 1999; Fanselow and Kim 1994; Maren et al. 1996; Lee and Kim 1998.

81. Schafe and LeDoux 2000; Schafe et al. 2000.

82. Schafe et al. 1999; Bourtchouladze 1998.

83. Josselyn et al. 2001.

84. Silva et al. 1992; Abel et al. 1997; Brambilla et al. 1997; Mayford and Kandel 1999; Tsien et al. 1996; Tang et al. 1999; Huerta et al. 2000; Silva et al. 1998.

85. Huang and Kandel 1998; Huang et al. 2000.

86. 편도체 LTP에 대한 다른 연구들의 요약을 보려면 Maren 1999; Chapman et al. 1990; Chapman 2001을 참조하라.

87. Lamprecht et al. 1997; Rosenblum et al. 1997; Berman et al. 1998; Berman et al. 2000.

88. Weisskopf et al. 1999.

89. Schafe et al. 2001; Blair et al. 2001.

90. Tsien 2000; Paulsen and Sejnowski 2000; Magee and Johnston 1997; Johnston et al. 1999.

91. Huang and Kandel 1998; Huang et al. 2000; McKernan and Shinnick-Gallagher 1997.

92. Fanselow and LeDoux 1999; Cahill et al. 1999; Schafe et al 2001; Blair et al. 2001.

93. Nader et al. 2000. 재공고화reconsolidation 연구의 역사를 보려면 Sara 2000을 참조하라.

94. 이에 대한 논평은 Beggs et al. 1999; Sahley 1995; Crow 1988; Alkon 1989; Jing and Gillette 1995를 참고하라.

95. 군소에 대한 연구에 동참한 칸델의 주요 동료로는 James Schwartz, Irving Kupferman, Vince Castellucci, Tom Carew, Robert Hawkins, Tom Abrams, Jack Byrne, Sam Schacter, Steve Sigelbaum, David Glanzman, Craig Bailey, Mary Chen, Kelsey Martin 등이 있다. 칸델 연구실의 연구에 대한 요약을 보려면 Hawkins and Kandel 1984; Hawkins et al. 1987; Kandel 1989; Bailey et al. 1996; Kandel 1997을 참조하라.

96. Byrne et al. 1993; Cleary et al. 1998; Lechner and Byrne 1998.

97. Dudai 1989에서 요약한 것이다.

98. 군소에서의 학습이 실제로는 그리 단순하지 않은 이유에 대한 논의는 Glanzman 1995에 언급되어 있다.

99. 엄청난 연구결과에도 불구하고 축약된 실험장치, 대상과 개체 전체, 그리고 그 개체의 학습 능력 사이의 관계에는 여전히 빈틈이 존재한다. 이에 대한 논의는 Dudai 1989를 참고하라. 최근에는 이런 틈을 없애기 위한 노력들이 진행되었는데, 단순화시킨 실험장치 및 대상을 실제 생활에서의 학습에 더욱 가깝게 하려는 시험 방법들이 시도되고 있다(Hawkins et al. 1998).

100. 실제의 단계들은 세로토닌이 그 수용체에 결합하면 아데닐릴 사이클레이즈가 활성화된다. 그리고 ATP에서 cAMP가 만들어진다. 그 이후 cAMP는 PKA를 활성화시킨다.

101. PKA가 하는 일 중의 하나는 어떤 이온 통로를 인산화하는 것이다(이온 통로ion channel란 세포막에 들어 있는 단백질로서 칼슘, 소디움, 포타슘과 같은 이온들을 통과시키는 기능을 한다). 이 이온 통로는 특수한 포타슘 이온 통로다. PKA에 의해 인산화되면 이 이온 통로는 닫히게 되어 포타슘이온이 세포 안에 갇히게 된다. 이렇게 되면 감각축삭을 따라 말단에 온 활동전위가 조금 더 오래 지속되는 효과가 발생한다. 이렇게 되는 이유는, 포타슘이 세포 밖으로 나가는 것이 활동전위 후에 세포의 전기적 특성을 다시 원상태로 회복하는 데 중요한 역할을 하는데 이 이온 통로의 인산화에 의해 이런 과정이 느리게

일어나기 때문이다. 활동전위가 일어나는 동안 칼슘이 세포 속으로 들어오기 때문에, 민감화 충격 후에 말단에서 들어오는 칼슘 양은 증가한다(왜냐하면 활동전위가 더 오래 지속되므로). 따라서 활동전위가 길어진다는 말은 더 많은 칼슘이 들어온다는 것이고, 결국 더 많은 신경전달물질이 분비될 수 있다는 말이 된다. 그리고 감각 말단에서 더 많은 전달물질이 나오므로 운동뉴런의 시냅스후 반응은 더욱 커진다.

102. 자세히 말하면, 반복적인 민감화 충격에 의해 PKA의 조절소단위가 제거되면서 촉매소단위가 세포핵으로 들어갈 수 있게 된다.

103. 세포 접착 단백질들이 관여되어 있다.

104. Glanzman 1995; Murphy and Glanzman 1999; Lechner and Byrne 1998; Bao et al. 1998.

105. McKernan and Shinnick-Gallagher 1997.

106. Huang and Kandel 1998.

107. Huang et al. 1996; Malgaroli and Tsien 1992; Bekkers and Stevens 1990; Staubli et al. 1990; Weisskopf and Nicoll 1995.

108. 이 절은 Dudai 1989를 기초로 했다.

109. Quinn et al. 1974; Tully and Quinn 1985.

110. 초파리 연구와 기억분자들에 대한 요약을 보려면 Dubnau and Tully 2001 and Yin and Tully 1996을 참조하라.

111. Davis 1996.

112. Staubli et al. 1994.

113. Rogan et al. 1997.

114. Tang et al. 1999.

7

정신 3부작

1. '정신 3부작'이라는 제목은 Hilgard 1980에서 따온 것인데, 그는 18세기 독일에서 마음을 삼분하기 시작했다고 말했다. 그러나 이런 견해는 플라톤이 말한 3분分 영혼에서도 찾을 수 있다.

2. Hilgard 1980을 참고하라.

3. 행동주의가 성행할 당시에 3부작이 망각되었다고 얘기하는 것은 공정하지 못할 수 있다. 대신 관련되는 과정들이 행동학적 해석에 포함되었다. 예를 들어 행동주의자들은 행동의 추진력으로서 동기에 관심을 가졌지만, 정신상태로서 흥미를 가진 것이 아니다.

4. 인지과학자들에게 감정과 동기는 인지의 한 종류다. 즉 감정과 동기는 일종의 모험적인 상황에서 자기의 자아에

대한 생각들이라는 것이다. 감정에 대한 인지적 이론에 대해서는 《감정적 뇌》의 제2장과 제3장을 보기
바란다.

5. Boring 1950.

6. Watson 1913; Watson 1925.

7. Minsky 1985.

8. 특별한 상황이 아닐 때라면 당신은 대개 한 순간에 한 가지에 주의를 하고 있다. Hirst et al. 1980을 참고하라.

9. Baddeley and Hitch 1974; Baddeley 1982; Baddeley 1992.

10. Bartlett 1932.

11. Gardner 1987.

12. Hilgard 1980.

13. Miller 1956.

14. Norman and Shallice 1980.

15. Johnson-Laird 1988.

16. Smith and Jonides 1999.

17. Hirst et al. 1980.

18. Luria 1973.

19. Stuss and Benson 1986; Nauta 1971; Fuster 1997; Lhermitte et al. 1972; Teuber 1964; Goldman-Rakic 1987; D'Esposito et al. 1995; Smith and Jonides 1999; Albright et al. 2000.

20. D'Esposito et al. 1995; Smith and Jonides 1999; Albright et al. 2000.

21. Smith and Jonides 1999.

22. Preuss 1995.

23. Jacobsen and Nissen 1937.

24. Fuster 1973; Fuster 1997; Fuster 2000; Fuster 1993; Levy and Goldman-Rakic 2000; Goldman-Rakic 1999; Goldman-Rakic 1987.

25. 전전두의 연결들에 대해서는 다음을 참고하기 바란다. Fuster 1989; Goldman-Rakic 1987; Passingham 1995; Groenewegen et al. 1990; Petrides and Pandya 1999; Fuster 1997; Maioli et al. 1998.

26. Ungerleider and Mishkin 1982; Zeki 1993; Van Essen et al. 1992; Van Essen 1985.

27. Van Essen 1995.

28. Ungerleider and Mishkin 1982; Ungerleider and Haxby 1994; Goodale 1998.

29. 공간정보를 처리하는 데 두정엽 영역이 관여되어 있다는 것은 완전한 동의를 얻지는 못하고 있다. 어떤 이들은 두정엽 영역이 사물의 위치를 지각하는 것보다는 움직임을 계획하고 결정하는 데 더 크게 관여한다고 주장한다. 이것을 반박하는 연구자들은 Paul Glimcher, Carol Colby, Michael Goldberg, and Richard Andersen이 있다. Platt and Glimcher 1999; Colby and Goldberg 1999; Xing and Andersen 2000을 참조하라.

30. Mesulam et al. 1977; Pandya and Seltzer 1982.

31. Fuster 1973; Fuster 1997; Funahashi et al. 1989.

32. Gnadt and Andersen 1988; Koch and Fuster 1989.

33. Mesulam et al. 1977; Pandya and Seltzer 1982.

34. Miller et al. 1993; Miller and Desimone 1994.

35. Romanski et al. 1999.

36. 특수한 단기 저장소가 감각계들에 있고 만능 작업기억 메커니즘은 전전두피질에 있다는 이 간단한 줄거리는 사
    실상 내가 제시하는 바보다 더 복잡하다. 나중에 논의하겠지만 전전두피질 자체에는 최소한 어느 정도
    는 작업기억 기능들의 특정한 종류들을 수행하는 특수화된 영역들이 존재하는 것 같다.

37. Cohen and Servan-Schreiber 1992; Cohen et al. 1999.

38. Vendrell et al. 1995.

39. Cohen and Servan-Schreiber 1992; Cohen et al. 1999.

40. Leung et al. 2000; Peterson et al. 1999; Epstein et al. 1999.

41. Cohen and Servan-Schreiber 1992; Cohen et al. 1999.

42. Goldman-Rakic 1999.

43. D'Esposito et al. 1995.

44. Smith and Jonides 1999.

45. Jacobsen 1935.

46. Reynolds and Desimone 1999.

47. Jiang et al. 2000; Haxby et al. 2000.

48. Asaad et al. 1998: Miller 1999.

49. Chelazzi et al. 1993.

50. Miller 1999; Desimone and Duncan 1995.

51. Knight 1997; Barcelo et al. 2000.

52. Tomita et al. 1999.

53. Kim and Shadlen 1999.

54. Shadlen et al. 1996.

55. Platt and Glimcher 1999; Colby and Goldberg 1999;. Batista and Andersen 2001.

56. Batista and Andersen 2001.

57. Fuster et al. 1982.

58. Levy and Goldman-Rakic 2000.

59. Wilson et al. 1993.

60. Romanski et al. 1999.

61. Smith and Jonides 1999.

62. Smith and Jonides 1999.

63. 이 영역은 종종 배측dorso-lateral전전두피질이라고도 불리지만 간단하게 표현하기 위해 그냥 측전전두피질이라고 하겠다.

64. Smith and Jonides 1999; Bush et al. 2000.

65. Pandya and Yeterian 1996; Fuster 1997; Passingham 1995; Petrides and Pandya 1999; Maioli et al. 1998.

66. Posner 1992.

67. Berger and Posner 2000; Badgaiyan and Posner 1998; Bush et al. 2000; Botvinick et al. 1999; Carter et al. 2000.

68. 또 다른 중요한 영역은 안와피질이며 제8장에서 언급할 것이다.

69. Smith and Jonides 1999; Bechara et al. 1998; Robbins 1996; Owen et al. 1999; Botvinick et al. 1999; Carter et al. 2000.

70. 아래 나오는 회로에 대한 서술은 다음에 기초한다. Douglas and Martin 1998; Durstewitz et al. 1999; Markram et al. 1997; Kritzer and Goldman-Rakic 1995; Cauller et al. 1998; Jones 1984.

71. Arnsten 1998.

72. Arnsten 1998; Robbins 2000; Arnsten et al. 1994; Cai and Arnsten 1997; Muller et al. 1998.

73. Nieuwenhuys 1985.

74. Sawaguchi et al. 1988; Sawaguchi et al. 1990. 이런 효과들은 다음의 사실과 관련이 있을 수 있다. 도파민을 투여하면 보상을 알려주는 단서자극에 대한 세포들의 반응들이 향상되고, 단서자극과 보상 사이의 지연 기간 동안 세포들의 활동을 향상시킨다.

75. Lindvall et al. 1978; Berger et al. 1976; Lewis et al. 1987.

76. Arnsten 1998; Robbins 2000.

77. Yang and Seamans 1996.

78. Thierry et al. 1993.

79. Arnsten 1998.

80. Woolf 1925.

81. Baars 1997; Johnson-Laird 1993; Kihlstrom 1987; Marcel and Bisiach 1988; Norman and Shallice 1980; Shallice 1988; Kosslyn and Koenig 1992.

82. Lashley 1950.

83. 예를 들어, Stuss 1991; Luria 1969; Ackerly and Benton 1947을 참고하라.

84. Luria 1969.

85. Ackerly and Benton 1947.

86. Stuss 1991.

87. Damasio 1999; Panksepp 1998.

88. Milner 1982; Shimamura 1995.

89. Buckner and Koutstaal 1998; Wagner 1999; Cabeza and Nyberg 2000; Lepage et al. 2000; Schacter et al. 1998.

90. Wagner 1999.

91. Crick and Koch 1990, 1995.

92. He et al. 1996; Tootell et al. 1995; Damasio 1995.

93. Tootell et al. 1995.

94. Crick/Koch 가설에 대해 토텔의 연구결과가 의미하는 바에 대한 자세한 설명이 Damasio 1995에 있다.

95. Milner 1974; von der Malsburg 1995.

96. von der Malsburg 1995; Roskies 1999; Treisman 1996.

97. Engel and Singer 2001; Crick and Koch 1990; Tononi and Edelman 1998; Damasio 1990; Llinas and Ribary 1994; Grossberg 1999.

98. Engel and Singer 2001.

99. Shadlen and Movshon 1999.

100. Smith and Jonides 1999; Owen et al. 1999.

101. 어떤 이들은 쥐에도 원시적인 측전전두피질이 있다고 하지만 논란거리다. Kolb and Tees 1990; Preuss 1995; Preuss 1995를 참조하라.

102. Gray 1987.

103. Aston-Jones et al. 1999.

104. Dillard 1974.

105. Gallup 1991; Kennan et al. 2000.

106. Delfour and Marten 2001; Reiss and Marino 2001. 아울러 Consciousness and Cognition 제4권 제2호 (1995년)를 보면 이 연구의 결과와 그것이 의미하는 바에 대한 설명이 나와 있다.

107. Hauser et al. 1995.

108. Weiskrantz 1996; Kihlstrom 1987; Erdelyi 1985; LeDoux 1996; Wilson et al. 2000; Wilson (in press); Bargh 1990; Bargh and Chartrand 1999; Greenwald and Banaji 1995; Zajonc 1984; Loftus and Klinger 1992; Bowers 1984; Bowers and Meichenbaum 1984; Öhman 2000; Debner and Jacoby 1994; de Gelder et al. 1999.

109. Gazzaniga 1985; Gazzaniga 1992; Gazzaniga 1998.

110. Gazzaniga and LeDoux 1978.

111. Gazzaniga 1985; Gazzaniga 1992; Gazzaniga 1998.

8

다시 찾아온 감정적 뇌

1. James 1890.

2. Bard 1928; Cannon 1929; Herrick 1933; Papez 1937; Kluver and Bucy 1937; Hess and Brugger 1943; MacLean 1949; MacLean 1952; MacLean 1970; MacLean 1990.

3. 내가 언급하는 시점은 1960년대 초에서 1980년대 초 사이다. Mort Mishkin, Edmund Rolls, Jeffrey Gray, Jaak Panksepp, John Flynn, Alan Siegel 등의 연구자들은 각자 뇌와 감정들에 대해 대략 이 시기에 연구했다. 개괄적인 내용은 다음을 참조하라. Flynn 1967; Mishkin and Aggleton 1981; Gray 1982; Rolls 1986; Panksepp 1982; Siegel and Edinger 1981.

4. Neisser 1967; Gardner 1987을 참고하라.

5. Bard 1928; Cannon 1929; Herrick 1933; Papez 1937; MacLean 1949; MacLean 1952.

6. 예를 들어, 행동주의자들의 시대에는 감정과 여러 정신상태들은 언어행위로서 재해석되었다. 종전에 자기관찰주의자들이 불렀던 '느낌'은 한 사람의 감정적 반응 경향성에 대한 언어적 서술이 되었다. 인지시대에 들어 감정들이 재정리되었는데, 이번에는 평가라고 불리던, 의식적인 접근이 가능하고 언어적인 서술이 가능한 사고과정으로 해석되었다. 무의식적인 감정들은 프로이트 전통에서 오랫동안 강조되어 왔으나, 정신상태에 대한 언어적 서술 또한 심리분석 과정에서 중요한 역할을 하는데, 심리분석 과정은 억압된 감정을 의식의 전면으로 끄집어내어 말로 표현될 수 있게 해준다.

7. Larsen and Fredrickson 1999; Stone et al. 1999; Schwarz and Strack 1999.

8. Plutchik 1980.

9. Plutchik 1980.

10. Hebb 1946.

11. Kahneman 1999.

12. Loftus 1986; Loftus and Hoffman 1989.

13. Bartlett 1932.

14. Kahneman 1999; Stone et al. 1999.

15. Larsen and Fredrickson 1999; Stone et al. 1999; Schwarz and Strack 1999.

16. Schacter and Singer 1962; Schacter 1975.

17. Panksepp 1998; Masson and McCarthy 1995.

18. Lamb et al. 1991.

19. Tinbergen 1951.

20. Neisser 1967; Gardner 1987.

21. Panksepp 1998.

22. LeDoux 1984; LeDoux 1987; LeDoux 1990.

23. Murphy and Zajonc 1993; Soares and Öhman 1993; Morris et al. 1998; Morris et al. 1999.

24. 엄밀히 말한다면 오로지 인간만이 의식적이라고 주장하는 것은 아니다. 대신 의식이 분명히 존재하는 종의 한 예가 인간이라는 것이다. 다른 동물에서의 의식에 대한 문제들은 제7장에서 논의했다.

25. 행동주의자들은 종종 '블랙박스black box'라는 말을 사용했는데, 마음에서 일어나는 심리적 처리 과정은 실험자가 볼 수 있는 것이 아니라는 사실을 지칭하기 위한 것이다.

26. Schacter and Singer 1962; Frijda 1986: Lazarus 1991; Smith and Lazarus 1990; Frijda 1993; Scherer 1988; Scherer 1993; Smith and Ellsworth 1985; Ellsworth 1991; Averill 1994; Oatley and Johnson-Laird 1987; Ortony et al. 1988.

27. MacLean 1949; MacLean 1952; MacLean 1970; MacLean 1990; Isaacson 1982.

28. Scoville and Milner 1957.

29. MacLean 1949; MacLean 1952.

30. Swanson 1983.

31. Nauta 1979.

32. Kaada 1960.

33. Isaacson 1982; Swanson 1983; Livingston and Escobar 1971.

34. Brodal 1982; Kotter and Meyer 1992; LeDoux 1987; LeDoux 1991.

35. 어떤 연구자들은 행동을 연구하기 위해 공포조건화를 사용해 왔으며 이에 따라 중요한 발전들이 이뤄졌고 뇌를 연구하기 위한 본 연구에 활용이 된 것이다. 여기에 포함되는 예로는 Estes and Skinner 1941; Mowrer and Lamoreaux 1946; Mowrer 1947; Miller 1948; Miller 1951; Brady and Hunt 1951; Solomon and Wynne 1954; Kamin 1963; Rescorla and Solomon 1967; Annau and Kamin 1961; Stebbins and Smith 1964; Brown et al. 1951; LoLordo 1967; Blanchard and Blanchard 1969; McAllister and McAllister 1971; Bolles et al. 1966; Bolles and Fanselow 1980; Bouton and Bolles 1980를 참조하라.

36. 여러 연구자들은 조건화된 공포를 공포의 뇌 메커니즘을 연구하는 데 사용했지만 회로들을 자세하게 연구하지는 않았다. 여기에는 John Harvey, Orville Smith, Neal Schneiderman이 포함된다. Harvey et al. 1965; Marshall and Smith 1975; Schneiderman et al. 1974를 참조하라.

37. Blanchard and Blanchard 1972; Kapp et al. 1979; Kapp et al. 1984; Kapp et al. 1992; Hitchcock and Davis 1986; Davis et al. 1987; Davis 1992; Davis et al. 1997; Kim et al. 1993; Fanselow 1994; Maren and Fanselow 1996; Maren et al. 1996; Maren 2001; Fendt and Fanselow 1999; LeDoux 1984: LeDoux et al. 1985; Iwata et al. 1986; LeDoux et al. 1990; LeDoux 1986; LeDoux et al. 1989; LeDoux 1990; LeDoux 1992; Romanski and LeDoux 1992; LeDoux 1994; LeDoux 1995; LeDoux 1996; LeDoux 2000.

38. Cohen 1974; Cohen 1980.

39. 공포를 연구하는 데는 다른 방법들도 있는데 회피조건화avoidance conditioning의 여러 형태들, 열린 공간 open field에서의 행동 연구, 충격자극에 대한 반응 연구, 공중에 뜬 십자형 미로elevated plus maze에서의 행동 등에 대한 분석들이 포함된다. 이 중에 공포의 신경원리를 연구하는 데 가장 많이 쓰인 방법이 회피조건화다. 이것은 제9장에서 더 논의된다.

40. 어떤 연구들에 의하면 사람 뇌의 좌, 우 편도체들이 각각 다른 기능을 보인다는 결과가 있다. 그러나 이런 차이들의 정도와 중요성은 아직 이해되지 않고 있다. 흥미로운 예가 Cahill et al. 2001에 나와 있다.

41. Anagnostaras et al. 1999; Kim and Fanselow 1992; Maren and Fanselow 1996; Phillips and LeDoux 1992; Everitt and Robbins 1992.

42. Darwin 1872.

43. 예를 들어, 어떤 연구결과들을 보면 해마손상에 의해 동물들이 더 활동적이고 그에 따라 덜 얼어붙는다고도 한다. 즉 상황맥락을 잘 처리하지 못해서 그런 것이 아니라 단순히 과다한 활동 때문에 그런 결과가 나온다는 것이다. 그러나 만약 이것이 사실이라면, 해마손상이 일어난 쥐들은 소리에 대해서 얼어붙는 것도 약화되어야 할 것이다. 그러나 그렇지는 않다. McNish et al. 1997; Maren et al. 1998을 참조하라.

44. Michael Davis와 동료들은 이런 효과를 찾는 데 실패했다. 그러나 그들은 차이를 설명해 줄 수 있는 다른 방법을 써서 공포조건화를 연구했다. Gewirtz et al. 1997을 참조하라.

45. Quirk et al. 2000.

46. Garcia et al. 1999.

47. Damasio 1994; Bechara et al. 1999.

48. LaBar et al. 1995.

49. Bechara et al.1995.

50. O'Connor et al. 1999.

51. LaBar et al. 1998; Morris et al. 1998.

52. Rolls 1999.

53. 사실 이런 연구들은 신경활동을 측정하는 것이 아니다. 기능성 MRI 연구에서는 혈액산소량을, PET 연구에서는 혈류량을 측정하여 신경활동의 정도를 유추한다.

54. Morris et al. 1999.

55. Morris et al. 1996.

56. Breiter et al. 1996.

57. Whalen et al. 1998.

58. Adolphs et al. 1994; Calder et al. 1996; Young et al. 1996; Hamann et al. 1996; Scott et al. 1997.

59. Adolphs et al. 1998.

60. Kluver and Bucy 1937.

61. Rolls 1999; Ono and Nishijo 1992.

62. Phelps et al. 2000; Hart et al. 2000.

63. Bargh 1992; Jacoby and Toth 1992.

64. Brown and Kulik 1977; Christianson 1989; Neisser and Harsch 1992.

65. McGaugh 2000; Cahill and McGaugh 1998; McGaugh 1990; McGaugh and Gold 1989; Gold and
   Zornetzer 1983; Gold 1995를 참고하라.

66. Bower and Cohen 1982; Bower 1992.

67. Sapolsky 1996; McEwen and Sapolsky 1995; Sapolsky 1998.

68. Diamond and Rose 1994; Shors and Dryver 1992; Conrad et al. 1999; Conrad et al. 1999; McEwen
   1999; Kim and Yoon 1998.

69. Diamond and Rose 1994; Shors et al. 1989; Pavlides et al. 1993; Pavlides et al. 1996; McEwen 1999;
   Kim and Yoon 1998.

70. McEwen 1999; Sapolsky 1996; Sapolsky 1998.

71. Diorio et al 1993.

72. Makino et al. 1994; Corodimas et al. 1994; Conrad et al. 1999; Shors et al. 1992.

73. Corodimas et al. 1994.

74. Scherer 2000; Maturana and Varela 1987; LeDoux 1996.

75. Amaral et al. 1992.

76. Weinberger 1995; Weinberger 1998.

77. Armony et al. 1998.

78. Groenewegen et al. 1990; McDonald 1998.

79. Rolls 1999; Gaffan 1992; Everitt and Robbins 1992; Rogers et al. 1999.

80. Pandya and Yeterian 1996; Petrides and Pandya 1999; Maioli et al. 1998; Passingham 1995; Fuster
   1997.

81. Damasio 1994.

82. Anderson and Phelps (in press).

83. James 1884; James 1890; Schacter 1975; Berntson et al. 1993; Levenson 1992; Damaslo 1994;
   Damasio 1999.

84. Insel 1997; Carter 1998.

85. Bowlby 1969; Bartholomew and Perlman 1994; Sternberg and Barnes 1988; Kraemer 1992; Carter
   1998.

86. 그들의 연구에 대한 개괄은 Insel 1997; Carter 1998을 참고하라.

87. Insel 1997.

88. 옥시토신과 바소프레신의 역할에 대한 이런 서술은 Insel 1997에 근거한다.

89. Schulkin 1999.

90. Pfaff 1999; Meisel and Sachs 1994를 참고하라.

91. Canteras et al. 1995.

92. Veinante and Freund-Mercier 1997; Veinante and Freund-Mercier 1995.

93. 이것은 윌리엄 제임스의 이론과, 또 그것이 안토니오 다마시오에 의해 현대적으로 부활되고 확장된 이론을 생각 나게 한다. James 1884; James 1890; Damasio 1994; Damasio 1999를 참고하라. 또한 Schacter 1975; Berntson et al, 1993; Levenson 1992; Porges 1998을 참고하라.

94. Porges 1998.

95. 이 책이 완성될 즈음 내가 접한 연구결과에 의하면, 사랑하는 사람에 대한 생각을 떠올릴 때 사람의 전전두 영 역과 다른 영역들이 활성화된다(Bartels and Zeki 2000).

9

잃어버린 세계

1. Miller 1948.

2. 사실 모든 쥐들이 이것을 배우는 것은 아니다. 어떤 쥐들은 얼어붙는 것을 멈추게 하고 적응하는 것을 배울 수 없 었다.

3. Hull 1943; Hull 1954. 또한 Bolles 1967; Cofer 1972; and Weiner 1989를 참고하라.

4. Hobbes 1651; Bentham 1779. 또한 Bolles 1967과 Cofer 1972에 나오는 쾌락주의에 대한 토론을 보기 바란 다.

5. Thorndike 1898, 1913.

6. Watson 1925; Skinner 1938; Hull 1943.

7. Bolles 1967; Cofer 1972; Weiner 1989.

8. Sheffield and Roby 1950.

9. 하지만 알아야만 할 사실은, 학습이 일어나기 위해 욕구 감소 또는 욕구 만족이 필요하지 않은 반면, 욕구 감소는 그것이 일어날 때 학습과 동기화에 여전히 관여할 수 있다. 자세한 논의는 Cofer 1972를 보라.

10. Young 1961; Mowrer 1960; Bindra 1969; Bolles 1967; Toates 1986; Dickinson and Balleine 1994; Trowill et al. 1969; Everitt et al. 1999; Ikemoto and Panksepp 1999.

11. Goddard 1964; Grossman 1967; Sarter and Markowitsch 1985; Liang et al. 1982를 참고하라.

12. Mowrer and Lamoreaux 1946; Mowrer 1947; Mowrer 1960; Solomon and Wynne 1954; Rescorla and Solomon 1967.

13. Amorapanth et al. 2000.

14. McAllister and McAllister 1971.

15. Killcross et al. 1997이 유사한 연구를 했다. 즉 회피적 이차 인센티브(강화인자) 존재하에 이뤄지는 도구반응 학습이 기저편도체 손상에 의해 파괴되었다는 동일한 결론을 얻었는데, 외측핵이 손상되었을 때는 별 영향이 없었다. Nader and LeDoux 1997에서 논의된 것처럼 이 차이는 아마도 연구가 수행된 방법상의 차이인 것 같다.

16. Olds and Milner 1954.

17. Olds 1973.

18. Carlson 1994에 근거한 역사정보.

19. Olds 1977.

20. Shizgall 1999.

21. Olds 1956.

22. Heath 1964

23. Crichton 1972.

24. Shizgall 1999.

25. Trowill et al. 1969; Shizgall 1999를 참고하라.

26. Hess and Brugger 1943; Hess and Akert 1955; von Holst and von Saint-Paul 1962; Flynn 1967; Hilton and Zbrozyna 1963; Valenstein 1970; Glickman and Schiff 1967; Siegel and Edinger 1981; Trowill et al. 1969; Olds 1977.

27. Trowill et al. 1969; Bindra 1969; Gallistel 1966; Deutsch and Deutsch 1966.

28. Olds 1956; Olds 1958; Trowill et al. 1969; Shizgall 1999.

29. Mogenson et al. 1980; Wise 1982; Kalivas and Nakamura 1999; Ikemoto and Panksepp 1999.

30. Cooper et al. 1978.

31. Mogenson et al. 1980; Nieuwenhuys 1985.

32. Kalivas and Nakamura 1999; Ikemoto and Panksepp 1999; Berridge and Robinson 1998; Wise 1982; Everitt et al. 1999; White 1997; Spanagel and Weiss 1999; Everitt and Robbins 1999; Schultz and Dickinson 2000; Schultz 1998; Schultz et al. 1997.

33. Nader and van der Kooy 1994; Nader et al. 1997.

34. 이에 대한 논의는 Wise 1982; White 1997; Everitt and Robbins 1999를 참고하라.

35. Everitt et al. 1999; Ikemoto and Panksepp 1999; Berridge and Robinson 1998; Everitt and Robbins 1999.

36. Wise 1982; White 1997; Everitt and Robbins 1999.

37. Ikemoto and Panksepp 1999; Everitt and Robbins 1999.

38. Schultz and Dickinson 2000; Schultz 1998; Schultz et al. 1997.

39. Redgrave et al. 1999.

40. Mogenson et al. 1980; Nieuwenhuys 1985.

41. Kalivas and Nakamura 1999; Ikemoto and Panksepp 1999; Berridge and Robinson 1998; Everitt et al. 1999; White 1997; Spanagel and Weiss 1999.

42. Mogenson et al. 1980; Kalivas and Nakamura 1999; Ikemoto and Panksepp 1999; Everitt et al. 1999; Everitt and Robbins 1999; Spanagel and Weiss 1999.

43. Graybiel 1976.

44. Mogenson et al. 1980.

45. Kalivas and Nakamura 1999; Ikemoto and Panksepp 1999; Everitt et al. 1999; Everitt and Robbins 1999; Spanagel and Weiss 1999.

46. 다음에 나오는 내용은 다음 문헌에 근거한다. Ikemoto and Panksepp 1999; Everitt et al. 1999; Kalivas and Nakamura 1999.

47. Mogan 1943; Morgan 1957; Bindra 1969; Gallistel 1980.

48. Ikemoto and Panksepp 1999.

49. Mogenson et al. 1980; Everitt et al. 1999.

50. 측핵, 담창구와 같은 선조체 영역들 간의 세포적 정보교환, 그리고 선조체로 들어오는 도파민 입력과 시상과 피질 사이의 연결 등이 신체의 운동 조절을 제어하는 방식에 대해서는 많은 사실이 알려져 있다. 이 회로들에 대한 자세한 논의는 이 책의 범위를 넘어선다. 자세한 내용은 Zigmond et al. 1999의 제33장과 제34장을 보라.

51. Everitt et al. 1999.

52. Kalivas and Nakamura 1999.

53. Alexander 1995, Calabresi et al. 1992; Kombian and Malenka 1994를 참고하라.

54. 이에 대한 요약은 Everitt et al. 1999 and Everitt and Robbins 1992를 참고하라. 또한 그들은 음성 인센티브 negative incentives에 대해서도 연구했다. Killcross et al. 1997.

55. Mishkin and Aggleton 1982; Rolls 1999; Ono and Nishijo 1992; McDonald and White 1993; Gallagher and Schoenbaum 1999; Gaffan 1992.

56. Solomon and Wynne 1954; Linden 1969.

57. Ikemoto and Panksepp 1999.

58. White 1997; Wise et al. 1996.

59. Kalivas and Nakamura 1999.

60. Groenewegen et al. 1997; Groenewegen et al. 1990; Alheid and Heimer 1996; Alheid and Heimer 1988.

61. Rainville et al. 1997.

62. Rolls 1999; Gaffan et al. 1993.

63. Amaral et al. 1992; Fuster 1989; Goldman-Rakic 1987; Passingham 1995; Groenewegen et al. 1990; Fuster 1997; Petrides and Pandya 1999; Maioli et al. 1998.

64. Damasio 1994; Damasio 1999.

65. Bechara et al. 1998.

66. Anderson et al. 1999.

67. Platt and Glimcher 1999.

68. Petrides and Pandya 1999; Fuster 1997; Goldman-Rakic 1987; Passingham 1995; Maioli et al. 1998.

69. Colby and Goldberg 1999; Xing and Andersen 2000; Pare and Wurtz 1997.

70. 의사결정에 대한 최신 이론들은 경제이론에 뿌리를 두고 있다. 의사결정은 고전적으로 경제학자들에 의해 이성의 관점에서 모델화되어 왔는데, 각 개인은 특정한 상황에서 이익을 얻을 확률을 계산함으로써 선택한다고 가정하고 있다. 그러나 잘 알려진 바와 같이 사람과 동물은 단지 최대 이익을 얻기 위해 선택하지는 않으며, 사실상 이익의 확률이란 관점에서만 본다면 비합리적으로 보이는 일들을 한다. 사람들이 직업 선택을 하는 것도 가능한 소득의 액수뿐 아니라 경제이론으로 보았을 때는 '파악할 수 없는' 생활방식과 다른 요인들에 의해 좌우된다. 그러나 다른 관점에 본다면 그런 행동들은 완전히 논리적이며 이성적이기도 하다. 단지 이득이 적을 뿐인 것이다. 행동주의자들은 의사결정을 모델화할 때 이성적 판단 이론을 뛰어넘고자 시도해 왔지만, 선택의 주된 결정인자로 강화에 대한 개인의 내력에 의지했다. 또한 인지과학자들도 이성적 판단 개념들을 뛰어넘으려고 시도했으며, 경제적 인간을 하나의 심리학적 겉치레psychological makeup로 보았다. 그러나 우리가 본 것처럼 인지과학 영역은 전통적으로 심리학의 감정과 동기화 측면을 무시해 왔다. 의사결정을 인지적 과정 즉 계획, 의도, 예상, 신념 등과 같은 관점에서 더욱 완전하게 이해하기 위해선 한 생명체의 전부를 고려해야 한다. 감정과 동기화 인자들도 인지 못지않게 중요하다.

71. Zajonc 1968.

72. Cantor et al. 1986; Markus and Kitayama 1991.

73. Higgins et al. 1985.

74. Adler 1931.

75. McClelland 1951.

76. Weinberger and McClelland 1990.

77. Weinberger and McClelland 1990; Strauss and Quinn 1997.

78. Strauss and Quinn 1997.

79. Squire 1992; McDonald and White 1993; Packard et al. 1994.

80. Bargh 1990; Bargh and Chartrand 1999; Greenwald and Banaji 1995; Wilson et al. 2000; Wilson (in press).

81. Botvinick et al. 1999.

82. 현재 이런 견해는 1980년대에 비해 많이 약해졌다. 그 당시 연구자들은 인지과학을 마음의 과학으로 생각했다. 처음엔 사고의 과학으로 시작했지만 마음의 다른 측면들을 무시하면서 마음의 과학이 되었다. 여전히 이 분야가 인지과학으로 불리고는 있지만 감정과 동기화가 다시 연구되고 있다. 아마도 '마음 과학

mind science'이 이 분야를 표현하는 더 적절한 명칭일 것이다.

10

시냅스 질환

1. Barondes 1993.

2. 생물학적 정신의학에 대한 비판가들. Valenstein 1999; Breggin and Breggin 1995; Breggin 1995; Glenmullen 2000; Ross and Pam 1995.

3. Grossman 1960; Grossman 1967; Miller 1965; Nyers 1974.

4. Abood 1960.

5. 스마트 미사일 비유는 Valenstein 1999에 의해 사용되었다.

6. Hyman 2000.

7. 정신질환의 생물학적 기반에 대해서는 Charney et al. 1999를 보라.

8. Barondes 1993; Valenstein 1999.

9. Jacobson 1993.

10. 화학적 전달과 전기적 전달에 대해서는 제3장을 보라.

11. LSD 연구에 대한 역사는 Valenstein 1999를 참고했다.

12. 정신분열증의 약물치료 역사는 Barondes 1993과 Valenstein 1999에서 참고했다.

13. Kline 1954.

14. Delay et al. 1952.

15. Carlsson et al. 1957; Cotzias et al. 1967.

16. Deniker 1983.

17. Carlsson 1983.

18. Van Roussum 1967.

19. Seeman et al. 1975; Creese et al. 1976.

20. Seeman 1992를 참고하라.

21. Seeman et al. 1975; Creese et al. 1976.

22. Seeman 1992.

23. Seeman and Kapur 2000.

24. Andreasen et al. 1990.

25. Davis et al. 1991; Friedman et al. 1999; Lindstrom 2000; Keltner et al. 1998.

26. Friedman et al. 1999; Lindstrom 2000; Keltner et al. 1998.

27. Andreasen et al. 1986; Weinberger et al. 1980; Morihisa and McAnulty 1985; Selemon and Goldman-Rakic 1999; Tamminga 1991; Shelton et al. 1988; Akil and Lewis 1994; Arnold et al. 1995; Bogerts 1993; Bogerts et al. 1990; Bogerts et al. 1993; Breier et al. 1992; Bruton et al. 1990; Casanova et al. 1993; Eastwood et al. 1995; Flaum et al. 1995; Howard et al. 1995; Jakob and Beckmann 1994; Nopoulos et al. 1995; Pakkenberg 1987; Petty et al. 1995; Roberts et al. 1993; Selemon et al. 1995.

28. Seeman 1992; Abi-Dargham et al. 2000; Sedvall and Farde 1996; Okubo et al. 1997; Joyce and Meador-Woodruff 1997.

29. Andreasen et al. 1986; Pettegrew et al. 1991; Buchsbaum 1990; Ingvar and Franzen 1974; Franzen and Ingvar 1975; Farkas et al. 1984; Berman and Weinberger 1991; Berman et al. 1988; Carter et al. 1988; Stevens et al. 1988; Isenberg et al. 1999; Epstein et al. 1999; Silbersweig et al. 1995; Liddle et al. 1992.

30. Reith et al. 1994; Hietala et al. 1995; Dao-Castellana 1997; Hietala et al. 1999; Lindstrom et al. 1999.

31. Abi-Dargham et al. 2000; Seeman and Kapur 2000.

32. Friedman et al. 1999.

33. Cohen and Servan-Schreiber 1992; Weinberger and Gallhofer 1997; Braver et al. 1999; Arnsten 1998; Goldman-Rakic et al. 1992.

34. Goldman-Rakic et al. 1992.

35. Cortes et al. 1989; Arnsten et al. 1994; Goldman-Rakic et al. 1992; Arnsten 1998.

36. Okubo et al. 1997.

37. Carter et al. 1998; Stevens et al. 1998; Weinberger et al. 1986; Berman et al. 1988.

38. Arnsten et al. 1994; Arnsten 1998; Sawaguchi and Goldman-Rakic 1994; Sawaguchi et al. 1988.

39. Davis et al. 1991; Friedman et al. 1999.

40. Goff et al. 1995.

41. Lewis et al. 1999; Benes 1999.

42. Feinberg 1982; Weinberger et al. 1992; Friston and Frith 1995; Andreasen et al. 1997; Selemon and Goldman-Rakic 1999.

43. Lewis et al. 1999; Benes 1999.

44. Silbersweig et al. 1995; Stern and Silbersweig 1998; Epstein et al. 1999.

45. Grace et al. 1998; Grace 1993; Grace et al. 1997.

46. Crow 1980.

47. 정신분열증에 대한 논의에서처럼, 우울증 치료의 역사에 대한 자료는 Barondes 1993과 Valenstein 1999에서 참고했다.

48. Kline 1974.

49. Kramer 1993.

50. Valenstein 1999에서 언급되었다.

51. McGrath et al. 2000.

52. Valenstein 1999에서 언급되었다.

53. Breggin and Breggin 1995; Breggin 1995. Breggin's Website: http://www.breggin.com/.

54. Glenmullen 2000.

55. Jamison 1997.

56. Wurtzel 1999.

57. Quitkin et al. 2000; McGrath et al. 2000; Feighner and Overo 1999.

58. Quitkin et al. 2000; Schatzberg and Kraemer 2000; Rush 2000.

59. Hrobjartsson and Gotzsche 2001. 이 비판이 어느 정도까지 정신의학적 효과에 적용되는지는 모른다.

60. Nestler 1998.

61. Keltner et al. 1997; Charney at al. 1998.

62. Nelson et al. 1991.

63. Nestler 1998.

64. Berman et al. 1996; Hyman and Nestler 1996; Heninger et al. 1996.

65. Nemeroff 1998; Nestler 1998; Charney et al. 1998.

66. Nemeroff 1998.

67. Nemeroff 1998; McEwen and Sapolsky 1995.

68. Maier 1984; Porsolt 2000; Willner 1995; Sanchez and Meier 1997.

69. Sapolsky 1999.

70. McEwen and Sapolsky 1995; McEwen 1998; Sapolsky 1999.

71. Gould et al. 1998; Gould et al. 1999; Gould et al. 1999.

72. Bremner et al. 2000.

73. Lupien et al. 1998.

74. Starkman et al. 1999.

75. Sapolsky 1999.

76. Sapolsky 1999.

77. Duman et al. 1999; Duman et al. 1997.

78. Drevets 1999; Drevets 1998; Drevets et al. 1997; Davidson and Slagter 2000.

79. Diorio et al. 1993.

80. Dunkin et al. 2000; Lockwood et al. 2000.

81. Sheline et al. 1998; Drevets 1999.

82. Keltner et al. 1998.

83. Barondes 1993; Taylor 1998.

84. 불안증 약물치료의 역사는 Valenstein. 1999에서 참고했다.

85. Gray 1982.

86. Stein et al. 1973; Thiebot et al. 1980; Graeff and Schoenfeld 1970; Redmond 1979; Gallager 1978.

87. File et al. 2000; Gonzalez et al. 1998; Andrews et al. 1994; Plaznik et al. 1994를 참고하라.

88. Gray and McNaughton 2000.

89. LeDoux 1996.

90. File 2000; Treit et al. 1993; Treit and Menard 1997; Pesold and Treit 1995; Gonzalez et al. 1996; Harris and Westbrook 1995; Hodges et al. 1987; Shibata et al. 1989; Scheel-Kruger and Petersen 1982; Graeff et al. 1993; Gonzalez et al. 1998; Sanders and Shekhar 1995를 참고하라.

91. Niehoff and Kuhar 1983; Onoe et al. 1996.

92. File 2000.

93. Davis and Lee 1998; Davis et al. 1997

94. De Olmos and Heimer 1999.

95. 불안장애 치료에 대한 다음의 요약은 Keltner et al. 1998; Foa et al. 1999; Taylor 1998을 참고했다.

96. Bouton 2000; Öhman et al. 2000; Seligman 1971; Marks 1987; Mineka and Cook 1993; Mineka 1979; Shalev et al. 1992; Pitman et al. 2000; Charney et al. 1995; Klein 1993; Jacobs and Nadel 1985; Barlow et al. 1996.

97. Reiman et al. 1984; Stewart et al. 1988; Woods et al. 198; Reiman et al. 1989; Feistel 1993; Javanmard et al. 1999; Kuikka et al. 1995; Nordahl et al. 1998; Bremner et al. 1997; Bremner et al. 1999; Fischer et al. 1996; Gurvits et al. 1996; Liberzon et al. 1999; Rauch et al. 1997; Rauch et al. 1996; Shin et al. 1997; Shin et al. 1999; Rauch et al. 1995; Fredrikson et al. 1995; Wik et al. 1996; Bell et al. 1999; Schneider et al. 1999; Birbaumer et al. 1998.

98. 이 문장은 내 연구소의 연구과제 제안서에서 인용한 것이다. .

99. LaBar et al. 1998; Buchel et al. 1998; Morris et al. 1998; Morris et al. 1999.

100. O'Connor et al. 1999.

101. Ross and Pan 1995.

102. Gottesman 1991.

103. 이 문단은 Barondes 1993을 기초로 했다.

104. 이 문단은 Barondes 1993을 기초로 했다.

105. Butcher 2000.

106. DePaulo 2000.

107. Kandel 1998; Kandel 1999.

108. Gorman 1996.

11
당신은 누구인가?

1. 뇌의 프로세서(처리 장치)들은 뉴런들에서부터 시냅스들, 회로들, 시스템들까지 다양한 수준들에서 묘사될 수 있다. 연결기계의 다양한 프로세서들을 대략적으로 뇌의 다양한 기능적 시스템들과 동일시하여 설명하고자 한다.
2. 이것은 다중병렬 처리 방식인데, 여러 작업들이 병렬적으로 수행되고 각각은 다중 프로세서들을 이용하여 수행되기 때문이다.
3. Jerison 1973.
4. LeDoux 1982.
5. Weinberger 1998; Weinberger 1995; Gilbert 1998; Merzenich et al. 1996.
6. Sanes and Donoghue 2000.
7. 인공지능의 개척자인 마빈 민스키는 《마음의 사회*The Society of Mind*》라는 재미있는 책을 썼는데, 그 책에 정신적 기능에 기여하는 시스템들의 다중성에 대한 논의가 또 나온다. 그는 정신생활의 다양성이 본연의 자아를 단일하게 유지하는 과정에서 어떻게 대처되고 있는지에 대해서가 아니라, 정신생활의 다양성과 복잡성을 지적하는 데 주로 관심을 두었다.
8. 이것은 다른 모든 방법들이 실패했을 때 생각해야 할 최후의 수단이다. 분열뇌 환자에 대한 좀더 자세한 정보는 Gazzaniga 1970; Gazzaniga and LeDoux 1978을 참고하라.
9. Geschwind 1965.
10. Damasio 1994.
11. Harlow 1868.
12. Damasio 1994.
13. Damasio 1989; Llinas et al. 1994; von der Malsburg 1995; Roskies 1999; Reynolds and Desimone 1999; Singer 2001. 지각 현상의 설명으로서 결합과 동조에 대한 비판은 Shadlen and Movshon 1999를 참고하라.
14. Engel and Singer 2001; Gray et al. 1989; Singer 2001; Engel et al. 1992; Phillips and Singer 1997.
15. Nargeot 2001; O'Reilly and Munakata 2000; Grossberg 2000.
16. Moruzzi and Magoun 1949.
17. Nieuwenhuys 1985.
18. Izumi and Zorumski 1999; Kobayashi et al. 1997; Katsuki et al. 1997; Brocher et al. 1992; Harley

1991.

19. Stutzmann et al. 1998; Stutzmann and LeDoux 1999.

20. 많은 동물들에게 감각사건들에 반응하는 단순한 행동들의 조절에 관여하는 수렴지대들이 하피질에 존재하지만, 이것들이 중요한 의미를 갖게 된 것은 포유류의 피질에서다.

21. 이 요약은 Albright et al. 2000에 기초한 것이다. 수년에 걸쳐 발견된 주요 내용들은 David Hubel and Torsten Weisel, Horace Barlow, Semir Zeki, Charles Gross, Mortimer Mishkin, Leslie Ungerleider, David Van Essen과 그 밖의 많은 사람들의 연구에서 나왔다.

22. 예를 들어, Rolls 1992; Gochin et al. 1994; Nicolelis and Chapin 1994; Deadwyler and Hampson 1995; Buzsaki and Chrobak 1995; Wilson and McNaughton 1993; Young and Yamane 1992; Shadlen et al. 1996을 참고하라.

23. Martin 1994.

24. Shadlen et al. 1996.

25. Shadlen et al. 1996; Parker and Newsome 1998; Shadlen and Newsome 1994; Zohary et al. 1994.

26. Jones and Powell 1970.

27. 제5장에서 정의되었듯이, 여기에는 비鼻주위피질, 비鼻내피질, 부해마피질들이 포함된다.

28. Platt and Glimcher 1999; Colby and Goldberg 1999; Xing and Andersen 2000; Pare and Wurtz 1997.

29. Geschwind 1965; Bhatnagar et al. 2000; Vicari et al. 2000.

30. Mesulam et al. 1977.

31. Kim and Baxter 2001.

32. Reynolds and Desimone 1999; Desimone and Duncan 1995; Kastner et al. 1999; Kastner et al. 1998; Tomita et al. 1999; D'Esposito et al. 1995; Smith and Jonides 1999.

33. Szentagothai 1984.

34. Scherer 2000; Maturana and Varela 1987.

35. Gray 1987.

참고문헌

각 장의 주석에서 인용된 모든 출처들이 여기에 줄인 형태로 기록되어 있다. 완전한 인용을 보려면 www.cns.nyu.edu/home/ledoux/synself/workscited를 참고하라.

Abel, T., et al. 1997. *Cell* 88:615-26.

Abi-Dargham, A., et al. 2000. *Proc. Natl. Acda. Sci. USA* 97:8104-9.

Abood, L. 1960. In *The Etiology of Schizophrenia*, edited by D. Jackson, 99-119. New York: Basic Books.

Ackerly, S. S., and A. L. Benton. 1947. *Res. Publ. Assoc. Res. Nerv. Ment. Dis.* 27:479-504.

Adler, A. 1931. *What Life Should Mean to You*. Boston: Little, Brown.

Adolphs, R., et al. 1994. *Nature* 372:669-72.

Adolphs, R., et al. 1998. *Nature* 393:470-74

Aggleton, J. 2000. *The Amygdala*. Oxford: Oxford University Press.

Akil, M., and D. A. Lewis. 1994. *Neurosci.* 60:857-74.

Albright, T. D., et al. 2000. *Neuron* 25 Suppl.: S1-55.

Alcock, J. 1998. *Animal Behavior*. Sunderland, MA: Sinauer.

Alexander, G. E. 1995. In *Handbook of Brain Theory*, edited by M. Arbib. Cambridge: MIT Press.

Alheid, G. F., and L. Heimer. 1988. *Neurosci.* 27:1-39.

Alheid, G. F., and L. Heimer. 1996. *Prog. Brain Res.* 107:461-84.

Alkon, D. L. 1989. *Sci. Am.* 261:42-50.

Amaral, D. G., et al. 1987. *J. Comp. Neurol.* 264:326-55.

Amaral, D. G., et al. 1992. In *The Amygdla*, edited by J. P. Aggleton, 1-66. New York: Wiley-Liss.

Amorapanth, P., et al. 2000. *Nat. Neurosci.* 3:74-79.

Anagnostaras, S. G., et al. 1999. *J. Neurosci.* 19:1106-14.

Anderson, A., and E. A. Phelps. *Nature*(pending revision).

Anderson, S. W., et al. 1999. *Nat. Neurosci.* 2:1032-37.

Andreasen, N. C., et al. 1986. *Arch. Gen. Psychiat.* 43:136-44.

Andreasen, N. C., et al. 1986. *Arch. Gen. Psychiat.* 43:421-29.

Andreasen, N. C., et al. 1990. *Arch. Gen. Psychiat.* 47:615-21.

Andreasen, N. C., et al. 1997. *Lancet* 349:1730-34.

Andrews, N., et al. 1994. *Eur. J. Pharmacol.* 264:259-64.

Annau, Z., and L. J. Kamin. 1961. *J. Comp. Physiol. Psychol.* 54:428-32.

Antonini, A., and M. P. Stryker. 1993. *Science* 260:1819-21.

Arbib, M. 1999. In *Neuroscience and the Person*, edited by R. J. Russell et al. Berkeley: Vatican
      Observatory Publications, Vatican City State, Center for Theology and the Natural Sciences.

Ariëns Kappers, C. U. 1909. *Arch. Neurol. Psychiat.* 4:161-73.

Armony, J. L., et al. 1998. *J. Neurosci.* 18:2592-2601.

Arnold, S. E., et al. 1995. *Am. J. Psychiat.* 152:738-48.

Arnold, S. J. 1980. In *Foraging Behavior*, edited by A, Kamil and T. Sargent. New York: Garland STPM
      Press.

Arnsten, A. F. 1998. *Trends Cogn. Sci.* 2:419-63.

Arnsten, A. F., et al. 1994. *Psychopharmacol.* 116:143-51.

Asaad, W. F., et al. 1998. *Neuron* 21:1399-1407.

Aston-Jones, G., et al. 1999. *Biol. Pshchiat.* 46:1309-20.

Averill, J. R. 1994. *Cogn. Emo.* 8:73-92.

Baars, B. J. 1997. *J. Conscious. Stud.* 4:292-309.

Babic, T. 1999. *J. Neurol. Neurosurg. Psychiat.* 67:558.

Baddeley, A. 1982. *Your Memory.* New York: Macmillan.

Baddeley, A. 1992. *Science* 255:556-59.

Baddeley, A., and G. J. Hitch. 1974. In *The Psychology of Learning and Motivation*, edited by G. Bower.
      New York: Academic Press.

Badgaiyan, R. D., and M. I. Posner. 1998. *Neuroimage* 7:255-60.

Bailey, C. H., et al. 1996. *Proc. Natl. Acad. Sci. USA* 93:13445-52.

Bailey, D. J., et al. 1999. *Behav. Neurosci.* 113:276-82.

Bannerman, D. M., et al. 1995. *Nature* 378:182-86.

Bao, J. X., et al. 1998. *J. Neurosci.* 18:458-66.

Barcelo, F., et al. 2000. *Nat. Neurosci.* 3:399-403.

Bard, P. 1928. *Am. J. Physiol.* 84:490-515.

Bargh, J. 1992. In *Perception Without Awareness*, edited by R. Bornstein and T. Pittman 236-55. New York: Guilford Press.

Bargh, J. A. 1990. In *Handbook of Motivation and Cognition*, edited by T, Higgins and R. M. Sorrentino, 93-130. New York: Guilford Press.

Bargh, J. A., and K. Barndollar. 1996. In *The Psychology of Action*, edited by P. M. Gollwitzer and J. A. Bargh. New York: Guilford Press.

Bargh, J. A., and T. L. Chartrand. 1999. *Am. Psychol.* 54:462-79.

Barkow, J. H., et al., eds. 1992. *The Adapted Mind*. New York: Oxford University Press.

Barlow, D. H., et al. 1996. *Nebr. Symp. Motiv.* 43:251-328.

Barnes, C. A. 1995. *Neuron* 15:751-54.

Barondes, S. 1993. *Molecules and Mental Illness*. New York: Scientific American Library.

Bartels, A., and S. Zeki. 2000. *Neuroreport* 11:3829-34.

Bartholomew, K., and D. Perlman. 1994. *Attachment Processes in Adulthood. Advances in Personal Relationships*. London: Jessica Kingsley Publishers.

Bartlett, F. C. 1932. *Remembering*. Cambridge: Cambridge University Press.

Barton, R. A. 1997. *Behav. Brain Sci.* 20:556-57.

Batista, A. P., and R. A. Andersen. 2001. *J. Neurophysiol.* 85:539-44.

Beach, F. A. 1995. *Psychol. Rev.* 62:401-10.

Bear, M. F., and R. C. Malenka. 1994. *Curr. Opin. Neurobiol.* 4:389-99.

Bechara, A., et al. 1995. *Science* 269:1115-18.

Bechara, A., et al. 1998. *J. Neurosci.* 18:428-37.

Bechara, A., et al. 1999. *J. Neurosci.* 19:5473-81.

Beggs, J. M., et al. 1999. In *Fundamental Neuroscience*, edited by M. Zigmond. San Diego: Academic Press.

Bekkers, J. M., and C. F. Stevens. 1990. *Nature* 346:724-29.

Bell, C. J., et al. 1999. *Eur. Arch. Psychiat. Clin. Neurosci.* 249:S11-18.

Benes, F. M. 1999. *Biol. Psychiat.* 46:589-99.

Bennett, E. L., et al. 1964. *Science* 146:610-19.

Bentham, J. 1779; reprint 1948. *An Introduction to the Principle of Morals and Legislation*. New York: Hafner Publishing.

Berger, A., and M. I. Posner. 2000. *Neurosci. Biobehav. Rev.* 24:3-5.

Berger, B., et al. 1976. *Brain Res.* 106:133-45.

Berman, D. E., et al. 1998. *J. Neurosci.* 18:10037-44.

Berman, D. E., et al. 2000. *J. Neurosci.* 20:7017-23.

Berman, K. F., et al. 1988. *Arch. Gen. Psychiat.* 45:616-22.

Berman, K. F., and D. R. Weinberger. 1991. In *American Psychiatric Press Review of Psychiatry*, edited by A. Tasman and S. M. Goldfinger, 24-59. Washington, D. C.: American Psychiatric Press.

Berman, R. M., et al. 1996. In *Biology of Schizophrenia and Affective Disease*, edited by S. J. Watson, 295-368. Washington, D. C.: American Psychiatry Association Press.

Bermudez, J. 1996. *Ethics* 106:378-403.

Bernard, L. L. 1924. *Instinct.* New York: Holt, Rinehart, and Winston.

Berntson, G. G., et al. 1993. *Psychol. Bull.* 114: 296-322.

Berridge, K. C. 1999. In *Well-Being*, edited by D. Kahneman et al. New York: Russell Sage Foundation.

Berridge, K. C., and T. E. Robinson. 1998. *Brain Res. Rev.* 28:309-69.

Bhatnagar, S. C., et al. 2000. *Brain Lang.* 74:238-59.

Bickerton, D. 1980. *The Roots of Language.* Ann Arbor, MI: Karoma.

Bindra, D. 1969. In *Nebraska Symposium on Motivation*, edited by W. J. Arnold and D. Levine, 1-33. Lincoln: University of Nebraska Press.

Birbaumer, N., et al. 1998. *Neuroreport* 9:1223-26.

Blair, H., et al. 2001. *Learn. Mem.* (in press).

Blackburn, J. R., et al. 1992. *Prog. Neurobiol.* 39:247-79.

Blanchard, D. C., and R. J. Blanchard. 1972. *J. Comp. Physiol. Psychol.* 81:281-90.

Blanchard, R. J., and D. C. Blanchard. 1969. *J. Comp. Physiol. Psychol.* 67:370-75.

Bliss, T. V., and G. L. Collingridge. 1993. *Nature* 361:31-39.

Bliss, T. V., and T. Lømo. 1973. *J. Physiol.* (London) 232:331-56.

Block, N. 1995. *Behav. Brain Sci.* 18:227-87.

Bloom, F. E., and A. Laserson. 1985. *Brain, Mind and Behavior.* New York: Freeman.

Bogerts, B. 1993. *Schizophr. Bull.* 19:431-45.

Bogerts, B., et al. 1990. *Schizophr. Res.* 3:295-301.

Bogerts, B., et al. 1993. *Biol. Psychiat.* 33:236-46.

Bolles, R. C. 1967. *Theory of Motivation.* New York: Harper and Row.

Bolles, R. C., and M. S. Fanselow. 1980. *Behav. Brain Sci.* 3:291-323.

Bolles, R. C., et al. 1966. *J. Comp. Physiol. Psychol.* 62:201-7.

Bontempi, B., et al. 1999. *Nature* 400:671-75.

Bordi, F., and J. LeDoux. 1992. *J. Neurosci.* 12:2493-2503.

Boring, E. G. 1950. *A History of Experimental Psychology.* New York: Appleton-Century-Crofts.

Bortolotto, Z. A., et al. 1999. *Curr. Opin. Neurobiol.* 9:299-304.

Bortolotto, Z. A., et al. 1999. *Nature* 402:297-301.

Bottjer, S. W., and F. Johnson. 1997. *J. Neurobiol.* 33:602-18.

Botvinick, M., et al. 1999. *Nature* 402:179-81.

Bourgeois, J. P., et al. 1994. *Cereb. Cortex* 4:78-96.

Bourtchouladze, R., et al. 1998. *Learn. Mem.* 5:365-74.

Bouton, M. E. 2000. *Health Psychol.* 19:57-63.

Bouton, M. E., et al. 2001. *Psychol. Rev.* 108:4-32.

Bouton, M. E., and R. C. Bolles. 1980. *Anim. Learn. Behav.* 8:429-34.

Bower, G. 1992. In *Handbook of Emotion and Memory*, edited by S. A. Christianson. Hillsdale, NJ: Lawrence Erlbaum Associates.

Bower, G. H., and P. R. Cohen. Associates 1982. In *Affect and Cognition*, edited by M. S. Clark and S. T. Fiske, 291-331. Hillsdale, NJ: Lawrence Erlbaum Associates.

Bowers, K. S. 1984. In *The Unconscious Reconsidered*, edited by K. S. Bowers and D. Meichenbaum, 227-72. New York: John Wiley & Sons.

Bowers, K. S., and D. Meichenbaum, eds. 1984. *The Unconscious Reconsidered*. New York: John Wiley & Sons.

Bowlby, J. 1969. *Attachment and Loss*. New York: Basic Books.

Brady, J. V., and H. F. Hunt. 1951. *J. Comp. Physiol. Psychol.* 44:204-9.

Brambilla, R., et al. 1997. *Nature* 390:281-86.

Braver, T. S., et al. 1999. *Biol. Psychiat.* 46:312-28.

Breggin. P. 1995. *Toxic Psychiatry*. New York: St. Martin's Press.

Breggin. P. R., and G. R. Breggin. 1995. *Talking Back to Prozac*. New York: St. Martin's Press.

Breier, A., et al. 1992. *Arch. Gen. Psychiat.* 49:921-26.

Breiter, H. C., et al. 1996. *Neuron* 17:875-87.

Bremmer, J. N. 1993. *The Early Greek Concept of the Soul*. Princeton: Princeton University Press.

Bremner, J. D., et al. 1997. *Arch. Gen. Psychiat.* 54:246-54.

Bremner, J. D., et al. 1999. *Biol. Psychiat.* 45:806-16.

Bremner, J. D., et al. 2000. *Am. J. Psychiat.* 157:115-18.

Brocher, S., et al. 1992. *Brain Res.* 573:27-36.

Brock, L. G., et al. 1952. *J. Physiol. (London)* 117:431-60.

Brodal, A. 1982. *Neurological Anatomy*. New York: Oxford University Press.

Brodmann, K. 1909. *Vergleichende Lokalisationslehre der Grosshirnrinde*. Munich: Barth.

Brothers, L. 1997. *Friday's Footprint*. New York: Oxford University Press.

Brown, J. S. 1961. *The Motivation of Behavior*. New York: McGraw-Hill.

Brown, J. S., et al. 1951. *J. Exp. Psychol.* 41:317-28.

Brown, R., and J. Kulik. 1977. *Cognition* 5:73-99.

Brown, T. H., et al. 1988. *Science* 242: 724-28.

Bruer, J. *Phi Delta Kappa* May 1999:649-57.

Bruer, J. 1999. *The Myth of the First Three Years*. New York: Free Press.

Bruner, J., et al. 1956. *A Study of Thinking*. New York: John Wiley & Sons.

Bruton, C. J., et al. 1990. *Psychol. Med.* 20:285-304.

Buchel, C., et al. 1998. *Neuron* 20:947-57.

Buchsbaum, M. S. 1990. *Schizophr. Bull.* 16:379-89.

Buckner, R. L., and W. Koutstaal. 1998 *Proc. Natl. Acad. Sci. USA* 95:891-98.

Bunney, W. 1977. *Ann. Intern. Med.* 87:319-35.

Buñuel, L. 1983. *My Last Sigh*. New York: Knopf.

Burwell, R. D., et al. 1995. *Hippocampus* 5:390-408.

Bush, G., et al. 2000. *Trends Cogn. Sci.* 4:215-22.

Butcher, J. 2000. *Lancet* 356:47.

Butler, J. 1990. *Gender Trouble*. New York: Routledge.

Buzsaki, G. 1989. *Neurosci.* 31:551-70.

Buzsaki, G. 1989. *J. Sleep Res.* 7:17-23.

Buzsaki, G., and J. J. Chrobak. 1995. *Curr. Opin. Neurobiol.* 5:504-10.

Byrne, J. H., et al. 1993. *Adv. Second Messenger Phosphoprotein Res.* 27:47-108.

Cabeza, R., and L. Nyberg. 2000. *Curr. Opin. Neurol.* 13:415-21.

Cahill, L., and L. McGaugh. 1998. *Trends Neurosci.* 21:294-99.

Cahill, L., et al. 1999. *Neuron* 23:227-28.

Cahill, L., et al. 2001. *Neuroabiol. Learn. Mem.* 75:1-9.

Cai, J. X., and A. F. Arnsten. 1997. *J. Pharmacol. Exp. Ther.* 283:183-89.

Cain, D. P., et al. 1996. *Behav. Neurosci.* 110:86-102.

Calabresi, P., et al. 1992. *Eur. J. Neurosci.* 4:929-35.

Calder, A. J., et al. 1996. *Cogn. Neuropsychol.* 13:699-745.

Camhi, J. M. 1984. *Neuroethology*. Sunderland, MA: Sinauer.

Campbell, A. W. 1905. *Histological Studies on the Localization of Cerebral Functions*. Cambridge: Cambridge University Press.

Campeau, S., and M. Davis. 1990. *J. Neurosci. Methods* 32:25-35.

Campeau, S., and M. Davis. 1995. *J. Neurosci.* 15:2301-11.

Cannon, W. B. 1927. *Am. J. Psychol.* 39:106-24.

Cannon, W. B. 1929. *Bodily Changes in Pain, Hunger, Fear, and Rage.* New York: Appleton.

Canteras, N. S., et al. 1995. *J. Comp. Neurol.* 360:213-45.

Cantor, N., et al. 1986. In *Handbook of Motivation and Cognition,* edited by R. M. Sorrentino and E. T. Higgins. New York: Guilford.

Carey, S., and E. Spelke. 1994. In *Mapping the Mind,* edited by L. A. Hirschfield and S. A. Gelman. Cambridge: Cambridge University Press.

Carlson, N. R. 1993. *Psychology.* Boston: Allyn and Bacon.

Carlson, N. R. 1994. *Physiology of Behavior.* Boston: Allyn and Bacon.

Carlsson, A. 1983. In *Discoveries in Pharmacology,* edited by M. J. Parnham and J. Bruinvels. New York: Elsevier.

Carlsson, A., et al. 1957. *Nature* 180:1200.

Carter, C. S. 1998. *Psychoneuroendocrinology* 23:779-818.

Carter, C. S., et al. 1998. *Am. J. Psychiat.* 155:1285-87.

Carter, C. S., et al. 2000. *Proc. Natl. Acad. Sci.* USA 97:1944-48.

Casanova, M. F., et al. 1993. *Psychiat. Res.* 49:41-62.

Castro-Alamancos, M. A., et al. 1995. *J. Neurosci.* 15:5324-33.

Cauller, L. J., et al. 1998. *J. Comp. Neurol.* 390:297-310.

Chalmers, D. 1996. *The Conscious Mind.* New York: Oxford University Press.

Chambers, K. C. 1990. *Annu, Rev. Neurosci.* 13:373-85.

Chan, Y. M., and Y. N. Jan. 1999. *Curr. Opin. Neurobiol.* 9:582-88.

Chang, P. L., et al. 1991. *Neurobiol. Aging* 12:517-22.

Changeux, J. P., and A. Danchin. 1976. *Nature* 264:705-12.

Changeux, J. P., and S. Dehaene. 1989. *Cognition* 33:63-109.

Chapman, P. F. 2001. *Nat. Neurosci.* 4:556-58.

Chapman, P. F., et al. 1990. *Synapse* 6:271-78.

Charney, D., et al. 1999. *Neurobiology of Mental Illness.* New York: Oxford University Press.

Charney, D. S., et al. 1995. In *Neurobiological and Clinical Consequences of Stress,* edited by M. J. Fridman, 271-87. Philadelphia: Lippincott-Raven.

Charney, D. S., et al. 1998. In *Textbook of Psychopharmacology,* 2nd ed., edited by A. F. Schatzberg and C. B. Nemeroff. Washington, D. C.: American Psychiatric Press.

Chelazzi, L., et al. 1993. *Nature* 363:345-47.

Chen, W. R., et al. 2000. *Neuron* 25:625-33.

Chiaia, N. L., et al. 1992. *Devel. Brain Res.* 66:244-50.

Chomsky, N. 1957. *Syntactic Structures*. The Hague, Netherlands: Mouton.

Christian, J. L. 1977. *Philosophy*. New York: Holt, Rinehart, and Winston.

Christianson, S. A. 1989. *Mem. Cogn*. 17:435-43.

Chun, M. M., and E. A. Phelps. 1999. *Nat. Neurosci*. 2:844-47.

Churchland, P. 1984. *Matter and Consciousness*. Cambridge: MIT Press.

Churchland, P. S. 1986. *Neurophilosophy*. Cambridge: MIT Press.

Churchland, P. S., and T. J. Sejnowski. 1992. *The Computational Brain*. Cambridge: MIT Press.

Clark, A. 1998. *Being There*. Cambridge: MIT Press.

Cleary, L. J., et al. 1998. *J. Neurosci*. 18:5988-98.

Clugnet, M. C., and J. E. LeDoux. 1990. *J. Neurosci*. 10:2818-24.

Cofer, C. N. 1972. *Motovation and Emotion*. Glenview, IL: Scott, Foresman.

Cohen, D. H. 1974. In *Limbic and Autonomic Nervous System Research*, edited by L. V. Di Cara. New
    York: Plenum Press.

Cohen, D. H. 1980. In *Neural Mechanisms of Goal-Directed Behavior and Learning*, edited by R. F.
    Thompson et al., 283-302. New York: Academic Press.

Cohen, J. D., and D. Servan-Schreiber. 1992. *Psychol. Rev*. 99:45-77.

Cohen, J. D., et al. 1999. *J. Abnorm. Psychol*. 108:120-33.

Cohen, N. J. 1980. Unpublished doctoral dissertation. University of California at San Diego.

Cohen, N. J., and S. Corkin. 1981. *Soc. Neurosci. Abstr*. 7:517-18.

Cohen, N. J., and H. Eichenbaum. 1993. *Memory, Amnesia, and the Hippocampal System*. Cambridge:
    MIT Press.

Cohen. N. J., and L. Squire. 1980. *Science* 210:207-9.

Colby, C. L., and M. E. Goldberg. 1999. *Annu. Rev. Neurosci*. 22:319-49.

Collins, D. R., and D. Pare. 1999. *Eur. J. Neurosci*. 11:3441-48

Collins, D. R., and D. Pare. 1999. *J. Neurosci*. 15:836-44.

Collins, D. R., and D. Pare. 2000. *Learn. Mem*. 7:97-103.

Conrad, C. D., et al. 1999. *Neurobiol. Learn. Mem*. 72:39-46.

Conrad, C. D., et al. 1999. *Behav. Neurosci*. 113:902-13.

Convit, A., et al. 1995. *Lancet* 345:266.

Cooper, J. R., et al. 1978. *The Biochemical Basis of Neuropharmacology*. New York: Oxford University
    Press.

Coplan, J. D., et al. 1998. *Arch. Gen Psychiat*. 55:130-36.

Corkin, S. 1968. *Neuropsychol*. 6:255-65.

Corodimas, K. P., et al. 1994. *Ann NY Acad. Sci*. 746:392-93.

Cortes, R., et al. 1989. *Neurosci.* 28:263-73.

Cosmides, L., and J. Tooby. 1999. In *Encyclopedia of Cognitive Science,* 295-97. Cambridge: MIT Press.

Cotzias, G. C., et al. 1967. *N. Engl. J. Med.* 276:374-79

Cowan, W. M. 1998. *Neuron* 20:413-26.

Crair, M. C. 1999. *Curr. Opin. Neurobiol.* 9:88-93

Crair, M. C., et al. 1998. *Science* 279:566-70.

Creese, I., et al. 1976. *Science* 192:481-83.

Crespi, L. P. 1942. *Am. J. Psychol.* 467-517.

Crichton, M. 1972. *The Termianal Man.* New York: Knopf.

Crick, F. 1995. *The Astonishing Hypothesis.* New York: Touchstone Books.

Crick, F., and C. Koch. 1990. *Semin. Neurosci.* 2:263-75.

Crick, F., and C. Koch. 1995. *Nature* 375:121-23.

Crow, T. 1988. *Trends Neurosci.* 11:136-47.

Crow, T. J. 1980. *Br. Med. J.* 280:66-68.

Damasio, A. R. 1994. *Descartes' Error.* New York: Grosset/Putnam.

Damasio, A. R. 1999. *The Feeling of What Happens.* New York: Harcourt, Brace.

Damasio. A. R. 1989. *Neural Comput.* 1:123-32.

Damasio, A. R. 1990. *Semin. Neurosci.* 2:287-96.

Damasio, A. R. 1995. *Nature* 375:106-7.

Dao-Castellana, M. H., et al. 1997. *Schizophr. Res.* 23:167-74.

Darwin, C. 1982; reprint 1965. *The Expression of the Emotions in Man and Animals.* Chicago: University of Chicago Press.

Davidson, R. J. 1992. *Psychol. Rev.* 3:39-43.

Davidson, R. J., and H. A. Slagter. 2000. *Ment. Retard. Dev. Disabil. Res. Rev.* 6:166-70.

Davis, H. P., and L. R. Squire. 1984. *Psychol. Bull.* 96:518-59.

Davis, K. L., et al. 1991. *Am. J. Psychiat.* 148:1474-86.

Davis, M. 1992. *Trends Pharmacol. Sci.* 13:35-41.

Davis, M., and Y. Lee. 1998. *Cogn. Emo,* 12:277-305.

Davis, M., et al. 1987. In *The Psychology of Learning and Motivation,* edited by G. H. Bower, 263-305. San Diego: Academic Press.

Davis, M., et al. 1997. *Philos. Trans. R. Soc. Lond. B Biol. Sci.* 352-1675-87.

Davis, R. L. 1996. *Physiol. Rev.* 76:299-317.

Dawkins, R. 1996. *The Blind Watchmaker.* New York: Norton.

Deadwyler, S. A., and R. E. Hampson. 1995. *Science* 270:1316-18.

Debner, J. A., and L. L. Jacoby. 1994. *J. Exp. Psychol. Learn. Mem. Cogn.* 20:304-17.

de Gelder, B., et al. 1999. *Neuroreport* 10:3759-63.

Delay, J., et al. 1952. *Ann. Med. Psychol. (Paris)* 110:112-17.

de Leon, M. J., et al. 1988. *Lancet* 2:391-92.

de Leon, M. J., et al. 1995. *Neuroimaging Clin. N Am.* 5(1):1-17.

Delfour, F., and K. Marten. 2001. *Behav. Processes* 53:181-90.

Dell, D. L., and D. E. Stewart. 2000. *Postgrad. Med.* 108:34-36, 39-43.

Denenberg, V. H. 1999. *J. Learn. Disabil.* 32:379-83.

Deniker, P. 1983. In *Discoveries in Pharmacology,* edited by M. J. Parnham and J. Bruinvels, 163-80.
Amsterdam: Elsevier.

Dennett, D. C. 1976. In *The Identities of Persons,* edited by A. O. Rorty. Berkeley: University of
California Press.

Dennett, D. C. 1988. *Times Literary Supplement,* September 16-22; 1016, 1028-29.

Dennett, D. C. 1991. *Consciousness Explained.* Boston: Little, Brown.

Dennett, D. C. 1996. *Darwin's Dangerous Idea.* New York: Touchstone.

de Olmos, J. S., and L. Heimer. 1999. *Ann. NY Acad. Sci.* 877:1-32.

DePaulo, J. R. 2000. *Cerebrum* 2:43-70.

Desimone, R., and J. Duncan. 1995. *Annu. Rev. Neurosci.* 18:193-222.

Desmond, J. E., and J. W. Moore. 1982. *Physiol. Behav.* 28:1029-33.

Desmond, N. L., and W. B. Levy. 1986. *J. Comp. Neurol.* 253:476-82.

D'Esposito, M., et al. 1995. *Nature* 378:279-81.

Deutsch, J. A., and D. Deutsch. 1966. *Physiological Psychology.* Homewood, IL: Dorsey Press.

Diamond, D. M., and G. Rose. 1994. *Ann. NY Acad. Sci.* 746:411-14.

Dickinson, A. 1980. *Contemporary Animal Learning Theory.* Cambridge University Press.

Dickinson, A., and B. W. Balleine. 1994. *Anim. Learn. Behav.* 22:1-18.

Dillard, A. 1974. *Pilgrim at Tinker Creek.* New York: Harper's Magazine Press.

Diorio, D., et al. 1993. *J. Neurosci.* 13:3839-47.

Dollard, J. C., and N. E. Miller. 1950. *Personality and Psychotherapy.* New York: McGraw-Hill.

Doron, N. N., and J. E. LeDoux. 2000. *J. Comp. Neurol.* 425:257-74.

Douglas, R., and K. Martin. 1998. In *The Synaptic Organization of the Brain,* edited by G. Shepherd.
New York: Oxford University Press.

Doupe, A. J., and P. K. Kuhl. 1999. *Annu. Rev. Neurosci.* 22:567-631.

Drevets, W. C. 1998. *Annu. Rev. Med.* 49:341-61.

Drevets, W. C. 1999. *Ann. NY Acad. Sci.* 877:614-37.

Drevets, W. C., et al. 1997. *Nature* 386:824-27.

Dubnau, J., and T. Tully. 2001. *Curr. Biol.* 11:R240-43.

Dudai, Y. 1989. *Neurobiology of Memory.* New York: Oxford University Press.

Dudai, Y. 1996. *Neuron* 17:367-70.

Dudai, Y. 1997. *Neuron* 18:179-82.

Duman, R. S., et al. 1997. *Arch. Gen. Psychiat.* 54:597-606.

Duman, R. S., et al. 1999. *Biol. Psychiat.* 46:1181-91.

Dunkin, J. J., et al. 2000. *J. Affect. Disord.* 60:13-23.

Dunn, L. T, and B. J. Everitt. 1988. *Behav. Neurosci.* 102:3-23.

Durstewitz, D., et al. 1999. *J. Neurosci.* 19:2807-22.

Eastwood, S. L, et al. 1995. *Neurosci.* 66:309-19.

Eccles, J. C. 1953. *The Neurophysiological Basis of Mind.* Oxford: Clarendon Press.

Eccles, J. C. 1977. *Brain Res.* 127:327-52.

Economo, C. V., and G. N. Koskinas. 1925. *Die Cytoarchitektonik der Hirnrinde des erwaschsenen Menschen.* Berlin: Julius Springer.

Edelman, G. 1987. *Neural Darwinism.* New York: Basic Books.

Edelman, G. 1993. *Bright Air, Brilliant Fire.* New York: Basic Books.

Edelman, G., and G. Tonani. 2000. *A Universe of Consciousness. How Matter Becomes Imagination.* New York: Basic Books.

Edwards, P., and A. Pap. 1959. *A Modern Introduction to Philosophy.* Glencoe, IL: Free Press.

Eichenbaum, H. 1995. *Nature* 378:131-32.

Eichenbaum, H. 1996. *Learn. Mem.* 3:61-73.

Eichenbaum, H. 2000. *Nat. Rev. Neurosci.* 1:41-50.

Eichenbaum, H., et al. 1994. *Behav. Brain Sci.* 17:449-518.

Ekman, P. 1980. In *Explaining Emotions,* edited by A. O. Rorty. Berkeley: University of California Press.

Ekman, P. 1992. *Cogn. Emo.* 6:169-200.

Ekman, P. 1999. *Annotated Update of Charles Darwin's "The Expression of the Emotions in Man and Animals."* New York: HarperCollins.

Ekman, P., and R J. Davidson. 1994. *The Nature of Emotion.* New York: Oxford University Press.

Elgersma, Y, and A. J. Silva. 1999. *Curr. Opin. Neurobiol* 9:209-13.

Ellsworth, P. 1991. In *International Review of Studies on Emotion,* edited by K. T. Strongman, 143-61. Chichester and New York: Wiley.

Elman, J., et al. 1997. *Rethinking Innateness.* Cambridge: MIT Press.

Elster, J. 1985. *The Multiple Self.* New York: Cambridge University Press.

Engel, A. K, and W. Singer. 2001. *Trends Cogn. Sci.* 5:16-25.

Engel, A. K, et al. 1992. *Trends Neurosci.* 15:218-26.

Engert, F., and T. Bonhoeffer. 1999. *Nature* 399:66-70.

Epstein, J., et al. 1999. *Ann. NY Acad. Sci.* 877:562-74.

Epstein, M. 1995. *Thoughts Without a Thinker.* New York: Basic Books.

Erdelyi, M. H. 1985. *Psychoanalysis.* New York: Freeman.

Estes, W. K., and B. F. Skinner. 1941. *J. Exp. Psychol.* 29:390-400.

Everitt, B. J., and T. W. Robbins, 1992. In *The Amygdala,* edited by J. P. Aggleton, 401-29. New York: Wiley-Liss.

Everitt, B. J., and T. Robbins. 1999. In *Fundamental Neuroscience,* edited by M. J. Zigmond et al. San Diego: Academic Press.

Everitt, B. J., et al. 1999. In *Advancing from the Ventral Striatum to the Extended Amygdala,* edited by J. McGinrry, 412-38. New York: New York Academy of Sciences.

Eysenck, H. J., and M. W. Eysenck. 1985. *Personality and Individual Differences.* New York: Plenum.

Fanselow, M. S. 1994. *Psychon. Bull. Rev.* 1:429-38.

Fanselow, M. S., and J. J. Kim. 1994. *Behav. Neurosci.* 108:210-12.

Fanselow, M. S., and J. E. LeDoux. 1999. *Neuron* 23:229-32.

Fanselow, M. S., et al. 1994. *Behav. Neurosci.* 108:235-40.

Farkas, T., et al. 1984. *Arch. Gen. Psychiat.* 41:293-300.

Feighner, J. P., and K. Overa. 1999. *J. Clin. Psychiat.* 60:824-30.

Feinberg, I. 1982. *J. Psychiatr. Res.* 17:319-34.

Feinberg. T. 2000. *Altered Egos.* New York: Oxford University Press.

Feinberg, T. E., and M. J. Farah. 1998. *Behavioral Neurology and Neuropsychology.* New York: McGraw-Hill.

Feistel, H. 1993. *J. Nucl. Med.* 34:47

Fendt, M., and M. S. Fanselow. 1999. *Neurosci. Biobehav. Rev.* 23:743-60.

File, S. E. 2000. In *The Amygdala,* edited by J. Aggleton. Oxford: Oxford University Press.

File, S. E., et al. 2000. *Pharmacol. Biochem. Behav.* 66:65-72.

Finlay, B. L., and R. B. Darlington. 1995. *Science* 268:1578-84.

Fischer, H., et al. 1996. *Neuroreport* 7:2081-86.

Flanagan, O. 1994. *Consciousness Reconsidered.* Cambridge: Bradford Books/MIT Press.

Flaum, M., et al. 1995. *Am. J. Psychiat.* 152:704-14.

Flew, A. 1964. *Body, Mind and Death.* New York: Macmillan.

Flew, A. 1972. In *The Encyclopedia of Philosophy,* 4th ed., edited by P. Edwards, 139-50. New York:

Macmillan.

Flynn, J. P. 1967. In *Biology and Behavior,* edited by D. G. Glass, 40-60. New York: Rockefeller University Press and Russell Sage Foundation.

Foa, E. G. 1999. *J. Clin. Psychiat.* 60:69-76.

Fodor, J. 1983. *Modularity of Mind.* Cambridge: MIT Press.

Foucault, M. 1978. *The History of Sexuality.* New York: Random House.

Frankland, P., W, et al. 1998. *Behav. Neurosci.* 112:863-74.

Franzen, G., and D. H. Ingvar. 1975. *J. Psychiatr. Res.* 12:199-214.

Fredrikson, M., et al. 1995. *Psychophysiology* 32:43-48.

Freud, S. 1887-1902. In *The Origins of Psychoanalysis, Letters to Wilhelm Fliess, Drafts and Notes: 1887-1902,* edited by M. Bonaparte et al. New York: Basic Books.

Freud, S. 1915. *The Standard Edition of the Complete Psychological Works of Sigmund Freud.* London: Hogarth.

Freud, S. 1938. In *The Basic Writings of Sigmund Freud,* edited by A. A Brill. New York: Modern Library.

Frey, U., and R. G. Morris. 1997. *Nature* 385:533-36.

Friedman, J. I., et al. 1999. Biol. *Psychiat.* 45:1-16.

Frijda, N. 1986. *The Emotions.* Cambridge: Cambridge University Press.

Frijda, N. H. 1993. *Cogn. Emo.* 7:357-87.

Friston, K. J., and C. D. Frith. 1995. *Clin. Neurosci.* 3:89-97.

Fuchs, E., and E. Gould. 2000. *Eur. J. Neurosci.* 12:2211-14.

Fukuda, T., and T. Kosaka. 2000. *J. Neurosci.* 20:1519-28.

Fukuzako, H., et al. 1996. *Biol. Psychiat.* 39:938-45.

Funahashi, S., et al. 1989. *J. Neurophysiol.* 61:331-49.

Fuster, J. 1997. *The Prefrontal Cortex,* 3rd ed. Philadelphia: Lippincott-Raven.

Fuster, J. 2000. *Neuron* 26:51-53.

Fuster, J. M. 1973. *J. Neurophysiol.* 36:61-78.

Fuster, J. M. 1989. *The Prefrontal Cortex.* New York: Raven.

Fuster, J. M. 1993. *Curr. Opin. Neurobiol.* 3:160-65.

Fuster, J. M. 2000. *Brain Res. Bull.* 52:331-36.

Fuster, J. M., et al. 1982. *Exp. Neurol.* 77:679-94.

Gaffan, D. 1992. In *The Amygdala,* edited by J. P. Aggleton, 471-83. New York: Wiley-Liss.

Gaffan, D., et al. 1993. *Eur. J. Neurosci.* 5:968-75.

Gallager, D. W. 1978. *Eur. J. Pharmacol.* 49:133-43.

Gallagher, I. 2000. *Trends Cogn. Sci.* 4:14-21.

Gallagher, M., and G. Schoenbaum. 1999. *Ann. NY Acad. Sci.* 877:397-411.

Gallagher, I. 1996. *Ethics* 107:129-40.

Galli, L., and L. Maffei. 1988. *Science* 242:90-91.

Gallistel, C. R. 1966. *J. Comp. Physiol. Psychol.* 62:95-101.

Gallistel, C. R. 1995. In *Brain and Memory,* edited by J. L. McGaugh et al., 328-37. New York: Oxford University Press.

Gallistel, R. 1980. *The Organization of Action.* Hillsdale, NJ: Lawrence Erlbaum Associates.

Gallup, G. 1991. In *The Self,* edited by J. Strauss and G. R. Goethals. New York: Springer.

Garcia, J. 1990. *J. Cognit. Neurosci.* 2(4):287-305.

Garcia, J., and R. A. Koelling. 1966. *Psychon. Sci.* 4:123-24.

Garcia, R., et al. 1999. *Nature* 402:294-96.

Gardner, H. 1987. *The Mind's New Science.* New York: Basic Books.

Gardner, H. 1998. *New York Review of Books,* November 5.

Gazzaniga, M. S. 1970. *The Bisected Brain.* New York: Appleton-Century-Crofts.

Gazzaniga, M. S. 1985. *The Social Brain.* New York: Basic Books.

Gazzaniga, M. S. 1988. In *Consciousness in Contemporary Science,* edited by A. Marcel and E. Bisiach. Oxford: Clarendon Press.

Gazzaniga, M. S. 1992. *Nature's Mind.* New York: Basic Books.

Gazzaniga, M. S. 1995. *The Cognitive Neurosciences.* Cambridge: MIT Press.

Gazzaniga, M. S. 1998. *The Mind's Past.* Berkeley: University of California Press.

Gazzaniga, M. S., and J. E. LeDoux. 1978. *The Integrated Mind.* New York: Plenum.

Gazzaniga, M. S., et al. 1996. *Cognitive Neuroscience.* New York: Norton.

Gergen, K. J. 1990. In *Cultural Psychology,* edited by J. W Stigler et al. New York: Cambridge University Press.

Gergen, K. J. 1997. *Theory Psychol.* 7:723-46.

Gerlai, R. 2000. *Rev. Neurosci.* 11:15-26.

Geschwind, N. 1965. *Brain* 88:237-94.

Gewirtz, J. C., and M. Davis. 1997. *Nature* 388:471-74

Gewirtz, J. C., et al. 1997. *Behav. Neurosci.* 111:1-15.

Gibbs, R. B. 2000. *Novartis Found. Symp.* 230:94-107.

Gilbert, C. D. 1998. *Physiol. Rev.* 78:467-85.

Glanzman, D. L. 1995. *Trends Neurosci.* 18:30-36.

Glanzman, D. L., et al. 1990. *Science* 249:799-802.

Glenmullen, J. 2000. *Prozac Backlash*. New York: Simon and Schuster.

Glickman, S. E., and B. B. Schiff. 1967. *Psychol. Rev.* 74:81-109.

Gluck, M. A., and C. E. Myers. 1993. *Hippocampus* 3:491-516.

Gnadt, J. W., and R. A. Andersen. 1988. *Exp. Brain Res.* 70:216-20.

Gochin, P. M., et al. 1994. *J. Neurophysiol.* 71:2325-37.

Goddard, G. 1964. *Psychol. Rev.* 62:89-109.

Goff, D. C., et al. 1995. *Am. J. Psychiat.* 152:1213-15.

Gold, P. E. 1995. In *Brain and Memory*, edited by J. L. McGaugh et al., 41-74. New York: Oxford
University Press.

Gold, P. E., and S. F. Zornetzer. 1983. *Behav. Neural Biol.* 38:151-89.

Goldman-Rakic, P. S. 1987. In *Handbook of Physiology*, edited by F. Plum, 373-418. Bethesda: American
Physiological Society.

Goldman-Rakic, P. S. 1994. *J. Neuropsychiat. Clin. Neurosci.* 6:348-57.

Goldman-Rakic, P. S. 1999. *Biol. Psychiat.* 46:650-61.

Goldman-Rakic, P. S. 1999. In *MIT Encyclopedia of Cognitive Sciences*, edited by R. A. Wilson and F. C.
Keil. Cambridge: MIT Press.

Goldman-Rakic, P. S., et al. 1992. *J. Neural Transm. Suppl.* 36:163-77.

Gonzalez, L. E., et al. 1996. *Brain Res.* 732:145-53.

Gonzalez, L. E., et al. 1998. *Eur. J. Neurosci.* 10:3673-80.

Goodale, M. A. 1998. *Curr. Biol.* 8:R489-91.

Goodman, C. S., and C. J. Shatz. 1993. *Cell* 72 Suppl: 77-98.

Gopnik, A., et al. 1999. *The Scientist in the Crib*. New York: Morrow.

Gopnik, M., ed. 1997. *The Inheritance and Innateness of Grammar*. Oxford: Oxford University Press.

Gorman, J. 1996. *The New Psychiatry*. New York: St. Martin's Press.

Gormezano, I. 1972. In *Classical Conditioning II*, edited by A. H. Black and W F. Prokasy, 151-81. New
York: Appleton-Century-Crofts.

Gottesman, I. I. 1991. *Schizophrenia Genesis*. New York: W. H. Freeman.

Gould, E., et al. 1997. *J. Neurosci.* 17:2492-98.

Gould, E., et al. 1998. *Proc. Natl. Acad. Sci. USA* 95:3168-71.

Gould, E., et al. 1999. *Nat. Neurosci.* 2:260-65.

Gould, E., et al. 1999. *Science* 286:548-52.

Gould, J. L. 1982. *Ethology*. New York: Norton.

Gould, J. L., and P. Marler. 1984. In *The Biology of Learning*, edited by P. Marler and H. S. Terrace, 47-
74. Berlin: Springer-Verlag.

Gould, S. J. 1991. *J. Social Issues* 47:43-65.

Gould, S. J. 1997. *New York Review of Books*, June 26.

Grace, A. A. 1993. *J. Neural Transm. Gen. Sect.* 91:111-34.

Grace, A. A., et al. 1997. *Trends Neurosci.* 20:31-37.

Grace, A. A., et al. 1998. *Adv. Pharmacol.* 42:721-24.

Graeff, F. G., and R. I. Schoenfeld. 1970. *J. Pharmacol. Exp. Ther.* 173:277-83.

Graeff, F. G., et al. 1993. *Behav. Brain Res.* 58:123-31.

Graf, P., et al. 1984. *J. Exp. Psychol. Learn. Mem. Cogn.* 10:164-78.

Gray, C. M. 1999. *Neuron* 24:31-47, 111-25.

Gray, C. M., et al. 1989. *Nature* 338:334-37.

Gray, J. A. 1982. *The Neuropsychology of Anxiety.* New York: Oxford University Press.

Gray, J. A. 1987. *The Psychology of Fear and Stress.* New York: Cambridge University Press.

Gray, J. A. 1991. In *Explorations in Temperament*, edited by J. Strelau and A. P. Angleitner. New York: Plenum.

Gray, J. A., and N. McNaughton. 2000. *The Neuropsychology of Anxiety*, 2nd ed. Oxford: Oxford University Press.

Graybiel, A. 1976. Lecture at the Society for Neuroscience in Toronto, Canada.

Greenough, W. T., et al. 1985. *Proc. Natl. Acad. Sci. USA* 82:4549-52.

Greenwald, A. G. 1992. *Am. Psychol.* 47:766-79.

Greenwald, A. G., and M. R. Banaji. 1995. *Psychol. Rev.* 102:4-27.

Gregory, R. 1981. *Mind in Science.* Cambridge: Cambridge University Press.

Grill, H. J., and R. Norgren. 1978. *Science* 201:267-69.

Groenewegen, H. J., et al. 1990. In *Progress in Brain Research*, edited by H. B. M. Uylings et al., 95-118. Amsterdam: Elsevier Science Publishers B.V. (Biomedical Division).

Groenewegen, H. J., et al. 1997. *J. Psychopharmacol.* 11:99-106.

Gross, P. R., et al 1996. *The Flight from Science and Reason. Proceedings of a Conference.* New York, New York, May 31-June 2, 1995. New York: New York Academy of Science.

Grossberg, S. 1999. *Conscious. Cogn.* 8:1-44.

Grossberg, S. 2000. *Trends Cogn. Sci.* 4:233-46.

Grossman, S. P. 1960. *Science* 132:301-2.

Grossman, S. P. 1967. *A Textbook of Physiological Psychology.* New York: Wiley.

Grover, L. M., and T. J. Tyler. 1990. *Nature* 347:477-79.

Gurvits, T. V., et al. 1996. *Biol. Psychiat.* 40:1091-99.

Guyton, A. C. 1972. *Structure and Function of the Nervous System.* Philadelphia: W. B. Saunders.

Hall, C. S., et al. 1998. *Theories of Personality*. New York: John Wiley & Sons.

Hamann, S. B., et al. 1996. *Nature* 379:497.

Happel, S. 2000. In *Neuroscience and the Person*, edited by R. J. Russell et al. Berkeley: Vatican
    Observatory Publications, Vatican City State, Center for Theology and the Natural Sciences.

Harley, C. 1991. *Prog. Brain Res.* 88:307-21.

Harlow, J. M. 1868. *Bull. Mass. Med. Soc.* 2:3-20.

Harre, R. 1986. *The Social Construction of Emotions*. New York: Blackwell.

Harris, J. R. 1998. *The Nurture Assumption*. New York: The Free Press.

Harris, J. A., and R. F. Westbrook., 1995. *Behav. Neurosci.* 109:295-304.

Hart, A. J., et al. 2000. *Neuroreport* 11:2351-55.

Hartley, D. 1749. *Observations on Man*. London: Leake and Frederick.

Harvey, J. A., et al. 1965. *J. Comp. Physiol. Psychol.* 59:37-48.

Hauser, M. D., et al. 1995. *Proc. Natl Acad Sci. USA* 92:10811-14.

Hawkins, R. D., and E. R. Kandel. 1984. *Psychol. Rev.* 91:375-91.

Hawkins, R. D., et al. 1987. In *Handbook of Physiology*, edited by F. Plum, 25-83. Bethesda: American
    Physiological Society.

Hawkins, R. D., et al. 1994. *J. Neurobiol.* 25:652-65.

Hawkins, R. D., et al. 1998. *Behav. Neurosci.* 112:636-45.

Haxby, J. V., et al. 2000. *Neuroimage* 11:145-56.

He, S., et al. 1996. *Nature* 383:334-37.

Heath, R. G. 1964. In *The Role of Pleasure in Behavior*, edited by R. G. Heath. New York: Harper and
    Row.

Hebb, D. O. 1946. *Psychol Rev.* 53:88-106.

Hebb, D. O. 1949. *The Organization of Behavior*. New York: John Wiley & Sons.

Helmstetter, F. J., and P. S. Bellgowan. 1994. *Behav. Neurosci.* 108:1005-9.

Heninger, G. R., et al. 1996. *Pharmacopsychiatry* 29:2-11.

Heraclitus (c.540-c.480 B.C.). 1925. From D. Laertius, *Lives of Eminent Philosophers*. London: G. P.
    Putman.

Herrick, C. J. 1933. *Proc. Natl. Acad. Sci. USA* 19:7-14.

Herzog, A. G., and G. W. Van Hoesen. 1976. *Brain Res.* 115:57-69.

Hess, W R. 1954. *Functional Organization of the Diencephalon*, New York: Grune and Stratton.

Hess, W. R., and K. Akert. 1955. *Arch. Neurol. Psychiat.* 73:127-29.

Hess, W. R., and M. Brugger. 1943. *Helv. Physiol Pharmacol. Acta* 1:35-52.

Hesslow, G., and C. Yeo. 1998. *Science* 280:1817-19.

Hietala, J., et al. 1995. *Lancet* 346:1130-31.

Hietala, J., et al. 1999. *Schizophr. Res.* 35:41-50.

Higgins, E. T., et al. 1985. *Soc. Cogn.* 3:51-76.

Hilgard, E. R. 1980. *J. Hist. Behav. Sci.* 16:107-17.

Hill, W. F. 1977. *Learning.* New York: Crowell/Harper and Row.

Hilton, S. M., and A. W. Zbrozyna. 1963. *J. Physiol.* 165:160-73.

Hinde, R. A. 1966. *Animal Behavior.* New York: McGraw-Hill.

Hirst, W., et al. 1980. *J. Exp. Psychol.* 109:98-117.

Hitchcock, J., and M. Davis. 1986. *Behav. Neurosci.* 100:11-22.

Hobbes, T. 1651. *Leviathan,* London, printed for Andrew Crooke at The Green Dragon in St. Paul's Churchyard.

Hodges, H., et al. 1987. *Psychopharmacology* 92:491-504.

Holden, C. 1980. *Science* 207:1323-25, 1327-28.

Holland, P. C. 1993. *Curr. Opin. Neurobiol.* 3:230-36.

Horgan, J. 1996. *The End of Science.* New York: Broadway Books.

Harton, J. C., and D. R. Hocking. 1996. *J. Neurosci.* 16:1791-1807.

Howard, R., et al. 1995. *Psychol Med.* 25:495-503.

Hrobjartsson, A., and P. C Gotzsche. 2001. *N Engl. J. Med.* 344:1594-1602.

Huang, Y. Y., and E. R. Kandel. 1998. *Neuron* 21:169-78.

Huang, Y. Y., et al. 1996. *Learn. Mem.* 3:74-85.

Huang, Y. Y., et al. 2000. *J. Neurosci.* 20:6317-25.

Hubel, D., and T. Wiesel. 1962. *J. Physiol.* 160:106-54.

Hubel, D., and T. Wiesel. 1963. *J. Neurophysiol.* 26:994-1002.

Hubel, D., and T. Wiesel. 1965. *J. Neurophysiol.* 28:1041-59.

Hubel, D. H., and T. N. Wiesel. 1972. *J. Comp. Neurol.* 146:421-50.

Huerta, P. T., et al. 2000. *Neuron* 25:473-80.

Hull, C. 1943. *Principles of Behavior.* New York: Appleton-Century-Crofts.

Hull, C. L. 1954. *A Behavior System.* New Haven: Yale University Press.

Humphrey, N. 1992. *A History of the Mind.* New York: Simon and Schuster.

Humphrey, N. 2000. *How to Solve the Mind-Body Problem.* Thorverton, UK: Imprint Academic.

Husi, H., and S. G. Grant. 2001. *Trends Neurosci.* 24:259-66.

Huttenlocher, P. R. 1979. *Brain Rès.* 163:195-205.

Hyman, S. E. 2000. *Arch. Gen. Psychiat.* 57:88-89.

Hyman, S. E., and E. J. Nestler. 1996. *Am. J. Psychiat.* 153:151-62.

Ikemoto, S., and J. Panksepp. 1999. *Brain Res. Rev.* 31:6-41.

Ingvar, D. H., and G. Franzen. 1974. *Acta Psychiatr. Scand.* 50:425-62.

Innocenti, G. M. 1991. *Prog. Sens. Physiol.* 12.

Insel, T. R. 1997. *Am. J. Psychiat.* 154:726-35.

Iriki, A., et al. 1987. *Science* 245:1385-87.

Isaacson, R. L. 1982. *The Limbic System.* New York: Plenum Press.

Isenberg, N., et al. 1999. *Proc. Natl. Acad. Sci. USA* 96:10456-59.

Ito, M. 1984. *The Cerebellum and Neural Control.* New York: Raven.

Ito, M. 1989. *Annu. Rev. Neurosci.* 12:85-102.

Ito, M. 1996. *Trends Neurosci.* 19:11-12.

Iwata, J., et al. 1986. *Brain Res.* 383:195-214.

Izard, C. E. 1971. *The Face of Emotion.* New York: Appleron-Century-Crofts.

Izard, C. E. 1977. *Human Emotions.* New York: Plenum.

Izald, C. E. 1992. *Psychol. Rev.* 99:561-65.

Izumi, Y., and C. F. Zorumski. 1999. *Synapse* 31:196-202.

Jacobs, W. J., and L. Nadel. 1985. *Psychol. Rev.* 92:512-31.

Jacobsen, C. F. 1935. *Arch. Neurol. Psychiat.* 33:558-69.

Jacobsen, C. F., and H. W. Nissen. 1937. *J. Comp. Physiol Psychol.* 23:101-12.

Jacobson, M. 1993. *Foundations of Neuroscience.* New York: Plenum.

Jacoby, L., and J. Toth. 1992. In *Perception Without Awareness,* edited by R. Bornstein and T. Pittman, 81-120. New York: Guilford Press.

Jacoby, L. L., and V. Woloshyn. 1989. *J. Exp. Psychol.: Gen.* 118:115-25.

Jakob, H., and H. Beckmann. 1994. *J. Neural Transm. Gen. Sect.* 98:83-106.

James, W. 1884. *Mind* 9:188-205.

James, W. 1890. *Principles of Psychology.* New York: Holt.

Jamison, K. R. 1997. *An Unquiet Mind.* New York: Random House.

Jarvis, E. D., et al. 1998. *Neuron* 21:775-88.

Javanmard, M., et al. 1999. *Biol. Psychiat.* 45:872-82.

Jerison, H. 1973. *Evolution of Brain and Intelligence.* New York: Academic Press.

Jerne, N. 1967. In *The Neurosciences,* edited by F. O. Schmitt. New York: Rockefeller University Press.

Jessell, T. M., and J. R. Sanes. 2000. *Curr. Opin. Neurobiol.* 10:599-611.

Jiang, Y., et al. 2000. *Science* 287:643-46.

Jing, J., and R. Gillette. 1995. *J. Neurophysiol.* 74:1900-1910.

Johnson, J. 1998. In *Fundamental Neuroscience,* edited by M. Zigmond. San Diego: Academic Press.

Johnson-Laird, P. N. 1988. *The Computer and the Mind*. Cambridge: Harvard University Press.

Johnson-Laird, P. N. 1993. In *Conciousness in Contemporary Science*, edited by A. J. Marcel and E. Bisiach, 357-68. Oxford: Oxford University Press.

Johnston, D., et al. 1999. *Curr. Opin. Neurobiol.* 9:288-92.

Jones, E. 1961. *The Life and Work of Sigmund Freud*. New York: Basic Books.

Jones, E. G. 1984. In *Cerebral Cortex*, edited by A. Peters and E. G. Jones. New York: Plenum.

Jones, E. G., and T. P. S. Powell. 1970. *Brain* 93:793-820.

Josselyn, S. A., et al. 2001. *J. Neurosci.* 21:2404-12.

Joyce, J. N., and J. H. Meador-Woodruff. 1997. *Neuropsychopharmacology* 16:375-84.

Kaada, B. R. 1960. In *Handbook of Physiology*, edited by J. Field et al., 1345-72. Washington, D. C.: American Physiological Society.

Kagan, J. 1992. *Pediatrics* 90:510-13.

Kagan, J. 1994. *Galen's Prophecy*. New York: Basic Books.

Kagan, J. 1998. In *Handbook of Child Psychology*, edited by N. Eisenberg, 177-236. New York: Wiley.

Kagan, J. 1999. *Pediatrics* 104:164-67.

Kahneman, D. 1999. In *Well-Being*, edited by D. Kahneman et al. New York: Russell Sage Foundation.

Kalivas, P. W., and M. Nakamura. 1999. *Curr. Opin. Neurobiol.* 9:223-27.

Kamin, C. J., et al. 1963. *J. Comp. Physiol. Psychol.* 56:497-501.

Kandel, E. R. 1976. *Cellular Basis of Behavior*. San Francisco: W H. Freeman.

Kandel, E. R. 1989. *J. Neuropsychiat. Clin. Neurosci.* 1:103-25.

Kandel, E. R. 1997. *J. Cell. Physiol.* 173:124-25.

Kandel, E. R. 1998. *Am. J. Psychiat.* 155:457-69.

Kandel, E. R. 1999. *Am. J. Psychiat.* 156:505-24.

Kandel, E. R., and C. Pittenger. 1999. *Philos. Trans. R. Soc. Lond. B Biol. Sci.* 354:2027-52.

Kandel, E. R., and W. A. Spencer. 1968. *Physiol. Rev.* 48:65-134.

Kandel, E. R., et al. 2000. *Principles of Neuroscience*. New York: McGraw-Hill.

Kapp, B. S., et al. 1979. *Physiol. Behav.* 23:1109-17.

Kapp, B. S., et al. 1984. In *Neuropsychology of Memory*, edited by N. Buttlers and L. R. Squire, 473-88. New York Guilford.

Kapp, B. S., et al. 1992. In *The Amygdala*, edited by J. P. Aggleton, 229-54. New York: Wiley-Liss.

Karten, H. J., and T. Shimizu. 1991. *J. Cogn. Neurosci.* 1:291-301.

Kastner, S., et al. 1998. *Science* 282:108-11.

Kastner, S., et al. 1999. *Neuron* 22:751-61.

Kastner, S., and L. G. Ungerleider. 2000. *Annu. Rev. Neurosci.* 23:315-41.

Katsuki, H., et al. 1997. *J. Neurophysiol.* 77:3013-20.

Katz, L. C., and C. J. Shatz. 1996. *Science* 274:1133-38.

Keenan, J. P., et al. 2000. *Trends Cogn. Sci.* 4:338-44.

Keil, F. 1999. In *Encyclopedia of Cognitive Science*, 583-85. Cambridge: MIT Press.

Keith, J. R., and J. W. Rudy. 1990. *Psychobiology* 18:251-57.

Kelso, S. R., et al. 1986. *Proc. Natl. Acad. Sci. USA* 83:5326-30.

Keltner, N., and D. G. Folks. 1997. *Psychotropic Drugs*, 2nd ed. St. Louis: Mosby.

Keltner, N., et al. 1998. *Psychobiological Foundations of Psychiatric Care*. St. Louis: Mosby.

Kennedy, M. B. 1999. *Learn. Mem.* 6:417-21.

Kihlstrom, J. F. 1987. *Science* 237:1445-52.

Kihlstrom, J. F. 1990. In *Handbook of Personality*, edited by L. Pervin, 445-64. New York: Guilford.

Killackey, H. P. 1990. *J. Cogn. Neurosci.* 2:1-17.

Killcross, S., et al. 1997. *Nature* 388:377-80.

Kim, J. J., and M. G. Baxter. 2001. *Trends Neurosci.* 24:324-30.

Kim, J. J., and M. S. Fanselow. 1992. *Science* 256:675-77.

Kim, J. J., and K. S. Yoon. 1998. *Trends Neurosci.* 21:505-9.

Kim, J. J., et al. 1993. *Behav. Neurosci.* 107:1-6.

Kim, J. N., and M. N. Shadlen. 1999. *Nat. Neurosci.* 2:176-85.

Klee, P. 1957. *The Diaries of Paul Klee 1898-1918*. Berkeley: University of California Press.

Klein, D. E 1993. *Arch. Gen. Psychiat.* 50:306-17.

Kline, N. S. 1954. *Ann. NY Acad. Sci.* 59:107-32.

Kline, N. S. 1974. *From Sad to Glad*. New York: Putnam.

Kluver, H., and P. C. Bucy. 1937. *Am. J. Physiol.* 119:352-53.

Knight, R. T. 1997. *J. Cogn. Neurosci.* 9:75-91.

Knowlton, B. J., and M. S. Fanselow. 1998. *Curr. Opin. Neurobiol.* 8:293-96.

Kobayashi, M., et al. 1997. *Brain Res.* 777:242-46.

Koch, K. W, and J. M. Fuster. 1989. *Exp. Brain Res.* 76:292-306.

Kolb, B., and R. Tees. 1990. *The Cerebral Cortex of the Rat*. Cambridge: MIT Press.

Kolm, S. C. 1985. In *The Multiple Self*, edited by J. Elster. New York: Cambridge University Press.

Kombian, S. B., and R. C. Malenka. 1994. *Nature* 368:242-46.

Konorski, J. 1948. *Conditioned Reflexes and Neuron Organization*. Cambridge: Cambridge University Press.

Konorski, J. 1967. *Integrative Activity of the Brain*. Chicago: University of Chicago Press.

Korenberg, J. R., et al. 2000. *J. Cogn. Neurosci.* 12:89-107.

Kosslyn, S. M., and O. Koenig. 1992. *Wet Mind*. New York: Macmillan.

Kotter, R., and N. Meyer. 1992. *Behav. Brain Res.* 52:105-27.

Kraemer, G. W. 1992. *Behav. Brain Sci.* 15:493-511.

Kramer, P. D. 1993. *Listening to Prozac*. New York: Viking.

Kritzer, M. F., and P. S. Goldman-Rakic. 1995. *J. Comp. Neurol.* 359:131-43.

Kuffler, S., and J. Nicholls. 1976. *From Neuron to Brain*. Sunderland, MA: Sinauer.

Kuikka, J. T., et al. 1995. *Nucl. Med. Commun.* 16:273-80.

LaBar, K. S., and J. F. Disterhoft. 1998. *Hippocampus* 8:620-26.

LaBar, K. S., et al. 1995. *J. Neurosci.* 15:6846-55.

LaBar, K. S., et al. 1998. *Neuron* 20:937-45.

Lamb, R. J., et al. 1991. *J. Pharmacol. Exp. Ther.* 259:1165-73.

Lamprecht, R., and Y. Dudai. 1996. *Learn. Mem.* 3:31-41.

Lamprecht, R., and Y. Dudai. 2000. In *The Amygdala*, edited by J. Aggleton. Oxford: Oxford University Press.

Lamprecht, R., et al. 1997. *J. Neurosci.* 17:8443-50.

Lang, E. J., and D. Pare. 1997. *J. Neurophysiol.* 77:353-63.

Larrabee, M. G., and D. W. Bronk. 1947. *J. Neurophysiol.* 10:139-54.

Larsen, R. J., and B. L. Fredrickson. 1999. In *Well-Being*, edited by D. Kahneman et al. New York: Russell Sage Foundation.

Lashley, K. 1950. In *Cerebral Mechanisms in Behavior*, edited by L. A. Jeffers. New York: Wiley.

Lashley, K. S. 1929. *Brain Mechanisms of Intelligence*. Chicago: University of Chicago Press.

Lashley, K. S. 1938. *Psychol. Rev.* 45:445-71.

Lashley, K. S. 1950. *Symp. Soc. Exp. Biol.* IV:454-82.

Lazarus, R S. 1991. *Am. Psychol.* 46:352-67.

Lechner, H. A., and J. H. Byrne. 1998. *Neuron* 20:355-58.

LeDoux, J. E. 1982. *Brain Behav. Evol.* 20:196-212.

LeDoux, J. E. 1984. In *Handbook of Cognitive Neuroscience*, edited by M. S. Gazzaniga, 357-68. New York: Plenum.

LeDoux, J. E. 1986. *Integr. Psychiat.* 4:237-48.

LeDoux, J. E. 1987. In *Handbook of Physiology*, edited by F. Plum, 419-60. Bethesda: American Physiological Society.

LeDoux, J. E. 1990. In *Learning and Computational Neuroscience*, edited by M. Gabriel, 3-52. Cambridge: MIT Press.

LeDoux, J. E. 1991. *Concepts Neurosci.* 2:169-99.

LeDoux, J. E. 1992. In *The Amygdala*, edited by J. P. Aggleton, 339-51. New York: Wiley-Liss.

LeDoux, J. E. 1994. *Sci. Am.* 270:32-39.

LeDoux, J. E. 1995. *Annu. Rev. Psychol.* 46:209-35.

LeDoux, J. E. 1996. *The Emotional Brain.* New York: Simon & Schuster.

LeDoux, J. E. 1998. In *Chronicle of Higher Education* 45 (16) (December 11, 1998).

LeDoux, J. E. 2000. *Annu. Rev. Neurosci.* 23:155-84.

LeDoux, J. E., et al. 1984. *J. Neurosci.* 4:683-98.

LeDoux, J. E., et al. 1985. *J. Comp. Neurol.* 242:182-213.

LeDoux, J. E., et al. 1989. *J. Cogn. Neurosci.* 1:238-43.

LeDoux, J. E., et al. 1990. *J. Neurosci.* 10:1043-54.

LeDoux, J. E., et al. 1990. *J. Neurosci.* 10:1062-69.

Lee, H., and J. J. Kim. 1998. *J. Neurosci.* 18:8444-54.

Lee, K. S., et al. 1980. *J. Neurophysiol.* 44:247-58.

Lepage, M., et al. 2000. *Proc. Natl. Acad. Sci. USA* 97:506-11.

Lehrman, D. 1953. *Q. Rev. Biol.* 28:337-63.

Lettvin, J. Y., et al. 1959. *Proc. Inst. Radiol. Eng.* 41:1940-51.

Leung, H. C, et al. 2000. *Cereb. Cortex* 10:552-60.

Levenson, R. W. 1992. *Psychol. Sci.* 3:23-27.

Levy, R., and P. S. Goldman-Rakic. 2000. *Exp. Brain Res.* 133:23-32.

Levy, W. B., and O. Steward. 1979. *Brain Res.* 175:233-45.

Lewis, D. A., et al. 1987. *J. Neurosci.* 7:279-90.

Lewis, D. A., et al. 1999. *Biol. Psychiat.* 46:616-26.

Lhermitte, F., et al. 1972. *Revue Neurologique* 127:415-40.

Li, X. F., et al. 1996. *Synapse* 24:115-24.

Liang, K. C., et al. 1982. *Behav. Brain Res.* 4:237-49.

Liberzon, I., et al. 1999. *Biol. Psychiat.* 45:817-26.

Liddle, P. F., et al. 1992. *Br. J. Psychiat.* 160:179-86.

Linden, D. J. 1994. *Neuron* 12:457-72.

Linden, D. R. 1969. *J. Comp. Physiol. Psychol.* 69:573-78.

Lindstrom, L. H. 2000. *Trends Pharmacol. Sci.* 21:198-99.

Lindstrom, L. H., et al. 1999. *Biol. Psychiat.* 46:681-88.

Lindvall, O., et al. 1978. *Brain Res.* 142:1-24.

Lisberger, S. G. 1996. *Ann. NY Acad. Sci.* 781:525-31.

Lisberger, S. G. 1998. *Cell* 92:701-4.

Lisman, J. 1994. *Trends Neurosci.* 17:406-12.

Livingston, K. E., and A. Escobar. 1971. *Arch. Neurol.* 24:17-21.

Llinas, R. 1988. *Science* 242:1654-64.

Llinas, R. 2001. *I of the Vortex.* Cambridge: MIT Press.

Llinas, R., and U. Ribary. 1994. In *Large-Scale Neuronal Theories of the Brain,* edited by C. Koch and J. Davis, 111-24. Cambridge: MIT Press.

Llinas, R., and J. P. Welsh. 1993. *Curr. Opin. Neurobiol.* 3:958-65.

Llinas, R., et al. 1994. In *Temporal Coding in the Brain,* edited by G. Buzsaki et al., 251-72. Berlin: Springer-Verlag.

Lloyd, D. P. C. 1949. *J. Gen. Physiol.* 33:147-70.

Lockwood, K. A., et al. 2000. *Am. J. Geriatr. Psychiat.* 8:201-8.

Loftus, E. F., 1986. *Law Hum. Behav.* 10:241-63.

Loftus, E. F., and H. G. Hoffman. 1989. *J. Exp. Psychol.: Gen.* 118:100-104.

Loftus, E. F., and M. R. Klinger. 1992. *Am. Psychol.* 47:761-65.

LoLordo, V. M. 1967. *J. Comp. Physiol. Psychol.* 64:154-58.

Lømo, T. 1966. *Acta Physiol. Scand.* 68, Suppl. 277:128.

Lorenz, K. Z. 1950. *Symp. Soc. Exp. Biol.* 4:221-68.

Lorenz, K. Z., and N. Tinbergen. 1938. *Z. Tierpsych.* 2:1-29.

Louie, K., and M. A. Wilson. 2001. *Neuron* 29:145-56.

Lupien, S. J., et al. 1998, *Nat. Neurosci.* 1:69-73.

Luria, A. R. 1969. In *Handbook of Clinical Neurology,* edited by P. H. Vinken and G. W. Bruyn, 725-57. Amsterdam: North Holland.

Luria, A. R. 1973. *The Working Brain.* New York: Basic Books.

Lutz, C. A. 1988. *Unnatural Emotions.* Chicago: University of Chicago Press.

Lynch, G. 1986. *Synapses, Circuits, and the Beginnings of Memory.* Cambridge: MIT Press.

MacLean, P. D. 1949. *Psychosom. Med.* 11:338-53.

MacLean, P. D. 1952. *Electroencephalogr. Clin. Neurophysiol.* 4:407-18.

MacLean, P. D. 1970. In *The Neurosciences: Second Study Program,* edited by F. O. Schmitt, 336-49. New York: Rockefeller University Press.

MacLean, P. D. 1990. *The Triune Brain in Evolution.* New York: Plenum Press.

Magee, J. C., and D. Johnston. 1997. *Science* 275:209-13.

Maier, S. F. 1984. *Prog. Neuropsychopharmacol. Biol. Psychiat.* 8:435-46.

Maioli, M. G., et al. 1998. *Brain Res.* 789:118-25.

Makino, S., et al. 1994. *Brain Res.* 640:105-12.

Malenka, R. C., and R. A. Nicoll. 1999. *Science* 285:1870-74.

Malgaroli, A., and R. W. Tsien. 1992. *Nature* 357:134-39.

Malinow, R., and J. P. Miller. 1986. *Nature* 320:529-30.

Manning, A. 1967. *An Introduction to Animal Behavior.* Reading, MA: Addison-Wesley.

Manns, J. R., et al. 2000. *Hippocampus* 10:181-86.

Mansuy, I. M., et al. 1998. *Neuron* 21:257-65.

Marcel, A. J., and E. Bisiach. 1988. *Consciousness in Contemporary Science.* Oxford: Clarendon Press.

Marcus, G. F. 1999. *Cognition* 73:293-96.

Maren, S. 1999. *Trends Neurosci.* 22:561-67.

Maren, S. 2000. *Eur. J. Neurosci.* 12:4047-54.

Maren, S. 2001. *Ann. Rev. Neurosci.* 24:897-931.

Maren, S., and M. S. Fanselow. 1996. *Neuron* 16:237-40.

Maren, S., et al. 1996. *Behav. Neurosci.* 110:1365-74.

Maren, S., et al. 1998. *Trends Cogn. Sci.* 2:39-41.

Markram, H., et al. 1997. *J. Physiol. (Lond.)* 500:409-40.

Marks, I. 1987. *Fears, Phobias, and Rituals: Panic, Anxiety, and Their Disorders.* New York: Oxford University Press.

Markus, H. R., and S. Kitayama. 1991. *Psychol. Rev.* 98:224-53.

Marler, P., and H. Terrace. 1984. *The Biology of Learning.* Berlin: Springer-Verlag.

Marr, D. 1969. *J. Physiol. (Lond.)* 202:437-70.

Marshall, L. B., and O. A. Smith. 1975. *J. Comp. Physiol. Psychol.* 88:21-35.

Martin, J., and J. Sugarman. 2000. *Am. Psychol.* 55:397-406.

Martin, K. A. 1994. *Cereb. Cortex* 4:1-7.

Martin, K. C., and E. R. Kandel. 1996. *Neuron* 17:567-70.

Martin, K. C., et al. 1997. *Cell* 91:927-38.

Martin, S. J., et al. 2000. *Annu. Rev. Neurosci.* 23:649-711.

Martinez, J. L., Jr., and B. E. Derrick. 1996. *Annu. Rev. Psychol.* 47:173-203.

Masson, J. M., and S. McCarthy. 1995. *When Elephants Weep.* New York: Delacorte.

Maturana, H., and F. Varela. 1987. *The Tree of Knowledge.* Boston: New Science Library.

Mayer, M. L., and G. L. Westbrook. 1987. *Prog. Neurobiol.* 28:197-276.

Mayford, M., and E. R. Kandel. 1999. *Trends Genet.* 15:463-70.

Mayford, M., et al. 1995. *Curr. Opin. Neurobiol.* 5:141-48.

Mayford, M., et al. 1996. *Science* 274:1678-83.

McAllister, W. R., and D. E. McAllister. 1971. In *Aversive Conditioning and Learning,* edited by F. R.

Brush, 105-79. New York: Academic Press.

McClelland, D. C. 1951. *Personality*. New York: Holt, Rinehart, and Winston.

McClelland, J. L., et al. 1995. *Psychol. Rev.* 102:419-57.

McDonald, A. J. 1998. *Prog. Neurobiol.* 55:257-332.

McDonald, R. J., and N. M. White. 1993. *Behav. Neurosci.* 107:3-22.

McDougall, W. 1908. *An Introduction to Social Psychology*. London: Methuen.

McEwen, B. S. 1994. *The Hostage Brain*. New York: Rockefeller University Press.

McEwen, B. S. 1998. *N. Engl. J. Med.* 338:171-79.

McEwen, B. S. 1999. *Annu. Rev. Neurosci.* 22:105-22.

McEwen, B. S., and R. M. Sapolsky. 1995. *Curr. Opin. Neurobiol.* 5:205-16.

McGaugh, J. L. 1990. *Psychol. Sci.* 1:15-25.

McGaugh, J. L. 2000. *Science* 287:248-51.

McGaugh, J. L., and P. E. Gold. 1989. In *Psychoendocrinology*, edited by R. B. Brush and S. Levine, 305-40. New York: Academic Press.

McGinn, C. 2000. *The Mysterious Flame*. New York: Basic Books.

McGrath, P. J., et al. 2000. *Am. J. Psychiat.* 157:344-50.

McHugh, T. J., et al. 1996. *Cell* 87:1339-49.

McKernan, M. G., and P. Shinnick-Gallagher. 1997. *Nature* 390:607-11.

McNaughton, B. L. 1998. *Neurobiol. Learn. Mem.* 70:252-67.

McNaughton, B. L., and C. A. Barnes. 1990. *Sem. Neurosci.* 2:403-16.

McNaughton, B. L., et al. 1978. *Brain Res.* 157:277-93.

McNish, K. A., et al. 1997. *J. Neurosci.* 17:9353-60.

Medina, J. F., et al. 2001. *Curr. Opin. Neurobiol.* 10:717-24.

Meichenbaum, D., and J. B. Gilmore. 1984. In *The Unconscious Reconsidered*, edited by K S. Bowers and D. Meichenbaum, 273-98. New York: John Wiley & Sons.

Meisel, R. L., and B. D. Sachs. 1994. In *The Physiology of Reproduction*, edited by E. Knobil and D. Neill. New York: Raven Press.

Merikle, P. M. 1992. *Am. Psychol.* 47:792-95.

Merzenich, M., et al. 1996. *Cold Spring Harb. Symp. Quant. Biol.* 61:1-8.

Mesulam, M. M., et al. 1977. *Brain Res.* 136:393-414.

Metzinger, T. 1995. *Conscious Experience*. Thorverton, UK: Imprint Academic.

Miller, E. K 1999. *Neuron* 22:15-17.

Miller, E. K., and R. Desimone. 1994. *Science* 263:520-22.

Miller, E. K., et al. 1993. *J. Neurosci.* 13:1460-78.

Miller, G. A. 1956. *Psychol. Rev.* 63:81-97.

Miller, K D. 1994. *J. Neurosci.* 14:409-41.

Miller, N. E. 1948. *J. Exp. Psychol.* 38:89-101.

Miller, N. E. 1951. In *Handbook of Experimental Psychology*, edited by S. Stevens, 435-72. New York: Wiley.

Miller, N. E. 1965. *Science* 148:328-38.

Milner, B. 1962. In *Physiologie de L'Hippocampe*, edited by P. Plassouant. Paris: Centre de la Recherche Scientifique.

Milner, B. 1967. In *Brain Mechanisms Underlying Speech and Language*, edited by F. L. Darley. New York: Grune and Stratton.

Milner, B. 1972. *Clin. Neurosurg.* 19:421-46.

Milner, B. 1982. *Philos. Trans. R. Soc. Lond. B Biol. Sci.* 298:211-26. ·

Milner, P. 1965. In *Cognitive Processes and the Brain*, edited by P. M. Milner and S. E. Glickman. Princeton: Van Nostrand.

Milner, P. 1970. *Physiological Psychology.* New York: Holt, Rinehart, and Winston.

Milner, P. 1974. *Psychol. Rev.* 81:521-35.

Mineka, S. 1979. *Psychol. Bull.* 86:985-1010.

Mineka, S., and M. Cook. 1993. *J. Exp. Psychol. Gen.* 122:23-38.

Minsky, M. 1985. *The Society of Mind.* New York: Simon & Schuster.

Mischel, W. 1990. In *Handbook of Personality*, edited by L. A. Pervin. New York: Guilford.

Mischel, W. 1993. *Introduction to Personality.* Fort Worth: Harcourt, Brace, Jovanovich.

Miserendino, M. J. D., et al. 1990. *Nature* 345:716-18.

Mishkin, M., and J. Aggleton. 1981. In *The Amygdaloid Complex*, edited by Y. Ben-Ari, 409-20. Amsterdam: Elsevier/North-Holland Biomedical Press.

Mishkin, M., and E. A. Murray. 1994. *Curr. Opin. Neurobiol.* 4:200-206.

Miyashita-Lin, E. M., et al. 1999. *Science* 285:906-9.

Mody, M., et al. 1997. *J. Exp. Child Psychol.* 64:199-231.

Mogenson, G. J., et al. 1980. *Prog. Neurobiol.* 14:69-97.

Moltz, H. 1965. *Psychol. Rev.* 72:27-47.

Mooney, R. 1999. *Curr. Opin. Neurobiol.* 9:121-27.

Morgan, C. T. 1943. *Physiological Psychology.* New York: McGraw-Hill.

Morgan, C. T. 1957. *Nebr. Symp. Motiv.* 5:1-43.

Motgan, S. L., and T. J. Teyler. 1999. *J. Neurophysiol.* 82:736-40.

Morihisa, J. M., and G. B. McAnulty. 1985. *Biol. Psychiat.* 20:3-19.

Morris, J. S., et al. 1996. *Nature* 383:812-15.

Morris, J. S., et al. 1998. *Nature* 393:467-70.

Morris, J. S., et al. 1999. *Proc. Natl. Acad. Sci. USA* 96:1680-85.

Morris, R. 1984. *J. Neurosci. Methods* 11:47-60.

Morris, R. G. M., et al. 1986. *Nature* 319:774-76.

Morris, R. G. M., et al. 1989. *Neuropsychol.* 27:41-59.

Morris, R. G. M. 1992. In *Encyclopedia of Learning and Memory*, edited by L. R. Squire, 369-72. New York: Macmillan.

Morris, R. G. M. 1994. In *Animal Learning and Cognition*, edited by N. Mackintosh. San Diego: Academic Press.

Moruzzi, G., and H. W. Magoun. 1949. *Electroencephalogr. Clin. Neurophysiol.* 1:455-73.

Moser, E. I. 1995. *Behav. Brain Res.* 71:11-18.

Mowrer, O. H. 1939. *Psychol. Rev.* 46:553-65.

Mowrer, O. H. 1947. *Harv. Ed. Rev.* 17:102-48.

Mowrer, O. H. 1960. *Learning Theory and Behavior*. New York: Wiley.

Mowrer, O. H., and R. R. Lamoreaux. 1946. *J. Comp. Psychol.* 39:29-50.

Moyer, J. R., Jr., et al. 1990. *Behav. Neurosci.* 104:243-52.

Moyer, J. R., Jr., et al. 1996. *J. Neurosci.* 16:5536-46.

Muller, J., et al. 1997. *Behav. Neurosci.* 111:683-91.

Muller, R. U., et al. 1999. *Hippocampus* 9:413-22.

Muller, U., et al. 1998. *J. Neurosci.* 18:2720-28.

Munroe, R. L. 1955. *Schools of Psychoanalytic Thought*. New York: Holt, Rinehart, and Winston.

Murphy, G. G., and D. L. Glanzman. 1999. *J. Neurosci.* 19:10595-602.

Murphy, S., and R. Zajonc. 1993. *J. Pers. Soc. Psychol.* 64:723-39.

Murray, E. A, and B. J. Richmond. 2001. *Curr. Opin. Neurobiol.* 11:188-93.

Myers, R. D. 1974. *Handbook of Drug and Chemical Stimulation of the Brain*. New York: Van Nostrand Reinhold.

Nadasdy, Z., et al. 1999. *J. Neurosci.* 19:9497-9507.

Nadel, L., and M. Moscovitch. 1997. *Curr. Opin. Neurobiol.* 7:217-27.

Nadel, L., and J. Willner. 1980. *Physiol. Psychol.* 8:218-28.

Nader, K., and J. E. LeDoux. 1997. *Trends Cognit. Sci.* 1:241-44.

Nader, K., and D. van der Kooy. 1994. *Psychobiol.* 22:68-76.

Nader, K., et al. 1997. *Annu. Rev. Psychol.* 48:85-114.

Nader, K., et al. 2000. *Nature* 406:722-26.

Nagel, T. 1974. *Phil. Rev.* 83:435-50.

Nargeot, R. 2001. *J. Neurosci.* 21:3282-94.

Nauta, W. J. 1971. *J. Psychiatr. Res.* 8:167-87.

Nauta, W. J. H. 1979. In *Functional Neurosurgery*, edited by T. Rasmussen and R. Marino, 7-23. New York: Raven Press.

Nauta, W. J. H., and H. J. Karten. 1970. In *The Neurosciences: Second Study Program*, edited by F. O. Schmitt, 7-26. New York: Rockefeller University Press.

Neisser, U. 1967. *Cognitive Psychology*. Englewood Cliffs, NJ: Prentice Hall.

Neisser, U. 1988. *Philos. Psychol.* 1:35-39.

Neisser, U., ed. 1998. *The Rising Curve*. Washington, D. C.: American Psychological Association.

Neisser, U., and R. Fivush. 1994. *The Remembering Self*. New York: Cambridge University Press.

Neisser, U., and N. Harsch. 1992. In *Affect and Accuracy in Recall: Studies of "Flashbulb" Memories*, edited by E. Winograd and U. Neisser. New York: Cambridge University Press.

Nelson, J. C., et al. 1991. *Arch. Gen. Psychiat.* 48:303-7.

Nemeroff, C. B. 1998. *Biol. Psychiat.* 44:517-25.

Nestler, E. J. 1998. *Biol. Psychiat.* 44:526-33.

Neville, H. J. 1990. *Ann. NY Acad. Sci.* 608:71-87.

Neville, H. J., and D. Lawson. 1987. *Brain Res.* 405:268-83.

Nicolelis, M. A., and J. K. Chapin. 1994. *J. Neurosci.* 14:3511-32.

Nicoll, R. A., and R. C. Malenka. 1995. *Nature* 377:115-18.

Niehoff, D. L., and M. J. Kuhar. 1983. *J. Neurosci.* 3:2091-97.

Nieuwenhuys, R. 1985. *Chemoarchitecture of the Brain*. Berlin: Springer-Verlag.

Nisbett, R. E., and T. D. Wilson. 1977. *Psychol. Rev.* 84:23-59.

Nopoulos. P., et al. 1995. *Am. J. Psychiat.* 152:1721-23.

Nordahl, T. E., et al. 1998. *Biol. Psychiat.* 44:998-1006.

Norman, D. A., and T. Shallice. 1980. In *Consciousness and Self-Regulation*, edited by R. J. Davidson et al. New York: Plenum.

Northcutt, R. G., and J. H. Kaas. 1995. *Trends Neurosci.* 18:373-79.

Nottebohm, F. 1989. *Sci. Am.* 260:74-79.

Nowak, L., et al. 1984. *Nature* 307:462-65.

Oatley, K., and P. Johnson-Laird. 1987. *Cogn. Emo.* 1:29-50.

O'Connor, K. J., et al. 1999. Presentation at Sixth Annual Meeting of the Cognitive Neuroscience Society, Washington, D.C.

O'Connor, T. G., and M. Rutter. 2000. *J. Am. Acad. Child Adolesc. Psychiat.* 39:703-12.

O'Connor, T. G., et al. 2000. *Child Dev.* 71:376-90.

O'Dell, T. J., et al. 1994. *Science* 265:542-46.

Öhman, A. 2000. In *Handbook of Emotions*, 2nd ed., edited by M. Lewis and J. M. Haviland-Jones, 573-93. New York: Guilford Press.

Öhman, A., and J. J. Soares. 1994. *J. Abnorm. Psychol.* 103:231-40.

Öhman, A., et al. 2000. In *Cognitive Neuroscience of Emotion*, edited by R. D. Lane and L. Nadel. New York: Oxford University Press.

O'Keefe, J., and L. Nadel. 1978. *The Hippocampus as a Cognitive Map*. New York: Oxford University Press.

Okubo, Y., et al. 1997. *Nature* 385:634-36.

Olds, J. 1956. *Sci. Am.* 195:105-16.

Olds, J. 1958. *Science* 127:315-24.

Olds, J. 1973. In *Brain Stimulation and Motivation*, edited by E. Valenstein, Glenview, IL: Scott, Foresman.

Olds, J. 1977. *Drives and Reinforcement*. New York: Raven Press.

Olds, J., and P. Milner. 1954. *J. Comp. Physiol. Psychol.* 47:419-27.

O'Leary, D. D. 1992. *Curr. Opin. Neurobiol.* 2:70-77.

Olton, D. et al. 1979. *Behav. Brain Sci.* 2:313-65.

Ono, T., and H. Nishijo. 1992. In *The Amygdala*, edited by J. P. Aggleton, 167-90. New York: Wiley-Liss.

Onoe, H., et al. 1996. *Neuroreport* 8:117-22.

Oppenheim, R. W. 1998. In *Fundamental Neuroscience*, edited by M. Zigmond. San Diego: Academic Press.

O'Reilly, R. C., and Y. Munakata. 2000. *Computational Explorations in Cognitive Neuroscience*. Cambridge: MIT Press.

O'Reilly, R. C., and J. W. Rudy. 2001. *Psychol. Rev.* 108:311-45.

Ortony, A., et al. 1988. *The Congnitive Structure of Emotions*. Cambridge: Cambridge University Press.

Owen, A. M., et al. 1999. *Eur. J. Neurosci.* 11:567-74.

Packard, M. G., et al. 1994. *Proc. Natl. Acad. Sci. USA* 91:8477-81.

Pakkenberg, B. 1987. *Br. J. Psychiat.* 151:744-52.

Pandya, D. N., and B. Seltzer. 1982. *J. Comp. Neurol.* 204:196-210.

Pandya, D. N., and E. H. Yeterian. 1996. In *Neurobiology of Decision-Making*, edited by A. R. Damasio et al. Berlin: Springer-Verlag.

Panksepp, J. 1982. *Behav. Brain Sci.* 5:407-67.

Panksepp, J. 1998. *Affective Neuroscience*. New York: Oxford University Press.

Papez, J. W. 1937. *Arch. Neurol. Psychiat.* 79:217-24.

Pare, M., and R. H. Wurtz. 1997. *J. Neurophysiol.* 78:3493-97.

Parker, A. J., and W. T. Newsome. 1998. *Annu. Rev. Neurosci.* 21:227-77.

Passingham, R. 1995. *The Frontal Lobes and Voluntary Action*. Oxford: Oxford University Press.

Paulsen, O., and T. J. Sejnowski. 2000. *Curr. Opin. Neurobiol.* 10:172-79.

Pavlides, C., et al. 1993. *Hippocampus* 3:183-92.

Pavlides, C., et al. 1996. *Brain Res.* 738:229-35.

Pavlov, I. P. 1927. *Conditioned Reflexes*. New York: Dover.

Pennartz, C. M., et al. 1993. *Eur. J. Neurosci.* 5:107-17.

Penrose, R. 1989. *The Emperor's New Mind*. New York: Penguin Books.

Pesold, C., and D. Treit. 1995. *Brain Res.* 671:213-21.

Peterson, B. S., et al. 1999. *Biol. Psychiat.* 45:1237-58.

Petrides, M., and D. N. Pandya. 1999. *Eur. J. Neurosci.* 11:1011-36.

Pettegrew, J. W., et al. 1991, *Arch. Gen. Psychiat.* 48:563-68.

Petty, R. G., et al. 1995. *Am. J. Psychiat.* 152: 715-21.

Pfaff, D. W. 1999. *Drive*. Cambridge: MIT Press.

Phelps, E. A., et al. 2000. *J. Cogn. Neurosci.* 12:729-38.

Phillips, R. G., and J. E. LeDoux. 1992. *Behav. Neurosci.* 106:274-85.

Phillips, W. A., and W. Singer. 1997. *Behav. Brain Sci.* 20:657-83.

Piattelli-Palmarini, M. 1989. *Congnition* 31:1-44.

Pinker, S. 1994. *The Language Instinct*. New York: William Morrow.

Pinker, S. 1997. *How the Mind Works*. New York: Norton.

Pinker, S. and P. Bloom. 1990. *Behav. Brain Sci.* 13:723-24.

Pitkänen, A., et al. 1997. *Trends Neurosci.* 20:517-23.

Pitman, R. K., et al. 2000. In *The New Cognitive Neurosciences*, edited by M. S. Gazzaniga. Cambridge: MIT Press.

Plato, P. 1964. In *Body, Mind and Death*, edited by A. Flew. New York: Macmillan.

Platt, M. L., and P. W. Glimcher. 1999. *Nature* 400:233-38.

Plaznik, A., et al. 1994. *Eur. J. Pharmacol.* 257:293-96.

Plutchik, R. 1980. *Emotion*. New York: Harper & Row.

Poe, G. R., et al. 2000. *Brain Res.* 855:176-80.

Poletti, C. E. 1986. In *The Limbic System*, edited by B. K. Doane and K. E. Livingston, 79-95. New York: Raven Press.

Popper, K. P., and J. C. Eccles. 1977. *The Self and Its Brain. Berlin*, New York: Springer.

Porges, S. W. 1998. *Psychoneuroendocrinology* 23:837-61.

Porsolt, R. D. 2000. *Rev. Neurosci.* 11:53-58.

Posner, M. 1992. *Curr. Dir. Psychol. Sci.* 1:11-14.

Povinelli, D. J., and T. M. Preuss. 1995. *Trends Neurosci.* 18:418-24.

Premack, D. 1965. In *Nebraska Symposium on Motivation*, edited by D. Levine. Lincoln: University of Nebraska Press.

Premack, D. 1985. *Congnition* 19:207-96.

Preuss, T. 1995. In *The Cognitive Neurosciences*, edited by M. S. Gazzaniga. Cambridge: MIT Press.

Preuss, T. M. 1995. *J. Cogn. Neurosci.* 7:1-24.

Prien, R. F., et al. 1973. *Arch. Gen. Psychiat.* 29:420-25.

Purves, D. 1994. *Neural Activity and the Growth of the Brain*. Cambridge: Cambridge University Press.

Purves, D., et al. eds. 1996. *Neuroscience*. Sunderland, MA: Sinauer.

Quartz, S. R., and T. J. Sejnowski. 1997. *Behav. Brain Sci.* 20:537-56.

Quinn, W. G., et al. 1974. *Proc. Natl. Acad. Sci. USA* 71:708-12.

Quirk, G. J., et al. 1995. *Neuron* 15:1029-39.

Quirk, G. J., et al. 1997. *Neuron* 19:613-24.

Quirk, G. J., et al. 2000. *J. Neurosci.* 20:6225-31.

Quitkin, F. M., et al. 2000. *Am. J. Psychiat.* 157:327-37.

Rainville, P., et al. 1997. *Science* 277:968-71.

Rakic, P. 1977. *Philos. Trans. R. Soc. Lond. B Biol. Sci.* 278:245-60.

Rakic, P. 1992. *Science* 258:1421-22.

Rakic, P. 1995. *Trends Neurosci.* 18:383-88.

Rakic, P., et al. 1986. *Science* 232:232-35.

Ramachandran, V. S., and S. Blakeslee. 1998. *Phantoms in the Brain*. New York: William Morrow.

Ramón y Cajal, S. 1909-1911. *Histologie du Systeme Nerveux de L'Homme et des Vertebres*. Paris: A. Maloine.

Ranck, J. B., Jr. 1973. *Exp. Neurol.* 41:461-531.

Randic, M., et al. 1993. *J. Neurosci.* 13:5228-41.

Raper, J. A., and M. Tessier-Lavigne. 1998. In *Fundamental Neuroscience*, edited by M. Zigmond. San Diego: Academic Press.

Rauch, S. L., et al. 1995. *Arch. Gen. Psychiat.* 52:20-28.

Rauch, S. L., et al. 1996. *Arch. Gen. Psychiat.* 53:380-87.

Rauch, S. L., et al. 1997. *Biol. Psychiat.* 42:446-52.

Recanzone, G. H., et al. 1993. *J. Neurosci.* 13:87-103.

Redgrave, P., et al. 1999. *Trends Neurosci.* 22:146-51.

Redmond, D. E. J. 1979. In *Phenomenology and Treatment of Anxiety*, edited by W. G. Fann et al., 153-202. New York: Spectrum.

Reichert, H., and A. Simeone. 1999. *Curr. Opin. Neurobiol.* 9:589-95.

Reiman, E. M., et al. 1984. *Nature* 310:683-85.

Reiman, E. M. et al. 1989. *Arch. Gen. Psychiat.* 46:493-500.

Reiss, D., and L. Marino. 2001. *Proc. Natl. Acad. Sci. USA* 98:5937-42.

Reith, J., et al. 1994. *Proc. Natl. Acad. Sci. USA* 91:11651-54.

Repa, J. C., et al. 2001. *J. Neurosci.* 4:724-31.

Rescorla, R. A., and R. L. Solomon. 1967. *Psychol. Rev.* 74:151-82.

Reynolds, J. H., and R. Desimone. 1999. *Neuron* 24:19-29, 111-25.

Richter. 1927. *Q. Rev. Biol.* 2:307-43.

Ridley, M. 1999. *Genome*. New York: HarperCollins.

Robbins, T. W. 1996. *Philos. Trans. R. Soc. Lond. B Biol. Sci.* 351:1463-70.

Robbins, T. W. 2000. *Exp. Brain Res.* 133:130-38.

Robbins, T. W., et al. 1989. *Neurosci. Biobehav. Rev.* 13:155-62.

Roberts, G. W., et al. 1993. *Neuropsychiatric Dsiorders*. London: Wolfe.

Rochat, P. 1995. *The Self in Infancy*. New York: Elsevier.

Rodier, P. M. 2000. *Sci. Am.* 282:56-63.

Rodrigues, S. M., et al. 2001. *J. Neurosci.* (pending).

Rogan, M. T., and J. E. LeDoux. 1995. *Neuron* 15:127-36.

Rogan, M. T., et al. 1997. *Nature* 390:604-7.

Rogan, M. T., et al. 1997. *J. Neurosci.* 17:5928-35.

Rogers, R. D., et al. 1999. *J. Neurosci.* 19:9029-38

Rolls, E. 1990. In *An Introduction to Neural and Electronic Networks*, edited by S. F. Zornetzer et al. San Diego: Academic Press.

Rolls, E. T. 1986. In *Emotions*, edited by Y. Oomur, 325-44. Tokyo: Japan Scientific Societies Press.

Rolls, E. T. 1992. *Philos. Trans. R. Soc. Lond. B Biol. Sci.* 335:11-20.

Rolls, E. T. 1999. *The Brain and Emotion*. Oxford: Oxford University Press.

Romanski, L. M., and J. E. LeDoux. 1992. *J. Neurosci.* 12:4501-9.

Romanski, L. M. et al. 1993. *Behav. Neurosci.* 107:444-50.

Romanski, L. M. et al. 1999. *Nat. Neurosci.* 2:1131-36.

Rorty, R. 1979. *Philosophy and the Mirror of Nature*. Princeton, NJ: Princeton University Press.

Rose, H., and S. Rose. 2000. *Alas, Poor Darwin*. New York: Harmony books.

Rosenblum, K., et al. 1997. *J. Neurosci.* 17:5129-35.

Roskies, A. L. 1999. *Neuron* 24:7-9, 111-25.

Ross, C. A., and A. Pam. 1995. *Pseudoscience in Biological Psychiatry*. New York: John Wiley

Roth, P. 1986. *The Counterlife*. New York: Farrar, Straus, Giroux.

Routtenberg, A. 1999. *Trends Neurosci.* 22:255-56.

Rozental, R., et al. 2000. *Brain Res. Rev.* 32:11-15.

Rozin, P. 1976. In *Progress in Psychobiology and Physiological Psychology*, edited by J. M. Sprague and
A. N. Epstein. New York: Academic Press.

Rudy, J. W., and R. C. O'Reilly. 1999. *Behav. Neurosci.* 113:867-80.

Rudy, J. W., and R. J. Sutherland. 1992. *J. Cognit. Neurosci.* 4:208-16.

Rush, A. J. 2000. *Biol. Psychiat.* 47:745-47.

Rushdie, S. February 4, 1990. In *Independent on Sunday*. London.

Russell, R. J., et al. 2000. *Neuroscience and the Person*. Berkeley: Vatican Observatory Publications,
Vatican City State, Center for Theology and the Natural Sciences.

Ryle, G. 1949. *The Concept of Mind*. New York: Barnes and Noble.

Sahley, C. L. 1995. *J. Neurobiol.* 27:434-45.

Sanchez, C., and E. Meier. 1997. *Psychopharmacology (Berl.)* 129:197-205.

Sanders, S. K., and A. Shekhar. 1995. *Pharmacol. Biochem. Behav.* 52:701-6.

Sanes, J. N., and J. P. Donoghue. 2000. *Annu. Rev. Neurosci.* 23:393-415.

Sanes, J. R., and J. W. Lichtman. 1999. *Nat. Neurosci.* 2:597-604.

Sapolsky, R. M. 1996. *Science* 273:749-50.

Sapolsky, R. M. 1998. *Why Zebras Don't Get Ulcers*. New York: Freeman.

Sapolsky, R. M. 1999. In *Well-Being*, edited by D. Kahneman et al. New York: Russell Sage Foundation.

Sara, S. J. 2000. *Learn. Mem.* 7:73-84.

Sarter, M. F., and H. J. Markowitsch. 1985. *Behav. Neurosci.* 99:342-80.

Sass, L. A. 1992. In *Psychology and Postmodernism*, edited by S. Kvale, 166-82. Thousand Oaks, CA:
Sage.

Sawaguchi, T., and P. S. Goldman-Rakic. 1991. *Science* 251:947-50.

Sawaguchi, T., and P. S. Goldman-Rakic. 1994. *J. Neurophysiol.* 71:515-28.

Sawaguchi, T., et al. 1988. *Neurosci. Res.* 5:465-73.

Sawaguchi, T., et al. 1990. *J. Neurophysiol.* 63:1385-1400.

Schacter, D. L. 1982., *Stranger Behind the Engram*. Hillsdale, NJ: Lawrence Erlbaum Associates.

Schacter, D. L. 1987. *J. Exp. Psychol.: Learn. Mem. Cogn.* 13:501-18.

Schacter, D. L. 1999. *Am. Psychol.* 54:182-203.

Schacter, D. L. 2001. *The Seven Sins of Memory.* Boston: Houghton Mifflin.

Schacter, D. L., and P. Graf. 1986. *J. Exp. Psychol.: Learn. Mem. Cogn.* 12(3):432-44.

Schacter, D. L., et al. 1998. *Philos. Trans. R. Soc. Lond. B Boil. Sci.* 353:1861-78.

Schacter, S. 1975. In *Handbook of Physiology,* edited by M. S. Gazzaniga and C. B. Blakemore, 529-63. New York: Academic Press.

Schacter, S., and J. E. Singer. 1962. *Psychol. Rev.* 69:379-99.

Schafe, G. E., and J. LeDoux. 2000. *J. Neurosci.* 20:1-5(RC96).

Schafe, G. E., et al. 1998. *Learn. Mem.* 5:481-92.

Schafe, G. E., et al. 1999. *Learn. Mem.* 6. 97-110.

Schafe, G. E., et al. 2001. *Trends Neurosci.* 24:540-46.

Schatzberg, A. F., and H. C. Kraemer. 2000. *Biol. Psychiat.* 47:736-44.

Scheel-Kruger, J., and E. N. Petersen. 1982. *Eur. J. Pharmacol.* 82:115-16.

Scherer, K. 2000. In *Emotion, Development, and Self-Organization,* edited by M. Lewis and I. Granic, 70-99. New York: Cambridge University Press.

Scherer, K. R. 1988. In *Cognitive Perspectives on Emotion and Motivation,* edited by V. Hamilton et al., 89-126. Norwell, MA: Kluwer Academic Publishers.

Scherer, K. R. 1993. *Cogn. Emo.* 7:325-55.

Schlaggar, B. L., and D. D. O'Leary. 1991. *Science* 252:1566-60.

Schmajuk. N. A., and J. J. DiCarlo. 1992. *Psychol. Rev.* 99:268-305.

Schneider, F., et al. 1999. *Biol. Psychiat.* 45:863-71.

Schneiderman, N., et al. 1974. In *Limbic and Autonomic Nervous System Research,* edited by L. V. DiCara, 277-309. New York: Plenum.

Schore, A. N. 1994. *Affect Regulation and the Origin of the Self.* Hillsdale, NJ: Lawrence Erlbaum Associates.

Schulkin, J. 1999. *The Neuroendocrine Regulation of Behavior.* New York: Cambridge University Press.

Schultz, W. 1998. *J. Neurophysiol.* 80:1-27.

Schultz, W., and A. Dickinson. 2000. *Annu. Rev. Neurosci.* 23:473-500.

Schultz, W., et al. 1997. *Science* 275:1593-99.

Schuman, E. M. 1999. *Curr. Opin. Neurobiol.* 9:105-9.

Schuster, C. S., and S. S. Ashburn. 1992. *The Process of Human Development.* Philadelphia: Lippincott.

Schwartz, C. E., et al. 1999. *J. Am. Acad. Child Adolesc. Psychiat.* 38:1008-15.

Schwarz, N., and F. Strack. 1999. In *Well-Being,* edited by D. Kahneman et al., New York: Russell Sage Foundation.

Scott, S. K., et al. 1997. *Nature* 385:254-57.

Scoville, W. B., and B. Milner. 1957. *J. Neurol. Psychiat.* 20:11-21.

Searle, J. R. 1992. *The Rediscovery of the Mind.* Cambridge: MIT Press.

Searle, J. R. 2000. *Ann. Rev. Neurosci.* 23:557-78.

Sedvall, G., and L. Farde. 1996. *Lancet* 347:264.

Seeman, P., 1992. *Neuropsychopharmacology* 7:261-84.

Seeman, P., and S. Kapur. 2000. *Proc. Natl. Acad. Sci. USA* 97:7673-75.

Seeman, P., et al. 1975. *Proc. Natl. Acad. Sci. USA.* 72:4376-80.

Selden, N. R., et al. 1991. *Neurosci.* 42:335-50.

Selemon, L. D., and P. S. Glodman-Rakic. 1999. *Biol. Psychiat.* 45:17-25.

Selemon, L. D., et al. 1995. *Arch. Gen. Psychiat.* 52:805-18.

Seligman, M. E. P. 1971. *Behav. Ther.* 2:307-20.

Selkoe, D., and K. Kosik. 1983. In *The Clinical Neurology of Aging,* edited by M. Albert. Oxford: Oxford University Press.

Semon, R. 1904. *Die Mneme als erhaltendes Prinzip im Wechsel des organischen Geschehens.* Leipzig: Wilhelm Engelmann.

Shadlen, M. N., and J. A. Movshon. 1999. *Neuron* 24:67-77, 111-25.

Shadlen, M. N., and W. T. Newsome. 1994. *Curr. Opin. Neurobiol.* 4:569-79.

Shadlen, M. N., et al. 1996. *J. Neurosci.* 16:1486-1510.

Shakespeare, W. 1542-1544. *The Comedy of Errors.* Act 1, scene 1, line 47.

Shalev, A. Y., et al. 1992. *Biol. Psychiat.* 31:863-65.

Shallice, T. 1988. In *Consciousness in Contemporary Science,* edited by A. Marcel and E. Bisiach, 305-33. Oxford: Oxford University Press.

Shapiro, M. L., and Z. Caramanos. 1990. *Psychobiol.* 18:231-43.

Shatz, C. J. 1992. *Science* 258:237-38.

Shatz, C. J. 1996. *Proc. Natl. Acad. Sci. USA* 93:602-8.

Sheffield, F. D., and T. B. Roby. 1950. *J. Comp. Physiol. Psychol.* 43:471-81.

Sheline, Y. I., et al. 1996. *Proc. Natl. Acad. Sci. USA* 93:3908-13.

Sheline, Y. I., et al. 1998. *Neuroreport* 9:2023-28.

Shelton, R. C., et al. 1988. *Am. J. Psychiat.* 145:154-63.

Shepherd, G. 1988. *Neurobiology.* New York: Oxford University Press.

Shepherd, G. 1998. *The Synaptic Organization of the Brain.* New York: Oxford University Press.

Sherrington, C. S. 1897. In *A Textbook of Physiology,* 7th ed., edited by M. Foster. London: Macmillan.

Sherrington, C. S. 1906. *The Integrative Action of the Nervous System.* New Haven: Yale University Press.

Shevrin, H., and S. Dickman. 1980. *Am. Psychol.* 35:421-34.

Shevrin, H., et al. 1992. *Conscious. Cogn.* 1:340-66.

Shi, S. H., et al. 1999. *Science* 284:1811-16.

Shibata, S., et al. 1989. *Psychopharmacol.* 98:38-44.

Shimamura, A. 1995. In *The Cognitive Neurosciences*, edited by M. S. Gazzaniga. Cambridge: MIT Press.

Shin, L. M., et al. 1997. *Arch. Gen. Psychiat.* 54:233-41.

Shin, L. M., et al. 1999. *Am. J. Psychiat.* 156:575-84.

Shizgall, P. 1999. In *Well-Being*, edited by D. Kahneman et al. New York: Russell Sage Foundation.

Shors, T. J., and E. Dryver. 1992. *Psychobiol.* 20:247-53.

Shors, T. J., and L. D. Matzel. 1997. *Behav. Brain Sci.* 20:597-613.

Shors, T. J., et al. 1989. *Science* 244:224-26.

Shors, T. J., et al. 1992. *Science* 257:537-39.

Siegel, A., and H. Edinger. 1981. In *Handbook of the Hypothalamus*, edited by P. J. Morgane and J. Panksepp, 203-40. New York: Marcel Dekker.

Silbersweig, D. A., et al. 1995. *Nature* 378:176-79.

Silva, A. J., et al. 1992. *Science* 257:201-6.

Silva, A. J., et al. 1997. *Annu. Rev. Genet.* 31:527-46.

Silva, A. J., et al. 1998. *Annu. Rev. Neurosci.* 21:127-48.

Singer, W. 1998. *Philos. Trans. R. Soc. Lond. B Biol. Sci.* 353:1829-40.

Singer, W. 1999. *Curr. Opin. Neurobiol.* 9:189-94.

Singer, W. 2001. *Ann. NY Acad. Sci.* 929:123-46.

Singh, T. D., et al. 2000. *J. Neurobiol.* 44:82-94.

Skinner, B. F. 1938. *The Behavior of Organisms*. New York: Appleton-Century-Crofts.

Skinner, B. F. 1953. *Science and Human Behavior*. New York: Free Press.

Skinner, B. F. 1972. *Beyond Freedom and Dignity*. New York: Knopf.

Smith, C. A., and P. C. Ellsworth. 1985. *J. Pers. Soc. Psychol.* 56:339-53.

Smith, C. A., and R. S. Lazarus. 1990. In *Handbook of Personality*, edited by L. A. Pervin, 609-37. New York: Guilford.

Smith, E. E., and J. Jonides. 1999. *Science* 283:1657-61.

Smith, Y., et al. 2000. *J. Comp. Neurol.* 24:496-508.

Snell, B. 1960. *The Discovery of the Mind*. New York: Harper & Row.

Soares, J. J. F., and A Öhman. 1993. *Psychophysiol.* 30:460-66.

Soderling, T. R. 1996. *Neurochem. Int.* 28:359-61.

Solomon, R. L., and L. C. Wynne. 1954. *Psychol. Rev.* 61:353.

Sorabji, P. 2001. *Emotion and Peace of Mind*. Oxford: Oxford University Press.

Spanagel, R., and F. Weiss. 1999. *Trends Neurosci.* 22:521-27.

Spelke, E. 1994. *Cognition* 50:431-45.

Spencer, H. 1866. *Principles of Biology*. New York: D. Appleton and Company.

Sperry, R. 1966. In *New Views on the Nature of Man*, edited by J. R. Platt. Chicago: University of Chicago Press.

Sperry, R. 1984. *Neuropsychol.* 22:661-73.

Sperry, R., and N. Miner. 1955. *J. Comp. Physiol. Psychol.* 48:50-58.

Squire, L. 1987. *Memory and the Brain*. New York: Oxford University Press.

Squire, L. R. 1987. In *Handbook of Physiology*, edited by F. Plum, 295-371. Bethesda: American Physiological Society.

Squire, L. R. 1992. *Psychol. Rev.* 99:195-231.

Squire, L. R., and E. R Kandel. 1999. *Memory: From Mind to Molecules*. New York: Scientific American Library.

Squire, L. R., and S. M. Zola. 1996. *Proc. Natl. Acad. Sci. USA* 93:13515-22.

Squire, L. R., and S. M. Zola. 1998. *Hippocampus* 8:205-11.

Squire, L. R., et al. 1993. *Annu. Rev. Psychol.* 44:453-95.

Starkman, M. N., et al. 1992. *Biol. Psychiat.* 32:756-65.

Starkman, M. N., et al. 1999. *Biol. Psychiat.* 46:1595-1602.

Staubli, U., et al. 1989. *Behav. Neurosci.* 103:54-60.

Staubli, U., et al. 1990. *Synapse* 5:333-35.

Staubli, U., et al. 1994. *Proc. Natl. Acad. Sci. USA* 91:777-81.

Staubli, U. V. 1995. In *Brain and Memory*, edited by J. L. McGaugh et al., 303-18. New York: Oxford University Press.

Stebbins, W. C., and O. A. Smith. 1964. *Science* 144:881-83.

Stein, L., et al. 1973. In *The Benzodiazepines*, edited by S. Garattini et al., 299-326. New York: Raven Press.

Steiner, J. E. 1973. *Symp. Oral Sens. Percept.* 4:254-78.

Steinmetz, J. E., and R. F. Thompson. 1991. In *Neurobiology of Learning, Emotion and Affect*, edited by J. I. Madden, 97-120. New York: Raven Press.

Stellar, E. 1954. *Psychol. Rev.* 61:5-22.

Stent, G. S. 1973. *Proc. Natl. Acad. Sci. USA* 70:997-1001.

Stern, E., and D. Silbersweig. 1998. In *The Pathogenesis of Schizophrenia*, edited by M. F. Lenzenweger and R. H. Dworkin, 235-46. Washington, D. C.: American Psychological Association.

Sternberg, R. J., and M. I. Barnes. 1988. *The Psychology of Love*. New Haven: Yale University Press.

Stevens, A. A., et al. 1998. *Arch. Gen. Psychiat.* 55:1097-1103.

Stevens, C. F. 1998. *Neuron* 20:1-2.

Steward, O., and E. M. Schuman. 2001. *Annu. Rev. Neurosci.* 24:299-325.

Stewart, R. S., et al. 1988. *Am. J. Psychiat.* 145:442-49.

Stoerig, P. 1996. *Trends Neurosci.* 19:401-6.

Stone, A. A., et al. 1999. In *Well-Being*, edited by D. Kahneman et al. New York: Russell Sage Foundation.

Strauss, C., and N. Quinn. 1997. *A Cognitive Theory of Cultural Meaning*. New York: Cambridge University Press.

Strawson, P. 1959. In *Individuals*. London: Methuen.

Stryker, M. 1991. In *Development of the Visual System*, edited by D. Lam and C. Shatz. Cambridge: MIT Press.

Stryker, M. P., and W. A. Harris. 1986. *J. Neurosci.* 6:2117-33.

Stuss, D. T. 1991. In *The Self*, edited by J. Strauss and G. R. Goethals. New York: Springer.

Stuss, D. T., and D. F. Benson. 1986. *The Frontal Lobes*. New York: Raven Press.

Stutzmann, G. E., and J. E. LeDoux. 1999. *J. Neurosci.* 19:RC8 (online).

Stutzmann, G. E., et al. 1998. *J. Neurosci.* 18:9529-38.

Suga, N. 1990. *Sci. Am.* 262:60-68.

Suzuki, W. A., and D. G. Amaral. 1994. *J. Comp. Neurol.* 350:497-533.

Swanson, L. W. 1983. In *Neurobiology of the Hippocampus*, edited by W. Seifert, 3-19. London: Academic Press.

Sweatt, J. D. 1999. *Learn. Mem.* 6:399-416.

Szentagothai. J. 1984. *Annu. Rev. Neurosci.* 7:1-11.

Szinyei, C., et al. 2000. *J. Neurosci.* 20:8909-15.

Talbot, M. 2000. In *New York Times Magazine*, January 9.

Tallal, P. 2000. *Proc. Natl. Acad. Sci. USA* 97:2402-4.

Tallal, P., et al. 1998. *Exp. Brain Res.* 123:210-19.

Tamminga, C. A. 1991. In *Advances in Neuropsychiatry and Psychopharmacology*, edited by C. A. Tamminga and S. C. Schulz, 99-109. New York: Raven Press.

Tang, Y. P., et al. 1999. *Nature* 401:63-69.

Taylor, C. B. 1998. In *Textbook of Psychopharmacology*. 2nd ed., edited by A. F. Schatzberg and C. B. Nemeroff. Washington, D. C.: American Psychiatric Press.

Tellegen, A., et al. 1988. *J. Pers. Soc. Psychol.* 54:1031-39.

Terman, J. R., and A. L. Kolodkin. 1999. *Neuron* 23:193-95.

Terrace, H. 1984. In *The Biology of Learning*, edited by P. Marler and H. S. Terrace, 15-45. Berlin: Springer-Verlag.

Teuber, H. L. 1964. In *The Frontal Granular Cortex and Behavior*, edited by J. M. Warren and K. Akert. New York: McGraw-Hill.

Teyler, T. 1992. In *Neuroscience Year: Supplement 2 to the Encyclopedia of Neuroscience*, edited by B. Smith and G. Adelman, 91-93. Cambridge: Brikhauser Boston.

Teyler, T., and P. DiScenna. 1987. *Annu. Rev. Neurosci.* 10:131-61.

Thiebot, M. H., et al. 1980. *Neurosci. Lett.* 16:213-17.

Thierry, A. M., et al. 1993. In *Motor and Cognitive Functions of the Prefrontal Cortex*, edited by A. M. Thierry et al. Berlin: Springer-Verlag.

Thompson, R. F. 1986. *Science* 233:941-47.

Thompson, R. F., and J. J. Kim. 1996. *Proc. Natl. Acad. Sci. USA* 93:13438-44.

Thompson, R. F., and W A. Spencer. 1966. *Psychol. Rev.* 73:16-43.

Thompson, R. F., et al. 1983. *Prog. Psychobiol. Physiol. Psychol.* 10:167-96.

Thorndike, E. L. 1898. *Psychol. Monog.* 2:109.

Thorndike, E. L. 1913. *The Psychology of Learning*. New York: Teachers College.

Thorpe. W. H. 1963. *Learning and Instinct in Animals*. London: Methuen.

Tinbergen, N. 1951. *The Study of Instinct*. Oxford: Clarendon Press.

Toates, F. M. 1986. *Motivational Systems*. Cambridge: Cambridge University Press.

Tomita, H., et al. 1999. *Nature* 401:699-703.

Tomkins, S. S. 1962. *Affect, Imagery, Consciousness*. New York: Springer.

Toni, N., et al. 1999. *Nature* 402:421-25.

Tononi, G., and G. M. Edelman. 1998. *Science* 282:1846-51.

Tooby, J., and L. Cosmides. 2000. In *The New Cognitive Neurosciences*, edited by M. S. Gazzaniga. Cambridge: MIT Press.

Tootell, R. B., et al. 1995. *Nature* 375:139-41.

Treisman, A. 1996. *Curr. Opin. Neurobiol.* 6:171-78.

Treit, D., and J. Menard. 1997. *Behav. Neurosci.* 111:653-58.

Treit, D., et al. 1993. *Behav. Neurosci.* 107:770-85.

Trowill, J. A., et al. 1969. *Psychol. Rev.* 76:264-81.

Tsien, J. Z. 2000. *Curr. Opin. Neurobiol.* 10:266-73.

Tsien, J. Z., et al. 1996. *Cell* 87:1327-38.

Tully, T., and W. G. Quinn. 1985. *J. Comp. Physiol.* [A] 157:263-77.

Tulving, E. 1983. *Elements of Episodic Memory*. New York: Oxford University Press.

Ungerleider, L. G., and J. Haxby. 1994. *Curr. Opin. Neurobiol.* 4:157-65.

Ungerleider, L. G., and M. Mishkin. 1982. In *Analysis of Visual Behavior*, edited by D. J. Ingle et al., 549-86. Cambridge: MIT Press.

Uvnas-Moberg, K. 1998. *Psychoneuroendocrinology* 23:819-35.

Valenstein, E. 1970. In *The Neurosciences; Second Study Program*, edited by F. O. Schmitt, 207-17. New York: Rockefeller University Press.

Valenstein, E. 1999. *Blaming the Brain*. New York: Free Press.

Van Essen, D. C. 1985. In *Cerebral Cortex*, edited by A. Peters and E. G. Jones. New York: Plenum.

Van Essen, D. C. 1995. *Trans. Am. Ophthalmol. Soc.* 93:123-33.

Van Essen, D. C., et al. 1992. *Science* 255:419-23.

Van Hoesen, G., and D. N. Pandya. 1975. *Brain Res.* 95:1-24.

Van Roussum, M. 1967. In *Proceedings of the Fifth Collegium Internationale Neuropharmacologicum*, edited by H. Brill, 321-29. Amsterdam: Excerpta Medica Foundation.

Vargha-Khadem, F., et al. 1997. *Science* 277:376-80.

Veinante, P., and M. J. Freund-Mercier. 1995. *Adv. Exp. Med. Biol.* 395:347-48.

Veinante, P., and M. J. Freund-Mercier. 1997. *J. Comp. Neurol.* 383:305-25.

Vendrell, P., et al. 1995. *Neuropsychol.* 33:341-52.

Vicari, S., et al. 2000. *Cortex* 36:31-46.

von der Malsburg, C. 1995. *Curr. Opin. Neurobiol.* 5:520-26.

von Holst, E., and U. van Saint-Paul. 1962. *Sci. Am.* 206:50-59.

Wagner, A. D. 1999. *Neuron* 22:19-22.

Wagner, A. R., and S. E. Brandon. 1989. In *Contemporary Learning Theories*, edited by S. B. Klein and R. R. Mowrer, 149-89. Hillsdale, NJ: Lawrence Erlbaum Associates.

Walker, D. L., and M. Davis. 2000. *Behav. Neurosci.* 114:1019-33.

Walter, G. 1953. *The Living Brain*. New York: Norton.

Warrington, E., and L. Weiskrantz. 1973. *Neuropsychol.* 20:233-48.

Watson, J. B. 1913. *Psychol. Rev.* 20:158-77.

Watson, J. B. 1925. *Behaviorism*. New York: W. W. Norton.

Watson, J. 1938. In *The Behavior of Organisms*, edited by B. F. Skinner. New York: Appleton-Century-Crofts.

Watt, D. F. 1998. *J. Neuropsychiat. Clin. Neurosci.* 10:113-16.

Weinberger, D. R., and B. Gallhofer. 1997. *Int. Clin. Psychopharmacol.* 12 Suppl. 4:S29-36.

Weinberger, D. R., et al. 1980. *Arch. Gen. Psychiat.* 37:11-13.

Weinberger, D. R., et al. 1986. *Arch. Gen. Psychiat.* 43:114-24.

Weinberger, D. R., et al. 1992. *Am. J. Psychiat.* 149:890-97.

Weinberger, J., and D. C. McClelland. 1990. In *Handbook of Motivation and Cognition*, edited by E. T.
Higgins and R. M. Sorrentino. New York: Guilford.

Weinberger, N. M. 1995. In *The Cognitive Neurosciences*, edited by M. S. Gazzaniga, 1071-90.
Cambridge: MIT Press.

Weinberger, N. M. 1998. *Neurobiol. Learn. Mem.* 70:226-51.

Weiner, B. 1989. *Human Motivation.* Hillsdale, NJ: Lawrence Erlbaum Associates.

Weiskrantz, L. 1956. *J. Comp. Physiol. Psychol.* 49:381-91.

Weiskrantz, L. 1996. *Curr. Opin. Neurobiol.* 6:215-20.

Weiskrantz, L., and E. Warrington. 1979. *Neuropsychol.* 17:187-94

Weisskopf, M. G., and J. E. LeDoux. 1999. *J. Neurophysiol* 81:930-34.

Weisskopf, M. G., and R. A. Nicoll. 1995. *Nature* 376:256-59.

Weisskopf, M. G., et al. 1999. *J. Neurosci.* 19:10512-19.

Wexler, K. 1999. In *Encyclopedia of Cognitive Science*, 408-9. Cambridge: MIT Press.

Whalen, P. J., et al. 1998. *J. Neurosci.* 18:411-18.

White, N. M. 1997. *Curr. Opin. Neurobiol.* 7:164-69.

Wicklegren, W. A. 1979. *Psychol. Rev.* 86:44-60.

Wigström H., et al. 1986. *Acta Physiol. Scand.* 126:317-19.

Wik, G., et al. 1996. *Int. J. Neurosci.* 87:267-76.

Wilde, O. 1891. *The Picture of Dorian Gray.* London: Ward, Lock and Co.

Wilensky, A. E., et al. 1999. *J. Neurosci.* 19:(RC48).

Wilensky, A. E., et al. 2000. *J. Neurosci.* (in press).

Willner, P. 1995. *Adv. Biochem. Psychopharmacol.* 49:19-41.

Wilson, E. O. 1999. *Consilience.* New York: Random House.

Wilson, F. A., et al. 1993. *Science* 260:1955-58.

Wilson, M. A., and B. L. McNaughton. 1993. *Science* 261:1055-58.

Wilson, M. A., and B. L. McNaughton. 1994. *Science* 265:676-79.

Wilson, T. D., et al. 2000. *Psychol. Rev.* 107:101-26.

Wilson, T. D. *Strangers to Ourselves.* Cambridge: Harvard University Press (in press).

Wimbauer, S., et al. 1997. *Biol. Cybern.* 77:453-61.

Wimer, R. E., and C. C. Wimer. 1985. *Annu. Rev. Psychol.* 36:171-218.

Winson, J. 1985. *Brain and Psyche.* Garden City, NY: Anchor/Doubleday.

Wise, R. A. 1982. *Behav. Brain Sci.* 5:39-87.

Wise, S. P., et al. 1996. *Crit. Rev. Neurobiol.* 10:317-56.

Witter, M. P., et al. 1989. *Prog. Neurobiol.* 33:161-253.

Wong, R. O., et al. 1993. *Neuron* 11:923-38.

Woods, S. W., et al. 1988. *Lancet* 2:678.

Woodson, W., et al. 2000. *Synapse* 38:124-37.

Woodworth, R. S. 1918. *Dynamic Psychology.* New York: Columbia University Press

Woolf, V. 1928. *Orlando.* Barcelona: EDHASA.

Woolf, V. 1979. Letter, December 28, 1932. In *The Sickle Side of the Moon: Letters,* edited by N.
    Nicolson.

Woolf, V. S. 1925. *The Common Reader.* New York: Harcourt, Brace.

Wurtzel, E. 1999. *Prozac Nation.* Boston: Houghton Mifflin.

Xing, J., and R. A. Andersen. 2000. *J. Cogn. Neurosci.* 12:601-14.

Yamada, K., et al. 1999. *Jpn. J. Pharmacol.* 80:9-14.

Yamamoto, T., et al. 1994. *Behav. Brain Res.* 65:123-37.

Yang, C. R., and J. K. Seamans. 1996. *J. Neurosci.* 16:1922-35.

Yehuda, R, et al. 2000. *Am. J. Psychiat.* 157:1252-59.

Yin, J., and T. Tully. 1996. *Curr. Opin. Neurobiol.* 6:264-68.

Young, A. W, et al. 1996. *Neuropsychol.* 34:31-39.

Young, E. A., et al. 1994. *Arch. Gen. Psychiatry* 51:701-7.

Young, M. P., and S. Yamane. 1992. *Science* 256:1327-31.

Young, P. T. 1961. *Motivation and Emotion.* New York: Wiley.

Zajonc, R. B. 1968. In *Handbook of Social Psychology,* edited by G. Lindzey and E. Aronson. Reading,
    MA: Addison-Wesley.

Zajonc, R. B. 1980. *Am. Psychol.* 35:151-75.

Zajonc, R. B. 1984. *Am. Psychol.* 39:117-23.

Zeki, S. 1993. *Curr. Opin. Neurobiol.* 3:155-59.

Zeki, S., and A. Bartels. 1999. *Conscious Cogn.* 8:225-59.

Zigmond. M. J., et al. 1999. *Fundamental Neuroscience.* San Diego: Academic Press.

Zohary, E., et al. 1994. *Nature* 370:140-43.

Zola-Morgan, S., and L. R. Squire. 1993. *Annu. Rev. Neurosci.* 16:547-63.

Zuckerman, M. 1991. *Psychobiology of Personality.* Cambridge: Cambridge University Press.

인명 찾아보기

라우쉬 Rausch, Scott 368
라일 Ryle, Gilbert 51
라킥 Rakic, Pasko 125, 134
래슐리 Lashley, Karl 175-177, 193, 207-208, 321
랭크 Ranck, Jim 199
레먼 Lehrman, Daniel 148
레비 Levy, Chip 245
레비-몬탈치니 Levi-Montalcini, Rita 134
레어리 Leary, Timothy 435
레온 Leon, Mony de 481
레이놀즈 Reynolds, John 309
레퍼 Repa, Chris 216
로간 Rogan, Michael 216, 266-268, 292
로드리게스 Rodrigues, Sarina 269
로렌츠 Lorenz, Konrad 147
로만스키 Romanski, Liz 212, 216, 268, 306, 313
로빈스 Robbins, Trevor 382, 414-415
로우섬 Roussum, J. M. van 439
로위 Loewi, Otto 89-90
로저스 Rogers, Carl 58
로젠달 Roozendaal, Benno 371
로프투스 Loftus, Elizabeth 340
로스 Roth, Philip 65
로스 Ross, Colin 486
로즈, 스티븐 Rose, Steven 152
로즈, 힐러리 Rose, Hilary 152
롤스 Rawls, John 47
롤스 Rolls, Edmund 369, 382, 415, 418
뢰모 Lømo, Terje 240-245
루디 Rudy, Jerry 203, 229
루리아 Luria, Aleksandr Romanovich 301, 322
루시디 Rushdie, Salman 28
리보 Ribot, Théodule 187
리즈버거 Lisberger, Steve 220
리히트만 Lichtman, Jeff 259
린치 Lynch, Gary 248, 263, 291-292

□

마렌 Maren, Steve 216, 269
마르쿠스 Markus, Hazel 58, 422-423, 425
마우어 Maur, Mike 219
마테우치 Matteucci, Carlo 86
마틴 Martin, Kelsey 260
말렌카 Malenka, Rob 256
매케웬 McEwen, Bruce 123, 372, 458, 460, 481
맥고우 McGaugh, Jim 371
맥노턴 McNaughton, Bruce 188, 190, 199, 203, 245
맥노턴 McNaughton, Neil 474
맥클랜드 McClelland, David 423-425
맥클랜드 McClelland, Jay 188, 203
맥클린 MacLean, Paul 179, 352, 355, 384
머레이 Murray, Betsy 195
먼로 Monroe, Ruth 58-59
메르제니치 Merzenich, Michael 169-170, 497
메스머 Mesmer, Anton 85
메이슨 Masson, Jeffrey 342
메이포드 Mayford, Mark 265, 269
멜러 Mehler, Jacques 155
모건 Morgan, Maria 363
모겐슨 Mogenson, Gordon 410
모리스 Morris, Richard 200-201, 260, 263-264, 366
모리슨 Morrison, John 481
모스코비치 Moscovitch, Morris 190
뮐러 Müller, Johannes 86
뮬러, 밥 Muller, Bob 199
뮬러, 제프 Muller, Jeff 216
미셸 Mischel, Walter 64
미쉬킨 Mishkin, Mortimer 192, 195, 304, 415
미야시타 Miyashita, Yasushi 311
민스키 Minsky, Marvin 295, 299
밀너, 브렌다 Milner, Brenda 178-179, 194, 197
밀너, 피터 Milner, Peter 194, 198, 404-405
밀러, 닐 Miller, Neal 395-396, 398, 400-402, 425
밀러, 얼 Miller, Earl 305, 310, 314
밀러, 조지 Miller, George 51, 298

ㅂ

바그 Bargh, John 425
바론데스 Barondes, Samuel 433
바르가-카뎀 Vargha-Khadem, Faraneh 192-193, 196
바우어 Bauer, Liz 273-274
바이스크란츠 Weiskrantz, Larry 180-181
바트레트 경 Bartlett, Sir Frederic 297-298, 340
반스 Barnes, Carol 199
발데이어 Waldeyer, Wilhelm 76-77
발렌스타인 Valenstein, Elliot 433
배들리 Baddeley, Alan 296
버언 Byrne, Jack 286
베네스 Benes, Francine 445
벤저 Benzer, Seymour 288
벤튼 Benton, Arthur 322
보르디 Bordi, Fabio 213
보우쵸라제 Bourtchouladze, Rusiko 269
보이스-레이몬드 Bois-Reymond, Emil Du 86
부즈사키 Buzsaki, Gyorgy 190
분트 Wundt, Wilhelm 50
브레긴 Breggin, Peter 453
브레이터 Breiter, Hans 368
브루너 Bruner, Jerry 51
브루어 Bruer, John 168-170
블랑차드, 로버트 Blanchard, Robert 356
블랑차드, 캐롤린 Blanchard, Caroline 356
블리스 Bliss, Tim 241-245
비트겐슈타인 Wittgenstein, Ludwig 45

ㅅ

사폴스키 Sapolsky, Robert 372, 458, 460
샐리스 Shallice, Tim 299
샤츠 Shatz, Carla 140-141
샤페 Schafe, Glenn 216, 269, 274
샤들렌 Shadlen, Michael 312
샹죠 Changeux, Jean-Pierre 132, 155

섀크터 Schacter, Dan 182, 230-231
설리번, 그레그 Sullivan, Greg 454
설리번, 해리 Sullivan, Harry Stack 436
세르반-슈라이버 Servan-Schreiber, David 307-308
세이클 Sakel, Manfred 436
세인즈 Sanes, Josh 259
세지노브스키 Sejnowski, Terrence 156
셰링턴 경 Sherrington, Sir Charles 78, 84, 239
소른다이크 Thorndike, Edward 396, 425
쇼스 Shors, Tracy 372
쉬즈갈 Shizgall, Peter 406
슈완 Schwann, T. 75
슐라이덴 Schleiden, M. 75
스나이더 Snyder, Solomon 440
스미스 Smith, Ed 313
스웨트 Sweatt, David 259
스즈키 Suzuki, Wendy 184
스콰이어 Squire, Larry 181-182, 187-188, 192-193, 195, 202, 227
스키너 Skinner, B. F. 148, 207, 397
스타우블리 Staubli, Ursula 292
스타인메츠 Steinmetz, Joseph 219
스턴 Stern, Emily 445, 481
스튜어드 Steward, Oswald 245
스트라이커 Stryker, Michael 138, 144
스트라우스 Strauss, Claudia 424-425
스트로슨 Strawson, Peter 45-46, 48, 60
스티븐스 Stevens, Charles 254, 268
스펜서 Spencer, Alden 208, 218, 224, 239, 275
스펜서, 데니스 Spencer, Dennis 365
시먼 Seeman, Philip 440
실바 Silva, Alcino 265, 269
실버스웨이그 Silbersweig, David 445, 481
싱어 Singer, Wolf 507

ㅇ

아놀드 Arnold, Steven 161
아른스텐 Arnsten, Amy 318